土石坝新技术应用

中国水电建设集团十五工程局有限公司
中国水利学会混凝土面板堆石坝专业委员会 编

中国水利水电出版社
www.waterpub.com.cn
·北京·

内 容 提 要

本书是由中国水电建设集团十五工程局有限公司和中国水利学会混凝土面板堆石坝专业委员会组织专家学者编写而成的,共收集论文 63 篇。其反映了混凝土面板堆石坝和沥青混凝土心墙坝的新技术应用及发展成果。主要内容包括:混凝土面板坝类、沥青混凝土心墙坝类、施工技术类、科研监测管理类等方面的内容。

本书可供水利水电工程建设设计、科研、施工及运行管理等相关技术人员参考。

图书在版编目(CIP)数据

土石坝新技术应用 / 中国水电建设集团十五工程局
有限公司,中国水利学会混凝土面板堆石坝专业委员会编
-- 北京 : 中国水利水电出版社,2018.11
ISBN 978-7-5170-7094-8

Ⅰ.①土… Ⅱ.①中… ②中… Ⅲ.①土石坝—文集
Ⅳ.①TV641-53

中国版本图书馆CIP数据核字(2018)第245560号

书　　名	**土石坝新技术应用** TUSHIBA XIN JISHU YINGYONG	
作　　者	中国水电建设集团十五工程局有限公司 中国水利学会混凝土面板堆石坝专业委员会	编
出版发行	中国水利水电出版社 (北京市海淀区玉渊潭南路 1 号 D 座　100038) 网址:www.waterpub.com.cn E-mail:sales@waterpub.com.cn 电话:(010)68367658(营销中心)	
经　　售	北京科水图书销售中心(零售) 电话:(010)88383994、63202643、68545874 全国各地新华书店和相关出版物销售网点	
排　　版	中国水利水电出版社微机排版中心	
印　　刷	天津嘉恒印务有限公司	
规　　格	184mm×260mm　16 开本　29.75 印张　705 千字	
版　　次	2018 年 11 月第 1 版　2018 年 11 月第 1 次印刷	
印　　数	0001—1500 册	
定　　价	**126.00 元**	

前　言

中国水利学会混凝土面板堆石坝专业委员会自 1997 年 4 月成立至今已有 30 年历程，特别是近 10 年随着水利行业混凝土面板坝及沥青混凝土心墙坝工程的迅速发展，混凝土面板堆石坝专业委员会每年组织一次学术和工程技术交流会议，为我国水利行业混凝土面板坝及沥青混凝土心墙坝的工程建设和技术发展做出了积极贡献。

我国混凝土面板坝及沥青混凝土心墙坝数量巨大，在最大坝高、工程规模和技术难度等方面均处于世界前列。在建的阿尔塔什水利枢纽混凝土面板砂砾石（堆石）坝坝高 164.8m，深厚覆盖层约 90m；2018 年拟开工建设的大石峡水库工程混凝土面板砂砾石坝坝高 247m，为世界第一高混凝土面板砂砾石坝；"十三五"规划拟建玉龙喀什水利枢纽工程混凝土面板堆石坝坝高 229.5m。沥青混凝土心墙坝也处于快速发展状态，其中在 150～400m 级深厚覆盖层上已建的新疆下坂地水利枢纽工程沥青混凝土心墙砂砾石坝和西藏旁多水利枢纽工程沥青混凝土心墙堆石坝均已蓄水安全运行数年；在建的大石门沥青混凝土心墙砂砾石坝坝高 128.8m、四川红鱼洞沥青混凝土堆石坝坝高 104.5m。

2018 年年会由专委会和中国水电建设集团十五工程局有限公司共同承办。中国水电建设集团十五工程局有限公司是我国混凝土面板堆石坝和沥青混凝土心墙坝施工行业的主力军。近 20 多年来，承建了近百座混凝土面板堆石坝和沥青混凝土心墙坝，包括新疆乌鲁瓦提、卡拉贝利、大石门、阿拉沟、奴尔、大河沿，青海黄河公伯峡、积石峡，甘肃龙首二级，贵州黔中，湖北龙背湾、潘口，重庆老窖溪、洞塘等水电站工程，老挝南欧江六级、七级水电站等代表性堆石坝工程。在施工过程中积极开展技术和工艺创新，在混凝土面板堆石坝施工中创新研制了挤压边墙机，并在公伯峡水电站率先使用了混凝土面板堆石坝挤压边墙施工工艺。在沥青心墙坝施工中总结集成了特殊气候条件下沥青混凝土心墙快速施工和质量控制技术。在施工实践中取得了一系列技术创新成果，拥有一批技术发明专利和国家级工法。

中国水电建设集团十五工程局有限公司先后主编了《高混凝土面板堆石坝施工关键技术》《土石坝建设中的问题与经验》等书。参编了《碾压式土石坝施工规范》（DL/T 5129—2013）、《混凝土面板堆石坝施工规范》（DL/T 5128—2001）、《水利水电工程砾石土心墙堆石坝施工规范》（DL/T 5269—2012）、《土石筑坝材料碾压试验规程》（NB/T 35016—2013）和《水利水电工程施工组织设计手册》、《水利水电工程施工手册》，为我国混凝土面板堆石坝和沥青混凝土心墙坝施工技术进步做出了贡献。

为总结和交流我国水利行业混凝土面板坝及沥青混凝土心墙坝在设计、施工、科研、监测和运行中的最新成果和技术进展，中国水利学会混凝土面板堆石坝专业委员会和中国水电建设集团十五工程局有限公司于 2018 年 8 月广泛征集论文，并组织出版《土石坝新技术应用》。征稿通知发出后，共收到稿件 100 余篇，经编委会精心筛选、专家评审，论文集共收录文章 63 篇，其中混凝土面板坝类 14 篇、沥青混凝土心墙坝类 12 篇、施工类 22 篇、科研监测管理类 15 篇。

本论文集收录论文内容丰富，既有 250m 级高混凝土面板坝及 100m 级以上沥青混凝土心墙坝的研究成果，又有已建高混凝土面板坝及沥青混凝土心墙坝的设计施工、研究试验、运行监测的总结，特别是对目前积极发展的智能化施工技术、堆石料及砂砾石料的压实特性和填筑标准、防渗及抗裂等新材料和新技术的运用等方面有所阐述，基本反映了我国水利行业混凝土面板坝及沥青混凝土心墙坝发展、创新、超越的最新成果。期待本论文集可以为全国水利行业从业人员提供最新的资讯，激发创造力，推动我国水利工程技术进步向更好更新方向健康发展。

编者

2018 年 10 月

目 录

第二部分　沥青混凝土心墙坝类

第三部分　施工技术类

第四部分　科研监测管理类

第一部分　混凝土面板坝类

高混凝土面板砂砾石坝应用技术创新与发展

关志诚[1] 王志坚[2] 范金勇[3]

（1. 水利部水利水电规划设计总院；2. 新疆新华叶尔羌河流域水利水电开发
有限公司；3. 新疆维吾尔自治区水利水电勘测设计研究院）

摘　要： 在建的阿尔塔什水利枢纽工程面板砂砾石（堆石）坝坝高 164.8m，砂砾石基础覆盖层厚 93m，受变形影响的复合坝高已达 250m 级，大坝总填筑量 2725.4m³。工程地处高地震区，其坝体变形控制、大坝防渗体系的可靠性、抗震安全性等备受关注。与国际国内已建同类工程比较，该工程建设的部分关键技术已突破现行设计规范的适用范围，其物料设计与安全性标准、大坝变形控制综合措施、深覆盖层与趾板连接结构、抗震技术等处于世界领先水平。工程建设期技术领先与创新包括：较系统和全面研究砂砾料筑坝工程特性，进行了直径 1000mm 室内超大三轴试验、现场大型载荷与砂砾料密度试验；采用精细化分析方法和模型试验对高面板坝与砂砾石覆盖层连接防渗结构进行深入研究等；采用智能化施工管理系统，有效控制坝体填筑质量。

关键词： 砂砾石；建设；技术；标准；抗震；施工；创新

1　工程建设概况

阿尔塔什水利枢纽位于新疆南疆叶尔羌河干流山区下游河段、喀什莎车县霍什拉甫乡和克孜勒苏柯尔克孜自治州阿克陶县库斯拉甫乡交界处，是叶尔羌河上的控制性水利枢纽工程，坝址距莎车县 120km。坝址断面控制流域面积 4.64 万 km²，多年平均径流量 63.79 亿 m³。该工程是在保证向塔里木河生态供水 3.3 亿 m³ 的前提下，承担防洪、灌溉、发电等综合利用任务。工程为大（1）型 Ⅰ 等，水库总库容 22.49 亿 m³，设计洪水标准为千年一遇（洪峰流量 13540m³/s）；校核洪水标准为万年一遇（洪峰流量 18403m³/s）。正常蓄水位 1820.00m，水电站装机容量 755MW。枢纽工程由混凝土面板砂砾石（堆石）坝、1 号、2 号表孔溢洪洞、中孔泄洪洞、1 号、2 号深孔放空排沙洞、发电引水系统、水电站厂房、生态基流引水洞及厂房、过鱼设施等主要建筑物组成。拦河坝坝轴线全长 795.0m，坝顶高程 1825.80m，坝顶宽 12m，最大坝高 164.8m，上游坝坡为 1∶1.7，下游坝坡为 1∶1.6；混凝土面板坝直接建造于河床深厚（最大厚度 93m）覆盖层上；坝址区地震基本烈度为 8 度，大坝抗震设计烈度为 9 度，100 年超越概率 2% 的设计地震动峰值加速度为 320.6g。截至 2018 年 8 月底，大坝已填筑 115m，完成填筑工程量 95%；一期面板已于 2018 年 5 月完成，并展开防渗墙与趾板连接板施工。

2　工程建设难点及问题

阿尔塔什水利枢纽工程高面板砂砾石（堆石）坝坝高 164.8m，砂砾石基础覆盖层厚

93m，计入地基混凝土防渗墙复合坝高和考虑抗震安全防护等因素，大坝变形控制高度已达250m级。与我国已建同类工程相比，阿尔塔什水利枢纽高面板砂砾石（堆石）坝工程坝轴线长（795.0m），地基为V形深厚覆盖层，存在不均匀变形问题，工程地处较高地震烈度区。如何保证高面板坝抗震安全，如何改善蓄水期基础防渗墙、连接板与面板的变形协调和受力状况，如何预防低部位面板发生挤压破坏、避免由此而导致影响大坝安全的较大量级渗漏，将是所面临的重要的工程技术课题。

在复杂地基、地形、地震背景条件下，提出阿尔塔什水利枢纽工程建设质量控制与保障长期安全运用关键技术问题包括：大坝结构渗透稳定与防渗体系耐久性，挡水建筑物服务期的运行安全；大坝抗震性能与极限抗震能力；工程质量控制、设计新技术应用及成果有效性验证等。

上述内容均涉及工程安全保障体系建设、大坝变形与渗透稳定性控制，以及大坝基础防渗墙＋连接板＋面板基础趾板变形协调后仍具有防渗有效性的实现等。施工满足质量控制要求，才能明确回答工程建设具有安全性、遭遇灾害时风险的可控性。

3 安全保障的创新理念和控制要素

高面板坝建设的创新理念、设计和施工基本原则与控制要素包括：应进一步提高上游主堆石区整体压缩模量，以有效控制坝体变形，避免较低部位面板发生挤压破坏；减少坝体各堆石区模量比和上游面拉应变梯度，以控制运行期变形量；注重施工工艺与环节的过程控制，设置面板浇筑前预沉降期，保证坝体压实度和变形控制在施工过程中加以实现；分区砂砾石（堆石）颗粒级配应满足坝体渗流控制要求，并有效提高面板防渗体变形协调的适应性，防渗系统设计应考虑提高抗挤压破坏能力和连接结构适应变形能力；采取抗震措施以防止出现大级别震陷或导致面板塌陷局部失效；利用现代监测检测技术，及时反馈各类与施工质量和大坝安全运行信息等。

4 砂砾石料工程特性研究

4.1 筑坝料现场碾压试验及砂砾料大型密度试验

中国水科院岩土所承担了筑坝料现场碾压试验及砂砾料大型密度试验等。试验针对筑坝砂砾料进行了原级配现场大型相对密度试验和接近原级配的室内相对密度试验，研究了砂砾料的相对密度特性，确定了相应特征指标，并用于指导实际工程设计和施工质量控制。主要研究结论为：现场和室内试验的最大、最小干密度与P_5含量的规律是相同的；对于最大干密度，现场试验比室内试验要大，两者间的差值随模型级配料的替代量增大而增大，主要是由等量替代后缩尺效应引起的，对于最小干密度，现场试验结果室内试验结果间没有很明显的规律。据此，工程实际采用的筑坝砂砾料碾压标准的最大干密度和最小干密度应以现场试验结果为准，而室内试验的结果可用以验证现场试验结果的准确性。大坝的安全稳定与坝体填筑的密实程度直接相关，而确定上坝砂砾料的相对密度特性指标是保障施工碾压质量的前提。

4.2 超大三轴仪试验

基于阿尔塔什水利枢纽工程的重要性和建设难度，国内重点科研单位和大学进行多项工程应用专题研究。大连理工大学采用国际最大的超大三轴仪（直径1000mm、高2050mm），静态10000kN/动态3000kN，围压0～3MPa，进行了筑坝材料特性尺寸效应三轴试验和模型参数研究，已取得砂砾石坝料试验成果，参数已用于大坝静动力分析计算。

4.3 三维精细化有限元静、动力分析

高坝静、动力计算采用三维精细化有限元，动力计算分析最大网格尺寸小于2m，以模拟高面板坝面板和防渗墙的挤压破坏、损伤、开裂以及坝坡抗震措施效果等，可以精确模拟面板损伤演化，精确考虑了河谷复杂地形等。关于抗震研究：传统动力反应分析方法难以考虑大坝-两岸-地基-基岩的动力相互作用，可能低估大坝的极限抗震能力；针对近场地震动，采用波动输入方法开展数模分析（模拟地震波类型及入射角度，地基辐射阻尼，行波效应），总结近场地震作用下深厚覆盖层上高面板坝动力响应特性。通过现场大型载荷试验，得到了砂砾料的真实载荷P与沉降S关系曲线，由此确定了坝料的变形模量和强度特性参数，也为进一步进行坝料本构模型参数有限元反演分析提供了可靠的基础资料；对原级配砂砾料进行高应力下大尺寸的现场大型直剪试验，得到了能相对真实反映实际坝料剪切性能的剪切强度参数指标。针对深厚覆盖层建设高坝的不同抗震加固措施坝体的地震动力反应、地震永久变形、大坝不同抗震措施的有效性试验与分析计算。

4.4 大坝离心机振动台模型试验

南京水利科学研究院采用离心机振动台模型试验技术，研究了不同地震加速度、不同抗震措施情况下大坝的地震反应、地震变形和极限抗震能力。当覆盖层加速度放大系数约为1时，越往坝顶加速度放大系数就越大；随着基岩输入地震加速度的增加，坝体地震加速度放大系数呈减小趋势，坝顶沉降和坝顶沉陷率增大。地震引起坝坡变形主要是堆石料滚落、浅层滑坡和局部塌陷，且地震加速度越大，坝坡变形越剧烈，滑塌位置越低。在峰值加速度320.6g地震条件下，面板坝坝顶加速度放大系数约为2.6～2.8，坝顶沉降约为290～330mm，沉陷率为0.18％～0.20％。无抗震措施时大坝的极限抗震能力为0.45g，2层钢筋网加固时为0.5g，3层钢筋网加固时为0.55g。试验结果验证了工程抗震措施的有效性，即通过坝体较高部位加固措施可以有效减小坝顶地震沉降和提高坝坡稳定性。

5 大坝填筑标准与变形控制

5.1 填筑标准

阿尔塔什水利枢纽工程高混凝土面板砂砾石（堆石）坝填筑量约1230万m³、爆破堆石填筑量1040万m³，大坝典型剖面见图1。按现行设计规范规定，砂砾石料以碾压参数和相对密度（D_r）作为施工填筑质量控制标准，堆石料以碾压参数和孔隙率（n）作为施工填筑质量控制标准。砂砾石料相对密度$D_r \geqslant 0.90$，经现场砂砾石、堆石现场碾压爆破、大型相对密度等专门论证，对大坝填筑标准进行生产性碾压试验复核和验证，采用32t自行式振动碾可以满足砂砾石填筑区相对密度保证率要求。

5.2 原级配砂砾料利用

工程建设物料利用的特点是：采用C3料场全料，筛除60mm以上颗粒，获得垫层

料；筛除150mm以上颗粒，获得过渡料；这样既满足垫层、过渡、主砂砾料互为反滤保护关系，又节约了工程造价和便于施工。

垫层料的设计与填筑，既要满足过渡层与面板之间的变形协调关系，又要保证坝坡的稳定性及低压缩性。坝体垫层料设计水平宽度3m，要求最大粒径不大于60mm，小于5mm颗粒含量为30%～45%，小于0.075mm的颗粒含量少于8%，渗透系数控制在$10^{-3}\sim10^{-4}$cm/s，设计相对密度$D_r\geqslant0.9$。

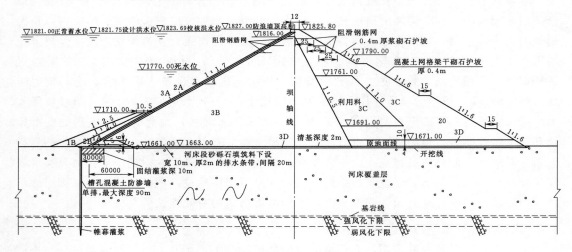

图1 大坝典型剖面（单位：m）

5.3 坝体变形控制

对于200m级以上高面板坝的变形稳定控制问题，目前的设计准则和相关标准基本适用。变形控制的主要对策措施是要充分了解和掌握筑坝材料的变形特性，解决好大坝两相邻分区材料压实性能差别大、几何形状变化剧烈处的不均匀变形等问题。工程运行检验表明，以砂砾石为主要填筑体垂直变形监测成果均小于堆石体30%～50%，坝体沉降统计值一般为最大坝高的0.4%～0.7%。

肯斯瓦特水利枢纽工程面板砂砾石坝（坝高129.4m），工程于2014年12月开始蓄水，坝体内部（坝轴线处）最大沉降量为37.8cm，截至2018年7月沉降量为38.8cm，变形量很小，目前已趋于稳定。卡拉贝利水利枢纽工程面板砂砾石坝（坝高91.0m），施工控制砂砾石填筑相对密度大于0.85，工程于2017年10月开始蓄水以来，截至2018年8月15日，坝前最高水位1756.21m，最大水头73.21m，坝体累计最大沉降量约20cm，已趋于稳定，坝后量水堰渗流12～18L/s。阿尔塔什水利枢纽工程大坝填筑采用相比上述两工程更大吨位振动碾施工，获得了大体积填筑体施工密实度的有效控制，截至2018年7月初，大坝砂砾料填筑区高程约1772.00m、爆破料区高程约1775.00m，砂砾料填筑区坝高约111m。监测断面坝基最大沉降变形为358mm；坝体砂砾料区监测断面最大沉降变形为274mm；坝体堆石与砂砾料过渡区监测断面最大垂直变形沉降量438mm。以上工程实践表明，随着施工设备与管理的进步，可以获得和实现高面板砂砾石坝变形的有效控制，为200～300m级超高坝建设提供技术支撑和安全理念。

已建的150～200m级面板堆石坝运行情况总体良好，堆石体沉降统计值为最大坝高的0.6%～1.2%，一般为坝高的1%。

6 面板防渗体安全保障设计

6.1 地基与面板连接段设计

基于对大坝变形控制的技术应用与实践检验，以现有的设计水平、技术标准和建设管理经验，建设深覆盖地基面板防渗体砂砾石（堆石）坝防渗体安全在技术上是可控的。阿尔塔什水利枢纽工程深厚覆盖层（93m）墙端与面板坝（164.8m）趾板连接与变形协调处理，是目前世界同类工程最高级别组合，坝基采用一道厚1.2m全封闭垂直混凝土防渗墙。关于防渗墙与趾板的连接，设计的重点是相关连接板结构形式要考虑其蓄水后适应地基与坝体变形能力；阿尔塔什水利枢纽工程面板坝考虑尽量减少连接板数量、采用适应变形嵌缝材料、结构上预留吸收变形空间、在防渗墙和连接板及趾板上采用表面敷设聚乙烯防渗板。

6.2 施工期监测及重点部位监测布置

目前系统性监测的工程资料较少。阿尔塔什水利枢纽工程施工期（截至2018年8月）坝基砂砾石层已沉降约39.0cm，已大于大坝砂砾石填筑体垂直沉降量，应密切关注蓄水后地基变形对大坝防渗结构安全性影响。根据察汗乌苏水电站混凝土面板砂砾石坝（坝高110m）运行期监测资料，工程建在厚约40m的砂砾石覆盖层上，运行期监测砂砾石覆盖层基础沉降约52cm，覆盖层垂直变形占覆盖层厚度的1.1%，防渗墙在竣工和蓄水期的垂直向位移都很小，竣工时和蓄水期顺河向位移分别为3.08cm和6.41cm，最大压应力分别为9.6MPa和13.85MPa；防渗墙和连接板、连接板与趾板间接缝的垂直变位最大值位于连接板与趾板之间为3.9cm，其余接缝变形均小于1.0cm。鉴于阿尔塔什水利枢纽工程大坝地基竖井揭示的砂砾石覆盖层相对密度约0.85，已开展专项研究，要进一步分析连接结构适应综合变形能力及安全性。

阿尔塔什水利枢纽工程大坝覆盖层深厚、建设条件复杂，大坝面板、趾板、连接板的挠曲变形监测可为今后分析和判断大坝运行性状提供直接依据。工程施工期补充和增加监测项目，在连接板一线4个断面基础上，又增设5个变形、渗流渗压监测断面；在一期面板（含趾板）增设安装一套SAA阵列式位移计，并取得初步监测结果，后续二期、三期混凝土面板将延续布设，结合后续监测，可进一步分析SAA阵列式位移计的系统精度对监测成果的影响，以及对混凝土面板坝挠曲变形监测的适用性。

6.3 河床深厚覆盖层防渗与地基加固处理

坝址深覆盖地层复杂，河床基岩面总体呈宽V形。坝址河床覆盖层自左岸向右岸逐渐加厚，基底坡角在16°左右，靠近右岸为一深切的古河槽，其底部宽约15m。覆盖层总体划分为：上层为全新统冲积含漂石砂卵砾石层（Q_4）；下层为中更新统冲积砂卵砾石层（Q_2），其分界面为河床普遍分布的一层似砾岩的砂卵砾石胶结层。

河床深厚覆盖层防渗处理采用混凝土防渗墙＋帷幕灌浆的形式。坝基的防渗混凝土防渗墙最大墙深93m，防渗墙厚1.2m，混凝土为C25W12，上部10m为钢筋混凝土。墙下进行单排帷幕灌浆。

连接面板下充填灌浆：混凝土防渗墙底部深入基岩，在运行期库水的作用下，防渗墙的垂直变形很小，相比河床覆盖层的变形则偏大。为了防止防渗墙与连接板接缝处的垂直变形大而影响止水系统的安全，对连接板的下部10m深度进行充填灌浆，提高其承载力，并有利于变形梯度分配。

6.4 防渗墙施工

采用接头管法，墙体连接部位呈圆弧形，有利于墙体与墙体之间铰接质量控制，浇筑过程中形成较薄的泥皮，有利于改善墙体应力状况。施工过程中严格控制各槽段成槽质量和孔斜。通过正电胶复合泥浆的现场试验配比研究和应用，有效解决了深厚砂砾石覆盖层中成槽固壁问题。

根据地质资料，坝基范围内Ⅱ岩组夹有多层缺细粒充填卵砾石层具极强渗透性，是主要的渗漏通道，造孔时泥浆会大量漏失，严重时会发生槽孔坍塌事故，采取的主要技术有：投置堵漏材料；采用单向压力封闭剂；预灌浓浆及泥浆平衡法。为检查混凝土防渗墙浇筑质量，按照《水利水电工程混凝土防渗墙施工技术规范》(SL 174—2014)的有关要求，沿轴线布设5个检查孔，采用注水试验、孔内取芯、墙体混凝土强度试验等进行检测。采用孔内注满水经24h观测，观察其下降速度，检查孔水面下降2～5cm，符合要求。孔内取芯检测，5个检查孔岩芯采取率93.3%～93.8%，岩芯呈均长柱状，取出的芯样结构密实、均匀完整，无混浆、夹浆现象，岩芯局部有小气孔，直径1～3mm。墙体混凝土强度试验：通过对芯样随机抽检混凝土强度和抗渗性能试验，检测结果混凝土抗压强度34.7～37.9MPa，抗渗等级W12。

7 大坝抗震标准与措施

7.1 抗震设计标准

阿尔塔什水利枢纽高面板砂砾石（堆石）坝工程抗震设防类别为甲类，抗震设计标准采用100年超越概率2%的地震动峰值加速度设计，同时，采用100年超越概率1%的地震动峰值加速度作为校核标准。即工程除按9度抗震设计烈度进行抗震设计外，还要对在遭受场址最大可信地震时，不发生库水失控下泄的灾变安全裕度进行专门研究。

地震区面板坝的安全超高应包括地震涌浪高度，地震设计烈度为8度、9度时，安全超高应计入坝体和地基在地震作用下的附加沉降。并根据最大震陷率和变形的不均匀程度等评价大坝及防渗体的抗震安全性，重点关注面板及接缝止水的抗震安全性问题，包括地震作用下面板脱空范围、面板的错位变形、挠度、集中挤压破坏以周边缝和垂直缝止水安全性等。按相关规范的要求，阿尔塔什水利枢纽工程地震附加沉陷采用1.65m。

7.2 极限抗震能力

高坝的极限抗震能力，目前没有统一的标准可参照，为此，中国水利水电科学研究院和南京水利科学研究院等单位结合紫坪铺、阿尔塔什等水利枢纽工程高面板（砂砾石）坝的极限抗震能力进行了探索和研究，初步提出了高面板坝极限抗震能力的评价方法。从坝坡稳定、地震永久变形、面板防渗体系安全、地基液化可能性、单元抗震安全性来综合分析大坝的极限抗震能力。

根据研究成果，阿尔塔什水利枢纽工程极限抗震能力评价指标为：坝坡稳定性（拟静力法、有限元法）$(0.6\sim0.65)g$，地震残余变形 $0.65g$，面板应力 $0.60g$，周边缝位移 $(0.60\sim0.65)g$，因此评价工程综合极限抗震能力为 $(0.60\sim0.65)g$。动力反应和地震残余变形是反映面板坝地震安全性的较为直观因素，与汶川特大地震中的紫坪铺水利枢纽工程混凝土面板坝相比，阿尔塔什水利枢纽工程坝顶最大反应加速度远低于紫坪铺水利枢纽工程混凝土面板坝实测反应加速度（大于 $1.5g$），其面板砂砾石坝震陷率 0.39% 也远小于汶川特大地震中的紫坪铺面板坝（0.65%）；工程按极限平衡法稳定分析，坝坡在各种运用工况条件下抗滑稳定安全系数均大于规范要求，不会发生失稳破坏，并有一定的安全储备。

7.3 抗震措施

考虑到高面板坝抗震安全性，为提高坝顶抗震性能，阿尔塔什水利枢纽工程高面板砂砾石（堆石）坝均增大坝体填筑结构规模。为降低坝顶地震力作用，坝顶宽度为 12.0m，上游坝坡为 1：1.7，下游坝坡为 1：1.6，下游平均坝坡为 1：1.89。根据抗滑稳定分析，在正常蓄水位遇 9 度地震情况下，下游坝顶局部出现不满足安全系数的表层滑弧。为增强坝体顶部的抗震能力，在上、下游坝坡高程分别为 1793.00m、1803.00m、1813.00m 布置 3 层阻滑钢筋网。为防止地震情况下造成破坏，适当提高坝壳料的压实标准，要求砂砾料的相对密度 $D_r \geqslant 0.9$，堆石料填筑孔隙率 $n \leqslant 19\%$；并加强混凝土面板、趾板及坝体各分区间及其与坝基和岸坡的连接。

8 结语

（1）阿尔塔什水利枢纽工程高面板砂砾石（堆石）坝各料区压实指标、面板混凝土性能指标、边坡安全系数等多取规范规定的上限值，基础结构措施有所突破。为满足工程抗震要求，坝顶宽度、下游平均坝坡、坝体较高部位抗震安全防护等均有所加强和提高。

（2）高坝设计与建设首先应避免在较低部位发生面板挤压破坏而导致的有害渗漏；其次是防止中坝段集中变形区发生严重挤压破坏而导致难以恢复其防渗功能；阿尔塔什水利枢纽工程高面板坝已有针对性采取填筑料变形控制、施工环节质量控制、改善面板及其周边缝结构构造措施及配置较有效的放空设施等。

（3）根据多年设计、施工、建设管理经验积累，目前我国面板坝设计技术和坝体施工质量控制已具备建设更高级别混凝土面板砂砾石（堆石）坝的技术条件。近期修建的高面板坝的硬岩堆石和砂砾石的压缩模量均可超 120MPa，施工采用的重型振动碾吨位、碾压遍数、体积加水量等措施已处在较高水平；再行提高坝体压缩模量，需进一步改善级配和减小孔隙率，或采用更薄的层厚以进一步增加压实功能。目前，阿尔塔什水利枢纽工程全断面填筑砂砾石区的相对密度基本一致，压缩模量相差不大，大坝运行期变形量基本可控。

（4）阿尔塔什水利枢纽工程建设周期较长，建设难度较大。基于目前对工程建设关键技术的认识，实施过程中存在的问题在所难免。应进一步加强全过程施工质量控制，加强现场监测与检验，加强工程应用科研试验研究，重视工程应用技术发展与创新。

参 考 文 献

[1] 关志诚. 水工设计手册（第二版） 第六卷 土石坝. 北京：中国水利水电出版社，2012.

[2] 水电水利规划设计总院. 2010 年论文集 土石坝技术. 北京：中国电力出版社，2010.

[3] 水电水利规划设计总院. 2011 年论文集 土石坝技术. 北京：中国电力出版社，2011.

[4] 关志诚. 砂砾石坝建设进展. 中国水利，2012，6.

[5] 刘大文，胡建安. 工程安全监测技术（2007）. 北京：中国水利水电出版社，2007.

[6] 国际大坝委员会. 混凝土面板堆石坝设计与施工概念. 王兴会，胡苏萍，译. 北京：中国水利水电出版社，2010.

堆石坝筑坝施工技术研究

何小雄

(中国水电建设集团十五工程局有限公司)

摘　要：本文简要回顾了堆石坝的发展历程，介绍了堆石坝填筑施工的关键技术及技术创新成果，包括提高坝体压实质量、连续均衡填筑施工、填筑质量控制新技术、上游垫层料固坡新技术、面板混凝土防裂新技术、坝料开采新技术、缺陷修复技术、坝基深厚覆盖层处理技术等，同时提出了未来堆石面板坝需要研究解决的关键技术问题。

关键词：面板堆石坝；施工技术；研究

1　概述

1.1　堆石坝发展历程

初期建设阶段（1950—1970 年）：20 世纪 50 年代，中国先后修建了一批土坝，坝高一般都在 50m 以下，坝型绝大多数为均质土坝或土质心墙砂砾坝，地基处理主要采用黏土截水槽或上游铺盖方案，基本上依靠人力配合少量轻型机械施工。进入 1958 年，各地建坝数量直线上升。同一时期柱列式混凝土防渗墙技术、槽段式混凝土防渗墙技术陆续成功使用，这对土石坝深厚砂砾层地基防渗处理是一大突破。进入 70 年代，土石坝施工技术进步明显：挖掘机开采、汽车运输在坝料填筑中逐渐占据主导地位，振动碾压逐步进入堆石料碾压领域。

这一段时期有代表性的碾压土石坝是松涛水库均质土坝（坝高 80.1m）、岳城水库均质土坝（坝高 53m）、毛家村水库心墙砂砾坝（坝高 82.5m）、密云水库白河斜墙坝（坝高 66m）、碧口水库心墙坝（坝高 101.8m）等。定向爆破堆石坝的代表是南水水库供水工程，坝高 80.2m；石砭峪水库工程，坝高 82.5m；已衣水库工程，坝高 90m。这一段时间也修建了一些抛填堆石坝，如猫跳河水电站二级混凝土面板堆石坝，坝高 47.8m，1966 年建成。

新时期发展阶段（1980—1990 年）：新时期土石坝施工技术的发展以重型土石方机械及振动碾等大型施工设备的成功实践为主要标志，使土质心墙堆石坝和混凝土面板堆石坝成为现代高土石坝的两种主导坝型。用振动碾薄层碾压可以得到密实而变形较小的堆石体，解决了混凝土面板堆石坝因抛填堆石的大量变形而导致的面板断裂、接缝张开和大量渗漏的问题，从而使这种坝型重新兴起。同时，振动压实可使爆破开采的堆石料全部上坝，也使大粒径的砂砾（卵）石填筑大坝成为可能，对软岩料也可用提高压实密度的方法弥补岩块强度的不足。振动凸块碾、平板振动器等压实工具也逐步得到应用，不断拓宽着适用防渗料的范围。振动碾的使用提高了土石坝的安全性、经济性和适用性。坝料无轨运

11

输的优越性和高效率使机车运输坝料的有轨运输方式逐渐消失。

这一段时期的代表性工程有石头河水库土石坝（坝高 114m）、鲁布革水电站风化料心墙坝（坝高 104m）、小浪底水利枢纽斜心墙堆石坝（高 154m）等。

1.2 高堆石坝建设阶段

进入 21 世纪以来，我国的土石坝建设成就举世瞩目。一批高土石坝、超高土石坝的相继建成和动工修建，标志着我国的土石坝施工技术已经进入世界先进水平的行列。截至 2018 年竣工和在建的 150m 以上的高土石坝共 21 座（我国已建在建 150m 高度以上混凝土面板堆石坝见表 1）。

高堆石坝施工所使用的运输车吨位和挖掘机、装载机斗容随填筑规模而增大，碾压设备大都采用了较大激振力的重型振动碾，冲击式压实设备开始应用。施工设备的配套选用更加科学规范。坝料使用规划、坝体填筑分区以及坝料加工技术水平有了明显的提高。测试手段和观测设备的埋设技术都有同步发展。混凝土面板堆石坝上游填筑护坡技术不断改进，陆续出现了几种不同的固坡形式。面板混凝土防裂研究不断深入并取得良好效果。施工面板前对坝体的沉降把握趋于理性。由于施工技术的进步，土石坝施工期的水流控制手段、深覆盖层地基处理水平都达到了一个新的高度。

表 1　　　　　　　　我国已建在建 150m 高度以上混凝土面板土石坝一览表

序号	坝名	地点	主坝坝型	坝高/m	完建时间（截至 2018 年）/年
1	双江口	四川	砾石土心墙堆石	314.0	在建
2	两河口	四川	砾石土心墙堆石	295.0	在建
3	糯扎渡	云南	砾石土心墙堆石	261.5	2017
4	长河坝	四川	砾石土心墙堆石	240.0	2018
5	水布垭	湖北	混凝土面板堆石	233.0	2008
6	江坪河	湖北	混凝土面板堆石	221.0	在建
7	三板溪	贵州	混凝土面板堆石	186.0	2006
8	瀑布沟	四川	砾石土心墙堆石	186.0	2009
9	洪家渡	贵州	混凝土面板堆石	179.5	2005
10	天生桥一级	广西、贵州	混凝土面板堆石	178.0	1999
11	卡基娃	四川	混凝土面板堆石	171.0	在建
12	黔中	贵州	混凝土面板堆石	162.7	2016
13	滩坑	浙江	混凝土面板堆石	161.0	2009
14	溧阳	江苏	混凝土面板堆石	159.5	2017
15	龙背湾	湖北	混凝土面板堆石	158.3	2015
16	吉林台	新疆	混凝土面板堆石	157.0	2005
17	紫坪铺	四川	混凝土面板堆石	156.0	2005
18	巴山	重庆	混凝土面板堆石	155.0	2009
19	小浪底	河南	壤土斜心墙堆石	154.0	1999
20	马鹿塘	云南	混凝土面板堆石	154.0	2010
21	董箐	贵州	混凝土面板堆石	150.0	2009

2 堆石坝施工技术研究

(1) 坝体填筑施工的技术研究。

1) 优选重型碾压设备，坝体压实质量逐步提高。近年来修建的 100～200m 级高混凝土面板坝，由于采用了大质量碾磙且激振力较高的振动碾以及相关配套措施，压实孔隙率已普遍优于 20 世纪末期发布的面板坝设计规范中建议的填筑标准。其中 200m 级几座高坝都控制在 20% 以内，在天生桥水电站（坝高 178m）的基础上降低了 2%。

苗家坝水电站，针对抗压强度大于 210MPa 的硬岩，研究采用了 32t 重型碾的压实技术，应用效果良好，实测干密度大于 2.22t/m³。

董箐水电站（坝高 149.5m），通过现场实验，在坝体上部 55m 范围内研究采用了冲碾碾压技术，堆积体总量 200 万 m³，效果良好。

2) 连续均衡进行坝体填筑施工。坝体全断面连续均衡上升，有利于减少坝体各部分之间的不均匀变形，提高坝体抗变形能力。随着高坝建设经验的不断积累，这一方面的认识日趋统一。

公伯峡水电站混凝土面板堆石积坝高 132m，共计完成各种坝料填筑 450 万 m³。平均填筑强度 30.05 万 m³/月，最大填筑强度 52.4 万 m³/月。坝体填筑施工由于采取了由上游向下游平起连续填筑的流水作业，以及对利用料存渣场的强化管理，采用新的质量检测方法，长面板一次施工等措施，实现了坝体均衡压实，协调变形的良好效果。施工期总沉降小于 0.5%。该项目也是我国高原寒冷地区混凝土面板堆石坝建设的一个成功范例。

3) 土石方调配动态平衡系统的开发和应用。优化的土石方调配方案不仅有利于降低施工成本、加快施工进度，还可以通过提高土石方的直接上坝率、减少弃料和料场开挖量等途径，也有利于保护生态环境。在以往的土石方调配实践中，多是凭借管理者经验进行规划和管理，存在一些考虑不周而影响工程进度和成本的现象，难以达到优化调配的效果。

水布垭水电站施工中开发了土石方优化调配与管理系统。通过在工程实践中的应用，实现了土石方调配的优化施工，保证了高强度、均衡的坝体填筑施工，最终实现了工程进度、质量、施工成本、环境保护等目标较为理想的效果。其中表现之一是，开挖料中的有用料几乎 100% 用于上坝，直接上坝率达到 86.23%。

溧阳抽水蓄能电站开发了混凝土面板堆石坝施工动态仿真系统。该系统能够真实地反映坝体施工过程，具有土石方动态调配、填筑模拟计算、机械配置优化、结果统计分析、填筑面貌动态显示、三维动画显示等多种功能。

4) 坝体填筑质量控制采用新的技术手段。附加质量法（又称激振波测量法），是检测堆石体密度是一种快速、无损检测新方法，能适用于不同粒径组成的堆石体。该方法在小浪底水利枢纽壤土斜墙堆石坝、洪家渡水电站面板堆石坝、水布垭水电站面板堆石坝、糯扎渡水电站心墙堆石坝等工程中运用的结果表明，测试精度能够满足堆石体密度检测工作需要，并能做到单元工程的全过程控制。

GPS 实时过程监控系统，对碾压机械行走轨迹及行进速度进行监控，实现坝体填筑碾压实时、连续和自动控制，良好的可视化界面，在减少现场施工和监理人员工作量、提高施工效率的同时，有效地保障了坝体填筑质量。水布垭面板坝、糯扎渡心墙坝等工程采用了这一监控系统。

全质量检测法（又称压实变形检测法）在洪家渡、泰安等水电站工程中用于填筑质量检测，效果不错。这是一种在坝料碾压后，按方格网测量节点部位的压实沉降量（取平均值），与事先试验率定数据对比，以检测碾压质量的方法。

K50法（K30）又称小型荷载板检测方法，它是一种检测土石料填筑质量的新方法，在公伯峡、湖北潘口等水电站工程中用于填筑质量检测，效果良好。K30、K50值是采用圆形钢板进行小型荷载试验得到的地基系数值。在坝料的碾压试验时，对不同的坝料分别进行干密度和K30、K50试验，经过对试验结果的统计分析，确定出满足设计密度（或压实度、孔隙率）等要求的K30、K50值，最终确定该种坝料填筑时的压实控制指标。

5）对坝体施工分期分区的认识明显提高。施工实践表明，坝体分期填筑其高差不宜过大，过大的高差不利于坝体的协调变形。为此按《混凝土面板堆石坝施工规范》（DL/T 5128—2009）的要求，坝体堆石区纵、横向分期填筑高差不宜大于40m。公伯峡水电站混凝土面板堆石坝等工程采取多种措施，实现了坝体全断面均衡上升的平起施工，水布垭水电站混凝土面板堆石坝分区最大高差为32m，洪家渡水电站混凝土面板堆石坝最大高差小于40m，三板溪水电站混凝土面板堆石坝经反复论证后，采用分区填筑高差最大为45m。水布垭坝采用先行填筑下游区的施工安排，这有利于提高坝体的抗变形能力。总之，填筑施工应尽量平起连续，可以后高前低。

有数座高于150m的高坝，在综合协调度汛、关键工期节点等因素前提下，采取相应措施，将坝体分期填筑高差尽量控制在较小幅度（30m左右）。面板分期施工时，先期施工的面板顶部填筑应有一定超高，这可减少后期坝体沉降对面板的不利影响。这一超高一般工程都控制在10m以上。对于超高坝，面板的顶部高程应低于填筑面20m以上。

6）混凝土面板堆石坝垫层料上游面固坡技术创新多、推广快。我国在面板堆石坝建设开初的一二十年里，垫层料上游面的固坡施工基本上采用的是削坡法，鉴于削坡法施工比较繁琐，加之雨季施工时，坡面会被流水冲蚀等原因，垫层料固坡希冀寻求更为经济、安全的施工方法。经过论证，公伯峡水电站工程在借鉴巴西筑坝经验的基础上，于2002年用自己研制的挤压边墙机实现了混凝土边墙固坡方法的施工。挤压式边墙施工法以其能够保证垫层料的压实质量和提高坝面的防护能力，以及施工简便等特点，很快得到了广泛认可，并迅速得到推广。截至目前，国内外已有近百座混凝土面板堆石坝采用了这项施工技术，水布垭水电站超高坝也在其中。

翻模固坡施工技术是采用带楔形板的翻升模板，锚固在垫层料中，垫层料初碾后，拔出楔形板，灌注薄层砂浆，再进行终碾，实现垫层料填筑与固坡一次成型，完成后即具备度汛挡水条件。该技术在吉林双沟混凝土面板堆石坝（坝高110m）成功应用。

移动边墙固坡技术是在我局新疆察汗乌苏面板坝（坝高110m）施工中首次研发并成功应用。施工时先将预制的混凝土移动边墙安置就位，在其内侧摊铺垫层料，碾压合格后进行第二层边墙的安置和垫层料填筑；边墙只安置三层，第四层边墙则是拆除吊装第一层墙体安设。随后采用反铲辅以人工削除三角多余体垫层料和进行坡面整理，坡面砂浆固坡视坝体上升速度协调施工。

（2）面板混凝土防裂技术研究。

1）面板施工时坝体预沉降期的选择更加理性。《混凝土面板堆石坝施工规范》（DL/T 5128—2009）提出：坝体预沉降期宜为 3～6 个月，面板分期施工时，其上部填筑应有一定超高，这是对面板坝施工经验教训的总结。

当前，对于预沉降期的控制还有几种不同做法作为辅助控制手段（双控制）：一是按面板顶部处坝体沉降速率 3～5mm/月控制；二是在对应坝体主沉降压缩变形完成以后（由沉降过程线可知），安排面板混凝土施工；三板溪水电站工程设计要求 5 个月的预沉降期，实际施工中的预沉降期达到 6～7 个月，并以浇筑前面板顶部处坝体沉降速率小于 5mm/月这两项指标进行控制。公伯峡坝面板开始施工时，预沉降期 4 个多月，且坝体处于次沉降压缩变形期。

2）提高混凝土质量的技术手段增多。对于面板混凝土的温度和干缩裂缝的控制，许多工程都在优化采用高效减水剂、引气剂、减缩剂、增密剂等外加剂外，还掺加聚丙烯类纤维或钢纤维、添加粉煤灰、硅粉等改性措施以改善混凝土的性能，混凝土配合比的设计水平不断有所提高，混凝土面板裂缝趋于减少，尤其是在严寒地区效果更为明显。

在积石峡水电站混凝土面板施工时，通过优选能提高混凝土极限拉伸值的外加剂、掺增密剂，优化配合比等措施，将混凝土机口坍落度控制在 2～4cm，并采用多种方式缩短混凝土的入仓时间，养护时采用温水养护，大大地减少混凝土收缩和干缩裂缝。面板裂缝共计 71 条，其中大于 0.2mm 的裂缝仅 4 条。

（3）因地制宜制定河道水流控制方案。进入 21 世纪以来修建的高坝，相当重视坝体施工中对河道水流的控制，各个项目都能根据环境和自身条件采取适宜的水流控制度汛方式，以期取得最优的技术经济效果。

公伯峡水电站工程充分利用上游水库协助调蓄洪水的条件，经两个水库联调等分析研究，对度汛洪水流量进行了调整，为全年高围堰度汛创造了条件，实现了基坑的全年施工，为坝体全断面平起、连续、快速施工奠定了基础，坝体变形较为均衡。积石峡水电站混凝土面板堆石坝（高 101m）基于同样的条件采取了全年高围堰度汛的方式。吉林台水电站混凝土面板堆石坝（高 157m）也采用了"围堰全年挡水，导流洞过水"的方式，上下游围堰均为土石不过水围堰，上游围堰最大高度 33m。苗家坝面板堆石坝，2008 年实施截流，采用围堰全年挡水度汛方式进行基坑施工和坝体填筑，围堰高度 28m。"导流洞过流、断流围堰、争取基坑全年施工"的度汛方式是 21 世纪以来，我国高土石坝建设的一个新特点。

（4）开采堆石坝料采用洞室爆破技术取得进步。通过专题试验研究和许多工程实践表明，在地形、地质和安全条件允许的情况下，采用洞室爆破也可获得合格的坝料。10 余年来，在精心设计和施工试验的前提下，许多高、中土石坝采用洞室爆破方式开采堆石坝料取得了较好的技术经济效果，如甘肃西流水、湖北鹤峰、云南林口、新疆恰甫其海、浙江珊溪、福建芹山、陕西涧峪、湖北陡岭子等水电站土石坝工程。

计算机模拟爆破试验方法已开始应用，洪家渡等水电站工程有益的探索和实践。

（5）混凝土面板坝重视实施有效的反渗排水。我国面板坝施工中曾出现过多次因下游水位高于上游水位而导致的反向渗水破坏垫层、固坡层甚至混凝土面板的事故，反渗问题的预防和处理引起了各方面的普遍重视。经过多年来的不断实践和经验总结，解决这一问题的方法已经成熟，有关要求也亦纳入相关规范中。消除反向水压的有效措施是在坝内设置自由或强制排水系统。强制排水系统排水能力应满足设计要求并确保正常运行，只有当上游铺盖填筑高程超过坝内最高反向水位时，排水设施方可封堵。

天生桥水电站混凝土面板堆石坝采用 2m×2m 钢筋笼反渗水压力井，经连通的钢管向上游自由排水，必要时结合井内抽排；洪家渡水电站混凝土面板堆石坝采用直径 150mm 花钢管外包纱网，埋设至ⅢB料区自由排水，取消了集水井，两者均取得了良好效果。

（6）高原高寒干旱条件下堆石坝快速施工技术取得突破。我国西部、北部多座沥青混凝土堆石坝和高混凝土面板堆石坝、土心墙堆石坝的建成和开工建设，为高原高寒区土石坝的快速施工进行了有益的实践，施工过程中还对施工人员的负面影响和设备效率的不利影响进行了研究分析，积累了丰富的高原高寒区施工经验。

（7）混凝土面板缺陷修复技术。面板混凝土裂缝的修复，根据裂缝的性质和规模一般采用下列三种方法处理：宽度小于 0.2mm 的裂缝可在缝表面涂水泥色聚脲弹性体防水涂料；宽度大于 0.2mm 的裂缝可采用水溶性聚氨酯化学灌浆，弹性环氧砂浆嵌槽处理；其他类型的裂缝采用复合密封止水板及三元乙丙复合板做表面粘贴封闭处理。

株树桥水库 1992 年竣工，是我国第一批混凝土面板堆石坝型的项目之一，水库运行后，大坝渗漏量较大。采用的修复方案是：对于周边缝的表面止水采用能适应较大变形的表面金属弧形止水；对面板与堆石体之间已有脱空现象，采用长斜孔水下斜孔灌浆，从坝顶往下在面板下面打几十米孔，最长到 100m，再灌水下柔性混凝土，辅助防渗。检测表明，灌注效果良好，达到了充填面板脱空部位和垫层料加密的要求。

三板溪水电站混凝土面板堆石坝坝高 185.5m，水库蓄水后发现渗漏量增大，通过检测确认位于一期、二期面板水平分缝处发生挤压破损。采用的修复处理方案为：对连续 12 块一期、二期施工缝有损坏的面板，对其表层翘起和剥落的混凝土凿除，并对凿除后的混凝土进行修整平直，然后采用强度等级为 C35、黏结剂的附着力为 1～2 级、水下黏结强度大于 2.5MPa 的 PBM 混凝土进行水下填补修复，回填混凝土表面布置一层双向 $\phi4@100$ 钢筋网，保护层厚度为 3cm。采用上述方法修复后，大坝渗流量明显减小。

（8）深覆盖层处理技术不断步上新台阶。用混凝土防渗墙、帷幕灌浆等手段进行一般深度覆盖层的防渗处理，我国已有多年的经验积累，20 世纪 90 年代以后，高坝深覆盖层处理技术水平快速提高，包括灌浆自动记录仪和 GIN 法控制技术，新型防渗墙用混凝土配比研制、冲击反循环钻机研制，防渗墙快速施工工艺研究及液压双轮铣的引进消化研制等。防渗墙的施工方法已由单一的钢绳冲击钻机发展为冲击反循环钻机、抓斗、液压铣槽机，创造了钻—抓、铣—抓、铣—抓—钻等新的施工方法。攻克了墙段连接拔管法的技术难关，最大拔管深度突破了 100m，我国的混凝土防渗墙施工技术已达到国际领先水平。

1）混凝土面板堆石坝深覆盖层基础面处理的主要方法。基础换填法：主要处理工艺方法如下：用挖掘机将覆盖层清除至较为结实砂砾石层（通过原位坑挖坑试验确定开挖深度，干密度指标要求大于等于设计值），然后在表面铺设一层过渡料，将基础面找平，再用 25t 以上重型振动碾碾压密实（碾压 6～8 遍），碾压完后检测覆盖层的干密度。达到指标要求后，在面上先分层填筑厚度垫层料，再填筑过度料，最后填筑主次堆石料。

强夯法：用挖掘机将覆盖层清除至较为密实的砂砾石层（通过原位坑挖坑试验确定开挖深度，干密度指标要求不小于设计值），然后在表面铺设一层过渡料，将基础面找平，再采用强夯机对基础面进行夯实处理，强夯处理完成后，挖坑检测地基层的干密度指标。达到设计指标要求后，先将表面用推土机整平，再用 25t 自行式振动碾碾压 6~8 遍。表面处理完成，并达到指标要求后，在面上先分层填筑垫层料，再填筑过渡料，最后填筑主堆石料、过渡料和垫层料。

2）防渗墙的施工。防渗墙施工时段应保证与基础处理、坝体填筑相协同。当坝体填筑后，随着坝体的升高，对河床覆盖层产生压力，势必导致河床覆盖层的变形，覆盖层变形后，必然对趾板、连接板、防渗墙产生一个附加荷载，导致趾板、连接板、防渗墙的变形，如果处理不当，可能会对防渗墙产生破坏，从而导致坝体在河床部出现漏水的情况，严重影响到大坝的整体安全。因此，在施工过程中，必须认真合理的安排好坝体填筑与趾板、防渗墙、连接板的施工时间，确保防渗体的安全。

3）局部无坚实基础倒坡的填筑处理方法及对坝体沉降的影响。以九甸峡水电站为例，九甸峡水电站大坝两岸坡非常陡峭，左岸坝坡设计开挖坡比为 1：0.1，趾板后坡坡比为 1：0.3，右岸坝坡设计开挖坡比为 1：0.2，趾板后坡坡比为 1：0.3~1：0.5。高程 2120.00m 以下两岸坡基本呈直立状，局部为倒坡；由于九甸峡水电站大坝是建在覆盖层上的，因此，建基面以上的倒坡是没有坚实基础的，不能采用浆砌块石或补浇混凝土进行倒坡处理，同时，由于边坡极高也不能采用削坡方式进行处理。

根据设计要求，九甸峡水电站大坝局部无坚实基础的倒坡采用低压缩料进行回填：在倒坡下采用低压缩料分层填筑碾压密实，在外侧形成顺坡后进行其他堆石体的填筑。建基面处理基本采用机械结合人工施工，先将表面清理整平，然后采用 25t 振动碾或小型振动碾将建基面碾压密实。机械不能进入的地方则采用人工夯实。坡面处理全部采用人工，将坡面上的坡积物、松动的石块等全部清理撬挖干净，达到设计要求为止。

3 未来堆石面板坝要研究解决的关键问题

（1）废弃料利用。随着高混凝土面板堆石坝的发展，对填筑坝料的要求越来越高，相应弃料增多，破坏环境，容易形成泥石流，且增加工程成本。积石峡水电站混凝土面板堆石坝坝体填筑几乎全部采用利用料填筑，效果良好。混凝土面板堆石坝在确保大坝变形要求的前提下，通过改善大坝分区、提高压实要求、加大断面等形式，尽量使开挖弃料得到合理利用，已降低成本，保护环境，达到节能减排的目的。

（2）降低混凝土面板费用。混凝土面板作为面板堆石坝防渗体，为了使其达到防渗要求，在大坝压实标准要求、混凝土防裂、混凝土养护、变形缝止水、表面止水等方面费用较大，每平方米面板费用千元以上。尽管如此，大坝工后沉降引起的裂缝不可避免，导致大坝渗水量加大。可研究采用一种柔性材料作为防渗材料，和混凝土面板联合形成面板防渗体，混凝土面板仅作为护坡作用，对防裂要求降低。有可能降低混凝土面板费用，且提高防渗效果。

（3）数字化施工技术推广应用。该项技术通过在施工过程中配备综合检测系统、机载计算机报告系统、基于数字绘图的全球定位系统以及选择性反馈控制系统等设备，来实现对堆石坝过程质量状况实时监控，同时，还能通过对综合检测系统、记录的数据文档、控制系统所反映出的结果进行整合分析，及时合理的对施工工艺进行调整。数字化施工系统目前主要选用GPS技术实现对施工机械的引导和控制。该项技术已在水布垭水电站、瀑布沟水电站、糯扎渡水电站、长河坝水电站、两河口水电站、黔江水利枢纽、奴尔水利枢纽等工程取得了很好成果，随着我国水利水电工程的发展，该项技术具有很好的推广价值。

阿尔塔什水利枢纽工程混凝土面板坝筑坝砂砾料现场碾压试验研究

刘启旺[1,2]　王志坚[3]　杨正权[1,2]　孟　涛[3]　王查武[1,2,4]　王　龙[1,2]

(1. 中国水利水电科学研究院岩土工程研究所；2. 水利部水工程抗震
与应急支持工程技术研究中心；3. 新疆新华叶尔羌河流域
水利水电开发有限公司；4. 三峡大学水利与环境学院)

摘　要：阿尔塔什水利枢纽工程混凝土面板坝大坝复合最大坝高超过250m，进行现场碾压试验和配套相对密度试验，研究坝料的压实特性，以验证和确定填筑标准，综合确定合理的大坝施工碾压参数，对于保证大坝施工质量、控制大坝变形有重要意义。开展了阿尔塔什水利枢纽工程混凝土面板坝筑坝砂砾现场碾压试验，通过多工况对比分析，深入研究了碾压遍数、铺土厚度、洒水量等因素对坝料压实特性的影响规律，确定了筑坝砂砾料施工碾压参数，提出了指导实际施工的具体建议。

关键词：面板堆石坝；砂砾料；压实特性；碾压试验；洒水量

1　引言

阿尔塔什水利枢纽工程地处新疆喀什地区，位于塔里木河源流之一的叶尔羌河干流山区下游河段，是一座在保证向塔里木河干流生态供水目标的前提下，承担防洪、灌溉、发电等综合利用任务的大型骨干水利枢纽工程。阿尔塔什水利枢纽拦河坝采用混凝土面板坝坝型，最大坝高164.8m，面板坝直接建造于河床深厚覆盖层上，覆盖层最大厚度94m，大坝加上可压缩覆盖层深度，总高度达258.8m，大坝抗震设计烈度为9度，100年超越概率2%的设计地震动峰值加速度为320.6g。

阿尔塔什水利枢纽工程混凝土面板坝具有"高边坡、高地震烈度、深覆盖层"等特点，是一座300m级高面板堆石坝，坝体工程特性复杂，变形控制和抗震问题尤为突出。对大坝结构变形特性起关键性作用是筑坝材料的压实特性，尤其是在结构特性中起控制作用的主堆砂砾料（对于阿尔塔什水利枢纽工程混凝土面板坝而言），深入研究其工程特性及碾压标准很重要。另外，阿尔塔什水利枢纽工程混凝土面板坝主堆砂砾料采自现状河床，级配范围变化大，并且由于开采环境复杂（主要是含水量不同），加上运输等因素，造成初始含水状态不均匀，材料压实特性复杂。针对以上问题，有必要进行现场碾压试验，深入研究砂砾料压实特性，取得经济合理的碾压参数，这对确保施工顺利进行和大坝安全运行是非常重要的。

本文开展了阿尔塔什水利枢纽工程混凝土面板坝筑坝砂砾料现场碾压试验，通过多工况对比分析，深入研究了碾压遍数、铺土厚度、洒水量等因素对坝料压实特性的影响规律，并结合前期大型现场相对密度试验成果，确定了筑坝砂砾料施工碾压参数，提出了指导实际施工的具体建议，为工程建设和安全运行提供科学依据。

2 现场大型相对密度试验成果

  我国现行混凝土面板堆石坝设计规范和施工规范一般都采用相对密度作为砂砾料填筑标准，史彦文、郭庆国等认为相对密度能很好地反映砂砾料的密实度，能作为砂砾料的填筑压实标准，在工程实践中也多将相对密度作为控制碾压质量的标准。阿尔塔什水利枢纽工程面板堆石坝设计中，就是以相对密度 $D_r=90\%$ 作为填筑控制指标的。室内试验由于受密度桶尺寸和击实功能的影响，试验测试最大干密度值偏低，基于室内相对密度试验成果，现场实际检测中经常出现有相对密度大于100%的情况。因此，为了给现场碾压试验和后期施工碾压质量检测提供可靠依据，有必要在现场进行筑坝砂砾料原级配大型相对密度试验，确定不同级配（含砾量）土料的最大最小干密度指标。

  阿尔塔什水利枢纽工程筑坝砂砾料现场大型相对密度试验结果表明，含砾量为76.4%的土料最大干密度值最大，76.4%为其最优含砾量。根据不同级配（含砾量）土料的最大最小干密度指标，和相对密度定义［如式（1）］，可以得到相对密度 $\rho_d-P_5-D_r$ 三因素（见图1）。图1中体现了不同级配（含砾量）土料的最大最小干密度值和不同相对密度对应的绝对干密度值，可以作为评价砂砾料碾压质量的评价标准。

$$D_r=\frac{\rho_{d\max}(\rho_d-\rho_{d\min})}{\rho_d(\rho_{d\max}-\rho_{d\min})} \tag{1}$$

式中：D_r 为相对密度；$\rho_{d\max}$ 为最大干密度，g/cm^3；$\rho_{d\min}$ 为最小干密度，g/cm^3；ρ_d 为土的实际干密度，g/cm^3。

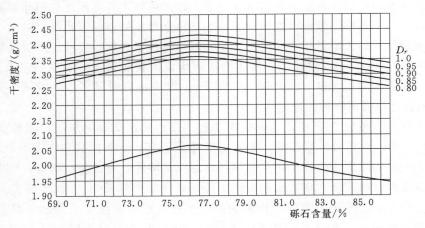

图1 筑坝砂砾料相对密度 $\rho_d-P_5-D_r$ 三因素图

3 现场碾压试验

3.1 试验场地和设备

  本次碾压试验场地选定在具有较为平整宽阔的砂砾石基础的大坝下游右岸河床。试验前，采用推土机和挖掘机将试验区域按场地要求尺寸整平，并用水准仪对试验场地的平整度进行控制。整平后采用32t振动碾以不大于3km/h的速度碾压，直到碾压2遍后全场平均沉降量不大于2mm为合格。现场试验碾压机械采用32t自行式振动平碾，同时配备有挖掘机、钢环等其他辅助试验机械及设备。

3.2 试验工况设计

试验总体分为不洒水和洒水两种情况。

不洒水工况，砂砾石料按三种铺土厚度、四种碾压遍数、一种行车速度进行碾压试验，三种铺土厚度分别为60cm、80cm和100cm，四种碾压遍数分别为6遍、8遍、10遍、12遍，一种行车速度，即2.7km/h左右，控制不超过3.0km/h，开强振挡行进。试验场地长10m，宽24m，分成四个区域，每个区域长10m，宽6m，具体布置见图2。

洒水工况，砂砾石料根据不洒水试验确定的80cm铺土厚度进行碾压试验，碾压遍数分别为10遍、8遍，洒水率分别为5％、10％和15％，一种行车速度，即2.7km/h左右，控制不超过3.0km/h，开强振挡行进。试验场地分成三个不同的洒水区域，每个区域长10m，宽6m，具体布置见图3。

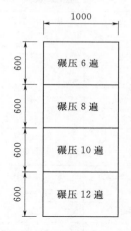

图2 不洒水工况试验场布置示意图（单位：cm）

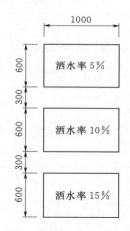

图3 洒水工况试验场地布置示意图（单位：cm）

初步试验完成后，还进行了复核试验，对初选的碾压参数进行复核，并确定最终指导施工的建议碾压参数。

3.3 试验过程

试验砂砾料采自C3料场，该料场位于现状河床，试料级配范围较广，具有代表性，可以作为试验料。试验面碾压合格后，依次对试验场地进行分区、上料和摊铺。在摊铺过程中，通过水准仪测量和试验场地边的标杆控制试验土料的摊铺厚度，铺土厚度满足要求后用振动碾对试验区域静碾两遍，然后用白石灰标记不同试验区间界限及各种分界线。

按照试验设计，先铺土厚60cm，分别在不同区域碾压6次、8次、10次、12

次，碾压完成后，采用灌水法结合含水率测试确定土的干密度，然后压实场地，再进行铺土厚度 80cm、100cm 以及洒水工况下试验。每个试验单元设置最少开挖四个试坑。采用筛分法进行土料颗粒分析，该项工作与干密度检测同步进行，一般从每个试验单元开挖的四个试坑中选取三个进行筛分。其中，5mm 及以上的颗粒筛分在现场直接进行，筛分粒径分别为 200mm、100mm、60mm、40mm、20mm、10mm 和 5mm，对大于 200mm 的粒料采用直接量测的方式，对于 5mm 以下土样进行取样送至实验室进行颗粒分析试验。

3.4 试验结果

由于基础试验数据较多，因此，选取两个试验工况结果作为示例展示（见表 1 和表 2）。对整体数据进行对比，剔除离散点后（级配曲线偏离设计级配较多），对每个试验工况各个挖坑取干密度及相对密度平均值（分别见表 3 和表 4）。从基本试验结果看，挖坑检测干密度值均位于图 1 中的最大最小干密度值曲线之间，表明前期现场定性相对密度试验成果可靠，可以作为碾压试验和实际施工质量控制的基础依据。受论文篇幅所限，挖坑检测土料级配曲线不予罗列。

表 1　　　　不洒水，铺土 80cm，碾压 10 遍，干密度检测结果表

试坑序号	干密度 /(g/cm³)	砾石含量 /%	最小干密度 /(g/cm³)	最大干密度 /(g/cm³)	相对密度 /%
1	2.348	74.680	2.052	2.417	83.341
2	2.283	68.460	1.958	2.350	85.341
3	2.329	74.430	2.048	2.414	79.503
4	2.367	77.300	2.060	2.427	85.772

表 2　　　　洒水率 10%，铺土 80cm，碾压 12 遍，干密度检测结果表

试坑序号	干密度 /(g/cm³)	砾石含量 /%	最小干密度 /(g/cm³)	最大干密度 /(g/cm³)	相对密度 /%
1	2.359	82.09	1.998	2.383	94.720
2	2.387	78.42	2.049	2.419	92.576
3	2.387	79.39	2.036	2.410	94.755
4	2.280	90.79	1.940	2.300	95.273

表 3　　　　　　　　　　不洒水工况干密度检测结果汇总表

碾压遍数	铺土厚度 60cm		铺土厚度 80cm		铺土厚度 100cm	
	平均干密度 /(g/cm³)	平均相对密度 /%	平均干密度 /(g/cm³)	平均相对密度 /%	平均干密度 /(g/cm³)	平均相对密度 /%
6	2.325	82.010	2.285	72.150	2.284	67.390
8	2.346	86.900	2.310	79.490	2.302	77.220
10	2.356	89.050	2.332	83.510	2.320	81.220
12	2.360	91.360	2.344	85.910	2.324	84.600

表 4 　　　　　　　　　　　　　洒水工况干密度检测结果汇总表

洒水率 /%	碾压 8 遍		碾压 10 遍		碾压 12 遍	
	平均干密度 /(g/cm³)	平均相对密度 /%	平均干密度 /(g/cm³)	平均相对密度 /%	平均干密度 /(g/cm³)	平均相对密度 /%
5	2.307	87.185	2.353	92.664	—	—
10	2.330	88.506	2.386	93.441	2.353	94.331
15	2.338	88.751	2.359	93.808	—	—

4　相关因素对坝料压实效果影响规律分析

4.1　压实质量评价指标和坝料级配控制

图 4 和图 5 分别给出了相同铺土厚度（80cm）情况下，碾压遍数与干密度及相对密度间的关系曲线图。整体而言，随着碾压遍数的增加，干密度和相对密度都呈增长趋势。不同的是，干密度的变化规律不明显，这主要是由于级配（含砾量）对砂砾料最大最小干密度的影响造成，即便在设计级配包线范围内，不同级配（含砾量）砂砾料的实际碾压干密度也有很大差别。相较于干密度，相对密度呈现出良好的规律性，结合前文叙述，以下主要以相对密度值作为规律分析的基本参考依据。

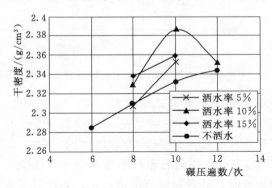

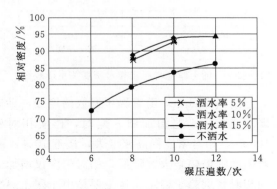

图 4　碾压遍数与干密度关系曲线图　　　　　图 5　碾压遍数与相对密度关系曲线图

相同试验条件时（见表 1），砾石含量偏小的 2 号坑砂砾料相对密度并不比同等试验条件下的其他试验坑砂砾料低。类似地（见表 2），4 号坑砾石含量最高，与试验最优含砾量（76.4%）偏差最大，已经超出了设计控制下包线，但其相对密度最大，超过 95%，远超设计填筑标准。砂砾料含砾量偏小或偏大，其抗剪强度都会降低。砾石含量偏小，砂砾石没有形成完整骨架，土料特性主要有细料特性界定，砾石含量偏大，细粒料填不满粗料空隙，并且压实作用力主要由粗料骨架承担，空隙中的细粒料得不到压实，这些都影响到砂砾料的抗剪强度。因此，尽管表 2 中的 4 号坑土料相对密度满足设计填筑标准，但是土料抗剪强却并不一定能够满足大坝变形控制这一核心要求。因此，还不能单纯以相对密度试验结果来考察大坝的压实质量，还要通过控制好上坝坝料级配来保障大坝的压实质量，确保大坝变形可控。

4.2 铺土厚度对压实特性的影响

不洒水工况下，不同的碾压遍数，砂砾料压铺土厚度与压实相对密度关系曲线见图6。图6表明，随着铺土厚度的增加，砂砾料的压实相对密度下降。这主要是由于振动碾的压实效果随料层的深度增大而减小，铺料厚度越厚，底部受到的压实效果越差，进而导致整体的干密度和相对密度值降低。不洒水时，只有在碾压12遍，铺土厚度为60cm时，砂砾料的碾压效果才能达到 $D_r = 90\%$ 的设计要求。可以推测，在不洒水的情况下，铺土厚度薄于60cm，同样碾压12遍，是能达到相对密度90%的设计标准的，但是过多的碾压遍数，过薄的铺土厚度显然是不经济的，说明在不洒水的情况下，难以实现施工的经济性。

4.3 碾压遍数对压实特性的影响

不洒水工况下，碾压遍数与压实相对密度关系曲线见图7。

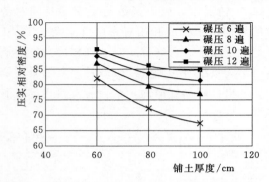

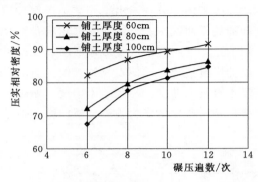

图6 铺土厚度与压实相对密度关系曲线图 　　图7 碾压遍数与压实相对密度关系曲线图

由图7可知，随着碾压遍数的增加，砂砾料的相对密度都是增加的。同一铺土厚度，碾压遍数从6遍增加到8遍时，压实相对密度显著提高，特别是铺土厚度为80cm与100cm，相对密度提高幅度大，接近10%。而从8遍增加到10遍，10遍增加到12遍，相对密度的增幅则大大降低，相对密度仅增加3%左右，说明随着碾压遍数的增加，砂砾料的相对密度趋于稳定。这主要是由于碾压遍数较少时，砂砾料堆有大量空隙，粗粒料形成的骨架空隙细粒料没有填充完全，振动碾压效果很好，随着碾压遍数的增加，砂砾料堆空隙被填充越来越密实，相对密度也将趋于稳定。

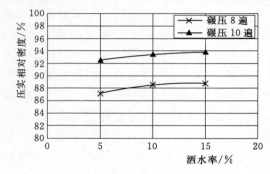

图8 洒水率与压实相对密度关系曲线图

4.4 洒水对压实特性的影响

对于砂砾料，通常是当含水量为零时，干密度值较大，稍增大含水量，干密度反而减少，直至曲线谷点，谷点后，干密度值随着含水量的增大又出现有增大的趋势（见图5和图8），相对密度随着洒水率的增加呈增长趋势，洒水工况下的砂砾料相对密度远远大于不洒水，洒水对砂砾料压实质量的影响非常显著。但是，当洒水率超过10%后，相对密度的增幅已不大，说明洒水率10％时已经将砂砾料浇透而接近饱水，再增加洒水量对压实相对密度的影响非常有限。洒水碾压8遍时，砂砾料的相对密度都没有达到90％的设计标准，而碾压10遍时，相对密度都大于92％，满足设计标准。

5　大坝施工碾压参数和施工控制建议

根据筑坝砂砾料现场碾压试验基本结果和相关影响规律分析，结合前期现场大型相对密度试验成果，建议筑坝砂砾料填筑碾压施工参数为：采用32t自行式振动平碾，铺料厚度为80cm，洒水10％，强振碾压10遍，行车速度控制在3km/h以内。

根据现有的现场碾压试验和现场大型相对密度试验结果可知，洒水对保证砂砾料碾压质量具有重要影响。考虑到阿尔塔什水利枢纽工程混凝土面板坝筑坝砂砾料料场实际情况，即料场多为现状河床，土料天然含水率不均匀，完全干燥土料储量相对较少，认为充分洒水对保证砂砾料碾压质量起关键作用，建议在实际施工中控制好坝料的洒水工作。

6　结论

本研究开展了阿尔塔什水利枢纽工程混凝土面板坝筑坝砂砾料现场碾压试验，通过多工况对比分析，深入研究了碾压遍数、铺土厚度、洒水量等因素对坝料压实特性的影响规律，并结合前期大型现场相对密度试验成果，确定了筑坝砂砾料施工碾压参数，提出了指导实际施工的具体建议。

（1）前期现场相对密度试验成果可靠，可以作为碾压试验和实际施工质量控制的基础依据。

（2）随着铺土厚度的减少或者碾压遍数的增加，筑坝砂砾料碾压相对密度增加，但增加的幅度逐渐减小；随着洒水量的增加，筑坝砂砾料碾压相对密度增加，但是当洒水率超过10％后，这一提升效果已不明显。

（3）基于现场试验成果，建议筑坝砂砾料实际施工碾压参数为32t自行式振动平碾，铺料厚度为80cm，洒水率10％，强振碾压10遍，行车速度控制在3km/h以内。

（4）考虑到阿尔塔什水利枢纽工程混凝土面板坝筑坝砂砾料料场实际情况，充分洒水对保证砂砾料碾压质量起关键作用，建议在实际施工中控制好坝料的洒水工作。

参 考 文 献

[1] 史彦文. 大粒径粗粒坝料填筑标准的确定及施工控制. 岩土工程学报, 1982, (4)：78-93.

[2] 郭庆国. 无凝聚性粗粒土的压实特性及压实参数. 大坝观测与土工测试, 1984, (1)：41-49.

[3] 郭林涛, 张龙. 水利水电工程粗粒土相对密度试验及应用研究. 水利与建筑工程学报, 2010, 8 (4)：155-158.

[4] 吐尔洪·吐尔地. 混凝土面板砂砾石坝现场碾压试验和大型相对密度试验研究. 中国水能及电气化, 2016, 135 (6)：58-63.

[5] 汤轩林, 赵继成, 易永军. 砂砾料相对密度试验方法在水利工程质量控制中的应用. 水利技术监督, 2016, 1：25-29.

[6] 郭庆国. 粗粒土的工程特性及应用. 郑州：黄河水利出版社, 1998.

强震区混凝土面板坝抗震技术的施工保障措施

付建刚

（中国水电建设集团十五工程局有限公司）

摘　要： 本文依托新疆卡拉贝利混凝土面板砂砾石坝大坝工程，主要从大坝砂砾石料料场复查、碾压试验、碾压参数控制、大坝纵横向接坡处理、边角夯压处理、土工格栅施工、挤压边墙混凝土施工等方面围绕大坝抗震要求，在填筑施工整个质量控制过程中，严格按照设计和规范标准化施工，经多方检测，质量均符合要求，为同类工程提供了可借鉴的经验。

关键词： 强震区；碾压；边角夯压；土工格栅；挤压边墙

1　工程概况

卡拉贝利水利枢纽是Ⅱ等大（2）型工程，水库总库容 2.62 亿 m^3，大坝为混凝土面板砂砾石坝，最大坝高 92.5m，为 1 级建筑物。工程区地震基本烈度为Ⅷ度，大坝采用 50 年超越概率 2% 的地震动参数值进行设计，相应基岩地震动水平向峰值加速度为 375.1g。

卡拉贝利水利枢纽工程由拦河大坝、溢洪道、两条泄洪排沙洞、发电引水洞及水电站厂房组成。大坝采用混凝土面板砂砾石坝，坝顶高程 1775.50m，最大坝高 92.5m，坝长 760.7m，坝顶宽度 12m。上游坝坡 1:1.7，下游坝坡 1:1.8，在下游坡设 10m 宽、纵坡为 6% 的之字形上坝公路。

大坝主要坝料为垫层小区料、垫层料、砂砾料、排水体料，垫层小区料 $D \leqslant 20mm$，垫层料 $D_{max} = 80mm$，小于 5mm 含量为 30%~47%，小于 0.075mm 含量小于 8%，渗透系数控制在 10^{-2}~10^{-3}cm/s，砂砾料采用 C3 料场全料，排水体料 $D \geqslant 5mm$，渗透系数大于 10^{-1}cm/s，各种坝料相对密度控制标准为 $D_r \geqslant 0.85$。垫层料上游坡面采取挤压边墙固坡技术，挤压边墙混凝土设计指标为强度 3~5MPa，弹性模量 3000~5000MPa，干密度不小于 $2.15t/m^3$，渗透系数控制在 10^{-3}~10^{-4}cm/s 之间。

坝 0+030.00~坝 0+650，高程 1750.00~1771.00m 范围下游坝坡设计有钢塑土工格栅，每 1.5m 铺设 1 层，格栅在下游边坡处翻卷，与上一个铺设层搭接 3m。

2　工程抗震设计思想的辨析

施工中照图施工是施工队伍的第一要务，但仅此远远不够，只有对设计思想和意图明晰了，施工才能自觉认真。正像中医诊病一样，只有识虚实寒热，才能辨表里阴阳。由于该坝地处强震区域，且为砂砾石坝，设计上采取了系列措施，施工中应该充分理解，做到完全自觉。

地震波形是两种，一种是纵波（弹性波）；另一种是横波（剪切波），横波破坏性最大。国际坝工界对地震时大坝破坏的现状分析的结果是，大坝在地震破坏时，坝高 2/3 以上破坏得最厉害；坝料由砂砾石填筑时，从材料力学角度看主要是摩擦力问题，要提高砂砾石料的抗震强度指标，主要提高压实干密度。这就要求施工过程中从料场的规划、开采、运输、摊铺、碾压等全过程科学、严密控制质量，满足规范和设计要求；挤压边墙的施工质量、垫层料的质量和压实、排水料的填筑质量、面板的浇筑质量等必须加强全过程质量控制。

设计要求在坝 0+030.00～坝 0+650，高程 1750.00～1771.00m 范围下游坝坡设计有钢塑土工格栅，基本是在坝高 2/3 以上，都是抗震加固措施的充分体现，施工中应认真细致完成。

基于上述认识，在卡拉贝利大坝施工中，以抗震为目标，从各个方面、各个环节科学化施工，加强管理，圆满完成抗震设计要求的各项工程任务。

3　料场复查和碾压试验

大坝填筑主料场为 C3 料场，复查面积为 149.3 万 m^2，按照 150m×150m 间距布置探坑共计 66 个，采用 1.8m^3 反铲开挖探坑，探坑深度 4.4～7.5m，覆盖层平均厚度 0.29m，有用层平均厚度 5.7m，有效储量 851 万 m^3，目测探坑断面无淤泥、细砂夹层、胶结层，人工在开挖探坑壁内刻槽取料进行筛析法测定颗粒级配，不均匀系数 $C_u = d_{60}/d_{10} = 158.33 > 5$，曲率系数 $C_c = d_{30}^2/(d_{60} \times d_{30}) = 8.49$，不在 1～3 之间，属于不连续级配砂砾料，小于 5mm 含量为 11.7%～29.7%，平均值 23.8%，含泥量（室内水洗法测定）为 1.98%～7.28%，平均值 4.3%，最大粒径为 300～400mm，大于 200mm 粒径含量为 5.31%。灌水法测定天然密度平均值为 2.12g/cm^3。

考虑大坝位于强震区，2015 年 4 月，按照料场复查的平均级配线，依据最新版本的《土石坝筑坝材料碾压试验规程》（NB/T 35016—2013）中"砂砾料原型级配现场相对密度试验方法"，对坝料进行原型级配（全级配）的相对密度试验。采用厚度 14mm 的钢板加工带底的密度桶 6 个，内径 1200mm，高度 800mm。试验场地采用推土机整平，22t 振动碾振动碾压 12 遍，达到基本不沉降，按照试验布置讲密度桶一字间隔摆放。试验用料的级配采用料场复查的平均级配线、上包级配线、上平均级配线、下平均级配线、下包级配线，考虑料场砾石含量的变化，另增加砾石含量 65% 的级配线。按照级配线采用筛分的 C3 料场各级配料配置试验用料，拌和均匀后四分法人工在密度桶内松填装料，距离桶顶 10cm 左右时停止，灌砂法测定不同砾石含量下的最小干密度，人工装料高出桶顶 20cm，桶四周填料，形成碾压工作面，用 22t 自行式振动碾，低振幅高频率、行进速度不大于 2.5km/h，在桶上振动碾压 26 遍，再定点微动碾压 15min，碾压后的桶顶超高控制在 10cm 左右，人工去除桶顶 10cm 高的砂砾料，灌砂法测定不同砾石含量下的最大干密度。进行平行试验，取两次试验结果的平均值作为相对密度试验结果，根据相对密度公式和试验结果，绘制砾石含量、干密度、相对密度三因素关系曲线，作为大坝填筑压实质量控制指标。

通过现场碾压试验，对铺料厚度 60cm、80cm、100cm 和碾压遍数 8 遍、10 遍、12 遍组合试验，每个组合取样三组，对试验结果进行组合分析，结果显示随着碾压遍数的增加，干密度增大；铺料厚度增加，干密度降低；碾压遍数增加，沉降量增大，符合一般规律。通过经济优选分析，选取碾压 10 遍，铺料 80cm，行进速度不大于 2.5km/h 作为砂砾料碾压参数。

4　碾压参数控制、接坡、边角夯压

大坝填筑严格执行标准化施工程序，分铺料区、碾压区、检测区流水线作业，各分区洒线、挂牌标识清楚。

铺料前先做铺料样台，坝面技术人员采用水准仪测量标高，反铲辅助完成，间隔 30m，方格网布置，控制坝面高程偏差不大于 10cm。

碾压区设专人翻计数牌监测碾压遍数，质量管理人员检查碾压速度、碾迹搭接宽度和长度、振动频率和振幅等。

检测区严格按照《混凝土面板堆石坝施工规范》(SL 49—2015) 要求的检测频次砂砾料 1000~5000m³/组，每个坑取样 800~1000kg，挖至结合层，灌水法取样检测干密度。

大坝采取分期导流，分期填筑，大坝填筑纵横向接坡严格按照规范要求进行，纵向接坡采取预留台阶法收坡，综合坡比不陡于 1∶3，预留台阶宽度为 1.2m，大坝填筑层层放线，反铲整理预留台阶边线，形成整齐的梯田状；同样，由于趾板工期影响，分期填筑时先进行大坝下游填筑，形成横向接坡，横向接坡同样采取预留台阶法收坡，预留台阶宽度为 1m。接坡施工时采取反铲挖除填筑层上一层的台阶，使碾压面搭接良好。

大坝填筑靠岸坡的部位采取反铲辅助人工处理粗粒料集中现象，采用 22t 自行式振动碾顺岸坡方向振动碾压 4m 宽，与正常碾压碾迹良好搭接，针对振动碾无法碾压到的岸坡部位，采取 3t 平板汽油夯夯压 10 遍；下游边坡采取超填削坡和下游坡面斜坡碾压的处理方式，保证碾压密实；上游垫层料碾压，为了保证碾压安全，采取振动碾距离挤压边墙预留 40cm，该部位采用 3t 平板汽油夯夯压 10 遍，通过现场夯压试验证明可满足要求。

5　土工格栅施工

由于大坝的抗震需要，设计单位在大坝下游坝体布设钢塑土工格栅，高程 1750.00~1771.00m 之间每间隔 1.5m 设置一层，共 15 层，计 41 万 m²。格栅铺设前进行原材料检测，合格后方可铺设，单卷格栅幅宽 6m，长 30m，施工过程中严格按照设计要求进行搭接，上下游方向搭接长度不小于 30cm，桩号方向搭接长度不小于 15cm，搭接部位采取铅丝间隔绑扎，上下游方向搭接部位平行绑扎两道，桩号方向绑扎一道，绑扎间隔不大于 15cm。

6　挤压边墙施工

垫层料上游坡面采取挤压式混凝土边墙施工技术，明显提高了垫层料的压实质量，简化了垫层料的施工工序，同时满足了临时度汛的要求。边墙挤压机型号为 BJY-40，击振力 1.3kN，振动频率 48Hz，成型速度 40~80m/h。边墙断面设计为不对称梯形，墙高 40cm，与垫层料厚度一致，上游坡比 1∶1.7，下游坡比 8∶1，顶宽 10cm，底部宽度 83cm。

要保证挤压边墙坡面平整，每层挤压墙线直面平，棱角分明，必须保证挤压边墙机施工行走轨迹范围内垫层基础面平整。施工过程中层层放线，每班配备 15 人进行靠近边墙 1.5m 范围垫层料整平，测量控制，间隔 15m 打桩挂线，整平后采用夯板夯压，平整度控制在±3cm 以内。用全站仪每 15m 放样并标示出挤压边墙机行走轨迹的内侧边线，作为施工时的控制线；挤压机就位后首先调整挤压机在同一水平面上，且确保其出料口高度为 40cm。混凝土罐车采用前进法卸料，速凝剂由挤压边墙机设置的外加剂罐边行走边向进料口掺加，速凝剂的掺加要连续和均匀。边墙混凝土施工后 3h 即可进行垫层料的卸料和摊铺。

7　结语

卡拉贝利混凝土砂砾石坝工程目前已下闸蓄水，监测资料显示，大坝主河床坝 0＋280 断面安装的电磁式杆式沉降仪显示最大沉降量为 147mm，该处最大坝高约 75.5m，最大沉降量占坝高的 0.2％，说明大坝填筑质量可控；抗震设计方案在施工中严格质量控制，落实施工保障措施，确保大坝抗震安全。

邓肯非线性模型的加卸荷准则
对计算结果的影响分析[*]

米占宽　李国英

（南京水利科学研究院）

摘　要：Duncan 非线性模型已广泛应用于土石坝的数值计算。加荷函数的选择是 Duncan 非线性模型的一个难题。由于卸荷模量和加荷模量相差悬殊（最大可达到 2 个数量级以上），计算结果随选用的加卸荷准有较大关系，从而使计算结果带有一定的任意性。目前一般采用 Duncan 等人于 1980 年提出的加荷函数，该函数在低应力和高围压条件下通常会低估体积模量，从而低估最小主应力和土体刚度，为此 1984 年 Duncan 等人又对最小体积模量进行了修正，在土石坝数值分析中通常认为 $E-B$ 模型较之 $E-\nu$ 模型更好一些。本文以马吉水电站混凝土面板堆石坝为例，比较分析了 $E-B$ 模型和 $E-\nu$ 模型的不同加卸荷准则对计算结果的影响，据此提出了相应的结论和建议。

关键词：Duncan 非线性模型；加卸荷准则

1　引言

由于 Duncan 等人的双曲线模型可以反映土变形的非线性，并且能通过弹性常数的调整在一定程度上近似地反映塑性变形；同时由于它是建立在广义虎克定律的弹性理论基础上，易于为工程界所接受；加之参数不多、物理意义明确，且只需通过常规三轴试验即可确定；再者适用于堆石料、黏性土和砂土等大部分土体，目前已成为土工数值分析中最为普及的本构模型之一。

加荷函数的选择是 Duncan 非线性模型的一个难题。由于卸荷模量和加荷模量相差悬殊（最大可达到 2 个数量级以上），容易引起两个严重问题：一是计算结果随选用的卸荷准则不同而不同，从而带有一定的任意性；二是当相邻两个单元模量相差悬殊时，刚硬的单元往往由于应力集中而发生受拉或受剪破坏。Duncan 等人于 1980 年和 1984 年分别提出了一个加卸荷函数，尤其是 1984 年对最小体积模量又做了一定限制，在土石坝数值分析中通常认为 $E-B$ 模型较之 $E-\nu$ 模型更好一些。本文以马吉水电站混凝土面板堆石料坝为例，比较分析了 $E-B$ 模型和 $E-\nu$ 模型的不同加卸荷准则对坝体应力变形尤其是面板应力变形的影响，在此基础上提出了相应的结论和建议。

---

* 基金项目：国家重点研发计划项目课题经费资助（项目批准号：2017YFC0404803）；中央级公益性科研院所基本科研业务费专项资金（Y317005）。

2 Duncan 非线性模型及其加卸荷准则简介

2.1 Duncan $E-\nu$ 模型

Duncan – Chang（1970）建议以双曲线拟合三轴试验的偏应力（$\sigma_1-\sigma_3$）与轴向应变 ε_a 的关系以及侧向应变 ε_r 与轴向应变 ε_a 的关系，在此基础上得出切线杨氏模量 E_t 和切线泊松比 ν_t 的按式（1）计算：

$$\left.\begin{aligned}E_t &= KP_a(\sigma_3/P_a)^n(1-R_fS_l)^2 \\ \nu_t &= \nu_i/\left[1-D\frac{\sigma_1-\sigma_3}{E_i(1-R_fS_l)}\right]^2\end{aligned}\right\} \tag{1}$$

$$E_i = KP_a\left(\frac{\sigma_3}{P_a}\right)^n \tag{2}$$

$$\nu_i = G-F\lg\frac{\sigma_3}{P_a} \tag{3}$$

$$S_l = \frac{\sigma_1-\sigma_3}{(\sigma_1-\sigma_3)_f} \tag{4}$$

$$(\sigma_1-\sigma_3)_f = \frac{2(c\cos\varphi+\sigma_3\sin\varphi)}{1-\sin\varphi} \tag{5}$$

式中：c、φ、R_f、K、n、G、F、D 分别为 8 个计算常数；P_a 为大气压力。

对粗粒料来说，$c=0$，同时考虑到粗粒料的摩尔库仑包线往往不是直线，采用下列公式计算内摩擦角 φ：

$$\varphi = \varphi_o-\Delta\varphi\lg\frac{\sigma_3}{P_a} \tag{6}$$

卸荷再加荷条件下的杨氏模量则按下式计算：

$$E_{ur} = K_{ur}P_a\left(\frac{\sigma_3}{P_a}\right)^n \tag{7}$$

2.2 Duncan $E-B$ 模型

Duncan 等人认为，$E-\nu$ 模型关于 ε_r 与 ε_a 间的双曲线假设与实际情况相差较多，同时使用切线泊松比 ν_t 计算也有一些不便之处。1980 年 Duncan 等人提出了 $E-B$ 模型[2]，其中 E_t 的确定与式（1）相同，只是以切线体积模量 B_t 代替切线泊松比 ν_t：

$$B_t = K_bP_a\left(\frac{\sigma_3}{P_a}\right)^m \tag{8}$$

B_t 与 ν_t 有如下关系：

$$\nu_t = 0.5-E_t/6B_t \tag{9}$$

2.3 Duncan 非线性模型应力应变关系

求得 E_t 和 ν_t 或 B_t 后，平面问题的增量型应力应变关系表达为：

$$\begin{Bmatrix}\Delta\sigma_x \\ \Delta\sigma_y \\ \Delta\tau_{xy}\end{Bmatrix} = \begin{bmatrix}d_1 & d_2 & 0 \\ d_2 & d_1 & 0 \\ 0 & 0 & d_3\end{bmatrix}\begin{Bmatrix}\Delta\varepsilon_x \\ \Delta\varepsilon_y \\ \Delta\gamma_{xy}\end{Bmatrix} \tag{10}$$

其中劲度矩阵系数为：

$$
\left.\begin{aligned}
d_1 &= \frac{E_t(1-\nu_t)}{(1-2\nu_t)(1+\nu_t)} \\
d_2 &= \frac{E_t\nu_t}{(1-2\nu_t)(1+\nu_t)} \\
d_3 &= \frac{E_t}{1+\nu_t}
\end{aligned}\right\}
\tag{11}
$$

或者

$$
\left.\begin{aligned}
d_1 &= \frac{3B_t(3B_t+E_t)}{9B_t-E_t} \\
d_2 &= \frac{3B_t(3B_t-E_t)}{9B_t-E_t} \\
d_3 &= \frac{3B_tE_t}{9B_t-E_t}
\end{aligned}\right\}
\tag{12}
$$

2.4 加卸荷准则

1980 年 Duncan 等人采用 E-B 模型编制的用于土石坝计算的 FEADAM 程序中，采用以应力水平 S_l 是否大于历史上的最大值 $S_{l\max}$ 作为卸荷准则。1984 年版本中又做了如下修正：

（1）用应力函数 $S_s=S_l\sqrt[4]{\sigma_3/P_a}$ 取代 S_l 作为卸荷准则。

（2）S_s 大于历史上的最大值 $S_{s\max}$ 时用加荷模量 E_t，S_s 小于历史上的 $0.75S_{s\max}$ 时用卸荷模量 E_{ur}，介于两者之间时则用 E_t 和 E_{ur} 内插。

（3）当 σ_3 减小时，上述公式中的 σ_3 一律用历史上的最大值 $\sigma_3^{\max}$。

近年来国内很多科研院所和高等院校均编制了有限元程序用于土石坝数值分析，一般均采用上述加卸荷准则。在编制程序时，为构建 E-ν 模型和 E-B 模型统一的矩阵格式，一般采用式（11）的应力应变关系式，即在采用 E-B 模型进行数值分析时，在求得体积模量 B_t 后再通过式（9）进行转换求得切线泊松比。此时通常不对 B_t 进行修正，导致各家单位的计算结果有较大差别，实际上 1984 年 Duncan 等人分析认为在非常低的应力水平和高应力情况下，通常会低估体积模量，从而使得计算得到的泊松比过小，又对最小体积模量限制如下：

$$
\left.\begin{aligned}
B_{\min} &\geqslant \frac{E_t}{3}\left(\frac{2-\sin\varphi}{\sin\varphi}\right) &\quad \varphi &> 2.3° \\
B_{\min} &= 17E_t &\quad \varphi &\leqslant 2.3°
\end{aligned}\right\}
\tag{13}
$$

即限制泊松比的最小值为：

$$
\nu_{\min} = \frac{1-\sin\varphi}{2-\sin\varphi} \qquad \varphi \geqslant 2.3°
\tag{14}
$$

式（14）为单调递减函数，当 $\varphi=2.3°$ 时，$\nu=0.49$；当 $\varphi=90°$ 时，$\nu=0.0$；一般堆石体的 φ 不会超过 $50°$，此时 $\nu=0.19$，为保证刚度矩阵为正定，需对 ν 限制为：$0<\nu\leqslant 0.49$。由此可以看出，当采用 E-B 模型计算时，泊松比最小值限制为 0.19，而采用 E-ν 模型计算时，泊松比最小值限制为 0.01，由此必然导致 E-B 模型计算得到的沉降偏

小，水平位移偏大。

3　马吉水电站混凝土面板坝三维有限元应力变形数值分析

本节分别采用邓肯 $E\text{-}B$ 模型和 $E\text{-}\nu$ 模型对马吉水电站混凝土面板坝进行了三维有限元应力变形数值模拟，比较分析了两种模型计算的坝体和面板应力变形的差异，在此基础上分析了产生差异的原因。其中面板和垫层间接触面模型均采用 Desai 薄层单元双曲线接触面模型。

3.1　马吉水电站混凝土面板坝工程概况

马吉水电站水库正常蓄水位 1570.0m，死水位 1500.00m，总库容 46.56 亿 m^3，混凝土面板堆石坝方案拦河坝最大坝高为 275.5m，工程为一等大（1）型工程。

（1）坝料分区及断面设计。面板堆石坝坝顶高程 1575.50m，河床段趾板底高程 1300.00m，最大坝高为 277.5m，坝顶长 683.00m，坝顶宽 14.00m；坝顶上游侧设有 L 形防浪墙，防浪墙顶高程 1576.70m，墙底高程 1572.00m。拦河坝上游面坡比为 1：1.5；下游坝坡 1500.00m 以上采用 1：1.6，下部采用 1：1.5，下游坝坡每 50m 高度设有宽 5m 马道平台，下游综合坡比 1：1.6（见图 1）。

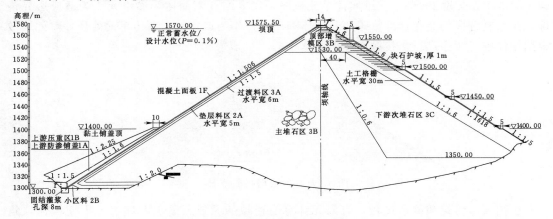

图 1　河床段坝体断面图（单位：m）

（2）填筑及蓄水过程。坝体填筑施工顺序见图 2。概述如下：

1）大坝分 6 期填筑。

2）面板浇筑：分为 4 期（高程分别为 1390.00m、1450.00m、1505.00m、1572.50m），其中第 1 期面板在大坝第 2 期填筑时进行；第 2 期面板在大坝第 3 期填筑时进行；第 3 期面板在大坝第 6 期填筑时进行；第 4 期面板在大坝填筑全部完成后进行。

3）浇筑面板时的填筑超高：第 1 期面板，填筑超高 50m；第 2 期面板，填筑超高 55m；第 3 期面板，填筑超高 67.5m。

4）蓄水过程：分为三个阶段，第 1 次蓄水在第 4 期坝体填筑时进行（此时，二期面板浇筑完成），水位由 1335.79m 上升至 1420.50m；第 2 次蓄水在第 6 期坝体填筑时进行（此时，三期面板浇筑完成），水位上升至 1500.00m；大坝竣工后，水库水位升至正常蓄水位 1570.00m。

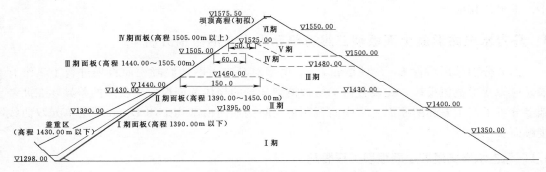

图 2　马吉面板坝施工顺序图（单位：m）

3.2　单元离散及施工、蓄水模拟方法

图 3 和图 4 分别为平面和空间三维网格图，其中 x 向表示坝轴向（自左岸指向右岸为正），y 向表示顺河向（自上游指向下游为正），z 向表示垂直方向。面板分缝间距，河床部位为 16m，两岸为 8m，在进行三维有限元网格剖分时为适应边界条件的变化，沿纵向增加了部分断面，但增加的断面不进行分缝，沿坝轴向共截取了 66 个断面，共剖分单元数 15403，节点数 20013，三维实体单元一般采用 8 结点六面体等参单元，为适应边界条件以及坝料分区的变化，部分采用三棱体和四面体作为退化的六面体单元处理，单元编号根据坝体施工顺序进行。接触面厚度为 0.1m。

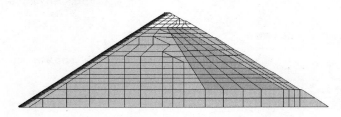

图 3　标准断面网格剖分图

根据大坝填筑和蓄水过程，有限元计算时模拟的填筑、蓄水顺序为：Ⅰ期坝体填筑（大坝填筑至高程 1395.00m）→Ⅱ期坝体填筑（大坝填筑至高程 1460.00m）→一期面板浇筑（高程 1390.00m）→Ⅲ期坝体填筑（大坝填筑至高程 1505.00m）→二期面板浇筑（高程 1450.00m）→初次蓄水：水位上升至 1420.50m→Ⅳ期坝体填筑（大坝填筑至高程 1525.00m）→Ⅴ期坝体填筑（大坝填筑至高程 1525.00m）→三期面板浇筑（高程 1505.00m）→二次蓄水：水位上升至 1500.00m→Ⅵ期坝体填筑至坝顶（高程 1575.50m）→四期面板浇筑→水位上升至 1570.00m。共分为 50 级进行模拟，其中坝体填筑分 30 级模拟计算，蓄水过程分 20 级模拟。

图 4　三维网格剖分图

3.3　计算参数

需要说明的是，马吉水电站混凝土面板坝作为 "300m 级高面板堆石坝安全性及关键技术研究" 依托工程之一，考

虑到试验得到的坝料模量较大，根据试验成果对 E-B 计算参数进行了调整，调整方法如下：垫层区料、过渡区料、增模特碾区的 K 值调整为试验参数的 0.80 倍，K_b 值调整为试验参数的 0.70 倍；上游堆石区、下游堆石区的 K 值调整为试验参数的 0.85 倍，K_b 值调整为试验参数的 0.75 倍。为保证调整后 E-ν 模型的泊松比变化同 E-B 模型一致，本文将 E-ν 模型中有关切线泊松比参数的调整方法如下：将 G、F 分别调整为试验值的 0.80 倍（垫层区料、过渡区料、增模特碾区）和 0.75 倍（上游堆石区、下游堆石区）。最后采用 E-B 模型、E-ν 模型参数见表 1。

表 1   **E-B 模型、E-ν 模型参数**

试样名称	ρ_d /(g/cm³)	ϕ /(°)	$\Delta\phi$ /(°)	K	n	R_f	E-B 模型		E-ν 模型		
							K_b	m	G	F	D
垫层区料	2.22	55.2	9.5	1248.9	0.35	0.56	782.4	0.19	0.304	0.104	9.46
过渡区料	2.20	55.9	10.7	1464.9	0.26	0.54	875.7	0.14	0.304	0.096	8.14
上游堆石区	2.17	55.3	10.6	1421.6	0.27	0.57	740.5	0.13	0.270	0.090	7.96
下游堆石区	2.17	53.6	10.1	1277.2	0.27	0.58	582.2	0.19	0.263	0.083	7.60
增模特碾区	2.20	56.0	11.3	1520.8	0.25	0.74	979.2	0.07	0.312	0.104	8.10

混凝土面板采用 C35 混凝土，按线弹性模型考虑，其弹性模量、泊松比和密度分别为 $E=31.5\text{GPa}$，$\nu=0.167$，$\rho=2.40\text{g/cm}^3$。

3.4　计算结果对比

（1）坝体变形。E-B 模型和 E-ν 模型计算得到的竣工期和蓄水期河床典型断面的应力变形计算结果（见表 2），计算结果对比（见图 5），限于篇幅仅给出蓄水期（系指蓄水至 1570.00m 高程）的图形。从上述表 2、图 5 可以看出：①由于 E-B 模型限制的最小泊松比之 E-ν 模型大，故前者计算的顺河向位移较大，而沉降较小。由此也导致后者计算得到的计算大主应力较大而小主应力较小；②在坝体上部的低应力区，两种模型计算值差别较小，但在坝体下部的高应力区，两种模型计算值差别较大，这主要是由于在高应力区域摩擦角较小，此时 E-B 模型所限制的泊松比较大所致；③坝体应力变形的极值变幅在 10% 之内，两种模型计算偏差较小，在数值分析中是可以接受的。

表 2   **坝料本构模型对坝体应力变形的影响**

统计项目		E-B 模型		E-ν 模型		变幅/%	
		竣工期	蓄水期	竣工期	蓄水期	竣工期	蓄水期
顺河向位移/cm	指向上游	−21.30	−2.30	−19.50	—	−8.50	—
	指向下游	28.10	37.50	25.60	36.30	−8.90	−3.20
沉降/cm		155.60	165.10	167.50	178.80	7.60	8.30
大主应力/MPa		3.80	3.97	3.82	4.04	0.50	1.80
小主应力/MPa		1.13	1.31	1.03	1.22	−8.80	−6.90

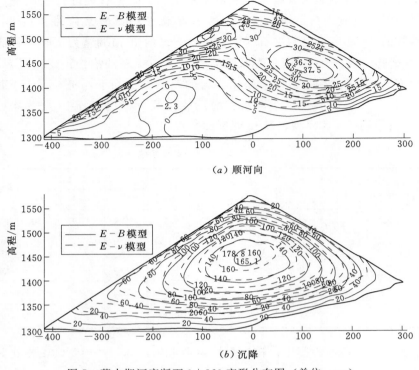

（a）顺河向

（b）沉降

图 5　蓄水期河床断面 0＋360 变形分布图（单位：cm）

（2）面板应力变形。$E-B$ 模型和 $E-\nu$ 模型计算得到的竣工期和蓄水期面板应力变形特征值（见表 3），计算结果对比（见图 6、图 7），限于篇幅仅给出蓄水期（系指蓄水至高程 1570.00m）的图形。计算结果表明：①由于 $E-B$ 模型限制的最小泊松比较之 $E-\nu$ 模型大，前者计算得到的面板坝轴向位移和顺河向位移略大，虽然前者计算得到的堆石体最大沉降较小，但前者坝体底部的沉降反而比后者大，由于面板最大挠度发生在面板的中下部，故 $E-B$ 模型计算得到的面板挠度反而略大；②由于两种模型计算得到的面板坝轴向变形和挠度相差较小，由此计算得到的面板坝轴向拉压应力和顺坡向压应力差别

表 3　　　　　　　　　　坝料本构模型对面板应力变形的影响表

统计项目		$E-B$ 模型		$E-\nu$ 模型		变幅/%	
		竣工期	蓄水期	竣工期	蓄水期	竣工期	蓄水期
坝轴向位移/cm	指向右岸	2.78	6.58	2.70	6.43	−2.9	−2.3
	指向左岸	−2.84	−6.19	−2.62	−5.53	−7.7	−10.7
挠度/cm		27.30	58.20	23.10	56.9	−15.4	−2.2
坝轴向应力/MPa	拉	−2.20	−4.51	−2.05	−5.02	−6.8	11.3
	压	6.52	14.10	6.25	13.00	−4.1	−7.8
顺坡向应力/MPa	拉	−0.55	−2.10	−0.80	−2.55	45.5	21.4
	压	11.40	7.89	9.83	8.59	−13.8	8.9

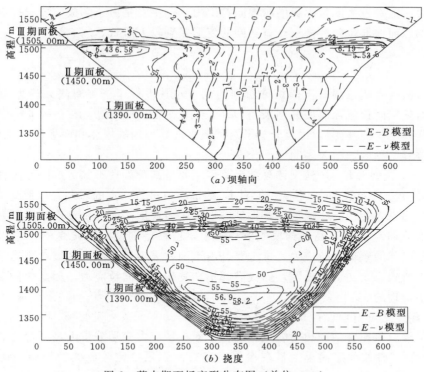

（a）坝轴向

（b）挠度

图6　蓄水期面板变形分布图（单位：cm）

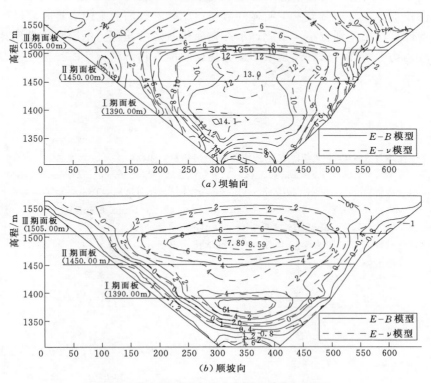

（a）坝轴向

（b）顺坡向

图7　蓄水期面板应力分布图（单位：MPa）

也相差不大，差别较大的是面板的顺坡向拉应力，这主要是由于面板顺坡向拉应力发生在面板的底部，而该部位两种模型计算得到的变形差别较大所致。

4　结论

本文以马吉水电站混凝土面板堆石坝为例，对其进行了三维有限元静力应力变形分析。面板与垫层间接触面模型分别采用 Desai 双曲线接触面模型，堆石料本构模型分别采用 $E-B$ 模型和 $E-\nu$ 模型，比较分析了两种模型计算得到的坝体和面板应力变形的差异，并分析了差异的原因。结果表明：

（1）$E-\nu$ 模型和 $E-B$ 模型计算结果差别主要是卸荷处理不同造成的，前者假定卸荷时不变 ν_t 不变，后者假定 B_t 不变，但对 B_t 的最小值进行一定的限制，以使 ν_t 不致过小。

（2）$E-\nu$ 模型和 $E-B$ 模型计算得到的坝体应力变形、面板坝轴向拉压应力、面板顺坡向压应力差别约 10%，在土石坝数值分析中，这种差别是可以接受的。差别较大的是发生在面板底部的顺坡向拉应力，这主要是由于两种模型在高应力区域计算得到的坝体变形差别较大所致。实测资料表明，面板底部不会发生顺坡向拉应力，因此两种模型的计算结果均是不合理的。

（3）《碾压式土石坝设计规范》（DL/T 5395—2007）条文说明 10.4.5 中，认为 $E-\nu$ 模型具有试验资料拟合不理想等缺点，应用于面板坝应力变形分析上是不合适的，同时认为 $E-B$ 模型"参数确定简单，且在参数确定方面积累了比较成熟的经验，使用简便"，故推荐采用 $E-B$ 模型。但实际上，$E-\nu$ 模型和 $E-B$ 模型均不能反映材料的剪胀特性，由于在低围压下，坝料通常会发生明显的剪胀，此时参数的确定两者具有同样的困难，加之两种模型计算结果差别较小，因此，不存在孰优孰劣的问题。由于两种模型计算得到的顺坡向拉应力均不合理，最好还是采用能合理反映堆石料剪胀特性的弹塑性模型进行数值分析。

参 考 文 献

[1]　沈珠江. 沈珠江土力学论文集. 北京：清华大学出版社，2005.

[2]　Duncan，J. M.，Wong，K. S. and Ozawa，Y. FEADAM：A computer program for finite element analysis of dams. University of California，Berkeley（Rep. No. UCB/GT/80 - 82）.

[3]　Duncan J M，et al. FEADAM - 84，A Computer Program for Finite Element Analysis of Dams［R］. Report No. UCB/GT/ University of California，Berkeley 1984.

[4]　朱百里，沈珠江. 计算土力学. 上海：上海科学技术出版社，1990.

混凝土面板堆石坝特殊工程地质问题研究

韦橄榄[1] 史明华[2]

（1. 中国水电工程顾问集团有限公司；2. 浙江省水利水电勘测设计院）

摘 要： 混凝土面板堆石坝两岸岸坡区的趾板是与其他坝型不同的较为特殊的工程结构。大坝的防渗系统在平面上是向上游凸出的折线形式，特别是在岸坡陡立的河谷坝址区，两岸岸坡区的趾板走向与河岸坡走向交角较小，至使岸坡区趾板地基呈"三角体"形式，存在渗漏、临空区稳定等与其他坝型完全不同的特殊工程地质问题；两岸趾板建基面的开挖有可能导致高陡边坡稳定问题，此为混凝土面板堆石坝特殊工程地质问题之首。深入研究混凝土面板堆石坝的三大特殊工程地质问题，是工程建设所必需的。对当前最流行的混凝土面板堆石坝某些技术问题和设计规范的质疑，正是为了更好地将此类坝型发扬光大跃升台阶推向极致。

关键词： 混凝土面板堆石坝；趾板；建基面；岩石风化；水力梯度；高陡边坡；帷幕；渗漏；稳定

1 引言

不同坝型对工程地质条件的要求是有差异的，其存在的工程地质问题也各有不同。例如重力坝和拱坝这类坝型，在坝基和（或）坝肩往往存在岩体受地质结构面控制的抗滑稳定问题，而在当地材料坝这类坝型中，坝基坝肩抗滑稳定问题就基本上不存在；又如当地材料坝这类坝型在坝址区没有天然地形垭口的条件下，往往要开挖岸边式溢洪道，可能存在岸坡大开挖后的高陡边坡稳定问题，而在重力坝、拱坝等坝型中就很少出现岸边式溢洪道高边坡稳定问题。一般来说，同类坝型存在的主要工程地质问题基本类似，但也有差异，例如重力坝与拱坝同为混凝土类坝型，但拱坝的坝肩岩体抗滑稳定问题就较重力坝更为突出；在当地材料坝坝型中，心墙坝的坝基防渗线路就较斜墙坝直观简洁，其防渗工程地质条件的评价差异明显。

坝工建设在实践中不断发展，与时俱进，坝型选择逐渐趋于定型化。例如，数十年前较为普遍的均质土坝，现在基本上再难以进入比选坝型的行列；支墩坝基本上业已被抛弃，20 世纪 50 年代在安徽省成功建设的佛子岭连拱坝和梅山连拱坝（支墩坝的一种），现在已成为绝版坝型；浆砌石坝被混凝土坝替代；黏土心墙坝逐渐被沥青心墙坝所替代；而混凝土面板堆石坝的兴起则使得黏土斜墙坝基本绝迹。现在和今后一个时期内，当地材料坝最具竞争实力的坝型基本定型为混凝土面板堆石坝或（和）沥青混凝土心墙坝。

混凝土面板堆石坝在中国的兴起自 20 世纪 80 年代起至今，其发展历程顺畅迅猛，被业界定性为起点高，发展快。30 多年来国内成功建设了大量混凝土面板堆石坝，积累了丰富的工程实例，同时，也提供了值得吸取教训的宝贵工程经验。混凝土面板堆石坝以其独特的工程优势和对坝址区自然环境的适应性，逐渐成为许多工程的首选坝型。正因为如此，深入认真研究混凝土面板堆石坝的工程地质问题，探索问题的解决方案，提出符合实际的地质建议，为今后的混凝土面板堆石坝勘测设计建设提供技术支撑，是有意义的，更是工程地质专业的责任。

本文所讨论的混凝土面板堆石坝的特殊工程地质问题，是指对于面板坝之外其他当地材料坝坝型并不存在或不太突出的工程地质问题，而所有当地材料坝类同的其他工程地质问题本文不多赘述。

混凝土面板堆石坝的特殊工程地质问题主要为两岸坝肩岸坡区的三大类工程地质问题：①岸坡区趾板边坡稳定问题；②岸坡区趾板地基渗漏问题；③岸坡区趾板地基在"水楔"作用下向临空区位移变形稳定问题。以上三大工程地质问题在混凝土面板堆石坝的勘测设计施工运行的全过程中都是至关重要的，但却基本上没有被广大工程技术人员所认识或重视，特别是对第②类和第③类问题的研究几乎还没有涉及，当然就更谈不上采取合理的工程措施予以解决了。为此，本文将就以上特殊工程地质问题展开讨论。

2 混凝土面板堆石坝岸坡区趾板边坡稳定问题

2.1 岸坡区趾板边坡的特殊性

混凝土面板堆石坝两岸坝肩趾板地基开挖，必然形成趾板以上开挖边坡，多数情况下都会存在边坡稳定问题，有的甚至形成高陡边坡稳定问题。其他坝型也存在坝肩开挖边坡，但都达不到混凝土面板堆石坝趾板边坡开挖这样的规模。例如拱坝和心墙坝，两岸坝肩仅开挖一个坝肩槽而已，即是重力坝也许坝肩开挖量稍微大一些，但无论如何也不可能达到混凝土面板堆石坝趾板边坡的开挖范围。换句话说，只有混凝土面板堆石坝才对两岸采取大范围大规模的边坡开挖，从而形成特殊的边坡稳定问题。显然，笔者将此类边坡稳定问题定性为混凝土面板堆石坝第①类特殊工程地质问题，并不牵强附会。

某混凝土面板堆石坝岸坡趾板区边坡大开挖见图1，为了修建趾板，在高陡岸坡区摆开了庞大的趾板地基开挖阵势，结果导致边坡失稳事故发生。此类工程的边坡问题十分突出，往往在发现问题严重再深入研究采取措施时，工程已陷入了被动状态！但也有例外，例如笔者在参考文献［4］中的一篇文章《混凝土面板堆石坝两岸趾板边坡问题研究》（第

图1　某混凝土面板堆石坝岸坡趾板区边坡大开挖

215～222页）就举出了趾板边坡工程优化减少开挖量的工程实例，并提出了边坡优化的技术方向供参考。此工程实例充分说明趾板边坡是可以优化的。

2.2 岸坡区趾板边坡设计的困惑

人们对混凝土面板堆石坝两岸趾板边坡问题的认识应该是深刻的，因为已建或在建的大量混凝土面板堆石坝工程实例太多，其教训可谓刻骨铭心。但是许多工程对于边坡问题的应对措施却令人大跌眼镜！看看那些施工现场，多数属于低水平低层次的大开挖，很少有人认真从根本上去深层次地思考这一问题的实质！参考文献［4］中将实质性问题的原因归结为趾板建基面的地质界定不准确和设计对趾板宽度的误解。多年来更为不可思议的是，设计规范的问题不被人们重视，一直在错误地指导设计，请看以下事实。

混凝土面板堆石坝是舶来品，其设计准则大多也是舶来的。美国权威专家库克关于"趾板宽度应满足水力梯度要求"的定性在工程概念上并不十分清晰，数十年来我们就是照搬照抄，基本上无人从物理意义和工程意义上对这个趾板宽度的规定进行认真研究和理论解释。笔者认为这就是导致趾板边坡大开挖的根本原因之一。《混凝土面板堆石坝设计规范》（SL 228—2013）第7.0.3条规定，岩石地基上的趾板宽度应按允许水力梯度确定，并给出了一个允许水力梯度表（见表1，即规范中的表7.0.3）。

表1   岩石地基允许水力梯度

岩石风化程度	允许水力梯度	岩石风化程度	允许水力梯度
新鲜、微风化	≥20	强风化	5～10
弱风化	10～20	全风化	3～5

表1基本上属于参考意义都不具备的废表。首先，表中第二行允许水力梯度不小于20，无穷大就符合不小于20的条件，这有可能是表述上的文字错误，不必追究。我们知道，岩石地基与水力梯度有关的第一要素是岩性，其次才是岩石的裂隙发育程度和风化程度，离开岩性谈岩石的风化程度是没有意义的。岩性好的强风化岩石的力学性质和水理性质都要好于岩性差的弱风化甚至新鲜岩石。例如强风化的正长岩、闪长岩、石英岩等硬岩类，要好于弱风化黏土岩、页岩等软岩类。又如砂性土的允许水力比降0.15～0.5，而长石花岗岩全风化后即成为砂性土，就是这个砂性土的水力比降，与表1中的全风化3～5相差一个数量级，能用吗？石灰岩经化学风化后（全风化）的残积红黏土黏性很大，允许水力比降可以达到4～6。由此可见，不同岩性在同一风化程度条件下抗水渗能力相差甚远，所以表1中这个不根据岩性更不根据岩体中最重要的裂隙发育程度而列出风化程度水力比降表，就基本上属于没有什么实质性意义的一张废表，因为你永远不知道这张表对应的是什么岩性，对照错了你设计的工程一定也是错误的。

当然，规范中还有一些关于岩石可灌性、趾板建基岩体性质等方面的错误表述，也可能误导设计，笔者在参考文献［4］的一篇文章中做了讨论。

2.3 岩石风化程度的非确定性对设计的指导意义

上节重点讨论了岩性才是决定允许水力梯度的第一要素，但即使明确了岩性，按风化程度来进行工程设计仍然是有问题的，这得从岩石风化的等级划分的非确定性说起。

　　岩石风化程度的评价、风化等级的划分和风化深度的确定大多采用工程地质定性方法，首先是岩性（多指岩石类别）；其次才是岩体结构、岩石颜色、矿物成分、破碎程度、掘进的难易程度等方面，通过综合分析才能确定。显然，此类定性评价划分方法具有随意性，受具体划分者自身的经验、知识结构、对工程的理解等主观因素的影响较大。例如同一现场岩性剖面由不同地质人员去作现场风化界线的确认，会得出不同的结果。尤其当在两个风化等级间存在着渐变关系的时候，划定分界线就更为困难。当然，采用一些对岩石地质性质较为敏感的物理和力学性质指标作为定量评价的依据，结合现场实际情况来划分岩石风化程度，是较为可取的。但是由于岩石的类型千差万别，影响岩石风化的因素也很复杂，各类岩石风化的速度和风化后的形态变化也不同，因此很难建立起一套统一的、定量的划分岩石风化程度的标准。

　　《水利水电工程地质勘察规范》（GB 50487—2008）列出了两个表来划分岩体的风化程度，以区分不同岩性的划分标准。对于灰岩、白云质灰岩、灰质白云岩、白云岩等碳酸盐岩类，风化带的划分是按溶蚀风化特征来定的，所以划分为表层强烈溶蚀风化带、裂隙性溶蚀风化带和微新岩体三大类，其中裂隙性溶蚀风化带又进一步细分为上带和下带。然而，碳酸盐岩类仅为众多沉积岩的一个大类，还有许多沉积岩类其风化带的划分仍然存在诸多困难；岩浆岩、变质岩的风化程度受地质构造地形环境影响更甚，某些部位表层就是新鲜岩石没有任何风化，而在某些特殊部位有可能风化带的厚度可达上百米量级。另外，岩石风化后的物理力学性质还与风化作用营力有关，化学风化与物理风化的区别显著，不考虑地质环境特点的风化带划分，也是有可能误导工程建设的。

2.4　趾板地基岩体透水性与水力梯度的关系

　　岩体中的裂隙有构造裂隙、卸荷裂隙、风化裂隙、层面裂隙、张性裂隙、剪性裂隙等等，都是岩体透水性的重要因素。另外，岩体透水性各项异性明显，基本上取决于裂隙的类别及性状。例如卸荷裂隙往往是张开的，其透水性极强，风化裂隙、张性裂隙、无充填裂隙等都具有很强的透水性；剪切裂隙一般面平直延伸长往往也是良好的透水通道。裂隙的宽度、发育密度、裂隙所处的地质构造部位，也都影响着岩体透水性。岩溶地区除了以上岩体裂隙的类别性状之外，还有岩溶的特殊性，其透水性质与裂隙岩体有本质区别。即是一些埋深很大的地下新鲜岩体，只要有裂隙存在，裂隙性渗水就存在。显然岩体透水性十分复杂，远不是按岩石风化程度就可以确定的。岩体水力梯度与岩体的透水性密切相关，在考虑趾板地基岩体允许水力梯度时必须参考岩体透水性。

2.5　趾板宽度设计的非标准性

　　国内外部分混凝土面板堆石坝坝高与趾板宽度对照见表2，从表2中能看出趾板宽度的规律性吗？好像就是设计人员随心所欲的随机行为。例如，以国内同为岩溶区的混凝土面板堆石坝水布垭水电站和天生桥水电站一级为例，最大水力梯度水布垭水电站为11，天生桥一级水电站为17，不知是依据的什么标准。表2能说明的是国外相同量级的混凝土面板堆石坝其趾板宽度普遍较国内的要窄，最为夸张的是哥伦比亚的格里纳斯坝（Golillas），120m量级的混凝土面板堆石坝其趾板宽度仅为3m，水力梯度超过38；国内相同量级的面板堆石坝趾板宽度是 4~10m。我国的混凝土面板堆石坝设计特点就是趾板宽度大，边坡开挖量大，然而没人能讲出是根据什么地质条件、按照什么原则来设计趾板宽度的，即便是罗列出了水力梯度准则依据，也从来没人研究和讲出他所选择的水力梯度的技术依据。按理来说，允许水力梯度与地质条件岩石性质直接有关，应该由地质工程师提出建议值供设计师考虑，但是没有一个工程的地质勘察报告提出过趾板允许水力梯度的建议值。与地质关系如此紧密的重要地质参数是设计自定的。

表2　　　　　　　　国内外部分混凝土面板堆石坝坝高与趾板宽度对照表

坝　名	国　名	完成年份	坝　高/m	趾板宽度/m
腊马(Rama)	南斯拉夫	1967	110.0	4.0
伐迪斯(Fades)	法国	1967	68.0	5.0
塞沙纳(Cethana)	澳大利亚	1971	110.0	3.0~5.3
劳查因(Rouchain)	法国	1976	60.0	4.0
小帕拉(Little Para)	澳大利亚	1977	53.0	3.7~
格里纳斯(Golillas)	哥伦比亚	1978	120.0	3.0
奥塔迪斯2(Outardes 2)	加拿大	1978	55.0	3.05
株树桥	中国	1990	78.0	3.5~5.0
龙溪	中国	1990	58.9	4.0~5.0
大河	中国	1998	68.0	3.0~5.0
天生桥一级	中国	1999	178.0	6.0~10.0
乌鲁瓦提	中国	2000	138.0	6.0~10.0
珊溪	中国	2000	132.5	6.0~10.0
黑泉	中国	2001	123.5	4.0~7.0
水布垭	中国	2010	233.0	6.0~20.0
玉龙喀什	中国	在建	229.5	6.0~12.0

任何一个设计方案的决策都应进行方案的比选过程。何况关系到工程施工难度与边坡开挖量的岸坡趾板宽度。然而实际中，设计上无理论依据，无计算公式，没有一本设计报告有趾板宽度的比选方案，规范仅给出一个水力梯度表（表1）还存在错误。当前的做法中相对可靠的方法是根据库克定义再类比一下已建工程，经验性地选取趾板宽度，也是存在问题的。

2.6　岸坡区趾板边坡设计的地质建议

关于岸坡区趾板边坡的稳定性评价，地质工程师的权威性应该是不容置疑的。但是地质工程师只有建议权，永远不能替代设计，这也是基本准则。学术界曾经激烈地争议过凡是与地质打交道的工程边坡、基坑、洞室、基础工程等均由地质工程师来做设计，并换个名称叫"岩土工程"，好像有点道理。因此，在工民建系统中还真有这种体制在成功运行，但是在水利水电工程中从来没有实现过，即使曾有人实施过但也不可能推而广之。《岩土工程规范》（GB 50021）开篇即声明不适合水利水电工程，原因就是水利水电工程自身的特殊性和复杂性与工民建工程相差较大，不是处在同一个等量级的可比工程。所以在水利水电工程中一直沿用水工设计和工程地质这样的传统专业定位，并未跟风改名换姓，是有行业专业特色根基的。

总之，在趾板边坡设计过程中，设计师与地质工程师认真沟通，互相理解专业意义，充分交底。只要设计师充分认识到地质工程师在边坡工程中的不可替代性，就一定能够从地质工程师那里找到边坡工程设计的真谛，这是正解。

3 混凝土面板堆石坝岸坡区趾板地基渗漏问题

通常，趾板地基都要考虑固结灌浆并通过帷幕灌浆来形成地下防渗系统。但是，混凝土面板堆石坝的两岸岸坡趾板地基是很特殊的"三角体"形态，垂直河床方向存在"临空"空间，是岸坡区岩体渗漏的最短路径（见图2）。在对岸坡区趾板地基作固结灌浆和帷幕灌浆时，浆液有可能从临空面泄漏至透水堆石坝体内；蓄水后，这个"三角体"就是最大的渗漏可疑区域。河床区趾板地基是半无限岩体空间体，岩体固结灌浆和帷幕灌浆都可以达到预期效果；而岸坡"三角体"区域与河床半无限区域显然有明显差别，不能相提并论。因此笔者将混凝土面板堆石坝两岸岸坡趾地基"三角体"的渗漏问题列为第②类特殊工程地质问题，依据也是充分的，因为在其他坝型中，两岸防渗区域都不可能形成混凝土面板堆石坝岸坡区的"三角体"形态。

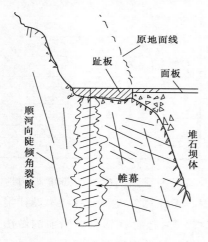

图 2　岸坡区趾板地基"三角体"示意图

在已建成的和正在建设中的混凝土面板堆石坝工程中，并没有多少人深入研究讨论过这个"三角体"区域的渗漏问题，设计方面并没有针对"三角体"渗漏区域设置监测点，当然也就没有监测资料证实该区域漏水或不漏水。见诸于公开发表的文献中，除了笔者的文章之外，再无针对此问题进行探讨的文字！但是，一些已建工程漏水量较大却找不到原因，笔者强烈建议就从"三角体"区域去考虑，一定可以找到真正的漏水区。

"三角体"是最大的漏水嫌疑区域，除了渗径最短之外，在地质上这个区域的岩体正是岸坡风化卸荷裂隙最发育、岩体破碎程度最剧烈、透水性最强的区域，在施工防渗工程时应该是最为关键的部位。趾板地基的防渗工程又是一个隐蔽工程，做得好一劳永逸，稍有不慎即可能留下工程缺陷，后患无穷。

地质上如何准确评价"三角体"区域的渗漏问题？该区域的防渗工程如何设计？施工工艺如何保证达到设计要求？这三方面都还大有探索空间，也可作为大专院校的研究课题。

4 混凝土面板堆石坝岸坡区趾板地基水楔变形稳定问题

两岸岸坡区趾板地基"三角体"形态区域的迎水面即帷幕上游一侧是水库，岩体中的裂隙特别是一些顺河向陡倾裂隙，蓄水后处于饱水状态，对于外侧临空的"三角体"来说，这些裂隙饱水后就是一个"水楔"；说得更夸张些，这个"三角体"还要承受库水推力，库水推力的大小为水库水位的全水头，全部作用在防渗帷幕上。也就是说，岸坡区趾板地基"三角体"除了存在前述的渗漏质疑之外，更重要的是在"水楔"作用下有向临空区位移的趋势，哪怕是极其微小的位移变形也足以导致渗漏量增加，甚至从根本上动摇趾板地基的稳定性和可靠性。另外，虽然这个"三角体"外侧并非真实"临空"，还有大坝堆石体的掩护，但是大坝堆石体相对于坝肩岩体而言仍然是一个可变形体，并非刚体，因此，坝肩岩体存在向"临空"面位移的趋势是必然的，决不可以掉以轻心。

由于"三角体"向临空区的变形趋势是裂隙水的"水楔"作用，导致的是地质体的变形与位移，所以笔者将此定性为第③类特殊工程地质问题，如有异议欢迎批判或讨论。

"三角体"在水库全水头作用下向临空空间位移变形趋势是存在的，但至今无人研究，也未有加固这一"三角体"的工程措施，可见这些问题一直被忽略不计。真实情况究竟如何？已建工程没有为此问题设计监测点，没有监测资料，很难说明这个"三角体"的稳定性一定有问题或一定就没有问题。那些渗漏量大的混凝土面板堆石坝如果找不到漏水点，也可以考虑一下两岸"三角体"在库水压力作用下产生微小位移开裂后顺裂隙的渗漏问题。

5 倾斜帷幕是解决三大特殊工程地质问题的可行方案

笔者在参考文献〔4〕所载文章《混凝土面板堆石坝两岸趾板边坡问题研究》中就提出了倾斜帷幕的解决方案（见图3），即改两岸岸坡区垂直防渗帷幕为向山体内倾斜的帷幕。倾斜帷幕首先可以最有效地截断岸坡区顺河向的陡倾裂隙，因为这种裂隙最容易被垂直灌浆孔漏灌；其次是可以有效地增加幕后岩体的厚度，有利于岸坡区"三角体"的稳定性；再次是对幕后"三角体"的渗径有所增加；最后，可以采取贴坡式折线趾板，有效减少岸坡趾板的水平开挖深度，从而有效缩减岸坡开挖范围和削坡工程量。

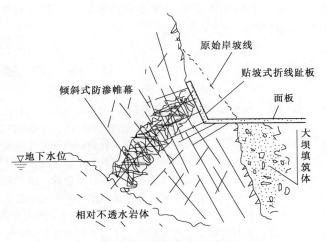

图 3 陡立岸坡区倾斜式防渗帷幕示意图

这样一来，倾斜帷幕对解决本文所述的三大特殊工程地质问题都有积极作用。

当然，倾斜帷幕也有不足之处，施工难度大于垂直帷幕，导致帷幕单价上升；贴坡式趾板在灌浆压力下存在抬动稳定问题，需要更多地采取锚固措施以抵抗灌浆压力对趾板的向外侧的推力；接近坝顶和河床区的倾斜帷幕需设置与垂直帷幕相连接的空间扭曲面渐变段，这会增加帷幕工程量。但是倾斜帷幕有不可替代的优点，对解决三大特殊工程地质问题有积极作用，权衡之后，完全可以接受倾斜帷幕的不足之处。

6 结语

混凝土面板堆石坝这种坝型面市以来，以其对坝址区自然环境的适应性和良好的工程性价比而逐渐成为当地材料坝大类中最具竞争力的一种坝型。我国 30 多年的建设和运行经验表明，总体上是好的，但仍然存在这样那样的工程地质问题，导致设计施工走弯路，有的甚至留下工程隐患。因此，针对混凝土面板堆石坝这种坝型深入研究其特殊工程地质问题，为工程设计建设提供基础技术支撑是必须的。

某些混凝土面板堆石坝两岸趾板高陡边坡稳定问题，一直是困扰设计师的心病，也是地质师评价较为困难的问题。较为可取的设计原则是，充分尊重自然地质环境，尽可能地少对边坡地质结构作人为破坏，采取窄趾板、倾斜帷幕等设计方案，可以有效地减少边坡开挖。关于两岸趾板地基"三角体"区域的渗漏和稳定问题，属于混凝土面板堆石坝的第②类和第③类特殊工程地质问题，也是已建工程的可能隐患，应引起工程界的充分重视。

科技进步和创新离不开质疑，质疑乃科学精神之核心。本文对当前最流行的混凝土面板堆石坝工程某些技术问题的质疑，对设计规范的质疑，也许错误百出，欢迎批评指正。笔者的感悟是我们搞工程对规范只是遵守不会质疑，对权威界定只是崇敬不敢超越，那么工程技术也就不能进步！两院院士潘家铮晚年有一篇著名文章《水利建设中的哲学思考》，在文章中他对自己亲自主持制定的大量设计规范做了深刻反思："规范妨碍了创新，给科技人员套上了枷锁。规范又为不思进取的人提供了保护伞，出了事，规范还可以作为辩护武器"。此为本文结束语。

参 考 文 献

［1］关志诚. 混凝土混凝土面板堆石坝筑坝技术与研究. 北京：中国水利水电出版社，2005.
［2］韦港，任重阳. 试论混凝土面板堆石坝对坝址区自然条件的适应性. 人民长江，1987 (12)：39 - 43.
［3］韦港，任重阳. 面板坝对坝址地质条件的适应性研究. 人民长江，2012 (19)：16 - 19.
［4］关志诚. 土石坝工程——面板与沥青混凝土防渗技术. 北京：中国水利水电出版社，2015.
［5］肖化文，等. 水布垭混凝土面板堆石坝趾板设计. 水力发电，2005 (6)：15 - 17.
［6］马国彦，林秀山. 水利水电工程灌浆与地下水排水. 北京：中国水利水电出版社，2000.
［7］潘家铮，何璟. 中国大坝 50 年. 北京：中国水利水电出版社，2000.
［8］潘家铮. 水利建设中的哲学思考. 中国水利水电科学研究院学报，2003 (1)：1 - 8.

寒冷地区混凝土面板接缝表层止水
破坏成因及新型止水结构

孙志恒[1]　李　季[2]　费新峰[3]　张思佳[1]

(1. 中国水利水电科学研究院；2. 国家电投集团青海黄河电力技术有限责任公司；
3. 青海黄河中型水电开发有限责任公司)

摘　要：本文介绍了建于寒冷地区的几座面板坝接缝表层止水破坏实例及成因。针对目前面板接缝表层采用锚固型止水结构容易出现冰冻破坏的现象，提出了面板接缝表层平覆型止水结构，即将 SK 手刮聚脲平铺在面板接缝的表面，与面板混凝土在同一个平面上。该结构已在青海纳子峡水电站和天津杨庄水库面板接缝表层止水中得到了应用。实践证明，面板接缝表层平覆型止水结构具有适应变形能力强、防渗效果好、耐老化、易于施工、美观的特点，可以有效避免库水结冰的影响，适用于寒冷地区混凝土面板堆石坝水位变化区面板接缝的表层止水。

关键词：寒冷地区；冰冻；面板接缝；平覆型止水

1　面板坝接缝表层止水破坏实例及成因分析

面板接缝表层止水结构普遍采用膨胀螺栓和扁钢压条将止水盖板锚固在混凝土面板和趾板上（简称锚固型）。但在寒冷地区冬季库区冰冻容易形成冰盖，因库水位的变化，冰盖会对面板接缝表层的锚固型止水体系产生较大的影响，甚至造成局部出现膨胀螺栓拔出而失去锚固功能的情况。

1.1　察汗乌苏水电站面板接缝止水情况

察汗乌苏水电站位于新疆巴音郭楞蒙古自治州境内的开都河中游，地处高寒地区，坝址区多年绝对最低气温为零下 30℃，其中冬季 11 月至翌年 2 月平均气温均在 0℃以下，水库冰封时段为 12 月至翌年 4 月。面板坝接缝采用锚固型止水结构，表层止水材料全部高出面板约 10～30cm。进入冬季后寒冷山区水库库区表面开始结冰，靠近大坝附近冰厚度可达 70cm，水库表面结冰以后冰与周围岩体、大坝面板以及面板上的止水紧密接触，库区表面完全封闭。受电网公司调度影响，察汗乌苏水电站冬季水位变化幅度最高可达 20m，水位变化导致库水表面的冰面在自身重力和水的浮力作用下上下浮动。在水位抬高的过程中冰面因浮力向上抬升，同时，在冰层冻胀作用下向大坝方向顶推，冰层面板表面凸起接缝止水产生挤压作用，对止水造成挤压破坏；在水位下降的过程中冰面因自重下沉，靠面板一侧的冰块将搭在面板表面，在随着库水位大幅降落最终会折断，与库冰脱离后的冰块会匍匐在面板斜坡面上，冰块在自重作用下有沿坡面下滑的倾向，冰块对面板及止水产生向下的拉力，如果冰块下部附着尖利的树根等坚硬物体，会对止水造成拉裂破坏；如果水位下降的速率较快，冰面急剧破裂，部分暂时滞留在面板及止水表面的冰块将处于悬空状态，在失稳下滑过程中会对止水产生冲击和挤压，对止水造成砸压破坏。

1.2 黑泉水库面板接缝止水情况

黑泉水库拦河坝为混凝土面板砂砾石坝，坝高 123.5m，混凝土面板周边缝长 645.96m，面板与防浪墙间水平缝长 438.6m，面板垂直缝 40 条。面板接缝均采用锚固型止水结构型式，运行 12 年来，面板接缝表层 GB 板损坏将日趋严重，且水位变化区损坏更为明显。检查发现，面板接缝部分 GB 板脱开或撕裂、扁铁压板撕裂变形、固定螺栓在冰块下滑力作用下被拔出或拉细拉长。主要原因是黑泉水库地处高寒地区，年冰冻期长达 5 个月以上，水库冰冻厚度达 10m，扁铁、固定扁铁外露膨胀螺栓头、GB 板与水库厚冰层结成密实的整体，在风浪的推动下撞击止水系统，当发电水位降低时，冰层下沉形成拉力，致使表面止水设施遭到破坏；扁铁、外露膨胀螺栓头、GB 板与水库厚冰层结成密实的整体时，因水位反复涨落，造成膨胀螺栓机械性疲劳，随着时间的推移接缝止水锚固系统失效；GB 板与面板表面未封闭，空隙中的冰长期、反复膨胀引起混凝土疏松，一定程度上导致膨胀螺栓失效，扁铁、GB 板脱开。

1.3 柏叶口水库面板接缝止水情况

柏叶口水库位于山西省吕梁市交城县会立乡柏叶口村上游约 500m 的文峪河干流上，控制流域面积 875km²，总库容 9712 万 m³，是一座以城市生活和工业供水、防洪为主，兼顾灌溉、发电等综合利用的中型水利枢纽工程，主要由大坝、溢洪道、泄洪发电洞和水电站等建筑物组成。水库大坝采用了混凝土面板堆石坝，最大坝高 88.3m。2013 年 9 月 30 日，通过下闸蓄水验收。水库坝址区冬季气候寒冷，多年平均气温 10.1～12.5℃，极端最高气温 37.5℃，极端最低气温 −42℃。大坝蓄水后经两个冬季，在长期水位变化区域内（2m），面板接缝锚固型止水出现不同程度的损坏。具体表现为：螺栓被拉断，角钢被拉弯，加筋橡胶板表面被撕裂，伸缩缝内部分 SR 填料局部受损，容易产生渗水，失去了止水作用，危及大坝安全运行。

另外，新疆和田河乌鲁瓦提水电站混凝土面板坝、大西沟水库混凝土面板坝等都出现过冰冻造成的止水结构局部破坏现象。由于面板接缝的止水结构体系在大坝的安全运行中占有重要地位，运行管理单位每年都要投入大量的费用对其进行修复。因此，研究适应寒冷地区气候特点的面板坝接缝表层止水结构，对提高大坝安全运行至关重要。

2 面板接缝表层新型止水结构

面板接缝表层新型止水结构——平覆型止水结构。SK 手刮聚脲作为表层止水材料具有拉伸强度高、延伸率大、与基础混凝土黏结好、耐老化性能好、耐冲击性能好等特点。为了减小冰冻对锚固螺栓的影响以及冰层对锚固螺栓的冻胀拉拔力，文献［4］提出了面板接缝表层涂覆型柔性止水结构，即将 SK 手刮聚脲涂覆在柔性填料和混凝土面板表面，通过 SK 手刮聚脲与混凝土面板之间的良好粘接来替代锚固型止水结构中的锚固螺栓及压条，该结构既可作为一道独立表层止水，又可保护下部柔性填料，是一种能对面板接缝实行有效全封闭的柔性表层止水技术。但面板接缝表层涂覆型柔性止水结构仍为凸起形式，受结冰时冰层挤压作用及库水位下降时，冰层下滑拖曳等综合作用的影响，仍然会造成 SK 手刮聚脲下部的柔性填料挤压变形。面板接缝表层新型止水结构见图 1，称为"平覆型止水结构"。为了减小面板表面结冰及化冰时，冰对接缝表层止水的破坏，该结构将面板接缝表层涂覆型柔性止水结构中凸起的形状改为平覆型，即将 SK 手刮聚脲平铺在 GB 柔性填料表面，与面板混凝土表面在同一平面，这样就可以有效地避免库水面结冰对面板接缝表层止水结构的影响。图 1 中 V 形槽顶部的 GB 柔性填料宽度为 L，V 形槽两侧的 SK 手刮聚脲与面板混凝土之间设置柔性胶结层 L_1 和刚性黏接层 L_2，柔性胶结层 L_1 是为了延长 SK 手刮聚脲的可参与变形的宽度。对于压性缝，L_1 取零；对于张性缝，最大张开位移 Δ 与坝高有关，一般 L_1 取 0～25cm。刚性黏结层宽度 L_2 是为了保证 SK 手刮聚脲与面板混凝土黏结牢固的黏结在一起，要求 $L_2 \geqslant 20$cm。

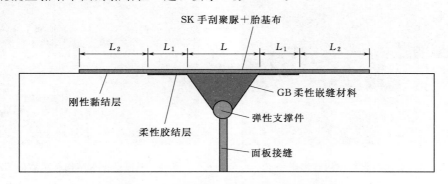

图 1　面板接缝表层新型止水结构图

　　SK 手刮聚脲在 GB 柔性嵌缝填料表面的涂覆厚度与库水位变化区的最大水位差有关，最大水位差小于 20m 时，SK 手刮聚脲涂覆厚度为 4mm；最大水位差 20～50m 时，SK 手刮聚脲涂覆厚度为 5mm；最大水位差 50～100m 时，SK 手刮聚脲涂覆厚度为 6mm。

3　平覆型止水结构应用实例

3.1　纳子峡水电站面板接缝表层止水破坏修复

　　纳子峡水电站位于青海省门源县，地处高海拔严寒地区，是大通河流域水利水电规划的 13 个梯级中第 4 座水电站。水库大坝为趾板修建在覆盖层上的混凝土面板砂砾石坝，最大坝高 117.60m，坝顶长度 416.01m。2016年 4 月中旬，坝前冰盖消融后对水库水面（水位高程 3192.00m）以上面板进行检查，发现接缝表面止水塑性填料不饱满，变形较为严重；防渗保护盖片存在沿两侧固定端撕开破损现象（见图 2）。面板接缝表面止水冬季水位变幅区破损原因主要是因为冬季面板上结冰形成冰盖，随库水位下降大坝面板接缝表面止水受冰层挤压、下滑拖曳等综合作用影响下出现变形和

图 2　水位变化区接缝表层盖板脱落

破损。

2017年采用了平覆型止水结构对水位变化区的面板接缝表层止水进行了全部更换。施工步骤为：剔除水位变化区接缝表层的压条、盖板及下部的塑性填料；接缝两侧混凝土表面打磨各30cm宽；V形槽内重新安装橡胶棒，并用GB柔性填料将V形槽填平，GB柔性填料表层宽$L=15$cm；压性缝两侧混凝土表面涂刷25cm（L_2）宽的刚性界面剂，L_1为零，刚性界面剂表干后涂刷厚4mm的SK手刮聚脲，聚脲中间复合了一层胎基布；张性缝两侧混凝土表面涂刷25cm（L_2）的刚性界面剂和5cm（L_1）的柔性界面剂，柔性界面剂的黏结强度与GB柔性填料相当，刚性界面剂表干后涂刷厚5mm的SK手刮聚脲，聚脲中间复合一层胎基布。施工现场见图3，施工后的情况见图4。

图3　平覆型止水结构施工现场　　　　图4　平覆型止水结构施工后的情况

2018年对处理后的面板接缝进行了检查，运行一年后水位变化区面板接缝表层止水结构无破损现象，平覆型止水结构抗冰破坏的效果显著（图5）。

3.2　杨庄水库面板接缝表层止水破坏修复

杨庄水库位于天津蓟县，挡水建筑物为混凝土面板堆石坝，由于冬天结冰，在冰拔的作用下造成水位变化区内面板接缝表层锚固型止水破坏（图6）。

图5　运行一年后面板接缝平覆型止水结构完好　　　图6　杨庄水库面板接缝止水破损情况

2013年采用了平覆型止水结构对水位变化区的面板接缝表层止水进行了全部更换处理。由于该面板运行时间较长，面板接缝变形已趋于稳定，随温度变化面板接缝变形量较小，张性缝与压性缝均取L_1为零。

施工工艺为：剔除面板接缝破损区的盖板及钢板压条，接缝两侧混凝土面及盖板接头打磨，接缝中间嵌填GB柔性填料基本与面板齐型，接缝两侧混凝土表面涂刷潮湿混凝土界面剂，与上下卷材搭接部分盖板接头表面涂刷BU界面剂，涂刷厚4mm的SK手刮聚脲，并SK手刮聚脲中间粘贴了一层胎基布。其修复后的情况见图7，运行两年后的情况见图8。目前经过5个冬天的运行考验，SK手刮聚脲与原盖板和接缝两侧混凝土基面黏结良好，水位变化区面板接缝表层止水无冰冻破损情况。

图7　面板接缝采用平覆型结构　　　　图8　水位变化区面板接缝修复
　　　　修复后的情况　　　　　　　　　　　运行两年后的情况

4　结语

通过对纳子峡水电站和天津杨庄水库水位变化区混凝土面板接缝止水全面更换为平覆型止水结构的运行结果表明，面板接缝表层平覆型止水结构具有表面防护可靠、适应变形能力强、防冰拔及冰冻胀挤压、防渗效果及耐久性好、易于施工、美观、经济效益显著等优势，适用于严寒地区混凝土面板堆石坝水位变化区面板接缝表层止水，可以有效防止冰拔或冰冻胀挤压引起的表层止水破坏，大大提高了面板接缝止水的可靠性，并且便于维修，值得推广应用。

参 考 文 献

[1] 魏祖涛，张佳，李志军. 寒冷地区面板坝接缝止水防冻害研究. 西北水电，2014（6）.
[2] 马正海. 混凝土模板接缝GB板损坏原因分析及处理措施. 高坝建设与运行管理的技术进展——中国大坝协会2014年学术年会论文集. 郑州：黄河水利出版社，2014.
[3] 张朝辉. 柏叶口水库混凝土面板堆石坝接缝止水破坏修复技术应用. 中国水能及电气化，2015（9）.
[4] 孙志恒，邱祥兴，张军. 面板坝接缝新型防护盖板止水结构试验. 水力发电，2013，39(10)：93-96.

黔中水利枢纽工程平寨水库
混凝土面板堆石坝沉降控制措施

吴 玮 张 健 李仁刚

（贵州省黔中水利枢纽工程建设管理局）

摘 要： 平寨水库大坝采用岩体完整、强度较高的灰岩筑坝，通过开展现场的碾压试验和引进智能碾压监测控制系统，有序推进分期、分区填筑和加强过程的质量控制，以及分阶段蓄水方式，有效控制了坝体的沉降变形。蓄水期坝体最大沉降量879.4mm，为坝高的0.56%，坝体总体沉降量为同类型150m以上超高坝体变形量最小，为超高混凝土面板堆石沉降变形控制提供借鉴依据。

关键词： 平寨水库；堆石坝；沉降

1 工程概况

黔中水利枢纽工程平寨水库坝址位于三岔河中游六枝与织金交界的木底河平寨河段，水库正常蓄水位1331.00m，总库容10.89亿 m^3 ，为Ⅰ等大（1）型水库。大坝为混凝土面板堆石坝，最大坝高157.5m，坝顶长355m，坝顶宽10.3m，坝顶高程1335.00m，上游坝坡为1：1.404，下游平均坡比1：1.536，坝体总填筑量520万 m^3 。

2 坝体填筑控制措施

2.1 优选堆石料源

堆石料料场位于坝址下游右岸，距坝址约1.5～2.0km，出露地层岩性为三叠系下统永宁镇组第三段（ T_1yn^3 ）灰岩，灰色薄至中厚层状结构，岩层呈单斜构造，岩体多呈弱～微风化。岩石颗粒密度平均值为2.745 g/m^3 ，块体密度平均值为2.705 g/m^3 ，岩石的干燥抗压强度平均值为69.42MPa，饱和抗压强度平均值为58.05MPa。岩体完整、强度较高，质量和储量均满足坝体填筑要求。

2.2 重视填筑碾压试验

2.2.1 主要填筑机械设备

采用SSR260全液压自行式振动平碾，振动碾自重26.7t，激振力416/275kN，振动轮静线荷载788N/cm，振动频率27/31Hz；50t自卸汽车运输，320HP推土机摊铺。

2.2.2 填筑参数碾压试验

在堆石料场高程1306.2m，选择了长76m、宽72.5m共5510 m^2 试验平台进行了两次现场碾压试验，试验按加水区域与不加水区域进行，经试验检测最终确定：铺料厚度80～100cm；碾压设备行走速度控制区1.5～2.0km/h；设备碾压行走错距不小于20cm；

填筑碾压加水量 17 左右‰；碾压遍数：上、下游堆石区 10 遍（静碾 2 遍，动碾 8 遍）、其他区域 8 遍（静碾 2 遍，动碾 6 遍）。

2.3 强化填筑过程控制

为加强堆石坝坝体碾压过程跟踪和质量控制，在振动碾滚轮加装了美国天宝公司研发的智能碾压监测控制系统，对铺层厚度、碾压遍数、错距、行走速度等碾压参数提供实现实时、全过程地记录和分析，及时提醒对部分漏碾或碾压不合格部位进行了重新碾压。

2.4 分期分序填筑

为了满足坝体拦洪度汛及一期混凝土面板浇筑要求，坝体采用三期Ⅶ序进行填筑，2011 年 12 月 30 日开展填筑，2013 年 9 月 27 日填筑至坝顶 1331.5m，历时 21 个月共 637 天（见表 1），平寨水库大坝填筑分期分序见图 1。

表 1　　　　　　　　　　平寨水库大坝填筑分期分序统计表

序号	填筑时间	填筑高程/m	填筑量/万 m³
①	2011 年 12 月 30 日—2012 年 2 月 20 日	1183.50～1208.00	18.2
②	2012 年 2 月 21 日—3 月 20 日	1178.00～1208.00	22.5
③	2012 年 3 月 21 日—4 月 30 日	1208.00～1250.00	51.0
④	2012 年 5 月 1 日—9 月 30 日	1208.00～1250.00	94
⑤	2012 年 9 月 30 日—2013 年 2 月 13 日	1250.00～1274.00	50.3
⑥	2013 年 2 月 14 日—7 月 20 日	1250.00～1297.00	156
⑦	2013 年 7 月 20 日—9 月 27 日	1297.00～1331.50	128

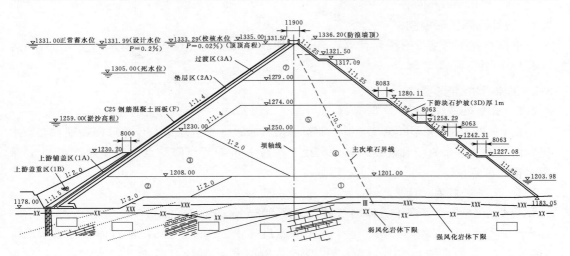

图 1　　平寨水库大坝填筑分期分序示意图（单位：mm）

2.5 加强坝体填筑质量控制

按照《碾压式土石坝施工技术规范》（SDJ 213—83）和《混凝土面板堆石坝施工规范》（SL 49—2015）规定的填筑料检测要求，通过对 1799 组填筑料的挖坑试验表明，坝体填筑料的干密度和孔隙率等主要指标均满足要求（见表2）。

表2　　　　　　　坝体填筑现场挖坑试验成果与设计要求对比表

坝体材料分区	现场抽检组数	平均值		设计技术要求	
		干密度/(kg/cm³)	孔隙率/%	干密度/(kg/cm³)	孔隙率/%
主堆石区	297	2.19	18.9	2.16	20
下游堆石区	124	2.17	19.8	2.16	20
特殊垫层区	634	2.25	16.4	2.24	17
垫层区	239	2.26	16.4	2.24	17
特殊碾压区	170	2.19	18.7	2.17	19.5
过渡区	303	2.24	16.9	2.21	18
排水区	32	2.11	21.4	2.08	23

2.6　分阶段蓄水

平寨水库大坝为150m以上的超高土石坝，为了减少水库的沉降变形，采用了三阶段蓄水，第一阶段于2015年4月14日开始下闸蓄水，至2016年8月底水库最高水位控制在死水位1305.00m以下；第二阶段于2016年9月初始水位从1305.00m开始蓄水，至2017年9月底水库最高控制水位为1321.00m（溢洪道进口底板高程）；第三阶段于2017年10月初水库水位从1321.00m开始蓄水，至2018年7月水库水位至正常水位1331.00m。

3　坝体沉降变形

3.1　设计沉降变形控制

根据坝体沉降变形有限元计算，施工期坝体最大沉降为1.19m，蓄水期坝体沉降量为0.351m，总沉降量1.541m。

3.2　坝体沉降变形监测

3.2.1　监测仪器布置

在0−007.50、0+650、0−100堆石体内共布设3个分层垂直位移监测断面，在顺水流方向布设9条垂直位移测线，各条测线上按约40m布置沉降测点，共计测点47个，采用水管式沉降仪。

3.2.2　沉降变形监测情况

截至2015年3月底堆石体内部最大沉降808mm，为坝高的0.51％；2015年4月14日水库开始下闸蓄水，至2016年8月底水库最高水位1304.72m，堆石体累计最大沉降830.9mm，为坝高的0.53％，蓄水后增加22.9mm；至2018年6月底，水库蓄水位接近正常蓄水位1331.00m，堆石体累计最大沉降879.4mm，为坝高的0.56％，蓄水后增加53.6mm；最大沉降位置均位于坝轴线处42％坝高区域。

3.3　沉降变形分析

通过收集国内水布垭、天生桥、洪家渡和三板溪4座水电站工程坝高150m以上混凝土面板堆石坝运行期的沉降变形情况，除洪家渡水库大坝沉降量均大于 1％，平寨水库大坝蓄水后最大沉降量为坝高 0.56％，在同类坝型中沉降量变形较小，并远小于设计计算的总沉降量 1541mm。

4 结语

混凝土面板堆石坝沉降变形受地形、堆石料、铺层厚度、碾压遍数、振碾重量、加水量等填筑控制等诸多因素影响，是复杂的系统工程。为了有效控制坝体的沉降变形，本工程着重采取了如下控制措施：一是优选堆石料，采用了岩体完整、强度较高和压缩变形量小的灰岩筑坝，并严格控制爆破参数，确保爆破料的级配满足填筑要求；二是采用智能碾压监测控制系统，实时跟踪填筑过程，加强坝体质量过程控制，确保碾压无死角；三是采用了大吨位碾动碾压和重点控制填筑料的孔隙率，保证压密度；四是通过对开挖料喷淋加水后运输上坝和仓面洒水，加速坝体的沉降稳定；五是采用分区填筑和分期蓄水，确保堆石料有充分的压实和足够的变形时间。由于采取以上措施，大坝最大累计沉降变形量为 879.4mm，仅为设计的 56％，达到了较好的效果。

参 考 文 献

[1] 于子忠，黄增刚．智能压实过程控制系统在水利水电工程中的试验性应用研究．水利水电技术，2012（12）：44-47．

[2] 欧波，陈军，罗代明．浅谈平寨水库面板堆石坝面板混凝土浇筑时机．黑龙江水利，2016（6）：9-14．

[3] 张健民．黔中水利枢纽水源工程平寨水库大坝安全监测设计．贵州水力发电，2012（3）：29-32．

[4] 张建银，李光勇．水布垭面板堆石坝坝体沉降变形规律分析．水电与新能源，2013（5）：56-59．

[5] 弗莱塔斯，吴桂耀，勃卡提，等．天生桥一级水电站混凝土面板堆石坝位移监测．水利水电技术，2000（6）：34-38．

[6] 杨泽艳，蒋国澄．洪家渡 200m 级高面板堆石坝变形技术控制．岩土工程学报，2008（8）：1241-1247．

[7] 宋文晶，伍星，高莲士，等．三板溪混凝土面板堆石坝变形及应力分析．水力发电学报，2006（6）：34-38．

[8] 马宇燕，孙庆锋，武威．面板堆石坝沉降变形规律的研究．水利水电技术，2010（6）：25-27．

TBM 渣料用于 CCS 水电站调蓄水库面板堆石坝次堆区填筑料的设计研究

邢建营　姚宏超　陈　勤

(黄河勘测规划设计有限公司)

摘　要： 厄瓜多尔 CCS 水电站由首部工程、24.8km 长的输水隧洞、调蓄水库和地下厂房等几部分组成。其中输水隧洞全长 24.8km，开挖洞径 9.11m，采用 TBM 开挖为主、钻爆开挖为辅，开挖洞渣料近 160 万 m^3，调蓄水库拦河坝为混凝土面板堆石坝，最大坝高 70m，总填筑量约 50 万 m^3，如能采用洞渣料上坝不但可以降低工程投资，而且可以降低因开采坝料、堆渣等对环境造成的影响。设计阶段经过对级配、渗透系数、抗压强度等的研究证明洞渣料满足一定要求后可以作为次堆区的填筑料。

关键词： CCS 水电站；TMB 渣料；面板堆石坝；次堆石区；填筑料设计

0　引言

厄瓜多尔科卡科多辛克雷（Coca Codo Sinclair，简称 CCS）水电站位于亚马逊河二级支流科卡河上，距离首都基多 130km，总装机容量 1500MW，是该国最大的水电站，也是世界上规模最大的冲击式机组水电站。CCS 水电站年均发电量约 87 亿 kW·h，满足了全国 1/3 人口的电力需求，结束该国进口电力的历史。通过公开招标，2009 年由黄河勘测规划设计有限公司负责工程设计的联营体中标，最终由中国水利水电建设集团签订了附带融资条件的总承包合同，总合同额 23 亿美元。工程于 2010 年 7 月开工，2016 年 4 月首批 4 台机组并网发电，同年 11 月 8 台机组全部投产发电。CCS 水电站是中国公司在海外独立承担设计的规模最大的水电工程之一，其成功实施，揭开了中国水电行业"走出去"的新篇章。

CCS 水电站主要建筑物包括首部枢纽、输水隧洞、调蓄水库、压力管道、厂房发电系统等。

CCS 调蓄水库面板坝的料场取至距大坝距离约 5km 的 G2 块石料场，料场剥采比约 0.2～0.3，开采单价较高。TBM2 开挖的洞渣料约 70 万 m^3，如不加利用，按 EPC 合同要求需考虑堆渣场地和治理的要求，投资较大。因此，总包单位迫切希望能将 TBM 开挖渣料尽可能多的用于面板堆石坝的填筑。

CCS 水电站工程总平面布置见图 1。

1　输水隧洞地质条件

1.1　地形地貌

输水隧洞位于 Reventador 火山东南部，地形起伏较大，地势总体呈西高东低。工程

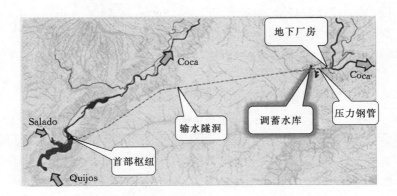

图1 CCS水电站工程总平面布置示意图

区内河流、沟谷发育，沟内多常年流水，植被较发育。输水隧洞起点位于 Quijos 河与 Salado 河交汇处下游约 1.5km Coca 河右岸，隧洞进口底板高程 1250m，输水隧洞穿越区内，河流众多，隧洞穿越区内的主要河流有：MALVA GRANDE 河、MALVA CHICO、GALLARDO 河、MARLENE 河、MAGDALENA 河等河流，沟谷较陡峻。隧洞出口位于 Q. GRANADILLAS 河谷中游，底板高程 1204.50m，出口边坡较平缓。

1.2 地层岩性

根据隧洞开挖揭露，隧洞沿线穿过的地层岩性主要划分如下：

K0+000～K0+780 段：花岗闪长岩侵入体（gd），整体块状结构，由于风化作用，表层呈砂土状，厚几十厘米到数米不等。K0+780～K22+551 段：该洞段为侏罗—白垩系弥撒华林地层（J-Km），主要岩性包括安山岩、玄武岩、流纹岩、凝灰岩、熔结凝灰岩和角砾岩等，岩石致密坚硬，呈次块状—块状结构，较完整。K22+551～K24+807 段：隧洞岩性主要为白垩系浩林地层（Kh），中厚层砂岩为主，夹薄层页岩，浸渍沥青，岩石较坚硬，层状结构。

其中桩号 11+036.02～24+779.47 段由 TBM2 从输水隧洞出口进洞掘进施工，全长 13.743km。

2 TBM 开挖料试验结果

2.1 试验室试验结果

（1）试验室筛分试验结果。采用现场 TBM2 开挖料，筛分试验结果见表1。

表1　　　　　　　　　　TBM2 开挖料现场筛分试验结果表

筛孔尺寸/mm	76.200	37.500	19.000	4.750	2.360	1.180	0.630	0.315	0.150	0.075
通过率/%	98.1	85.7	68.3	33.9	24.6	12.9	8.8	4.9	2.0	0.5
	99.2	82.3	65.7	30.9	22.1	13.4	9.2	4.2	1.8	0.4
	96.6	83.9	66.3	29.1	20.5	13.2	8.3	4.5	2.1	0.5

TBM2 开挖料的特征粒径分别为 $d_{60}=17\sim18$mm，$d_{30}=4\sim5$mm，$d_{10}=0.8\sim1$mm。不均匀系数（coefficient uniformity）$C_u=d_{60}/d_{10}=17\sim18/0.8\sim1=17\sim22.5$，曲率系数（coefficient of curvature）$C_c=d_{30}\times d_{30}/(d_{60}\times d_{10})=(4\sim5)^2/(17\sim18)\times(0.8\sim1)=0.9\sim1.63$。

（2）TBM2 开挖料物理性能试验结果见表 2。

表 2　　　　　　　　　　　　　TBM2 开挖料物理性能试验结果表

填筑料名称	编号	饱和面干比重/(g/cm³)	干比重/(g/cm³)	吸水率/%
TBM 隧洞开挖料	①	2.628	2.585	1.68
	②	2.625	2.58	1.74
	③	2.629	2.585	1.71

（3）室内三轴试验结果。采用上述三组级配曲线按综合缩尺法进行缩尺，制成直径 101mm，高度 204mm 的试样，进行固结排水三轴压缩试验，试验结果见表 3。

表 3　　　　　　　　　　　TBM2 开挖料固结排水三轴压缩试验结果表

组数	1	2	3
C/kPa	35.24	16.12	28.86
φ/(°)	46.61	53.57	51.79
K/(cm/s)	1.48^{-4}	4.70^{-5}	1.89^{-5}

（4）TBM2 开挖料抗压强度试验结果。从 TBM2 开挖区取两组 6 个试验进行抗压强度试验，采用天然试样进行试验，其试验结果见表 4。

2.2　现场初步碾压试验结果

为验证 TBM2 开挖料用于坝体填筑的可行性，现场进行了初步碾压试验，试验采用 BW216 D–4 自行式 10t 振动碾，分别采用 40cm、60cm、80cm 的初始铺筑层厚进行试验，每种铺筑厚度分别采用先静碾 2 遍后再分别碾压 6 遍、8 遍、10 遍的方式进行，试验过程中不加水，控制含水量在 4.5%～7.5% 之间。

表 4　　　　　　　　　　　　　TBM2 开挖区岩石抗压强度试验结果表

组号	编号	试样直径/mm	试样高度/mm	抗压面积/mm²	换算系数	荷载/kN	抗压强度/MPa
1	①	75	152	4417.9	1.01	253.46	58.1
	②	75	140	4417.9	0.99	263.91	59.3
	③	75	165	4417.9	1.03	195.76	45.9
2	①	75	165	4417.9	1.03	197.31	46.2
	②	75	110	4417.9	0.94	290.73	62.1
	③	75	147	4417.9	1.01	365.49	83.1

经现场碾压试验验证，次堆石区要求的孔隙率、干容重在不同铺筑厚度和不同碾压遍数时都可以达到设计要求。

2.3 试验结果分析

从上述试验可以看出，天然岩石的抗压强度均大于 45MPa，属于中硬岩；小于 4.8mm 粒径的颗粒含量在 25%～35%之间，小于 0.074mm 粒径的颗粒含量在 0.5%左右；抗剪强度 $\varphi > 46°$，渗透系数 $K \leqslant 1.5^{-4}$cm/s。TBM2 渣料除小于 4.8mm 粒径颗粒含量超出基本设计要求约 5%，渗透系数较小外，其余均满足基本设计、相关规范、参考资料和动力分析等的要求。

3 调蓄水库面板堆石坝设计

3.1 调蓄水库枢纽布置

调蓄水库由输水隧洞出口、面板堆石坝、溢洪道、压力管道进水口、导流兼放空洞等组成。调蓄水库通过长约 25km 的输水隧洞从首部枢纽引水，输水隧洞出口位于库区左岸接近库尾；压力管道进口塔架位于库区右岸，与放空洞塔架并排布置。水库正常蓄水位 1229.50m，死水位 1216.00m。

3.2 调蓄水库地质情况

调蓄水库坝址区主要为 Hollin 地层的砂页岩互层，层理比较发育。砂岩岩层厚度一般 100～400mm，页岩厚度小于 5mm，岩体为中硬—较软岩类。岩层总体倾向 NE，局部倾向 NW，倾角大多 5°～10°，局部 15°～20°。从开挖揭露的情况看，砂岩及页岩开挖后易受风化，风化后成泥状，岩体风化带厚度一般 15～20m。

坝址区岩体主要发育一组优势节理，发育的节理以陡倾角为主，走向 330°～340°，倾向 SW，倾角 70°～88°，微张。强风化带内节理面多蚀变，呈褐黄色，充填泥质或钙质，间距 30～50cm，节理一般延伸 3～10m，一般不切割相邻地层。

根据资料，坝址区地震动峰值加速度为 260cm/s² $(0.27g, g = 9.78\text{m/s}^2)$，可能最大动峰值加速度 (A_{max}) 为 404cm/s² $(0.4g)$。

3.3 面板堆石坝设计

根据混凝土面板堆石坝一般设计经验并结合 ICOLD141 的分区习惯，调蓄水库混凝土面板堆石坝分区见图2，从上游向下游依次为任意料盖重区（1B）、无黏性细粒料铺盖区（1A）、混凝土面板防渗区（F）、垫层区（2A）、特殊垫层区（2B）、过渡区（3A）、主堆石区（3B）、次堆石区（3C）、下游护坡（3D）。

4 相关规范对填筑料的要求

4.1 国外规范对次堆料的要求

ICOLD 公告认为 3C 区一般由最大粒径 2000mm 的堆石组成，按 2000mm 的填筑厚度进行填筑，其作用是完善大坝断面，从面板变形的角度考虑这一区域的沉降并不十分重要。根据岩石特性和大坝高度，对次堆石区 3C 可以采用 1.5～2.0m 填筑厚度和更

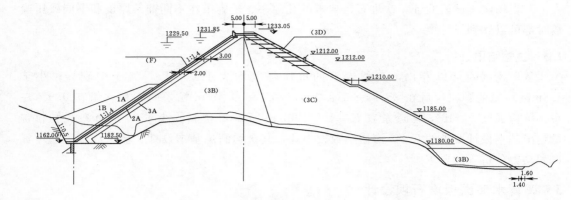

图 2　调蓄水库面板坝分区图（单位：m）

宽的级配包络线。当采用质量较好的岩石时，上下游坝坡一般可以采用（1.3～1.4）H：1.0V。如果采用软岩堆石或在软弱基础上坝，需要采用稍微缓一点的坝坡。并认为软细堆石、淤积砂、砂砾石（小于 0.074mm 粒径含量 7%～12%），是渗漏系数非常小的材料，一样都可以用在合适的区域。这时需要设置能自由排水、大容量的烟囱式排水。

ICOLD 公告认为目前堆石坝的发展趋势是建造采用人工防渗膜、钢筋混凝土/沥青混凝土土面板或其他材料作为防渗体的堆石坝。这些坝通过采用振动碾和薄层碾压技术提高堆石质量来达到减小大坝断面、减少劳动力等使此种坝型更经济的目的。当堆石为良好材料，则在上游采用较薄的填筑层厚来获得较高的模量和密度。在下游为降低施工投资和减少堆石用量一般采用较大的填筑层厚；实践证明 2.0m 的填筑层厚的压实度比 1.0m 填筑层厚降低 7%～9%。在最近建设的大坝中，部分甚至在下游坝址采用了抛填堆石。

4.2　中国规范

《混凝土面板堆石坝设计规范》（SL 228—2013）认为下游堆石区在坝体底部下游水位以下部分，应采用能自由排水的、抗风化能力较强的石料填筑。150m 以下的坝，下游水位以上部分采用与主堆石区相同材料时，可适当降低压实标准，也可采用质量较差的堆石料。

《混凝土面板堆石坝设计规范》（DL/T 5016—2011）认为对下游水位以上的下游堆石区，对堆石料的要求可适当降低。软岩堆石料可用于高坝坝轴线下游的干燥部位，压实后其变形特性应和下游堆石区的变形特征相适应，中低坝也可用于上游堆石区。对坝高小于150m 的面板堆石坝，下游堆石区采用硬质岩时孔隙率应在 20%～25% 之间，采用软质岩时孔隙率应在 18%～23% 之间。

4.3　相关文献对次堆石区的要求

库克和谢腊德认为：任何硬岩，只要小于 4.8mm 的颗粒含量小于 20%，小于0.074mm 的颗粒含量小于 10% 都能达到面板堆石坝所需要的低压缩性和高抗剪强度。据此，与目前规范规定的小于 25mm 粒径含量的方法相比，这些界限将成为堆石选择的一个好方法。

Watzko（2007）在关于面板堆石坝的硕士论文中，根据 Machadinho 工程实例，指出：在 20 世纪 70 年代，堆石被定义为这样一种材料，即大于 12.5mm 粒径的颗粒含量大于等于 70%，小于 4.8mm 的颗粒含量小于等于 30%（理想状态是 10%）。目前对堆石的定义比前述要灵活很多。已有工程采用最大粒径 1.5m，小于 4.8mm 粒径含量达 35%～40%，小于 0.074mm 颗粒含量达 10% 的堆石。一个准则就是堆石的渗透系数应大于 10^{-3}cm/s。在 Salvajina 大坝中，小于 2.5mm 的颗粒含量达 50%。

库克对次堆石区 3C 有这样描述：下游堆石区 3C 承担很小的水荷载，它的压缩性对面板的沉降影响很小。因此，3C 区一般采用较大填筑层厚，约 1.5～2.0m，采用振动碾压实 4 遍。为得到较大的渗透性和减少设备磨耗，可以采用更大一些的层厚。当然如果最大粒径较大的话，采用更大一些的填筑层厚也是必须的。

堆石的级配和质量：对硬岩堆石来说，料场小于 25mm 的颗粒含量一般小于 30%。因此，一般规定堆石小于 25mm 的颗粒含量不超过 30%（或 40%），但是有一些小于 25mm 颗粒含量达 50% 的堆石一样达到了非常好的效果。在 Salvajina 大坝中小于 25mm 的颗粒含量界限是 80%，但要求采用薄层铺筑和更好的压实。近年来，已有相当多的最大粒径为 10～15cm 的硬岩堆石证明具有满足堆石坝要求的特性。这些小粒径岩石常类似于河流冲击的砂砾石，可以获得非常好的低压缩性和高抗剪强度。

堆石坝填筑料的最重要特性为低压缩性和高抗剪强度。通常来说堆石具有较大的透水性，但是低透水性的材料通过设置内部排水一样可以用来筑坝。通常来说，任何硬岩料场小于 4.8mm 颗粒含量小于 20%，小于 0.074mm 颗粒含量小于 10%，都可以达到堆石坝要求的低压缩性和高抗剪强度。这个规定要比限制小于 25mm 粒径含量的方法要好一些。

5 总结

根据上述规范，对下游次堆石区 3C 的规定可以看出，对中低坝来说，由于该区对面板和接缝的位移影响较小，一般不像对主堆石区 3B 一样要求严格，在满足下游坝坡稳定的前提下，不对该区的级配、渗透性、抗压强度等做强制性的要求。

从文献资料也可以看出，根据目前的设计和施工经验，对堆石特别是下游次堆石区 3C 的要求已经大大降低，关键是需要满足低压缩性和高抗剪强度的要求，如果渗透系数过低，可以通过设置内部排水来解决。

参 考 文 献

[1] 字继权. 厄瓜多尔科卡科多辛克雷水电站 EPC 项目综述. 云南水力发电，2014，30（5）：1-10.
[2] （厄瓜多尔）L. 赛佩达，等. 厄瓜多尔科卡科多辛克雷水电站工程. 水利水电快报，2015，36（9）：31-33.
[3] 杨元红. 厄瓜多尔 CCS 水电站 EPC＋C 项目技术管理. 云南水力发电，2014，30（5）：23-26.
[4] 夏朋，吴浓娣，王建平，等. 水利"走出去"典型案例成效分析及经验启示——以科卡科多辛克雷水电站和凯乐塔水电站为例. 水利发展研究，2018，18（02）：64-70.
[5] ICOLD. CONCRETE FACE ROCKFILL DAMS: CONCEPTS FOR DESIGN AND CONSTRUC-

TION. Paris：2010.

[6] ICOLD. ROCK MATERIALS FOR ROCKFILL DAMS：REVIEW AND RECOMMENDATIONS.
     Paris：1993.

[7] Cooke J B，Sheerard L. The concrete Face Rockfill Dams：Ⅱ，Design. Journal of Geotechnical Engi-
     neering，ASCE，1987 (118)，10.

[8] By J. Barry Cooke and James L. Sherard. Concrete – Face Rockfill Dam：Ⅱ. Design. Journal of
     Geotechnical Engineering，1987，113 (10)：1113 – 1132.

阿尔塔什水利枢纽工程高混凝土面板堆石坝铜止水异型接头以及连接板表面保护材料研究[*]

何旭升[1,2]　高　飞[3]　徐　耀[2]　鲁一晖[1,2]　郝巨涛[1,2]

(1. 中国水利水电科学研究院 流域水循环模拟与调控国家重点实验室；

2. 北京中水科海利工程技术有限公司；

3. 新疆新华叶尔羌河流域水利水电开发有限公司)

摘　要：为了增强阿尔塔什水利枢纽工程高混凝土面板堆石坝铜止水异型接头以及趾板与防渗墙之间连接板的防渗安全性，开展了表面保护材料的防渗性能试验研究。本文通过模拟铜止水异型接头以及连接板出现裂缝的状况下，采取不同的保护材料在裂缝张开情况下的防渗抗水压性能，提出了合适的表面保护材料方案，增强了阿尔塔什水利枢纽工程高混凝土面板堆石坝防渗体系的安全性与可靠性。

关键词：高混凝土面板堆石坝；铜止水；裂缝；防渗

1　引言

阿尔塔什水利枢纽工程位于塔里木河源流之一的叶尔羌河干流山区下游河段的新疆维吾尔自治区克孜勒苏柯尔克孜自治州阿克陶县库斯拉甫乡境内，是一座在保证向塔里木河干流生态供水目标的前提下，承担防洪、灌溉、发电等综合利用任务的大型骨干水利枢纽工程。水库工程正常蓄水位为 1820.00m，水库设计洪水位 1821.62m，校核洪水位 1823.69m，总库容 22.49 亿 m³；水电站装机容量 755MW。阿尔塔什水利枢纽工程为大 (1) 型 I 等工程。枢纽工程由拦河坝、1 号、2 号表孔溢洪洞、中孔泄洪洞、1 号、2 号深孔放空排沙洞、发电引水系统、水电站厂房、生态基流引水洞及其厂房、过鱼建筑物等主要建筑物组成。

主河床布置混凝土面板砂砾石堆石坝，坝轴线全长 795.0m，坝顶高程 1825.80m，坝顶宽度为 12m，最大坝高 164.8m，上游坝坡采用 1：1.7，下游坝坡坡度为 1：1.6。面板坝直接建造于河床深厚覆盖层上，覆盖层最大厚度 94m。大坝加上可压缩覆盖层深度，总高度达 258.8m，超过世界上已建成最高 233m 的水布垭面板坝，为 300m 级高混凝土面板坝，其坝基、大坝及各部位变形协调和控制问题更为突出。特别是混凝土面板接缝交汇处的铜止水异型接头、深覆盖层地基防渗处理方案中趾板与防渗墙之间的连接板等部位是大坝防渗系统容易变形和破坏的薄弱环节，直接关系到整个防渗系统和大坝的安全。因此，为了增强阿尔塔什水利枢纽工程高混凝土面板堆石坝铜止水异型接头以及趾板与防渗墙之

---

* 基金项目：国家重点研发计划项目课题（2017YFC0404805）；中国水利水电科学研究院基本科研业务费专项（SM0145B632017）。

间连接板的防渗安全性，本文开展了表面保护材料的防渗性能试验研究，为大坝防渗系统的设计和施工提供依据。

2 铜止水异型接头表面保护材料研究

2.1 概述

混凝土面板接缝存在交汇点，则对应的接缝铜止水存在异型接头：L形接头、T形接头和十字形接头。接缝交汇点是面板变形较大，且变形模式最复杂的局部区域；由于铜鼻交汇导致的互锁与约束作用，相对于直线段铜止水而言，异型接头铜止水的适应变形能力极差。当接缝发生变位时，铜止水异型接头发生破坏的可能性很大，严重影响了面板底部铜止水的安全性和可靠性。为了保证铜止水异型接头即使出现开裂也不发生渗漏，开展铜止水异型接头的填料井防渗性能试验，模拟铜止水异型接头出现裂缝的状况下，采取 GB 柔性填料保护层在铜止水裂缝张开情况下的防渗抗水压性能。

坝体周边缝变形监测成果统计见表 1，折合等效最大张开位移 6.9～47.5mm。等效张开位移 c 等于张开位移 a 和沉陷位移 b 的平方和之根（见图 1）。考虑到阿尔塔什水利枢纽工程大坝最大坝高 164.8m，覆盖层深度 94m，大坝加上可压缩覆盖层深度，总高度达 258.8m，超过最高 233m 的水布垭面板坝。在水布垭面板坝折合等效最大张开位移 47.5mm 基础上考虑 1.1 倍的放大系数（258.8/233），即 52.25mm。所以在试验中，阿尔塔什水利枢纽工程面板坝铜止水裂缝宽度最大值按 5cm 考虑。

表 1　　　　　　坝体周边缝变形监测成果统计表

工程名称	坝高/m	最大沉降/mm	最大剪切位移/mm	最大张开位移/mm	折合等效最大张开位移/mm
水布垭	233.0	45.70	43.70	13.00	47.5
巴贡	203.5	15.60	16.60	36.70	39.9
三板溪	185.5	35.00	15.00	10.00	36.4
洪家渡	179.5	3.50	9.40	6.00	6.9
天生桥一级	178.0	28.48	20.81	20.92	35.3

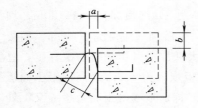

图 1　铜止水变形简化模型图

2.2 试验过程及结果

试验在浇筑于 ϕ50cm 钢圆桶中的混凝土面上进行，混凝土厚 10cm，混凝土面中心预留有长 30cm、宽 5cm 的通缝（图 2）；受钢圆通高度限制，GB 柔性填料保护层厚取 15cm。换句话说，本试验研究在宽 5cm、长 30cm、深 10cm 的铜止水裂缝上，厚 15cm 的 GB 柔性填料保护层在水压力作用下的流动嵌缝效果，并与阿尔塔什水利枢纽工程面板坝最大水压 1.65MPa 进行比较。

将 GB 柔性填料覆盖黏贴在铜止水表面。按照 0.1MPa/0.5h 的速率施加水压力，水压加至 1.7MPa，观察 GB 柔性填料的流动嵌缝状况。试验结果表明，逐渐加压至 1.7MPa 后保压 18h，未渗漏；继续加压至 2.5MPa，仍未渗漏。GB 柔性填料嵌填了整个宽 5cm、深 10cm 的裂缝，发挥了止水作用，保证了铜止水的防渗安全。GB 柔性填料在加压前和加压后分别见图 3 和图 4。

由上述试验可知，当接缝变位导致铜鼻交汇点应力集中撕裂后，GB 柔性填料可以淤堵裂口，起到止水作用，保持底部铜止水防渗体系的完整性。在进行混凝土浇筑时，可先用 GB 柔性填料将铜鼻交汇点包裹，这样在浇筑混凝土后，就会在面板混凝土内形成 GB 柔性填料

图 2　模拟铜止水破坏裂缝模型

井。因铜止水的两翼平段尺寸为 20cm，所以 GB 柔性填料井以铜鼻交汇点为中心，设为半径 20cm 的圆柱体比较合适，圆柱体高度（GB 柔性填料的厚度）为铜鼻顶部以上 20cm。对于水位变动区以上的面板，由于接缝变形较小，同时，面板厚度也较薄，GB 柔性填料井的半径与高度可以适当降低，半径设为 15cm，高度为铜鼻顶部以上 15cm。

图 3　试验模型及 GB 柔性填料加压前

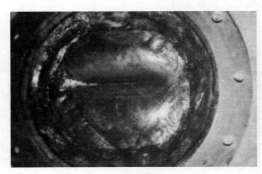

（a）从上部看　　　　　　　　　　　　　（b）从底部看

图 4　GB 柔性填料加压后以及嵌填裂缝情况

3　趾板与防渗墙之间连接板表面保护材料研究

3.1　概述

为了确定性价比高且便于施工的趾板与防渗墙之间连接板表面保护材料，开展了连接

板表面保护材料的防渗性能试验，具体研究了复合土工膜、GB复合三元乙丙板、聚脲复合GB板、聚脲复合胎基布等四种保护材料（见表2），进行了室内迎水面防渗抗水压试验，模拟连接板出现裂缝的状况下，不同的保护材料在混凝土基材裂缝张开情况下的防渗抗水压性能。

表2　　　　　　　　　　　　　连接板表面保护材料列表

序号	材料名称	材料构成	规格尺寸	备注
1	复合土工膜	一布一膜	1.0mmPE膜＋300g/m² 短丝布	
2	聚脲复合GB板	2mmGB板＋2mm 聚脲复合1层胎基布	总厚度4mm	固定缝（缝宽5mm）
3	GB复合三元乙丙板	2mmGB板＋3mm 三元乙丙板	总厚度5mm	
4	聚脲复合胎基布	3mm聚脲＋1层胎基布（一布两涂）	总厚度3mm	变缝（最大缝宽3mm）
		4mm聚脲＋2层胎基布（两布三涂）	总厚度4mm	
		5mm聚脲＋2层胎基布（两布三涂）	总厚度5mm	

3.2　试验过程

复合土工膜、聚脲复合GB板、GB复合三元乙丙板三种材料试验采用防渗抗水压装置（见图5和图6）。试验步骤为：①试验在浇筑于φ50cm钢圆桶中的混凝土面上进行，混凝土厚不小于10cm，混凝土面中心预留有长30cm、宽5mm的通缝。②将防渗止水材料按照图5所示尺寸粘贴在混凝土面上。③按照0.1MPa/0.5h的速率施加水压力，水压加至1.7MPa后保压18h；继续加压至2.5MPa，试验结束。

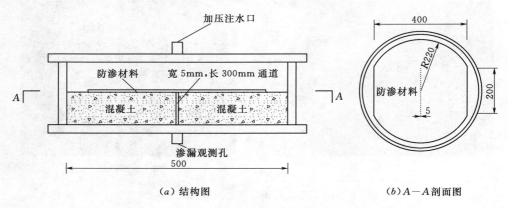

（a）结构图　　　　　　　　　　　　　（b）A－A剖面图

图5　防渗抗水压试验仪示意图（单位：mm）

聚脲复合胎基布试验采用抗渗试验仪（见图7）。试验步骤为：①圆盘上预留一条15cm长、最大张开3mm宽的缝。首先将圆盘缝隙置于封闭位置，周围缝隙用透明胶带粘贴密封。②先在钢圆盘表面涂界面黏结剂，室温下约4h界面剂表干。一布两涂：在界面剂上涂一层 SK 单组份聚脲，贴一层胎基布，约 3h 后再涂一层聚脲将胎基布完全覆盖，总体厚度约 3mm。两布三涂：在界面剂上涂一层 SK 单组份聚脲，贴一层胎基布，约 3h 后再涂一层聚脲将胎基布完全覆盖，再贴一层胎基布，约 3h 后再涂一层聚脲将胎基布完全覆盖，聚脲用量控制总体厚度约 4mm 和 5mm。以上试件室温养护 14d。每种厚度做两块。③将试件装在抗渗仪上，将钢圆盘封闭的缝隙张开 3mm。④按照 0.1MPa/0.5h 的速率施加水压力，水压加至 1.7MPa 后保压 18h；继续加压至 2.5MPa，试验结束。

图 6　防渗抗水压装置实体

图 7　抗渗试验仪实体

3.3　试验结果

3.3.1　复合土工膜

试验选用短纤针刺非织造/聚乙烯 PE 复合土工膜，一布一膜，短纤非织造布 300g/m²，PE 膜厚 1.0mm。该复合材料具有抗穿刺强度高、延伸性能好、变形模量大、抗腐蚀、防渗性能好等特点。复合土工膜性能见表 3。为了提高 PE 膜与混凝土基材的粘贴、附着性能，试验在裂缝周围采用 2mm 厚 GB 胶贴于基材混凝土和 PE 膜之间，既起到固定 PE 膜的作用，又防止水从模型边缘绕渗。试验水压加至 1.7MPa 后保压 18h，未渗漏；继续加压至 2.5MPa，仍未渗漏。其试验后见图 8。

3.3.2　聚脲复合 GB 板

采用 SK 单组分聚脲。试验首先在 5mm 缝隙附着上 2mm 厚 GB 板，覆盖住裂缝，然后在混凝土基材上涂刷 SK 单组分聚脲，贴胎基布，再涂刷一层 SK 单组分聚脲，总体厚度 2mm。SK 单组分聚脲性能见表 4。试验水压加至 1.7MPa 后保压 18h，未渗漏；继续加压至 2.5MPa，仍未渗漏。其试验后见图 9。

表 3   **复 合 土 工 膜 性 能 表**

检测项目	性能指标	备　注
拉伸断裂强度/(N/mm)	≥20	PE 膜，横纵向
断裂伸长率/%	≥600	
耐静水压/MPa	≥1.6	
断裂强力/(kN/m)	≥18	复合膜，横纵向
撕破强力/kN	≥0.62	

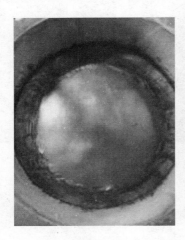

图 8   复合土工膜压水试验（左图试验前、右图试验后）

表 4   **SK 单组分聚脲性能表**

项　目	性能指标	项　目	性能指标
拉伸强度/MPa	≥15	硬度/邵 A	≥60
扯断伸长率/%	≥350	黏结强度/MPa	≥2.5
撕裂强度/(kN/m)	≥40	吸水率/%	＜5

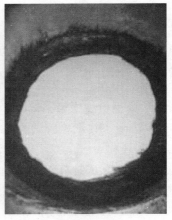

图 9   聚脲复合 GB 板压水试验（左图试验前、右图试验后）

3.3.3 GB复合三元乙丙盖板

GB复合三元乙丙盖板采用2mm GB胶复合3mm三元乙丙片材，该材料与混凝土基材黏附性好，整体具有优异的抗渗及耐老化性能。其性能见表5。试验直接将GB复合三元乙丙盖板附着在混凝土基材上，周边用GB胶密封。试验水压加至1.7MPa后保压18h，未渗漏；继续加压至2.5MPa，仍未渗漏。其试验后见图10。

表5
GB复合三元乙丙盖片性能表

检 测 项 目	性 能 指 标	备 注
拉伸强度/MPa	≥7.5	三元乙丙层
断裂伸长率/%	≥450	
撕裂强度/(kN/m)	≥25	

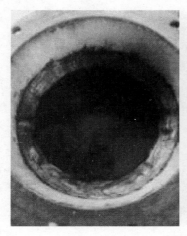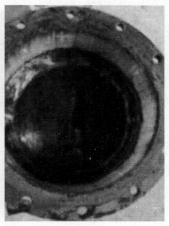

图10　GB复合三元乙丙盖板压水试验（左图试验前、右图试验后）

3.3.4 聚脲复合胎基布

在模拟裂缝圆盘缝面分别涂覆3mm、4mm、5mm的聚脲复合胎基布。养护14天后进行抗渗抗水压试验。试验开始时张拉裂缝宽度至3mm，按照0.1MPa/0.5h的速率施加水压力，水压加至1.7MPa后保压18h；然后继续加压至2.5MPa，三种厚度的试件均未出现破坏，其试验结果见表6。试验结果表明，聚脲复合胎基布材料在裂缝张开3mm状态下，具有优异的防渗抗水压性能，满足工程要求。其试验前、后分别见图11和图12。

表6
聚脲复合胎基布变缝压水试验结果表

序号	结构型式	厚度	实测厚度/mm	试验结果
1	一布两涂	3mm聚脲+1层胎基布	3.10	未渗漏
2	两布三涂	4mm聚脲+2层胎基布	4.12	未渗漏
3	两布三涂	5mm聚脲+2层胎基布	5.08	未渗漏

3.4 连接板保护材料比较分析

上述试验结果表明，复合土工膜、聚脲复合GB板、GB复合三元乙丙板、聚脲复合

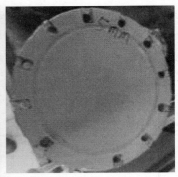

图 11　聚脲复合胎基布压水试验前

图 12　聚脲复合胎基布压水试验后

胎基布四种保护材料的本体防渗抗水性能均满足阿尔塔什水利枢纽工程要求。此外，调研了浇筑式沥青混凝土的物理力学特性，结合沥青混凝土面板工程实例，可以得出浇筑式沥青混凝土材料的本体防渗抗水性能可以满足阿尔塔什水利枢纽工程要求。

施工工艺和特点两方面对复合土工膜、聚脲复合 GB 板、GB 复合三元乙丙板、聚脲复合胎基布、浇筑式沥青混凝土五种保护材料进行对比（见表7），为工程选择提供参考。综合技术、经济等因素，推荐采用施工工艺简单、质量易保证、防渗效果最好的聚脲复合 GB 板方案或聚脲复合胎基布方案。

表 7　　　　　　　　　　　　　　　连接板保护材料比较分析表

项目	复合土工膜	聚脲复合 GB 板	GB 复合三元乙丙板	聚脲复合胎基布	浇筑式沥青混凝土
材料构成	2mmGB 胶＋1.0mmPE 膜复合 300g/m² 短丝布	2mmGB 板＋2mm 聚脲复合 1 层胎基布	2mmGB 板＋3mm 三元乙丙板	3mm 聚脲复合 1 层胎基布	6cm 沥青混凝土＋300g/m² 聚酯油毡基布
施工工艺	1）基面处理，在粘贴 GB 胶条的部位涂刷 SK 底胶； 2）在复合土工膜的 PE 膜面粘贴 GB 胶条，边粘贴边铺，GB 胶条部分压实； 3）土工膜之间接	1）基面处理； 2）粘贴 GB 板； 3）涂刷底胶，底胶表干后涂刷聚脲，铺一层胎基布，涂刷一层聚脲	1）基面处理； 2）铺设 GB 复合三元乙丙板； 3）扁钢锚固	1）基面处理； 2）涂刷底胶，底胶表干后涂刷聚脲，铺一层胎基布，涂刷一层聚脲，再铺一层胎基布，涂刷一层聚脲	1）基面处理； 2）喷洒乳化沥青，铺设一层聚酯油毡基布，再次喷洒乳化沥青； 3）浇筑沥青混凝土

项目	复合土工膜	聚脲复合GB板	GB复合三元乙丙板	聚脲复合胎基布	浇筑式沥青混凝土
特点	在复合土工膜点锚固施工基础上增加GB胶条的黏结处理，起到固定作用，能在一定程度上克服土工膜"一处刺破全盘皆漏"缺点，仍然存在局部渗漏风险	与混凝土基材黏结强度高，整体性最好。适应混凝土基面的变形能力强。施工工艺简单，质量易保证。防渗效果最好	整体性好，但需要锚固，施工工艺复杂，锚固处若施工控制不好，易成为渗漏点。此方案对混凝土基面的平整度要求高	与混凝土基材黏结强度高，整体性最好。适应混凝土基面的变形能力强。施工工艺简单，质量易保证。防渗效果最好	与混凝土基材黏结强度较高，整体性好。有一定适应混凝土基面的变形能力。施工工艺复杂，需专用设备，施工质量控制要求高

4　结论与建议

为了增强阿尔塔什水利枢纽工程高混凝土面板堆石坝铜止水异型接头以及趾板与防渗墙之间连接板的防渗安全性，本文开展了表面保护材料的防渗性能试验研究，可以得到以下结论与建议：

（1）在15cm厚GB柔性填料的保护作用下，宽5cm、长30cm、深10cm的铜止水裂缝在2.5MPa的水压力作用下不发生渗漏。GB柔性填料井可以淤堵铜止水异型接头处的裂口，起到止水作用，保持底部铜止水防渗体系的完整性。建议阿尔塔什水利枢纽工程混凝土面板坝采用高15～20cm的GB柔性填料井对铜止水异型接头进行柔性外防护。

（2）经过趾板与防渗墙之间连接板保护材料基本性能的调研及筛选，对四种典型材料进行了防渗抗水压模型试验，试验结果表明：复合土工膜、聚脲复合GB板、GB复合三元乙丙板、聚脲复合胎基布四种保护材料的本体防渗抗水性能均满足工程要求；此外，经过调研分析，浇筑式沥青混凝土材料的本体防渗抗水性能同样可以满足阿尔塔什水利枢纽工程要求。综合技术、经济等因素，推荐采用施工工艺简单、质量易保证、防渗效果最好的聚脲复合GB板方案或聚脲复合胎基布方案。

<h2 style="text-align:center">参 考 文 献</h2>

[1] 贾金生，郦能惠，等. 高混凝土面板坝安全关键技术研究. 北京：中国水利水电出版社，2014.

[2] 关志诚. 土石坝工程——面板与沥青混凝土防渗技术. 北京：中国水利水电出版社，2015.

呼和浩特抽水蓄能电站上水库布置与设计

任少辉　赵　轶　陈建华

（中国电建集团北京勘测设计研究院有限公司）

摘　要： 本文主要介绍了上水库的布置与设计特点。呼和浩特抽水蓄能电站地处严寒强震地区，最冷月平均气温－15.7℃，设计地震水平峰值加速度 0.374g。上水库采用全库盆沥青混凝土面板防渗，主要建筑物包括堆石坝、库盆和排水系统，要求面板具有良好的高温抗斜坡流淌和低温抗裂性能、坝体具有良好的抗震性能。

关键词： 蓄能电站；上水库沥青混凝土面板；低温抗裂；堆石坝抗震

1　工程概况

　　呼和浩特抽水蓄能电站位于内蒙古自治区呼和浩特市东北部的大青山区，在蒙西电网中担任调峰、填谷、调频、调相和事故备用任务，装机容量 1200MW，属Ⅰ等大（1）型工程。枢纽主要由上水库、水道系统、地下厂房系统和下水库组成。

　　上水库极端最高气温 35.1℃，最冷月平均气温－15.7℃，极端最低气温－41.8℃，多年平均水面蒸发量 1883.6mm，多年平均降水量 428.2mm，冻土深度 284cm，冬季负气温指数约为 1360℃·d，年冻融循环次数 140 次。

　　上水库校核洪水位 1940.38m，设计洪水位 1940.29m，正常蓄水位 1940.00m，死水位 1903.00m，工作水深 37m。总库容 690 万 m^3，其中调节库容 637.7 万 m^3，死库容 42 万 m^3。主要建筑物为 1 级，包括堆石坝、库盆和排水系统。正常运用洪水标准为 200 年一遇，非常运用洪水标准为 1000 年一遇。壅水建筑物抗震设防类别为甲类，抗震设计标准采用基准期 100 年超越概率 2‰的地震水平峰值加速度 0.374g；校核标准采用基准期 100 年超越概率 1‰的地震水平峰值加速度 0.437g。

2　上水库布置

　　上水库位于大青山山顶的古夷平面上，库区岩石主要包括片麻状花岗岩、斜长角闪岩和云母片岩。片麻状花岗岩和斜长角闪岩较坚硬，但分布的云母片岩的岩性软弱，风化强烈，岩体较破碎，其发育的大多数区域存在渗漏问题和地基不均匀变形问题，冻融作用对岩石强度有明显的影响。库区构造不发育，主要结构面有小断层、密集带、长大裂隙等，裂隙较发育且连通性好，岩体大部分为块状、镶嵌碎裂结构。岩体的卸荷风化程度不太严重，基岩以弱风化岩石为主，风化岩体及宽大的断裂带透水性较强，属中等或强透水岩体。库区地下水位除西北角和北坡略高于正常蓄水位外，其余部位低于正常蓄水位，泉水露头也低于正常蓄水位，以库水补给周边地下水为主，渗漏问题突出。

　　上水库布置充分利用了山顶的地形地质条件，采用自西南、南、东南、东北侧筑坝、北西侧开挖的总体布置格局，形成较为方正的库盆，上水库平面布置图见图1，避免了西北侧形成过高的边坡，东北侧落在山脊较薄小山梁的内侧，尽量远离西南角单薄分水岭，减少了对内蒙古自治区新闻出版广电局706台的不利影响。为满足电站调节库容的要求，库盆至706台最小距离约220m，专门进行了库盆施工对706台影响及防护措施研究，上水库施工表明：机械产生的振动、噪声对706台设施的正常运行未造成不利影响；施工时控制爆破规模，采取合理的爆破方案和必要的施工防护措施，可将爆破产生的地震效应、爆破飞石和噪声等不利影响控制在允许的安全范围内。

上水库库顶高程1943.00m，顶宽10m，库顶轴线长1818m，其中堆石坝轴线长1266m，顶部设1.2m高封闭的防浪墙。库底高程1900.00m，库内侧坡比1:1.75。全库盆采用沥青混凝土面板防渗，防渗总面积为24.5万m²，其中库底防渗面积10.1万m²，库岸防渗面积14.4万m²。由于库水位变化频繁，且变化幅度大，考虑到库水位骤降时面板后可能形成反向水压力及冻胀作用，在面板下设碎石垫层排水，库底设排水检查廊道系统。

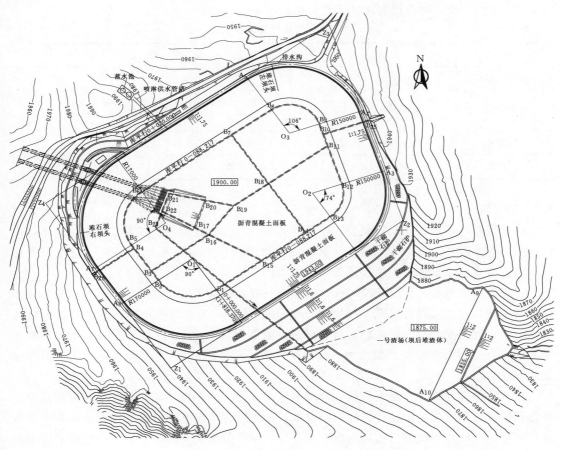

图1　上水库平面布置图

3 沥青混凝土面板设计

上水库地处严寒地区，极端最低气温－41.8℃，极端最高气温35.1℃，高低温差最大达76.9℃，运行条件为国内同类工程中最差的，对沥青混凝土面板的高温抗斜坡流淌性能、低温抗裂性能要求很高。沥青混凝土面板采用简式断面，由内至外分别为整平胶结层、防渗层和封闭层。面板局部基础变形大的部位，包括库岸与库底面板相接区、基础断层和云母片岩处理区、库盆挖填交界区，可能产生较大拉应变，采用加厚面板方式处理，以增强面板的抗渗、抗变形和抗裂能力。防渗加厚层的厚度采用5cm，在加厚层上部设聚酯类材料加筋网。

3.1 封闭层

封闭层采用改性沥青玛琋脂，厚度为2mm，其作用是密封防渗层表面的残留孔隙，提高面板防渗性；减少空气、水、紫外线对防渗层的影响，延缓面板老化防止防渗层受滑落冰雪的磨耗作用。封闭层要求高温不流淌，低温不脆裂，并易于涂刷或喷洒。封闭层技术要求见表1，推荐配合比为改性沥青：填料＝3.5：6.5。

表1 封闭层技术要求表

项 目	技术要求	说 明
密度/(g/cm³)	实测	—
斜坡热稳定性	不流淌	在防渗层改性沥青混凝土20cm×30cm面上涂厚2mm改性沥青玛琋脂，1：1.75坡，70℃，48h
低温脆裂	无裂纹	厚2mm改性沥青玛琋脂按－45℃进行二维冻裂试验
柔性	无裂纹	厚0.5mm改性沥青玛琋脂，180°对折，5℃

3.2 防渗层

防渗层厚度按工作水头经验公式估算为8.6cm，按水库允许日渗漏量不超过总库容的1/10000经验公式估算为8.7cm。由于电站补水困难，上水库水量的损失又是电量的损失，综合考虑施工机械及工艺技术水平，防渗层厚度采用10cm。

沥青混凝土面板的低温开裂指标，我国现行规范均采用低温冻断温度，如《土石坝沥青混凝土面板和心墙设计规范》（SL 501—2010）强调"沥青混凝土的低温冻断试验是目前检验沥青混凝土低温开裂性能的最直观最有效的方法"；沥青混凝土冻断温度的标准设定，在《土石坝沥青混凝土面板和心墙设计规范》（DL/T 5411—2009）中提出"按当地最低气温确定"。

对严寒地区的沥青混凝土面板，合理确定防渗层的冻断温度至关重要，不仅涉及改性沥青和改性沥青混凝土配合比优选的经济性，还可能因拟定标准过高导致沥青混凝土面板方案不可行。呼和浩特抽水蓄能电站上水库极端最低气温为－41.8℃；100年超越概率的最低气温，假定符合P-Ⅲ型曲线正态分布的情况下为－42.7℃。把两者中绝对值的大者加上适当裕度，将－45℃作为设计冻断温度。

防渗层（包括加厚层）采用改性沥青混凝土，其技术要求及推荐配合比分别见表2、表3。

表2   **防渗层技术要求表**

项 目	单位	技术要求	试验值	备 注
密度	g/cm³	实测值	2.44	
孔隙率	%	≤3	1.80	现场芯样或无损检测
渗透系数	cm/s	≤1×10^{-8}	0.35×10^{-8}	
水稳定系数		≥0.9	0.98	孔隙率约3%时
斜坡流淌值（1∶1.75，70℃，48h）	mm	≤0.8	0.312	马歇尔试件（室内成型）
冻断温度	℃	≤-45℃（平均值） ≤-43℃（最高值）	-45.4℃（平均值） -44.1℃（最高值）	
冻断应力	MPa	—	3.86	
抗压强度	MPa	—	5.52	
抗拉强度	MPa	—	1.37	
弯曲应变 2℃变形速率0.5mm/min	%	≥2.50	8.16	
拉伸应变 2℃变形速率0.34mm/min	%	≥1.00	1.27	

表3   **防渗层推荐配合比表**

级配指数	筛 孔/mm										改性沥青含量/%
	16	13.2	9.5	4.75	2.36	1.18	0.6	0.3	0.15	0.075	
	通过率/%										
0.2	100	93.2	87.5	73.5	60.1	42.5	30.6	19.3	13.3	12.0	7.5

矿料百分组成/%				
16~9.5mm级	9.5~4.75mm级	人工砂	天然砂	矿粉
13.0	13.5	41.3	27.5	4.7

3.3 整平胶结层

整平胶结层采用普通石油沥青混凝土，厚度为8cm，其作用是使沥青混凝土面板与基础垫层结合良好，并为防渗层的填筑起到支撑作用，需具有一定的强度和透水能力，其技术要求及推荐配合比分别见表4、表5。

表4   **整平胶结层技术要求表**

项 目	技术要求	说 明
密度/(g/cm³)	实测	
孔隙率/%	10~15	
热稳定系数	≤4.5	20℃与50℃时的抗压强度之比
水稳定系数	≥0.85	
渗透系数/(cm/s)	$1 \times 10^{-2} \sim 1 \times 10^{-4}$	

表 5 整平胶结层推荐配合比表

填料含量/%	级配指数	筛孔孔径/mm											普通石油沥青含量/%
		19	16	13.2	9.5	4.75	2.36	1.2	0.6	0.13	0.15	0.075	
		通过率/%											
7.0	0.7	100	92.2	75.0	65.8	37.3	29.2	20.8	15.4	10.4	7.6	7.0	4.3

矿料百分组成/%					
19～16mm 级	16～9.5mm 级	9.5～4.75mm 级	人工砂	天然砂	矿粉
14.0	21.0	29.9	22.3	9.6	3.2

3.4 沥青混凝土面板与钢筋混凝土接头设计

沥青混凝土面板与钢筋混凝土接头处，由于软硬相接，变形不同，同时受沥青混凝土专用摊铺及碾压设备运行条件限制，常辅以人工摊铺和压实，一般为防渗薄弱部位，需采用特殊的连接结构。

在库底沥青混凝土面板与进/出水口钢筋混凝土之间设钢筋混凝土结构连接过渡（见图2）。为尽量减小不均匀沉陷和应力集中，连接部位钢筋混凝土结构采用滑动式扩大接头，接头范围为5.35m，顶部设一条宽20m、高25cm的凹槽，槽内填满塑性填料。防渗层延伸到连接部位钢筋混凝土结构凹槽顶，搭接长度0.75m。为避免变形开裂，接头7m宽范围内增设一层厚5cm的加厚层，其上铺设宽8m的加筋网。整平胶结层与加厚层之间设沥青砂浆楔形体，为保证接头适应变形的能力，在沥青砂浆楔形体与连接部位钢筋混凝土结构接触面上均匀铺一层厚10mm的塑性填料并涂刷沥青涂料。

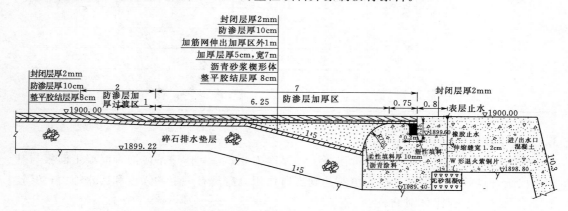

图 2 沥青混凝土面板与进/出水口钢筋混凝土连接图（单位：m）

为保证沥青混凝土面板与防浪墙钢筋混凝土接头牢固，在面板顶部防渗层和整平胶结层之间铺设加筋网，并将沥青混凝土摊铺到防浪墙基础内0.5m处后，在防浪墙迎水面将面板切割成1:0.2坡面，用改性沥青玛瑞脂填料封缝。

3.5 面板喷淋系统设计

由于沥青混凝土为黑色，容易吸收大量热量，大幅提高面板表面温度。上水库面板表面最高温度可达70℃，为防止面板沥青混凝土在高温季节发生流淌，设置喷淋系统。喷淋水在面板表面形成一层流动水膜，按水膜厚0.5mm、流速40mm/s、喷淋时间3h/d计算所需水量为393m³，加上6月最大蒸发量106m³/h，则每天间断性喷淋用水量为711m³。设计引用流量取250m³/h，喷淋系统供水池有效容量按满足4h的喷淋水量1000m³考虑，利用两个相距很近的500m³施工水池通过管路连接。

4　堆石坝设计

4.1　坝剖面设计

堆石坝坝顶高程1943.00m，预留了足够的地震安全加高。坝基倾向下游，最大坝高在坝趾处为95.2m。坝顶宽9.2m，上游设高1.2m混凝土防浪墙；下游设L型混凝土挡坎，坎顶有高1.1m的不锈钢栏杆。

堆石坝上游坡为1：1.75；下游坡为1：1.6，设厚0.6m的干砌石护坡，并分别在高程1922.00m、高程1902.00m和高程1882.00m设一条2m宽的马道。为满足下游坝坡交通和运行观测的需要，坡面上设四道宽1.5m踏步。

为防止地震作用下坝体表面堆石滚动滑落，高程1922.00m以上下游坝坡采用抗震锚筋与坝体相连。锚筋φ25mm，水平间距2m，层距1.6m，单根长11m。

为减少工程开挖大量弃渣对环境的影响，降低造价，将部分弃渣直接压覆在堆石坝下游坝面上。堆渣体作为坝脚压重，增加了坝体的稳定性，使下游坝坡稳定安全系数提高5%、下游坝坡沿基础危险滑动面稳定安全系数增加21%。

4.2　坝体分区及材料设计

堆石坝绝大部分坐落在强风化的片麻状黑云母花岗岩上，坝体填筑分区自上游向下游依次为：垫层水平宽3m，过渡层水平宽3m，上游堆石区，下游堆石区，干砌石护坡厚60cm，并在坝后设置堆渣区，堆渣顶高程1875.00m。为防止坝基粗骨料架空，沿坝基铺设厚1m过渡料。另外由于渗漏水沿沟汇集，在沟底设置厚3m的坝基排水区，堆石坝剖面见图3。坝体填筑料设计及压实控制指标见表6。

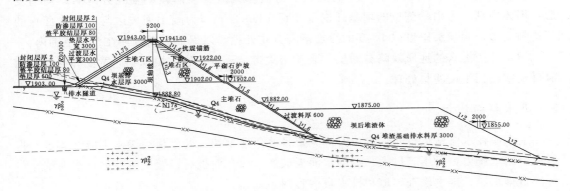

图3　堆石坝剖面图（单位：mm）

4.3　基础处理

堆石坝坐落于倾向下游的斜坡上，为保证坝基的稳定，坝基开挖主要以清基为主，将

表 6 坝体填筑料设计及压实控制指标表

项目 \ 分区		垫层区	过渡层区	上游堆石区	下游堆石区	排水区
石料		微风化片麻状花岗岩料加工而成	微风化片麻状花岗岩料	弱风化和微风化片麻状花岗岩、斜长角闪岩料	强风化和弱风化片麻状花岗岩、斜长角闪岩料	弱风化和微风化片麻状花岗岩、斜长角闪岩料
饱和抗压强度/MPa		>80	>80	>60	>40	>60
软化系数		>0.8	>0.8	>0.7	>0.7	>0.7
最大粒径/mm		80	300	600	600	600
小于 5mm 颗粒含量/%		20～35	≤25	≤20	≤20	≤20
小于 0.075mm 颗粒含量/%		<5				
不均匀系数		>15	>12	>10	>10	>10
设计孔隙率/%		≤18	≤19	≤20	≤21	≤20
相应干密度/(g/cm³)		≥2.20	≥2.18	≥2.15	≥2.13	≥2.15
渗透系数/(cm/s)		≥1×10^{-2}	≥1×10^{-2}	—	—	≥1×10^{-2}
非冬季施工	碾压层厚/cm	40/30	40	80	80	80
	加水量/%	10～15（料场和坝面各加一半水量）				
	碾压遍数	6/4	6	8	8	8
冬季施工	碾压层厚/cm	40/30	40	60	80	60
	加水量/%	0				
	碾压遍数	8/6	8	8	10	8

覆盖层、全风化片麻状花岗岩和云母片岩全部清除，并将岸坡修整平顺，不允许有妨碍坝体堆石碾压的反坡和陡于 1∶0.25 的陡坎。为消除或减少坝体在坝轴线方向的不均匀变形，坝体中部二号山梁部位的坝基开挖至高程 1899.20m。为减小坝坡区与岩坡区面板的不均匀变形，两坝头岸坡以 1∶5 的缓坡渐变方式开挖，以保证面板拉伸在允许范围内。

坝基开挖揭露的地质缺陷有断层、裂隙密集带、云母片岩，根据不同宽度和深度采用混凝土塞或回填反滤料处理。

5 排水系统设计

上水库在水电站运行时，水位升降频繁且涨落速度快。若面板后渗水不能及排走，将形成反向水压力，反压若过大，会导致面板破坏，故在面板后设置了完善的排水系统，包括碎石排水层、排水检查廊道和排水盲沟管网系统。

库盆岩坡开挖区和库底混凝土面板下设置厚 0.6m 的碎石垫层。堆石坝混凝土面板下设置水平宽度 3m 的碎石垫层，并在坝基底部沟内及坝后堆渣底部设 3m 厚的排水层。要求垫层和排水层均具有良好的排水性能，渗透系数不小于 10^{-2}cm/s。面板渗漏水通过碎石垫层排到库底排水廊道，或沿坝基过渡层和排水层排到堆石坝下游。

库底设长 3056m 的排水检查廊道系统，包括库底周围廊道和连接廊道、进/出水口周边廊道、外排廊道、东端和西端安全检查廊道。库底设排水盲沟管网系统，以增强库底排水能力，收集面板渗水，并将渗水引入排水检查廊道，通过外排廊道集中排出库外。

6　结语

呼和浩特抽水蓄能电站上水库地处严寒强震地区，沥青混凝土面板采用简式断面，提出了面板各层厚度、技术要求及推荐配合比，配套面板喷淋系统，解决了严寒环境下沥青混凝土面板高温流淌、低温冻裂的防渗技术难题。堆石坝采用预留地震安全加高、下游坝坡干砌石护坡加抗震锚筋等措施，具有良好的抗震性能。上水库于 2013 年 8 月 6 日开始初期蓄水，最高蓄至正常蓄水位。监测表明堆石坝沉降量趋于稳定，上水库实测渗漏量小于设计标准，工程运行正常。

南欧江七级水电站施工详图阶段面板堆石坝优化设计

何兆升　喻建清　张新园

（中国电建集团昆明勘测设计研究院有限公司）

摘　要： 南欧江七级水电站混凝土面板堆石坝最大坝高 143.5m，坝体填筑总量约为 740×10⁴m³。作为大坝主堆石料的左岸石料场断层及构造发育，存在泥岩和砂岩互层，岩性相变明显，泥质胶结的砂岩失水后表现出有一定的崩解特性，导致碾压后主堆石料和排水体料渗透系数不满足要求。为解决排水问题，紧贴 3A 区后设置斜向及竖向排水条带，并与底部的排水带连成 L 形排水体。同时，由于坝料含软岩较多，导致碾后细颗粒含量较高，对坝料分区参数进行适当调整。工程开工后，根据河床前期勘探及施工期补充勘探成果分析，河床冲积无制约冲积层利用的不利因素。因此，坝轴线后保留部分冲积层作为坝体一部分，减少了开挖量和坝体填筑量，节约了投资和工期，经济效益显著。

关键词： 老挝南欧江七级水电站；高含软岩筑坝；大坝设计优化；L 形排水体；冲积层利用

1　工程概况

南欧江七级水电站位于老挝丰沙里（Phongsaly）省境内，为南欧江梯级规划的最上游一个梯级即第七个梯级。工程采用堤坝式开发，主要枢纽布置由混凝土面板堆石坝、左岸溢洪道、右岸泄洪放空洞、左岸引水系统、坝后岸边厂房和 GIS 开关站等组成。为满足水电站工程的建设需要，布置了导流隧洞和上、下游围堰等导流建筑物。

该工程混凝土面板堆石坝最大坝高 143.5m，坝顶长约 591m，装机容量 210MW，为 Ⅰ 等大（1）型工程。水库正常蓄水位 635m，相应库容 16.94 亿 m³，死水位 590m，相应库容 4.49 亿 m³，调节库容 12.45 亿 m³，具有多年调节性能。主要建筑物（挡水、泄洪和引水发电建筑物）级别为 1 级，次要建筑物级别为 3 级，临时建筑物级别为 4 级。工程的挡水、泄洪建筑物按 1000 年一遇洪水设计（$P=0.1\%$），PMF 洪水校核；水电站厂房按 200 年一遇洪水设计，1000 年一遇洪水校核；消能防冲建筑物按 100 年一遇洪水设计。

坝址出露地层主要为三叠系中统，岩性主要为长石石英砂岩及粉砂质泥岩，长石石英砂岩为坚硬岩，粉砂质泥岩为软岩。岩层呈单斜构造斜河向展布，砂岩具钙质溶失现象，泥岩具有软化、泥化现象。坝址区 50 年 10% 超越概率基岩水平向峰值加速度为 0.11g，50 年 5% 超越概率基岩水平向峰值加速度为 0.14g，100 年 2% 超越概率基岩水平向峰值加速度为 0.22g，100 年 1% 超越概率基岩水平向峰值加速度为 0.25g。坝址设计地震动峰值加速度采用 0.25g，对应的地震基本烈度为 Ⅶ 度。

2 招标阶段坝体断面及分区设计

2.1 坝体断面及分区设计

招标阶段,混凝土面板堆石坝坝顶高程640.50m,河床趾板建基面高程497.00m,最大坝高143.5m,坝顶长约591m,坝顶宽12m。大坝上游坝面坡比为1∶1.4;下游坝坡高程610.00m以上为1∶1.6、以下为1∶1.4。

坝体从上游到下游分区依次为2A垫层料区、2B特殊垫层料区、3A过渡料区、3B主堆石料区、3C次堆石料区、3D排水体堆石料区。面板上游设1B盖重料区和1A铺盖料区,下游坝坡设大块石进行护坡。招标阶段混凝土面板堆石坝最大剖面见图1。

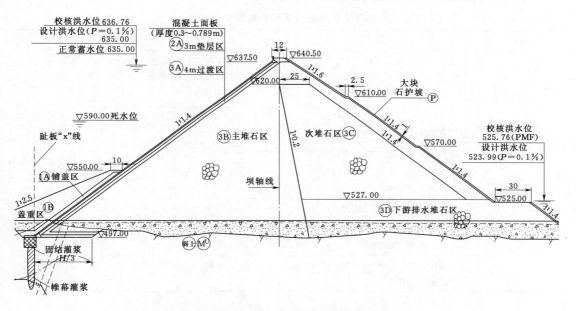

图1　招标阶段混凝土面板堆石坝最大剖面图（单位：m）

趾板采用3种宽度型式,高程560.00m以上趾板宽度6m,厚度0.6m;高程560.00～530.00m趾板宽度8m,厚度0.8m;高程530.00m以下趾板宽度10m,厚度1.0m。面板顶部高程637.50m,厚度0.3～0.789m,从顶部渐变至面板底部。面板垂直缝间距选为12m,共计48块。

沿趾板全线进行基础固结灌浆。坝基防渗帷幕沿趾板线布置,高程530.00m以下为双排、以上为单排,排距1.5m,孔距1.5m,帷幕深度按伸入基岩单位吸水率$\omega \leqslant$0.03L/(min·m·m)地层5m和不小于坝高的1/2倍控制。

2.2 坝体填筑设计标准及级配要求

根据前期坝料室内试验成果并参考类似工程,招标阶段各分区填筑料设计标准和级配要求分别见表1和表2,其坝料设计级配曲线见图2。

表 1 **招标阶段各分区填筑料设计标准表**

分　区	孔隙率/%	压实干密度/(g/cm³)	压实渗透系数/(cm/s)
1A 黏土	—	—	—
1B 任意料	—	—	—
2A 垫层料	<17	>2.19	<1×10⁻³
2B 特殊垫层料	<17	>2.19	<1×10⁻³
3A 过渡料	<19	>2.15	>1×10⁻²
3B 主堆石料	<20	>2.12	>1×10⁻¹
3C 次堆石料	<20	>2.11	—
3D 排水体料	<20	>2.12	>1×10⁻¹

表 2 **招标阶段各分区填筑料颗粒级配要求表**

分　区	级　配　要　求
1A 黏土	黏土料，最大粒径不大于 150mm，大于 5mm 的颗粒含量不宜超过 50%，小于 0.075mm 颗粒含量不小于 15%，且小于 0.005mm 的颗粒含量不小于 8%，渗透系数小于 1×10⁻⁵
1B 任意料	无要求
2A 垫层料	级配连续、良好，最大粒径 80mm，小于 5mm 的颗粒含量 35%～55%，小于 0.075mm 的颗粒含量 4%～8%
2B 特殊垫层	剔除粒径大于 40mm 的颗粒之后，2A 垫层料中剩余的料
3A 过渡料	级配连续、良好，最大粒径 300mm，小于 5mm 的颗粒含量小于 20%，小于 0.075mm 的颗粒含量不大于 5%
3B 主堆石料	级配连续、良好，最大粒径 800mm，小于 5mm 的颗粒含量小于 20%，小于 0.075mm 的颗粒含量不大于 5%
3C 次堆石料	级配连续、良好，最大粒径 800mm，小于 5mm 的颗粒含量小于 20%
3D 排水体料	级配连续、良好，最大粒径 800mm，小于 5mm 的颗粒含量小于 20%，小于 0.075mm 的颗粒含量不大于 5%

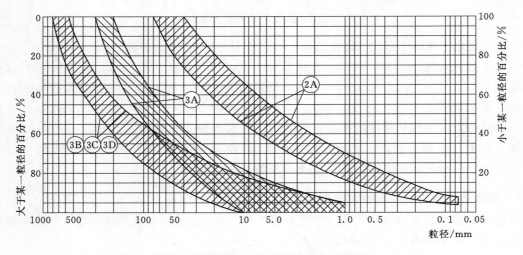

图 2　招标阶段拟用坝料设计级配曲线图

3 施工详图阶段大坝优化设计

3.1 料场基本地质条件及料源优化

3.1.1 坝料料源优化

本工程可行性研究阶段选定左岸石料场作为大坝堆石料、部分排水棱体料及护坡块石料料场，左岸下游11km的哈欣石料场作为混凝土骨料及大坝垫层料、过渡料及部分大坝排水棱体料料场。随着工程进场公路贯通，又对公路沿线分布的地层岩性进行了查勘，分析比较了K85+820、改线段K90附近分布的砂岩料源，并开展了勘察工作。经综合比较，推荐K90石料场替代哈欣石料场，即混凝土骨料、大坝垫层料、过渡料和所有的排水体料由K90石料场开采。K90石料场替代哈欣石料场，坝料质量能满足要求，储量还有部分富余，运距缩短约7km，节约了投资和工期，经济效益显著。

3.1.2 料场基本地质条件及利用原则

左岸石料场主要地层为三叠系中统第四层：上层岩性为杂砂岩、泥质粉砂岩、粉砂质泥岩、泥岩，岩体多呈互层状，局部呈厚层状结构；下层岩性为灰白色、紫红色长石石英砂岩、含砾长石石英砂岩夹粉砂质泥岩、泥质粉砂岩及钙质泥岩，岩体多呈互层状—中厚层状结构，局部呈厚层状结构。

室内岩石物理力学性试验成果如下：弱风化—新鲜长石石英砂岩比重为 2.67～2.74g/cm³，平均为 2.71g/cm³，干密度为 2.56～2.63g/cm³，平均为 2.60g/cm³，干抗压强度为27.5～111.5MPa，平均为 73.7MPa，湿抗压强度为 19.7～59.6MPa，平均为 32.6MPa，软化系数 0.34～0.70，平均为 0.47。岩石湿抗压强度偏低，软化系数较小，料场分布的弱风化—新鲜长石石英砂岩总体应属中硬岩—坚硬岩。

左岸石料场断层及构造发育，存在泥岩和砂岩互层，岩性相变明显、砂岩"砂化"、均一性较差，尤其是部分泥质胶结的砂岩，长期日晒雨淋，表现出有一定的崩解性。左岸石料场的利用原则是将泥岩集中带和相对较大的断层剥离，相对较好的用于3B2，其余的用于3C区。

K90料场距离坝址约3.6km，主要地层为三叠系中统，按岩性组合可分为2层：第一层紫红色泥岩，岩体多呈薄层状—互层状；第二层紫红色长石石英砂岩夹少量泥岩，岩体多呈互层状—中厚层状，部分厚层状，岩体完整性较好。

在室内岩石物理力学性质试验成果如下：弱风化上带砂岩比重为 2.65～2.71g/cm³，平均为 2.69g/cm³，干密度为 2.40～2.50g/cm³，平均为 2.45g/cm³；干抗压强度为28.1～59.9MPa；平均为 45.7MPa，湿抗压强度为 13.3～44.5MPa；平均为 25.8MPa；软化系数 0.43～0.73，平均为 0.54。弱风化上带砂岩根据钙质溶失程度不同，应属软岩—中硬岩，弱风化下带砂岩砂岩比重为 2.66～2.71g/cm³，平均为 2.69g/cm³；干密度为 2.64～2.67g/cm³，平均为 2.65g/cm³；干抗压强度为 66.2～234.9MPa，平均为 169.8MPa；湿抗压强度为 93.2～205.3MPa，平均为 136.8MPa；软化系数为 0.69～0.97，平均为 0.81属坚硬岩。

K90料场主要三叠系中统第二层，岩性为长石石英砂岩夹少量泥岩，岩石总体产状为 N20°～40°W，NE∠35°～45°，顺坡倾向坡外，采运条件较好。岩体多呈互层状—中厚层状，部分为厚层状，岩体完整性较好。弱风化下带—新鲜的砂岩主要用于混凝土骨料、大坝垫层料、过渡料、排水体料和部分主堆石料。

3.2 河床冲积层利用

根据勘探钻孔揭露情况，河床冲积层厚度约 3～13m，主要由砂、砾石及粉土组成，卵石、漂石含较少结构松散，承载力和压缩模量均较小，部分钻孔揭露的冲积层中含有细砂或粉土、粉质黏土夹层。河床冲积层总开挖量约 28 万 m^3，坝轴线以下开挖量约 12 万 m^3，坝轴线以下开挖量不大。因此，可研及招标阶段考虑将河床冲积层挖除。

大江截流后，分别补充了 4 个勘探钻孔和四个勘探坑。颗分级配试验表明，平均最大粒径分别约为 400mm，级配良好。平均干密度值为 $2.12g/cm^3$，平均相对密度值为 0.73，平均渗透系数约为 $5.04×10^{-3}cm/s$。根据河床前期勘探及施工期补充勘探成果分析，河床冲积层主要成分为卵砾石、砂夹块石，局部夹粉细砂层，未见淤泥层，粉细砂层呈透镜状，不连续，且仅局部分布，无制约冲积层利用的不利因素。因此，施工详图阶段，考虑将冲积层部分加以利用：将坝轴线上游 25m 之前的河床冲积层全部清除、之后的河床冲积层清至 505.00m。根据现场碾压试验成果，采用 33t 的自行式振动碾 10 遍后，沉降趋于收敛。因此，现场使用 33t 的自行式振动碾对保留部位的河床冲积层碾压 10～12 遍。通过河床冲积层的充分利用，减少了开挖量和坝体填筑量，节约了投资和工期。

3.3 坝体断面设计优化

3.3.1 主要优化

由于左岸石料场含有软岩，K90 料场部分砂岩砂化，导致坝料细颗粒含量偏高。从大坝坝料现场碾压试验成果可知：3C 次堆石料渗透系数未作具体要求，2A 垫层料渗透系数为 $i×10^{-4}cm/s$，能满足设计要求；3A 过渡料的渗透系数为 $i×10^{-3}cm/s$，渗透系数均小于设计值，为强—中等透水体，平均渗透系数大于 2A 垫层料，基本符合渗透性由小到大的要求。K90 石料场和左岸石料场 3B 料铺料厚度 80cm，26t 自行式振动碾碾压 8 遍，总体渗透系数在 $i×10^{-3}～i×10^{-4}cm/s$ 之间，不完全满足强透水要求；3D 料来源于 K90 料场，渗透系数 $i×10^{-1}～i×10^{-4}cm/s$ 之间，不能满足自由排水要求。

3.3.2 坝体断面调整

招标阶段大坝上游坝面坡比为 1∶1.4；下游坝坡高程 610.00m 以上为 1∶1.6、以下为 1∶1.4，下游综合坡比为 1∶1.5。工程开工后，由于左岸石料场软岩存在泥岩和砂岩互层，部分泥质胶结的砂岩具有失水崩解特性，碾压后细颗粒含量偏高，料源较为复杂。同时，考虑老挝雨季长，降雨量大，为保证大坝填筑强度、施工质量和填筑形象面貌，在坝后增设之字形上坝路。增设上坝路后，大坝上游坝面坡比维持 1∶1.4 不变；下游综合坡比从招标阶段的 1∶1.5 变为 1∶1.78，增加了大坝的安全储备。大坝的填筑总量约为 $740×10^4m^3$。

3.3.3 大坝分区优化调整

从现场碾压试验成果可知，主堆石料不能满足强排水要求，排水体料不能满足自由排水要求，因此需要设置专门的强排水条带：紧贴 3A 区后设置排水条带，并与底部的排水带连成"L"形排水体。并对相关的 3A、3B 和 3C 和区一起进行调整。同时，由于坝料含软岩较多，导致碾后细颗粒含量较高，需要对坝料分区参数适当调整。具体调整如下：

（1）过渡区（3A）。3A 过渡料主要来源于 K90 石料场弱风化下带砂岩爆破料。除原设计的上游 4m 过渡料外，在坝轴线下游保留的河床冲积层上面设置厚 1.2m 的过渡料区。

过渡料渗透系数由原设计的 $i > 1 \times 10^{-2}$ cm/s 调整为 $i > 1 \times 10^{-3}$ cm/s，其他技术参数不变。

（2）主堆石区（3B）。由于主堆石区的坝料来源于 K90 料场和左岸石料场，两个料场的岩性有一定差异，因此，将 3B 区分为 3B1 区和 3B2 区。3B1 区主要分布于竖向排水体以上和高程 517.00～527.00m 水位变动区，坝料来源于 K90 料场开采的弱风化下带及以下的石料；3B2 区位于竖向排水体下游除 3C 区以外的范围，坝料来源于左岸石料场开采的弱风化下带及以下的石料。

3B1 增模区：右岸趾板受 4 号和 6 号冲沟影响，地形起伏较大；左岸坝基岸坡较陡，趾板后形成明显的临空面，这两个部位坝体可能存在不均匀沉降，为避免坝体不均匀沉降导致面板脱空和开裂问题，在这两个部位设置主堆石增模区。设置范围：左岸岸坡高程 560.00m 以上（趾板"x"线控制点 X1～X3 围）较陡部位和右岸 6 号冲沟高程 517.00～560.00m。

由于设置 L 形排水体，3B 主堆石区渗透系数不再要求，小于 5mm 颗粒含量由原设计的小于 20％ 调整为小于 25％，其他技术参数不变。

（3）排水体堆石区（3D）。3D 排水体堆石料主要来源于 K90 石料场开采的弱风化下带及以下的砂岩石料，要求具有足够的透水性。

根据碾压试验成果和料源性质，3B 主堆石料渗透系数偏小。为保证坝体排水通畅，在 3A 过渡区和 3B 主堆石区之间设斜向 3D 排水体，在高程 570.00～517.00m 之间设竖向排水区，等宽 6.0m；在高程 517.00～506.20m 区域设水平排水体堆石区，高 10.8m，宽 40m，形成 L 形排水体。

3D 排水体堆石料小于 5mm 颗粒含量由原设计的小于 20％ 调整为小于 15％，其余主要技术参数不变。

（4）下游次堆石区（3C）。3C 次堆石料主要来源于左岸石料场的弱风化上带砂岩料，部分来源于工程开挖有用料 K90 石料场弱风化上带料。

下游次堆石区位于坝轴线下游侧，上游侧坡比 1：0.2，顶部高程 620.00m，顶部宽度 25m，底部高程 527.00m。

下游次堆石料小于 5mm 颗粒含量由原设计的小于 20％ 调整为小于 30％，其他主要技术参数不变。

优化后的坝体分区剖面见图 3。

3.4　坝体填筑设计标准及级配设计优化

大坝主要各分区填筑料设计标准见表 3，设计级配曲线见图 4。

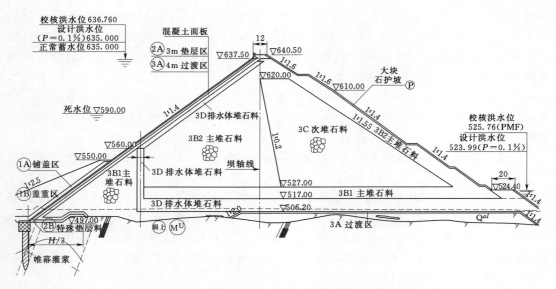

图 3　优化后的坝体分区剖面图（单位：m）

表 3　　　　　　　　大坝主要各分区填筑料设计标准表

分　区		压实干密度 /(g/cm³)	孔隙率 /%	压实渗透系数 /(cm/s)	级　配　要　求
2A	垫层料	>2.19	<17	$10^{-4} \sim 10^{-3}$	级配连续、良好，最大粒径 80mm，小于 5mm 的颗粒含量 35%～55%，小于 0.075mm 的颗粒含量 4%～8%
2B	特殊垫层料	>2.19	<17	$10^{-4} \sim 10^{-3}$	剔除粒径大于 40mm 的颗粒之后，2A 垫层料中剩余的料
3A	过渡料	>2.16	<18	$10^{-3} \sim 10^{-2}$	级配连续、良好，最大粒径 300mm，小于 5mm 的颗粒含量小于 20%，小于 0.075mm 的颗粒含量不大于 5%
3B1	主堆石料	K90 石料场 >2.10	<20	—	级配连续、良好，最大粒径 800mm，小于 5mm 的颗粒含量小于 25%，小于 0.075mm 的颗粒含量不大于 5%
	主堆石料 （增模区）	K90 石料场 >2.16	<18	—	级配连续、良好，最大粒径 800mm，小于 5mm 的颗粒含量小于 25%，小于 0.075mm 的颗粒含量不大于 5%
3B2	主堆石料	左岸石料场 >2.17	<19	—	级配连续、良好，最大粒径 800mm，小于 5mm 的颗粒含量小于 25%，小于 0.075mm 的颗粒含量不大于 5%
3C	下游次堆石料	K90 石料场 >2.16 左岸石料场 >2.19	<18	—	级配连续、良好，最大粒径 800mm，小于 5mm 的颗粒含量小于 35%
3D	排水体堆石料	>2.00	<23	$>1 \times 10^{-1}$	级配连续、良好，最大粒径 800mm，小于 5mm 的颗粒含量小于 15%，小于 0.075mm 的颗粒含量不大于 5%

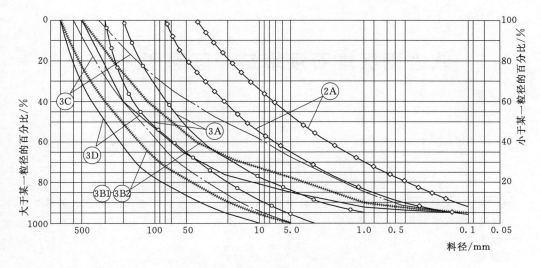

图 4　坝料设计级配曲线图

4　结语

老挝南欧江七级水电站混凝土面板堆石坝最大坝高 143.5m，坝体填筑总量约为$740 \times 10^4 m^3$。作为大坝主堆石料的左岸石料场断层及构造发育，存在泥岩和砂岩互层，岩性相变明显，均一性较差，分泥质胶结的砂岩失水后表现出有一定的崩解特性，导致碾压后主堆石料和排水体料渗透系数不满足要求。为解决排水问题，紧贴 3A 区后设置斜向及竖向排水条带，并与底部的排水带连成 L 形排水体。同时，由于坝料含软岩较多，导致碾后细颗粒含量较高，对坝料分区参数进行适当调整。工程开工后，对河床冲积层进行了补充勘探，根据河床前期勘探及施工期补充勘探成果分析，河床冲积层主要成分为卵砾石、砂夹块石，无制约冲积层利用的不利因素。因此，适当处理后对冲积层加以利用，减少了开挖量和坝体填筑量。南欧江七级电站左岸石料场岩性复杂，坝料软岩含量高，碾压后细颗粒含量高，通过设置排水带，调整坝料分区，克服了坝料挑选困难等问题。同时，充分利用河床冲积层，减少了坝基开挖及坝体填筑量，节约了投资和工期，经济效益显著，可为其他类似工程提供成功的借鉴经验。

软岩面板堆石坝填筑分区碾压施工

胡 伟[1] 张 洋[1] 尹 迪[2] 杨晓明[3]

(1. 宜昌市水利水电勘察设计院有限公司；2. 长禹水务投资开发有限公司；
3. 湖北省水利水电规划勘测设计院)

摘 要： 本文以五峰县关门岩水库面板堆石坝工程为依托，针对其中坝体填筑分区及其碾压标准情况进行了分析总结，所提出的改善坝体填筑质量的工程措施可为类似软岩料筑坝工程提供参考。

关键词： 面板堆石坝；软岩料；坝体分区；碾压标准

1 工程概况

关门岩水库工程位于湖北省五峰县渔洋关镇渔洋河上段柴埠溪，渔洋河为清江流域一级支流，关门岩水库坝址位于柴埠溪上游朱家铺子坝址处，杜家堡以下约 1.5km，大坝料场位于柴埠溪庙包河床左岸处，距渔洋关镇 25km。

水库正常蓄水位 600.00m，总库容 1440 万 m³，主要建筑物级别为 3 级，次要建筑级别为 4 级。枢纽工程主要由混凝土面板堆石坝，左岸开敞式溢洪道及引水系统，右岸导流洞等组成，大坝设计洪水标准为 50 年一遇，校核洪水标准为 1000 年一遇，最大泄洪流量为 998.00m³/s。

关门岩水库大坝为混凝土面板堆石坝，最大坝高 82.60m，坝顶长度 237.73m，坝顶宽度 7m，坝顶高程 605.60m，上游坝坡坡比 1：1.4，下游坝坡综合坡比 1：1.55，下游在高程 570.00m 处设置一处宽 2.5m 马道。

该工程于 2015 年 4 月开工，2016 年 1 月实现截流，同年 2 月大坝开始填筑，2017 年 11 月大坝填筑至设计高程，进入预沉降期，预计 2018 年 10 月初开始面板浇筑施工，2019 年 4 月具备下闸蓄水条件。

大坝坝址区位于五峰舒缓背斜核部，两岸岩层走向为西北，倾南西，左岸平缓，倾角为 6°～10°，右岸大多倾角为 10°～30°，两岸岩石以中厚层白云岩、白云质灰岩为主，河床为冲、洪积堆积物，厚度 17～22m，以卵石为主，表层夹少量孤石，下部粗、细砂、黏土不均匀分布，其中卵石含量 65% 以上，碎块石占 25% 左右，细颗粒含量 5%～15%，总体较为均匀。

上坝料主要来源于料场，也有部分河床砂砾石及少部分导流洞开挖料，料场主要岩性以中厚层白云岩、白云质灰岩、薄层泥质白云岩为主，单轴抗压强度为 17～111MPa，剥采比达到 1：1，钻孔内共取岩样 8 组，进行室内物理力学试验。根据试验成果，提出坝址区岩石物理力学参数建议值见表1。

表 1					坝址区岩石物理力学参数建议值						
岩名	比重	干密度 /(g/m³)	湿密度 /(g/m³)	吸水率 /%	单轴抗压强度 /MPa		弹性模量 /GPa		泊松比		软化系数
					干	湿	干	湿	干	湿	
白云质灰岩 （新鲜）	2.75	2.77	2.72	0.45	85.5	75	28	22	0.20	0.24	0.86

2 大坝结构设计

混凝土面板采用变截面形式布置，顶部厚度 0.30m，底部厚度 0.53m，面板主要宽度按照 6m 和 12m 分缝，总共形成 26 块面板。

（1）面板混凝土设计。强度等级采用 C25，抗渗等级为 W10，抗冻等级 F100。

（2）面板配筋。考虑大坝软岩填筑比例较高，大坝硬岩骨料不足以作为面板刚性支撑的骨架，同时考虑混凝土温度、干缩、面板自重、水荷载等影响，将面板配筋采用双层双向布置，钢筋直径为 18mm、22mm，间距为 20cm，配筋率不大于 0.5%，同时，在周边缝面板两侧和垂直缝两侧 1m 范围内设置构造钢筋保护板间缝。

（3）趾板及连接板布置。本工程为深厚覆盖层地基基础，覆盖层厚度为 17～22m，考虑在一个枯水期时段同时进行大坝回填与防渗墙施工，为防止大坝填筑其间防渗墙的向上游位移，蓄水期间的水推墙，砂砾石对墙的摩阻力加之施工器具尺寸需求，通过有限元应力应变分析，研究不同趾板、连接板长度，以及不同的趾板、连接板与防渗墙的连接方式对防渗墙、趾板的应力变形及缝位移动的影响，优化大坝趾板与防渗墙的连接方式，增强填筑期间地基适应变形的能力。经过严密计算，与施工总布置，前移防渗墙，增加一块 4.3m 连接板，以确保大坝填筑期、沉降期趾板与连接板能更好适应大坝变形。

（4）周边缝防渗板。根据《混凝土面板堆石坝设计规范》（SL 228—2013）中第 7.0.3 条的要求，鉴于水库工程地质特性，两岸趾板（趾墙）基础多为强风化层，容许的水力梯度为 5～10，按正常蓄水位计算出岸坡趾板最大宽度 13.0m，根据实际地形地质条件结合后续灌浆施工要求，本工程岸坡趾板宽度按 4m 布置，为延长渗径，保证地基的渗透稳定，岸坡趾板以下部分采用 15cm 厚 C20 混凝土挂网喷护，喷护范围不小于 9m，同时，设置长 4.5m，ϕ25mm 锚杆，按间排距 2m 梅花状布置。

（5）周边缝布置。根据规范要求，面板周边缝底部设置铜片止水，中部设置厚 2cm 闭孔泡沫板，顶部设置 SR 塑性填料，用 SR 盖片封闭保护，底部铜片止水设置橡胶垫片和砂浆垫层。

（6）面板的垂直缝。两岸为张性缝，缝间距为 6m，河床段为压性缝，缝间距 12m，底部设置止水铜片，垂直缝设厚 2cm 沥青杉木板填缝，拉性缝顶部设半圆形 SR 塑性填料，表面用 SR 盖片封闭保护，底部铜片止水设置橡胶垫片和砂浆垫层。

（7）坝顶结构设计。大坝坝顶宽度主要根据交通、施工及后期运行维护要求布置，根据规范要求，大坝坝顶宽度选取 7m，坝顶迎水面设防浪墙、电缆沟、照明路灯及雨量检测仪，背水面设置防护栏杆，坝顶路面设置单向排水坡，排水坡度为 2%，坡向下游。

（8）防浪墙布置，防浪墙采用钢筋混凝土结构分槽段施工，混凝土强度等级 C25，抗渗指标 W10，抗冻指标 F100；U 形防浪墙底部高程 602.60m，顶部高程 606.80m，墙高 4.2m，防浪墙分缝与面板分缝对应一致。

3 坝体分区结构设计

3.1 料场现状

经过实地勘察、试验、分析，可选填料分别为坝址下游左岸 500m 处 1 号料场及下游河道河床砂砾石取料，通过料场实际开挖揭示发现，料场以覃家庙组白云质灰岩夹泥灰岩为主，风化、溶蚀强烈，单轴抗压强度为 9～117MPa，爆破后剥采比为 1∶1，开挖弃料较大，不能完全满足设计要求。由于 2015 年 5 月以后，坝址区域被划入国家一级林地，无法另辟料场；经过勘探，河床砂砾石以耗子沱灰岩、白云质灰岩，储量大约 40 万 m³。

大坝填筑堆石料以白云质灰岩为主，白云质灰岩及薄层泥灰岩作为大坝堆石区填筑料源，河床砂砾石作为骨料生产和大坝过渡料区域填筑，坝前垫层料分别采用料场硬岩料和河床砂砾石破碎混合掺配而成。根据地质分析建议，料场参数指标为干密度 2.77g/m³，软化系数 0.84，饱和抗压强度 85.5MPa。

3.2 施工过程中的设计变更

该工程于 2015 年 6 月正式开工建设，2016 年 2 月大坝开始填筑，当月 27 日经现场试验检测发现高程 526.50m 以下部分过渡料无法满足自由排水特性，不能形成完整水平排水通道。为保证大坝坝体排水体系畅通，通过方案变更于 29 日在高程 526.50m 处增设两条砂砾石排水盲道，盲道上游与过渡料衔接、下游与堆石棱体衔接，形成完整的水平排水体系，同时要求后续填筑采用河床砂砾石加工掺配后作为垫层、过渡料的料源，严格确保大坝填筑指标。

4 月初根据现场检测结论揭示，高程 543.00m 以下已施工部分垫层料及过渡料未达到设计填筑指标，其中垫层料细颗粒含量超标、渗透系数低于设计要求值；过渡料细颗粒含量超标，渗透系数较设计值略小；因此在高程 534.00m 处向下开挖，增设"烟囱"式竖向排水体，连接高程 526.50m 处预先布置的排水盲道，以加强竖向排水通道的过流性能，增设的竖向排水体系填料、碾压指标和渗透系数均与底部盲道相同。

哥伦比亚高 150m 的 Porce 3 大坝采用片岩填筑，该坝位于地震区采用中央排水，上游坡比 1∶1.4，下游坡比 1∶1.5，坝体运行情况良好。马铁龙指出，当设计面板堆石坝为引入更多的颗粒材料防止坝体饱和时，地震区在地震时可能会引起趾板渗水，引起大坝堆石饱和采用斜坡与垂直排水可以减少坝体堆石料饱和增加内摩擦角，有利大坝安全运行。

5 月经质量监督检查，发现大坝已经填筑部分不满足设计提出的相关指标，并于 5 月 13 日下发停工整改通知，10 月底报送"大坝变更设计"报告，调整 560m 以下大坝填筑指标，增设排水体系，明确 560m 以上大坝结构分区、填筑指标等参数。11 月大坝开始复工，至 2017 年 11 月底大坝填筑至坝顶高程。

3.3 设计大坝分区及填筑指标

碾压堆石分区，主要是施工期挡水度汛要求、正常运行期控制面板变形，在面板开裂或接缝止水破坏时起到渗控作用。即垫层料要求是半透水料，级配严格要求。按设计要求，关门岩水库混凝土面板堆石坝主要由垫层区（2A）、过渡区（3A）、主堆石区（3B）、次堆石区（3C）组成，总填筑量为 169 万 m³。

垫层料作为面板后部的抗渗限漏体系，具较高的变形模量及抗剪强度，在保证自身稳定前提下，也对面板起到良好的支撑作用；同时，垫层料具备半透水性，若面板及接缝开裂破坏，也能起到抗渗限漏的作用。

过渡料作为大坝排水体系，具有低压缩性和高抗剪强度，采用料场开挖新鲜白云质灰岩加工后参配细料填筑。

主堆石区是大坝主体和主要承载结构，位于坝轴线上游部位，对坝体稳定具有重要意义，应满足抗剪强度高，压缩性低和透水性强的要求，堆石级配最大粒径不得超过600mm，小于 5mm 颗粒含量不宜大于 20％，小于 0.075mm 的颗粒含量小于 5％。主堆石区为大坝主要支撑体的一部分，兼作坝体排水体。

次堆石区承受荷载很小，其压缩性对面板变形影响较小，因此可采用强度较低的石料如软岩填筑。

根据《混凝土面板堆石坝设计规范》（SL 228—2013）要求，初设阶段将大坝按结构分区分为大坝坝体填筑的主堆石（3B 与 3C）、过渡料（3A）、垫层料（2A 与 2B）均从料场开采取用，料场岩性为白云质灰岩及泥质灰岩，岩体抗压强度 9～138MPa，平均软化系数 0.836，属软岩夹硬岩石，整体强度偏低。

根据设计要求和"筑坝堆石料土工性能试验报告"，坝体填料碾压试验主要控制指标见表 2。

表 2　　　　　　　　　　　　　坝体填料碾压试验主要控制指标

序号	坝料名称	最大粒径 /mm	最小干密度 /(g/cm³)	孔隙率 /％	<5mm 含量 /％	渗透系数 /(cm/s)	材料来源
1	垫层料 2A	80	2.25	≤18	35～45	≥10⁻⁴	人工碎石系统
2	特殊垫层料 2B	40	2.20	≤18	40～55	—	人工碎石系统
3	过渡料 3A	300	2.20	≤19	15～30	≥10⁻³	爆破料
4	主堆石料 3B	600	2.00	20～25	10～15	≥10⁻²	爆破料
5	次堆石料 3C	600	2.10	21～26	10～15	≥10⁻²	爆破料

3.4　调整变更的大坝填筑分区及填筑指标

鉴于大坝复工后对已经填筑大坝填筑指标及未填筑大坝分区结构、填筑指标等均进行了调整，调整后的大坝填筑分区及填筑指标如下。

（1）垫层料。根据渗流控制要求，在面板后设置渗透系数较低，且施工中又不易产生分离的垫层料，既起到限漏作用，又可为面板水下堵漏创造条件。所以上游垫层区填筑料需采用新鲜完整的无黏性颗粒硬岩料填筑，设计干容重 2.20g/cm³，孔隙率 18％，最大料径不大于 8cm，小于等于 5mm 的细料含量为 35％～55％，小于等于 0.075mm 的细粒含量不超过 4％～8％。

（2）过渡料。根据规范对过渡料的要求，过渡料应具有自由排水的特性，利用其作为竖向排水通道，为保证排水体系的渗透系数、干密度及空隙率能满足过渡料的要求，坝体过渡区利用河床砂砾石破碎料进行碾压填筑，设计干容重 2.20g/cm³，孔隙率 18%，最大料径不大于 300cm，不大于 5mm 的细料含量为 15%～30%，不大于 0.075mm 的细粒含量不超过 4%。

（3）堆石料。结合以软岩料为主，硬岩料储备有限的现状情况，主、次堆石区沿用原硬岩设计分区，意义不大，实际施工过程也无法进行区分，所以本次考虑取消主、次堆石分区，将过渡料以后的部分统一为堆石区，按 60% 硬岩，40% 软岩掺配碾压，以硬岩料做大坝骨架，以软硬料进行填充，降低孔隙率，增大干密度，使得大坝坝坡更为稳定，设计干容重 2.10g/cm³，孔隙率 20%，最大料径不大于 80cm，不大于 5mm 的细料含量为 10%～15%，不大于 0.075mm 的细粒含量不超过 6%，堆石区层厚按 80cm 控制。

（4）增设坝体排水区。考虑过渡料区采用料场软岩填筑岩石破损率高，细颗粒含量超标，渗透系数高达 $i×10^{-3}$，不满足规范对过渡料填筑要求，增设竖向排水体系是避免大坝渗透破坏的先决条件；在 548.00m 过渡料以下增设 15 处竖向导渗井，导渗井与底部设置两条排水盲沟，盲沟衔接坝下游排水棱体，导渗井及排水盲沟填筑料均采用砾石掺加细料填筑，其干密度为 2.10g/m³，渗透系数 $i×10^{-3}$。

4 基础处理

4.1 大坝基础处理

根据坝基河床开挖揭示，河床为冲、洪积堆积物，厚度 17～21m，以卵粒为主，成分为灰岩、白云质灰岩，平均直径 2.5cm。表层夹少量孤石，直径 0.3～0.5m，下部夹大量碎块石，少量粗、细砂、黏土不均匀分布其中。卵粒含量在 65% 以上，碎块石约占 25%，细颗粒含量在 5%～10%，总体较为均一；但位于左岸 0＋60～0＋100 段河床局部见淤泥质黏土夹碎石透镜体，经过开挖置换，满足设计要求。开挖后河床砂卵石层属中密状态，其承载力可达 380kPa，碾压完成后的砂卵石干密度达到 2.0g/cm³，可作为大坝基础，满足大坝填筑要求。

4.2 趾板基础灌浆

关门岩水库面板堆石坝为 3 及建筑物，根据规范要求，防渗标准应按 5～10Lu 控制。但考虑坝址区岩层为水平产状，故将防渗标准提高至 3Lu，根据趾板轴线的水文地质资料，沿趾板中线设置一排灌浆帷幕，灌浆孔距为 1.5m，帷幕灌浆底线位于相对隔水层顶面（3Lu 处）下 5m。帷幕灌浆最大孔深约 57m，两岸坝肩均设置灌浆平洞，其中右岸平洞长 50m，左岸平洞长 75m，岸坡帷幕与基础帷幕衔接形成完整的封闭防渗体系。同时，水平趾板与岸坡趾板处均设置双排固结灌浆，孔距 1.5m，排间距 2m，孔深 8m。

基础灌浆效果检查采用岩体压水透水率，通过灌浆前后透水率比较，帷幕灌浆与固结灌浆效果明显，满足趾板对基础要求。

5 大坝沉降监测成果及分析

目前关门岩水库大坝处于预沉降期，面板混凝土处于施工准备期。现阶段对大坝的变形情况进行了严密监测，大坝坝体沉降和水平位移监测仪器布置情况（见图 1）。

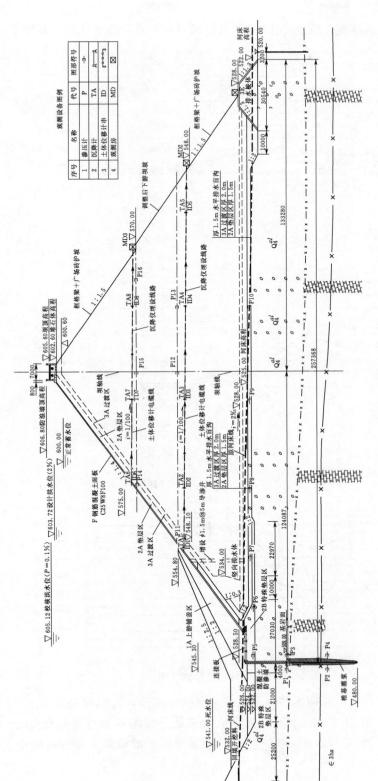

图 1 面板堆石坝观测横剖面图（单位：mm）

自 2017 年 6 月取沉降基准值至 2018 年 3 月期间，坝体月沉降变化情况见图 2～图 4。

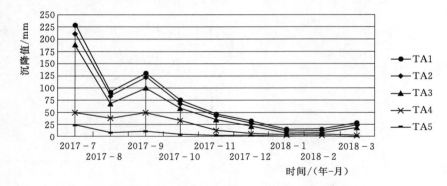

图 2　高程 549.00m 处坝体月沉降变化图

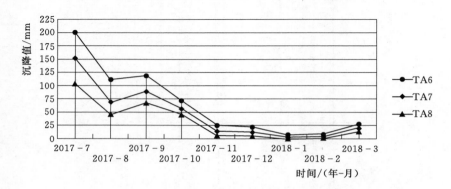

图 3　571.00m 高程处坝体月沉降变化图

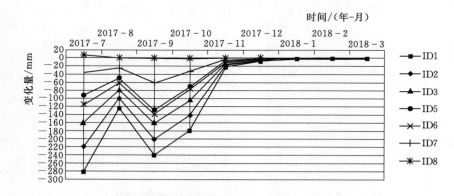

图 4　坝体水平位移变化情况图

从图 2～图 4 中可以看出，坝体各测点沉降速率逐渐减小，月沉降值、月水平位移变化量均逐渐趋于稳定。其中 TA4/TA5 月沉降值已满足滑膜需要的月沉降量 5mm 指标，2018 年 3 月雨季略有反弹，预计在 2018 年 10 月能满足面板滑模施工每月沉降小于 5mm 条件。

6 结语

在施工阶段根据面板堆石坝筑坝材料实际料源情况，经过坝料原位掺兑试验和分析计算，对大坝坝体断面进行优化后，经过近 9 个月的监测数据分析，大坝坝体沉降和变形情况趋于稳定，待坝体进一步沉降稳定后，即可择机进行面板施工。

根据以上分析可知，在采用软岩料筑坝过程中，通过优化面板堆石坝填筑分区、改善坝体碾压标准、增设坝体排水性能等一系列措施后，坝体填筑期的变形符合面板堆石坝一般变形规律，大坝工作性态正常。

参 考 文 献

［1］ J. B. Coooke and J. l. Sherand. "CFRD Dessign，Construction and Performance" - ASCE Symposium，Detroit，Michigan，1985.
［2］ 焦修刚，王毅鸣，杨文利. 勐野江水电站混凝土面板堆石坝软岩筑坝. 中国混凝土面板堆石坝 30 年，2016 (1)：226 - 23.

大坝混凝土面板缺陷修复与防护

朱永斌[1]　曹登云[2]　任银霞[2]

（1. 新疆农业大学；2. 新疆科能防水防护技术股份有限公司）

摘　要：针对北方地区大坝混凝土面板冻害破坏问题和南方地区大坝混凝土面板碳化、侵蚀、霉变问题，需要采用能够适应基层变形的弹性修补防护材料进行修复防护处理。为保障施工质量，修补防护材料所有组分利用工厂标准化生产。根据混凝土面板的不同损坏情况，采用不同的修补防护材料与合理的施工工艺，对混凝土缺陷做到有效修复与防护。

关键词：面板坝；混凝土缺陷；修补防护材料；修复与防护

1　背景

北方地区大坝混凝土面板受到冻胀、冰推、冰拔与侵蚀破坏，南方地区大坝混凝土面板土面临碳化、侵蚀、霉变等问题，大多存在不同程度的损坏，面临修复与防护的问题。若不对破损部位加以处理，破损范围和深度将进一步加大，危及钢筋等结构受力物时，致使结构不稳定[1]，同时影响混凝土结构防水抗渗性。根据混凝土面板的不同损坏情况，采用不同的修补防护材料与合理的施工工艺，对混凝土缺陷做到有效修复与防护。

2　处理要求

2.1　处理原则

以弹性防水、抗侵蚀、耐老化的防护材料作为面层修复，根据破坏情况的不同和修复防护要求，选择一种或多种弹性修补防护材料。

2.2　基面处理

为保证修补防护材料与老混凝土的黏结性能，一般要求干燥基面进行施工，潮湿基面施工时，使用水性修补材料或者利用具有封闭作用的专用黏结剂。

2.3　工厂标准化生产

修补防护材料所有组分的工厂标准化生产，为施工质量提供了保障，同时提高了施工便捷性。出厂前防护涂料、聚合物、固化剂、特种级配砂子与改性混合粉料等分别成组包装，无需现场计量，避免计量不精确，选材不当造成施工质量问题。现场施工时，仅需按照包装成组调配均匀即可投入使用。

3　材料性能

根据混凝土面板破坏程度和修复防护的要求，利用不同的修补材料和施工工艺进行修复，再利用表层防护材料进行防护处理，有效解决混凝土面板破坏问题。

96

3.1 防护材料性能

3.1.1 单组分（脂肪族）聚脲防水涂料

单组分（脂肪族）聚脲防水涂料（以下简称SPUA）以功能性聚醚多元醇、脂肪族异氰酸酯及特种固化剂为主要反应原料，与多种助剂和填料配制而成，接触空气中的湿气后特种固化剂迅速分解为多元胺与体系中的-NCO反应固化。该材料综合力学性能、耐老化、耐冲蚀，耐酸、碱、盐腐蚀、耐高低温等方面远优于单、双组分聚氨酯防水涂料，其质量指标见表1。

表1　　　　　　　单组分（脂肪族）聚脲防水涂料的质量指标表

序号	项　目	质量指标
1	密度/（g/cm³）	1.2±0.1
2	固含量/%	94
3	表干时间/h	6
4	拉伸强度/MPa	22.1
5	断裂伸长率/%	487
6	撕裂强度/（N/mm）	72
7	低温弯折性/℃	−40℃无裂纹
8	不透水性	0.3MPa，120min，不透水
9	耐磨性（750g，500r）/mg	19
10	吸水率/%	2.1
11	黏结强度/MPa	干黏不小于3.5 湿黏不小于2.2
12	人工气候老化（1000h）	无裂纹

SPUA不仅具有优异力学性能和断裂伸长率，还具有较高的耐磨性、耐酸碱、耐老化等性能，同时耐高低温（−40～160℃）、绿色环保，施工便捷（无需计量、可喷涂可手刷）。该材料既可用于混凝土面板的防水防护，也可用于冲蚀破坏严重的特殊水利工程，有效解决侵蚀、冻害、冲蚀的破坏问题。

3.1.2 渗透型纳米氟硅涂料

渗透型纳米氟硅涂料（以下简称SPSA）为水性、无溶剂、触变型膏体防水材料。作为一种性能优异的渗透型成膜涂料，不会因结构表面磨损而失去整体防水能力，而普通硅烷浸渍材料仅有渗透型具有一定的憎水性，但成膜效果差，防水效果差。赋予混凝土表面的微观结构长期的憎水性，并保持"呼吸透气"功能，能够显著降低水和有害氯离子等的侵入，并保持呼吸透气功能，混凝土内部的水分子很容易向外散逸，使涂膜下的混凝土保持自然的干湿平衡，不会造成像全封闭涂膜那样湿气无法散出而引起鼓泡或表层脱皮，从而提高混凝土耐久性。其质量指标见表2。

SPSA不仅具有优异的渗透能力和防水性能（混凝土的吸水率下降90%以上），还具有优异的耐酸碱盐和耐老化性能，能有效抑制混凝土碳化、侵蚀和霉变等破坏，提高混凝土耐久性。同时该材料绿色环保、施工便捷（喷涂、刷涂、滚涂均可）。特别适用解决南方地区大坝混凝土面板土面临碳化、侵蚀、霉变等问题。

表 2		渗透型纳米氟硅涂料的质量指标表	
序号		项　目	质量指标
1		密度/(g/cm³)	0.9±0.1
2		活性含量/%	95
3		吸水率/(mm/min)	0.005
4		浸渍深度/mm	3
5		氯化物吸收量的降低效果/%	93
6		酸处理（2%H₂SO₄ 溶液，168h）	无裂纹
7		碱处理［0.1%NaOH＋饱和 Ca(OH)₂ 溶液，168h］	无裂纹
8		盐处理（3%NaCl 溶液，168h）	无裂纹
9		人工气候老化（1000h）	无裂纹

3.2　修复材料性能

3.2.1　GMT 高性能改性聚合物修补砂浆

GMT 高性能改性聚合物修补砂浆（以下简称 GMTⅠ）由高性能水性聚合物、外加剂、水泥（P·O42.5）、粉煤灰、石英砂等组成。作为一种水性高分子聚合物改性砂浆，与油性聚合物砂浆相比，更环保更适用于潮湿基面施工。同时外加剂的添加明显改善和易性，提高施工效率。其主要力学质量指标见表 3。

表 3		GMTⅠ 质　量　指　标　表	
序号		项　目	质量指标
1		密度/(g/cm³)	2.0±0.1
2		抗拉强度（28d）/MPa	11.1
3		抗压强度（28d）/MPa	50.2
4		与老混凝土面黏结强度（28d）/MPa	4.14
5		抗渗性	1.5MPa 不渗水
6		形变率/%	5
7		抗冻指标	＞F300

注　老混凝土面：C30，不少于 1 年，打磨至露出新鲜面层。

GMTⅠ与普通丙乳砂浆相比：抗压强度、抗折强度和黏结性均有明显提高。同时具有优异的黏结、耐磨、抗裂、防氯离子渗透、耐老化等性能。该材料绿色环保，施工便捷（人工抹涂作业也可机械喷涂施工），主要应用于面板坝混凝土破坏厚度大于 1cm 的修复，也可用于其他水工建筑的修复，特别是潮湿基面修复的首选材料。

3.2.2　GMT 特种高聚物修复材料

GMT 特种高聚物修复材料（以下简称 GMTⅡ）是以双组分天冬聚脲代替水泥作为胶结材料，与特种级配砂料、改性混合粉料制成一种高弹性、高强度的混凝土修复加固材料，也是目前国内耐老化性最好的外露型抗冲磨修复材料。其主要质量指标见表 4。

GMTⅡ除具有优异力学性能和形变量，还具有高抗冲磨强度、抗冲击性、抗渗、抗冻、耐老化，良好的高低温性能，其中抗冲磨强度是弹性环氧砂浆的两倍以上。该材料主要应用于面板坝混凝土破坏厚度在 0.5～1cm 的修复和破坏严重的上层修复，也可用于抗冲蚀要求较高或外露型其他水工建筑的修复。

表 4　　　　　　　　　　　　GMT Ⅱ 质 量 指 标 表

序号	项　目	质量指标
1	密度/(g/cm³)	1.7±0.1
2	抗拉强度（28d）/MPa	10.9
3	抗压强度（28d）/MPa	72.8
4	与老混凝土面黏结强度（干黏）/MPa	5.21
5	抗冲磨强度/［h/(g/cm²)］	1130
6	形变率/%	20
7	耐高低温/℃	−40～150
8	抗渗性	≥5.0
9	人工气候老化（2000h）	无裂纹

3.2.3　GMT 弹性环氧腻子

GMT 弹性环氧腻子（以下简称 GMT Ⅲ）以一种改性的环氧树脂、固化剂为主剂，配以相应改性混合粉料，混合固化后形成一种高强度、高韧性、高黏结力固结体的快速修复材料，其主要质量指标见表5。

表 5　　　　　　　　　　　　GMT Ⅲ 质 量 指 标 表

序号	项　目	质量指标
1	密度/(g/cm³)	2.0±0.1
2	抗拉强度（28d）/MPa	17.2
3	抗压强度（28d）/MPa	80.6
4	与老混凝土面黏结强度（干黏）/MPa	6.7
5	抗冲磨强度/［h/(g/cm²)］	509
6	形变率/%	12
7	抗渗性	≥5.0

GMT Ⅲ具有高强度和强黏结性，同时通过对环氧树脂和固化剂进行改性，赋予材料良好的柔韧性和抗冲击性能，能够抵抗外力引起的变形，降低体系产生的内应力。该材料主要应用于面板坝混凝土破坏厚度小于 0.5cm 的修复。

4　处理方案

4.1　修复处理

4.1.1　基层混凝土处理

用切割机对修补区域的边缘进行切割齿槽处理，凿除修补区域老混凝土污染物、薄弱部分，直至露出新鲜、密实的基面。用压缩空气或大功率吹风机将表面砂粒、灰尘吹去，使基面干净无灰尘。

4.1.2 修补处理

(1) 破坏厚度 $\delta<0.5cm$ 区域。涂刷专用黏结剂，待黏结剂表干后即可涂抹 GMT Ⅲ，凹凸不平难于涂抹的地方，应反复多涂抹几次，涂抹至标准厚度，要求表面平整。

(2) 破坏厚度 $0.5cm\leqslant\delta\leqslant1cm$ 区域。涂刷专用黏结剂，待黏结剂表干后即可涂抹 GMT Ⅱ，涂抹至标准厚度，要求涂抹密实、表面平整。

(3) 破坏厚度 $\delta>1cm$ 区域。涂刷专用黏结剂，待黏结剂表干后即可涂抹 GMT Ⅰ，破坏较深部位应反复多涂抹几次，涂抹至标准厚度，要求涂抹密实、表面平整。抗冲蚀要求较高部位的上层可用 GMT Ⅱ 修复。

4.2 防护处理

4.2.1 水位变动区及以下区域

混凝土面板坝的水位变动区及以下区域对抗渗、抗侵蚀、抗冻害破坏要求比较高，防护材料采用具有优异力学性能、耐侵蚀、耐高低温、耐老化的 SPUA，有效解决侵蚀、冻害、冲蚀、霉变等的破坏问题。

在新鲜混凝土或修复处理后的混凝土上，涂刷专用黏结剂，待黏结剂表干后即可涂刷 SPUA，一般要求涂刷 2~3 遍，每遍涂刷方向垂直交叉、间隔不超过 24h，涂刷至要求厚度。

4.2.2 水位变动区以上区域

混凝土面板坝的水位变动区以上区域对防水、防碳化、防霉变、抗侵蚀要求比较高，防护材料采用具有优异的渗透能力和防水性能、耐酸碱盐和耐老化性能的 SPSA，有效解决侵蚀、碳化、霉变等的破坏问题。

在新鲜混凝土或修复处理后的混凝土上，直接涂刷或喷涂 SPSA，一般要求涂刷 1~2 遍，一般对第 2 遍涂刷没有时间限制，用量约为 $200g/m^2$。

5 工程应用

修补防护材料均具有综合力学性能高，施工便捷，尤其黏结性、抗冲磨性和耐久性优异，已应用到多个混凝土面板坝和其他水利工程的缺陷修复防护工程。

5.1 SPUA、GMT Ⅲ 的工程应用

案例一：新疆阿克苏地区柯坪县苏巴什水库集灌溉、防洪、生态、水产、旅游于一身的综合水利建设项目。利用 GMT Ⅲ 和 SPUA 进行混凝土修复与防护处理，效果良好（见图 1）。

案例二：昌吉头屯河水库混凝土坝面利用 SPUA 进行混凝土防护处理，应用效果良好（见图 2）。

5.2 SPSA、GMT Ⅲ 的工程应用

案例三：克拉玛依风克隧洞修复工程，应用效果良好（见图 3）。

图 1　苏巴什水库混凝土坝面修复防护处理

图 2　昌吉头屯河水库混凝土坝面防护处理　　　　图 3　克拉玛依风克隧洞修复

5.3　GMT I 的工程应用

案例四：大西海子水库泄洪闸井室修补加固处理工程，应用效果良好（见图 4）。

案例五：农八师大泉沟水库放水涵洞混凝土缺陷修补加固工程，应用效果良好（见图 5）。

图 4　大西海子水库泄洪闸井室修补　　　　图 5　农八师大泉沟水库放水涵洞
　　　　　加固处理　　　　　　　　　　　　　　　混凝土缺陷修补加固

案例六：河南陆浑灌区东方红一号渡槽修复工程，应用效果良好（见图 6）。

5.4　GMT II 的工程应用

案例七：水进城大寨闸先导修复工程，应用效果良好（见图 7）。

图 6　河南陆浑灌区东方红一号渡槽修复　　　　图 7　水进城大寨闸先导修复

6 结语

根据大坝混凝土面板的不同损坏情况，采用不同的修补防护材料与合理的施工工艺，可有效解决混凝土面板冻害、侵蚀、碳化、霉变等破坏问题，达到修复与防护要求。同时工厂标准化生产模式，不仅可以节约工期，更能保证修补防护质量，也可应用与抢险工程。

参 考 文 献

[1] 施孟凯，徐晓东. 毛里塔尼亚友谊港老码头混凝土修复工艺探讨. 中国水运（下半月），2018，18（04）：141-143.

[2] 肖风成. 杜伯华水电站混凝土修复施工技术. 水利水电施工，2017，（03）：46-48.

[3] 何继川. 水坝混凝土修复施工研究科技研究. 2013，（10）：40-41.

第二部分　沥青混凝土心墙坝类

下坂地沥青混凝土心墙砂砾石大坝渗漏安全分析

汤洪洁

（水利部水利水电规划设计总院）

摘　要： 下坂地水利枢纽工程大坝为沥青混凝土心墙坝，2010 年蓄水后发现廊道存在漏水现象。2012 年、2014 年分别对基岩、砂砾石基础以及廊道结构采取补强加固处理措施后，目前渗漏量稳定，2015—2017 年最大渗漏量在库水位 2955.00m 左右时约 20L/s；且坝体变形量较小，大坝总体安全可控。

关键词： 渗漏；灌浆；安全监测；变形；安全分析

1　工程概况

1.1　工程基本情况

下坂地水利枢纽工程位于新疆塔里木河源流叶尔羌河主要支流塔什库尔干河中下游，主要任务是以生态补水及春旱供水为主，结合发电。水库正常蓄水位 2960.00m，总库容 8.67 亿 m³，工程区地震基本烈度为Ⅷ度。

枢纽工程为大（2）型Ⅱ等工程，主要包括沥青混凝土心墙砂砾石坝、右岸侧槽溢洪道＋导流泄洪洞、左岸引水发电洞和地下厂房等建筑物，主要建筑物拦河坝、溢洪道、泄洪洞、引水发电洞进口为 2 级建筑物。沥青混凝土心墙砂砾石坝坝顶高程 2966.00m，坝顶宽 10m，坝顶长 460m，最大坝高 78m。

沥青混凝土心墙下游侧设置灌浆廊道（3.5m×5.0m），底厚 1.2m，壁厚 1.0m，总长度为 463m。廊道基础桩号 0+053～0+240 为坝基覆盖层，桩号 0+240～0+373 为回填砂砾石。廊道与心墙之间采用沥青砂浆填塞，上部结合处用沥青砂浆回填形成的沟槽，用来沿心墙轴线分段收集心墙渗水，通过排水孔进入廊道，以监测心墙渗漏情况。

下坂地水利枢纽工程批复总投资为 19.89 亿元，总工期为 55 个月。下坂地水利枢纽工程于 2007 年 5 月 26 日开工，2007 年 9 月 26 日完成了截流阶段验收，并顺利实现了截流；坝体填筑于 2008 年 9 月 3 日开始，2012 年 5 月 24 日填筑至设计高程。下坂地水利枢纽工程于 2010 年 1 月 24 日下闸蓄水，2010 年 4 月 25 日首台机组发电。

1.2　坝基主要地质问题

（1）稳定问题。大坝坝基河床覆盖层最深达 150 余 m，物质组成及地层结构较为复杂，既有两岸崩坡积物，也有河流冲积沉积物，还有冰积物和堰塞湖期沉积下来的湖积相岩软黏土或淤泥质黏土，岩性成分杂乱，粒径大小悬殊，均一性差，最大粒径达 10.0m 以上。

河床坝基较大范围内分布的第四系松散层和 2 层软黏土，强度低，构成了坝基稳定问题；软黏土上覆崩坡积物和冲积层，结构松散，不能直接建坝；河床坝基覆盖层中还有两层砂层透镜体对坝基稳定不利。以上坝基地质缺陷需进行工程处理。

（2）渗漏问题。冰碛与冰水堆积层为河床覆盖层主要组成物，厚度 80～148m。大坝建基面以下的深厚覆盖层具有强透水性工程特性，冰碛、冰水积层中存在局部架空，坝基存在渗漏问题，渗透破坏形式以管涌为主，应采取相应的防渗工程措施。

两岩坝肩岩体中风化卸荷裂隙发育，是绕坝渗漏的岸边通道，需进行防渗处理，处理原则按岩体透水率 5Lu 控制即可满足防渗要求。

1.3 坝基处理措施

覆盖层采用"上墙下幕"垂直防渗措施，基岩采用帷幕灌浆。

（1）混凝土防渗墙。混凝土防渗墙厚为 1m。在防渗墙内预埋 1 排灌浆管，预埋管间距 2m。深槽段防渗墙（起止桩号为 0+153.00～0+299.00）墙体混凝土强度指标为 C20，且 $R_{180} \geqslant 25$MPa。两岸坡段墙体混凝土强度指标为 C25，且 $R_{180} > 35$MPa。混凝土抗渗等级为 W10，渗透系数 $K \leqslant 10^{-8}$cm/s。

（2）砂砾石帷幕灌浆。坝基砂砾石层帷幕灌浆位于桩号 0+148.00～0+300.00 的混凝土防渗墙下面，布置 4 排灌浆孔，Ⅰ排、Ⅱ排间距 2.5m，Ⅱ排、Ⅲ排间距 3.2m，Ⅲ排、Ⅳ排间距 2.5m；Ⅰ排、Ⅲ排、Ⅳ排孔距 2.5m，Ⅱ排为防渗墙下灌浆，与基岩主帷幕灌浆相对应，孔距 2.0m；灌浆孔最大深度 156.0m。入岩深度Ⅰ排、Ⅲ排不小于 5.0m，Ⅱ排达到主帷幕底线，Ⅳ排达到基岩面即可。墙幕搭接长度为 10m。

（3）基岩帷幕灌浆。左岸防渗帷幕包括高程 2966.00m 和高程 2900.00m 灌浆洞、斜坡段、露天段 3 部分；高程 2966.00m 灌浆洞向山体延伸 132.0m，高程 2900.00m 灌浆洞向山体内延伸 111.0m，帷幕灌浆深度为 75.0～150.0m。右岸防渗帷幕包括高程 2966.00m 灌浆洞、斜坡段、露天段 3 部分；高程 2966.00m 灌浆洞向山体延伸 130.0m，灌浆深度为 30.0～110.00m。左岸基岩风化严重节理裂隙发育，帷幕布置 3 排孔，孔距 2.0m；右岸布置 1 排孔，孔距 1.5～2.0m。左岸高程 2900.00m 灌浆洞中设置搭接帷幕，连接上下 2 层帷幕。帷幕与引水发电洞相交的部位，在发电洞内进行该段帷幕的灌浆。

（4）右岸防渗墙未封闭段处理。右岸浅槽段防渗墙施工完成后，在进行基岩帷幕灌浆钻孔时发现芯样采取率低，且灌浆时吃浆量大，经进一步补充地质勘探工作发现实际基岩面高程低于原设计基岩面高程，最深处达 26.0m，导致右岸浅槽段已成防渗墙底与勘探的基岩面之间未封闭。未封闭段位于坝轴线坝 0+304.00～0+357.00 之间，长度约 53m，在垂直方向已成防渗墙底距基岩面的高度约为 21m，面积约 813m²。对该部位的防渗及加固处理采用多排帷幕灌浆的防渗及补强方案。即在未封闭段部位原设计的单排帷幕（防渗墙及大坝轴线）上下游侧各增加 2 排帷幕灌浆，增加排与原设计单排形成 5 排帷幕体，从上游向下游排距依次为 2.5m、2.5m、3.2m、2.5m。第Ⅰ排、第Ⅱ排、第Ⅳ排、第Ⅴ排孔距 2.5m，第Ⅲ排孔距为 2.0m。第Ⅰ排、第Ⅴ排灌浆范围上下均超出天窗范围 5.0m，第Ⅱ排、第Ⅳ排灌浆范围上下均超出天窗范围 10.0m，第Ⅲ排孔深达到原设计帷幕底线。

1.4 坝基渗流监测

为监测坝基渗流，在坝 0+160、坝 0+221、坝 0+294 设 3 个监测断面，每个断面在坝上 6m、坝下 10m、坝下 70m、坝下 140m 各埋设 3 支渗压计。

防渗墙（坝上 6m）上游侧的 9 支渗压计受库水位影响，所测地下水位较高，且随库水位变化波动，2017 年年底验收鉴定时当前值为 2930.9～2940.5m；防渗墙下游地下水位较低，基本不受库水位影响，当前值为 28850～2903.7m。防渗墙下游水位变化与仪器埋设高程关系很小，且基本不受库水位影响，表明大坝防渗系统工作正常。

2 渗漏安全分析

2.1 工程主要问题及处理

下坂地水库 2010 年 1 月下闸蓄水，初期蓄水水位保持在高程 2915.00m 左右，水库初期运行后发现坝基廊道 0+384.00 处变形缝变形较大，5 个月后发现该处变形缝开裂，并出现渗水（滴水）情况，且随着水库蓄水高程的增加，该处变形缝渗水量亦随之增大。为了保证水库的蓄水及水库的安全，经专家会咨询意见，在 2012 年 4—7 月采取帷幕补强灌浆的方式进行了处理，并取得了一定的效果，坝基右岸交通洞内渗漏得到控制，灌浆前后廊道结合部的渗漏量在同一库水位情况下水量明显减少。2014 年的监测资料对比分析，右坝肩渗漏量较理论值大，在库水位高出高程 2942.00m，渗漏量增幅明显变大，初步推断高程在 2940.00m 及以上依然有渗漏通道。2012 年的加固处理只进行了对出现裂缝段廊道的钢拱架支护，其二次衬砌及底板挤密加固并未实施。根据以上情况对渗水处理实施提出以下施工方案：大坝右坝肩渗水按 2012 年的处理原则和范围，继续进行补强灌浆处理；廊道加固段的二次衬砌；廊道底板下地层进行灌浆加固处理。

经上述两次处理，经现场观察，原漏水点基本上已不漏水，交通洞和廊道其他各处也未发现大的新漏水点，廊道变形稳定。

廊道渗漏情况：2014 年水位较低，渗漏量较小；2015—2017 年最大渗漏量在库水位 2955.00m 左右时约 20L/s，渗漏量总体可控。根据监测资料，渗漏量与库水位相关性较好。现场廊道中发现诸多析出物，说明仍然存在渗漏通道，且可能与基岩裂隙成分有关。

2.2 右岸渗漏原因分析

（1）右岸安全监测布置。在两坝肩防渗帷幕范围内各布置 7 根测压管，共计 14 根测压管，位于帷幕灌浆上下游侧，监测坝肩帷幕效果及绕坝渗流情况（见图 1）。

根据 2017 年 8 月前监测资料，右岸坝下 30m 和坝下 60m 处的测压管（即 L、M、N）水位变化值不大，基本保持在 2894.5～2895.7m 的水平。坝下地下水位较低，可能跟廊道内漏水有关（廊道相当于排水孔）。右岸廊道绕坝渗流测压管受灌浆影响已损坏，即 H、I、J、K，宜择机修复。

（2）渗漏原因分析。右岸漏水部位主要是交通廊道内、基岩与覆盖层廊道交汇处，以及右侧坝基廊道排水孔，约 50m 范围。交通廊道中漏水有白色析出物，初步判断为基岩裂隙中物质。交汇处廊道漏水为清水，水量稍大。排水孔出水水量不大，压力不大。

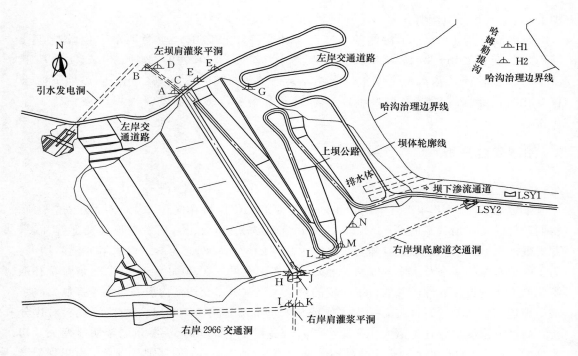

图 1　坝肩测压管布置图

经初步判断，可能漏水部位包括：基岩浅部帷幕灌浆、两岸基岩与心墙混凝土基座之间结合部位、或者未封闭段部位帷幕灌浆、或者该部位心墙混凝土基座存在贯穿性裂缝，以及深厚覆盖层与心墙混凝土基座结合部位受廊道变形影响连接密封关系等。

分析如下：

（1）变形监测资料表明，截至 2017 年 8 月 5 日，除左岸高程 2960.00m 测点 JZ－J1 有 0.2mm 张开，其他左右岸开合度均表现为挤压，挤压变形范围在 －0.12～－0.74mm 之间，其中右岸挤压变形最大值发生在高程 2900.00m 处 J9 测点，最大变形值为 －0.74mm，左岸挤压变形最大值发生在高程 2930.00m 处 J3，变形值为 －0.54mm。左右岸沥青心墙与基座的剪切变形均表现为向河槽方向变形，其最大剪切变形值为 －0.05mm 和 －0.44mm。心墙与基座错位变形不存在拉开的情况。

（2）右岸绕坝渗漏监测坝下地下水位基本保持在 2894.50～2895.70m 的水平，低于廊道底高程 2897.00m，表明下部帷幕灌浆效果良好。

（3）埋设于坝 0＋220 和坝 0＋300 桩号的测斜管大部分表现为向下游位移，其中坝 0＋300 轴线下游 8m 处下游变形最大，累计变形量达到 119mm。假设沥青心墙位移 119mm，挠跨比为 0.17％，可以满足变形要求（以小梁弯曲破坏时的挠度和跨度的比值，即挠跨比作为评定沥青混凝土变形能力的指标，设计报告提出为 3％）。

（4）防渗墙未封闭段约位于坝轴线坝 0＋304.00～0＋357.00 之间，廊道转弯处桩号 0＋373.00，该范围内排水孔出水，故对该范围内帷幕灌浆存在质疑。

（5）右岸岸坡较陡，混凝土基座与基岩间应布置接触灌浆。根据旁多工程（同样高海拔、高严寒地区）施工状况，可能出现结合部位不良以及混凝土基座裂缝的情况。

108

2.3 左岸渗漏原因分析

左岸漏水部位主要是灌浆廊道内、排水孔出水量较大、0＋145桩号有压水、廊道顶部及下游侧漏水、上下廊道连接井。灌浆廊道中漏水有白色析出物，初步判断为基岩裂隙中物质。其余为清水。

原因初步分析：由于灌浆廊道中白色析出物较多，存在基岩水进入坝体的可能性。该地下水可能为绕坝渗流，也可能是坝下哈姆勒提沟通过基岩裂隙反渗入坝体中。

绕坝渗流监测资料表明：左岸坝下30m和坝下60m处的UP-E、UP-F两个测压管水位基本保持在2917.00～2920.00m，左岸坝下100m处的UP-G水位在2894.00m左右。哈姆勒提沟的2组测压管水位保持在高程2897.20～2898.20m的范围。

坝下近坝区基岩中地下水位较高，坝下水位高于廊道顶约15m，如果存在较大裂隙通道，可能会反渗入坝体，从廊道中漏出。

3 渗漏安全分析

渗漏经过2014年处理后，总的渗漏量基本稳定。由于砂砾石砂浆灌浆的部位不处于右岸防渗墙未封闭段（约位于坝轴线坝0＋304.00～0＋357.00之间），因此建议在该范围内增加渗流观测孔。

由于沥青心墙与廊道之间在施工时采用沥青混凝土回填且与心墙一并碾压，廊道中部排水孔没有水排出，且防渗墙下游渗压计水位较低，可以判断渗漏水来自两岸岸坡位置。交通廊道洞口与心墙混凝土基座之间回填的是混凝土，在出水点附近堵漏完成后，加强了该部位回填混凝土的防渗效果。但沥青混凝土心墙起坡点与底部交通廊道在平面位置和高程上有一定距离，起坡点一定范围内的基岩防渗可能无法得到有效加固处理。因此，目前可判断为沥青混凝土心墙起坡点附近浅层基岩渗漏或心墙混凝土基座与基岩结合面渗漏。

坝底廊道渗漏量过程线见图2，由图2可知，渗漏量与库水位相关性较好，可以判断存在上游至下游的渗漏通道，该通道在右岸可能性较大。但量水堰渗漏量不大，且防渗墙后的渗压计水位较低，判断砂砾石层渗漏水处于正常状态。

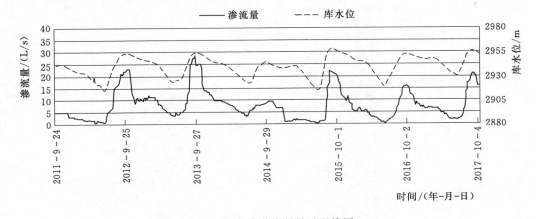

图2 坝底廊道渗漏量过程线图

根据坝体内部变形监测，各沉降管累计为106～267mm，最大沉降267mm发生在坝0+300距坝轴距35.6m处的ES06，约占填土坝高的0.36%，坝体、心墙及防渗墙的变形量均较小，因此工程目前的安全状态可控，但耐久性可能会有所降低，随着时间的推移，如不采取工程措施，安全性会随之降低。

4 建议

根据旁多水利枢纽廊道内渗漏灌浆的经验，在高水位下进行灌浆，可能会由于渗漏缝内流速较高，灌浆效果不好。目前渗漏量稳定，可采取导排水措施，同时加强监测。

重点关注右岸在0+300～0+373之间的渗漏水监测，可能的话在廊道中补设测压管，了解防渗墙未封闭段帷幕灌浆的效果。进一步加强右岸岸坡基岩浅部位灌浆。

对于左岸，可加强对哈姆勒提沟的水文监测，必要时采取导截流方式防止哈姆勒提沟的水反渗入坝体内部。查明基岩渗水通道，对基岩采取灌浆封闭措施。

建议下一步工作如下：

（1）查明白色析出物的物质组成，判断来源。

（2）查明左岸上、下连接井间漏水高程分布，查明哈姆勒提沟与大坝的相对位置和高程关系，据此判断左岸渗漏水主要来源。研究导截流工程措施以及基岩灌浆措施的可行性，可采取导排水措施，同时加强监测，必要时增设渗流及变形观测点。

（3）补充右岸防渗墙未封闭段的渗压监测。必要时加强基岩浅部灌浆处理。恢复右岸灌浆平硐中的四支绕坝渗流渗压计布置。

（4）加强对廊道变形稳定的检测，及时补强加固。

碾压式沥青心墙砂砾石坝沥青心墙
施工关键技术试验研究

赵继成　王星照　吉万良　王　超

（中国水电建设集团十五工程局有限公司）

摘　要：奴尔水利枢纽工程是一个最大坝高80m的碾压式沥青混凝土心墙坝。施工中遇到了酸性骨料、需要冬季低温、风沙气候施工等技术难题。经过精心的科研试验和慎重的技术论证，采取了科学、可靠的技术措施，成功的解决了这些技术难题，顺利的完成了坝体工程的施工任务。通过施工效果评价，奴尔水利枢纽沥青心墙坝施工工艺及技术创新在本工程建设中发挥了重要的指导作用，对类似骨料及气候条件下的碾压式沥青混凝土心墙施工，具有很好的推广应用和借鉴参考价值，对推动我国沥青混凝土心墙筑坝施工技术的领域扩展起到积极作用。

关键词：碾压式；砂砾石；沥青混凝土；心墙；施工关键技术

1　工程概况和技术问题

1.1　工程概况

奴尔河位于昆仑山北坡中段，多年平均年径流量1.7亿 m³。奴尔水利枢纽工程位于奴尔河中下游河段，属新疆维吾尔自治区和田地区策勒县境内的奴尔河控制性工程，是一项以灌溉、防洪为主，兼顾水力发电的综合性水利工程。

水库正常蓄水位2497.0m，水库总库容0.68亿 m³，拦河坝坝高80.0m，水电站总装机容量6.2MW，发电引水流量11.8m³/s，多年平均发电量0.21亿 kW·h。

碾压式沥青混凝土心墙为垂直式，心墙轴线位于坝轴线上游2.0m，顶宽0.5m，底宽0.9m，顶部高程2495.50m，最大断面底部高程2422.30m。心墙上下游两侧各设厚 3m的过渡层。在坝基设心墙混凝土基座。坝基和坝肩防渗线总长约745.0m。

坝基防渗为混凝土防渗墙加基础帷幕灌浆，防渗墙最大深度31m，厚度0.8m。坝体总填筑量728万 m³，沥青混凝土心墙总填筑量3.38万 m³，混凝土防渗墙面积1.31万 m²。

沥青混凝土心墙是坝体的主要防渗结构。沥青混凝土心墙位于坝体中部，坝轴线上游2.0m。沥青混凝土心墙的厚度由底部沥青心墙混凝土基座最大厚 2.1m渐变梯形至0.9m，在高程分别为 2448.5m、2473.5m台阶式渐变至厚度 0.7m、0.5m。心墙顶与防浪墙底连接，心墙顶高程2498.50m，心墙底部与混凝土基座连接。奴尔河山区历年极端最高气温 36.4℃，极端最低气温－22.5℃，多年平均气温 4.7℃，最冷月平均气温－5.3℃，多年平均年降水量195mm，多年平均年蒸发量1267.4mm。

心墙基座采用钢筋混凝土结构，布置在心墙底部，沥青混凝土心墙与基座间铺设一层沥青玛琋脂厚1cm，心墙于混凝土基座之间采用铜片止水，沿心墙轴线布置。心墙上、下游侧分别设厚 3m 的砂砾石过渡层，作为沥青混凝土心墙的持力层和保护层。

沥青混凝土心墙铺筑采用专用的沥青心墙摊铺机机械化施工，摊铺机无法施工的接触部位（沥青混凝土心墙与混凝土基座）及两岸接头部位，采用立模、人工摊铺施工。心墙及心墙相邻 1m 过渡料均由沥青心墙专用摊铺机进行摊铺，过渡料由 20t 自卸车运输，1.2m³ 挖掘机入仓。沥青混凝土拌和采用 LB-1000 拌制，8t 自卸汽车运输至现场，经改制后的 3m³ 装载机给摊铺机供料、人工配合直接入仓。下层沥青混凝土混合料由摊铺机自带的红外线加热器加热，对于摊铺机加热不到的地方，用红外线加热器加热至 70℃。

沥青混凝土最大摊铺宽度为 1.2m，摊铺厚度 30cm，压实厚度 28cm 左右；岸坡段连接部位人工摊铺，模板采用钢模板，摊铺压实厚度 28～30cm。

1.2 技术问题

奴尔水利枢纽工程坝体沥青心墙混凝土骨料根据工程实际情况只能就地选用酸性的砂砾石骨料；工期的要求也要在冬季寒冷风沙季节施工。这些客观的条件都与常规沥青混凝土适宜的碱性骨料、破碎石骨料、5℃以上温度的气温施工的技术要求不一致。要保证工程质量和工期，必须进行精心细致试验研究工作，利用可靠的技术创新的成果，弥补客观条件和环境的不足。

2 配合试验

针对酸性、砂砾石骨料的沥青混凝土配合比试验研究及现场沥青配合比验证试验。

2.1 沥青混凝土材料及配合比试验研究

2.1.1 试验研究的目的和思路

（1）通过对心墙沥青混凝土拟用原材料（沥青、天然砂砾石、填料）的品质检测试验，确定符合奴尔水利枢纽工程沥青混凝土心墙坝工程技术要求的原材料。

（2）研究抗剥落剂对酸性骨料与沥青黏附性的影响，优选抗剥落剂品种及其最优掺量。采用抗剥落剂增强酸性骨料与沥青的黏附力。

（3）在优选抗剥落剂品种的基础上，研究全部采用破碎天然砂砾石料、采用 88% 破碎天然砂砾石料的沥青混凝土最大理论密度、容重、孔隙率及水稳定性性能，确定采用天然砂砾石料沥青混凝土的级配指数、沥青含量、填料用量、抗剥落剂掺量等配合比参数，提出奴尔水利枢纽工程天然砂砾石料沥青混凝土初步推荐配合比。

（4）根据提出的初步推荐配合比，研究天然砂砾石料沥青混凝土的力学及渗透性能，提出奴尔水利枢纽工程天然砂砾石料沥青混凝土优选配合比方案。

（5）在优选天然砂砾石料沥青混凝土配合比试验成果基础上，进行天然砂砾石料沥青混凝土静、动力工程特性试验，提出天然砂砾石料沥青混凝土的配合比等材料参数指标，为数值计算分析提供必要的参数。

（6）优选出 2 组适合新疆奴尔水利枢纽工程的沥青混凝土配合比，并进行了沥青混凝土的水稳定性、间接拉伸、小梁弯曲、单轴压缩、渗透、静三轴、动三轴及耐久性试验，以论证砂砾石料用于奴尔水利枢纽工程沥青混凝土心墙的可行性，为设计与施工提供技术支持。

（7）开展天然砂砾石料沥青混凝土的长期耐久性能研究。采用长期浸水试验，研究天然砂砾石料对沥青混凝土水稳定性和劈裂性能的影响，并与人工灰岩骨料进行对比；采用长期冻融循环试验，研究天然砂砾石料沥青混凝土在冻融循环作用下的物理力学性能和细观结构的演变规律。

(8) 研究不同孔隙率条件下，天然砂砾石料沥青混凝土的力学性能、渗透性能，以及长期耐久性能，提出奴尔水利枢纽工程天然砂砾石料沥青混凝土施工质量控制技术要求。

2.1.2 试验研究成果

(1) 各种原材料主要技术指标检测结果分别见表1～表5。

表1　　　　　　　　　沥青质量技术指标检测结果表

检测项目	针入度 (0.1mm)	软化点 /℃	延度/cm		旋转薄膜加热试验			
			15℃	10℃	质量变化 /%	残留针入度比	残留延度/cm	
							15℃	10℃
技术指标要求	80～100	不小于45℃	不小于100	不小于45	±0.8	不小于57	≥100	≥8
检测结果	86	50.0	100	100	−0.11	60	>100	>100

注　中国石化塔河炼化有限责任公司生产（简称库车沥青）东海牌90号沥青。

表2　　　　　　　　　矿粉（填料）质量技术指标检测结果表

检测项目		技术指标要求	检测结果
表观密度/(g/cm³)		≥2.50	2.69
亲水系数		≤1.0	0.71
含水率/%		≤0.5	0.2
颗粒级配通过率/%	0.6	100	100
	0.15	>90	99.9
	0.075	>85	86.9

表3　　　　　　　　　粗骨料质量技术指标检测结果表

检测项目	技术指标要求	4种级配检测结果	检测项目	技术指标要求	4种级配检测结果
表观密度/(g/cm³)	≥2.6	2.68～2.78	坚固性（硫酸钠）/%	≤12	3.0～4.8
针片状颗粒含量/%	≤25	2.0	含泥量/%	≤0.5	0.2～0.3
压碎值/%	≤30	14.2	黏附性/级	≥4	4
吸水率/%	≤2	0.4～0.6			

表4　　　　　　　　　细骨料质量技术指标检测结果表

检测项目	技术指标要求	检测结果	检测项目	技术指标要求	检测结果
表观密度/(g/cm³)	≥2.55	2.66	耐久性（坚固性）/%	≤15	2.1
吸水率/%	<3(DL/T 5363—2006)	1.3	水稳定等级/级	≥6	9
含泥量/%	≤2	0.4			

表5　　　　　　　　　抗剥落剂质量技术指标检测结果表

检测项目	技术指标要求（SL 501—2010）	检测结果	试验方法
沥青与粗集料黏附性	≥4级	4级	水煮法

（2）奴尔天然砂砾石的原料岩石种类众多，形成的原因也比较复杂，可能含有某些不稳定的化学物质或者有害成分。试验根据天然骨料样品的颜色和纹理，将天然骨料的种类大致划分为6大类，对每一类别选取1～2块具有代表性的岩石，分别进行了岩石矿料鉴定。天然（破碎）砂砾石粗骨料岩矿鉴定结果，奴尔水利枢纽沥青混凝土心墙拟用天然砂砾石的原岩品种比较复杂，既含有偏碱性的岩石类（细粒石灰岩），也含有偏酸性的岩石类（花岗岩、石英砂岩等）。本次试验用天然骨料样品，偏酸性骨料居多。

（3）抗剥落剂对比试验。为了提高沥青与酸性骨料的黏附性，目前国内外通常采用在沥青中添加抗剥落剂的方式。

当前国内使用的聚合物抗剥落剂主要有胺类与非胺类抗剥离剂。以胺类居多，但是胺类物质受热易分解，稳定性相对较差，其抗剥落剂的耐热性与长期性能备受质疑。非胺基类抗剥落剂的主要成分是一种表面活性剂，其特点是热稳定性和耐久性较好，抗剥落剂分解温度高达180℃以上。适合于各种石料（碱性或酸性）化学碱不发生破坏，水稳定性能好。

试验为提高酸性骨料与沥青的黏附性，通过调研，优选了匀强®-EASA100沥青抗剥落剂（非胺类），XT-2型沥青抗剥落剂（非胺类）以及CW-1型沥青抗剥落剂（非胺类），进行比选试验。

（4）粗骨料与沥青的黏附性试验。试验用粗骨料为坝址下游河漫滩C2料场开采的天然砂砾石料冲洗干净后，经破碎并筛分而成。天然砂砾石的原料岩石种类众多，即含有偏酸性的岩石（石英砂岩、花岗岩等），也含有偏碱性的岩石（细粒石灰岩）。本次试验，为比较三种不同品牌抗剥落剂的性能，根据天然砂砾石样品的颜色和纹理，从砂砾石样品中挑选了3种具有代表性的酸性骨料进行试验，其试验结果见表6，天然砂砾石破碎粗骨料与沥青黏附性试验见图1、图2。

表6 天然（破碎）砂砾石粗骨料与沥青的黏附性试验结果表

试验编号	砂砾石原石种类	抗剥落剂品牌	抗剥落剂掺量/%	黏结力等级	备注
NL-0	1号石英砂岩	—	0	4	见图2
	2号白色白岗岩（花岗岩）			4	
	3号粗粒花岗岩			3	
NL-1	1号石英砂岩	匀强®-EASA100	0.3	5	
	2号白色白岗岩（花岗岩）			5	
	3号粗粒花岗岩			5	
NL-2	1号石英砂岩	XT-2	0.3	5	见图3
	2号白色白岗岩（花岗岩）			4	
	3号粗粒花岗岩			4	
NL-3	1号石英砂岩	CW-1	0.3	5	
	2号白色白岗岩（花岗岩）			5	
	3号粗粒花岗岩			4	

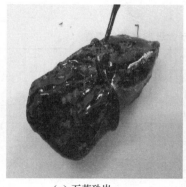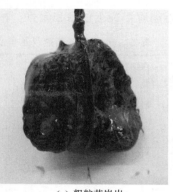

（a）石英砂岩　　　　　　　（b）白色（花岗岩）　　　　　　（c）粗粒花岗岩

图1　天然砂砾石破碎粗骨料与沥青黏附性试验结果图（未添加抗剥落剂）

图2　天然砂砾石破碎粗骨料与沥青黏附性试验结果图（添加抗剥落剂）

（5）试验结果表明：①不掺抗剥落剂，天然砂砾石中的酸性骨料与沥青的黏附性等级为3级或4级；②沥青中掺入适当的抗剥落剂，能明显提高酸性骨料与沥青的黏附性。从图2可以明显地看出，沥青中掺入抗剥落剂，在沸水中浸煮3min后，沥青膜完全保存，剥离面积百分率小于10%，黏结力等级达到5级或4级；③三种不同品牌的非胺类抗剥落剂均能有效地提高酸性骨料与沥青的黏附性，使酸性骨料黏结力等级达到5级或4级。

（6）水稳定性试验。

1）沥青混凝土中添加适当的抗剥离剂，能有效提高沥青混凝土的水稳定系数。

2）匀强®-EASA100沥青抗剥落剂（非胺类）质量最为稳定，在推荐掺量范围内，随着掺量的增加，沥青混凝土的水稳定性呈增加趋势。

（7）比选结果。三种不同品牌抗剥落剂配制的沥青混凝土水稳定系数均大于0.90，满足《土石坝沥青混凝土面板和心墙设计规范》（SL 501—2010）的相关技术要求。最终综合考虑选择匀强®-EASA100沥青抗剥落剂为本次试验用抗剥落剂，初期掺量为0.3%（见表7）。

2.1.3　试验研究结论

（1）克拉玛依90号沥青、库车90号沥青均满足《土石坝沥青混凝土面板和心墙设计规范》（SL 501—2010）中沥青的技术要求，可用于奴尔沥青混凝土心墙工程；坝址下游河漫滩C2料场开采的天然砂砾石料，冲洗、破碎筛分后，呈酸性。质地坚硬，坚固性较好，与沥青的粘附性达到4级，质量满足SL 501—2010规范中粗骨料的质量要求；匀强®-EASA100沥青抗剥落剂（非胺类），能有效提高砂砾石粗骨料与沥青黏附性以及砂砾石沥青混凝土的水稳定性。

表7　抗剥落剂（不同品牌和掺量）对沥青混凝土水稳定系数影响试验结果表

编号	抗剥落剂品牌	配合比主要参数				水稳定系数 K_w
		级配指数 r	沥青含量 B /%	填料用量 F /%	抗剥落剂掺量 /%	
NTB0	—	0.39	6.7	12.0	0.0	0.86
NTB1－1		0.39	6.7	12.0	0.1	0.94
NTB1－2	EASA100	0.39	6.7	12.0	0.3	0.99
NTB1－3		0.39	6.7	12.0	0.5	1.04
NTB2－1		0.39	6.7	12.0	0.1	1.04
NTB2－2	XT－2	0.39	6.7	12.0	0.3	0.94
NTB2－3		0.39	6.7	12.0	0.5	1.01
NTB3－1		0.39	6.7	12.0	0.1	0.97
NTB3－2	CW－1	0.39	6.7	12.0	0.3	0.93
NTB3－3		0.39	6.7	12.0	0.5	0.94

（2）沥青混凝土配合比设计及性能试验结果。库车90号沥青、克拉玛依90号沥青推荐配合比（见表8）。推荐的沥青混凝土配合比的各项性能能够满足沥青混凝土心墙的相关技术要求。

（3）优选的两种配合比制备的沥青混凝土试样均具有较高的强度和模量。天然砂砾石料沥青混凝土配合比具有更好的塑性，适应变形的能力优于人工灰岩骨料沥青混凝土。

（4）天然砂砾石沥青混凝土耐久性试验结果表明，砂砾石沥青混凝土中添加适当的抗剥落剂，能有效地提高沥青混凝土的抗水侵蚀能力和抗冻融能力。

表8　奴尔水利枢纽工程大坝心墙沥青混凝土推荐配合比表

骨料品种	沥青品种	级配指数 r	沥青含 B 量（油石比）/%	填料用料 F /%	抗剥落剂 /%	各级矿料质量百分比/%					
						13.2～19mm	9.5～13.2mm	4.75～9.5mm	2.26～4.75mm	0.075～2.36mm	＜0.075mm
砾石（100%碎石）	库车90号	0.39	6.7（7.1）	12	0.3	14.2	10.2	17.9	14.2	31.1	矿粉12.4
	克拉玛依90号	0.39	6.7（7.1）	12	0.3	14.2	10.2	17.9	14.2	31.1	12.4

2.2　现场验证试验

为了确保工程施工质量，在专题试验研究的基础上，在工程施工现场进行验证复核试验，为现场铺筑试验提供基准配合比，并最终用于生产性试验施工配合比。

试验内容包括以下几点。

（1）原材料的检验，包括人工破碎骨料、矿粉、沥青、抗剥落剂等。

（2）选择库车90号沥青进行沥青配合比验证试验，通过一系列沥青混凝土性能试验，确定符合设计规范要求且经济合理的沥青混凝土最佳施工配合比。

（3）现场冷骨料进行室内合成级配试验结果见表9。

表9 　　　　　　　　　　现场冷骨料进行室内合成级配试验结果表

规格粒径 /mm	1号冷料 0~2.36mm	2号冷料 2.36~4.75mm	3号冷料 4.75~9.5mm	4号冷料 9.5~13.2mm	5号冷料 13.2~19mm	矿粉	合成级配	设计级配
26.5	100	100	100	100	100	100	100	100
19	100	100	100	99.8	97.1	100	99.5	100
16	100	100	100	99.5	69.5	100	95.1	93.5
13.2	100	100	100	97.8	23.2	100	87.4	86.8
9.5	100	100	99.0	25.8	1.6	100	74.5	76.4
4.75	99.9	98.2	10.4	0.7	0.1	100	57.4	58.5
2.36	98.2	26.9	0.3	0.1	0.1	100	44.6	44.6
1.18	77.2	9.1	0.2	0.1	0.1	100	35.6	34.2
0.6	46.7	3.6	0.2	0.1	0.1	100	25.6	26.4
0.3	25.3	2.0	0.2	0.1	0.1	100	18.9	20.2
0.15	13.6	1.5	0.1	0.1	0.1	99.8	15.3	15.6
0.075	5.7	1.0	0.1	0.1	0.0	91.6	12.0	12.0
掺配比例 /%	30	15	15	13	16	11	—	—

（4）工地试验室马歇尔试验验证结果均满足设计要求（见表10）。

表10 　　　　　库车90号沥青混凝土配合比工地现场室内马歇尔试验结果表

沥青含量 /%	试件密度 /(g/cm³)	理论最大密度 /(g/cm³)	孔隙率 /%	稳定度 /N	流值 /(0.1mm)
6.4	2.443	2.454	0.46	6120	81.5
6.7	2.430	2.447	0.70	6628	90.2
7.0	2.422	2.437	0.62	5293	102.1
设计要求	>2.35	—	≤2	>5000	30~110

（5）施工现场拌和楼试拌，取混合料进行马歇尔试验（见表11）。

表11 　　　　　　　　　　拌和楼试拌马歇尔试验结果表

检测指标	沥青含量 /%	试件密度 /(g/cm³)	理论最大密度 /(g/cm³)	孔隙率 /%	稳定度 /N	流值 /(0.1mm)
	6.7	2.432	2.444	0.49	6079	84.0
设计要求	±0.3	>2.35	—	≤2	>5000	30~110

矿料级配	筛孔/mm	26.5	19	16	13.2	9.5	4.75	2.36	1.18	0.6	0.3	0.15	0.075
	通过率/%	100	98.3	92.8	86.2	77.3	60.7	41.9	34.5	26.1	18.0	14.3	12.2
设计级配		100	100	93.5	86.8	76.4	58.5	44.6	34.2	26.4	20.2	15.6	12.0
级配偏差/%		0	−1.7	−0.7	−0.6	0.9	2.2	−2.7	0.3	−0.3	−2.2	−1.3	0.2
允许偏差范围		±5	±5	±5	±5	±5	±5	±4	±4	±4	±4	±4	±2

（6）推荐施工配合比及骨料设计级配及拟合级配曲线（见表12、表13）。

表12　　　　　　　　　心墙沥青混凝土生产配合比推荐表

材料名称	C2料场 100%破碎骨料/%					矿粉/%	沥青含量/%	抗剥落剂/%
	5号热料	4号热料	3号热料	2号热料	1号热料			
规格	13.2～19mm	9.5～13.2mm	4.75～9.5mm	2.26～4.75mm	0～2.36mm	<0.075mm	90号道路石油沥青A级	SA－100
组成比例	13	14	16	15	33	9	6.7	0.3

注　沥青为库车东海牌石油90号沥青；抗剥落剂为江苏苏博特；矿粉为新疆洛浦县金石矿粉。

表13　　　　　　　　　骨料设计级配及拟合级配曲线表

粒径/mm	19.0	16.0	13.2	9.5	4.75	2.36	1.18	0.6	0.3	0.15	0.075
通过率设计/%	100	93.5	86.8	76.4	58.5	44.6	34.2	26.4	20.2	15.6	12.0
通过率热料/%	99.0	93.6	88.1	76.1	58.8	42.6	35.6	25.3	19.2	15.6	11.8
通过率冷料/%	99.5	95.1	87.4	74.5	57.4	44.6	35.6	25.6	18.0	15.3	12.0

2.3　现场验证试验发现的问题及解决方法

（1）天然砂砾石料破碎筛分而成的小于0.075mm矿粉，经检测呈酸性，验证试验现场采取细骨料单炒等措施进行石粉分离处理工艺后，热料仓检测热骨料拟合级配筛分试验后酸性0.075mm石粉含量仍然有超过2%的情况。

（2）针对这一问题进行了补充试验研究，采用部分酸性矿粉进行了可行性试验研究论证。将0.075mm酸性填料掺量从1%增加到6%，提高掺抗剥离剂掺量，进行沥青混凝土的力学强度值（劈裂、拉伸、弯曲、单轴抗压及三轴抗剪）、应变值（间接拉伸、直接拉伸、弯拉）及渗透性能变化幅度等试验研究论证。通过论证，说明酸性填料掺量在一定范围内变化，对沥青混凝土的强度、变型及渗透性能、耐久等性能影响与碱性灰岩骨料沥青混凝土基本一致结论。

（3）根据补充试验结果，确定将酸性0.075mm石粉含量控制在不大于3%，沥青抗剥落剂推荐掺量0.5%这个标准。

2.4　心墙沥青混凝土及砂砾石过渡料碾压试验验证

（1）试验的目的。沥青混凝土现场铺筑碾压试验是对室内沥青混凝土配合比进行验证，通过对沥青混凝土原材料制备、储存、拌和，以及各种施工机械的类型、运输性能与生产能力匹配情况、铺筑碾压及质量检测等一套施工工艺流程的演练，结合过渡料摊铺及碾压试验，取得并确定沥青混凝土心墙施工工艺参数，用以指导沥青混凝土心墙的实际施工。此外，结合气候和运输条件，确定施工工艺参数：铺料层厚度、碾压方式及遍数、施工时碾压适宜温度控制范围，特别是低气温、风沙天气等情况下，保证施工质量的施工工艺和技术措施。

（2）施工工艺流程主要包括铺筑前的准备、烘炒分级、沥青混合料拌制、沥青混合料运输、沥青混合料和过渡料摊铺、沥青混合料和过渡料碾压、层间和接缝处理、质量检测等几个主要阶段。其具体施工工序为：施工准备→浇筑基础混凝土、层面清理、验收测量放线、定位→铺筑冷底子油→铺筑沥青砂玛琋脂→沥青混合料和过渡料卸入摊铺机→摊铺机摊铺沥青混合料→过渡料反铲补填→过渡料和沥青混合料分别碾压。

（3）施工参数选择试验结果。

1）现场铺筑试验段长 30m，平段全部采用机械摊铺，斜坡面采用人工摊铺，同一铺筑层厚度 30cm，碾压试验时气温为 17℃，沥青混合料出机口温度大于 150℃小于 165℃，入仓温度大于 145℃小于 160℃，初碾温度 130～150℃，终碾温度不低于 110℃，摊铺第二层时设置了一处斜坡冷接缝。

2）从试验结果分析，三个碾压区芯样试件孔隙率全部满足设计要求（现场小于 3%），综合考虑选择 10 遍区碾压参数作为大坝心墙沥青混凝土施工时碾压参数。接缝处渗透检验，芯样密度、孔隙率检测结果均符合设计要求，经对芯样仔细观察，沥青混凝土层间结合良好，与水泥混凝土面粘接紧密，未发现有明显接缝和不密实现象，说明所采取的层间和接缝处理施工工艺是可行的。

3）对拌制沥青混合料质量和现场钻取芯样进行了试验检测，其试验结果见表 14。

4）根据试验结果确定的沥青混凝土心墙配合比，其生产配合比推荐见表 15。

表 14　　　　　　　　拌和楼拌制沥青混合料试验检测结果表

检测项目		单位		设计要求			检测结果				
试件密度		g/cm³		≥2.35			2.419				
孔隙率		%		≤2			1.1				
理论最大密度		g/cm³		实测值			2.447				
稳定度		N		>5000			6808				
流值		0.1mm		30～110			84.8				
水稳定系数		%		≥0.9			0.92				
渗透系数		cm/s		<1×10⁻⁸			未见渗透				
油石比		%		设计值 7.1±0.3			7.15				
矿料级配	筛孔/mm	26.5	19	16	13.2	9.5	4.75	2.36	1.18	0.6	0.3	0.15	0.075
	通过率/%	100	98.2	92.9	85.6	78.1	60.4	43.1	33.8	26.1	19.1	14.9	12.0
	设计级配/%	100	100	93.5	86.8	76.4	58.5	44.6	34.2	26.4	20.2	15.6	12.0
	偏差值/%	0	−1.8	−0.6	−1.2	1.7	1.9	−1.5	−0.4	−0.3	−1.1	−0.7	0
	规范要求/%	±5	±5	±5	±5	±5	±4	±4	±4	±4	±4	±4	±2

表 15　　　　　　奴尔大坝沥青混凝土心墙生产配合比推荐表（组成比例）

骨料品种	沥青品种	级配指数 r	沥青含 B 量（油石比）/%	填料用料 F/%	抗剥落剂/%	各级矿料质量百分比/%					
						13.2～19mm	9.5～13.2mm	4.75～9.5mm	2.26～4.75mm	0.075～2.36mm	<0.075mm
砾石（100%碎石）	库车90 号	0.39	6.7	9+3	0.5	13	14	16	15	30	矿粉 12（含天然石粉 3）

注　1. 沥青为库车东海牌石油 90 号 A 级沥青；抗剥落剂为江苏苏博特；矿粉为新疆洛浦县金石矿粉；
　　 2. 施工中应保持骨料小于 0.075mm 颗粒占矿料总质量小于 3%；
　　 3. 施工中根据骨料中小于 0.075mm 颗粒含量对矿粉进行适当调整。

2.5 试验论证结果

（1）通过检测、试验、对比、分析、验证等研究，在采取措施的情况下，酸性骨料、砂砾石骨料和酸性填料生产的沥青混凝土各项技术指标满足设计和规范要求。

（2）通过铺填碾压工艺试验验证，酸性骨料、砂砾石骨料和酸性填料生产的沥青混凝土能满足坝体心墙填筑施工的施工性能要求。

3 低温、风沙天气环境施工技术

常温条件下碾压式沥青混凝土防渗心墙施的工技术目前已趋于成熟，但在寒冷地区土石坝碾压式沥青混凝土防渗心墙冬季施工技术方面在本领域内仍属于探索阶段。在 0～−15℃的低温及沙尘天气条件下碾压式沥青混凝土的施工技术，新疆奴尔沥青混凝土心墙坝建设中进行了深入的研究并成功应用。经现场试验研究，在沥青混凝土原材料、配合比、加温拌和设备等方面采取以下几个方面的技术和措施，能保证低温、风沙天气环境下的沥青混凝土施工质量。

3.1 低温施工沥青混凝土拌和

（1）对沥青混凝土原材材料进行保温防护的同时，适当提高沥青含量 0.3％作为冬季施工配合比。

（2）对拌和系统进行保护，在沥青混合料拌和站增设辅助加热、保温设备。拌和楼热骨料提升机、热料仓和混合料搅拌锅均增设一层矿棉保温层，沥青输送管路增加蒸汽护套保证其畅通，尽量降低搅拌系统的温度损失。通过以上措施，运输过程中的温度损失减少了 3℃。

（3）根据当时施工现场环境温度，适当提高沥青混合料拌和温度：骨料加热控制在 180～190℃之间；沥青加热控制在 160～170℃之间；气温偏低时取上限。混合料出机口温度一般控制在 165～175℃之间；经过水平运输、摊铺机摊铺时的温度损失，要求混凝土入仓温度达到 146～166℃，满足低温季节沥青混凝土施工的碾压温度要求。

（4）沥青的熔化、脱水温度不宜过高，宜控制在 120℃左右，严格将沥青的加热、保温温度控制在 150～160℃范围内，保温时间不超过 48h。

（5）将矿料的加热温度控制在 170～190℃之间。

（6）施工中采用的温度控制范围通过现场摊铺、碾压等情况适当调整。

3.2 低温施工沥青混凝土心墙的施工技术和措施

（1）严格执行碾压式沥青混凝土低温施工试验时推荐的沥青混合料的出机温度和入仓温度，严格控制碾压温度。

（2）沥青混凝土施工设备夜间应存放在封闭式的停车棚内，避免夜间受冻，确保继续铺筑时能够顺利启动。

（3）加强施工现场的组织、协调、管理工作，沥青混合料拌和、运输、摊铺、碾压各工序紧密衔接，缩短工序作业时间。沥青混合料从出机到碾压完毕所用时间不超过 30min。

（4）缩短碾压段，按 15m 左右为一个碾压单元，摊铺后及时碾压；碾压设备数量配置相对富裕。

（5）心墙专用摊铺机前增加一组红外线加热板（或丙烷燃烧器）并适当降低摊铺机行进速度，保证心墙结合层面温度达到规范要求。

（6）根据2015年12月温度统计情况，12月最低气温−23℃，最高气温3℃，针对此情况确定冬季施工条件为−10℃以上采用保温措施施工，低于−10℃时停止沥青混凝土施工，现场采用棉被及电热毯保温。

3.3 沥青混凝土心墙冬季停工越冬保护措施

在冬季停工后，为了防止沥青混凝土在低温下遭到冻害，应用沙土埋藏保温，奴尔坝体填埋深度正面和侧面均100cm，大于冻土深度20cm。由下至上为帆布、电热毯、棉被、过渡料。整个越冬期，由值班人员每天对沥青混凝土心墙进行温度测量，测量采用插入式电子温度计，位置数量采用50～100m布置一个，根据测量结果整理出外界温度及内部温度的线性关系，当内部温度低于0℃时，打开电热毯加热，保证内部温度高于0℃（见图3）。

图 3　冬季停工期间保护

冬季及夏季沥青心墙施工阶段，为避免沥青心墙夜间受低温影响及风沙影响，在摊铺过程中，在摊铺机后面拖较厚的帆布，随着摊铺机的行进，对沥青混凝土心墙全断面拖盖。在停工前采用毡布及保温被覆盖沥青心墙，毡布上层再覆盖一层防雨布，对沥青混凝土心墙加以防冻保护。

3.4 沥青混凝土心墙施工防尘、防沙技术

防尘防沙是奴尔坝体工程施工中质量控制的重点之一，以保证层间结合质量。一要防止沙尘天气带来的沙尘；二要防止摊铺机过渡料装填过程中的散落污染；三要防止人员机械活动带来的层面污染。本工程根据施工实际探索，采取了以下措施。

（1）摊铺机沥青混凝土出料口拖挂长3m白帆布，确保过渡料装填过程中散落不造成沥青混凝土污染。随着摊铺机前进，迅速用油帆布覆盖，宽度大于心墙宽度40cm（心墙两侧各20cm），保证整个施工过程帆布无缝结合，沥青混凝土不在外部暴露。

（2）碾压完成后及时揭除油帆布并采用白色棉质帆布覆盖，确保摊铺完成后与下层结合面干净、整洁。也防止心墙表面温度散失过快，碾压后表面形成横向裂纹，必要时直接在厚帆布上碾压。

3.5 沥青混凝土碾压后气泡排放及碾压顺序控制技术

沥青混凝土心墙表面防风沙油帆布覆盖碾压，油帆布致密光滑和沥青很容易紧密黏合，碾压过程中沥青混凝土内部揉搓产生的气泡无法排出，造成沥青混凝土不密实同时也影响渗透性。采取了以下措施有效地解决了问题：

（1）碾压后立即将油帆布掀起，待沥青混凝土内部排出内部气泡后再用苫布覆盖，通过以上措施，从现场钻取的芯样观察气泡基本消除。

（2）碾压顺序控制措施：采用常规的"正品字"碾压顺序沥青混凝土和过渡料同时碾压，碾压后将心墙上下游侧挖开检查，发现铺层上部心墙宽度增大，且顶部盖帽较大的问题，部分沥青混凝土挤压到较松散的砂砾石过渡料内部；铺层下部出现沥青混凝土心墙瘦身，形成犬牙交错现象，保证不了心墙设计形状和设计尺寸。通过改变碾压次序，先对砂砾石过渡料进行静压后，优先振动碾压沥青混合料再待沥青混凝土温度降到小于等于终碾温度时再碾压砂砾石过渡料的施工工艺，解决沥青搜身和设计宽度的问题。

4 施工质量检测及质量控制

4.1 拌和站质量控制

（1）人工砂单炒，先炒骨料后单炒砂。

（2）骨料加热温度 160～180℃，骨料加热温度不超过沥青加热温度的 10～20℃，防止沥青发生老化，沥青混合料温度超过 190℃应视为废料处理。

（3）90 号沥青加热搅拌温度 150～160℃，沥青混合料出机温度 150～170℃；拌制的热混合料石粉含量不大于 3%，沥青混合料由下料口到拉运车高度不得大于 1.5m。

（4）对不符合温度要求的热料及时排掉，待温度符合要求后方可开始拌制混合料，拌制混合料时，矿料干拌不少于 15s，再加入沥青拌和，搅拌时间应不少于 45s，经过现场取样观察，拌和出的沥青混合料色泽均匀，稀稠一致，无花白料、黄烟及其他异常现象，骨料沥青裹覆率良好。

（5）对于因温度低或级配不能满足设计要求的废弃沥青混合料、粗细骨料混合料，可作为弃料处理，不得掺入成品料堆或再次使用。

4.2 施工过程质量检测、控制

（1）在正常施工期间，试验室依据规范要求的检测频次，从拌和楼出机口取样，检查沥青混合料的沥青含量和矿料级配，并进行密度检测，若发现级配偏离时，对拌和楼热料仓中的骨料级配进行检测，并根据检测结果对配料单进行必要的调整。拌和楼配备自动打印装置，逐盘记录沥青和骨料称量记录，对每天或每个台班生产沥青混合料总量进行配合比偏差检验。

（2）现场铺筑质量应以无损检测为主，采用无核密度仪检测密实度，渗气仪现场检测渗透性，对接缝处或可疑部位重点进行检测；对每层沥青混凝土进行外观检查，如发现裂纹等异常现象，查明原因，及时处理。

（3）心墙每升高 2～4m 应钻取芯样一组（3 个）进行密度、孔隙率、沥青含量和矿料级配等验证性检验，并检查层间结合情况和两侧开槽检查心墙垂直度、宽度。

（4）心墙每升高 10～12m 钻孔取芯，进行三轴、小梁弯曲等力学性能检验。对钻孔取芯后留下的孔洞应清理干净，并用海绵吸干水分，加热烘干，达到 70℃ 以上，然后分 5cm 一层进行沥青混合料回填击实。

4.3　现场沥青混凝土控制标准

（1）施工中严格控制外部环境，在日降雨超过 5mm，风速大于 4 级，气温低于 −5℃ 时，坚决不能施工，夜间照明条件不好不能施工。

（2）根据所取芯样试验结果可以看出：底部试件密度较上部试件密度小，说明填筑层上部易碾压密实，下部不易碾压密实，且下部密度随着碾压遍数增加而增大，因此，在施工过程中，严格控制铺料厚度、碾压遍数、碾压方式，确保整个断面厚度内压实质量。

（3）随时目测热拌沥青混合料均匀性、是否冒黄烟、有无花白料等异常现象，并立即查明原因及时调整，确保混合料拌和质量。级配离析和温度离析是影响沥青混凝土质量均匀性重要因素，在施工过程中及时目测发现，采取有效措施避免产生。

（4）碾压温度是确保碾压质量的重要参数之一，温度过低可能压不实，温度过高，混合料变形较大，表面可出现发丝状裂纹、拥抱或推移，而且增加能耗成本，降低生产效率。沥青混合料入仓温度 140～165℃，沥青混合料初碾温度 140～150℃，最低不宜低于 130℃，低温季节施工不低于 135℃，沥青混合料终碾温度 130～140℃，最低不宜低于 110℃，对低于 110℃ 的混合料作为废料废弃。

4.4　沥青混凝土层间结合面施工处理质量控制

（1）接缝是沥青混凝土心墙的薄弱部位，在施工中应尽可能避免，应在摊铺前进行施工处理，在施工中应特别重视。心墙混凝土基座（或铜止水带）表面干燥、洁净，水泥混凝土基座表面经凿毛后涂刷 1～2 遍冷底子油，待干燥后再铺设厚 1～2cm 砂质沥青马蹄脂。

（2）施工接缝应采用斜面平接，斜面坡度宜为 45°。施工前对接缝表面污物、杂物清除，然后进行加热，加热温度应控制在 90～110℃，再涂刷热沥青。压实要及时跟进，可安排人工用振动夯板在摊铺完后立即进行，加强碾压确保压实质量，对接缝部位质量用真空渗气仪进行重点检测，若不合格时，应挖除置换新沥青混合料进行处理。

（3）冬季沥青混合料出机口温度提高到上限，摊铺前层间处理干净后，对下层沥青表面不进行深度加热，利用上层新铺沥青混合料（165℃）的热量，停滞约 20min 后，可将下层沥青混凝土融化深 5cm，结合面温度可达到约 70℃ 以上。摊铺后的沥青混合料表面用帆布覆盖保温，并且在施工过程中通过缩小碾压循环，以防止表面温度损失过快，从而保证沥青混合料的碾压温度。

4.5　沥青心墙试验及质量检测控制

（1）沥青含量和矿料级配是影响沥青混凝土性能的重要检测指标，施工过程中重视抽提、热料筛分试验，并根据试验结果，有问题时及时对配料单做出相应调整。

（2）沥青混凝土出机口温度和现场温度早、中、晚三个主要时段，每个时段检测不少于 4 个，雨天或低温时段增加检测频次。

（3）心墙碾压完毕后压实质量检测方法主要有：现场 EDG - A 沥青无核密度仪无损

检测密度，用 ZC-6 型渗气仪无损检测沥青混凝土的渗透系数，现场取芯样检测和室内沥青混合料抽提及马歇尔击实试验检测。检测指标包括沥青混凝土密度大于 2.35kg/cm^3，孔隙率小于 3%，渗透系数小于 1×10^{-8} 及其他设计指标。现场检测以无损检测为主，若发现有不合格点，应立即钻取芯样进行测试，芯样测试不合格则要进行处理。

5 施工质量效果

5.1 质量检测和评定效果

（1）质量评定情况：奴尔沥青心墙混凝土心墙自 2016 年 9 月 29 日正式开始铺筑，到 2017 年 9 月 12 日全部达到心墙坝顶高程 2498.5m，砂砾料相对密度共检测 1803 组，相对密度在 0.85～0.99 之间，平均相对密度 0.89，满足设计相对密度 0.85 标准；砂砾石过渡料共检测 1254 组，相对密度在 0.85～0.97 之间，平均相对密度 0.89，满足设计相对密度 0.85 标准。

（2）心墙坝沥青混凝土共使用沥青 6463.85t，检测 165 组；沥青矿粉使用 13030.5t，共检测 250 组；沥青混凝土砂石骨料使用 40000m³ 共检测 114 组；共检测沥青混凝土马歇尔试件 224 组；沥青混凝土芯样 72 组；小梁弯曲及三轴试验检测 6 组；沥青混凝土施工过程温度控制检测 1700 余组；沥青心墙混凝土现场密度检测 35054 组；检测频次及检测结果均符合符合设计及规范要求。其检测情况见表 16～表 21。

表 16　　　　　　　　　　　沥青混凝土芯样检测结果表

检测项目	密度 /(g/cm³)	平均密度 /(g/cm³)	最大密度 /(g/cm³)	孔隙率 /%	压实度 /%	渗透系数 /(cm/s)	水稳定系数 /%
指标	≥2.35	≥2.35	—	<3	—	≤1×10⁻⁸	≥0.9
组数	293	72	72	72	72	1713	13
最大	2.447	2.436	2.460	2.44	99.5	9.22×10^{-9}	0.96
最小	2.383	2.399	2.445	0.51	97.6	2.45×10^{-9}	0.91
平均	2.420	2.420	2.456	1.48	98.5	5.87×10^{-9}	0.93

注　依据设计：联总字 2016 第 006 号 HE-BG-07 附件及《土石坝碾压式沥青混凝土防渗墙施工规范》（SL 514—2013）。

表 17　　　　　　　　沥青心墙混凝土小梁弯曲及三轴试验结果统计表

检测项目	密度 /(g/cm³)	最大密度 /(g/cm³)	孔隙率 /%	小梁弯曲（4.7℃）		三轴试验（4.7℃）	
				抗弯强度 /kPa	最大弯拉应变/%	内摩擦角 /(°)	黏结力 /kPa
指标	≥2.35	≥2.35	<3	≥400	≥1	≥25	≥300
最大	2.420	2.464	1.9	2200	2.449	28.8	444
最小	2.410	2.442	1.3	1324	1.930	25.9	318
平均	2.415	2.458	1.7	1638	2.201	27.4	365

注　依据设计：联总字 2016 第 006 号 HE-BG-07 附件及 SL 514—2013，共 6 组。

表 18   沥青混合料抽提分析试验结果统计表

检测项目	沥青含量/%	颗粒级配（通过率%）										
		19.0	16.0	13.2	9.5	4.75	2.36	1.18	0.6	0.3	0.15	0.075
指标	6.4～7.0	95.0～100.0	88.5～98.5	81.8～91.8	71.4～81.4	53.5～63.5	40.6～48.6	30.2～38.2	22.4～30.4	16.2～24.2	11.6～19.6	10.0～14.0
最大	6.98	100.0	96.9	90.3	80.0	62.1	47.6	38.0	29.0	23.5	17.5	13.7
最小	6.65	98.2	91.2	83.2	72.1	54.2	41.2	32.0	23.8	18.2	13.6	10.3
平均	6.81	99.9	93.9	87.0	76.7	58.6	44.9	34.6	26.7	20.5	15.7	12.1

注 联总字 2016 第 006 号 HE－BG－07 附件及 SL 514—2013，共 224 组。

表 19   沥青心墙混凝土马歇尔试件试验结果统计表

检测项目	最大密度/(g/cm³)	试样密度/(g/cm³)	孔隙率/%	稳定度/N	流值/(0.1mm)
	≥2.35	≥2.35	<2	≥5000	30～110
组数	224	224	224	224	224
最大	2.466	2.451	1.03	8760	104
最小	2.440	2.343	0.33	5700	76
平均	2.457	2.438	0.75	6329	91

表 20   沥青混凝土施工过程温度控制检测统计表

检测项目	拌和站出机口温度检测				施工现场温度检测				
	骨料温度/℃	沥青/℃	出机口温度/℃	气温/℃	层间结合面温度/℃	入仓温度/℃	初碾温度/℃	终碾温度/℃	气温/℃
组数	141	343	5507	35	146	7690	1642	1514	80
最大	198.3	182	187.7	28	89	180	163	149	29
最小	160.5	140	145	4	69	133	43	110	—10
平均	178	153	166	12	74	159	145	134	10

表 21   沥青心墙混凝土现场密度检测结果统计表

检测项目	检测时温度/℃	EDG－A 无核密度仪检测			
		最大理论密度/(g/cm³)	仪器检测密度/(g/cm³)	仪器检测孔隙率/%	仪器检测压实度/%
指标	—	—	≥2.35	<3	—
组数	6989	7014	7014	7014	7014
最大	94.8	2.466	2.434	2.93	98.7
最小	5.8	2.440	2.385	0.66	98.4
平均	46.2	2.457	2.421	1.49	98.5

注 无核密度仪最大检测深度检测 30cm，虚铺层厚度约 30cm，碾压后约 28cm。

（3）沥青心墙混凝土共完成单元工程 287 个，单元工程验收合格率为 100%，优良率达92.7％。

5.2 蓄水后检验效果

（1）蓄水情况：奴尔水库于2018年8月8日下闸蓄水，下闸蓄水当日库水位为2432.30m，截至8月29日坝前水位2466.60m，基座混凝土高程2422.30m，水位升高44.30m。

（2）大坝渗流观测成果：在大坝下闸蓄水后，下游坝体渗流的时间、空间分布规律主要表现为以下几点：在蓄水过程中，0＋290、0＋540断面坝基防渗墙下游侧埋设的P2、P5测点的渗压水位分别由高程2410.738m、2410.403m升至高程2417.119m、2419.232m。坝基测点渗压水位与库水位相关见图4，大坝心墙基座下游侧渗压计布置见图5。

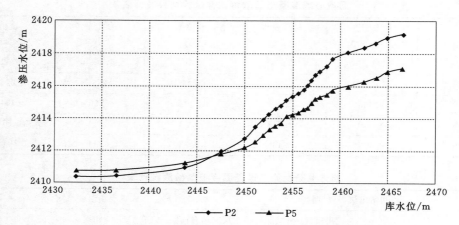

图4　坝基测点渗压水位与库水位相关图

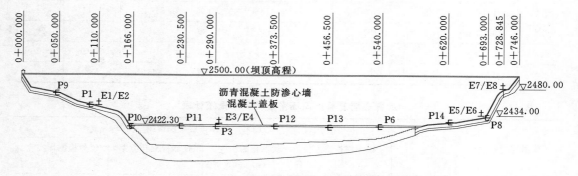

图5　大坝心墙基座下游侧渗压计布置图

（3）下闸蓄水前，上游水位维持在高程2430.00～2432.00m之间时，河槽左岸桩号0＋166心墙基座下游侧的P10（埋设高程2420.00m）即表现为1.389m的渗压水头。蓄水后，上游水位呈持续上升状态，目前，上游水位已升至高程2466.60m，而P10测点的渗压水位在原来的基础上又上升了2.179m，当前部位的渗压水位达2423.568m，变化不大。

（4）大坝轴线纵剖面桩号0＋230.5～0＋456.5河床段心墙基座下游部位目前无渗压

水头，0＋290 横监测断面从心墙基座下游部位至坝后 120m 处目前坝体也未形成浸润线。

5.3 坝体监测效果

（1）大坝沉降变形观测成果：2018 年 8 月 8—19 日工程初蓄期间，大坝沉降量不大，各测点的沉降变形为 3～14mm，大坝自 2015 年 10 月 29 日开始填筑，下闸蓄水后，大坝最大沉降变形发生在最大河床段 0＋290/0＋540 断面坝轴线，累计沉降分别为 242mm、259mm 占填筑厚度的 0.30％、0.32％；覆盖层基础沉降最大发生在 0＋290 断面，其沉降量为 59mm，与国内外面板堆石坝施工期坝体最大沉降量与坝高，一般不超过 0.5％相比，本工程施工期沉降不大。坝体的单点最大沉降发生在坝体（含坝基覆盖层厚度）的 1/3～2/3 处，为目前同类变形的最好效果，同时也说明工程质量良好。

（2）心墙与过渡料位错变形：两者竖直错变形规律相近，呈上部变形小，下部变形大的分布，两者位错变形最大的部位发生在 0＋693，高程 2450.00m 断面的上游处，其最大值为 37.3mm，处于同类坝型的中游水平。沥青混凝土心墙从施工填筑开始至今，个别心墙部位偏移变化量较小，测值均小于 0.8mm，大坝心墙变形趋于平稳。工程初蓄期间，沥青心墙与过渡料间竖向相对位错变形变幅为 0～4mm，变化量不大。

（3）心墙挠度变形：工程初蓄期间，沥青心墙自身挠度变形的变幅为 0.2～1.2mm，变化量不大。大坝水平方向位移大部分发生在坝体填筑阶段。截至目前，最大上下游向水平变形发生在最大河床段 0＋290 断面轴线下 40m 处，累计向上游变形 169.0mm，通过以上监测数据可以看出，大坝整体稳定。

（4）沥青心墙内部温度监测：沥青混凝土混合料入仓温度一般在 160℃±10℃之间，符合沥青心墙入仓温度控制，目前，心墙高程 2435.00m 的温度为 7.2～7.7℃，高程 2450.00m 的温度为 8.4～8.8℃，高程 2465.00m 的温度为 10.8～12.4℃，高程 2480.00m 的温度为 18.8～19.6℃，按照施工期的长短，目前呈逐步下降阶段，目前环境温度为 10～21℃。

6 结语

奴尔水利枢纽工程碾压式沥青心墙砂砾石坝经过精心细致的试验研究，两次的沥青混凝土配合比的试验论证，以及关于小于 0.075mm 酸性填"石粉"代替部分灰岩填料的专家技术研讨，成功地解决了坝体碾压式沥青混凝土酸性骨料、砂砾石骨料和酸性填料的工程技术难题；通过精心细致的施工技术和施工工艺研究，以及严格的工程质量控制，在极端施工环境温度为－15℃及多风沙扬尘的气候条件下，按期完成了工程的沥青混凝土施工，达到快速施工的目的。而且通过现场及第三方检测试验，心墙沥青混凝土经无损检测和钻孔取芯检测试验结果均满足设计及规范要求。为高寒多风沙地区碾压式沥青混凝土心墙坝施工提供借鉴经验。

特殊气候环境下高沥青混凝土心墙坝
快速施工技术

杨　伟　李宏伟　樊震军　刘逸军　朱亚雄　刘　斌

（中国水电建设集团十五工程局有限公司）

摘　要： 根据库什塔依水电站、阿拉沟水电站、大河沿水电站和老窑溪水电站项目，在建的新疆奴尔、大石门和重庆瓦窑堡等水电站工程，进行了冬季低温，夏季高温、多雨、早晚温差大和大风环境下沥青混凝土施工关键技术研究，突破现有规范要求，在保证工程质量的前提下，增加了全年有效施工时间，减低了成本高，具有一定的推广应用价值。

关键词： 沥青混凝土墙坝；殊殊气候环境；层间结合；快速施工

1　概述

沥青混凝土土石坝具有较强的抗震性、抗裂性以及自愈性、施工工艺简单，可建在压缩性基础上，并对坝体填筑料要求也不高，因此，在安全、经济和适用范围方面都是具有较强的竞争性，近年来随着施工技术的不断进步与成熟，该坝型得到了广泛地应用。

目前，我国采用沥青混凝土防渗技术建成的土石坝已有近百座，施工技术成熟，已成为沥青混凝土大坝使用最多的国家，截至 2018 年，去学水电站大坝是国内最高的沥青混凝土心墙坝，最大坝高 164.2m，心墙高度 132m。经统计，我国已建 70m 以上的沥青混凝土工程见表 1。中国水电建设集团十五工程局有限公司已建、在建的沥青混凝土工程见表 2。

表 1　　　　　　　　我国已建 70m 以上的沥青混凝土工程表

序号	名　称	坝高/m	防渗体型式	地　区	建设时间
1	去学水电站	132	碾压式心墙	四川甘孜州	2012—2017 年
2	冶勒水电站大坝	125	碾压式心墙	四川凉山州	2001—2006 年
3	香港高岛坝	107	碾压式心墙	中国香港	20 世纪 80 年代
4	石门水电站大坝	106	碾压式心墙	新疆呼图壁	2010—2013 年
5	阿拉沟水库大坝	105	碾压式心墙	新疆吐鲁番	2012—2016 年
6	三峡茅坪溪坝	104	碾压式心墙	湖北宜昌市	1997—2003 年
7	宝泉抽水蓄能上库大坝	97	碾压简式面板	河南辉县	2004—2008 年
8	库什塔依水电站大坝	91	碾压式心墙	新疆伊犁州	2010—2014 年
9	旁多水利枢纽	72.3	碾压式心墙	西藏林周县	2011—2014 年
10	天荒坪抽水蓄能上库	72	碾压简式面板	浙江安吉县	1994—1998 年

表 2　　　　中国水电建设集团十五工程局有限公司已建、在建的沥青混凝土工程表

序号	名　　称	坝高/m	防渗体型式	地　区	建设时间/年
1	石门水电站	106.0	碾压式心墙	新疆呼图壁	2010—2013
2	阿拉沟水库	105.0	碾压式心墙	新疆吐鲁番	2012—2016
3	库什塔依水电站	91.0	碾压式心墙	新疆伊犁州	2010—2014
4	坎尔其水库	51.3	碾压式心墙	新疆鄯善	1998—2001
5	洞塘水库	46.0	碾压式心墙	重庆黔江	1998—2001
6	城北水库	46.5	碾压式心墙	重庆黔江	2007—2010
7	观音洞水库	66.0	碾压式心墙	重庆渝北	2007—2010
8	克孜加尔水库	64.0	碾压式心墙	新疆阿尔泰	2009—2012
9	乌雪特水库	49.0	浇筑式心墙	新疆塔城	2010—2013
10	新疆喀腊塑克副坝	25.0	浇筑式心墙	新疆阿勒泰	2006—2010
11	二塘沟水库	64.8	碾压式心墙	新疆吐鲁番	2012—2015
12	老窖溪水库	68.2	碾压式心墙	重庆黔江	2012—2016
13	奴尔水利枢纽工程	80.0	碾压式心墙	新疆和田	2015 至今（在建）
14	大河沿水库	75.0	碾压式心墙	新疆吐鲁番	2017 至今（在建）
15	瓦窑堡水库	43.5	碾压式心墙	重庆黔江	2016 至今（在建）
16	大石门水利枢纽	128.0	碾压式心墙	新疆和田	2016 至今（在建）

2　国、内外施工现状

我国在应用沥青混凝土防渗技术过程中，由于受到工程机械行业发展水平的限制，生产效率低下、施工工艺落后、施工质量不易保证，因此到 20 世纪 80 年代末期，国内水工沥青混凝土工程建设基本处于相对停滞的局面。进入 90 年代后，随着引进国外先进技术，国产沥青质量大幅提高，各种类型的沥青混凝土拌和站、摊铺机、碾压设备等进口设备在天荒坪抽水蓄能电站上库沥青混凝土防渗面板、三峡茅坪溪沥青混凝土心墙工程的应用，我国水工沥青混凝土进入了第二个发展时期。在这一阶段，我国工程技术人员积累了大量的水工沥青混凝土的设计、施工、质量监测经验，同时在工程理论研究、沥青混凝土配合比材料研究和工程实践均取得了明显的进展，施工机械化、国产化程度大大提高，先进的施工工艺不断得到发展，施工质量得到了很好的保证，培养了一批专业的沥青混凝土施工队伍和技术人才，为我国在这一技术领域内迅速赶上国际先进水平提供了有利的条件。目前，我国采用水工沥青混凝土防渗技术建成的土石坝已有近百座，已成为沥青混凝大坝使用最多的国家，截至 2018 年建成的去学水电站大坝是我国最高的沥青混凝土心墙坝，坝高 132m。

在常温条件下，规范规定每层摊铺厚度一般为 28cm 以下，茅坪溪摊铺厚度（23±2）cm，压实后厚 20cm；尼尔基水利枢纽工程采用摊铺厚度为 23cm，压实后厚（20±2）cm；下坂地和冶勒采用摊铺厚度为（28±2）cm。在高寒地区，冶勒水电站和尼尔基水利枢纽工程碾压式沥青混凝土堆石坝在 −6～−3℃ 条件下成功实现了摊铺机铺筑沥青心墙，冶勒水

电站采用了先进的机械化施工技术，并进行了大量的理论和试验研究及工程实践探索，积累了一定的建设经验。

3　特殊气候环境下高碾压式沥青混凝土心墙快速施工技术研究总结

沥青混凝土是一种热敏感和憎水材料，对施工环境要求高，按《水工碾压式沥青混凝土施工规范》（DL/T 5363—2016）和《土石坝碾压式沥青混凝土防渗墙施工规范》（SL 514—2013）的要求，碾压式沥青心墙混凝土施工时要求气温高于0℃；风速小于四级；降雨（日降雨量小于5mm）；连续多层施工时需等待底层沥青混凝土表面温度降低到90℃以下，且不低于70℃进行；夜间不宜施工等规定。

我国大多数高碾压式沥青混凝土心墙坝工程位于西北和西南地区，如已建成的新疆石门、库什塔依、阿拉沟、重庆老窖溪等水电站工程，在建的新疆奴尔、大石门、大河沿和重庆瓦窑堡等水电站工程，这些地区冬季严寒、夏季酷热、多雨、早晚温差大，春秋大风给沥青混凝土施工带来较大困难，按照规范规定全年有效施工时间短，且不能连续多层施工，造成工程度汛压力大，施工工期长，成本高。

因此在确保质量的前提下，按照现有或者突破规范要求，在西北和西南地区这些特殊气候环境下（低温、高温、湿热、大风）增加碾压式沥青混凝土心墙有效施工工期，实现连续多层快速施工，确保度汛等工期目标，以达到保证工程质量，降低成本的目标。

3.1　低温条件下－20～0℃施工技术

阿拉沟水电站和库什塔依水电站项目两个根据进度安排，根据度汛要求，开展了冬季低温条件下沥青混凝土配合比室内模拟试验及现场摊铺试验，并对冬季低温条件下沥青混凝土的施工设备选择及采取的保温措施、摊铺施工工艺等方面进行了研究总结。

3.1.1　库什塔依低温条件下施工技术

库什塔依水电站工程位于新疆特克斯县境内的特克斯河一级支流库克苏河上，是伊犁河流域库克苏水力发电规划中"三库六级"中的第五个梯级电站。本工程沥青混凝土心墙坝最大坝高91.1m。特克斯县年平均气温5.3℃，极端最高气温36.7℃，极端最低气温－33.4℃。极端气候条件大大的缩减了沥青混凝土心墙的有效施工时间，给大坝快速施工带来困难。

（1）库什塔依沥青混凝土原材料选择。库什塔依水电站粗、细骨料采用P2料场人工破碎料，其检测结果见表3。

表3　　　　　　　　　　　粗、细骨料检测结果表

序号	项　目	指标要求		检测结果	
		粗骨料	细骨料	粗骨料	细骨料
1	表观密度/(g/cm³)	≥2.6	≥2.55	2.69	2.71
2	吸水率/%	≤2	≤2	0.5	1.2
3	针片状颗粒含量/%	≤25	—	11.2	—
4	压碎值/%	≤30	—	18.2	—
5	与沥青的黏附性	≥4级	—	5级	—
6	水稳定性	—	≥6级	—	10级

矿粉质量满足规范要求，采用南岗水泥厂产碱性矿粉，其检测结果见表 4。

克拉玛依水电站 AH－90 号沥青满足 DL/T 5411—2009 规范对沥青的技术要求同，其检测结果见表 5。

表 4　　　　　　　　　　　　矿 粉 检 测 结 果 表

项　　目		指标要求	检测结果
含水率/%		≤0.5	0.2
细度/% （各级筛孔通过率）	0.6mm	100	100
	0.15mm	≥90	98.6
	0.075mm	>85	86.6

表 5　　　　　　　　　　　　沥 青 性 能 检 测 结 果 表

序　号	项　　目	指标要求	检测结果
1	针入度（25℃，1/10mm）	80～100	82.7
2	软化点（环球法，℃）	42～52	44.4
3	延度（15℃，cm）	>100	>100

（2）库什塔依水电站室内配合比模拟试验。根据配合比试验结果，从防渗、变形、强度、施工等性能和安全、经济考虑，结合工程实际情况，并委托西安理工大学采用库什塔依工程的材料对沥青混凝土心墙进行模拟低温（零下 25℃）施工工艺进行试验研究。

推荐级配参数和配合比材料见表 6，推荐配合比的矿料级配见表 7。

表 6　　　　　　　　　　　　推荐级配参数和配合比材料表

配合比编号	级 配 参 数				材 料 品 种			
	最大骨料粒径 /mm	级配指数	填料浓度/%	油石比/%	沥青	粗骨料岩性	细骨料岩性	填料
19（正常气温）	19	0.38	1.8	6.8	克拉玛依 AH－90	灰岩	灰岩人工砂	灰岩矿粉
D5（冬季）	19	0.38	1.8	8.0	克拉玛依 AH－90	灰岩	灰岩人工砂	灰岩矿粉

表 7　　　　　　　　　　　　推荐配合比的矿料级配表

配合比编号	筛孔尺寸/mm	粗骨料（19～2.36）					细骨料（2.36～0.075）					小于 0.075
		19	16	13.2	9.5	4.75	2.36	1.18	0.6	0.3	0.15	
19	通过率/%	100	93.7	87.1	76.9	59.1	45.3	34.8	26.9	20.7	15.9	12.2
D5	通过率/%	100	93.8	87.4	77.4	60.1	46.6	36.4	28.7	22.7	18.0	14.4

（3）库什塔依冬季施工参数。沥青混凝土心墙及过渡料的施工参数为：过渡料虚铺 35cm，压实厚度期望值 27cm 左右，沥青混合料虚铺 30cm，压实后期望值 27cm 左右。

碾压顺序为过渡料静 2 动 2→沥青混凝土心墙静 2（摊铺一段长度后随即进行，以便于表面的返油）→过渡料动 8→沥青混凝土心墙动 6→沥青混凝土心墙动 2 静 2 收光；共计过渡料静 2 动 10 遍，沥青混凝土心墙静 4 动 8 遍。沥青混凝土初碾温度范围为 125～155℃。

（4）通过现场摊铺碾压试验，检测资料表明，低温条件下沥青混凝土各项指标满足规范要求。

3.1.2 阿拉沟水电站工程低温条件下层间不加热施工技术

碾压式沥青混凝土施工规范要求，在上层沥青混凝土摊铺前必须对底层沥青混凝土表面加热至 70℃，方可进行上层沥青混凝土摊铺，从而满足沥青混凝土层间结合要求。沥青混凝土铺筑层间不加热施工在规范中虽有提法，但还未进行理论和实际验证。

在采用库什塔依水电站冬季施工经验的基础上，依托阿拉沟水库大坝工程，委托新疆农业大学，通过实验室及施工现场沥青混凝土心墙结合面温度变化规律研究，提出结合面合适的温度控制标准，采用层间不加热施工技术。

阿拉沟水库总库容 4450 万 m^3，最大坝高 105.26m，沥青混凝土心墙 1.94 万 m^3，砂砾石填筑 362 万 m^3，工程规模据全国类似工程前列。阿拉沟水电站沥青混凝土心墙坝工程位于新疆吐鲁番，工程所在地最高气温 42.8℃，最低气温 -23.5℃，年气温变化幅度较大。

（1）沥青混凝土配合比。阿拉沟水电站工程使用的沥青混凝土原材料主要用 70 号（A级）道路石油沥青；粗骨料为当地灰岩料，粒径 9.5～19.0mm 为成品料，小于 9.5mm 为混合料，经试验室筛分后得到粒径 2.36～4.75mm 及 4.75～9.50mm；细骨料为当地灰岩料，粒径为 0.075～2.360mm；填料（矿料）为成品石灰石粉。试验采用沥青混凝土试验室优选出的配合比，即骨料最大粒径为 19mm，矿料级配指数为 0.38，填料用料为 14%，沥青用量为 7.0%，沥青混凝土试验配合比见表 8。

表 8 沥青混凝土试验配合比表

项目 材料种类	各项材料用量的比例					
	小石 9.5～19.0mm	细石 4.75～9.50mm	细石 2.36～4.75mm	细砂 0.075～2.360mm	石灰/石粉	70 号（A级）道路石油沥青
配合比/%	25	15	10	36	14	7.0

（2）层间不加热工艺试验。低温施工层间不加热施工工艺试验共分两层进行。试验段长 60m，每层 4 段，均为机械摊铺施工。试验气温范围为 -16～-5℃，风力 3 级，满足风力小于 4 级的要求。

第一层在已压实的底层心墙上继续铺筑时，结合面清理干净，灰尘等污染面采用空气压缩机清除，对于潮湿部位先将表水清除，再采用红外线加热器烘干。

第二层施工时，底层沥青表面不进行加热，利用上层新铺沥青混合料 160℃的热量，停滞约 30min 后，经过实测可将下层沥青混凝土融化深 50mm，结合面温度可达到约 70℃以上，无需人工加热均可达到 70℃以上，满足沥青混凝土层间结合要求。

经取样结合面劈裂抗拉试验结果表明：下层料温度 -25℃与上层料温度 160℃相比劈裂强度下降了 31.9%；下层料温度 30℃与上层料温度 160℃相比劈裂强度下降了 10.6%；下层料 50℃与上层料温度 160℃相比劈裂强度下降了 6.4%，故下层料 40℃与上层料温度 160℃相比劈裂强度下降了 7.5%。

即当下层料温度为 40℃ 上层料温度 160℃ 时，结合面位置处的劈裂抗拉强度下降值很小，建议在不改变沥青混合料配合比的情况下，沥青混凝土心墙结合面满足上层心墙施工的最低温度为 40℃。

（3）层间不加热施工基本要求。原材料加热温度控制应根据规范要求，沥青加热温度为 150～170℃，骨料加热温度 170～190℃。在低温季节施工时，对原材料加热采取上限控制，沥青加热温度控制在 160～178℃ 之间，骨料加热温度稍高在 190～200℃ 之间。

总之，低温气候条件下层间不加热施工的关键是"增大油石比，提高出机口混合料温度"，依靠新料的自身热量加热下层沥青混凝土表层，达到提高低温气候条件下层间不加热施工目的，提供效率。

3.1.3 低温条件下碾压式沥青混凝土施工保温措施

库什塔依水电站和阿拉沟水电站工程在低温条件下进行沥青混凝土的施工时，保温方面采取了以下措施：

（1）对沥青混凝土拌和楼的烘干筒，导热油管道，沥青泵管道等都加一层 10cm 的保温棉，来保证拌和楼系统的正常运行。

（2）对运输车辆也进行了保温措施，在车辆四周和底部都加一层 10cm 的保温棉，给车辆做了保温盖，当混合料装好后可以盖上保温盖。来保证沥青混合料在运输至大坝的过程中温度损失降到最小，满足沥青混合料摊铺温度。

（3）施工现场的上料机四周和底部都增加了一层 10cm 的保温棉，摊铺机四周也加了一层 10cm 的保温棉，当混合料下满后，上面盖上保温盖来保证混合料表面温度降温过快。

（4）在施工现场，沥青混合料摊铺后，为了防止表面温度降温过快，采取帆布＋棉被覆盖保温，碾压时，碾压一段揭开一段，来保证碾压温度，从而保证施工质量。

总之，通过库什塔依水电站工程和阿拉沟水电站工程对沥青混凝土进行的一系列室内室外试验和心墙实际施工，验证了 −20℃ 以内的环境下，沥青混凝土低温条件下施工工艺以及层间施工无需将下层沥青混凝土加热到 70℃ 以上，即可进行上层沥青混凝土摊铺施工的可行性，并实现了沥青混凝土心墙不因规范气温、温度限制范围影响的连续施工，质量满足规范要求。

3.2 高温条件下连续施工技术

规范要求沥青混凝土心墙满足上层铺筑条件是：结合面温度降低至 90℃ 以下，70℃ 以上。但在高温条件下，心墙终碾完成后要降低至规范要求的 90℃ 需要时间长，影响施工进度。

因此通过研究提高沥青混凝土心墙结合面温度，降低出机口温度，来论证沥青混凝土在高温条件下连续多层施工的可行性。

3.2.1 高温条件下沥青混凝土心墙施工后降温过程

沥青混凝土心墙降温是沥青混合料温度与大气温度、过渡料温度的交换，随着交换介质的改变，温度交换的过程随之变化。

沥青混凝土心墙不同气温的降温观测试验结果表明，对心墙不覆盖时，气温在 30～40℃ 范围时，观测的沥青混凝土心墙降温速度约为 5℃/h；气温在 20～30℃ 范围时，沥青混凝土心墙降温速度约为 7.5℃/h。随着时间增长，降温的速度逐渐放缓。

3.2.2 高温条件下结合面温度提高到100℃时沥青心墙施工技术

为确保大坝的顺利施工，保证大坝工程质量，合理的施工控制参数，进行了结合面温度提高到100℃时心墙碾压工艺试验。

（1）工艺试验流程。埋设温度计，在沥青心墙结合面下5cm处埋设数显温度计，摊铺结束后记录温度至温度恒定；在混合料温度为120～130℃时进行碾压，对试验区碾压并及时记录碾压温度、开始碾压时间，碾压完成后记录碾压结束时间；待沥青混凝土心墙冷却至可以钻取芯样温度时进行钻取芯样检测密度、孔隙率、马歇尔流值、稳定度以及渗透系数等指标。并在芯样取出后检查结合面结合情况。

（2）温度数据分析。根据实测数据，环境温度在30℃左右，出机口温度控制在140～160℃之间，仓面中心结合面温度在90～100℃，摊铺完成后温度变化基本为7.5℃/h。中心温度较侧面温度高，新摊铺沥青混凝土对下层温度影响不大。

（3）检测试验结果。对现场芯样委托新疆农业大学兴农建筑材料检测有限公司进行检测。检测满足设计指标要求，密度满足不小于2.36g/cm³，孔隙率满足小于3%，渗透系数满足小于$1×10^{-8}$cm/s。

（4）施工基本要求。在高温季节结合面温度提高到100℃时，按照正常施工工艺摊铺后130℃进行碾压，碾压参数：碾压遍数为2（静碾）+6（振动碾压）+2（静碾），同时通过降低出机口混合料温度、在心墙周边采取洒水、通风等方法降低环境温度等措施尽量降低沥青心墙温度，保证沥青混凝土心墙的施工质量。

总之，在高温条件下，适当提高下层沥青混凝土心墙的施工温度，即将下层沥青混凝土温度由90℃提高到100℃，进行上层施工，减少了等待时间，提高了工效。可以实现夏季高温条件下的沥青混凝土单日连续铺筑碾压施工，施工质量满足规范及设计要求，减少了设备闲置，加快了施工进度。

3.3 多雨地区沥青混凝土心墙施工技术

我国西南地区的气候特点是潮湿，阴雨，多雾，大湿度气候环境，施工后的沥青混凝土表面易于凝结露水，含水增大，影响碾压层的结合性能，产生层析现象。这些特殊的气候环境给沥青混凝土心墙施工带来一定困难。

在库什塔依水电站和阿拉沟水电站工程研究基础上，依托老窑溪水库，老窑溪水库项目位于重庆市黔江区石会镇境内石会河上游。重庆位于北半球副热带内陆地区，其气候特征是夏季多雨，年降雨量1000mL以上，秋季绵绵阴雨，每年秋末至春初多雾，年均雾日为68d。

3.3.1 沥青混凝土室内力学试验选择合适的配合比

对黔江区老窑溪水库心墙沥青混凝土材料、配合比和性能进行了试验研究，采用老窑溪水库当地石灰岩粗骨料和人工砂，经室内人工筛分为19～16mm、16～13.2mm、13.2～9.5mm、9.5～4.75mm、4.75～2.36mm和小于2.36mm粒径6级矿料；填料采用石灰岩石粉；沥青采用克拉玛依70号A级石油沥青。

根据配合比试验结果，从防渗、变形、强度、施工等性能和安全、经济考虑，结合工程实际情况，推荐3号和10号配合比为老窑溪水库沥青混凝土心墙施工配合比。配合比材料和级配参数见表9，矿料级配见表10。

表 9					配合比材料和级配参数表				
配合比编号	级配参数				材料品种				
	矿料最大粒径/mm	级配指数	填料含量/%	油石比/%	粗骨料	细骨料	填料	沥青	
3	19	0.40	12	6.7	石灰岩	石灰岩人工砂	石灰岩石粉	克拉玛依70号A级	
10		0.40	12	7.0					

表 10		矿料级配表									
配合比编号	筛孔尺寸/mm	粗骨料（19~2.36）					细骨料（2.36~0.075）				小于 0.075
		19	16	13.2	9.5	4.75	2.36	1.18	0.6	0.3	0.15
3 和 10	通过率	100	93.4	86.6	76.1	58.0	44.1	34.7	24.2	18.2	15.1

注：小于0.075 通过率为 12

3.3.2 合理设计沥青混凝土层面排水

老窑溪水库坝址区雨量充沛，采取沥青心墙略高于过渡料和沥青混凝土心墙优先施工，再施工两侧过渡料。这样做既保证了阴雨天心墙可以顺利排水，又可使过渡料碾压过程中对心墙形成挤压，提高心墙的侧向应力，增加心墙的稳定性，保证了心墙略高于过渡料，利于排水，对于未排除干净的表面水膜，采用高压吹风机及时处理。

3.3.3 沥青混凝土快速施工碾压技术参数

沥青混凝土拌和时要先将热骨料和石粉干拌 15s 热量均匀后在喷洒沥青拌和 45s 出机，根据气温变化和运输、摊铺温度损失，采取动态温控实现快速碾压。

推荐沥青混凝土心墙及过渡料的快速施工参数为：过渡料虚铺 30cm，沥青混合料虚铺 30cm，碾压顺序为沥青混凝土心墙静 2→过渡料静 2→沥青混凝土动 10→过渡料动 10→沥青混凝土静 2 收光；共计过渡料静 2＋动 10 遍，沥青混凝土心墙静 2＋动 10＋静 2 遍。沥青混凝土初碾温度范围为 140~160℃。

如果天气变化根据保证沥青混凝土初碾温度和温度损失情况，动态调整出机口沥青混合料出机温度和对运输车辆采取不同保温措施，保证初碾温度范围为 140~160℃。

3.3.4 沥青混凝土施工防雨措施

（1）拌料机出料到运料车时的防雨措施。沥青混凝土混合料拌和好后，需要采用汽车运送到施工现场。夏季或晴天时可以采用敞篷汽车运送，雨天或者气温较低时采用保温车运送。

（2）运输途中防止降雨进入沥青混凝土混合料中的措施。在保温车接料口上方架设挡雨板，防止雨水通过接料口进入保温运输车；在后墙板上部以及顶板与车厢之间加装柔性橡胶条防止雨水从墙板、顶板接缝进入运料车厢；车顶加装防雨导水沟槽，防止卸料时车厢外雨水流入装载机料斗；在摊铺机受料斗的上面加装简易的防雨棚，防止受料时雨水进入料斗。

（3）心墙施工过程中的防雨措施。沥青混凝土心墙的摊铺和碾压过程中，均采用防雨措施。由于心墙沿坝轴线方向较长，横向较窄，因此，在摊铺机前方搭设一条简易的、可移动的防雨棚，作为施工通道，随施工进程逐段前移施工，形成干施工面。

（4）心墙成品的防雨措施。采用防雨帆布覆盖已摊铺的沥青混凝土混合料。在摊铺完成后的沥青混凝土混合料上随即覆盖防雨帆布，振动碾在防雨帆布上进行碾压作业和采取遮雨措施直接碾压沥青混凝土混合料上，再在碾压完成后用防雨帆布覆盖防雨水。

沥青心墙混凝土通过以上措施，满足多雨特殊气候条件下的快速连续施工，节约施工工期。

3.4 大风地区沥青混凝土心墙施工技术

大河沿大坝工程所在地气候条件恶劣，地处吐鲁番 30 里风区，年平均 8 级以上大风超过 108d，以 3—6 月最盛行，根据大河沿水文站多年资料统计，平均气温 7.7℃，极端最高气温 38.6℃，极端最低气温－25℃，多年平均年降水量 73.3mm，多年平均蒸发量 3252.5mm，多年平均年最大风速 25m/s，典型的冷、热、风、干气候条件。

在大风气候条件，沥青混合料在运输和浇筑过程中温度散失快。大河沿项目大风天气直接影响施工。

3.4.1 防风措施

对大坝采取了小断面填筑，上下游坝壳料高于沥青心墙施工作业面措施降低风速，减少大风影响沥青心墙施工。通过现场观测降低风速的数据调整小断面填筑的高差。

3.4.2 无尘碾压

虽然采取了防风措施降低了风速，大风还是容易造成污染心墙结合面，不利于控制上下层结合质量；人工清理麻烦，成本消耗大等。采取沥青摊铺完成后，表面覆盖三防帆布碾压，采用两台振动碾，一台振动碾先行碾压沥青心墙，然后两台振动碾分于两侧碾压过渡料，完成碾压工序。减少了结合面污染，节约了施工时间，降低了成本消耗。

沥青心墙混凝土大风条件下采取的措施，有效降低了风速，减少了大风天气对施工的影响。

大河沿水库超深防渗墙设计与施工关键技术

柳 莹 李 江 马 军

（新疆水利水电规划设计管理局）

摘 要：借助国内百米级防渗墙的施工经验，超深防渗墙施工中创造性的攻克了造孔孔斜、泥浆固壁、墙段连接方法及施工工艺、清孔、混凝土浇筑等一系列技术难题，很好地解决了深覆盖层成槽难、清孔难、浇筑易堵管的问题，形成了系统的施工技术体系。通过变形监测成果分析，目前防渗墙各项工作性态正常。大河沿水库工程超深防渗墙的建设创造了全封闭防渗墙技术之最，为类似工程提供了宝贵经验。

关键词：大河沿水库；深厚覆盖层；超深；全封闭；混凝土防渗墙；监测；关键技术

1 引言

大河沿水库工程大坝在采用沥青混凝土心墙砂砾石坝，坝高 75m，河床深厚砂卵石层达 185m，成分复杂，层理间夹泥质、砂质壤土条带，上部属中等透水层，下部属强透水层。经防渗帷幕、半封闭防渗墙、全封闭防渗墙等不同形式的技术经济比选，考虑水库为工业供水的特性，坝基采用封闭式混凝土防渗墙，最大设计深度 186m，防渗线总长度 711.0m，防渗标准按 5Lu 控制。坝基一定范围采取强夯进行基础处理，防渗墙上下游侧采取固结灌浆进行加固。

混凝土防渗墙是深厚覆盖层地基下最为有效的防渗处理手段，国外在深厚覆盖层上修建高土石坝方面有较多的工程实例，其中加拿大马尼克 3 号坝，砂卵石覆盖层最大深度 126m，伴有较大的细砂层，坝基混凝土防渗墙最深达 105m，是目前国外已建土石坝坝基中最深的防渗墙。

20 世纪 90 年代至今，我国的混凝土防渗墙技术有了新的突破，冶勒水电站建造于高震区、超过 400m 的深厚不均匀覆盖层上，采用混凝土防渗墙接帷幕灌浆联合防渗，1997 年完成了混凝土防渗墙段的试验施工，墙深 100m，长 7.8m，墙厚 1m。该工程 2005 年建成，防渗墙深 140m＋帷幕深 60m。

随着防渗墙施工技术的不断进步，防渗墙的深度不断取得突破。大渡河瀑布沟水电站心墙堆石坝最大坝高 186m，河床覆盖层深约 80m，采用防渗墙形式，是我国目前深厚覆盖层上已建成的最高土石坝。四川杂谷脑河上的狮子坪水电站大坝坝基防渗墙最大深度 101.8m、墙厚 1.2m。黄金坪水电站沥青混凝土心墙堆石坝建造于深厚覆盖层地基上，最大坝高 95.5m。坝址处河床覆盖层一般为 56～130m，由漂（块）卵（碎）砾石夹砂土砾石层组成，具有强透水性，渗透系数在 $1×10^{-1}～1×10^{-2}$cm/s，覆盖层颗粒大小悬殊，渗透稳定性差，设计防渗墙深度达 101m。新疆下坂地水利枢纽工程覆盖层 150m，采用 80m 防渗墙＋70m 帷幕形式。旁多水利枢纽大坝为碾压式沥青混凝土心墙砂砾石坝，最大坝高 72.3m，建基于中等—强透水深 420m 的砂砾石深厚覆盖层上，心墙通过混凝土基座与基础混凝土防渗墙连接，心墙下游侧设置检修廊道。大坝基础防渗采用深 150.0m 混凝土防渗墙悬挂方案，两岸设置基岩帷幕灌浆，是当时世界上已建的最深防渗墙，其试验段最大深度达到 201m。

我国在深厚覆盖层上修建大坝取得了很多成功的经验，已建成的小浪底斜心墙坝，采用混凝土防渗墙与水平铺盖相结合的防渗形式，为深覆盖层上修建即厚又深的混凝土防渗墙。在建的阿尔塔什水利枢纽工程面板砂砾石坝高 164.8m，砂砾石覆盖层防渗墙深 100m，整体已经达到 250m 量级的高坝。随着坝高的不断提升，如何解决深厚覆盖层高土石坝混凝土防渗墙应力过大、廊道设置、坝体防渗与坝基防渗墙衔接型式、河床基础处理等问题将成为今后坝基处理的关键研究问题。

大河沿水库大坝为沥青混凝土心墙砂砾石坝（坝高 75m），河床深厚砂卵石层达 185m，坝基采用封闭式混凝土防渗墙，最大设计深度 186m，防渗线总长度 711.0m。借助国内百米级防渗墙的施工经验，施工中创造性地攻克了造孔孔斜（1‰）、泥浆固壁、墙段连接方法及施工工艺、清孔、混凝土浇筑等一系列技术难题，很好地解决了深覆盖层成槽难、清孔难、浇筑易堵管的问题，为类似工程提供了宝贵经验。

2 工程概述

大河沿水库工程位于吐鲁番市高昌区境内的大河沿河上，主要任务是城镇供水、灌溉和工业供水。水库总库容 3024 万 m^3，工程为Ⅲ等中型，大坝为 2 级建筑物，其他主要建筑物为 3 级，设计洪水标准为 50 年一遇，校核洪水标准为 1000 年一遇。大坝采用沥青混凝土心墙砂砾石坝，最大设计坝高 75m，坝址处河床堆积深厚的含漂石砂卵砾石层，厚度达 84～185m，属中等—强透水层，大坝设计典型断面见图 1。

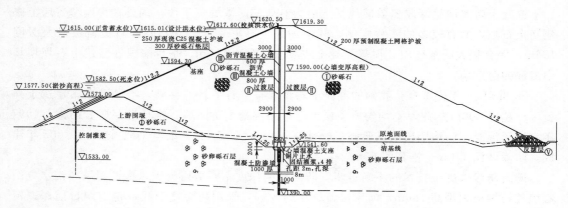

图 1　大坝设计典型断面图（单位：mm）

3 工程地质与水文地质

3.1 坝址区工程及水文地质条件

大河沿河山区流域面积 738km²，河道长 55km，平均纵坡 31.4‰。水库坝址位于大河沿河峡谷出口段，处于基本对称的 U 形河谷内，沿河两岸发育有 I～IV 级阶地，两岸冲沟出口多有洪积扇分布，主要分布于左岸，IV 级阶地后缘多被掩埋。两岸山顶相对高差120～130m，山坡坡度 40°左右，一般基岩裸露，基岩岩性为火山角砾岩、砂岩、粉砂岩、砂砾岩。

坝基河床堆积为巨厚的现代河床沉积的砂卵砾层石，级配不良，含漂石砂卵砾石层最小干密度 1.62g/cm³，最大干密度 2.05g/cm³，颗粒比重 2.70g/cm³。河床浅部（厚 0～3.5m）的含漂石砂卵砾石层天然干密度 1.90g/cm³，相对密度 0.71，声波纵波波速 V_p<1500m/s，剪切波波速 V_s<300m/s；3.5m 以下天然干密度 1.95g/cm³，相对密度 0.81，属密实状态，声波纵波波速 V_p 在 2200m/s 以上，地震剪切波波速 V_s>300m/s。

坝址区地下水类型为第四系孔隙水和基岩裂隙水，前者主要赋存于河床砂卵砾石层中，接受上游河水和大气降水补给，水量较为丰富，纵向坡降较陡、横向坡降较平缓，与河水联系密切，水位接近河水位；后者赋存于基岩裂隙中，沿裂隙运移，接受大气降水、融雪和上游河水补给，水量贫乏，埋藏深，地下潜水位坡降平缓。坝区河水、地下水（基岩裂隙水）化学类型均为 $HCO_3-Ca·Mg(K+Na)$ 型，属弱碱性水，河水、地下水对普通水泥均无各类型腐蚀性。

3.2 坝基主要工程地质问题

（1）渗漏。坝基河床堆积为巨厚（84～185m）现代河床沉积的砂卵砾层石，成分复杂，层理间夹泥质、砂质壤土条带，渗透系数多在 $8.7×10^{-2}～1.2×10^{-3}$ cm/s 之间，上部属中等透水层，下部属强透水层，存在坝基渗漏问题。

（2）渗透变形。河床坝基砂卵砾石层级配不良，透水性强，并夹有含泥砂砾石层，作为坝基持力层，在库水长期作用下，该层内或与坝体、基岩接触面可能产生机械管涌，需采取适宜的工程处理措施。

（3）地基振动破坏效应。本工程区的地震基本烈度为 VII 度，河床坝基第四系全新统覆盖层深厚，结构较松散，其中大于 5mm 粒径在 70% 以上，为不液化地基。但地震时，建筑物的破坏与松软土层的厚度关系十分密切，许多地区震害表明，当冲积松软土层的厚度很大时，建筑物的破坏较为严重，设计应予以高度重视。

根据试验成果与野外鉴定，经综合分析，坝区岩（土）物理力学指标（见表 1 和表 2）。

表 1　　　　　　　　　　　大河沿水库坝区岩体物理力学参数推荐值

| 岩组 | 岩性 | 风化程度 | 密度/(g/cm³) | | 饱和抗压强度/MPa | 变模/GPa | 弹模/GPa |
			湿	干			
$C_3^{a-2}bg$	砂岩、砂砾岩	强风化	2.55～2.60	2.50～2.55	40～45	2.2～2.5	3.0～3.5
		弱风化	2.64～2.70	2.57～2.60	55～60	3.8～4.0	5.5～6.0

表 2　　　　　　　　　大河沿水库坝区第四系地层物理力学参数推荐值表

地层	岩性	天然密度/(g/cm³)	比重	渗透系数/(cm/s)	内摩擦角/(°)	内聚力/kPa	压缩模量/MPa	允许承载力/kPa	允许渗透坡降
Q_4^{al}	砂卵砾石（河床）	1.9～2.0	2.7～2.75	上 4.2～7.4×10⁻³ 下 1.1～1.3×10⁻¹	38～40	0	20～25	450～500	0.1～0.15
Q_3^{dl+pl} Ⅳ级阶地	砂砾石夹粉质黏土	1.85～1.9	2.7～2.75	2.3～6.1×10⁻³	35	3～4	35～40	500～550	0.1～0.15
	碎屑砂砾石	2.0～2.1	2.7～2.75	1.2～1.8×10⁻²	36～37	2～3	40～50	550～600	0.15～0.18

4　坝基防渗墙设计

4.1　国内外类似工程经验

在覆盖层防渗处理方式选择上，国外在 20 世纪六七十年代常采用多排帷幕灌浆方式，国内采用帷幕灌浆方式的工程甚少，而且灌浆深度也不大，随着混凝土防渗墙技术的发展，国内在深厚覆盖层上防渗处理主要选择防渗墙方式（或与帷幕灌浆相结合的"上墙下幕"方式），如小浪底水库枢纽工程，覆盖层厚度 80m，坝基采用 82m 深混凝土防渗墙防渗；冶勒水电站、下坂地水库、旁多水利枢纽，均采用了"上墙下幕"的防渗方案，旁多防渗墙最大深度 158m（试验段 201m）。随着这些深厚覆盖层上水库水电站的修建，坝基防渗处理技术越来越成熟。

4.2　防渗形式拟订

4.2.1　基础防渗原则

为了保证砂砾石地基的渗透稳定和防止产生过大的渗漏与下游过高的渗透压力，需同时满足以下要求：①出逸坡降不超过基土的渗透破坏允许坡降；允许坡降的安全系数与很多因素有关，但主要考虑的是地基的不均匀性以及破坏坡降的离散性，可采用 1.5～2.0；②控制渗漏量；冶勒水电站工程及下坂地水利枢纽水库大坝渗漏量按河道多年平均流量的 1% 控制，大河沿水库蓄水要求较高，水库渗漏量暂按 1% 控制；③控制下游的浸没范围；挡水建筑物的兴建，改变了两岸及其下游的地下水环境，应通过渗流控制限制下游浸润线的高度，从而达到控制下游的浸没范围的目的。

表 3　　　　　　　　　国内部分覆盖层深度大于 100m 的混凝土防渗墙表

序号	工程名称	坝型	坝高/m	覆盖层		防渗墙/m		建成年份
				土层性质	最大厚度/m	最大深度/m	厚度	
1	新疆大河沿	沥青心墙	75.0	砂砾石	185	185.0	1	在建
2	西藏旁多	心墙堆石坝	72.3	砂砾石	420	158.0	1	2013
3	四川冶勒副坝	沥青心墙	125.5	冰水堆积	400	140.0	1～1.2	2007
4	四川黄金坪	沥青心墙	95.5	砂砾石	130	101.0	1	在建

140

序号	工程名称	坝型	坝高/m	覆盖层		防渗墙/m		建成年份
				土层性质	最大厚度/m	最大深度	厚度	
5	四川狮子坪	土质心墙	136.0	砂砾石	110	101.8	1.3	2012
6	新疆下坂地	沥青心墙	78.0	砂砾石	148	85.0	1	2010
7	四川仁宗海	混凝土面板	56.0	砂砾石及淤泥质壤土	150	80.5	1.1	2008
8	四川泸定	土质心墙堆石坝	85.5	砂砾石	148	80.0	1	2012
9	西藏老虎嘴（左副坝）	重力坝	24.0	砂砾石	206	80.0	1	2012
10	新疆阿尔塔什	面板堆石坝	164.8	砂砾石	93	100.0	1	在建
11	新疆托帕	沥青心墙坝	61.5	砂砾石	110	110.0	1	在建

4.2.2 河床深厚覆盖层防渗方案

从当前国内外深厚覆盖层筑坝及防渗方案发展趋势分析，深厚覆盖层防渗主要采取的防渗措施主要有，水平防渗方式和垂直防渗方式。

（1）水平防渗方式：根据地质勘察成果，库区 30km 范围内无黏土料，考虑库区铺设土工膜的水平防渗方案。土工膜铺设长度在 1000m 时材料渗透稳定即可满足要求，但水库渗漏量较大，土工膜铺设长度达到 2000m 时，渗漏量为 $10957.81m^3/d$，占多年平均径流量的 3.96%。此时库底防渗面积达 66 万 m^2，库底整平工程量巨大，而且施工期导流困难。土工膜铺盖在工程运行过程中，容易产生不均匀沉降，使铺盖受到破坏，局部的破坏可能导致大坝的渗透破坏，危及大坝的安全，况且铺盖破坏后需等水库放空后才能进行检修。

（2）垂直防渗方式：垂直防渗方式可分为帷幕灌浆、防渗墙以及"上墙下幕"等。从国内外深厚覆盖层筑坝情况分析，三种方案应用都比较广泛，从大河沿水库实际情况来看，三种方案都可行。

4.3 防渗深度的确定

根据地勘资料，河床砂卵石覆盖层厚 84～185m，渗透系数多在 $8.7×10^{-2}～1.2×10^{-3}$ cm/s 之间，属中等至强透水层。坝基防渗深度对工程造价影响巨大，防渗深度过浅，水库渗漏量和坝基渗透稳定不满足要求，防渗深度过深，工程造价增加，施工难度加大。设计采用 GeoStudio 软件之地下水渗流分析模块 SEEP/W 进行了计算分析。各材料分区的最大渗透坡降及渗漏量见表 4。

在不封闭覆盖层（防渗深度 80m、100m、120m、130m、140m、150m）的情况下，水库渗漏量明显偏大，砂砾石坝体渗透坡降和出溢点渗透坡降均不满足渗透稳定要求，只有采取全封闭方案，渗漏量和渗透稳定才能满足要求。因此，覆盖层防渗深度确定为全封闭 185m。

4.4 防渗方案拟订及对比分析

拟订三个垂直防渗方案进行技术经济对比分析，方案一，封闭式帷幕灌浆方案；方案二，封闭式混凝土防渗墙方案；方案三，封闭式"上墙下幕"方案。

表 4			各材料分区的最大渗透坡降及渗漏量表				
	防渗墙深度/m	防渗墙	沥青心墙	砂砾料坝壳	坝坡出逸处	坝体总渗漏量/(m³/d)	占多年平均径流量比例/%
沥青混凝土心墙＋防渗墙	80	27.240	47.181	0.2581	0.5475	62628	22.63
	100	27.790	47.807	0.2466	0.5461	58824	21.26
	120	28.670	48.924	0.2139	0.5381	52108	18.83
	130	29.270	49.696	0.1920	0.5308	47320	17.10
	140	30.080	50.764	0.1494	0.5106	40592	14.67
	150	30.850	51.543	0.1432	0.5012	38643	13.96
	185	35.199	59.670	0.0073	0.0235	1674	0.60

（1）封闭式帷幕灌浆方案：水库设计最大水头 72.3m，帷幕灌浆允许渗透坡降 $J=6$，帷幕厚度 12.5m，上部深度 80m，帷幕灌浆采用 12 排，排距 2m，孔距 2m。下部 95m 深度范围，帷幕灌浆采用 6 排，排距 2m，孔距 2m。灌浆采用"孔口封闭法"，自上而下循环钻灌，封孔采用"分段压力灌浆封孔法"。灌浆后覆盖层帷幕体渗透系数 $K \leqslant 10^{-5}$ cm/s 控制。

（2）封闭式混凝土防渗墙方案：防渗墙厚度主要由防渗要求、抗渗耐久性、墙体应力和变形以及施工设备等因素确定，经分析，防渗墙厚度取 0.8m 以上可满足要求。本工程根据混凝土防渗墙允许水力坡降确定防渗墙厚度为 1m，设计强度 C30，抗渗等级 W10，$R_{180} \geqslant 35$MPa。

（3）封闭式"上墙下幕"方案：即上部 100m 防渗墙＋下部 85m 帷幕灌浆。随着国内防渗墙施工技术水平的提高，认为目前国内平均先进的防渗墙施工水平在 100m 左右，超过此深度，施工难度将加大，防渗墙单位造价也会随之增加，因此，选定 100m 混凝土防渗墙和下部 85m 帷幕灌浆的组合方式，即厚 1m 混凝土防渗墙，6 排帷幕灌浆。

4.5 封闭式垂直防渗方案比较

（1）防渗效果比较：上述三种封闭式防渗方案进行渗流分析，坝体和坝基各分区的最大渗透坡降及渗漏量见表 5。三种防渗方案下坝体和坝基各区渗透坡降均小于材料允许值，水库年渗漏量占多年平均径流量分别为 0.6%、0.84%、0.75%，都在 1% 的允许范围之内。三种封闭式防渗方案均能满足设计要求，防渗墙在防渗效果上较好。

表 5			坝体和坝基各分区的最大渗透坡降及渗漏量表			
方案	防渗深度/m	沥青心墙[允许值 0.1]	防渗墙/帷幕体[允许值 80]	砂砾料坝壳[允许值 80/6]	下游出逸比降[允许值 0.1]	单宽渗漏量/(m³/d)	日均渗漏量/(m³/d)
帷幕灌浆	185	49.05	25.33	0.0522	0.0517	6.76	2324.35
混凝土防渗墙	185	59.670	35.141	0.0073	0.0235	5.28	1674
上墙下幕	100＋85	52.5	30.13/5.4	0.0264	0.0260	6.03	2075.34

（2）施工条件比较：对于深厚覆盖层上的基础灌浆帷幕，帷幕较深时施工工序和工艺较复杂，灌浆的扩散范围很难控制，帷幕质量不易保证；帷幕厚度大，灌浆孔排数多，灌浆量大，施工工期长；灌浆部位较深，帷幕底部孔斜难以控制，且需要设置灌浆廊道，施

142

工难度大。防渗墙＋帷幕灌浆方案，施工比较复杂，且深部灌浆质量很难控制，防渗墙和帷幕灌浆结合部位易出现质量问题。混凝土防渗墙渗流稳定性好，渗透量小，墙体连接可靠，成墙质量检验方法相对成熟。从目前国内深厚覆盖层上建高土石坝的情况看，几乎均采用了混凝土防渗墙形式，并且国内外有丰富的施工和运行经验，有相对成熟的工序检验和最终检验方法，对覆盖层地层颗粒组成条件适应性较好。西藏旁多水利枢纽的防渗墙已经能达到 158m（试验段 201m）。

（3）工程运行期维护：灌浆帷幕在运行多年后，易失效，失效后需对基础进行补灌处理，需要设置灌浆廊道。防渗墙只要在施工过程中控制好施工成墙质量，设法使墙体能适应因荷载而产生的变位，更好地适应变形，并且防渗墙在施工过程中有较多的手段对成墙质量进行监测，墙体成型后在运行过程中一般不需要维护。

上述 3 个方案大坝及基础处理工程投资：防渗墙方案 3.25 亿元，防渗帷幕方案 3.72 亿元，防渗墙及帷幕组合方案 3.41 亿元，全封闭防渗墙投资最小，作为选定方案。

4.6 防渗墙结构型式设计

坝基防渗线总长度 711m，两岸坡采用混凝土防渗墙结合帷幕灌浆防渗，帷幕灌浆采用单排，孔距 2m，深入 5Lu 线以下 5m；混凝土防渗墙设计厚度 1m，深入下部基岩 1m，最大墙深 185m，防渗总面积 4.26 万 m^2，其中防渗墙成墙面积 2.41 万 m^2，帷幕灌浆面积 1.85 万 m^2。

防渗墙采用 C30W10 且 $R_{180} \geqslant 35MPa$ 混凝土，采用 P・O42.5 水泥；粗骨料粒径为 5～20mm，细骨料为中砂，细度模数 2.6；粉煤灰为Ⅰ级粉煤灰；外加剂采用高性能减水剂（缓凝型）JB-Ⅱ型。其混凝土配合比见表 6。

表 6 大河沿防渗墙混凝土配合比表

设计指标	水胶比	混凝土各项材料用量/(kg/m³)								抗压强度/MPa	
		水	水泥	粉煤灰	砂	小石	中石	减水剂	引气剂	7d	28d
C30W10	0.38	147	271	116	779	484	593	3.87	0.019	29.6	40.1

考虑坝基不均匀性，为确保墙体与大坝变形协调一致，结合深厚覆盖层上修建的察汗乌苏水电站、下坂地水利枢纽坝基防渗处理结构形式，对防渗墙上游设置 2 排孔深 8～10m 低压固结灌浆、下游侧设置 4 排孔深 8～10m 低压固结灌浆；对墙体上下游各 10m 范围进行强夯处理；防渗墙顶部 10m 设置钢筋笼一道。

5 超深防渗墙施工技术

5.1 工程特点及施工难点

大河沿水库大坝防渗墙工程，最大施工深度 186.15m，突破最大施工深度带来一系列技术难题。根据施工及地质情况，分析研究了各区域的覆盖层类型，并根据实际情况进行试验，主要需要解决深覆盖层造孔平台、孔斜保证率、墙段连接方法及施工工艺、深覆盖层防渗墙清孔技术问题、深覆盖层混凝土浇筑、合拢段防渗闭气等问题。

（1）施工平台处理。由于河床纵坡较大，地下水位较高，施工平台的稳定性对防渗墙的槽孔稳定性至关重要。

（2）槽段划分。槽段划分既要保证抓斗和冲击钻施工，又要保证槽孔的稳定性，需要研究合理的划分槽段，既能保证防渗墙稳定施工，不出现坍塌事故，又能满足工期要求。

（3）防渗墙成槽。研究在 186m 的深度中选取挖掘设备与应用，槽孔挖掘工艺、方法与抑制孔斜和塌孔的有效技术措施；墙体底部高陡坡（基岩面坡度为 55°～60°）嵌岩方法与措施，基岩面鉴定方法，预防孔内事故发生等。

（4）清孔。由于槽段较深，下设管具时间较长，需要研究满足超深槽孔混凝土浇筑条件的有效清孔技术、方法与措施。

（5）墙段连接。实现接头管法在超深防渗墙墙段连接中的应用技术突破（拔管深度、成孔率），实现零风险拔管，最大限度压缩钻凿接头量。

（6）混凝土浇筑。研究超深墙体混凝土性能及与浇筑、接头施工技术协调性问题，使混凝土浇筑、接头拔管与清理融为一体，互不制约。

（7）防渗墙闭气。防渗墙合拢段槽孔选取对防渗墙闭气至关重要，防渗墙基本已经封闭，地下水位太高，在闭气槽段形成过水通道，槽孔稳定性容易被破坏，如何选择合拢槽段是一个重要技术难题。

5.2 施工主要经验做法

（1）造孔平台。综合考虑地基特性，采用强夯进行基础处理，范围为防渗墙轴线上下游各 10m。单击夯击能为 2000kN·m，单点夯击次数为 12 击，点夯施工完成后用振动碾压 8 遍，有效加固深度为 4～5m。夯击参数：夯锤重 20t，直径 2.5m，落距 10m，夯击能为 2000kN·m。根据有效加固 4～5m 的原则，确定强夯处理范围超出基础边缘的宽度为 3m。通过试验，地层密实度均达到 0.85 以上，部分地区已达到 0.9 以上，大大提高了上部土层的密实度，提升了防渗墙施工平台稳定性。

（2）槽孔挖掘工艺方法、措施。为保证槽孔造孔安全和接头管起拔承载力，导墙采用全断面开挖后立模浇筑 L 形钢筋混凝土导墙，高度 2.0m（厚 0.6m），底宽 1.8m（厚 0.5m），内侧间距 1.2m。导墙墙体材料为二级配 C25 混凝土。设计时考虑了拔管时对导墙的压力，保证拔管安全。

根据规范要求，防渗墙成槽施工时不应大于 4‰，遇含孤石地层及基岩陡坡等特殊情况，应控制在 6‰以内。在实际施工过程中，由于槽段孔深较深，若按 4‰控制，最大孔深段极限偏差可达 74cm，相邻段有可能出现"劈叉"现象，不利于坝基防渗。为保证墙段平顺，结合先导试验段情况，将施工孔斜率全部控制在 1‰以内。

根据工程的地质特点以及结合以往深槽施工经验，防渗墙成槽采用"两钻一抓"法，槽孔长度 6.6m。主孔采用 CZ-6A 型冲击钻机钻凿成孔，副孔采用利勃海尔 HS875HD 重型机械抓斗抓取，底部基岩采用 CZ-6A 型冲击钻机钻凿。接头管起拔采用 BG450 型大口径液压拔管机。最深防渗墙槽段 E15 造孔历时 120d，浇筑历时 33.5h，混凝土平均上升速度为 5.6m/h。

高陡坡入岩段施工的难点是钻头在斜面上受力不均，导致钻孔偏斜。经研究和摸索，采取每钻进 3～5m 测量 1 次孔斜，软岩层每钻进 1～3m 测量 1 次孔斜，发现偏斜，及时修正。先用冲击钻机钻进，穿过覆盖层至基岩陡坡段，然后在孔内下设定位器和爆破筒，将爆破筒定位于陡坡斜面上，经爆破后，使陡坡斜面产生台阶或凹坑，然后在台阶或凹坑上，设置定位管（排渣管）和定位器（套筒钻头），用回转钻机施工爆破孔，下置爆破筒，提升定位管和定位器进行爆破，爆破后用冲击钻机进行冲击破碎，直至终孔。

（3）护壁泥浆、泥浆净化、废浆处理与排放。专门进行了膨润土、水、纯碱泥浆的配置试验，使用品质优秀的膨润土能保证槽孔安全。膨润土泥浆主要性能指标：密度 $1.04g/cm^3$、马漏斗黏度 $41\sim50s$、表观黏度 $16\sim20mPa\cdot s$、塑性黏度 $7\sim8.5mPa\cdot s$、pH 值 9.5。红黏土配合膨润土使用，大大节约了工程成本。使用多级沉淀池，可保证回浆满足使用要求，排放的废弃浆液又能达到环保要求。

（4）超深防渗墙清孔技术。气举法清孔与抽桶抽渣相互配合可提高清孔效率和质量；风管下设深度宜为排渣管下设深度的 30%，提高风压、风量、空气提升器形式均可增加清孔效率。工程二次清孔风管安装方式为同心式，浇筑过程清孔风管安装方式为并列式。通过实验增加了浇筑过程中排浆工艺，可减少浇筑过程中浆液对混凝土压力，避免堵管现象发生。清孔换浆 1h 后应达到如下标准：①槽底淤积厚度不大于 10cm；②槽内泥浆密度不大于 $1.15g/cm^3$；③马氏漏斗黏度 $32\sim50s$；④含砂量不大于 1%。

（5）混凝土及浇筑工艺技术。浇筑导管采用 315mm，可以有效解决浇筑堵管事故。结合施工场地布置，配置适当混凝土罐车数量，确保混凝土的连续浇筑，可以有效减少因浇筑中断而引起的新入仓混凝土堵管事故，也可最大限度减少混凝土夹层的出现。超深防渗墙浇筑混凝土时要连续快速放料，保证导管内混凝土有连续冲击力。浇筑过程中增加过程清孔施工，可保证混凝土匀速上升，同时，可减少因沉渣太厚造成的浇筑困难或接头管铸管事故。

（6）墙段连接方法。随时关注混凝土初凝时间，有效控制接头管起拔时间。采用 YBJ - 1000 型管机进行接头管的起拔，浇筑过程中密切关注拔管机压力，在混凝土初凝状态下，起拔压力在 $7\sim17MPa$ 为宜；接头管埋管深度宜为 30m，如浇筑速度过快，要限速，保证埋深不超过 30m。结合现场施工进度安排，合拢段选择在防渗墙 56m 处。

6 超深防渗墙变形监测技术

大河沿水库深厚覆盖层混凝土防渗墙是当今已建及在建同类工程中，防渗墙深度最深、工作水头最大、难度最高的水利工程之一。与其他工程相比，大河沿水库防渗墙所面临的工作环境水荷载很大，施工期高压水头最大为 $0\sim180m$，运行期其高压水头可达 $80\sim250m$；刚性防渗墙与深厚覆盖层之间的变形协调至关重要；蓄水后，水压力作用于防渗墙，将使防渗墙受弯，防渗墙内部可能出现较大的应力。根据防渗墙的工作环境，布置了若干监测断面，开展了渗压、温度变形、湿度变形及自生体积变形、底部压力、应力应变、挠度等监测项目。

6.1 防渗墙安全监测设计

在 0+187.0、0+255、0+270.0 三个断面混凝土防渗墙内部沿高程方向分别设置有固定式测斜仪，共计 23 个测点。以 0+187.0、0+255、0+270.0 三个断面作为防渗墙混凝土应力应变监测断面，三个监测断面共布设应变计 38 支、无应力计 19 支。在 0+255.0、0+270.0、0+340.0 三个断面的混凝土防渗墙上、下游两侧沿不同高程方向分别布置多组渗压计，三个断面共布设 19 支渗压计，同时，在槽孔混凝土的顶部和底部设置有土压力计，共计有 6 支。大河沿水库防渗墙主监测断面布置见图 2。

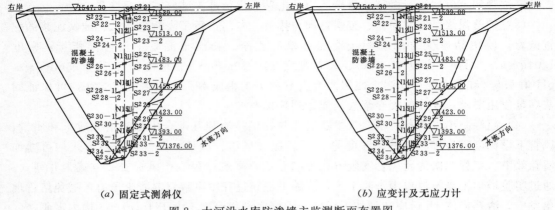

（a）固定式测斜仪　　　　　　　（b）应变计及无应力计

图 2　大河沿水库防渗墙主监测断面布置图

6.2　防渗墙监测成果

（1）防渗墙前后渗压水位监测。大河沿水库深厚覆盖层建基面以下 3.5～102.6m 范围内的渗透系数为 $8.7\times10^{-2}\sim1.2\times10^{-3}$cm/s，基础 102.6m 以下的渗透系数为 $1.9\times10^{-2}\sim1.7\times10^{-3}$cm/s，属于中等至强透水层。以典型监测断面 0+270 断面为例，防渗墙上、下游两侧与深厚覆盖层接触面处布设的渗压计的监测数据：在槽孔中沿不同高程埋设的测点在墙体浇筑前，渗压水位均反映为浇筑前槽孔水位。墙体浇筑完成混凝土终凝后，不同高程埋设的测点逐渐反映为不同地层的渗压水位。其防渗墙上、下游两侧渗压水位分布见图 3，从图 3 中可知，截流前后上下游不同地层的渗压计水位相差不大。

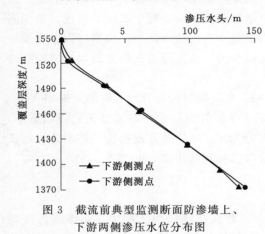

图 3　截流前典型监测断面防渗墙上、下游两侧渗压水位分布图

（2）防渗墙混凝土应力应变监测。

1）自生体积变形。大河沿水库防渗墙混凝土的热膨胀系数为 $7.78\mu\varepsilon/℃$ 左右。通过埋设于 0+187、0+255、0+270 三个断面防渗墙混凝土内的 17 支无应力计计算获得的混凝土自生体积变形可知大部分测点部位的混凝土自生体积变形呈膨胀状态。利于补偿在混凝土硬化过程中的收缩，起到了防止或减少早期水化热提高造成的混凝土温度裂缝的作用。

2）混凝土应力应变监测。从埋设于防渗墙 0+187、0+255、0+270 三个断面不同高程墙体上、下游两侧的两向应变计组的观测数据可知墙体的应力应变分布及变化过程规律主要有以下几点。

A.0+187 断面墙体顶部及底部竖直和左右岸方向大部分呈压应变，并呈上部小下部大的分布体征。而墙体中部则呈拉应变状态，其最大拉应变值分别为 362.6με、427.3με，考虑最大值出现时间处于施工灌浆阶段，估计测点受到灌浆压力的影响。截至 2018 年 5

月2日，墙体底部上游侧的压应变最大，其最值为$-633.5\mu\varepsilon$。

B.0+255断面在无坝体荷载的情况下，墙体上、下游两侧竖向的应变基本上呈上部拉应变、下部压应力，其墙体中部高程1453.00m出现最大拉应变，其最大值为$180.8\mu\varepsilon$；左右岸方向的应变分布是在墙体顶部和中下部呈拉应变状态，底部和中上部呈压应变状态，其中最大压应变$-183.7\mu\varepsilon$，最大拉应变$301.5\mu\varepsilon$。在坝体填筑后，随着坝体盖重的不断增加，0+255断面大部分测点表现为压应变增大、拉应变减小或拉应变转变为压应变的状态。

3）0+270断面墙体上游侧顶部和底部竖向呈压应变，中部偏下呈压应变状态，最大拉应变出现在中部偏下的高程1423.00m，其最值为$315.9\mu\varepsilon$，墙体下游侧竖向大部分呈压应力状态。墙体左右岸方向的应变大部分测点呈压应力状态，与竖直方向呈拉应变的部位相同，左右岸方向呈拉应变的部位也在墙体中部的高程1483.00m。在坝体填筑期间，墙体上部的测点与0+255断面不同大部分表现为压应变减小、拉应变增大或压应变转变为拉应变的状态，而墙体底部则和0+255断面应变变化类似。

0+270断面防渗墙混凝土竖直方向、左右岸方向应变分布分别见图4、图5。

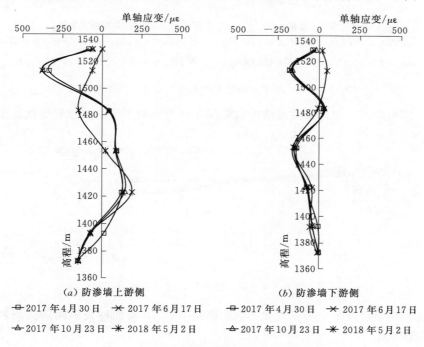

（a）防渗墙上游侧　　　　　　　（b）防渗墙下游侧

　□ 2017年4月30日　　※ 2017年6月17日　　　　□ 2017年4月30日　　※ 2017年6月17日
　△ 2017年10月23日　　※ 2018年5月2日　　　　△ 2017年10月23日　　※ 2018年5月2日

图4　0+270断面防渗墙混凝土竖直方向应变分布图

（3）防渗墙底部压力监测。从0+255、0+270断面防渗墙底部的竖直方向埋设的土压力计监测数据可以看出：土压力变化过程规律性较强，底部测点随着防渗浇筑完成，其土压力测值逐渐增大的变化过程，测值还反映出墙体较深的0+270断面比墙体相对较浅的0+255断面的土体压力的大，在仪器埋设后6个多月，0+270断面土体压力最大值为0.53MPa，0+255断面最大值为0.42MPa。之后防渗墙混凝土随着水化热的消散，温度降低，混凝土收缩，使防渗墙两侧土压力逐渐趋于平稳，基本符合土压力计的压力变化规

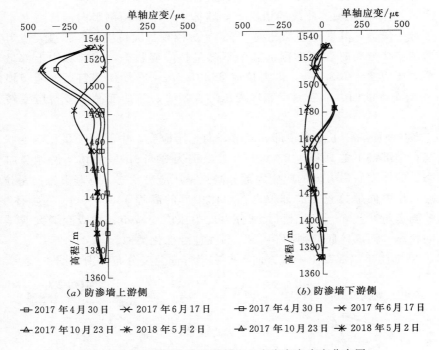

（a）防渗墙上游侧　　　　　　　　（b）防渗墙下游侧

图 5　0＋270 断面防渗墙混凝土左右岸方向应变分布图

律。在大坝填坝阶段，坝体荷载对防渗墙底部土压力影响不大，其过程曲线见图 6。

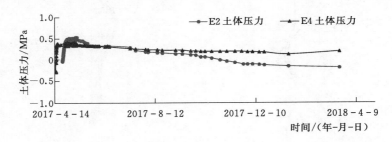

图 6　测点施工期土压力过程曲线图

（4）防渗墙挠度变形分析。以典型监测断面 0＋270 断面埋设的固定式测斜仪监测数据可知（见图 7）：

1）不同高程部位的相对位移分别呈向上游、下游参差变形分布。

2）大坝填筑前，最大向上游相对位移值出现在其中墙体上部约 1/3 处，其最大值为 −80.1mm，最大向下游相对位移则出现墙体下部约 1/3 处，其最大值为 38.9mm。大坝填筑后，受大坝盖重影响，上述两个部位均表现出相对位移量进一步扩大，截至 2018 年 5 月 2 日，两个部位的相对位移增至 −93.9mm、50.1mm。

3）大坝填筑前，墙体顶部测点在表现为向下游位移，埋设初期位移增量较大，最大增幅 20mm，之后则逐渐呈现出向上游变形；墙体底部测点表现为向上游位移，其相对变形均不大，测值范围在 9mm 以内。大坝填筑后，坝体盖重对墙体和底部的相对位移量影响不大。防渗墙位移变化大的部位通常也是应变变化较大的部位，从 0+270 断面防渗墙墙体挠度变形分布图也可看出：监测断面顺河向的防渗墙挠度变形分布与防渗墙上游侧竖直应变分布特征较为吻合。

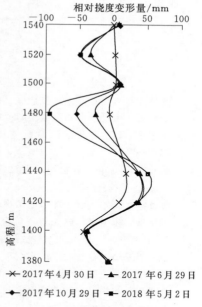

图 7　典型断面防渗墙相对
挠度变形量分布图

7　结语

（1）大河沿水库超深防渗墙的建成，成功解决了深覆盖层防渗墙设计中坝基深厚覆盖层的勘探及试验、坝基渗漏及渗流控制、坝基覆盖层参数的合理性、坝基防渗墙受力状态等技术难题。设计结合类似工程的研究，通过先导试验确定了墙体设计参数及坝基基础加固处理措施。186m 超深墙的设计、施工、监测技术为类似条件下深厚覆盖层坝基处理提供了成功借鉴。

（2）在超深防渗墙施工过程中，通过一系列措施研究了造孔平台与加固、造孔孔斜控制、墙段连接方法及施工工艺、防渗墙清孔技术、混凝土浇筑技术，很好地解决了深覆盖层成槽难、清孔难、浇筑易堵管的问题。钻孔取芯、声波测试表明施工质量优良，未发现"劈叉"现象，截流后未发现下游河道大量渗水现象。工程建设取得了系统的创新性成果：研发了 200m 级超深防渗墙造孔成槽施工成套装备，提出了防渗墙造孔成槽施工技术体系，创新了防渗墙成墙技术体系，形成了系统的施工技术体系。

（3）大坝填筑前，防渗墙上、下游两侧的竖直和左右岸两方向的应变变化规律性不强，主要受防渗墙自重影响，处于深厚覆盖层与防渗墙相互约束，相互协调、自我适应的应力应变调整阶段。筑坝过程中，各槽段墙体两个方向的应变测值不同程度地受到坝体荷载的影响，其中墙体竖直向受筑坝影响相对较小，左右岸向受筑坝影响则相对较大。受大坝分区域填筑方式（先左坝再右坝、先上、下游区域再中间过渡料及沥青心墙部分的填土过程）及各断面覆盖层深度的不同等因素影响，0+270 断面应变测值受坝体荷载影响也明显大于 0+187 和 0+255 断面。其中，0+255 断面竖直和左右岸两个方向的应变在墙体中上部基本上呈现出拉应变减小或压应变增大的变化过程，中下部相对影响较小；而 0+270 断面在墙体的中上部竖直方向和左右岸两个方向的应变则呈现出压应变减小或转化为拉应变的变化过程。防渗墙位移变化大的部位通常也是应变变化较大的部位，从 0+270 断面防渗墙墙体挠度变形分布可以看出，本监测断面顺河向的防渗墙挠度变形分布与防渗墙上游侧竖直应变分布特征较为吻合。

大河沿水库采用全封闭防渗墙，未设置心墙与防渗墙连接的灌浆廊道，这就要求基础防渗处理必须一次完成，不能出现劈叉、后期补灌等问题。通过精心设计、科学施工、系统观测，实践表明，超深防渗墙施工质量优良、性态稳定，围绕超深防渗墙开展的一系列研究成果为工程安全运行提供了技术支撑，有力推动了行业的技术进步。

参 考 文 献

[1] 党林才，方光达. 利用覆盖层建坝的实践与发展. 北京：中国水利水电出版社，2009.

[2] 党林才，方光达. 深厚覆盖层上建坝的主要技术问题. 水力发电，2011，37（2）：24-28.

[3] 李春云. 冶勒水电站混凝土防渗墙施工技术和质量控制. 水电站设计，2007，（4）：96-101.

[4] 王立彬，燕乔，等. 深厚覆盖层中墙幕结合关键技术. 水利水电科技进展，2010，30（2）：63-66.

[5] 张建华，严军，覃朝明. 大渡河瀑布沟水电站大坝基础防渗墙施工探讨. 水力发电，2004，（A01）：315-319.

[6] 陈钰鑫，刘娟. 狮子坪水电站坝基防渗墙设计施工. 水力发电，2009，（8）：37-39.

[7] 罗庆松，宋卫民，赵先锋. 黄金坪水电站大厚度超百米深防渗墙施工技术. 水力发电，2016，（3）：47-50.

[8] 覃新闻，黄小宁，彭立新，等. 沥青混凝土心墙坝设计与施工. 北京：中国水利水电出版社，2011.

[9] 孔祥生，黄扬一. 西藏旁多水利枢纽坝基超深防渗墙施工技术. 人民长江，2012，（11）：34-39.

[10] 邓铭江，于海鸣. 新疆坝工建设. 北京：中国水利水电出版社，2011.

[11] 李万途. 阿尔塔什河床深厚覆盖层的研究. 水利与建筑工程学报，2010，（4）：181-186，212.

[12] 朱晟，林道通，胡永胜，何顺宾. 超深覆盖层沥青混凝土心墙坝坝基防渗方案研究. 水力发电，2011（10）：31-34.

[13] 吴彬，张新，于为. 新疆某水库深厚覆盖层工程地质特性研究，人民黄河，2010，（5）：123-124.

[14] 李江，黄华新，柳莹. 大河沿水库坝基深厚覆盖层防渗形式研究//土石坝工程-面板与沥青混凝土防渗技术论文集. 北京：中国水利水电出版社，2015.

[15] 张云，蔡智云. 混凝土面板堆石坝坝基深厚覆盖层处理设计与试验研究分析. 西北水电，2010，（6）：59-62.

高地震区深厚覆盖层上高沥青混凝土
心墙堆石坝应力变形特性分析

李向阳　龙　文

（中国电建集团北京勘测设计研究院有限公司）

摘　要：西南某水电站河床覆盖层深达91m，结构层次复杂。大坝地震设防烈度为9°。采用三维非线性有限元数值分析对大坝坝体及防渗透体系应力变形进行分析，结果表明：在竣工期和满蓄期大坝的应力变形均在合理的范围内，满足一般规律，在地震作用下，大坝坝顶动力响应、永久变形、防渗体系应力变形满足一般规律，大坝的设计满足抗震安全性要求，需要重视防渗体系连接部位、靠岸坡区域等区域拉应力超标现象，需要进行配筋加固处理。

关键词：沥青混凝土心墙；堆石坝；深覆盖层；有限元；应力变形

1　工程概况

西南某水电站为大（Ⅰ）型工程，坝址河床覆盖层深达91m，挡水建筑物采用沥青混凝土心墙堆石坝，坝高110m。根据场地地震安全性评价，工程区50年超越概率10%的基岩动峰值加速度为0.182g，相应地震基本烈度为Ⅷ度。根据抗震规范规定，拦河坝工程抗震设防类别为甲类，抗震设计采用基本烈度提高一度作为设计烈度，地震设防烈度Ⅸ度，设计地震动参数取基准期100年超越概率2%，基岩水平动峰值加速度代表值为0.397g；校核地震动参数取基准期100年超越概率1%，基岩水平动峰值加速度代表值为0.457g。

2　坝址地形地质条件及建基面选择

河床覆盖层结构较复杂，厚度50～85m，最厚可达91.2m，自上而下可以分为六个大层及三个主要的透镜体层：第①层冲洪积砂卵砾石层（Q_4^{al+pl}）：厚度1.5～19.5m，漂石含量平均为10.4%，一般粒径为20～40cm；第②层堰塞湖积低液限黏土层（Q_3^l）：厚度1～13m；第③层冲积卵石混合土层（Q_3^{al}）：厚度10～27.3m，广泛分布于河床部位，该层分布有③-1层粉土质砂层透镜体，厚度2.9～13.5m；第④层冲积细粒土质砂层（Q_3^{al}）：厚度1.5～17.7m，以中、细砾为主，砂含量平均为65.4%，以中、粗砂为主；第⑤层冲积混合土卵石层（Q_3^{al}）：厚度3.3～30.3m，该层尚夹有⑤-1黏（粉）土质砂层及⑤-2低液限黏土层；第⑥层冰水堆积块碎石层（Q_3^{fgl}）：分布于河谷深槽底部，厚度3.7～33.6m。

河床覆盖层第①层为砂卵石层，承载能力较高，第②层为低液限黏土层，力学性状较差，作为坝基影响大坝深层抗滑稳定，透水性差，存在渗透稳定问题，必须处理。该层埋藏较浅，全部挖除。第③层混合土卵石层上，该层土体以粗颗粒构成骨架，结构较密实，其允许承载力 $[R]＝0.30～0.35MPa$，压缩模量 $E_0＝45～50MPa$，其承载和抗变形能力均较高，具备作为堆石坝坝基的条件。覆盖层第④层为砂层，厚度和埋深变化较大，变形模量小，大坝填筑后会产生较大变形。围绕第④层处理拟订了两种方案进行比较：方案一，即挖除第④层方案，建基面落在第⑤层；方案二，不挖除第④层，建基面落在第③层，采用振冲碎石桩对第④层进行抗不均匀沉陷处理。通过三维静动力有限元计算分析，两种基础开挖方案技术上均可行。挖除第④层在防渗体系的变形和应力上略优，但存在基坑深度大、开挖量大、基坑排水难度大、影响工期和加大坝体填筑量、增加工程投资等问题。综合比较，大坝建基面选择不挖除第④层方案。

3 大坝结构设计

沥青混凝土心墙堆石坝坝顶高程为 2480m，坝顶宽 12m，最大坝高为 110m，坝顶长 464m，上游坝坡为 1∶1.8，下游坝坡为 1∶1.6，上游在高程 2430.00m 设 5m 宽的马道。下游设宽 10m 的上坝交通路。坝体填筑根据不同的开挖料源进行了分区设计，共设了三个分区。上游围堰与大坝结合布置，围堰轴线距坝轴线 150m。

坝体采用沥青混凝土心墙防渗，心墙采用渐变厚度设计，宽 0.5～1.5m，在心墙底部设高 3m 的放大脚。心墙上、下游各设置两层过渡层，每过渡层厚度为 3m，心墙下游侧坝体与覆盖层坝基之间设置两层各厚 2m 的粗、细反滤层。沥青混凝土心墙顶部高程 2478.00m，底高程 2375.80m，心墙基础与河床覆盖层、两岸基岩接触部位设混凝土基座。上游坝壳高程 2465.00m 以上坝面设抛石护坡，厚度 1m，其下设砂卵石垫层。下游坝面采用干砌石护坡，厚度 1m，下设砂卵石垫层。

考虑到便于后期检修及维护，坝基设灌浆检查廊道。防渗墙通过廊道和沥青混凝土心墙相接。廊道断面尺寸 2.5m×3.5m，厚 1.8m，防渗墙在河床建基面高程 2363.00m 以上墙体采用现浇钢筋混凝土，体型为扩大头式，上部宽度为 5.2m，下部宽度为 1.2m，墙高为 5m，墙体与廊道刚性连接。

4 大坝应力应变特性

拦河坝基础地质复杂，地震设防烈度高，通过三维静动力有限元对大坝的应力变形特性进行研究分析。材料静力本构模型采用沈珠江"双屈服面弹塑性模型"及 E—B 模型，材料动力本构模型采用等价黏弹性模型。

4.1 计算参数

计算参数见表 1 和表 2。

4.2 大坝静力变形与应力分析

（1）竣工时，坝体最大沉降 91.6cm，受覆盖层④影响，最大沉降位于心墙下游建基面，约为最大坝高的 0.84%，坝体加覆盖层总高度的 0.53%，蓄水后坝体最大沉降 94.5cm，较竣工时有所增加，发生位置也向下游略有移动。采用 E-B 模型计算的竣工最大沉降量为 115.4cm，约为最大坝高的 1.02%，最大轴线坝体和覆盖层总高度的 0.67%。

152

$E - B$ 模型计算的沉降较大,但变化规律基本相同,并符合一般工程经验。其水平位移分布及沉降分布分别见图1、图2。

表1　材料静力模型计算参数表

坝料	密度	南 水 模 型 参 数									$E - B$ 模型参数	
	ρ /(g/cm³)	c /kPa	ϕ_0 /(°)	$\Delta\phi$ /(°)	k	n	R_f	C_d (G)	n_d (F)	R_d (D)	k_b	m
沥青混凝土	2.41	160.0	26.6	0	312.0	0.23	0.700	(0.4900)	(0)	(0)	2048.3	0.54
过渡料	2.12	0	50.9	8.9	815.7	0.27	0.600	0.0040	0.70	0.60	365.3	0.10
反滤Ⅰ	2.13	0	50.2	8.5	759.2	0.37	0.610	0.0041	0.45	0.59	437.3	0.40
反滤Ⅱ	2.22	0	51.1	8.9	867.0	0.34	0.630	0.0027	0.63	0.58	511.5	0.31
堆石料Ⅱ	2.15	0	50.1	8.1	866.1	0.27	0.610	0.0053	0.65	0.61	360.1	0.21
堆石料Ⅰ	2.15	0	49.7	7.8	735.8	0.30	0.610	0.0055	0.65	0.61	305.4	0.23
覆盖层①	2.23	0	46.7	4.4	756.0	0.41	0.650	0.0038	0.68	0.61	290.0	0.35
覆盖层②	1.77	13.1	29.9	0	102.4	0.56	0.610	0.0041	0.45	0.60	31.9	0.56
覆盖层③	2.25	0	52.2	8.8	984.0	0.35	0.630	0.0034	0.67	0.61	500.0	0.28
覆盖层④	1.83	0	37.5	1.5	300.0	0.35	0.798	0.0080	0.26	0.55	150.0	0.45
覆盖层⑤	2.27	0	52.5	8.8	1044.0	0.38	0.610	0.0030	0.71	0.60	550.0	0.26
覆盖层⑥	2.28	0	53.2	9.8	1080.0	0.35	0.670	0.0032	0.74	0.60	450.0	0.19

表2　材料动力模型计算参数表

坝料	K_2	λ_{max}	v_d	K_1	n	c_1/%	c_2	c_3	c_4/%	c_5
沥青混凝土	8636	0.190	0.345	0	0.330	0	0	0	0	0
过渡料	1809	0.230	0.350	25.10	0.374	0.91	0.95	0	7.70	0.99
反滤Ⅰ	1640	0.239	0.350	24.70	0.403	0.34	0.61	0	7.80	0.81
反滤Ⅱ	1875	0.211	0.350	27.10	0.370	0.46	0.73	0	6.71	0.84
堆石料Ⅱ	1795	0.231	0.350	24.30	0.373	0.95	0.96	0	7.88	1.00
堆石料Ⅰ	1700	0.235	0.350	24.30	0.373	0.96	0.96	0	7.90	1.00
覆盖层①	1434	0.245	0.450	27.80	0.439	0.68	0.87	0	8.44	0.76
覆盖层②	250	0.27	0.450	15.00	0.400	0.10	1.00	0	12.00	1.00
覆盖层③	1798	0.220	0.450	26.90	0.413	0.43	0.68	0	7.70	0.80
覆盖层④	386	0.263	0.450	6.60	0.664	0.60	1.11	0	11.77	1.19
覆盖层⑤	1896	0.209	0.450	25.10	0.407	0.41	0.68	0	6.95	0.84
覆盖层⑥	1900	0.205	0.450	25.00	0.410	0.38	0.68	0	6.60	0.84

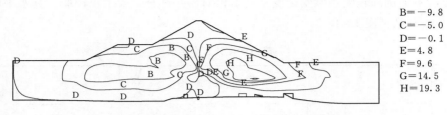

B=－9.8
C=－5.0
D=－0.1
E=4.8
F=9.6
G=14.5
H=19.3

图1　最大横剖面顺河向水平位移分布图（单位：cm）

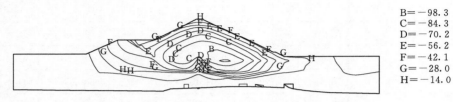

B=－98.3
C=－84.3
D=－70.2
E=－56.2
F=－42.1
G=－28.0
H=－14.0

图2　最大横剖面沉降分布图（单位：cm）

（2）竣工期，坝体有效大、小主应力基本呈沿坝轴线上下游对称分布。坝有效大、小主应力值都不大，满蓄期，由于库水对坝体造成的浮托作用，坝体上游侧堆石料有效大、小主应力较竣工期减小。同时，在库水推力作用下，心墙向下游发生水平位移的同时存在一定的弯曲，在心墙变位造成的推力作用下，心墙底部下游侧有效应力略有增高。坝体应力符合心墙坝应力规律。大坝静力变形见图3、图4。

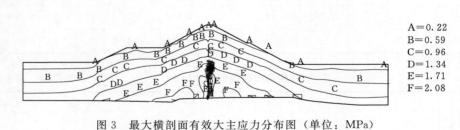

A=0.22
B=0.59
C=0.96
D=1.34
E=1.71
F=2.08

图3　最大横剖面有效大主应力分布图（单位：MPa）

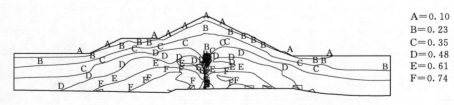

A=0.10
B=0.23
C=0.35
D=0.48
E=0.61
F=0.74

图4　最大横剖面有效小主应力分布图（单位：MPa）

（3）竣工期，墙体最小有效主应力均大于0，墙体未发生破坏。蓄水后，在上游水压力的作用下，墙体向下游发生较大位移，发生在墙体中部，位于墙体中下部区域，墙体变形在可承受范围之内。另外，在水压力作用下，墙体应力略有提高，最大主应力和最小主应力均满足拉压强度要求，墙体具备足够的安全度。

（4）竣工期，廊道在上覆坝体的作用下产生一定的沉降，数值在0.5m左右，廊道与防渗墙接触部位出现较高的压应力和拉应力，拉应力多发生在廊道内侧。在满蓄期，随着上游水位的上升，廊道沉降有一定的降低，廊道的压应力和拉应力均略有降低。

（5）竣工期，防渗墙出现 5m 左右向下游位移和 30cm 左右的沉降，防渗墙部位出现了较高的压应力，墙体底部坡度较陡处出现一定数值的拉应力，但拉应力数值不高，约 3MPa。满蓄期，随着上游水位的上升，防渗墙向下游的水平位移有所增加，达 37cm 左右，防渗墙的沉降有所减小，防渗墙墙体内部压应力和拉应力的数值均有所降低。防渗墙与岸坡变坡位置的交接处压应力和拉应力较大，墙体有发生拉裂破坏的可能性，需要考虑通过加强配筋，防止墙体发生压碎和拉裂破坏。

4.3 大坝动力变形与应力

（1）坝体动力反应。大坝在遭遇设计地震时，坝顶顺河向最大响应加速度为 $9.6m/s^2$，放大系数为 2.6 倍，坝轴线的最大响应加速度为 $6.3m/s^2$，放大系数 2.8 倍，竖向最大响应加速度为 $8.2m/s^2$，放大系数为 2.2 倍，在遭遇校核地震时，坝顶顺河向最大响应加速度为 $10.9m/s^2$，放大系数为 2.3 倍，坝轴线向的最大响应加速度为 $7.2m/s^2$，放大系数 2.5 倍，竖向最大响应加速度为 $8.8m/s^2$，放大系数为 1.8 倍。

在遭遇地震时，坝体加速度反应以顺河向最为强烈，且在河床中部最大。在靠近坝基覆盖层附近位置，加速度几乎无放大，建基面以上加速度反应沿坝体高程逐渐增大，在坝顶达到最大。坝体竖向最大加速度位于坝顶靠近左岸附近。坝体鞭鞘效应显著。

遭遇 100 年超遇概率 1% 地震时，坝体动力响应分布趋势与 100 年超遇概率 2% 地震基本保持一致，但放大倍数有所降低。

（2）永久变形。设计地震动作用下坝体竖向残余变形在河谷中央坝顶达到最大，最大沉降量 1.04m 左右，震后坝体塌陷现象明显，两侧向坝内收缩，最大震陷约为坝高的 0.5%（包含坝基覆盖层），地震变形对坝体稳定性影响较小；在顺河向上，坝体残余变形较小，向下游最大值约 56.7cm，向下游侧残余变形明显大于向上游变形。设计地震作用下，震陷倾度（坝顶最大震陷与最大震陷部位距岸坡距离）约为 0.45%，符合一般规律，场地谱校核地震动作用下坝体永久变形略有增加，增加幅度约 10%，总的变形对坝体整体抗震性能影响不大。最大横剖面和纵剖面的震后坝体变形情况分别见图 5 和图 6。

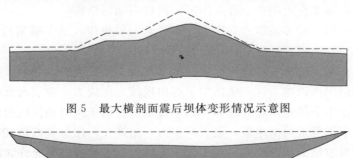

图 5　最大横剖面震后坝体变形情况示意图

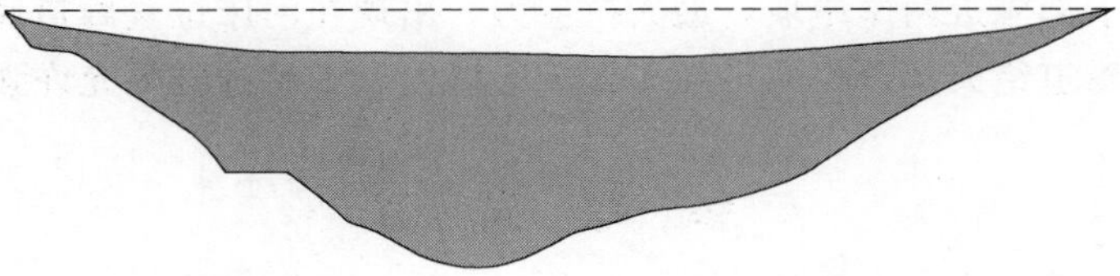

图 6　最大纵剖面震后坝体变形情况示意图

（3）防渗墙动力分析。设计地震作用下混凝土墙体最大动压应力和拉应力较大，分别为12.6MPa和12.1MPa，静动叠加后，墙体最大压应力52.8MPa，发生在墙体中下部靠近左岸岸坡坡度变化较大处，最大拉应力为3.0MPa，在校核地震作用下防渗墙应力范围及数值与设计地震接近略有增加，应力最大值出现在河床位置防渗墙墙体顶部与廊道连接区域和与岸坡接触区域，应予适当注意，但墙体绝大部分应力在30MPa以内，拉应力在1.5MPa以内。

（4）廊道应力。设计地震作用下廊道最大动压应力和拉应力较大，分别为16MPa和18.2MPa，静动叠加后，廊道最大压应力21.4MPa，发生在廊道中下部靠近两岸岸坡，最大拉应力为6.2MPa，在出现在河床位置廊道底部和岸坡坡度变化较大区域，应予适当注意，但廊道绝大部分拉应力在1.5MPa以内。校核地震作用下廊道应力范围及数值与设计地震接近略有增加。

（5）心墙应力。设计地震作用下沥青心墙最大动压应力和拉应力较小，分别为0.58MPa和0.72MPa，静动叠加后，沥青心墙最大压应力3.7MPa，校核地震作用下沥青心墙应力有所增加，幅度较小，心墙最大压应力发生在墙体底部靠近廊道区域，墙体未出现拉应力，未发生动力剪切破坏，墙体具备较高的抗震安全性。

5 结论

（1）坝体变形规律符合一般工程经验，竣工期和蓄水期坝体最大沉降量占最大坝高的比例在工程统计范围值之内，坝体各部位变形协调性较好。

（2）坝体、沥青混凝土心墙应力符合心墙坝应力规律，心墙应力水平较低，沥青心墙变形较小，不会发生剪切破坏。

（3）坝基防渗墙在垂直向完全受压，在轴向中间受压，两端局部受拉，防渗墙大部分应力水平不超过材料强度允许范围，防渗墙与岸坡变坡位置的交接处压应力和拉应力较大。

（4）廊道压应力在材料强度允许范围之内。廊道两端局部拉应力超出了混凝土强度。

（5）根据计算成果，在采取工程措施后，大坝防渗体系是安全的，能满足工程安全要求。

（6）在遭遇设计地震和校核地震时，坝顶及坝顶附近坝坡区域的加速度反应较大，坝顶鞭鞘效应显著，需要在大坝中上部采用一定的抗震加固措施。

（7）在地震作用下坝体地震永久变形分布符合一般规律，最大震陷约为坝高的0.5%（包含坝基覆盖层），地震变形对坝体稳定性影响较小。

（8）在地震作用下防渗墙在靠近岸坡区域出现较大动拉应力，静动力叠加后防渗墙坝轴向靠近岸坡处仍出现拉应力区，墙体中下部出现较大压应力，应引起重视。

（9）在地震作用下场地谱设计地震作用下廊道最大动压应力和拉应力较大，最大压应力发生在廊道中下部靠近两岸岸坡，最大拉应力，出现在河床位置廊道底部和岸坡坡度变化较大区域，但廊道绝大部分拉应力在1.5MPa以内，不超过材料允许强度。

参 考 文 献

[1] 窦兴旺，林义兴，夏颂佑，等. 深覆盖层上高堆石坝振动台试验与动力数值分析验证研究. 水利

水电科技进展，2000，20（6）19－22.

[2] 孔宪京，余翔，邹德高，等. 沥青混凝土心墙坝三维有限元静动力分析. 大连理工大学学报，2014，54（2）：197－203.

[3] 朱百里，沈珠江. 计算土力学. 上海：上海科学技术出版社，1990.

莽山水库沥青混凝土心墙土石坝设计

王旭斌　郑　洪　林　飞　王　明

（湖南省水利水电勘测设计研究总院）

摘　要：莽山水库工程位于花岗岩地区，副坝基础全风化花岗岩层较厚，选择沥青混凝土心墙土石坝，利用全风化花岗岩料筑坝，节省了工程投资。根据全风化花岗岩的地质特性，副坝基础防渗创造性采用离析型浆液＋高压脉动灌浆技术，较好地解决了全风化花岗岩地层防渗处理的技术难题，结果表明，该施工技术可行、成本可控，灌浆效果较好，可以推广到其他类似工程。

关键词：沥青混凝土心墙土石坝；全风化花岗岩；高压脉动灌浆；防渗处理

1　工程概况

莽山水库位于湖南省郴州市宜章县境内的珠江流域北江二级支流长乐水上游，是一个以防洪、灌溉为主，兼顾城镇供水与发电等综合效益的大（2）型水利枢纽工程，水库正常蓄水位 395.00m，防洪高水位 398.5m，总库容 1.33 亿 m^3，防洪库容 0.24 亿 m^3；水库灌溉面积 31.2 万亩，多年平均城镇供水量 2227 万 m^3，水电站装机容量 18MW，多年平均发电量 4480 万 kW·h。莽山水库枢纽工程主要建筑物有主坝、副坝、左岸引水发电系统、引水式厂房及下游反调节坝。主坝为碾压混凝土重力坝，最大坝高 101.3m。副坝位于距主坝右坝肩约 280m 的冲沟垭口处，为沥青混凝土心墙土石坝，最大坝高 41.1m（心墙处），坝顶长 124m。工程区地震设计烈度采用Ⅵ度。

长乐水流域属中亚热带季风湿润气候，气候温和，雨量充沛。坝址区多年平均气温 18.2℃，最高气温为 41.0℃，最低气温－5.2℃。

2　副坝工程地质条件及评价

2.1　副坝工程地质条件

副坝冲沟呈近 EW 向延伸，垭口处地面高程 364.00～366.15m，底宽 5.0～10.0m，水库正常蓄水位高程处沟谷宽约 89.0m。垭口两侧山坡地形较陡，山坡坡角 35°～45°。副坝左坝肩至主坝之间山头区段为长约 153m 的单薄山脊，脊顶高程 409.10～415.00m，脊顶宽 6.0～11.0m；副坝右坝肩山体雄厚，山顶高程 626.90m。

坝址区地层岩性单一，为燕山早期大东山花岗岩。副坝坝基自上而下地层结构特征为：①地表第四系残坡积含碎石砂土或黏土质砂厚 1.0～2.5m，系花岗岩风化产物；②下伏基岩为燕山早期［γ52（1）］浅肉红色中、粗粒斑状黑云母花岗岩，局部绿泥石化。坝基岩体风化特征见表 1。

F11 断层切割副坝坝基，断层走向与坝轴线垂直。逆断层，推测断层产状为 N87°W，

SW∠85°，断层破碎带宽 2.0～3.0m，破碎带充填断层泥、角砾岩和石英脉，未胶结，断层带岩石绿泥石化明显。

表 1　　　　　　　　　　　副坝坝基岩体风化特征统计表

风化分带	各风化带铅直下限埋深/m		
	左坝肩边坡	垭口底部	右坝肩边坡
地表第四系地层	2.0～3.0	1.0～2.0	1.0～2.0
全风化	18.0～43.0	9.0～13.0	10.0～15.0
强风化	20.0～45.0	13.0～15.0	13.0～20.0
弱风化上带	28.0～51.0	21.0～26.0	21.0～28.0
弱风化下带	44.0～61.0	36.0～48.0	36.0～42.0

地表残坡积土层及全风化带碎石土为弱—中等透水层，土层渗透系数 $k=7.70\times10^{-5}\sim6.34\times10^{-4}$ cm/s；强风化带至弱风化上部岩体透水率为 4.6～100Lu，具中等透水性。右坝肩、垭口底部、左坝肩及主、副坝之间山脊部位岩石透水率小于 5.0Lu 的相对隔水层埋深分别为 25.0～35.0m、31.0～35.0m、31.0～50.0m、30.0～50.0m。

2.2　副坝工程地质评价

（1）坝基岩土体承载性能及变形问题：坝址区表部厚 2.0～3.0m 的全风化土为根系土层，结构松散，不宜作为坝基持力层，应予以清除。坝基（肩）全风化下部碎石土，较密实，满足坝体对坝基岩土的要求。

（2）坝基渗漏及渗透变形问题：水库蓄水后，全风化碎石土具弱至中等透水性，抗冲刷、抗渗性能较差，在水头差作用下，库水将沿坝基持力土层产生渗漏。坝基下伏强风化裂隙岩体具中等至较强透水性，可能存在沿坝基（肩）裂隙岩体产生渗漏问题。库水沿全风化碎石土渗漏，将带走土中细小颗粒，导致土层结构变得松散，透水性增强，长期的渗透作用可能引发渗透变形破坏，应采取相应处理措施。

3　副坝料场

3.1　副坝土石料场

副坝土石料场分别为左岸上游的河背土石料场及右岸上游的沙坝土石料场。两料场产地地形特征、土的工程性状相同，均为中粗粒花岗岩风化土层。料场有用层为残坡积砾质壤土或黏土质砂、全风化碎石土，土层厚度约 10.0m，沙坝、河背有用层储量分别为102.6 万 m³、121.4 万 m³。沙坝料场运距 1.5～2.0km，运输较方便；河背料场运距1.5～2.5km，运距稍远，跨长乐水河需修桥。

初设阶段两料场取样 13 组进行了室内土工试验，试验定名为砾质壤土或黏土质砂。施工图阶段又对沙坝料场、副坝坝基及主坝右坝肩分别补充取样 6 组、2 组、2 组进行室内土工试验，试验定名为黏土质砂或含细粒土砂。其试验成果见表 2、表 3。

表 2　　　　　　　　　　　　　　料场全风化花岗岩特性试验成果表

料场 试验参数	单位	河背料场 （初设）	沙坝料场 （初设）	沙坝料场 （施工图）	副坝坝基 （施工图）	主坝右坝肩 （施工图）
<0.005mm含量	%	5.6~11	8~18.4	12~13	7.0	9.0
<0.075mm含量	%	10.1~26.8	21.1~45	27.7~38.1	9.0、12.3	16.6、18.2
<5mm含量	%	80.9~95.9	91.9~99.6	94.4~98.5	75.5、78.4	93.3、94.5
5~20mm含量	%	4.6~19.4	1.3~8.1	1.5~5.6	21.6、24.5	5.5、6.7
塑性指数 I_p		12.5~19.8	12.9~21.1	11.8~13	8.8、10.0	11.6
最大干密度	g/cm³	1.69	1.63	1.78	1.92	1.82
最优含水	%	10.2	15.4	13.2	9.4	12.5
渗透系数	cm/s	5.25×10^{-5}	4.56×10^{-5}	5.81×10^{-5}	1.79×10^{-4}	8.83×10^{-5}

表 3　　　　　　　　　　　　　　料场料三轴试验成果表

料场 试验参数		河背 初设	沙坝 初设	沙坝 施工图	副坝坝基 初设	副坝坝基 施工图	主坝右坝肩 施工图
固结排水剪	$\varphi_d/(°)$	32	31	33.4	27.2	34.9	33.6
	C_d/kPa	33.7	39.8	22	6	85.7	22.8
固结不排水剪	$\varphi_{cu}/(°)$	27	25	25.6	25	26.3	25.6
	C_{cu}/kPa	28.8	46.6	35.3	11.7	88.3	65.2
	$\varphi'/(°)$	32	29	30.6	—	31.7	32.0
	C'/kPa	61.8	37.6	30.3	—	63.0	38.5
不固结不排水剪	$\varphi_u/(°)$	20	19	22	24.1	24.9	23.9
	C_u/kPa	35.6	23.3	21.7	15.2	96.5	50.9

3.2　副坝块石料场

块石料场分别为老鼠坳和野猪窝料场，老鼠坳料场位于副坝下游约 0.4km，有用层储量 445.5 万 m³。野猪窝料场位于副坝下游 1.5~2.0km，有用层储量 450 万 m³。两产地岩性均为中厚层状的灰岩、白云质灰岩。受花岗岩侵入影响，灰岩大理岩化明显，岩石较坚硬。产地区基岩大多裸露，岩层倾角较陡。岩石天然容重 $r=27.2\sim28.0\text{kN/m}^3$，饱和抗压强度 $R_g=34.15\sim62.04\text{MPa}$，弹性模量 $E=19.65\sim58.76\text{GPa}$，满足石料的强度要求，可作为块石料、堆石料和机械轧制混凝土骨料的料源。

4　坝料设计

碾压式土石坝设计规范中对筑坝材料选择有明确规定，遵循就地、就近取材的原则，风化料可作为坝壳料。关于利用风化料筑坝的工程实例较多，但全部采用全风化花岗岩砂料筑坝的工程实例相对较少。三峡茅坪溪沥青混凝土心墙土石坝坝高 104m，心墙上游下部坝体和下游上部坝体近 40m 范围均采用闪云斜长花岗岩风化砂料填筑（颗粒比莽山料粗）；大广坝左岸为花岗岩风化砂均质土坝，坝高 44m；敦化抽水蓄能电站上水库面板坝坝高 50m，坝基及坝壳料均为全风化花岗岩；老挝南椰Ⅱ水电站为黏土心墙坝，坝高

70.5m，大量采用开挖的上古生届深成侵入的中—粗粒花岗岩全风化料（颗粒比莽山料细）；铁山水库为黏土斜墙砂壳坝，坝高44m，已安全运行近40年。参考上述工程的成功经验，根据本工程全风化花岗岩料的室内土工试验和副坝渗流、稳定计算成果，坝壳全部采用全风化花岗岩料填筑是可行的，但需做好坝体分区、加强排水和控制碾压施工质量。

工程区全风化花岗岩料丰富，副坝填筑总量约28万m³，为节省工程投资，优先利用建筑物开挖料，不够部分从料场取料。河背和沙坝料场料都满足副坝填筑要求，考虑到施工运输方便，副坝填筑料从沙坝料场取料。副坝所用的块石料从附近的老鼠坳块石料场取料。施工图阶段对沙坝料场、副坝坝基及主坝右坝肩土料进行了室内土工复核试验和现场碾压试验，通过现场填筑碾压试验检验、修正各种填筑坝料的设计填筑标准，确定经济合理的铺料方式、碾压程序、碾压施工参数（包括填筑料级配、填筑层厚、碾压遍数、行车速度、坝料的最优含水量范围等），选择适宜的碾压机械设备，优化施工参数，制定填筑施工实施细则与技术要求，提出质量控制的技术标准与检验方法。根据坝壳料室内试验和现场填筑碾压试验成果，提出坝壳填料设计控制指标及碾压参数（见表4）。

表4   坝壳填料设计控制指标及碾压参数表

分区名称	料源	干密度 /(g/cm³)	压实度或相对密度	渗透系数 /(cm/s)	填料级配要求	碾压施工参数
上、下游坝壳（Ⅲ、Ⅳ）	沙坝料场	1.72	0.98	$\geqslant 5.49 \times 10^{-5}$	级配连续，最大粒径不大于碾压层厚的3/4，大于5mm颗粒含量宜为30%~40%	22t振动碾碾压2（静）+8遍，铺层厚40cm，振动碾行走速度不大于2km/h
	主坝右坝肩	1.76	0.98	$\geqslant 8.83 \times 10^{-5}$	级配连续，最大粒径不大于碾压层厚的3/4，>5mm颗粒含量宜为30%~60%，<0.075mm颗粒含量宜<15%	22t振动碾碾压2（静）+8遍，铺层厚40cm，振动碾行走速度不大于2km/h
坝体排水（Ⅸ）	老鼠坳块石料场	2.10	0.75	$> 1 \times 10^{-2}$	级配连续，$D_{max} \leqslant 80mm$，$D_{min} \geqslant 1mm$，$5 < D_{15} \leqslant 25mm$，$25 < D_{60} \leqslant 60mm$，$60 < D_{90} \leqslant 80mm$	22t振动碾碾压2（静）+8遍，铺层厚40cm，振动碾行走速度不大于2km/h

5 副坝布置及坝体分区

副坝为2级建筑物，按100年一遇洪水设计，2000年一遇洪水校核。设计洪水位为398.50m，校核洪水位399.88m。坝顶高程400.60m，最大坝高41.1m（心墙处），坝顶长124m，坝顶宽8m，上游设1.2m高L形防浪墙。上游坝坡坡比从上至下分别为1:2.25、1:2.5、1:2.75、1:3.0，下游坝坡坡比分别为1:2.25、1:2.25、1:2。上游坝坡变坡高程分别为385.00m、365.00m、335.00m，在高程385.00m和365.00m设置4m宽平台，在高程335.00m设置宽10m平台。下游坝坡高程379.00m平台设置宽8m上坝公路。坝体典型横剖面见图1。

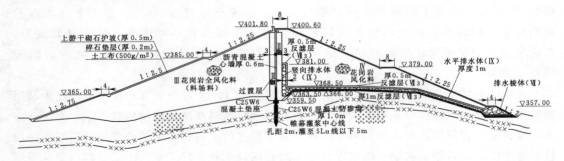

图1 坝体典型横剖面图（单位：m）

根据坝料来源和坝体结构功能、坝料强度、坝体渗透性、压缩性等方面的要求，结合施工情况，对坝体进行分区。土石坝采用沥青混凝土心墙防渗，心墙上、下游两侧分别设水平厚度3m的过渡层，协调心墙与坝壳之间的变形；坝壳料采用全风化花岗岩料。坝体分区从上游至下游分别为干砌石护坡区、碎石垫层区、上游花岗岩风化料区、上游过渡料区、沥青混凝土心墙、下游过渡料区、下游花岗岩风化料区、坝体排水区、反滤料区和坝脚排水棱体区。上游坝坡高程335.00m以上采用厚0.5m的干砌石护坡，下游坝坡采用钢筋混凝土框格＋草皮护坡，厚度为0.3m。

6 沥青混凝土心墙设计

沥青混凝土心墙采用碾压式，心墙顶部高程398.50m，与防洪高水位平齐，墙底最低高程361.00m。考虑到本工程最大坝高41.1m，为了施工方便，心墙采用等厚设计为0.6m；心墙底部设置混凝土基座，靠近基座部位心墙厚度由0.6m渐变至1.5m，渐变高度为2m，心墙顶部与坝顶防浪墙连接。

心墙基座采用C25W6F50混凝土，心墙与基座连接处，混凝土表面进行凿毛处理，喷涂0.2kg/m^{2}稀释沥青，待充分干燥后，再涂一层厚度为2cm的砂质沥青玛蹄脂，并沿缝面设一道厚度为1mm的纵向铜片止水。垭口与左坝肩边坡部位，由于全风化花岗岩层较厚，心墙基座坐落在全风化基岩上，基座宽度为2.5m，厚度为1.5m；右坝肩边坡部位心墙基座坐落在强风化基岩上，基座宽度为6m，厚度为1.5m。心墙基座左坝肩高程393m以上坡比为1：1，在高程393.00～378.00m之间坡比为1：1.2，高程378.00m以下为1：1.5；右坝肩高程380.00m以上坡比为1：1.28，高程380.00m以下为1：1.47。

沥青混凝土中的沥青采用中石化股份有限公司茂名分公司生产的90号道路石油沥青。粗骨料、细骨料均采用老鼠坳块石料场石料破碎系统加工生产，填料采用桃江泰昌钙石粉厂生产的矿粉。

根据沥青混凝土心墙设计要求，并参考国内一些沥青混凝土心墙坝的工程经验，提出沥青混凝土主要设计指标（见表5）。现场摊铺碾压试验推荐沥青混凝土施工配合比见表6，其施工工艺参数见表7。

表 5

沥青混凝土主要设计指标表

项　目	单　位	指　标	备　注
密度	t/m³	＞2.37	芯样
孔隙率	%	＜3	马歇尔试件不大于 2
渗透系数	cm/s	≤1×10⁻⁸	
渗透性试验		无渗漏	
马歇尔稳定度	N	＞5000	40℃
马歇尔流值	0.1mm	＞50	
水稳定系数		≥0.90	
弯曲强度	kPa	≥400	
小梁弯曲应变	%	≥1	
模量数 K		200～400	E—μ 模型
内摩擦角 φ	(°)	≥20	7℃
黏结力	kPa	≥200	7℃

表 6　　　　现场摊铺碾压试验推荐沥青混凝土施工配合比表

材料规格	粗骨料/mm			细骨料/mm	矿粉/mm	沥青	合计
	10～19	5～10	2.36～5	0.075～2.36	0～0.075		
比例/%	25.3	15.9	20	28.1	10.7	6.8	
单位用量/(kg/m³)	577	363	456	641	244	155	2436

注　稀释沥青（底子油）配合比按重量比为：沥青：汽油＝3：7；
　　沥青砂浆（玛琋脂）配合比按重量比为：沥青：矿粉：细骨料＝1：2：2。

表 7　　　　现场摊铺碾压试验推荐沥青混凝土心墙施工工艺参数表

项　目	单　位	沥青混凝土	备　注
出机口温度	℃	150～170	
摊铺温度	℃	150～165	
碾压温度	℃	135～150	
铺筑厚度	cm	28±2	
碾压方式（1.5t 振动碾）	静碾 2 遍＋振碾 8 遍＋静碾 1 遍（收光），20～30m/min，1～2 层/d		

7　基础处理

7.1　基础开挖

副坝坝基全风化花岗岩层厚 9.0～43.0m，地表残坡积 2.0～3.0m 以下的全风化碎石土较密实，承载强度满足坝体对坝基的要求，在坝体荷载作用下，坝基持力土层产生不均匀沉陷变形的可能性较小，因此，副坝坝基清基深度为 3m，副坝开挖边坡为土质边坡，临时开挖坡比为 1：1，永久开挖为 1：1.25。

7.2 基础防渗设计

7.2.1 基础原防渗设计方案

由于主、副坝之间的山体单薄，全风化花岗岩层较厚，为防止山体出现渗漏及渗透变形等问题，将副坝左坝肩的基础防渗帷幕延伸至主坝右坝肩，与主坝基础防渗帷幕相连，灌浆长度约250m。副坝基础与主、副坝之间山体的防渗帷幕灌浆主要以全风化花岗岩地层为主，灌浆深度为25.0～50.0m。目前常用的防渗灌浆方法有高喷灌浆、混凝土防渗墙、常规灌浆等。

高喷灌浆由于全风化花岗岩较密实，水力切割较困难，影响半径小，且当遇到球状的岩块时会喷不开，造成防渗帷幕体连续性不好，影响施工质量，不适合于本工程。

混凝土防渗墙主要适用于砂砾石基础防渗，施工中遇到球状大岩块时施工困难，槽孔深度大，易塌孔，施工设备大，在斜坡段施工困难，槽段间搭接要求高，造价高。

常规灌浆可能存在可灌性差，吸水不吸浆，灌浆效果较差等问题。

为方便施工和控制工程投资，并满足坝基防渗要求，根据基础全风化岩层较厚的特点，本工程全风化地层上部采用塑性混凝土防渗墙防渗，下部采用水泥灌浆帷幕防渗（包括花岗岩强、弱风化地层）。原设计副坝防渗系统为：沥青混凝土心墙＋混凝土基座＋塑性混凝土防渗墙＋灌浆帷幕，基础防渗设计见图2。沥青混凝土心墙厚度为0.6m，混凝土基座宽度为6m，厚度为1.5m，基座与心墙之间设铜片止水。柔性混凝土防渗墙厚度采用0.6m，深度为5～20m，沿心墙基座底部纵向布置，左坝肩向主坝方向延伸50m，深度为10m，防渗墙采用槽孔成墙；防渗墙在坝基清基前先行施工，在坝基清基时凿除与基座相连接的1.0m高混凝土，采用现浇混凝土重新浇筑该防渗墙并在墙内埋设止水铜片，与上部混凝土基座相连，下部伸入基础灌浆帷幕不少于1m。

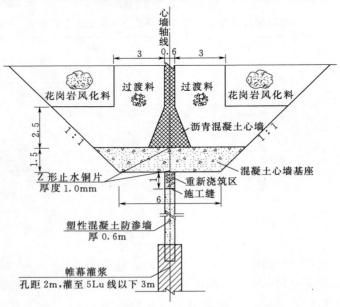

图 2　副坝基础防渗设计示意图（单位：m）

7.2.2 全风化花岗岩防渗关键技术研究

全风化花岗岩既具有散体（砾、砂为主）的相应特征，又具有整体较密实、有一定强度、可灌性差的特点，是防渗处理中的难点。为确保副坝基础的防渗灌浆效果，借鉴"自下而上、浆体封闭、高压脉动灌浆施工工法"，在施工图阶段对副坝基础防渗开展了全风化花岗岩防渗关键技术的研究。

在与副坝地质条件相似的沙坝料场进行前期试验研究，主要摸索合适的浆液材料、配比和灌浆工艺，并同时进行高压脉动灌浆与普通帷幕灌浆的对比试验。在试验过程中，因水泥灌浆出现地表冒浆、浆液失水回浓等难以解决的技术问题，导致无法实现正常注浆，以中途失败结束。通过前期灌浆试验确定的灌浆工艺、浆液及主要技术参数如下：

（1）帷幕布孔方式：采用单排孔，孔间距为1.5m。

（2）灌浆浆液为离析型浆液，其配合比为水泥∶膨润土∶全风化花岗岩砂土∶水∶HY-1外加剂（质量比）=1∶1∶2∶2~3∶0.03~0.06。

（3）最大灌浆压力与结束标准（见表8）。

表8　　　　　　　　　　　　　　灌浆孔深与最大灌浆压力设计表

灌浆孔深/m	最大灌浆压力/MPa	灌浆孔深/m	最大灌浆压力/MPa
2~5	1.2	15~25	3.0
5~10	1.5	>25	3.0
10~15	2.0		

结束标准如下：①当灌浆段注入量达到150L/段，达到设定最小灌浆压力1.2MPa时，可结束该段灌浆，上提一段进行灌浆。②当灌浆段灌浆压力达到各段深设定的最大压力时，注入量达到75L/段时，可结束该段灌浆，上提一段进行灌浆。③当灌浆段注入量达到400L/段以上，仍未达到最小设定压力1.2MPa时，可结束该段灌浆，上提一段进行灌浆。

根据前期灌浆试验确定的灌浆工艺、浆液及主要技术参数在左坝肩进行了灌浆生产性试验，共布置钻孔5个，分三序孔施工，孔间距1.5m。生产性灌浆试验完成后，通过先导孔和检查孔的取芯、注水试验、芯样室内测试、标准贯入等对比试验及开挖查看灌浆效果，对生产性试验结果进行测试与分析论证，并对灌浆帷幕进行了耐久性、破坏性试验，证明了采用离析型浆液+高压脉动灌浆技术，较好地解决了全风化花岗岩中进行防渗处理的技术难题。灌浆试验帷幕质量检测结果表明：① 灌浆孔平均单位注浆量为232.2L/m，灌浆后地层的透水率均小于5Lu，满足设计要求；② 灌浆后土样的平均干密度为1.88g/cm³，大于灌浆前的1.77g/cm³，灌浆后土样的孔隙率为28.2%要小于灌浆前的32.2%，说明灌浆后土体密实度有所提高；③ 原土样破坏坡降值为2.50，渗透系数为$4.9×10^{-4}$cm/s，为中等透水等级；灌浆后土样当试验水力坡降达到10时，未观察到渗透变形破坏现象，渗透系数为$4.0×10^{-5}$cm/s，为弱透水等级，说明在灌浆后，土样被部分胶结，孔隙率减小，透水率降低；④ 先导孔灌浆后的标贯击数比灌浆前提高了22%~33%，说明高压脉动灌浆处理后的土体密实度有了较明显提高，灌浆压密效果较好；⑤ 耐久性试验各试验段在正常蓄水位水头1.5倍压力下，经过48h后各段透水率仍稳定在3.0Lu左右，说明经灌浆处理后地层防渗耐久性能较好，在正常蓄水位水头压力长时间作用下仍能保持良好的耐久性；⑥破坏性试验各试验段破坏压力为正常蓄水位水头压力的 5～7 倍，根据试验结果，经灌浆处理后地层在正常蓄水位长期作用下，仍具有良好的防渗性能，帷幕灌浆处理效果良好。该施工技术可行、成本可控，灌浆效果较好，单位造价约 500～600 元/m，低于高喷灌浆，略高于常规帷幕灌浆，远低于混凝土防渗墙。

7.2.3 基础防渗优化设计方案

根据坝基高压脉动灌浆试验达到较好的防渗效果，为减小混凝土防渗墙的施工难度，同时方便施工，加快施工进度，节省工程投资，设计根据现场实际情况，对基础防渗方式进行了以下优化设计：①坝基全风化地层原设计采用混凝土防渗墙调整为高压脉动灌浆，强、弱风化地层仍采用水泥灌浆。②考虑到地面以下 3m 灌段高压脉动灌浆效果稍差，此段仍采用防渗墙防渗，因此，副坝垭口及左坝肩边坡部位，基座以下 4m 全风化地层仍采用防渗墙防渗，4m 以下采用高压脉动灌浆帷幕替代防渗墙。防渗墙采用 C25W6F50 混凝土，厚度为 1m，深度为 4m，下部深入高压脉动灌浆帷幕不少于 1m，上部与沥青混凝土心墙基座连成整体，防渗墙采用长臂挖机成槽。心墙基座采用 C25W6F50 混凝土，宽度由原设计的 6m 调整为 2.5m，垭口、左坝肩边坡心墙基座修改剖面见图 3。③左坝肩地面高出设计帷幕顶部 5m，因此，原设计长 50m 的防渗墙全部取消，采用高压脉动灌浆。④右坝肩边坡部位将沥青混凝土心墙基座置于强风化基岩上，取消防渗墙，混凝土基座尺寸按原设计不变，在心墙上、下游侧各增加一排孔深 5m、孔距 2m 的固结灌浆孔。

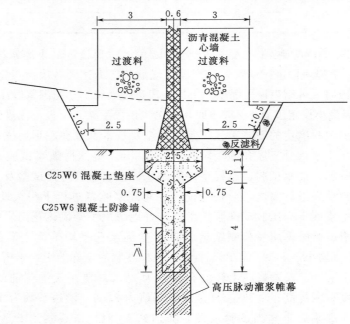

图 3　垭口、左坝肩边坡心墙基座修改剖面图（单位：m）

8　结语

（1）工程区全风化花岗岩料丰富，黏土料运距远且黏粒含量较高。通过一系列室内试验和现场碾压试验，对用于副坝的全风化花岗岩填筑料做了全面的测试和分析，全风化花

166

岗岩料筑坝是可行的。采用沥青混凝土心墙土石坝，坝壳料利用全风化花岗岩料是经济合适的。

（2）在施工图阶段对副坝基础防渗开展了全风化花岗岩防渗关键技术的研究，借鉴"自下而上、浆体封闭、高压脉动灌浆施工工法"，采用离析型浆液＋高压脉动灌浆技术，在副坝基础防渗处理中取得了较好的灌浆效果，各项技术经济指标都较好，在该类地层中尚属首次采用，此项技术可以推广到其他类似工程中，具有较好的社会经济效益。

工程副坝正在施工，全风化料筑坝坝体变形问题以及基础帷幕整体的防渗效果尚待经蓄水运行后进行验证与总结。

参 考 文 献

［1］ 关志诚. 土石坝工程——面板与沥青混凝土防渗技术. 北京：中国水利水电出版社，2015.

［2］ 刘云贵. 花岗岩风化砂料作为土石坝筑坝材料的探索. 中小企业管理与科技旬刊，2017.

［3］ 张贵金，许毓才，陈安重，等. 一种适合松软地层高效控制灌浆的新工法——自下而上、浆体封闭、高压脉动灌浆. 水利水电技术，2012，43（3）：38-41.

［4］ 张贵金，李小梅，雷鹏，等. 灌浆防渗帷幕施工质量与耐久性评价综述. 水利水电技术，2014，45（8）：86-91.

几座抽水蓄能电站的沥青混凝土面板
设计及运行

王樱畯　雷显阳

（中国电建集团华东勘测设计研究院有限公司）

摘　要：沥青混凝土面板因防渗性能好、适应变形能力强、能抵抗酸碱等侵蚀及对水质无污染等优点已被许多抽水蓄能工程采用。本文介绍了我国几座抽水蓄能电站水库采用沥青混凝土面板防渗的设计和运行情况，总结了各自特点，评价其防渗效果，可供类似工程参考。

关键词：沥青混凝土；面板；防渗层；整平胶结层；封闭层；排水

1　引言

由于沥青混凝土面板能够适应不同的地基地质条件，特别是较差的地质条件，如变形较大的全风化（岩）土地基，因而近年来在抽水蓄能电站中得到广泛应用。国外抽水蓄能工程，如美国的拉丁顿、德国的格兰姆、日本的沼原等在水库防渗中均成功采用了沥青混凝土面板防渗。

我国沥青混凝土防渗结构的使用起步较晚，到 20 世纪 70 年代才开始。抽水蓄能电站水库采用沥青混凝土面板防渗开始于天荒坪抽水蓄能电站。国内抽水蓄能电站中，已建工程采用沥青混凝土面板防渗的有天荒坪、张河湾、宝泉、西龙池、呼和浩特等抽水蓄能电站；在建工程中，采用沥青混凝土面板防渗的有沂蒙、句容、芝瑞和易县等抽水蓄能电站。

1998 年 9 月华东电网第一座大型日调节纯抽水蓄能电站——天荒坪抽水蓄能电站第一台机组建成投产，水电站总装机容量 1800MW，安装 6 台 300MW 水泵水轮发电电动机。上水库采用全库盆沥青混凝土面板防渗，较好地适应了复杂的工程地质条件，用配套的排水观测系统保障工程安全和经济运行。水库蓄水后沥青混凝土面板出现了几次裂缝，经修补后运行正常，目前上水库渗漏量仅为 1L/s 左右。天荒坪工程的成功实践，使之成为国内沥青混凝土防渗技术应用的标杆，促进了我国抽水蓄能电站水库防渗技术的发展。

张河湾和西龙池抽水蓄能电站分别是我国寒冷地区和严寒地区首次采用沥青混凝土面板防渗的工程，坝址极端最低气温分别达到 −24℃ 和 −34.5℃，西龙池上水库也是首个采用改性沥青技术的抽水蓄能工程。位于内蒙古自治区的呼和浩特抽水蓄能电站，上水库采用全库盆沥青混凝土面板防渗，该电站地处严寒地区，沥青混凝土面板的低温抗裂问题突出，经多次试验研究，防渗层采用改性沥青混凝土，抗冻断温度可达 −45℃，达到世界先进水平。经过近 20 年的发展，我国的沥青材料品质大幅提高，从天荒坪抽水蓄能电站的沥青材料依赖中东进口，到国产沥青配制的沥青混凝土抗冻断温度达 −45℃，我国的沥青混凝土面板防渗工程建设进入一个新的发展阶段。

随着现代沥青混凝土的施工机具、检测设备和试验仪器的发展，沥青混凝土的设计与

168

施工工艺也有了较大进步，为沥青混凝土防渗技术的广泛应用打下良好基础。

2 天荒坪抽水蓄能电站沥青混凝土面板防渗及特点

2.1 工程概况

天荒坪抽水蓄能电站上水库位于大溪左岸支沟龙潭坎的沟源洼地，其东、西两侧分别为搁天岭抽水蓄能电站（顶高程 973.48m）和天荒坪抽水蓄能电站（顶高程 930.19m）。主要岩层为侏罗系流纹质熔凝灰岩、辉石安山岩、层凝灰岩、第四系全风化岩土（残积层）、坡—洪积层及坡积层等，工程地质条件较复杂，各处岩石风化程度不一，南库底和西库岸以全风化岩（土）为主。库岸大部分地段低于设计最高蓄水位。

上水库设计最高蓄水位 905.20m，最低蓄水位 863.00m。总库容 919.2 万 m^3，有效库容 881.23 万 m^3。其上水库平面布置见图 1。上水库布置了一座主坝和四座副坝，主坝最大坝高 72m，副坝最大坝高 35m。根据地形地质条件，主坝、副坝均采用土石坝坝型。为获得必需的库容并取得筑坝材料，在东库岸进/出水口附近和西库岸做了大规模开挖（见图 2、图 3）。

除进/出水口附近的东库岸岩质边坡用喷混凝土护面，进/出水口前池底部用混凝土护底外，上水库全库盆采用沥青混凝土面板防渗，坝体面板坡比 1∶2.0，库岸面板坡度 1∶2.0～1∶2.4，库底北高南低，并倾向进/出水口。整个库盆防渗面积为 28.5 万 m^2。

2.2 库盆防渗方案

（1）沥青混凝土防渗体结构设计。沥青混凝土防渗面板为简式结构，由整平胶结层、防渗层、加厚层和表面封闭层组成。坝坡及岸坡的整平胶结层厚度为 10cm，库底 8cm；防渗层厚度 10cm。加厚层是为了加强坡脚反弧段和进/出水口前圆弧段而设置的，层厚 5cm，加厚层同防渗层材料。封闭层是沥青和填料的混合物，沥青和填料之比为 3∶7，封闭层厚 2mm。

（2）与周边建筑物连接及细部设计。沥青混凝土和混凝土搭接接头处设置楔形体，以适应接头处变形。楔形体为细粒料沥青混凝土。沥青混凝土和混凝土搭接处增设厚 5cm 的加厚层，并在防渗层与加厚层之间设置聚酯网格以提高接头处变形能力。沥青混凝土顶部反弧处也设置聚脂网格。

坝顶部位的防浪墙与沥青混凝土面板之间的接缝采用沥青玛琋脂即封闭层材料就能很好地满足要求，而且易于修补。

坝坡、岸坡与库底的连接是一个半径为 50m 的反弧段，进/出水口前是一个半径为 30m 的圆弧。反弧段和圆弧段部位均设置沥青混凝土加厚层，层厚 5cm，设于防渗层上面，两层之间增设聚酯网格。

为适应不均匀变形、确保连接质量，沥青混凝土与常规混凝土之间铺设一层塑性止水材料 IGAS 过渡，同时，也起到接头防渗止水的作用。施工时用钢丝刷和压缩空气清除混凝土面上所有的附着物并凿毛，然后涂沥青涂料及 IGAS 后摊铺沥青混凝土护面。

（3）排水系统设计。整个上库的排水系统由以下几部分组成：坝坡、岸坡及库底的排水垫层；库底 PVC/REP 排水管；排水观测廊道和截水墙廊道。所有库内渗水和地下水将

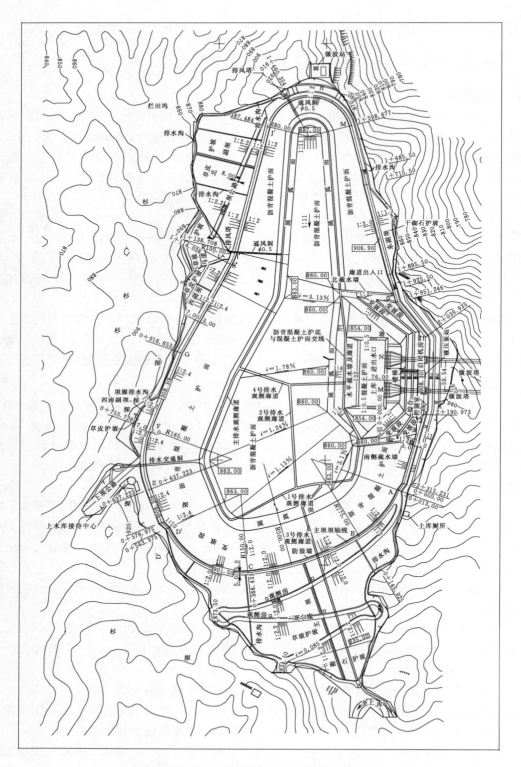

图 1　天荒坪抽水蓄能电站上水库平面布置图

170

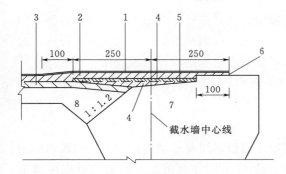

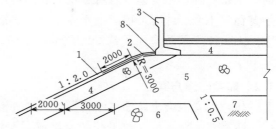

图 2　天荒坪抽水蓄能电站上水库进/出水口
两侧斜坡截水墙与沥青混凝土面
板连接图（单位：mm）
1—玛琋脂封闭层 2mm；2—防渗层 10cm；3—整平
胶结层 10cm；4—加厚层 5cm；5—聚酯网格；
6—角钢；7—混凝土；8—垫层料

图 3　天荒坪抽水蓄能电站上水库沥青混凝土面板
与主坝防浪墙的连接图（单位：mm）
1—沥青混凝土面板 202mm；2—聚酯网格；3—防
浪墙；4—垫层料；5—过渡料；6—上游堆石；
7—全强风化土石料；8—沥青玛琋脂

通过排水垫层、排水管、廊道，最后通过主坝坝下排水观测廊道将渗漏水排入主坝下游的香炉山集水池及泵房，并通过泵房将水抽至搁天岭高位水池作为夏季沥青混凝土喷淋的水源。

主坝、副坝坝体面板后的碎石排水垫层、过渡层水平宽度为 2m、4m；库岸边坡面板下的排水垫层厚度为 90cm，库底 60cm，基础较差部位适当加厚。渗透系数不小于 5×10^{-2} cm/s，压实后排水垫层料表面的变形模量大于 35MPa。

库底排水管为 PVC/REP 复合管，布置于排水垫层内，内径 20cm，间距 25m，直管两端接入排水观测廊道或截水墙廊道内。

2.3　主要特点

天荒坪抽水蓄能电站上水库工程地质条件复杂，各处岩石风化程度不一，选用沥青混凝土面板柔性防渗型式适应了不利的工程地质条件，同时，设置了配套的排水观测系统。

依托天荒坪抽水蓄能电站，提出了沥青混凝土面板的沥青、聚酯网格和沥青混凝土技术指标；得出了沥青混凝土中设置柔性加筋材料——聚酯网格，可显著提高面板适应变形能力；积累了面板防渗层采用厚 10cm 一次施工的经验。

2.4　运行效果

上库自 1998 年 7 月首次蓄水以来，放空 5 次进行南库底沥青混凝土防渗护面裂缝修补，2001 年 5 月裂缝修补完重新蓄水后，上库运行至今没有发现异常。目前，上水库总渗漏量稳定在 2L/s 左右，运行良好。

3　张河湾抽水蓄能电站沥青混凝土面板防渗及特点

3.1　工程概况

张河湾抽水蓄能电站位于河北省石家庄市井陉县境内的甘陶河干流上，该电站总装机容量 1000MW，安装 4 台可逆式水泵机组，单机容量 250MW。上水库总库容约 770 万 m³，其中调节库容 715 万 m³，死库容 55 万 m³。

171

受风化卸荷作用影响，上水库岩体高角度裂隙发育，完整性较差，岩体透水性强。同时，上水库地层中普遍发育有顺层的软弱夹层，软弱夹层饱水后，抗剪强度大大降低，对坝基稳定不利。综合考虑，上水库采用复式沥青混凝土面板防渗，面板坡比1∶1.75。

上水库库坡防渗面积约 20 万 m²，库底防渗面积约 13.7 万 m²，总防渗面积约 33.7 万 m²。

3.2 库盆防渗方案

（1）沥青混凝土防渗体结构设计。沥青混凝土面板采用复式结构，由沥青玛琋脂封闭层、防渗层、排水层、整平胶结层组成，面板下基础采用碎石垫层。面板总厚度库坡取 26.2cm、库底 28.2cm，其结构见图 4。面板各结构层设计厚度见表 1。

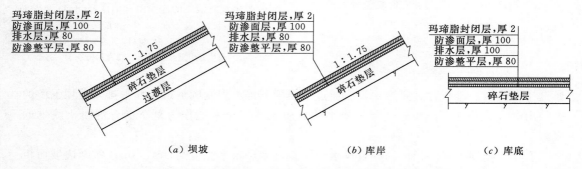

图 4　张河湾抽水蓄能电站沥青混凝土面板结构图（单位：mm）

表 1　　　　　　　　　沥青混凝土面板各结构层厚度表

部位	结构层	种类	设计厚度/mm
库坡	整平胶结层	密级配沥青混凝土	80
	排水层	开级配沥青混凝土	80
	防渗层	密级配沥青混凝土	100
	封闭层	沥青玛琋脂	2
库底	整平胶结层	密级配沥青混凝土	80
	排水层	开级配沥青混凝土	100
	防渗层	密级配沥青混凝土	100
	封闭层	沥青玛琋脂	2

（2）与周边建筑物连接及细部设计。对周边和库底排水廊道，廊道上方整平胶结层采用开"天窗"方式，整平胶结层施工后，廊道集水沟对应上方整平胶结层切出宽30cm的条带，并以排水层材料回填，排水层中汇集的渗漏水自"天窗"漏下，通过碎石垫层，由廊道顶部设置的集水沟进行收集，集水沟与廊道排水管相连，最终进入排水廊道。沥青混凝土面板与库底排水廊道连接示意见图5。

为尽量减小不均匀沉陷和应力集中，对防渗层与混凝土连接部位采用滑动式扩大接头，接头范围为2～3m，整平胶结层渐变至层厚的两倍，结构搭接长度约1m。接头范围内防渗层下面增设一层加厚层5cm，并铺设聚酯网格加强。在沥青混凝土面板与混凝土结

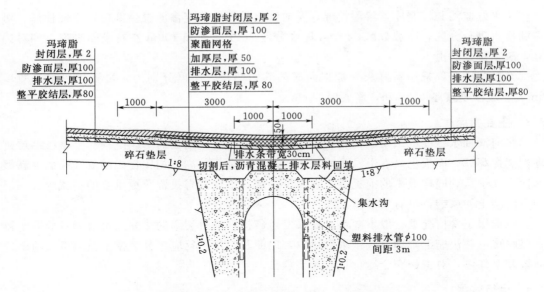

图 5　沥青混凝土面板与库底排水廊道连接示意图（单位：mm）

构接触面上均匀铺一层厚度为 6mm 的 BGB 柔性止水材料。为便于防渗层的铺筑，排水层铺筑成平滑曲面，排水层的渗漏水直接进入廊道（见图 6）。

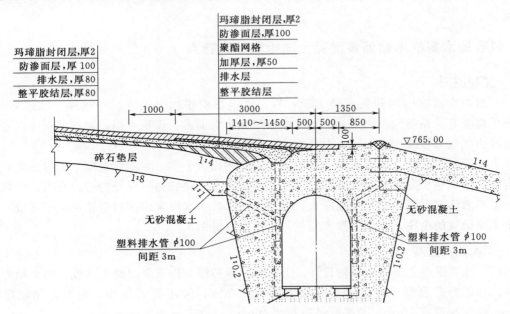

图 6　面板与进/出水口前沿廊道连接详图（单位：mm）

（3）排水系统设计。排水检查廊道系统由库底周边排水廊道、库底中间排水廊道、进/出水口周边排水廊道、外排廊道、北端及南端通风交通廊道组成，面板渗水直接排入廊道，可实时直观监测沥青混凝土面板的渗漏情况。为解决软弱夹层的饱和问题，在西南侧周边廊道下又设置了深层排水廊道及排水孔。

为更好监测和控制库盆渗漏情况，及时准确发现并确定渗漏发生部位，方便检修，对渗漏排水进行分区，库坡分区 32 个，库底分区 36 个。间隔 100m 左右设隔水带，相对独立，渗水排入廊道。

面板基础全部采用新鲜灰岩加工而成的碎石垫层，厚度分别为：堆石坝段水平宽度 2m，岩坡段垂直厚度 60cm，库底厚 50cm。

3.3 主要特点

张河湾抽水蓄能电站是国内首个采用沥青混凝土复式断面的防渗工程。整平胶结层抗渗性能提高后，面板仍具有上、下两层防渗层，安全系数高。相比传统的复式断面，新型断面在几乎达到同样效果的前提下，省掉了一层，不仅节省投资，更重要的是减少了一层沥青混凝土的摊铺，可有效缩短工期。

防渗层正常情况下一般不漏水，如果发生破损，透过裂缝的渗漏水可被沥青混凝土排水层收集，并快速汇集到库底排水廊道内，以便及时作出反应。分区排水监测可快速确定面板漏水部位，对工程安全运行具有重要意义。

3.4 运行效果

上水库 2007 年 8 月开始蓄水后，随着库水位上升渗漏量逐渐增大，2008 年 9 月 28 日蓄至正常蓄水位 810.20m，总渗漏量为 5.64L/s。目前总渗漏量约为 10L/s，渗漏主要发生在进/出水口周边廊道和外排廊道，为混凝土与沥青混凝土相接处及混凝土结构缝渗水。

4 句容抽水蓄能电站沥青混凝土面板防渗及特点

4.1 工程概况

句容抽水蓄能电站装机容量 1350MW。该电站枢纽由上水库、下水库、输水系统、地下厂房及开关站等建筑物组成。上水库系半挖半填而成，设置主坝、副坝各一座。主坝面板堆石坝最大坝高 182.30m，总库容 1743.57 万 m³。

上水库位于仑山主峰西南侧一坳沟内，岩体为白云岩类，岩溶发育弱—中等强度，地表岩溶形态以顺层发育的溶蚀裂隙、溶孔、溶沟为主，存在通向库外的岩溶管道，库坝区地下水和岩体相对隔水层顶板埋深大，岩溶发育深。上水库采用库周沥青混凝土面板＋库底土工膜铺盖的全库盆组合防渗方案，其平面布置见图 7。

4.2 库盆防渗方案

（1）沥青混凝土防渗体结构设计。上水库库岸防渗采用沥青混凝土面板，与大坝面板相同。库岸沥青混凝土面板承受的最大水头约 30m，采用简式结构，表面封闭层厚度 2mm，防渗层厚度 10cm，整平胶结层厚度 10cm。

（2）与周边建筑物连接及细部设计。库周排水观测廊道为城门洞形，断面尺寸为 2.0m×2.5m（宽×高）。排水廊道一侧与库岸沥青混凝土面板搭接；另一侧与库底土工膜连接。在大坝范围设置混凝土连接板，使库底土工膜防渗体和库岸沥青混凝土面板形成统一的防渗体系。

在连接板附近，设置填筑料增模区，并预留沉降超高，以消除局部不均匀沉降差。

图 7　句容抽水蓄能电站上水库平面图

（3）排水系统设计。在岩坡与沥青混凝土面板之间铺设厚 0.8m 的碎石排水垫层，以排走面板渗水。库底土工膜防渗体设置一层厚 0.6m 碎石下垫层，碎石下垫层下设置厚 1.5m 的排水过渡层。

排水观测廊道沿库周、库中底部布置，以排走渗漏水和监测渗漏情况。在北、西库岸设出口，出口处设集水井，集水井处设泵站，用泵将渗漏水抽回库内。同时，通过库底排水观测廊道，可以观测上水库运行期间库岸及部分库底的渗压情况。

4.3　主要特点

句容抽水蓄能电站上水库设置排水观测廊道或混凝土连接板与周边建筑物连接，设计采取了预留沉降超高、设置增模区等综合处理措施，有效消除了局部不均匀沉降差，保证了工程安全运行。

4.4 防渗效果

句容抽水蓄能电站目前开工建设。根据可行性研究阶段成果，采用库岸沥青混凝土面板＋库底土工膜全库盆表面防渗方案后，渗漏量约为 18.7～19.7L/s，日渗漏量约占总库容的 0.1‰，防渗效果显著。

5 结语

沥青混凝土面板有良好的防渗性能，渗透系数小于 1×10^{-8} cm/s，且有较强的适应基础变形和温度变形的能力。近年来沥青混凝土面板在抽水蓄能电站水库防渗中得到广泛应用。

天荒坪抽水蓄能电站是国内第一次在抽水蓄能电站水库中采用沥青混凝土面板防渗，其总防渗面积达到 28.5 万 m^2。该电站工程的成功实践，促进了抽水蓄能电站水库防渗技术的进步。随后的张河湾、西龙池、呼和浩特等抽水蓄能电站工程，为我国在寒冷地区和严寒地区采用沥青混凝土面板防渗积累了宝贵经验。

随着沥青混凝土面板技术的发展，沥青混凝土面板的结构趋于简化，但与钢筋混凝土面板相比，沥青混凝土面板生产及工艺复杂，对天气等施工条件也较为敏感，施工管理较复杂。在选用沥青混凝土面板作为防渗结构时，需要进行充分的技术经济论证。近年来，随着国产沥青品质的大幅提高，以及施工技术和设备的进步，沥青混凝土面板防渗工程建设进入一个新的发展阶段。

参 考 文 献

[1] 王樱畯，等. 抽水蓄能电站库盆防渗技术研究报告，中国水电顾问集团华东勘测设计研究院，2011.3.

[2] 张春生，姜忠见，等. 抽水蓄能电站设计. 北京：中国电力出版社，2012.

[3] 赵轶，任少辉，陈建华，鲁红凯. 呼和浩特抽水蓄能电站上水库防渗面板型式研究//土石坝文集，2011 年论文集，北京：中国电力出版社，2011.

[4] 李冰，张向前，安宇天，王兆辉. 张河湾抽水蓄能电站上水库堆石坝沥青混凝土面板及排水设计//土石坝文集，2008 年论文集，北京：中国电力出版社，2008.

[5] 姜忠见，王樱畯，等. 江苏句容抽水蓄能电站可行性研究报告. 中国电建集团华东勘测设计研究院，2015.

高寒多风沙地区碾压式沥青心墙混凝土施工技术

赵　锋

（中国水电集团建设十五工程局有限公司）

摘　要： 策勒县奴尔水利枢纽工程碾压式沥青心墙坝位于新疆和田昆仑山山区，具有干旱荒漠性气候特征，坝区高寒多风沙。全年的施工天数有限，严重制约施工进度。本工程在施工过程中通过选用混凝土及过渡料一体摊铺机，提高混凝土铺层厚度，风沙季及冬季昼夜连续铺筑等技术措施，加快该气候条件下碾压式沥青混凝土铺筑速度。通过试验检测施工质量完全满足设计指标要求，验证了应用这些措施进行沥青混凝土心墙施工的可靠性，并增加了该气候条件下有效施工天数，确保了工期，为类似工程提供借鉴。

关键词： 高寒多沙地区；碾压式沥青心墙混凝土；快速施工技术

1　概况

奴尔水利枢纽工程位于新疆和田地区策勒县境内，坝址区位于奴尔河中下游河段，距奴尔河发源地43km，挡水建筑物为碾压式沥青混凝土心墙坝。大坝为2级建筑物，坝顶宽度10m，高程2500.00m，最大坝高80m，坝长746m，坝体填筑730万m^3。

根据奴尔水文站资料统计，历年极端最高气温36.4℃，极端最低气温−22.5℃，多年平均气温4.7℃，最冷月平均气温−5.3℃，多年平均年降水量195mm，多年平均年蒸发量1267.4mm。工程所在地区属干旱荒漠性气候，全年冬季长达5～6个月（11月至次年4月），风沙季4个月（4—7月），全年有效施工天数期为6个月左右。其坝区各月气候特征见表1。

表1　　　　　　　　　　　　奴尔水利枢纽工程坝区各月气候特征表

月份	1	2	3	4	5	6	7	8	9	10	11	12	全年
平均气温/℃	−5.3	−1.7	1.7	5.8	8.7	10.5	12.4	12.3	8.6	4.6	0.4	−3.5	−4.7
最低气温/℃	−21.2	−18.2	−13.6	−3.5	−1.2	2.9	7	−1	2.5	−5.1	−18	−22.5	−22.5
平均风速/(m/s)	1.3	1.6	2.1	2.3	2.3	2.2	2	1.7	1.6	1.5	1.4	1.4	1.5
最大风速/(m/s)	10.1	11.3	13.3	15	14	16	13	10	12	9	10	8	16
最大冻土/cm	87	86	79							28	79	86	87

奴尔水利枢纽工程2015年9月7日截流，计划2016年10月底大坝沥青心墙混凝土铺筑完成，沥青混凝土施工天数为315d。该工程沥青混凝土总量为33745m^3，平均月浇筑量为2934.3m^3，月最大浇筑量为4636.7m^3，才能满足下闸蓄水目标。

177

2 高寒多风沙地区快速施工技术

2.1 设备选型

奴尔水利枢纽工程心墙沥青混凝土单日最高浇筑强度为 $279m^3/d$。沥青混凝土容重取 $2.4t/m^3$，共需拌和沥青混凝土 669.6t；对应坝轴线长约 440m，摊铺机行走速度控制为 $1\sim2m/min$，摊铺完成需 440min 合计约 8h，根据施工现场不连续性最少需要 10h。由于摊铺机为单向行驶摊铺，因此，摊铺下层时需返回起点，返回用时为 4 个小时，扣除接头处理及人工摊铺段时间，每层摊铺时间最大为 9h。则沥青拌和站最小生产效率为 669.6/9＝74.4t，沥青拌和站不能连续产出产品，因此拌和站最小生产效率为 74.4/0.8＝93t。设备实际生产能力取设计能力的 75%，综上所述，该工程需要选用最小生产效率为 120t/h（LB－2000 型）的沥青混凝土拌和站。

沥青混凝土摊铺机是碾压式沥青心墙混凝土坝施工的龙头设备，该工程选用共同研制的履带式一体摊铺机（见图 1），发动机为道依茨柴油发动机，摊铺宽度 $50\sim90cm$（根据

图 1 沥青心墙摊铺机外形

工程要求设计宽度），厚度 $25\sim35cm$，摊铺速度 $0\sim3m/min$，对中采用监控系统。施工中过渡料与沥青混凝土摊铺同步成型，摊铺厚度均为自动液压控制，能够满足本工程施工质量及进度要求。

我国目前市场上主要采用进口或者采用西安理工大学生产的牵引式、轮式一体机。进口设备成本高，维修费用大且部分配件购买难度大，影响整个施工工期。国产牵引式整体机身较长且为电动发动机，对于坝体较长的大坝电缆的敷设需大量人员配合，施工成本高；而轮式的一体机由于过渡料的原因易造成沉陷，影响沥青混凝土的摊铺质量及进度。因此本工程采用的摊铺机较目前国内使用的摊铺机具有适用性更强（过渡料为筛分河床砂砾料及掺配的爆破料均适用）、施工成本低、配合人员少、维护维修方便的优势。

2.2 铺筑层厚度选择

根据《水工沥青混凝土施工规范》（SL 514—2013）的要求，沥青心墙混凝土摊铺厚度不宜超过 28cm。该工程沥青混凝土铺筑工程量大，工期紧，如果采用薄层铺筑层间结合处理工作量会大大增加，施工工期更无法保障；若铺筑层过厚，需要通过重碾碾压，但易发生陷碾，施工质量、进度更无法保证。

根据设计及施工规范要求，参考国内主流碾压沥青混凝土心墙坝施工工艺情况，沥青混凝土心墙摊铺试验初定厚度为 30cm 进行试验，其中人工摊铺和机械摊铺均厚度为 30cm 进行试验。试验铺筑长度 30m，以碾压遍数的不同分为动 8 遍、10 遍、12 遍 3 个试验区段。现场通过铺筑 3 层进行试验，现场气温为 17℃，出机口温度控制在 $150\sim160℃$，入仓温度 $145\sim156℃$，初碾温度 $137\sim142℃$，终碾温度 $133\sim140℃$。通过实验摊铺厚度

为30cm时，碾压静1动10静1遍数条件下密度、流值、孔隙率、马歇尔稳定性、渗透系数均满足规范及设计要求。

现场在实际施工过程中严格按照规范的取样，试验样品通过质检试验室及外委试验机构试验，铺筑厚度30cm条件下各项指标均能满足规范及设计要求。

2.3 风沙季施工技术

和田地区多风沙扬尘天气，悬浮在空气中的粉尘，对沥青混凝土影响不大，但风吹起的沙土，易污染沥青混凝土表面，造成与下层黏结效果不佳，因此，除《水工沥青混凝土施工规范》（SL 514—2013）中规定的风力在4级以上不能施工外，在小于4级风，但易扬起风沙尘土的气候下，仍须采取相关措施。

（1）在运输沥青混凝土时，车厢采用帆布或其他材料遮盖，以免运输过程中受到污染。

（2）摊铺机的沥青混凝土料斗设置滑道并加盖帆布，入料时滑动帆布，入料后及时覆盖，避免沙尘污染。

（3）沥青混凝土摊铺过后迅速用三防帆布覆盖，宽度大于心墙宽度40cm（心墙两侧各20cm），碾压完成后及时揭除三防帆布并采用白色棉质帆布覆盖，确保摊铺完成后与下层结合面干净、整洁。

（4）摊铺机沥青混凝土出料口固定2m长帆布，确保摊铺过程中与后续沥青混凝土碾压面的覆盖三防帆布无缝结合，保证整个施工过程沥青混凝土不在外部暴露（见图2）。

（5）遇到污染的沥青混凝土作业面，不提倡用水清洗，宜用高压风吹净，或用钢刷刷掉，若污染严重，可用喷灯烘烤后铲掉，或轻涂一层纯沥青。

（6）当沙尘特别严重时停止施工。

图2　摊铺后及时覆盖

2.4 冬季施工技术

（1）拌和工艺及配合比。拌制混合料投料顺序为先投骨料和矿粉干拌25s，再喷洒沥青湿拌45s，拌和标准为拌出的沥青混凝土色泽均匀、稀稠一致，无花白料、黄烟及其他异常现象。根据冬季施工情况拌制沥青配合比沥青含量提高0.2%，即含油量为6.9%。

（2）原材料保温防雪。冬季原材料保温防雪主要是沥青骨料的防护，现场采用防水帆布覆盖整个料仓，下雪后及时清理，防止雪水进入料仓冻结成冰。

（3）拌和站保温措施。拌和站采用搭设三防帆布暖棚措施对整个拌和站进行保温，面积为40m×30m，高度为20m。沥青拌和系统的各种管路、阀件、集尘装置等易结冰部件采用保温岩棉包裹保温，如果温度特低管路有结冰现象时采用喷灯进行加热处理。沥青储存罐由于采用燃煤一直加热，因此未采取保温措施，但输油管道需保暖，采用保温岩棉进行包裹，如遇特殊情况采用喷灯加热的方式处理。

（4）5t自卸车料斗周边要增加保温岩棉，顶部覆盖保温被，确保运输过程中沥青混凝土的温度不致散失过快。

（5）在每层开始摊铺前第一车沥青料卸入装载机时，先采用人工配液化气对装载机料斗进行加热，加热温度不小于90℃，加热完成液化气关闭后方可涂刷柴油，完成后进行卸料，卸料前装载机料斗温度不低于70℃。

（6）沥青摊铺机保温采用周边挂设保温棉被的措施，第一车沥青卸料时沥青料仓采用人工配液化气进行加热，加热温度不小于90℃，加热完成液化气关闭后方可涂刷柴油，完成后进行卸料，卸料前装载机料斗温度不低于70℃。卸料后，在料斗顶部加盖保温棉被确保摊铺机运行过程中温度损失。

（7）摊铺前保温棉被的撤除，一般是提前20m，过早撤除易造成温度损失，撤除过晚测量放线及机械摊铺时间不够，影响进度。摊铺后及时采用帆布覆盖，碾压完成后采用保温棉被覆盖，如果长时间无法进行施工时，需在棉被与帆布之间加盖电热毯，确保再次施工前沥青心墙的温度满足施工要求。

（8）摊铺碾压完成后，及时用棉被覆盖保温，需检测时局部揭开棉被，避免大面积揭开暴露。

（9）下雪天停止施工，现场所有设备采用－35号柴油，确保低温条件下设备正常运行。

（10）根据2015年12月温度统计情况，12月最低气温－23℃，最高气温3℃，针对此情况确定冬季施工条件为－10℃以上采用保温措施施工，低于－10℃时停止沥青混凝土施工，现场采用棉被及电热毯保温。

在冬季停工后，为了防止沥青混凝土在低温下遭到冻害，应用沙土埋藏保温，本项目采用过渡料填埋，在来年清理后可继续使用，填埋深度无论是正面和侧面均100cm，大于冻土深度20cm。具体覆盖由下至上为帆布、电热毯、棉被、过渡料。整个越冬期，由值班人员每天对沥青混凝土心墙进行温度测量，测量采用插入式电子温度计，位置数量采用50～100m布置一个，根据测量结果整理出外界温度及内部温度的线性关系，当内部温度低于0℃时，打开电热毯加热，直到外部温度高于对应内部温度0℃时相应的温度，即可关闭电热毯（见图3）。

图3　越冬保护

3　沥青混凝土心墙质量检测

沥青混凝土心墙碾压完毕后必须进行质量检测，以便决定是否进行下一单元施工，其次能够随时对特殊气候条件下施工质量的把控。检测主要内容有现场无损检测、现场取心样检测和室内沥青混凝土抽提等。主要指标为表观密度（≥24kN/m³）、孔隙率（<3%）、渗透系数（<1×10⁻⁷cm/s）、配比误差及其他指标。

3.1 无损检测

在工程施工中采用仪和无核密度仪，现场密度共计检测 7014 个点，平均密度 2.421g/cm³，最大密度 2.434g/cm³，最小密度 2.385g/cm³；计算孔隙率平均值 1.49%，最大值 2.93%，最小值 0.66%；现场渗透检测共计检测 1713 个点，渗透系数平均值 $5.87×10^{-9}$cm/s，最大值 $9.22×10^{-9}$cm/s，最小值 $2.45×10^{-9}$cm/s。

3.2 钻心取样检测

钻心取样是评定沥青混凝土心墙综合质量指标的重要手段，通过心样可以测出孔隙率、容重、渗透系数等基本指标，还可以检测弯度、三轴等其他力学指标。本工程共计取心样 281 组，检测结果：平均密度 2.420g/cm³，最大值 2.447g/cm³，最小值 2.383g/cm³；孔隙率检测 69 组，平均值 1.48%，最大值 2.44%，最小值 0.51%；稳定度检测 224 组，平均值 6329N，最大值 8760N，最小值 5700N；流值检测 224 组，平均值 6.70mm×0.1mm，最大值 104mm×0.1mm，最小值 76mm×0.1mm；水稳定系数检测 13 组，平均值 0.93%，最大值 0.96%，最小值 0.91%；小梁弯曲（4.7℃）抗弯强度检测 5 组，平均值 1700kPa，最大值 2200kPa，最小值 1346kPa；小梁弯曲（4.7℃）最大弯拉应变检测 5 组，平均值 2.215%，最大值 2.449%，最小值 1.930%；三轴试验（4.7℃）内摩擦角检测 5 组，平均值 27.7°，最大值 28.8°，最小值 26.1°；三轴试验（4.7℃）黏结力检测 5 组，平均值 349kPa，最大值 420kPa，最小值 318kPa。

3.3 抽提试验检测

采用离心式抽提试验仪，将沥青混凝土用三氯乙烯（或四氯化碳）重新溶解，测试成分及各级配含量。该工程共计检测 224 组，结果均满足规范设计要求。

4 综合效益分析

通过优选施工设备，使过渡料与沥青混凝土能够同步施工，保障了沥青铺设厚度宽度的质量要求，同时降低了沥青混合料的损耗；采用柴油发动机节约了人工成本（该工程坝体长度较长，采用电动发动机需大量投入人员敷设电缆）。

通过提高沥青混合料铺筑厚度，减少了铺筑层数，提高了工效。

通过在冬季及风沙级采取对应的保护措施，确保质量的同时增加了施工的有效施工时间，节约了工期。

综上所述，本工程 2016 年 9 月 30 日从高程 2422.30m 开始施工，2016 年 12 月 20 日填筑至高程 2445.00m，较年度计划填筑至 2440m，超前完成进入冬休期，2017 年 2 月 26 日复工，2017 年 4 月 30 日填筑至高程 2465.00m，提前一个月填筑至防洪度汛高程，2017 年 9 月 15 日完成坝体填筑，较总工期提前 6 个月完成。在保证质量的条件下，加快了进度，节约了人工费、材料费和管理费。

5   结语

奴尔水利枢纽工程碾压式沥青心墙坝通过优选施工设备、适当的沥青混凝土的摊铺厚度、采取及时覆盖等措施，在极端施工环境温度为－10℃及多风沙扬尘的气候条件下，按期完成了工程的沥青混凝土施工，达到快速施工的目的。通过现场及外委试验，心墙沥青混凝土经无损检测和钻孔取芯试验，结果均满足规范及设计要求。为高寒多风沙地区碾压式沥青混凝土心墙坝施工提供借鉴经验。

呼和浩特抽水蓄能电站上水库沥青混凝土面板关键技术研究

任少辉　赵　轶　陈建华

（中国电建集团北京勘测设计研究院有限公司）

摘　要： 本文介绍了呼和浩特抽水蓄能电站上水库沥青混凝土面板关键技术的研究情况，可为严寒地区沥青混凝土面板的设计、施工提供参考。沥青混凝土面板具有适应基础变形能力强、防渗性能良好、易于维护和维修等特点，在国内外许多抽水蓄能电站中得以应用。呼和浩特抽水蓄能电站地处严寒地区，上水库采用沥青混凝土面板全库防渗，极端最低气温为－41.8℃，运行条件恶劣，通过大量的改性沥青、改性沥青混凝土配合比和性能研究，严格控制施工过程，使防渗层低温冻断平均温度能达到－45℃的水平。

关键词： 严寒地区；沥青混凝土面板；防渗层；低温冻断

1　引言

随着我国能源结构调整，抽水蓄能电站的建设已进入一个高峰期，近几年在建和规划建设的抽水蓄能电站大多分布在西北、华北、东北等寒冷和严寒地区。抽水蓄能电站前期设计过程中，由于水库的防渗方案和防渗型式选择对工程安全和投资的影响较大，成为抽水蓄能电站建设必要性论证的关键技术问题。由于沥青混凝土面板具有适应基础变形能力强、防渗性能良好、易于维护和维修等特点，在国内外许多抽水蓄能电站水库中得以应用，但由于作为面板主要结构的防渗层沥青混凝土存在低温冻断问题，制约了沥青混凝土面板在我国严寒地区的推广。

呼和浩特抽水蓄能电站地处严寒地区，上水库极端最低气温－41.8℃，低温运行环境最为恶劣，上水库采用沥青混凝土面板全库防渗，通过大量的改性沥青、改性沥青混凝土配合比和性能研究，严格控制施工过程，使防渗层低温冻断平均温度能达到－45℃的水平。相比其他已建的抽水蓄能电站，防渗层低温抗裂性能有了大幅提高（见表1）。

表1　　国内已建部分抽水蓄能电站上水库沥青混凝土面板主要技术指标统计表

工 程 名 称	地 址	防渗层厚度/cm	极端最低气温/℃	设计冻断温度/℃
宝泉抽水蓄能电站	河南辉县	10	－18.3	－30.0
张河湾抽水蓄能电站	河北井陉县	10	－24.0	－35.0
西龙池抽水蓄能电站	山西五台县	10	－34.5	－38.0
呼和浩特抽水蓄能电站	呼和浩特市	10	－41.8	－45.0

2 工程概况

呼和浩特抽水蓄能电站上水库位于内蒙古自治区呼和浩特市东北部大青山山顶的古夷平面上，上水库极端最高气温为35.1℃，最冷月平均气温－15.7℃，极端最低气温－41.8℃，多年平均水面蒸发量1883.6mm，多年平均降水量428.2mm，冻土深度284cm，冬季负气温指数约为1360℃·d。根据抽水蓄能电站运行的要求，考虑抽水蓄能电站在正常抽水发电工况下为单循环，即水库每天水位涨落1次，年冻融循环次数为140次。

上水库正常蓄水位1940m，死水位1903.00m，工作水深37m；总库容690万m³，正常蓄水位以下库容679.7万m³，其中调节库容637.7万m³，死库容42万m³。全库盆采用沥青混凝土面板防渗，防渗总面积为24.5万m²，其中库底防渗面积为10.1万m²，库岸防渗面积为14.4万m²。

上水库地处严寒地区，高低温差最大达76.9℃，对沥青混凝土面板的高温抗斜坡流淌性能、低温抗裂性能要求很高，两者要求相互制约。沥青混凝土面板采用简式断面，由内至外厚分别为8cm整平胶结层、厚10cm防渗层和厚2mm封闭层，斜坡沥青混凝土面板基本结构见图1。

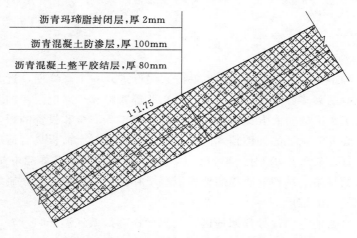

图1　斜坡沥青混凝土面板基本结构图

3 沥青混凝土面板设计关键技术研究

3.1 面板结构研究

沥青混凝土面板结构研究主要是防渗层厚度和加厚层设置范围的确定。

防渗层厚度采用经验公式计算，并类比相似工程防渗层厚度确定。根据《土石坝沥青混凝土面板和心墙设计规范》（DL/T 5411—2009）的要求，碾压式沥青混凝土面板防渗层厚度计算经验公式，呼和浩特抽水蓄能电站上水库防渗层厚度按工作水头经验公式估算为8.6cm；按水库允许日渗漏量不超过总库容的1/10000经验公式估算为8.7cm。考虑施工控制偏差和安全余度，结合国内工程经验，防渗层沥青混凝土面板有效厚度设计为

10cm。此时每日渗漏量为 598m³/d，约为总库容的 1/11544。

防渗加厚层可增强面板的抗渗、抗变形和抗裂能力，设置在可能产生较大拉应变的面板局部基础变形大的部位，包括库岸与库底面板相接区、基础断层和云母片岩处理区、库盆挖填交界区。防渗加厚层的厚度采用 5cm，在加厚层上部设聚酯类材料加筋网。

3.2 防渗层沥青混凝土冻断温度的确定

对于沥青混凝土面板的低温开裂指标，我国现行规范均采用低温冻断温度，如《土石坝沥青混凝土面板和心墙设计规范》（SL 501—2010）强调"沥青混凝土的低温冻断试验是目前检验沥青混凝土低温开裂性能的最直观最有效的方法"；沥青混凝土冻断温度的标准设定，在《土石坝沥青混凝土面板和心墙设计规范》（DL/T 5411—2009）中提出"按当地最低气温确定"；目前国内工程经验一般是在当地极端最低气温的基础上考虑 2～3℃的安全余度。

对严寒地区的沥青混凝土面板，合理确定防渗层的冻断温度至关重要，不仅涉及改性沥青和改性沥青混凝土配合比优选的经济性，还可能因拟订标准过高导致沥青混凝土面板方案不可行。呼和浩特抽水蓄能电站上水库极端最低气温为 −41.8℃；100 年超越概率的最低气温，假定符合 P-Ⅲ型曲线正态分布的情况下为 −42.7℃。把两者中绝对值的大者加上适当余度，将 −45℃ 作为设计冻断温度。

3.3 沥青混凝土原材料及配合比研究

对呼和浩特抽水蓄能电站上水库沥青混凝土面板防渗型式的选择来说，防渗层低温抗裂性能是关系到方案技术是否可行的关键技术问题，研究确定合理的沥青混凝土原材料和配合比则涉及与钢筋混凝土面板防渗型式进行比较的经济性。当时国内已建和在建采用沥青混凝土面板防渗的工程，极端气温最低的为山西西龙池抽水蓄能电站，上水库极端最低气温为 −34.2℃，其面板防渗层采用改性沥青混凝土低温冻断温度达到了 −38℃ 的设计要求。

国内外研究成果一致认为，影响沥青混凝土低温抗裂性能的关键是沥青性能，沥青的脆点越低，其低温性能越好，多年来用沥青脆点作为沥青低温力学性能指标在工程界被广泛认可。一般改性沥青的脆点比普通石油沥青低，但考虑到随着科技进步沥青品质改良的可能性，呼和浩特抽水蓄能电站面板防渗层研究，仍先选择低温性能较好的 2 种 SG90 和 1 种 SG110 普通石油沥青进行沥青混凝土低温冻断试验，试验表明在其他原材料和配合比相同的情况下，不同沥青所配置的防渗层冻断温度为 −26.4～−34.7℃，很难适应上水库的工作环境要求。因此根据工程经验将防渗层沥青选择的重点放在研究国内改性沥青及改性沥青混凝土的低温抗裂性能上。

改性沥青材料的初步选择，在国内 4 个知名改性沥青厂家的 12 种 SBS 种改性沥青基础上进行。基于工程沥青混凝土低温抗裂性能要求高的特点，在改性沥青指标全面检测分析过程中，同时，对每种改性沥青配制相应的防渗层改性沥青混凝土进行低温冻断试验，测试其冻断温度和冻断应力，重点研究改性沥青 5℃ 延度、脆点和改性沥青混凝土冻断温度之间的关系，推荐 3 种低温延度大、脆点低的 SBS 改性沥青进行优选试验。表 2 为比选的改性沥青主要技术指标试验成果。最终通过沥青混凝土配合比试验选定 5 号改性沥青，其低温抗裂指标针入度、薄膜烘箱前后5℃延度、脆点检测值相对稳定。

防渗层改性沥青混凝土配合比及低温性能研究，采用初步试验得到的低温性能较好的改性沥青，通过改变矿料级配、矿粉含量、沥青含量、天然砂含量来制备防渗层改性沥青混凝土，以单参数作为变量，多水平试验，测试孔隙率、斜坡流淌值和冻断等指标，进行配合比优选试验，在满足孔隙率及斜坡流淌值的基础上，推荐沥青混凝土冻断温度最低的最优配合比：矿粉含量 $F=12\%$，沥青含量 $A=7.5\%$，天然砂占总用砂量40%，矿料级配指数 $n=0.2$，骨料的最大粒径为16mm。选定的改性沥青混凝土物理力学性能主要指标见表3。

表2　　　　　　　　　　　比选的改性沥青主要技术指标试验成果表

序号	项　　目		单位	技术要求	1号	2号	3号	4号	5号
1	针入度（25℃，100g，5s）		1/10mm	＞100	115	123	96	102	119
2	延度（5℃，5cm/min）		cm	≥70	125.7	97.6	77	78	94.8
3	软化点（环球法）		℃	≥45	75.5	84	83	81.1	86
4	脆点		℃	≤−22	−27	−29	−24	−25	−29
5	离析，48h软化点差		℃	≤2.5	2.3	0.5	0.6	0.3	0.2
6	薄膜烘箱后	针入度比（25℃）	％	≥50	74	78	80	80	82
7		延度（5℃，5cm/min）	cm	≥30	105	56.5	42	47.2	54.2

表3　　　　　　　　　　　选定的改性沥青混凝土物理力学性能主要指标表

项　　目		单位	技术要求	试验值	备　　注
密度		g/cm³	实测值	2.440	—
孔隙率		％	≤3.0	1.800	现场芯样或无损检测
渗透系数		cm/s	≤1×10⁻⁸	0.350×10⁻⁸	
水稳定系数		—	≥0.9	0.980	孔隙率约3%
斜坡流淌值（1∶1.75，70℃，48h）		mm	≤0.8	0.312	马歇尔试件（室内成型）
冻断温度		℃	≤−45℃（平均值） ≤−43℃（最高值）	−45.4℃（平均值） −44.1℃（最高值）	
冻断应力		MPa	—	3.860	
抗压强度		MPa	—	5.520	
抗拉强度		MPa	—	1.370	
弯曲应变	2℃变形速率 0.5mm/min	％	≥2.5	8.160	
拉伸应变	2℃变形速率 0.34mm/min	％	≥1.0	1.270	

3.4　沥青混凝土面板与钢筋混凝土接头研究

由于工程设计及运行的需要，上水库进/出水口部位为钢筋混凝土结构。沥青混凝土面板与钢筋混凝土接头处，柔性材料与刚性材料衔接，变形不同，同时受沥青混凝土专业摊铺和碾压设备施工条件的限制，常需要人工铺筑和压实。根据工程经验，采用沥青混凝土面板全库防渗的工程，建成后渗漏集中部位均为沥青混凝土面板与钢筋混凝土结构的接头部位，故沥青混凝土面板与钢筋混凝土接头的设计成为工程的关键技术之一。

呼和浩特抽水蓄能电站上水库，在库底沥青混凝土面板与上水库进/出水口钢筋混凝土结构之间设钢筋混凝土结构进行连接过渡。为尽量减小不均匀沉陷和应力集中，连接部位钢筋混凝土结构体型采用滑动式扩大接头，接头范围为 5.35m，结构顶部设一条宽 20m、高 25cm 的凹槽，槽内填满 GB 柔性填料。改性沥青混凝土防渗层延伸到连接部位钢筋混凝土结构凹槽顶，搭接长度 0.75m。为避免变形开裂，接头范围内防渗层下增设一层厚 5cm 的改性沥青混凝土加厚层，并铺设加筋网加强。沥青混凝土整平胶结层与改性沥青混凝土加厚层之间设沥青砂浆楔形体，为保证接头适应变形的能力，在沥青砂浆楔形体与连接部位钢筋混凝土结构接触面上均匀铺一层厚度为 10mm 的柔性填料并涂刷沥青涂料。沥青混凝土面板与上水库进/出水口前沿钢筋混凝土连接见图 2。

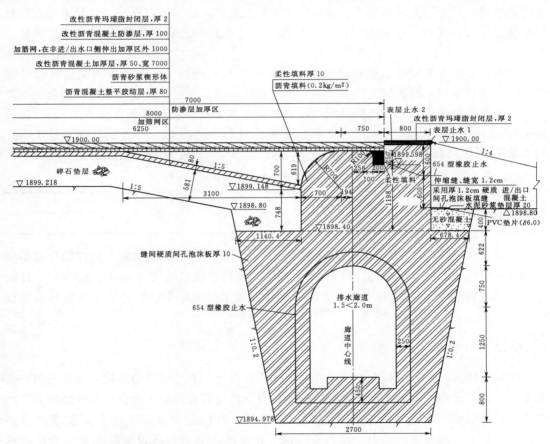

图 2 沥青混凝土面板与上水库进/出水口前沿钢筋混凝土连接示意图（单位：mm）

4 防渗层施工关键技术

防渗层是沥青混凝土面板结构的关键部位，要求具有良好的综合性能，在满足防渗性的前提下，低温不开裂、高温不流淌，且能适应抽水蓄能电站水库水位频繁变动产生的变形性能。施工过程中要严格按设计技术指标控制施工质量，才能确保工程运行的安全。

影响防渗层渗透性能的主要是沥青混凝土孔隙率，当沥青混凝土孔隙率小于 3% 时，其渗透系数可达 1×10^{-8} cm/s。水工沥青混凝土原材料包括沥青、骨料、填料等，研究成果表明，各种因素对沥青混凝土孔隙率的影响程度从大到小排序为：沥青质量＞沥青含量＞级配指数＞沥青针入度＞沥青混凝土密度＞填料含量。可见沥青混凝土要具有良好的防渗性能，关键是进场沥青品质、沥青混凝土配合比的控制，尤其是对沥青含量的控制。

国内采用改性沥青混凝土面板防渗工程的经验不多，目前已建成的只有西龙池抽水蓄能电站和呼和浩特抽水蓄能电站。与普通石油沥青相比，改性沥青的黏度较大，沥青加热时控制温度在 170℃ 左右，施工难度较大，摊铺孔隙率与室内试验结果有一定的偏差。加之工地实际使用的原材料相比配合比优选阶段可能会发生一些变化，因此，为确保面板施工质量，在面板大规模施工前，必须进行室内配合比设计试验、场外现场铺筑试验和场内生产性试验，并由专业协调熟练、技术力量雄厚的施工队伍完成，在施工过程中重点控制混合料出机口温度和入仓温度，控制碾压时间，适当调整现行的防渗层施工机械、施工方法。

呼和浩特抽水蓄能电站工地试验室对进场的原材料进行了防渗层室内配合比设计试验，确定适用于现场铺筑试验的沥青混凝土配合比，然后通过场外现场铺筑试验确定生产配合比，再通过场内生产性试验确定了施工配合比（见表 4），改性沥青含量 7.3%（油石比 7.9%），骨料最大粒径 16mm，矿粉用量为矿料总用量的 11%，天然砂掺用量按占矿料总量的 33% 控制。

表 4　　　　　　　　　　　防渗层施工配合比表

筛孔/mm	16	13.2	9.5	4.75	2.36	1.18	0.6	0.3	0.15	0.075	改性沥青含量/%
通过率/%	100	96.6	89.3	65.4	50	37.2	27.2	17.6	14.2	11.0	7.3

2012 年 7 月至 2013 年 7 月沥青混凝土面板大规模施工，防渗层施工时控制骨料温度为 170～200℃，改性沥青温度为 150～180℃，混合料出机口温度为 160～190℃，干拌时间 15s，湿拌时间 70s，卸料用时 5s。改性沥青混凝土检测结果表明防渗层的指标满足设计要求。

5　结论

呼和浩特抽水蓄能电站上水库沥青混凝土面板设计，对关键的防渗层本身及与钢筋混凝土接头技术进行了研究，通过大量的改性沥青、改性沥青混凝土配合比和性能试验，严格控制施工过程，改善了防渗层的低温抗裂性能，改性沥青混凝土的冻断温度能达到 -45℃，蓄水后面板渗漏较小。呼和浩特抽水蓄能电站上水库沥青混凝土面板的成功建设，提高了我国沥青混凝土的防渗技术水平，可为寒冷和严寒地区沥青混凝土面板的设计、施工提供参考。

大河沿水库超厚覆盖层防渗系统应力变形特性研究

郑　洪　黄华新　秦　强

（湖南省水利水电勘测设计研究总院）

摘　要： 大河沿水库186m深厚覆盖层混凝土防渗墙是当今世界上已建及在建同类工程中，防渗墙深度最深、工作水头最大、难度最高的垂直防渗工程，具有典型的"三超一全"特点（超深、超高水头、超难度、全封闭），整个防渗系统由沥青心墙、基座和混凝土防渗墙组成。本文对大河沿水利枢纽工程沥青混凝土心墙坝进行填筑和蓄水三维非线性有限元元数值模拟，分析不同加载时段防渗系统的的应力变形规律，为今后超深厚覆盖层防渗墙设计和施工提供参考。

关键词： 深厚覆盖层；混凝土防渗墙；非线性有限元；应力变形特性

1　引言

　　大河沿水利枢纽工程是建于新疆吐鲁番境内，兼备城镇供水、农业灌溉和重点工业供水任务的综合性水利枢纽工程。大河沿水库坝址区河床面宽260～320m，多年平均径流量为1.01亿 m^3，河床堆积为第四系全新统冲积含漂石砂卵砾石层，厚度84～186m，为中等至强透水层。深厚砂砾石覆盖层地基的渗漏及渗透稳定是地基处理的主要技术问题，针对大河沿水库工程复杂的地质条件，通过总结国内外深厚覆盖层筑坝和防渗经验，结合大坝及坝基渗流计算成果，基础防渗采用刚性混凝土防渗墙，防渗墙最大深度达到186.14m，为目前世界上最深混凝土防渗墙工程，坝体采用沥青混凝土心墙防渗，两者之间采用混凝土基座连接。

　　在坝体填筑荷载作用下，超深厚覆盖层的沉降会加剧沥青心墙拱效应，增加心墙与坝壳料之间因刚度差异产生的不均匀沉降，同时心墙受到防渗墙的顶托作用，在纵向剪切变形的作用下易产生裂缝。由于覆盖层的刚度较小，导致混凝土防渗墙受力条件复杂，墙体有压碎的危险，同时还有可能在墙顶两侧产生拉裂缝。混凝土基座是整个防渗系统的关键环节，基座两岸深入基岩内部，在基岩与覆盖层相接部位容易形成应力集中从而产生基座裂缝，面对防渗系统如此复杂的受力状况。本文针对大河沿水利枢纽工程超深厚覆盖层的特点，采用三维非线性有限元法，对深厚覆盖层上沥青混凝土心墙坝防渗系统的应力和变形规律进行了分析，以期为深厚覆盖层上沥青混凝土心墙坝的设计与施工提供技术指导与参考依据。

2　工程设计概况

　　大河沿水利枢纽工程挡水建筑物为沥青混凝土心墙砂砾坝，最大坝高为75m，坝体分为上游围堰区、砂砾坝壳料区、过渡料区、沥青混凝土心墙、排水棱体。沥青混凝土心墙为垂直式心墙，坝体填筑材料主要为砂砾石，心墙与上、下游砂砾料坝壳之间设厚2.0m

的过渡层。坝址区河床覆盖层厚度最大达 186m，以散粒体为主，为分层结构，上部为砂砾石夹粉质壤土及碎块石，下部为碎屑砂砾石。根据渗流控制要求，河床中设置刚性混凝土防渗墙，最大深度为 186m，墙底嵌入基岩内 1～2m，防渗墙通过基座与沥青心墙连接组成整个工程防渗体系，为目前世界上最深混凝土防渗墙工程。沥青混凝土心墙坝最大横剖面见图 1。

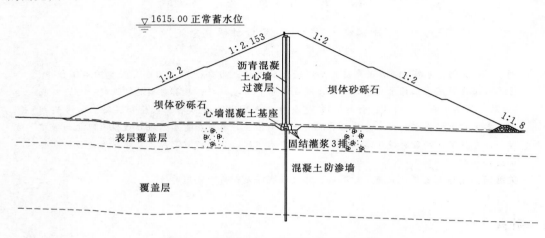

图 1　沥青混凝土心墙坝最大横剖面图

3　计算模型及计算模拟

3.1　计算模型及参数

采用三维非线性有限元法计算大河沿沥青混凝土心墙坝坝体、心墙及混凝土防渗墙在竣工期及蓄水期的应力变形特征。沥青混凝土是由矿物骨料、沥青胶结料和孔隙共同组成的具有空间网状结构的多相分散体系，在常温下可看作是黏聚性较强的散粒体材料，其破坏规律可归结为剪切破坏，故利用粗粒土的本构模型，对沥青混凝土心墙的应力变形特性进行模拟；$E-B$ 模型公式简单，参数的物理意义明确，此外，三轴试验研究结果表明，该模型能较好地反映土体应力变形的非线性特性，故坝体填料、坝基覆盖层及沥青混凝土材料分析均选用 $E-B$ 模型；坝基防渗墙、基座均为混凝土，其应力、应变接近于线弹性，故采用线弹性模量模型进行模拟。混凝土防渗墙与覆盖层、基座与覆盖层及其周围坝体之间，采用 Goodman 单元模拟接触情况（见表 1、表 2）。

表 1　　　　　　　　　　　　坝料模型计算参数表

材　料	γ /(kN/m³)	φ /(°)	C /kPa	R_f	k	n	K_b	m	K_{ur}	选用模型
覆盖层（表层）	19.5	28.0	5.0	0.75	1500	0.44	1200	0.500	2250	
覆盖层	20.0	30.0	5.0	0.75	1500	0.44	1200	0.500	2250	
过渡料	21.0	32.0	10.0	0.75	1000	0.45	950	0.2000	1500	$E-B$ 模型
沥青混凝土心墙	23.0	25	200	0.71	360	0.30	150	0.1500		
坝壳砂砾料	21.0	36.0	20	0.75	900	0.56	620	0.3700	1200	

190

表 2 　　　　　　　　　　　　线弹性模量本构模型计算参数表

材　料	重度/(kN/m³)	弹性模量/MPa	泊松比	选用模型
C25 混凝土防渗墙	24.0	28.000×10⁶	0.167	
混凝土基座	24.0	10.00×10⁶	0.167	线弹性模量
基岩	26.0	8.0×10⁶	0.250	

根据坝料分区和坝体填筑程序，划分的三维有限元计算网格（见图 2），计算网格包含 98219 个节点和 93838 个单元。

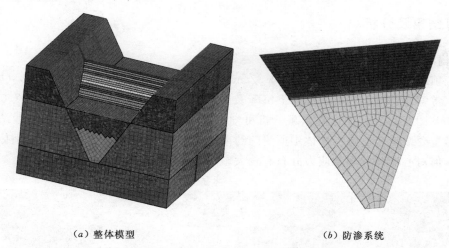

　　　　（a）整体模型　　　　　　　　　　　　　　（b）防渗系统

图 2　防渗系统的计算模型图

3.2　填筑过程与计算模拟

考虑到坝体施工分层碾压填筑和堆石体的非线性特性，荷载采用逐级施加的方式，沥青混凝土心墙与大坝堆石体同步填筑上升。计算按坝体施工填筑的先后顺序分 29 级来模拟，分级施工及蓄水进度见表 3。蓄水过程中考虑了水对心墙的压力及水对上游坝壳的浮力作用。

表 3　　　　　　　　　　　　　　　　分级施工及蓄水进度表

加载次序	填筑进度	加载次序	填筑进度
第 1 级	地基加载，初始地应力场	第 14 级	坝体填筑至高程 1576.30m
第 2~8 级	混凝土防渗墙、混凝土基座和围堰施工	第 15 级	坝体填筑至高程 1581.30m
第 3~9 级	围堰填筑	第 16 级	坝体填筑至高程 1585.30m
第 10 级	坝体填筑至高程 1549.60m	第 17 级	坝体填筑至高程 1589.30m
第 11 级	坝体填筑至高程 1554.60m	第 18 级	坝体填筑至高程 1593.30m
第 10 级	坝体填筑至高程 1560.30m	第 19 级	坝体填筑至高程 1597.30m
第 11 级	坝体填筑至高程 1564.30m	第 20 级	坝体填筑至高程 1601.30m
第 12 级	坝体填筑至高程 1568.30m	第 21 级	坝体填筑至高程 1605.30m
第 13 级	坝体填筑至高程 1572.30m	第 22 级	坝体填筑至高程 1609.30m

加载次序	填 筑 进 度	加载次序	填 筑 进 度
第 23 级	坝体填筑至高程 1613.30m	第 27 级	模拟蓄水至高程 1590.00m
第 24 级	坝体填筑至高程 1617.30m	第 28 级	模拟蓄水至高程 1604.00m
第 25 级	坝体填筑至高程 1619.30m	第 29 级	模拟蓄水至高程 1615.00m
第 26 级	模拟蓄水至高程 1576.00m		

4 计算结果及分析

4.1 沥青混凝土心墙应力及变形

施工填筑期，心墙最大沉降为 50.32cm，发生在 1/2 坝高处附近〔见图 3（a）〕。水位达到正常蓄水位时，心墙出现向下沉降及向下游变形，最大值为 49.3cm、37.0cm〔具体见表 4 及图 3（b）〕。由计算结果分析可知，沥青混凝土心墙是一种薄壁柔性结构，本身的变形主要取决于心墙在坝体中所受的约束条件，总是随坝体一起变形，对坝体变形影响较小，但对心墙两侧坝体应力分布有较大影响。

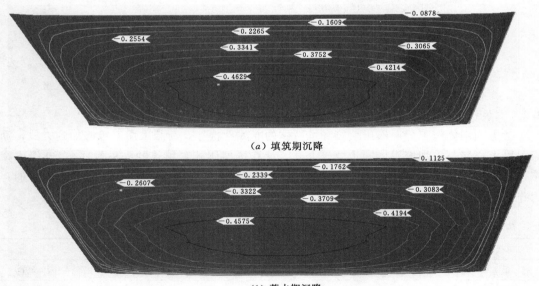

（a）填筑期沉降

（b）蓄水期沉降

图 3 心墙沉降分布等值线图

表 4　　　　　　　　　　　　　　　沥青混凝土心墙应力和变形极值

工况	顺河向位移/cm		坝轴向位移/cm		竖向位移/cm	第一主应力/MPa	第三主应力/MPa	剪应力/MPa	竖向应力/MPa
	向上游	向下游	向左岸	向右岸					
填筑期	1.29	2.83	7.49	7.53	50.32	0.45	1.27	0.38	1.22
蓄水期	0	37.0	10.6	10.65	49.3	0.61	1.41	0.49	1.41

填筑期，沥青混凝土心墙最大主应力和竖向正应力随着高程的降低而逐渐增大（见表4和图5）。心墙的主应力最大值均发生在沥青混凝土心墙底部。在填筑期和蓄水期，沥青心墙基本上都处于受压状态，仅在左、右岸顶部出现小范围内的拉应力，其最大值为2.85kPa。一般沥青混凝土心墙的极限拉伸强度约为1.0～1.5MPa，弯曲拉伸强度多为2.0～3.0MPa。因此，沥青混凝土心墙的拉应力不会影响其防渗性能，仍有较大安全储备。工程设计中常以上游水压力与心墙竖向应力比值小于1.0作为不发生水力劈裂的控制标准，有时也用上游水压力与第一主应力比值是否小于1.0来判定水力劈裂发生与否。计算中，任意高程心墙的第一主应力、竖向正应力均大于相应水压力，因此不会发生水力劈裂。

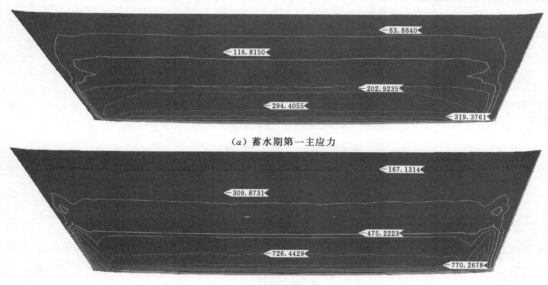

（a）蓄水期第一主应力

（b）蓄水期第三主应力

图4　心墙应力分布等值线图

4.2　基座应力及变形规律

填筑期，基座变形以竖向变形为主，而在蓄水期防渗墙产生了较为明显的水平向位移（顺河向下）（见表5和图6）。填筑期及蓄水期，防渗墙竖向变形规律基本相同，水平向因两侧岩体的约束作用，竖向变形从两侧向中部不断增大，最大变形发生在河谷中部防渗墙的顶部。蓄水期，在上游水压力作用下基座向下游侧变形，因两侧岩体的约束作用，河谷边界处的水平向位移几乎为零。水平向位移由两侧至河谷中部逐渐增大，在距边界15～20m处变形趋势变化明显，河谷中部的水平向位移基本相同。

表5　　　　　　　　　　　　　　混凝土基座应力和变形极值

工况	顺河向位移/cm		坝轴向位移/cm		竖向位移/cm	第一主应力/MPa	第三主应力/MPa	剪应力/MPa	竖向应力/MPa
	向上游	向下游	向左岸	向右岸					
竣工期	0	2.84	3.93	3.93	18.6	0.62	8.12	2.26	5.71
蓄水期	0	34.8	4.32	4.32	15.2	1.59	10.4	1.23	9.95

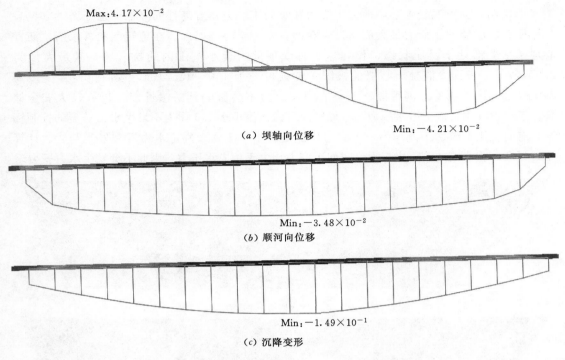

Max: 4.17×10^{-2}

（a）坝轴向位移

Min: -4.21×10^{-2}

Min: -3.48×10^{-2}

（b）顺河向位移

Min: -1.49×10^{-1}

（c）沉降变形

图5　基座变形分布等值线图（蓄水期）（单位：m）

　　填筑期，随着上覆土重的增加，基座的第一、第三主应力峰值逐渐增大，第三主应力及竖向正应力最大值均出现在基座中部。由以上变形分析可知，由于河谷的约束作用，基座两端变形较小、中部变形大，导致基座两端产生较大的拉应力，局部处于受拉状态。蓄水期，由于上游水压力和河谷约束作用使基座呈现向下游侧的弯曲变形，基座的第一主应力峰值逐渐增大，整个受拉区范围扩大。填筑期和蓄水期，基座的第三主应力分布规律基本相同，最大值均出现在墙体中部，蓄水期，在上游水压力作用下，第三主应力明显减小（见表5和图7）。

4.3　混凝土防渗墙应力及变形规律

　　填筑期防渗墙变形以竖向变形为主，而在蓄水期防渗墙产生了较为明显的水平向位移（顺河向）（见图8～图10）。蓄水期，在上游水压力作用下防渗墙向下游侧变形，因两侧及底部岩体的约束作用，河谷边界处的水平向位移几乎为零。水平向位移由两侧至河谷中部及底部至墙顶部均逐渐增大，在距边界15～20m左右处变形趋势变化明显，河谷中部的水平向位移基本相同。这种变形趋势的变化，会在防渗墙内产生 $x-z$ 平面内（水平向和轴向组成）及 $x-y$ 平面内（水平向和竖向组成）的弯矩，造成墙体下游侧轴向及竖向受拉。填筑期及蓄水期，防渗墙竖向变形规律基本相同，水平向、因两侧岩体的约束作用，竖向变形从两侧向中部不断增大；竖向，因底部岩体的支撑作用，竖向变形从底部向顶部不断增大；最大变形发生在河谷中部防渗墙的顶部。

　　大坝填筑期，防渗墙几乎不出现水平向位移，上、下游侧防渗墙单元的应力状态基本一致（见图11、图12）。填筑期，随着上覆土重的增加，防渗墙第一、第三主应力峰值逐

194

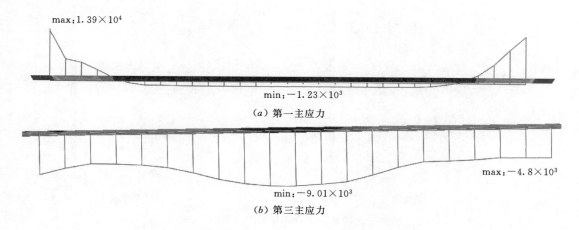

(a) 第一主应力

(b) 第三主应力

图 6　基座应力分布等值线图（蓄水期）（单位：kPa）

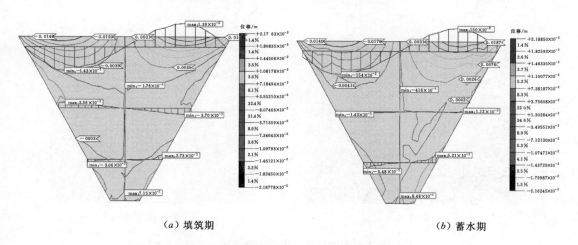

（a）填筑期　　　　　　　　　　　　　（b）蓄水期

图 7　防渗墙坝轴向位移分布图（单位：m）

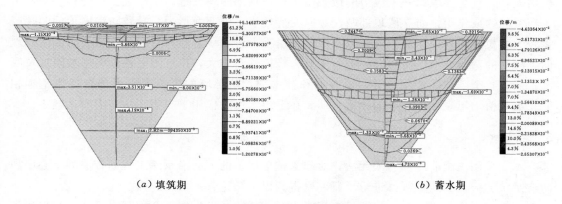

（a）填筑期　　　　　　　　　　　　　（b）蓄水期

图 8　防渗墙坝顺河向位移分布图（单位：m）

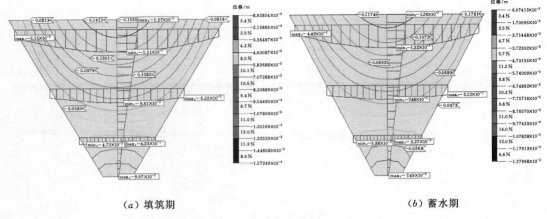

（a）填筑期　　　　　　　　　　　　　　　（b）蓄水期

图9　防渗墙竖向位移分布图（单位：m）

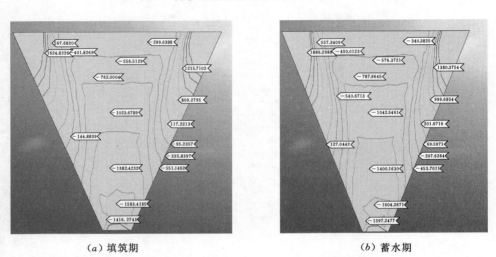

（a）填筑期　　　　　　　　　　　　　　　（b）蓄水期

图10　防渗墙上游侧第一主应力分布图（单位：kPa）

渐增大，并且防渗墙第一主应力的最大值出现在顶部两端位置。由以上变形分析可知，由于河谷的约束作用，防渗墙顶部两端竖向变形较小、中部变形大，导致防渗墙顶部两端产生较大的拉应力，处于受拉状态。蓄水期，由于上游水压力和河谷约束作用使防渗墙呈现向下游侧的弯曲变形，防渗墙的第一主应力峰值逐渐增大，拉应力区逐渐向岸坡附近及底部扩展，整个受拉区范围扩大。填筑期和蓄水期，防渗墙的第三主应力分布规律基本相同，最大值均出现在墙体中部。蓄水期，在上游水压力作用下，第三主应力明显减小。

5　结论

本文采用三维非线性有限元法，对超深覆盖层上的大河沿水库工程沥青混凝土心墙坝防渗系统的应力和变形规律进行了研究，得到以下结论：

（1）沥青混凝土心墙施工期最大沉降为50.32cm，发生在1/2坝高附近处，水位达到正常蓄水位时的沉降及向下游变形，最大值分别为49.3cm和37.0cm。沥青混凝土心墙

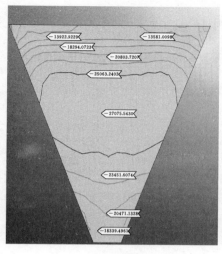

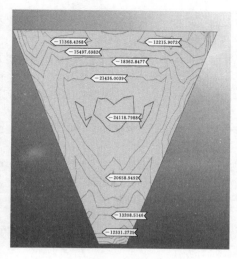

（a）填筑期　　　　　　　　　　　　　　（b）蓄水期

图 11　防渗墙上游侧第三主应力分布图（单位：kPa）

最大主应力和竖向正应力随着高程的降低而逐渐增大。心墙的主应力最大值均发生在沥青混凝土心墙底部。沥青心墙基本上都处于受压状态，仅在左、右岸顶部出现小范围内的拉应力。任意高程心墙的第一主应力、竖向正应力均大于相应水压力，因此不会发生水力劈裂。

（2）因两侧岩体的约束作用，竖向变形从两侧向中部不断增大，最大变形发生在河谷中部防渗墙的顶部。蓄水期，在上游水压力作用下基座向下游侧变形，因两侧岩体的约束作用，河谷边界处的水平向位移几乎为零。水平向位移由两侧至河谷中部逐渐增大，在距边界 15～20m 处变形趋势变化明显。由于河谷的约束作用，基座两端变形较小、中部变形大，导致基座两端产生较大的拉应力，局部处于受拉状态。

（3）填筑期及蓄水期，防渗墙竖向变形规律基本相同，水平向、因两侧岩体的约束作用，竖向变形从两侧向中部不断增大；竖向，因底部岩体的支撑作用，竖向变形从底部向顶部不断增大；最大变形发生在河谷中部防渗墙的顶部。由于河谷的约束作用，防渗墙顶部两端竖向变形较小、中部变形大，导致防渗墙顶部两端产生较大的拉应力，处于受拉状态。蓄水期，由于上游水压力和河谷约束作用使防渗墙呈现向下游侧的弯曲变形，防渗墙的第一主应力峰值逐渐增大，拉应力区逐渐向岸坡附近及底部扩展，整个受拉区范围扩大。

参 考 文 献

［1］党林才，方光达. 利用覆盖层建坝的实践与发展. 北京：中国水利水电出版社，2009：1－12.

［2］王立彬，燕乔，等. 深厚覆盖层中墙幕结合关键技术. 水利水电科技进展，2010，30（2）：63－66.

［3］朱晟，林道通. 超深覆盖层沥青混凝土心墙坝坝基防渗方案研究. 水力发电，2011，31（10）：

31 - 34.

［4］ 余翔，孔宪京，邹德高，等. 混凝土防渗墙变形与应力分布特征. 浙江大学学报（工学版），2017，51（9）1704－1711.

［5］ 张飞，卢晓春，陈博夫，等. 超深厚覆盖层上沥青混凝土防渗墙堆石坝防渗系统抗震安全性. 武汉大学学报（工学版），2016，49（01）：32－38.

［6］ 沈振中，田振宇，等. 深厚覆盖层上土石坝心墙与防渗墙连接形式研究. 岩土工程学报，2017，39（5）939－944.

［7］ 邱祖林，陈杰. 深厚覆盖层上混凝土防渗墙的应力变形特征. 水文地质工程地质，2006，33（3）72－76.

［8］ 陈红，陈刚，覃朝明，等. 大渡河瀑布沟水电站大坝基础混凝土防渗墙与心墙连接形式研究. 水力发电，2004，（a01）：307－314.

［9］ 万连兵，深燕明，韩朝军，等. 克孜加尔沥青混凝土心墙坝应力变形研究. 水电能源科学，2011，29（4）66－69.

［10］ 殷宗泽. 高土石坝的应力与变形. 岩土工程学报，2009，31（1）：1－14.

抗剥落剂在碾压式沥青心墙混凝土坝中的应用

赵　锋

（中国水电建设集团十五工程局有限公司）

摘　要： 沥青混凝土是用沥青将骨料、填充料及各种掺加料等胶结在一起所形成的一种人工合成材料。它具有良好的柔性，能较好地适应结构的变形；在水工大坝中得到广泛应用，目前沥青混凝土使用的骨料均为灰岩和碱性骨料。奴尔水利枢纽工程水库周边的天然石料均为非碱性骨料，由于它和沥青黏附性不佳，通过在沥青里面添加适量的抗剥落剂，使得沥青和骨料的黏附等级得以提高。通过试验检测施工质量完全满足设计指标要求，验证了应用这些措施进行沥青混凝土心墙施工的可靠性，可为类似工程提供借鉴。

关键词： 抗剥落剂；碾压式；沥青心墙混凝土；应用

1　概述

1.1　工程概况

奴尔水利枢纽工程位于新疆和田地区策勒县境内，坝址区位于奴尔河中下游河段，距奴尔河发源地 43km，挡水建筑物为碾压式沥青混凝土心墙坝。沥青心墙为直立式，底宽 2.2m，长 426m，中间宽度 0.9m、长 0.7m，顶宽 0.5m，坝长 746m。最大坝高 80m，坝体填筑量 3.4 万 m^3。

奴尔水利枢纽工程沥青混凝土心墙坝拟用骨料为上游至坝址下游河漫滩（C2）料场开采天然砂砾料。天然砂砾石的原岩品种比较复杂，既含有偏碱性的岩石类（细粒石灰岩），也含有偏酸性的岩石类（花岗岩、石英砂岩等），通过实验用天然骨料样品，偏酸碱性骨料居多，特别是花岗岩所占比率较大。

1.2　抗剥落剂

为提高沥青与酸碱性骨料的黏附性，目前国内外通常采用在沥青混合料中添加抗剥落剂的方式。当前国内使用的聚合物抗剥落剂主要有胺类与非胺类抗剥落剂，以胺类居多。但是胺类物质受热易分解，稳定性相对较差，其抗剥落剂的耐热性与长期性能备受质疑。非胺基类剥落剂的主要成分是一种表面活性剂，其特点是热稳定性和耐久性较好，抗剥落剂分解温度高达 180℃以上。本工程采用非胺基类剥落剂。

（1）特性参数。热稳定性 313℃；密度 0.95g/cm^3；状态黑褐色液态；黏附性 5 级；马歇尔稳定度绝对值（48h）8kN；马歇尔残留度绝对值（48h）87；冻融劈裂强度比 83%。

（2）主要用途。本工程主要将抗剥落剂应用于库车 90 号道路沥青与河床天然破碎砂砾料的拌和中。

（3）使用方法。直接将抗剥落剂添加到热沥青搅拌罐中，掺量 0.5%（沥青重量比）。

2 抗剥落剂的相关试验

2.1 配合比试验

奴尔水利枢纽工程依托长江水利委员会长江科学院进行"奴尔水利枢纽工程沥青混凝土心墙应用天然砂砾石料试验研究"，提出设计配合比，其中抗剥落剂掺量为 0.5%。

2.2 现场黏附性试验

（1）试验原材。黏附性试验采用下游河床（C2）料场开采的天然砂砾石料冲洗干净后，经破碎并筛分，粒径在 13.2～19.0mm 之间的天然破碎砂砾石。本次试验，从砂砾石样品中挑选了 3 种具有代表性的非碱性骨料进行试验。

（2）试验方法。本工程采用水煮法进行黏附性试验，试验步骤及结果处理评定按照《水工沥青混凝土试验规程》（DL/T 5362—2006）的规定实施。

（3）试验结果。取样的 3 种岩样不掺加抗剥落剂黏结力等级为 3 级、4 级、4 级，掺加抗剥落剂后黏结力等级为 4 级、5 级、5 级；结果表明沥青中掺加适当的抗剥落剂，能提高破碎天然砂砾石骨料与沥青的黏附性。黏结力等级可以达到 5 级或 4 级。满足设计指标。

2.3 现场水稳定性试验

（1）试验原材。沥青采用库车 90 号道路沥青，混凝土骨料采用大坝下游河床 C2 料场天然砂砾料破碎筛分而成。

（2）试验方法。奴尔水利枢纽工程水稳定性试验采用《水工沥青混凝土试验规程》（DL/T 5362—2006）实施。

（3）试验结果。奴尔水利枢纽工程在沥青混凝土正式施工前进行了沥青混凝土水稳定性现场复核试验，确定掺加抗剥落剂后沥青混凝土水稳定系数得到提高。其试验结果见表 1。

表 1　　　　　　　　　　　　水稳定性试验结果表

编号	配合比主要参数				水稳定系数
	级配指数 r	沥青含量/%	矿粉用量/%	抗剥落剂掺量/%	
N1	0.39	6.7	12	0	0.87
N2	0.39	6.7	12	0.3	0.98
N3	0.39	6.7	12	0.3	0.99
N4	0.39	6.7	12	0.5	1.00

3 掺配抗剥落剂施工工艺

（1）沥青混凝土施工配合比。根据设计配合比进行现场试验，确定现场施工配合比（见表 2）。

材料名称	C2 料场 100%破碎骨料组织/%					矿粉用量/%	沥青含量/%	抗剥落剂掺量/%
	5 号热料	4 号热料	3 号热料	2 号热料	1 号热料			
规格/mm	13.200~19.000	9.500~13.200	4.750~9.500	2.260~4.750	0~2.360	<0.075	90 号道路石油沥青 A 级	SA－100
组成比例	13.0	14.0	16.0	15.0	33.0	9.0	6.7	0.5

表 2　　　　　　　　　　　　沥青混凝土施工配合比表

注　沥青为库车东海牌石油 90 号 A 级沥青；抗剥落剂为江苏苏博特；矿粉为新疆洛浦县金石矿粉。

（2）沥青搅拌罐布置（见图 1）。本工程沥青存储采用 3 个 50t 卧式沥青储存罐储存，卧式沥青罐带加热系统，保证沥青温度不低于 120℃。2 个 5t 立式沥青搅拌罐，主要用于沥青与抗剥落剂的掺配，加热及拌和时供油。

图 1　沥青混凝土拌和站

（3）抗剥落剂掺加施工工艺。抗剥落剂为外购产品，外购时储存在 200L 铁桶内，净重 190kg 左右。掺加方法有以下几种。

1）沥青混凝土拌制前，将卧式储存罐沥青通过油泵注入至 A 罐（立式搅拌罐）中，注入量为 5t。

2）根据 5t 沥青搅拌罐储量计算掺加抗剥落剂重量为 5000×0.5％＝25kg，现场采用台秤称量。

3）人工将称量好的抗剥落剂，通过 5t 沥青立式搅拌罐外加剂掺加口加入到 A 搅拌罐中。

4）开动搅拌罐，强制搅拌 10min 后方可使用，使用时搅拌罐一直处于搅拌状态，若未使用或混合沥青静置超过 24h 时，使用前需强制搅拌 10min。

5）单次掺配的混合沥青不宜存储超过 72h，超过后须经试验确定是否需要再次掺加抗剥落剂。

6）由于沥青混凝土心墙施工需保证其连续性，因此首次拌和时先掺配 A 搅拌罐，再掺配 B 搅拌罐，之后连续掺配，确保沥青混凝土施工不间断；遇取样层结束前需提前计算沥青需求量，防止掺配的混合沥青存储超时。

7）掺配过程中由于沥青温度较高，施工人员注意现场防止烫伤，另外掺配过程中避免抗剥落剂进入眼睛，或者跟衣服和皮肤接触。

（4）存储及使用要求。采购回来的抗剥落剂储存在专用库房，需做好防水通风措施，避免太阳直晒，使用前专人领取，装载机运输至拌和站现场，未使用完的抗剥落剂应闭口储存，拌和站现场做好防水、通风以及防晒等措施，并且要跟酸类物质隔离开。

4 沥青混凝土抗剥落剂施工要点

（1）抗剥落剂密度跟沥青密度相差不大。

（2）本工程位于昆仑山下，常年温度较低，为保证抗剥落剂掺加及称量方便，需对抗剥落剂进行加热处理，温度控制在150℃以内。

（3）抗剥落剂掺入沥青后必须保证足够的搅拌时间，确保抗剥落剂与沥青混合均匀。

（4）抗剥落剂主要作用就是促进沥青与非碱性骨料的黏结度，骨料加工需注意石粉的含量，确保石粉含量不超过3％，矿粉掺量不低于9％。施工中加强对石粉含量检测，严格按照石粉控制施工工艺进行。

（5）沥青混凝土拌制对沥青温度要求严格，施工中严格按照施工规范要求控制沥青温度，防止沥青老化或温度过低造成花白料，影响沥青混凝土质量。

（6）因抗剥落剂的用量较小，采购及运输时间较长，一般采用现场存储的方式进行保存，库房需做好通风、防雨、防晒等措施。

（7）由于抗剥落剂掺配后需在72h内使用完，因此要求施工现场在需进行取样时做好沥青混凝土降温工作，确保降温取样总时间不超过48h。

5 沥青混凝土心墙质量检测

5.1 抗剥落剂使用过程检测

沥青混凝土在拌制过程中，质检试验室定期对沥青掺配抗剥落剂的混合沥青进行黏附性试验，通过试验检测确保沥青混凝土的施工质量。主要检测指标为黏结力等级，本工程施工过程中共计检测10组，设计指标为不小于4级，实测最大值5，最小值4，平均值4.4，满足设计指标要求。

针对施工中的沥青混凝土，试验室不定期对拌制好的沥青混凝土进行取样做水稳定性试验，主要检测指标为水稳定系数，本工程施工过程中共计检测13组，设计指标为不小于0.9，实测最大值为0.96，最小值为0.91，平均值0.93，满足设计指标要求。

5.2 沥青混凝土心墙质量检测

沥青混凝土心墙碾压完毕后必须进行质量检测，检测主要内容有现场无损检测、现场取芯样检测和室内沥青混凝土抽提等。主要指标为表观密度（≥24kN/m³）、孔隙率（<3％）、渗透系数（<1×10⁻⁷cm/s）、配比误差及其他指标。

（1）无损检测。本工程采用仪和无核密度仪，现场密度共计检测7014个点，平均密度 2.421g/cm³；计算孔隙率平均值 1.49％；现场渗透检测共计检测 1713 个点，渗透系数平均值 5.87×10^{-9} cm/s。均满足设计指标要求。

（2）钻芯取样检测。本工程共计取芯样 281 组，检测结果：平均密度 2.420g/cm³；稳定度检测 224 组，平均值 6329N；水稳定系数检测 13 组，平均值 0.93％；三轴试验（4.7℃）黏结力检测 5 组，平均值 349kPa。均满足设计指标要求。

（3）抽提试验检测。采用离心式抽提试验仪，将沥青混凝土用三氯乙烯（或四氯化碳）重新溶解，测试成分及各级配含量。本工程共计检测 224 组，结果均满足规范设计要求。

6 结语

奴尔水利枢纽工程碾压式沥青心墙坝通过掺加抗剥落剂，利用了 C2 料场的天然砂砾石料作为沥青混凝土骨料，大大地节约了施工成本，按期完成了工程的沥青混凝土施工。通过现场质量检测、芯样检测及外委试验检测，结果均满足规范及设计要求。对奴尔水利枢纽工程沥青混凝土心墙坝建设发挥重要指导作用，且对于类似缺乏碱性骨料的沥青混凝土心墙坝建设中具有借鉴和参考价值。

沥青混凝土在铜厂水库工程大坝心墙中的应用

赵光礼

（云南省红河州水利水电勘察设计研究院）

摘　要： 采用沥青混凝土作为大坝防渗心墙，在云南也少有这种坝型的筑坝经验，在红河州铜厂水库属首例。本文通过对红河州金平县铜厂水库所在工程区的地形地质条件、气候因素、基础开挖、筑坝材料、施工工艺、施工工期、工程投资、工程占地、环境影响、水土保持、工程质量等方面的因素分析比较，确定碾压式沥青混凝作为大坝心墙防渗材料。经过一年来的施工，验证了沥青混凝土作为铜厂水库大坝防渗材料的适宜性、合理性，以及良好的防渗效果。沥青混凝土作为防渗材料在铜厂水库大坝心墙的成功运用，对红河州乃至云南地形气候复杂、传统防渗合格土料匮乏地区的水利设计及施工，具有较好的推动作用，是对学习新技术、应用新技术的较好尝试和发展。

关键词： 土石坝；坝型选择；沥青混凝土心墙；铜厂水库；大坝设计

1　工程概况

铜厂水库工程位于云南省金平县铜厂乡境内，藤条江的左岸一级支流鱼里河上游，属于红河流域，李仙江水系。水库径流面积 8.53km²，水库流域平均高程 1736.00m，平均降水量为 2610mm，多年平均流量 0.568m³/s，多年平均径流量 1760 万 m³。水库距金平县城 50km，交通方便。

铜厂水库工程由枢纽工程和渠系工程两部分组成，枢纽工程包括大坝、溢洪道、输水（导流）隧洞。大坝为沥青混凝土心墙风化料坝，最大坝高 88.8m，坝顶高程 1667.70m，坝顶长 349.25m，坝顶宽 10m。输水（导流）隧洞布置于大坝左坝肩山体内，全长 527.72m（输水），550.07m（导流），导流专用段长 77m，共用段长 473.07m。溢洪道布置于大坝左坝肩，全长 319.4m。渠系工程包括长安冲干渠，毛贝湾干渠，以及相应的渠系建筑物。

水库枢纽工程规模为中型，工程等别为Ⅲ等，建筑物级别大坝为 2 级，溢洪道、输水（导流）隧洞为 3 级。

水库总库容 1079.43 万 m³，兴利库容 937.27 万 m³，水库是以解决农业灌溉用水，集镇、农村人畜饮水为主，兼顾工业供水的公益性中型水利工程。水库建成后年供水总量 1239.8 万 m³，可解决 2.87 万亩耕地的农业用水，可解决项目区 2.46 万人、0.53 万头大牲畜和 2.16 万头（只）小牲畜饮水安全问题。

2　气象条件

铜厂水库地处滇南低纬高原季风气候区，位于北回归线以南，属北热带和南亚热带南缘气候类型，由于地处高原山区，地形起伏高差大，立体气候明显，干湿分明，河谷炎热，半山暖和，高山偏冷，即"一山有四季"的自然气候。多年平均气温 18℃，极端最高气温 33.1℃，极端最低气温－0.9℃，多年平均风速 1.5m/s，最大风速 23m/s，多年平均最大风速 20.2m/s，多年平均蒸发量 1382mm。水库流域平均降水量为 2610mm。11 月至翌年 4 月为旱季降水量仅占年降水量的 18.1％，5 月至 10 月为雨季，降水量占年降水量的 81.9％。

3 坝址区地形地质条件

3.1 地形条件

库区为条带状山间侵蚀构造低中山陡坡河流地貌，库盆由两岔河组成，呈一丫字形地形。坝址区位于两河交叉口，坝轴线剖面大致为 U 形。

3.2 地质条件

坝体建基面以粉砂质板岩、长石石英砂岩、石英砂岩夹粉细砂岩强风化层为主，其次为全风化和弱风化岩体，在一定高度部位为具有一定强度的全风化岩体层。清基后建基面仍有板岩、砂岩全风化层，在纵横向上无连续性，坝体填筑后将其隔离封闭，不存在地震振动液化条件，同时，其土体结构较密实，经判别，不存在地震振动液化问题。

坝址地基层，在一定深度内为透水性大、岩石显破碎的强风化岩体，在高水头渗透动力压力作用下，易产生渗透破坏变形，需作防渗处理。

4 坝型选择

4.1 未选重力坝的原因

坝址区由于区间受断裂及褶皱构造挤压影响，在一定深度内岩石显破碎，其全强风化岩体在两岸下限深度为 18.0～45.3m，该岩体抗压抗剪强度低，若建刚性坝体，清基工程量大，而下伏的弱风化层，节理裂隙结构面发育，存在不利于坝体稳定的结构面组合体，同时，在工程区附近也无理想砌石料，符合要求的堆石料需到 15km 以外尚可取到，而其石料场大部呈石芽状出露，其开采剥离量也大，部分地段尚无公路，故修建浆砌石重力坝的地基地质条件较差，基础处理工程量大、施工技术要求高、施工机械化程度高、施工技术相对复杂、投资大。

4.2 未选面板堆石坝的原因

若修建混凝土面板堆石坝，放置趾板段的地形条件较差（处于两河交汇斜坡地带），且趾板段岩基以软质岩为主夹中硬岩，若置于强风化岩体中（节理裂隙及板理发育），其强度及抗变形不能满足趾板要求，鉴于此地质条件，趾板只能置于弱风化岩体之中，而弱风化岩体，据拟建坝轴钻孔勘探其埋藏深度较大（左右两岸下限在 18～50m 之间），由此向上游趾板段延伸，其弱风化下限更深，开挖深度更大，开挖的高边坡容易失稳。由此认为，在选定的坝址修建面板堆石坝的趾板段地基条件较差，地形起伏大，防渗线路长。

4.3 当地材料坝的比选

对沥青混凝土心墙风化料坝和黏土心墙风化料坝进行比较，两种坝型的坝壳均用板岩、砂岩风化料，仅在心墙防渗体有黏土料和沥青混凝土的区别。

4.3.1　黏土心墙风化料坝

防渗心墙土料：黏土料用量较大（37.5万 m³），据地勘工作黏土料场分布于水库坝址的方圆四周 0.3～14.4km 范围的 6 个料场，分布范围广，影响范围大，其防渗土料部分黏粒含量偏低，普遍含水量偏高，质量不均，天然含水量高于最优含水量 6.35% ～ 10%，需翻晒才能筑坝，而工程区海拔较高，雾露天气多，昼夜温差大，光照时间短，降雨量丰富，一年有效翻晒时间有限，土料翻晒工序复杂，遇到雨天或阴天翻晒时间会增加，将导致黏土料的供应受到影响，影响施工的进度，导致施工进度的多变和不可预见性，可能会导致工期的拖延。潜在的损失不可预估。如采用此黏土料筑大坝心墙，将造成施工工期延长，施工质量还难以保证，且黏土料场现状多为耕地，占地面积大，开采范围广，征地困难，不利于水土保持及环境保护工作，对当地人民的生产生活影响较大。

4.3.2　沥青混凝土心墙风化料坝

沥青混凝土心墙料：沥青混凝土作为大坝心墙用量较少（1.3万 m³）。在工程区附近有较为丰富的碱性灰岩、白云岩，可加工为沥青混凝土的骨料，运距 13km，过渡料采用石料场块石加工而得，运距 5km。沥青混凝土心墙坝在我国来说已经不是新技术，而是一种成熟的当代的土石坝，然而对红河这个地形、气候比较复杂、部分地区合格土料稀有的地方至今尚未应用过，在云南也少有这种坝型的筑坝经验。虽然碾压式沥青混凝土施工技术要求较高、难度大，但是在施工过程严格按施工规范控制，其防渗效果较好，目前沥青混凝土心墙施工技术在新疆、四川等地已得到了广泛运用。沥青混凝土心墙土石坝施工技术对地形和气候的适应性强，防渗效果好，对这种坝型和施工技术的引进对当地的水利建设来说是一种较好的尝试和发展，对当地的水利设计及施工具有较好的推动作用，符合学习新科技，应用新技术的设计理念。

综上所述，根据工程区的地形地质条件、气候因素，以及工程的基础开挖、筑坝材料供给、施工工艺、施工工期的控制、工程投资、工程占地、环境影响、水土保持、工程质量控制、应用新技术等方面的因素。最终选定铜厂水库大坝坝型：沥青混凝土心墙风化料坝。

5　大坝的结构设计和结构计算

5.1　坝体结构设计

大坝坝顶高程 1667.70m，坝顶宽 10.0m，坝顶长 349.25m，最大坝高 88.8m。

大坝坝坡：上游设三级变坡，自上而下坡比分别为 1∶2.0、1∶2.5、1∶3.0，在变坡处高程 1644.50m 设置宽 3m，高程 1622.70m 设置宽 9m 的戗台，上游坡在高程 1613.70m 至坝顶之间采用 C20 混凝土预制块护坡，厚 150mm。上游度汛坝体采用土工膜防渗。下游设四级变坡，自上而下坡比为 1∶1.8、1∶2.0、1∶2.0、1∶1.5，变坡高程 1642.50m、1617.50m、1592.50m，分别设置宽 3m 的戗台。为增加大坝心墙下游的透水性，在心墙下游 1592.5m 以下填筑弱风化料，在坝体 1592.5m 以上填筑强风化料。下游坡采用 C20 混凝土框格梁草皮护坡。下游戗台内侧设排水沟与岸坡排水沟及人行阶梯旁的排水沟相连形成完整的坝面排水系统。

在大坝沥青混凝土心墙下游底部河床部位设置排水盲沟，一端与心墙过渡层连接；另一端与排水棱体连接，盲沟顶宽 3.0m，底宽 7m，高 3m，长 148.5m，盲沟采用砂、碎石反滤层包裹，坝体排水采用棱体排水，堆石排水体顶宽 3.0m，顶高程 1592.50m，高11m，内坡 1∶1，外坡 1∶1.5。棱体后设导渗沟，坝体排出的水通过总排水沟排往下游河道。大坝标准断面见图 1。

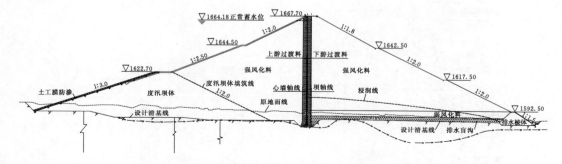

图 1　大坝标准断面图

坝顶上游侧设 1.2m 高的 C25 钢筋混凝土防浪墙，防浪墙与沥青混凝土心墙顶部相连，坝顶采用铺筑麻面石厚 50mm，坝顶下游侧设宽 0.3m、高 0.3m 的 C20 混凝土路缘石。坝顶上游侧布置光伏照明系统，每 25m 布置 1 盏路灯。上游在 0+058、0+220，下游 0+149 分别设人行阶梯宽 2m。

5.2　大坝心墙结构设计

大坝防渗体为沥青混凝土心墙，心墙轴线布置在坝轴线上游 3m 处，采用碾压式施工工艺，心墙顶高程 1666.80m，心墙顶宽 0.5m，心墙高 87.9m，厚度变化形式采用阶梯式，在高程 1666.80～1635.40m 之间厚度为 0.5m，在高程 1635.40～1610.40m 之间厚度为 0.7m，高程 1610.40m 以下厚度为 1.0m，在厚度变化处设置高 1.5m 的渐变段。为加强心墙沥青混凝土与基座混凝土的结合，沿心墙底部全线设置高 3m，上下游坡比 1∶0.25 的局部变厚段，同时在基座上设置宽 2.5m，深 0.25m 的心墙槽键（见图 2）。施工时对与沥青混凝土心墙接触处的混凝土表面进行凿毛，然后喷 0.2kg/m² 的阳离子乳化沥青，再涂一层厚度为 2cm 的砂质沥青玛瑞脂。心墙与基座混凝土之间设置厚 2mm 的铜止水片（见图 3），

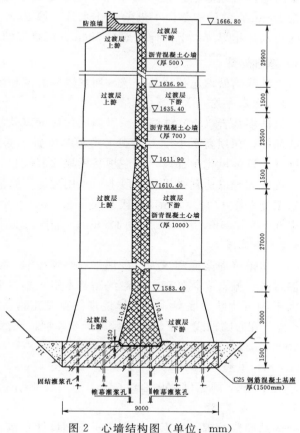

图 2　心墙结构图（单位：mm）

心墙顶部采用厚1.6mm的铜止水片与防浪墙连接（见图4）。沥青混凝土心墙上下游侧分别设置水平宽3m的过渡层。

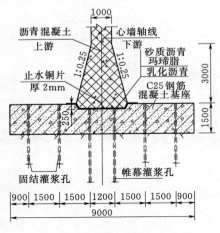

图 3　心墙与基座连接图（单位：mm）　　图 4　心墙与防浪墙连接图（单位：mm）

沥青混凝土心墙底部与基岩接触面设 C25 钢筋混凝土基座，底宽 9m，厚 1.5m，基座采用锚杆与地基相连接，基座除在变坡处设置横缝外，其余部位每 15m 设一道横缝，缝宽 10mm，缝的中部设 1 道紫铜止水片，厚 2mm，止水铜片上部与心墙中部和基座连接的止水片相焊接，下部伸入地基 60cm，沉降缝的填缝材料为聚氯乙烯板（厚 10mm）。

5.3　基础处理

大坝基础处理包括清基开挖、坝基帷幕灌浆和固结灌浆处理。

5.3.1　清基开挖

根据坝基岩（土）体强度、岩体风化程度以及坝基承担荷载大小确定坝基开挖深度。心墙部位，在坝高不小于 70m 处，心墙基础置于弱风化顶部处，坝高小于 70m 处的心墙基础置于近强风化中部段，而左坝基近坝顶部位和右坝基近坝顶部位，由于清基较深、边坡开挖较大难以达到强风化中段上，采用加深固结灌浆形式伸入至强风化中部段。坝基段清基深度左岸 1.2～8.0m，河床 2.5～12.6m，右岸 1.0～8.0m。心墙截水槽段清基深度左岸 9.2～17.6m，河床 12.5～12.9m，右岸 11.6～20.9m。

5.3.2　帷幕灌浆

坝基帷幕灌浆处理：为减少坝基和绕坝渗漏，防止坝基渗透破坏变形，对坝基及坝肩强渗带进行帷幕灌浆处理。防渗线路基本沿坝轴线上游 3.0m 布置，坝基及坝肩以透水率不大于 5Lu 为防渗底界，左右岸绕坝终点是正常蓄水位（标高 1664.18m）与地下水位线的交点。在心墙轴线上下游进行帷幕灌浆，坝顶向两岸坡坝肩延伸，左岸里程 0－130.60～0＋000.40（长 131m）、右岸 0＋324.40～0＋405.40（长 81m）帷幕为单排孔布置，孔距为 1.5m，里程 0＋000.40～0＋324.40（长 324m）帷幕为双排孔布置，其孔距为 2.5m，排距为 1.2m，帷幕灌浆中心线全长 536.0m（见图5）。

5.3.3　固结灌浆

固结灌浆处理：根据《碾压式土石坝设计规范》（SL 274—2018）及《土石坝沥青混

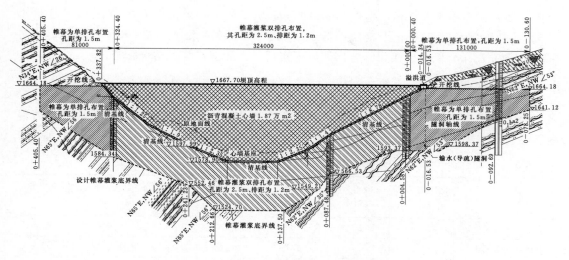

图5 防渗纵剖面图（单位：mm）

凝土面板和心墙设计规范》（SL 501—2010）的有关规定，对心墙基座部位的坝基进行固结灌浆处理。固结灌浆沿心墙基座与基础接触面，帷幕灌浆轴线上下游1.5m处布置，采用双排孔，心墙上下游各布设两排，孔距为2m，排距1.5m。根据坝基基岩强风化线的深浅，在河床部位孔深为10.0m，靠近河床两岸孔深8m，靠近两坝肩孔深为15m。

5.4 沥青混凝土设计技术指标和配合比参数

铜厂水库大坝心墙沥青混凝土配合比采用实际原材料通过室内试验和现场试验确定。设计控制指标：容重大于 $2.4g/cm^3$，孔隙率小于3%，渗透系数小于 $1\times10^{-8}cm/s$，水稳定系数大于0.9；内摩擦角不小于20°，凝聚力不小于0.2MPa，小梁弯曲应变大于0.8%，沥青采用克拉玛依70号A级水工沥青或克拉玛依2号水工石油沥青。沥青混凝土的配合比及技术要求分别见表1、表2。

表1 沥青混凝土配合比的材料和级配参数表

矿料最大粒径/mm	级配指数	填料含量/%	油石比/%	粗骨料	细骨料	填料	沥青
19	0.40	12	6.7	破碎石 白云岩	白云岩 人工砂	石灰岩 矿粉	克拉玛依 2号水工

表2 沥青混凝土骨料级配技术要求表

项目	粗骨料（19~2.36）					细骨料（2.36~0.075）					填料（小于0.075）
筛孔尺寸/mm	19	16	13.2	9.5	4.75	2.36	1.18	0.6	0.3	0.15	<0.075
通过率	100	93.3	86.4	75.7	57.4	43.6	35.9	26.7	20.7	16.9	12
pH值	>7										

5.5 过渡层设计技术控制指标

沥青混凝土心墙过渡料设计控制指标：要具有变形协调、渗透稳定性，质地坚硬，具有较强的抗水性和抗风化能力，要具有连续的级配，过渡层材料采用块石料机制加工配制

209

而得，最大粒径小于 80mm，小于 5mm 的含量为 $25\%\sim40\%$，小于 0.075mm 的含量小于 5%，孔隙率小于 21%，干密度不低于 $1.9g/cm^3$，渗透系数大于 $1\times10^{-3}cm/s$，相对密度大于 0.75。心墙与过渡层结合部碾压密实后呈犬牙交错状且结合紧密。

6 大坝渗流计算

坝体渗流计算，采用不透水地基上沥青混凝土心墙坝渗流计算的水力学法，按沥青混凝土心墙，有棱体排水设备，下游无水计算，其计算参数见表 3。

表 3　　　　　　　　　　大坝渗流稳定分析计算物理力学指标表

材　料	内摩擦角度 /(°)	内聚力 /kPa	天然容重 /(g/m³)	饱和容重 /(g/m³)	渗透系数 /(cm/s)	控制孔隙率 n	孔隙比 e
坝壳料（强风化）	30.8	21	2	2.1	1.3×10^{-3}	0.28	0.38
坝壳料（弱风化）	32.2	14	2.1	2.26	7.9×10^{-3}	0.24	0.32
过渡层/反滤层	35	3	2.2	2.3	1×10^{-3}		
沥青混凝土心墙	20	200	2.4	2.45	1×10^{-8}	0.03	0.03
堆石排水体	35	9	2.3	2.4	1×10^{-2}		
混凝土基座	30	350	2.5	2.55	1×10^{-8}	0.03	0.03
基础强风化层	30	25	2	2.1	3×10^{-4}	0.28	0.38
基础弱风化层	33	80	2.2	2.3	2.6×10^{-4}	0.24	0.32

经计算，当上游水位为正常蓄水位 1664.18m 时，大坝坝体、坝基年渗流量为 46.86 万 m³，占总库容 1079.43 万 m³ 的 4.2%，占多年平均径流量 1760 万 m³ 的 2.7%。

7 大坝坝坡稳定计算

根据土工试验结果，结合本工程的地质情况，坝体稳定分析计算采用的坝体、坝基物理力学：筑坝土料及坝基物理指标采用平均值，筑坝土料力学指标采用小值平均值。坝坡抗滑稳定计算采用计及条块间作用力的简化毕肖普法，计算程序采用中国水利水电科学研究所陈祖煜教授编的"土石坝边坡稳定分析程序"，其计算成果见表 4。

表 4　　　　　　　　　　大坝稳定分析安全系数计算成果表

计算工况	坝坡	标准断面	典型断面左岸	典型断面右岸	规范值
死水位稳定渗流期	上游坡	1.792	1.775	1.828	1.35
正常蓄水位稳定渗流期	上游坡	2.01	2.014	2.015	1.35
	下游坡	1.456	1.816	1.577	1.35
设计洪水位形成的稳定渗流	上游坡	2.046	2.053	2.054	1.35
	下游坡	1.453	1.81	1.574	1.35
正常蓄水位正常降至死水位	上游坡	1.639	1.637	1.676	1.35
校核洪水位形成的稳定渗流期	上游坡	2.064	2.067	2.07	1.25
	下游坡	1.452	1.806	1.572	1.25

计 算 工 况	坝坡	标准断面	典型断面左岸	典型断面右岸	规范值
坝体施工期（未蓄水）	上游坡	1.836	1.81	1.849	1.25
	下游坡	1.511	1.856	1.578	1.25
校核洪水位快速降至死水位以下	上游坡	1.343	1.342	1.347	1.25
死水位稳定渗流期遇7度地震	上游坡	1.567	1.57	1.645	1.15
正常蓄水位形成的稳定渗流遇7度地震	上游坡	1.613	1.632	1.663	1.15
	下游坡	1.332	1.645	1.429	1.15
设计洪水位形成的稳定渗流遇7度地震	上游坡	1.642	1.666	1.699	1.15
	下游坡	1.324	1.577	1.43	1.15
正常蓄水位降至死水位遇7度地震	上游坡	1.442	1.449	1.506	1.15

8 工程审批及实施进展

2015年6月4日，云南省水利厅、云南省发展和改革委员会以《关于金平县铜厂水库工程初步设计报告的批复》（云水规计〔2015〕64号）文件对《金平县铜厂水库工程初步设计报告》予以批复，同意工程开工建设。铜厂水库大坝工程经过招标投标工作，于2016年2月25日开工建设，2017年5月开始大坝沥青混凝土心墙的施工（见图6～图9）。至2018年6月主汛期来临前，心墙施工至高45.9m，坝体与心墙同高，

图6 2017年5月心墙开始施工

图7 沥青混凝土心墙施工中

图8 2018年1月心墙施工中

图9 2018年5月心墙汛期停工

完成坝体填筑总量的一半，施工完的心墙上游自然蓄水，上游来水已被心墙阻断，根据施工期的观察，显现出沥青混凝土心墙良好的防渗效果。经过施工单位自检及第三方检测单位的抽检，沥青混凝土心墙各种技术指标达到了相关规范的要求，应力应变也在沥青混凝土允许范围内。

9 结语

沥青混凝土作为水库防渗材料在红河州的主要应用的范围：红河以南边疆县市防渗土料匮乏或防渗土料质量难以达到规范要求的工程区。主要取得的工程效果：减少土料场征占地范围，减少对环境资源及水土保持设施的破坏，减少多雨多雾的气候对工程施工的影响，减轻工程施工对当地群众生产生活的影响，工程施工进度更快，防渗效果好。

沥青混凝土作为防渗材料应用于大坝心墙中，在云南也少有这种坝型的筑坝经验，在红河州铜厂水库属首例。铜厂水库大坝心墙对沥青混凝土作为防渗材料的成功运用，对红河州乃至云南部分地形气候复杂、传统防渗合格土料匮乏地区的水利设计及施工具有较好的推动作用，是学习新技术、应用新技术的较好的尝试和发展。

第三部分 施 工 技 术 类

阿尔塔什水利枢纽工程大坝变形控制的
工程对策与施工管理关键技术研究

赵宇飞[1] 王志坚[2] 巫世奇[3] 张正勇[3] 杨正权[1] 卞晓卫[4]

(1. 中国水利水电科学研究院；2. 新疆新华叶尔羌河流域水利水电开发有限公司；

3. 中国水利水电第五工程局有限公司；4. 中国电建集团

贵阳勘测设计研究院有限公司）

摘　要： 本文结合阿尔塔什水利枢纽工程的重要坝址地质条件，以及工程设计特点，从实际运行过程中长久安全与可靠出发，提出了阿尔塔什水利枢纽大坝建设过程的变形控制对策与实现关键技术研究，包括拟真实环境的大坝坝料物理力学特性研究、大坝填筑施工过程实时监控技术以及大坝施工过程安全监测技术与数据分析等关键技术。通过近3年的施工实践的总结，已经与国内外相似条件工程对比分析来看，在大坝施工过程中所提出的大坝坝体变形控制对策是完全有效的，能够为今后国内外相关工程中大坝设计、施工过程控制提供重要的参考与借鉴。

关键词： 大坝碾压；变形控制；相对密度；智能化监控

1　引言

自1985年以来，我国在学习和引进国外混凝土面板堆石坝设计施工技术和经验基础上，对国内混凝土面板堆石坝设计、施工及运行管理中关键技术问题进行了深入研究，取得了重大技术进步。据不完全统计，截至2014年年底，我国已建、在建及拟建的混凝土面板堆石坝已达305座。其中坝高超过100m的大坝有94座，包括已建48座，在建20座，拟建26座。

大坝作为水利枢纽的重要水工建筑物，其作用主要是抬高水位，调整河流流量。为保证大坝主要作用的有效发挥，要保证大坝坝体有较好的稳定性，并且能够有较好的防渗性能，保证水库能在设计水位进行长期安全可靠的运行。

在混凝土面板坝的设计、施工及运行管理过程中，通过对目前国内外已建高面板堆石坝存在垫层区裂缝、面板脱空和裂缝、面板挤压破坏和严重渗漏的原因分析，总结实际工程中所发生的这些事故的经验教训，从坝体变形与防渗两个相互制约相互协调的安全理念出发进行设计研究，提出了大坝设计主要以变形协调与变形控制为主，在保证大坝坝体变形协调基础上，进行适应不同工况的柔性防渗设计的理念。主要包括以下几个方面：

（1）采用数值模拟及物理模型试验，对不同坝体分区方案的坝体应力变形与面板应力变形的协调进行分析与优化调整，以达到坝体整体变形协调一致，且面板在不同的运行条件下都具有较好的应力变形工作状态。

（2）针对坝体不同分区中的坝料变形提出不同的标准，并根据变形要求设计合理的坝料及坝料填筑标准。可适当提高下游堆石区的填筑标准，以达到上下游坝体变形协调的目的。

（3）根据规范，以及不同坝体及覆盖层的沉降变形特性，合理确定面板浇筑分期以及面板浇筑时机，保证在水荷载作用下，面板与坝体有较好协调变形能力，不至于出现面板脱空、架空、压裂这样的现象发生。

（4）在考虑经济与施工效率条件下，尽量提高坝体填筑标准，减小坝体在坝轴线方向上的位移，减小在水荷载作用下面板与垫层之间的约束，减小两岸坝肩附近面板的拉应力以及河谷中央面板上的压应力，避免两岸坝肩附近面板产生拉裂缝以及河谷中央面板挤压破坏。

（5）结合目前混凝土面板施工中广泛使用的挤压边墙，通过挤压边墙变形特性与面板垂直缝的协调设计，以及垂直缝填料与止水之间的协调变形关系，保证面板在不同的运行工况下有较好的协调变形能力，保证大坝长期运行安全可靠。

2　阿尔塔什水利枢纽工程大坝施工难点与关键点分析

阿尔塔什水利枢纽工程是目前新疆最大的水利工程。其位于新疆塔里木河源流叶尔羌河山区河段下游，是流域重要的控制性枢纽工程，在保证塔里木河生态供水的前提下，具有防洪、灌溉、发电等综合利用功能。坝址位于莎车县约 120km 的昆仑山腹地。水库总库容 22.45 亿 m^3，控制灌溉面积为 31.864 万 km^2，水电站装机容量 730MW，大坝为混凝土面板砂砾石坝，最大坝高 164.8m，工程等别为 Ⅰ 等大（1）型。大坝及泄水建筑物设计洪水标准为 1000 年一遇，洪峰流量为 13540 m^3/s；校核洪水标准为 10000 年一遇，洪峰流量为 18403 m^3/s。

阿尔塔什水利枢纽工程位于库坝区位于米亚断裂至阿尔塔什断裂之间的中山区，其构造环境属稳定性较差的地区，但坝址选择在相对稳定的铁克里克断隆带内。坝址地貌上为底部宽阔的槽形谷地，两岸岸坡不对称，岸坡陡峻，坡度一般大于 50°。河床宽 230m，两岸基岸裸露，左岸坝肩山梁较窄，右岸宽厚。地形岩性为较完整坚硬的灰岩、白云质灰岩和石英砂岩。坝址区河床基岩面呈基本对称的宽 V 形，河床深槽位于中部偏右岸，宽 15～45m，根据钻孔钻探资料，砂卵砾石覆盖层最大厚度超过 97m，向两侧覆盖层厚度逐渐减小。

综合考虑阿尔塔什水利枢纽工程坝址区综合筑坝条件，大坝有以下难题需要解决。

（1）大坝组合变形高度国内外第一，坝体变形条件复杂。阿尔塔什水利枢纽工程的混凝土面板堆石坝坝高 164.8m，另外其坐落在深达 97m 的深厚覆盖层上，组合变形高度超过了 260m。而且坝体沉降变形包括基础变形与大坝填筑体变形两个部分，坝体变形协调与控制难度大。

（2）坝址区地震设防烈度大，根据《中国地震动参数区划图》（GB 18306—2015）等资料，坝址区地震基本烈度为Ⅷ度，依据《水工建筑物抗震设计规范》（SL 203—97）的要求，工程抗震设防类别为甲类，大坝抗震设计烈度为 9 度。在这样高的地震烈度条件下，大坝坝体抗变形能力要求高。

（3）左右岸坝坡高陡，坝坡结合部的坝料填筑及防渗设计施工均具有较大难度，为坝体填筑以及坝体变形协调与控制提出了新的难题。

综合以上三个问题，阿尔塔什水利枢纽工程大坝坝体变形控制是整个枢纽工程的关键，也是整个大坝设计需要重点解决的难点。

3 大坝变形控制对策

对阿尔塔什水利枢纽工程而言，大坝坝体设计是保证坝体变形协调与渗透稳定的基础，而施工过程管理与施工质量控制，是保证大坝建设是否满足设计要求的最直接的手段。设计与施工，是保证枢纽工程日后安全稳定运行的重要基础。

3.1 设计方面

在目前国内外相关深厚覆盖层筑坝经验基础上，利用数值模拟与模型试验，采用阿尔塔什坝址区高变模的砂砾石及坝料爆破料，对阿尔塔什水利枢纽大坝设计进行了基于不同坝料分区优化。大坝坝体设计为混凝土面板—砂砾石—堆石坝的坝体结构，从上游至下游布置成"面板—挤压边墙—垫层料—过渡料—砂砾石主堆石区—爆破料区（利用料区）"的层次结构，遵循了"防、限、排、滤"的设计原则。其典型剖面分区见图1。

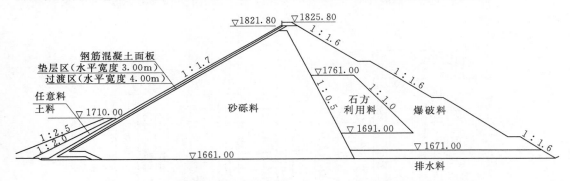

图1 阿尔塔什水利枢纽工程混凝土面板砂砾石坝典型剖面分区示意图

根据国外大坝坝体设计与施工所积累的经验，大坝坝料采用了高变形模量的砂砾石，以及开采的中硬石灰岩作为坝体最重要的填筑坝料。其中砂砾石的填筑质量按照相对密度控制，控制标准为相对密度 0.90；爆破料填筑质量按照最小孔隙率控制，控制标准为孔隙率不大于 17%。

3.2 施工方面

实际大坝施工控制指标，主要通过现场试验确定。现场试验主要分为两个方面。

（1）坝料现场相对密度试验。在工地现场中，利用大型相对密度桶，采用松填法等方法确定不同含砾量原级配砂砾料的最小干密度指标，再在最小干密度测试完成后，采用大坝实际施工碾压机械进行强振碾压方式确定最大干密度指标。现场大型相对密度试验基本原理见图2。正在进行阿尔塔什水利枢纽工程混凝土面板坝筑坝砂砾料最大干密度现场试验（见图3）。

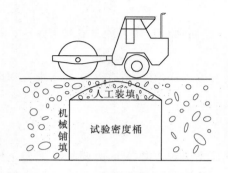 

图 2　现场大型相对密度试验基本原理图　　　图 3　现场大型相对密度试验的实施

　　现场相对密度试验密度桶尺寸大，可以进行原级配或者接近于原级配的原型砂砾料进行试验，试验中采用实际施工碾压机械进行强振碾压，这些施工机械的击实功能大，压实机理也和现场施工实际情况基本一致。试验确定的砂砾料相对密度指标可以基本反映实际，可以不加修正的直接应用于确定砂砾料填筑标准，进行大坝压实质量评价。

　　通过现场相对密度试验，利用不同的级配设计曲线（见图 4），得到了阿尔塔什水利枢纽大坝筑坝砂砾石最大和最小干密度（见表 1），为大坝填筑质量控制提供了重要的控制指标。

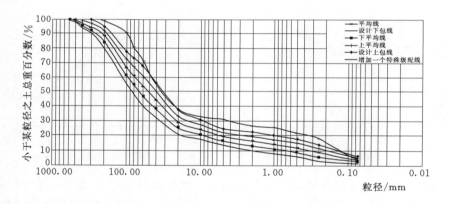

图 4　阿尔塔什水利枢纽工程砂砾石料现场相对密度试验原型级配曲线图

表 1　　　　　　不同含砾量在相对密度 $D_r=90\%$ 时所对应的干密度和压实度表

砾石含量/%	69.0	70.0	75.0	76.4	77.8	80.7	83.6	86.5
$D_r=0.90\%$ 的干密度/(g/cm³)	2.31	2.32	2.38	2.39	2.39	2.36	2.33	2.30
压实度/%	98.3	98.4	98.5	98.5	98.5	98.4	98.3	98.3
最大干密度/(g/cm³)	2.350	2.362	2.421	2.431	2.425	2.397	2.368	2.339
最小干密度/(g/cm³)	1.958	1.977	2.058	2.066	2.057	2.018	1.976	1.945

　　以往工程中大坝填筑控制标准一般都是由试验室的缩尺试验得到的，并不能完全代表

足尺坝料真实的压实状况。在阿尔塔什水利枢纽工程中，通过现场大型相对密度试验，得到了与大坝施工过程同等施工条件下的真实的坝料压实情况，能够反映大坝填筑压实特性，弥补了以往室内缩尺试验的不足。

（2）大坝填筑碾压试验。在工地现场采用实际施工机械针对原型筑坝料，按照设计选定的基本施工方法，进行多工况的对比试验，分析不同因素对坝料压实效果的影响，从压实质量和施工成本两方面，综合确定大坝施工碾压参数。

碾压试验最重要的测试和分析工作是对不同参数组合压实后的坝料碾压层进行干密度检测和级配分析。一方面是主要基于干密度试验成果，对大坝填筑的施工碾压参数进行研究，确定既能满足设计填筑标准又能兼顾施工成本的坝料碾压参数；另一方面，考虑到砂砾料级配特性对压实所起到的关键性作用，碾压试验级配分析工作还应当能够起到校核坝料设计级配和检验料场土料级配特性的作用，对料场料源质量进行复核。

基于当前我国碾压式土石坝施工的实际情况，现场碾压试验需要进行的影响因素（碾压参数类别）分析包括碾压机具的选择、行车速度、碾压遍数、铺土厚度、洒水量和振动碾振动频率的确定等。阿尔塔什水利枢纽工程主堆砂砾料现场碾压试验洒水情况见图5。

图5　阿尔塔什水利枢纽工程主堆砂砾料现场碾压试验洒水情况

通过现场大坝碾压试验，可知在考虑经济及技术两个方面条件下，大坝填筑施工的主要施工参数如下：

砂砾石料，32t自行式振动碾激振10遍，行车速度3.0km/h，铺料厚度80cm，晒水10%。

爆破料：铺料厚度80cm，洒水10%，32t自行式振动碾激振碾压8遍，行车速度控制为3.0km/h。

过渡料：铺料厚度40cm，洒水5%，26t自行式振动碾激振碾压10遍，行车速度控制为2.0km/h。

垫层料：铺料厚度为20cm，采用后退法卸料，充分洒水〔根据计量系统确定加水量以6%～8%（重量比）为宜〕，3.5t自行式振动碾激振碾压16遍，行车速度控制在2.0km/h。

特殊垫层料：铺料厚度为20cm，采用后退法卸料，充分洒水〔根据计量系统确定加水量以 6％～8％（重量比）为宜]，3.5t 自行式振动碾激振碾压 16 遍，行车速度控制在 2.0km/h。

（3）大坝填筑施工过程的实时智能化监控。土石坝施工过程质量控制一直是困扰工程建设管理人员的难题，尤其是大坝碾压施工过程的控制，是整个大坝建设管理过程中的难点与瓶颈。大坝施工质量不能保证，将导致大坝坝体发生较大不均匀沉降变形，为日后的坝体运行造成重大安全隐患。

采用常规的大坝碾压施工现场管理模式，很难保证大坝施工严格按照通过碾压试验制定的施工参数进行，另外，由于大坝碾压施工环境的恶劣，碾压机械操作人员很难长时间保持清醒的工作状态，错碾、漏碾不可避免。因此，建立一种实时的大坝碾压施工过程监控系统，对大坝施工过程进行实时的图形展示，一旦大坝施工参数与既定参数有较大偏差，则能够及时对施工进行纠偏提示，保证大坝碾压施工质量。

利用高精度卫星定位技术，结合物联网、云计算及大数据技术，结合土石坝结构设计与填筑施工组织设计特点，建立大坝填筑碾压实时智能化监控系统，系统组成部分见图 6。通过实时监控系统，能够将大坝填筑施工过程中碾压机械的施工坐标点、碾压遍数、碾压速度、碾压振动频率、铺料厚度以及实时坝料压实特征实时地以图形的形式展示在工程建设管理人员的计算机屏幕上，能够为大坝填筑施工过程管理、施工质量控制以及施工现场的动态调度提供重要的技术手段。系统中展示的某高程坝面坝料碾压实际施工情况（见图 7），碾压仓面施工结束后，进行施工质量分析（见图 8）。

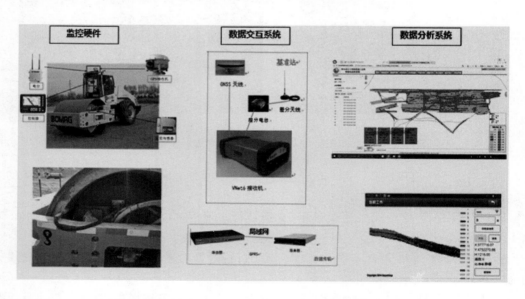

图 6　大坝填筑碾压施工过程实时智能化监控系统组成部分图

大坝填筑碾压施工过程实时监控系统，是通过机器的实时监控基本上控制了大坝碾压机械，避免了传统的人为旁站管理不足及不到位的问题，提高了坝料碾压保证率，使得大坝的真实碾压过程都达到了碾压参数要求的指标。

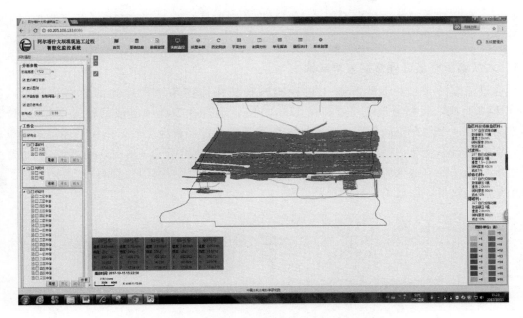

图 7　大坝某高程坝面坝料碾压实际施工参数示意图

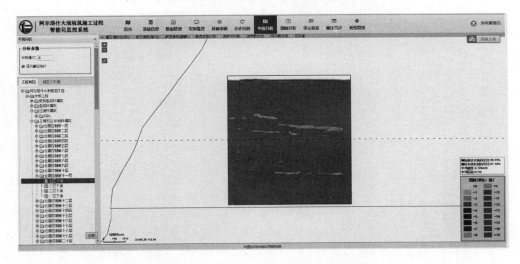

图 8　仓面施工结束后质量分析示意图

4　实施效果分析

以大坝变形控制设计为主的思路下，大坝结构设计充分考虑了分区变形协调特点，进行了具有针对性的结构设计；根据现场相对密度试验与碾压试验得到的大坝填筑质量控制与施工控制指标；并且利用了基于北斗高精度卫星定位技术的大坝填筑碾压施工过程实时智能化监控系统，通过大坝填筑分区分仓的精细化管理，严格进行施工过程控制，保证了施工质量。

根据目前积累到的施工数据以及大坝沉降监测信息可知，目前阿尔塔什水利枢纽工程大坝填筑施工质量较好，大坝坝体目前沉降较小。

4.1 大坝填筑施工过程数据分析成果

通过建立的大坝填筑碾压施工过程实时智能化监控系统积累到的数据可知，截至2018年8月底，大坝填筑已超过高程1760.00m。通过在系统中生成的桩号0＋305位置的剖面来看，大坝在全面利用实时监控系统进行施工过程管理之后，大坝坝体填筑质量较好，坝料铺料厚度与碾压遍数分布较为均匀（见图9，其中图10是图9局部放大），避免了大坝填筑过程中常见的漏碾、欠碾等现象，也避免了某一块区域过碾的现象，提高了大坝填筑施工效率，创造了较好的经济效益。

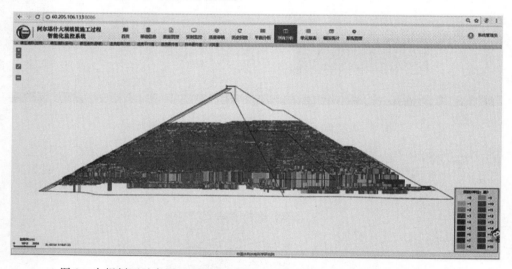

图9　大坝剖面示意图（大坝填筑形象）（桩号0＋350，2018年8月23日）

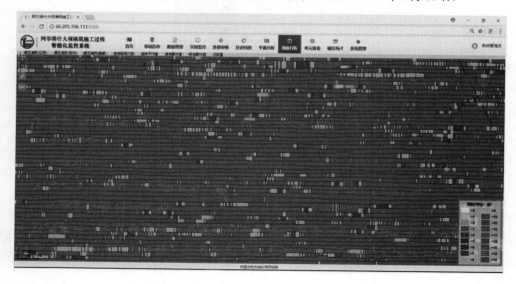

图10　大坝剖面示意图（局部放大图，图9中局部）

4.2 大坝施工过程质量检测结果

本文收集了2017年8月至12月的大坝砂砾石料填筑挖坑检测试验资料，试验资料共856组，通过对这些挖坑监测试验资料的整理与分析可知，9月砂砾石填筑量可达125万m³，填筑量最高，施工强度最大。通过这856组挖坑检测试验资料的相对密度试验资料分析可知，填筑质量全部合格，满足设计要求，其中相对密度的平均值超过了0.93，砂砾石料的挖坑检测试验结果分布见图11，爆破料的挖坑检测试验结果见图12。

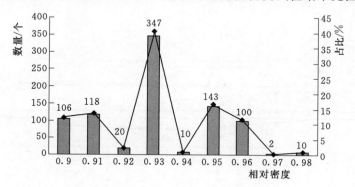

图11 大坝填筑挖坑检测试验结果分布示意图
（砂砾石料，2017年8月至12月）

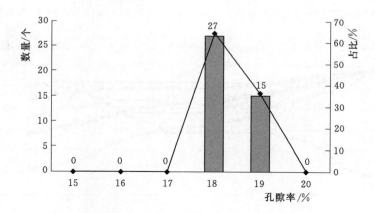

图12 大坝填筑挖坑检测试验结果分布示意图
（爆破料，2017年8月至12月）

4.3 大坝沉降监测资料分析

大坝填筑高程已达1760.00m，通过对不同高程的中不同位置的水管式沉降仪的监测数据分析可知：高程1671.00m各沉降测点累计沉降量在96.6～383.9mm之间，最大沉降量占已填筑坝高的0.33%；高程1711.00m各沉降测点累计沉降量在43～484.6mm之间，最大沉降量占已填筑坝高的0.42%；高程1751.00m各沉降测点累计沉降量在30.3～73.6mm之间；各沉降测点的沉降量与坝体相应部位的填筑强度呈明显的正相关（见图13）。

阿尔塔什水利枢纽工程大坝在高程 1711.00m 中（见图 14），桩号 0＋305 桩号的沉降监测断面的监测过程截至 2018 年 8 月 23 日。通过图中可以看出，坝体沉降过程与大坝填筑过程明显相关，并且砂砾石料填筑部分沉降量较小，而工程爆破料填筑部分沉降量偏大。从阿尔塔什大坝目前填筑高度 110m 大坝沉降量来看，其坝体沉降大大优于以往同类大坝沉降情况。

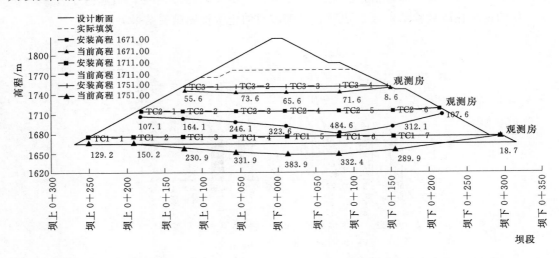

图 13　大坝沉降监测成果分析示意图（桩号 0＋305 剖面，2018 年 8 月 23 日观测数据）

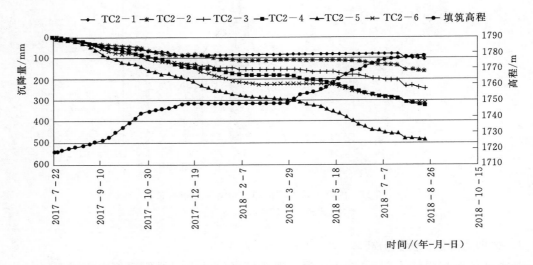

图 14　大坝沉降监测成果分析示意图（桩号 0＋305 剖面，高程 1711.00m，2018 年 8 月 23 日观测数据）

图 15 是通过大坝高程 1711.00m 中不同桩号沉降监测断面中监测的数据得到的坝面沉降等值线图。通过图 15 可以看出，该高程中沉降较大的部位在桩号 0＋480 左右，该部位位于河床靠右岸的一侧，也是覆盖层最深的部位，另外该沉降值最大部位也是爆破料主要的填筑区域。对典型的沉降资料分析可知，大坝沉降，除主要受到坝基覆盖层位置与厚度影响之外，不同的坝料，主要指爆破料与砂砾石料本身的物理力学特性，也是影响坝体

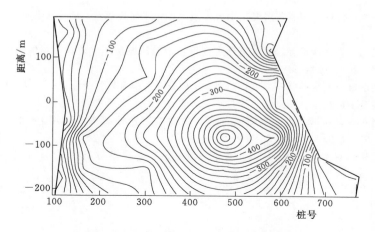

图 15　大坝沉降监测成果拟合示意图（高程 1711.00m，
2018 年 8 月 23 日观测数据）

沉降的主要因素。本工程数据分析显示，砂砾石坝料压实质量要好于爆破料压实质量。

5　结论

通过阿尔塔什水利枢纽工程大坝基于变形控制理念的对策与实施来看，阿尔塔什水利枢纽大坝填筑设置参数合理可行，施工过程严格可控，施工质量可靠，坝体沉降规律符合一般大坝填筑过程规律。阿尔塔什水利枢纽工程大坝变形控制对策与施工管理，主要经验有以下几点：

（1）设计是整个大坝建设最重要的基础，在总结目前混凝土面板砂砾石坝建设经验基础上，通过数值模拟与模型试验研究，以变形协调为首要考虑的目标，通过不同坝体分区与填筑进度的控制，保证坝体在不同的运行工况下能够保证坝体、面板、趾板变形协调与稳定。

（2）在大坝之前，通过现场相对密度实验与碾压试验，确定接近真实的与实际施工条件相匹配的大坝坝料碾压控制标准与施工过程控制参数。

（3）利用目前先进的高精度卫星导航系统，构建高精度的大坝填筑施工过程实时智能化监控系统，对大坝填筑施工过程中重要节点进行实时监控，保证大坝施工中无漏碾、欠碾，保证大坝施工质量，为工程运行安全可靠提供重要保障。

在阿尔塔什水利枢纽工程中的混凝土面板砂砾石坝设计与施工中的基于变形控制的工程对策与施工管理，可为今后在复杂坝址条件下的土石坝设计与施工提供重要的参考与借鉴。

参　考　文　献

[1]　王君利. 西北院混凝土面板堆石坝设计技术进步. 土石坝技术，2015：8-18.

[2]　徐泽平，邓刚. 300m 级高混凝土面板堆石坝应力变形特性研究. 土石坝技术，2015：232-242.

[3]　邓铭江，于海鸣，李湘权. 新疆坝工技术进展. 岩土工程学报，2010，32（11）：1678-1687.

[4] 邓铭江. 严寒、高震、深覆盖层混凝土面板坝关键技术研究综述. 岩土工程学报，2012，34（6）：985-996.

[5] 邓铭江，吴六一，汪洋，等. 阿尔塔什水利枢纽坝基深厚覆盖层防渗及坝体结构设计. 水利与建筑工程学报，2014（2）：149-155.

[6] 关志诚. 高混凝土面板砂砾石（堆石）坝技术创新. 水利规划与设计，2017（11）：9-14.

[7] 关志诚. 混凝土面板堆石坝筑坝技术与研究. 北京：中国水利水电出版社，2005.

[8] 钟登华，刘东海，崔博. 高心墙堆石坝碾压质量实时监控技术及应用. 中国科学：技术科学，2011，41（8）：1027-1034.

[9] 陈祖煜，杨峰，赵宇飞，等. 水利工程建设管理云平台建设与工程应用. 水利水电技术，2017，48（1）：1-6.

无人驾驶技术在阿尔塔什水利枢纽工程大坝坝体填筑施工中应用

冯俊淮

（中国水利水电第五工程局有限公司）

摘　要：信息数字化技术在水利工程建设上使用越来越普遍。结合阿尔塔什水利枢纽工程大坝工程特点，基于常规土石坝碾压，阿尔塔什水利枢纽工程项目部将常规振动碾改装成无人振动碾进行碾压，研究了如何改装无人振动碾，提高大坝碾压质量、增加碾压效率以及降低驾驶人员因长期驾驶所带来的健康问题，实现大坝填筑数字化无人驾驶，总结了无人振动碾在大坝填筑上的应用及经验。

关键词：砂砾石；振动碾压；自动作业

1　工程概况

阿尔塔什水利枢纽工程大坝主体为混凝土面板砂砾石（堆石坝），坝顶高程 1825.80m，宽度 12m，坝长 795m。大坝最多坝高 164.8m，且修建在最大值 94m 深厚覆盖层之上，其填筑总工程量约为 2500 万 m^3，统计大坝填筑单层最大碾压面积为 25.12 万 m^2，从上游至下游分别为特殊垫层料、垫层料、过渡料、砂砾料、利用料、爆破料。上游主堆石区采用砂砾石料，坝坡坡度为 1:1.7。下游坝坡坡度为 1:1.6，在下游坡设宽 15m，纵坡为 8% 的之字形上坝公路，最大断面处下游平均坝坡坡度为 1:1.89。

阿尔塔什水利枢纽工程大坝填筑碾压过程采用全信息数字化技术监控，通过对大坝碾压全过程进行的全程实时监控，避免了漏压、欠压现象。通过对常规振动碾的改装，再结合阿尔塔什水利枢纽工程大坝填筑现状，最后经过反复的现场试验，最终阿尔塔什大坝工程实现了无人驾驶振动碾完成大坝碾压工序减少了人员投入及保证了驾驶人员的安全性。

2　技术原理

2.1　振动碾原车概况

振动碾原车液压系统主要包含：行驶液压系统、转向液压系统、制动液压系统和振动液压系统，振动碾原车电控系统主要包含：发动机电气系统、液压电气控制系统、故障显示报警和车辆通用电气部分。振动碾的特点综述如下：

（1）速度的可调节性：振动碾通过变量泵和变量马达调速实现车辆行走的速度控制，这样可以保证振动碾在各种工况下以最佳的速度进行压实作业，而且在不作业时能够以较快的速度行驶，提高作业效率。此外，振动碾还采用全液压转向器实现振动碾的铰接转向与转向速度的调节。

（2）振动性能的可调节性：其振动系统可在 $0\sim28\,\text{Hz}$ 振动频率范围内调节，可以有效地压实不同种类及厚度的铺料层，其原理是通过改变变量泵的排量实现振动频率的控制，以此来适应不同的作业环境。

（3）作业与行驶的安全性：为了确保振动碾的工作和行驶安全，振动碾制动系统设有行驶制动、驻车制动和紧急制动三种制动方式。行驶制动采用液压制动，当操作手柄处于中位时，行驶泵的排量为 0，以此实现振动碾的行驶制动。驻车制动为开关量输入信号，当操作手柄处于中位时，振动碾会进入驻车制动模式，此驻车信号存在时，即使输入前进/后退的电压模拟量也不会让振动碾行驶。紧急制动为机械制动方式加驻车制动，其中机械制动方式由驱动桥上的离合器实现，当按下紧急制动开关时，离合器在液压油作用下使得行驶马达和前后轮分离，振动碾停止行驶。同时，按下紧急制动开关后，控制器会生成驻车信号，振动碾在驻车信号存在时自动停止行驶。

2.2 振动碾改造原理

振动碾改造主要分为机械、液压和电控三大方面。

（1）机械改造。机械方面振动碾需增加机械改装结构，如传感器安装支架、电控箱等。机械方面的改装主要用于各类传感器的安装固定，以及各类电气元件在车内的布局，保证各元件布置合理并且美观。

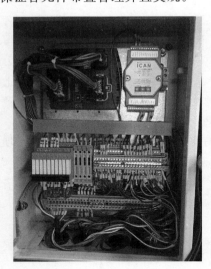

图 1　驾驶室内-电控箱内元件布局

例如，在振动碾自动驾驶系统中，需增添诸多电气元件如车载控制器、继电器、GPS 流动站等，它们需在驾驶室内进行合理安装固定，故需要根据驾驶室内空间进行电控箱尺寸和电控箱固定方式的设计，之后再对电控箱内部元器件的布局进行设计，保证所有元器件均可以合理摆放并安装固定。驾驶室内-电控箱内元件布局见图 1。

（2）液压改造。如前所述，振动碾原车液压系统主要包含行驶液压系统、转向液压系统、制动液压系统和振动液压系统。在振动碾自动操作系统改造中，行驶液压系统、制动液压系统和振动液压系统均不需改造，采用原系统进行车辆控制。只有转向液压系统需要进行改造，需将原车手动转向（用过方向盘）方式改为电控与手动转向并联的方式，并可以相互切换。原车手动转向液压系统原理见图 2，原车转向液压系统采用开式回路，由泵、全液压转向器、转向油缸等组成，通过全液压转向器控制转向油缸的流量和进油方向，来调节转向和转向的速度。

在改造过程中，将液压回路原理进行变更，改造后的振动碾液压系统应能实现振动碾的自动转向，振动碾的自动转向控制包括转向（左转/右转）和转向速度的控制。改造原理方案为采用电磁换向阀和比例流量阀实现原车的转向和转速控制，转向液压系统改造原

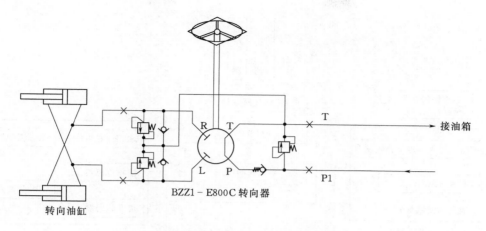

图 2　原车手动转向液压系统原理图

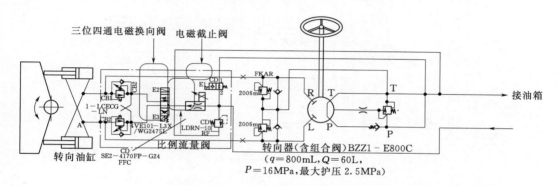

图 3　转向液压系统改造原理图

理见图 3。

　　电磁截止阀来实现原车转向液压系统与改造转向液压系统的切换；比例流量阀可以通过 PWM 信号调节液压油流量，进而调节转向速度；三位四通电磁换向阀可以利用数字量信号进行液压油流向切换，进而改变车辆转动方向。

　　（3）电控改造。电控改造是振动碾整车自动驾驶系统改造的核心部分。电控改造是将原车所有的功能保留，在此基础上，增加一套独立的自动驾驶电控系统，两个系统间可相互切换。根据振动碾自动操作系统的改造要求，改造后的振动碾控制系统应能实现自动转向、自动作业路径规划，并利用 GPS 进行导航实现自动作业路线的跟踪。振动碾自动驾驶电控系统结构见图 4，现分别对各部件及其功能进行说明。

　　整个自动驾驶电控系统以车载控制器为核心，接收所有传感器检测的数据，并对数据进行分析处理。此外，车载控制器将控制指令发送至原车 PLC 控制器和电磁阀等，以控制原车的行驶、转向、振动等功能。振动碾改造电控系统中，GPS 是传感器中的核心。车辆依靠 GPS 进行坐标定位，整个系统基于 CAN 总线组建成一个实时网络控制系统，此外还有工控机角度编码器、倾角传感器和超声波传感器等组成，该系统采用多传感融合技术，借助先进的 GPS 定位导航技术、超声波传感器探测技术、无线通信技术等手段，可

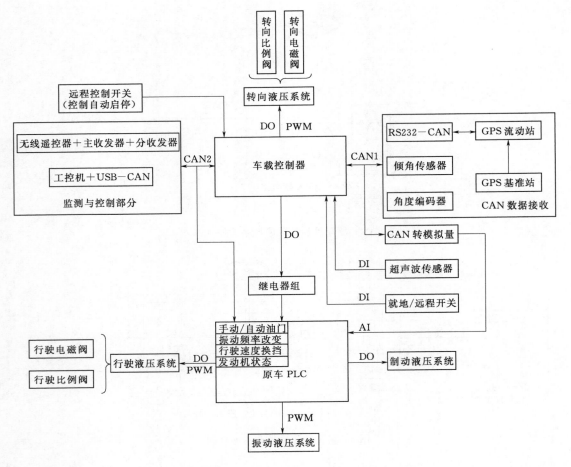

图 4　振动碾自动驾驶电控系统结构图

以有效提高施工机械化装备水平。

3　工程应用

3.1　自动碾压作业

（1）基准站架设。保证基准站天线处于水平位置且处于开阔地带，保证车辆可收到较良好的卫星信号，其连接框见图 5。

（2）工作区域与路径确定。利用驾驶室内的工控机进行工作区域确定，采集工作区域的四个角点（命名为 A、B、C、D）的坐标值（见图 6）。工控机根据这四个角点来确定作业区域的边界，之后设定当前或最近的角点作为起点（设定 A 为起点），再设定车身前进方向的角点来确定作业的方向（设定从 A 至 B）。

完成设定后便可以进行路径的规划，车载控制器会自动根据设定的起点和方向来计算直线行驶的航向，并计算出所需碾压的轨迹数量（图 6 中轨迹数为 7 条），待启动自动程序后控制器会根据所计算的航向完成设定区域内所需碾压轨迹的自动碾压作业。

（3）直线追踪碾压。直线跟踪控制主要依靠 GPS 定位和定向，利用直线跟踪算法进行车辆的直线行驶功能。车辆根据 GPS 设备反馈的位置坐标来预估振动碾所需要的航向，并与测得的车身实时航向进行比较，计算航向误差。根据航向误差来动态调整振动碾的转向角度，实现对设定直线的跟踪。

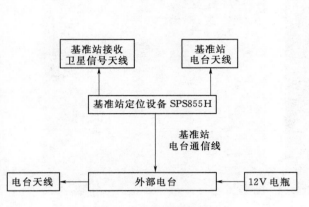

图 5 基准站连接框图

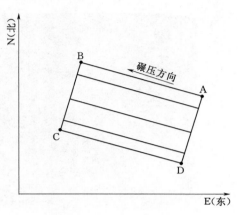

图 6 路径规划示意图

假设车辆预定行驶路线为 A 点到 B 点所在直线（见图 7），而车辆实际在 P 点（铰接点位置），车辆首先计算当前位置在预定行驶路线上的投影，假设 A 点为振动碾铰接点 P 在当前的碾压直线 AB 上的投影。在当前碾压直线上从 A 点向前一个前视距离 L，可以找到车身的前视追踪点 B。前视距离根据作业行驶速度进行调节，速度越快，前视距离越大。航向 PB 为预估的振动碾所需的航向，其可根据铰接点 P 的坐标（由 GPS 定位位置计算得到）与前视跟踪点 B 的坐标计算得到。航向 PC 为振动碾钢轮当前的航向，其可由 GPS 航向测量仪得到，并进行输出。$\angle BPC$ 为振动碾钢轮行驶航向与所需航向之间的航向偏差。将得到的航向偏差作为自动转向控

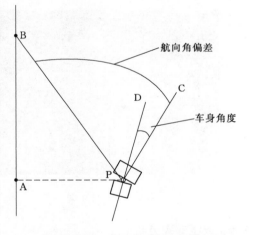

图 7 基于航向的直线跟踪控制示意图

制器的输入。控制器根据输入的航向偏差，输出控制钢轮转动的期望转角，振动碾电控液压转向系统控制车身角度到达期望转角，并通过角度编码器对车身进行反馈，最终实现振动碾的自动直线作业。

3.2 自动碾压效果

为了研究无人驾驶振动碾在实际工程中的应用效果，需要对振动碾自动作业的控制效果进行现场测试。

选取一片较开阔的待碾压区域进行现场操作，通过车轮碾压痕迹进行测量，与工控机上对应设置参数进行比对，结果显示自动碾压的精度较高，可保证在较小的误差范围内。

其效果见图8。

　　同时，在工控机上观察碾压的效果图，包括路径监测和车道信息，可以看到，可以保证较高的碾压效果和精度。同时，车道信息的记录也清晰可见，方便操作人员观察和记录（见图9、图10）。

图8　现场碾压效果

 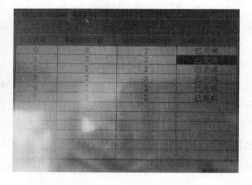

图9　路径监测　　　　　　　　　　图10　车道信息

3.3　碾压成果分析

　　（1）碾压精度较高。通过现场自动碾压作业效果可以看出，车辆在实时定位方面有较高的定位精度，进而将定位精度转化为碾压的搭接尺寸上。相比较于操作人员，自动作业在搭接宽度、换行等参数的调节中，都有较高的精确度和更高的灵活性，不规则堆石面常规人工操作搭接精度仅能控制在25cm以内，利用该系统后，搭接精度可控在10cm以内，可以在一定程度上提高碾压质量，实现标准化作业。

　　（2）安全性能较好。车辆的安全性能进一步提升，具体包括超声波传感器、车内外的紧停按钮以及远程启停遥控，这些都可在紧急情况实现车辆的停止，从一定程度保证了车辆自动作业的安全程度。

　　（3）降低人为劳动力。振动碾在自动作业时，操作人员可在车外进行观察，不必在车上进行实时看护，有效降低了长时间振动碾驾驶对于驾驶人员健康的不良影响，降低了人为劳动力。

4　结语

（1）无人驾驶振动碾有利于在大型土石坝和超大型土石坝的规模化碾压施工，从而获取规模性效益。目前，我国水电站施工企业普遍的作业方式还比较落后，碾压设备的操作主要靠人工控制，一人操作一台，操作人员的劳动强度相对较大，配置触摸屏远程控制系统可以做到一人操作多台压路机进行无人驾驶碾压作业。

（2）自基于 GPS 的振动碾自动操作系统投入大坝工程建设施工过程中后，碾压合格率保持了较高水平，有效避免了漏压补压作业，提高碾压作业效率，降低施工成本，加快直线工期。

参 考 文 献

[1] 韩兴. 振动碾无人驾驶技术的研发与工程应用. 水利水电施工，2017（04）：35－39.

阿尔塔什水利枢纽工程 600m 级高陡边坡危岩体稳定性分析及处理技术研究

梁拥安　丁一鸣　石良波

（中国水利水电第五工程局有限公司）

摘　要： 阿尔塔什水利枢纽工程右岸高陡岩质边坡地质条件复杂、治理区域较分散、岩体较为破碎、有断层分布且节理裂隙发育。结合危岩体分布特点，遵循危岩体结构特征—变形破坏机理—稳定性评价—运动过程分析—防治对策的基本技术途径，运用刚体极限平衡法，对超高危岩体边坡整体稳定性、危岩体失稳机制和稳定性评价指标进行了分析研究。针对高陡边坡散布危岩体群，研究提出了危岩体清挖锚固的个性化高效治理方案，和"因地制宜、对症下药、工序协同、环境友好"的加固施工技术原则。采取了清、挖、锚、护的危岩体处理措施，针对边坡高陡、开挖面狭窄的问题，研究确定了合理的落石危险区范围，采取"先开挖、后支护跟进、同步下降"的方式进行处理施工，保证了高陡边坡散布危岩体处理安全高效。

关键词： 大坝工程；高陡边坡；危岩体；稳定性分析；处理技术

1　工程概况

阿尔塔什水利枢纽是新疆叶尔羌河干流梯级规划中"两库十四级"的第十一个梯级，水库总库容 22.49 亿 m³，正常蓄水位 1820.00m，最大坝高 164.8m，水电站装机容量 755MW。

阿尔塔什水利枢纽工程右岸高陡边坡基岩山体宽厚，岸坡走向近 EW 向，基岩裸露，坡高 565～610m，岸坡自然坡度高程 1960.00m 以下为 50°～55°；以上 75°～80°，局部陡立，自然边坡整体稳定。右岸基岩岩性为中石炭统阿孜干组 C2a 的薄层灰岩、巨厚层白云质灰岩、泥灰岩、石英砂岩、泥页岩；上石炭统塔合奇组 C3t 的灰、灰白色巨厚层状白云质灰岩，灰岩、少量白云岩、少量泥灰岩和泥页岩。

2　危岩体分区

结合阿尔塔什水利枢纽工程中水工建筑物的布置，对右岸高边坡中所存在的潜在不稳定体失事所造成的危害大小与损毁建筑物的范围进行了分区与分类（见图1）。

从图1中可以看出，在右岸高边坡中潜在不稳定体分布很广，结合水利枢纽运行等综合信息，将其分为四个区，分别为 A 区、B1 区、B2 区与 C 区。另外在这几个区中分为两类危岩体，用黑色线圈圈起来的危岩体方量较大；用白色线圈圈起来的危岩体主要是高边坡表层较小的块石垮落。

A 区：主要从面板坝坝轴线开始往下游，危岩体失稳垮落后主要影响水利枢纽右岸

234

图1 阿尔塔什水利枢纽工程右岸高边坡潜在不稳定体分区示意图

布置的深孔泄洪洞与发电洞进口。

B1区：主要是面板坝轴线到面板坝坝址线起点，且在正常蓄水位以上的部分，该部分的危岩体失稳垮落后，由于距离面板坝位置较高，垮落的块体将对面板坝造成严重的危害。

B2区：主要位置在面板坝坝址线以上到水库正常蓄水位之间的边坡上，该区域的危岩体失稳后对面板坝造成的危害要较B1区内危岩体失稳后对面板坝造成的危害要小。

C区：从面板坝上游坝坡坡脚向上游的边坡范围内。该区内分布的危岩体失稳后，不会对水利枢纽中主要建筑物造成太大的影响，所掉落的块体主要掉落在水库中，规模较大的危岩体失稳垮落可能会引起水库涌浪事故。

3 危岩体稳定性分析

阿尔塔什水利枢纽工程右岸高边坡主要发育有三组结构面，即产状为NW300°～NE10°∠60°～80°的卸荷裂隙，产状为SW230°∠30°～50°的层面与50°～110°∠50°～70°的结构面。区内除发育有控制性的F9断层外，其他的一些小型结构面，如卸荷裂隙、层理等十分发育。受F9断层的挤压与结构面的切割作用，边坡表面岩体较为破碎，孤石林立，特别是在F9断层的核部与影响带范围内，受断层的挤压作用，岩体十分破碎，呈碎裂结构。

这些结构面与倾向NW或NE的边坡临空面相互切割组合，在边坡表面形成了诸多体积大小不等的潜在不稳定块体。当这些块体位于面板坝趾板范围以上时，可能发生滑塌破坏，对下部的趾板构成严重的威胁。

3.1 危岩体失稳模式分析

对各个区内的危岩体调查与测量得到的信息进行了细致分析，并在此基础上对各区内的危岩体进行了失稳破坏模式、稳定分析以及失稳垮落后的危害进行了分析，右岸高边坡中分布的危岩体主要有以下几种失稳破坏模式。

（1）楔形体失稳破坏。该破坏模式主要是在右岸高边坡内发育有三组主要的结构面，分别是倾向 NW 的陡倾角的卸荷裂隙，倾向 SW 的中缓倾角的层面，另外，还有一组垂直边坡表面发育的倾向 E/SE 的陡倾角的随机结构面，在几组结构面相互组合能够形成可能失稳的楔形体，两个底滑面主要是卸荷裂隙和倾向 E/SE 的陡倾角结构面。

图 2　危岩体 W14 区内形成的
较大方量的楔形体

如在危岩体 W14 区，右岸高边坡顶端的危岩体 W1～W9 区内都可以见到这种模式的块体失稳后的楔形体槽等（见图 2）。

另外的一种块体破坏模式，主要是在右岸高边坡中，中低高程中由倾向 NW 的陡倾角的卸荷裂隙与倾向 SW 的中缓倾角的层面，作为底滑面；垂直边坡表面发育的倾向 E/SE 的陡倾角的随机结构面侧切岩体形成临空面，或有自然的临空面，所组成的可能失稳的块体。

如在右岸高边坡中方量最大的 W19 区，该危岩体以卸荷裂隙与岩层层面作为滑面，与危岩体两侧由于岩体崩塌所形成的临空面形成较大的块体（见图 3）。

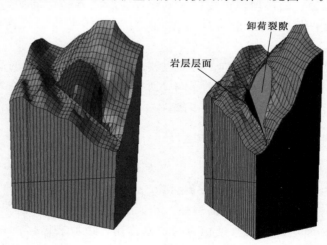

图 3　危岩体 W27 区由两组结构面所形成的潜在不稳定块体示意图

（2）单滑面失稳破坏。这种破坏模式主要是以卸荷裂隙为滑面，危岩体两侧为边坡岩体崩塌或冲蚀形成的临空面组成的潜在不稳定块体；另外右岸高边坡坡面上堆积的坡积物两侧有冲沟形成孤立山梁时，其可能的失稳模式也属于该类型（见图 4）。

3.2　危岩体稳定性分析

（1）影响因素。根据现场对危岩体的调查结果，考虑危岩体的分布位置、对面板坝坝趾板的危害程度等因素，将阿尔塔什水利枢纽工程右岸高边坡共分为三个分区，并圈定了近30个危岩体。危岩体稳定性的主要影响因素有以下4个：

1）风化。阿尔塔什水利枢纽工程右岸高边坡强风化层水平深度一般1～2m，弱风化层水平深度15～20m。在自然条件下，随着时间的推移岩体的风化程度将进一步加强，岩体自身强度和其结构面强度均会降低，危岩体的稳定性将进一步变差。

图4　危岩体单滑面滑动失稳模式示意图

2）降雨。阿尔塔什水利枢纽工程区域内多年平均降水量51.6mm，多年平均蒸发量2244.9mm，表明区内降雨量稀少，蒸发量大。冬季天气寒冷，最大积雪厚度14cm。坝址区降雨时间相对比较集中，且雨季多在每年的5—7月，且在坝址区上下游山前多见泥石流形成的冲洪积扇地貌以及泥石流对地表侵蚀后形成的冲沟，表明一次极端暴雨的降水量是比较大的。一旦地表水沿危岩体拉裂缝渗入，使危岩体底滑面处于充水状态，将会使危岩体各结构面以及岩体参数降低，对危岩体稳性不利。

3）地震。阿尔塔什水利枢纽工程处于地震多发地带，地震波传播的能量会导致山体的变形和破坏，对山体的稳定性产生不利影响，进而影响危岩体的稳定性。

4）工程活动。右岸边坡开挖后，开挖坡面和地面分布一定范围的拉塑性区和剪切塑性区，形成了边坡开挖次生危岩区，对开挖面附近岩体稳定性有一定影响。

（2）危岩体稳定性分析。采用三维刚体极限平衡法，对阿尔塔什水利枢纽工程右岸高边坡表层出露的危岩体在蓄水前天然状况、天然状况考虑降雨、正常蓄水位工况以及天然状况与正常蓄水位遭遇地震等工况条件下的稳定状况。

本次计算对危岩体在降雨工况下底滑面的水压力的处理方式为：假定危岩体不透水，仅在其滑面与后缘面存在地下水。对于单滑面滑移模式，假定滑面上的孔压系数 $r_u = 0.1$，这里孔压系数的定义式（1）为：

$$r_u = \frac{r_w h}{r_d H} \tag{1}$$

式中：r_w 和 r_d 分别为水与岩石的容重；h 和 H 分别为计算点处的水压力与块体高度。

初步估计，当 $r_u = 0.1$ 时，等价于滑面上的水头 h 为该点处块体高度 H 的1/3。

对于楔形体滑移模式，考虑两种水压力的分布方式：其一为假定块体充水 $1/3H$，其二为假定块体充水 $1/2H$，这是暴雨期的极端情况，其最大水头位于交棱线上的 $1/3H$ 或 $1/2H$ 处，块体与边坡面的交线上的水头值为0，内部点的水头沿线性分布。这两种情况下交棱线上的水头分布情况（见图5）。

地震工况下，坝址区基本烈度为Ⅷ度，按Ⅸ度设防考虑，对阿尔塔什水利枢纽工程右岸高边坡的危岩体进行稳定性分析时，按100年超越概率为2%的基岩峰值加速度 $a = 0.32g$ 进行稳定性计算。

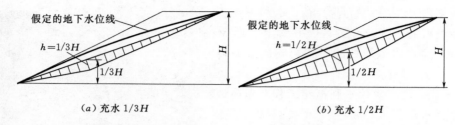

（a）充水 1/3H　　　　　　　　（b）充水 1/2H

图 5　考虑降雨时坡体内地下水及水压力的分布形式图

采用刚体极限平衡法进行土石坝的抗震稳定计算方法，即通过在每个土条的重心处施加一个水平与竖直向地震力，相应不同的设防烈度，依据规范其计算过程如下所示：

（1）在拟静力法计算地震作用效应时，沿建筑物高度作用于质点 i 的水平向地震惯性力代表值应按式（2）计算：

$$F_i = a_h \xi G_{Ei} \alpha_i / g \tag{2}$$

式中：F_i 为作用在质点 i 的水平向地震惯性力代表值；ξ 为地震作用的效应折减系数，除另有规定外，取 0.25；G_{Ei} 为集中在质点 i 的重力作用标准值；α_i 为质点 i 的动态分布系数；g 为重力加速度。

（2）在拟静力法抗震计算时，质点 i 的动态分布系数 i 的取值（见图6），其中 m 在设计烈度为7度、8度和9度时，分别取 3.0、2.5 和 2.0。

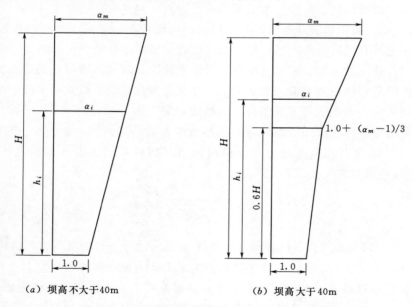

（a）坝高不大于40m　　　　　　　（b）坝高大于40m

图 6　土石坝地震加速度动态分布系数 α_i 沿高程的分布情况

考虑到危岩体的高度较小，本次计算时在其重心处施加一个沿竖向放大的水平方向的地震加速度，但对竖直向地震加速度不予考虑。

关于计算参数取值的问题。右岸高边坡不同类型结构面的参数建议值与计算取值见表1。

表 1

结 构 面 类 型	参数建议值		计 算 取 值	
	摩擦系数 f	凝聚力 c/MPa	摩擦系数 f	凝聚力 c/MPa
张开有充填物的卸荷裂隙	0.35～0.55	0～0.05	0.450	0.025
闭合的结构面以及其他结构面	0.55～0.70	0.10～0.20	0.600	0.150
有泥膜的岩层层面	0.25～0.30	0.05～0.10	0.300	0.100
小型断层等软弱夹层	0.25～0.30	0.05～0.10	0.275	0.075

表 1 右岸高边坡不同类型结构面的参数建议值与计算取值

注 岩石容重 $\gamma = 27kN/m^3$。

安全系数的取值问题，在对该边坡进行稳定性分析时，天然状况、正常蓄水位条件下的安全系数大于 1.25，地震工况条件下的安全系数大于 1.10。

由上述分析，高陡边坡危岩体的稳定性主要靠摩擦系数 f 和凝聚力 c 来维持，经计算大部分危岩体目前基本处于稳定状态，一旦摩擦系数 f 和凝聚力 c 不能够维持危岩体的稳定性时，将导致危岩体出现失稳现象。

4 高陡边坡处治技术

4.1 高陡边坡处治方案

高陡边坡的加固对工程起到至关重要的作用，主要的加固方法包括锚、喷、灌、换、护、排等工程措施。由于右岸边坡较陡，开挖面狭窄，根据右岸危岩体分布特点及面板坝右岸高边坡处理原则，为避免机械、人员在其上部施工时存在整体滑塌风险，采取沿山脊顶部自上而下分区分层开挖清除及支护。坡面部位采取光爆施工，以增加坡面平整度及岩体整体性。对于由岩体发生崩塌后在边坡表面形成的崩落岩体堆积区、大块石、孤石采取一次性爆破清除。同一层面开挖支护施工，按照"先开挖、后支护跟进、同步下降"的方式进行。确定了"因地制宜、对症下药、工序协同、环境友好"的加固施工技术原则。

根据危岩体的分布情况及是否在同一施工条件下进行施工，将危岩体开挖分为四期，第一期为 W1～W9 危岩体；第二期为 W17 和 W18 危岩体；第三期为 W19（20）、W21、W21-1 危岩；第四期：W22、W23、W24、W27 和 W31 危岩，危岩体分期处理布置见图 7。

4.2 高陡边坡治理技术

4.2.1 坡面危岩体处理

（1）坡面清理。右岸边坡坡面清理施工主要是坡面植被、松散危石及浮石清理，覆土厚度约 1.2m。在确定开挖清理范围后，采用人工刨除的方式进行边坡清理，直至揭露表面岩层。

（2）石方开挖。右岸边坡石方开挖主要分两种：第一种为大块石、孤石解爆，需全部清除，爆破方式采用光面爆破，该部分施工部位主要为 W1～W9、W17、18、W22；第二种为不稳定体进行表层清理和部分挖除，该部分施工区域主要为 W19（W20）、W21（W21-1）、W23、W24。

（3）出渣及挡渣墙设置。石方爆破后，主要采取人工进行爆破工作面及坡面的清理，

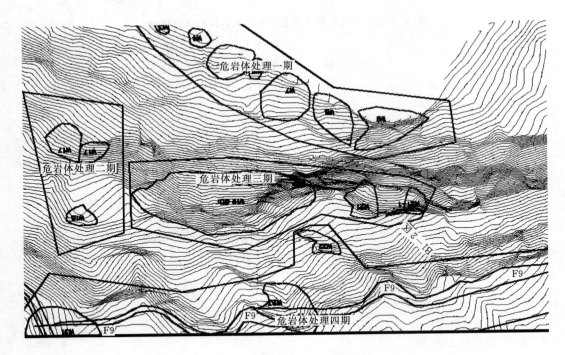

图 7　危岩体分期处理布置图

在边坡下部河滩地设置集渣平台。同时为有效控制边坡甩渣滚落范围，减少滚石对围堰填筑、基坑开挖的影响，降低安全风险，拟定在右岸边坡下方集渣场地沿河侧采取设置钢筋石笼挡墙的方式进行防护。

（4）支护施工。

1）在右岸高边坡高程约 1860.00～1910.00m 范围，布置 2000kN 级有黏结预应力锚索，锚索间排距为 5m×5m，锚索长度为 30m、35m 间错布置，下俯 15°；高程约 1960.00～2000.00m 范围 W19（W20）危岩体处，设置 1000kN 级预应力锚索，锚索间排距为 5m×5m，锚索长度为 35m、40m 间错布置。

2）右岸高边坡高程 1820.00～2230.00m 范围内挂网锚喷。砂浆锚杆 $L=4.5m$、锚固长度 4.4m，间、排距 3m，锚杆拉拔力为 100kN；挂网钢筋间排距 0.2m；喷 C30 二级配混凝土，厚度 0.1m。

3）右岸高边坡高程约 2000.00～2230.00m 范围内设置间、排距为 6m，长度为 10m 的预应力锚杆，张拉力为 150kN。

4）边坡喷护范围内设置排水孔，孔径 42mm，间、排距 4m，孔深 3m，仰角 15°，与锚索及锚杆错开，梅花形布置。

4.2.2　防护网施工

通过勘探分析和对右岸高边坡整体稳定性分析和危岩稳定分析可知，阿尔塔什水利枢纽工程右岸高边坡上存在大量危岩及孤石。结合阿尔塔什水利枢纽工程右岸边坡危岩稳定分析结果，确定小型落石防治方针为：以主动防护为主，主被动防护相结合；清一部分，清理坡面孤石及安全系数较低的危岩；固一部分，大部分危岩主动加固；防一部分，对于

　240

坡面上由未查明的小型危岩和由结构面切割形成的随机块体采用被动防护措施进行支护。

5　结论

阿尔塔什水利枢纽工程右岸边坡高达 600 余米，海拔 1845.00m 以上边坡近直立，地质条件复杂，地震烈度高，边坡稳定状况较为复杂。本研究在收集已有地质和设计资料，应用工程地质分析方法、室内和现场试验、边坡稳定的极限平衡和应力应变分析方法等多种手段对右岸高边坡的失稳模式进行了分析研究。主要的结论如下：

（1）在对阿尔塔什水利枢纽工程右岸高边坡实地踏勘与测量的基础上，结合水利枢纽工程中重要的水工建筑物布置，将测到的 30 个危岩体的分布位置进行了划分，共分为三个区，分别是 A 区、B 区与 C 区，其中 B 区内又以正常蓄水位为界，分为 B1 区与 B2 区。通过估算可知，测量的 30 个危岩体以及边坡表面的浅层卸荷体，总方量约为 75 万 m³。

（2）阿尔塔什水利枢纽工程右岸高边坡稳定性问题主要包括三个问题，首先是 F9 断层饱水后软化问题，其次是边坡浅部卸荷裂隙问题，最后是危岩体 W19 及其下部岩体的稳定性问题。

（3）在对右岸高边坡进行的整体稳定分析以及危岩体稳定分析基础上，提出了锚、喷、灌、换、护、排等工程措施。制定了"因地制宜、对症下药、工序协同、环境友好"的加固施工技术原则。并按照"先开挖、后支护跟进、同步下降"的方式进行。确保了右岸危岩体处理年度施工计划提前 2 个月完成。课题研究为右岸危岩体处理项目安全优质完建提供重要的技术支持，并在同类工程中应用推广，具有重要的技术进步意义和社会效益。

参 考 文 献

[1]　黄道刚，冯媛媛. 高陡岩质边坡局部危岩体稳定性分析评价研究. 中国水运（下半月），2018，18（05）：177 - 179.

[2]　杨智翔，裴向军，袁进科. 高陡边坡危岩体孤石的稳定性分析. 路基工程，2017（01）：25 - 29.

[3]　胡聪. 高陡边坡危岩体失稳机理及其崩塌滚石运动规律. 济南：山东大学，2014.

[4]　贺咏梅. 高陡岩质斜坡崩落岩体运动参数、击浪高度及其对工程影响研究. 成都：成都理工大学，2011.

[5]　刘卫华. 高陡边坡危岩体稳定性、运动特征及防治对策研究. 成都：成都理工大学，2008.

[6]　王忠. 索风营水电站 Dr2 危岩体稳定性分析及处治技术研究. 长沙：中南大学，2007.

[7]　黄志斌. 濒危岩质高陡边坡稳定性及处治技术研究. 长沙：中南大学，2007.

[8]　张伟锋. 危岩体危险性评价及防治对策研究. 成都：成都理工大学，2007.

阿尔塔什水利枢纽工程一期面板混凝土养护工艺研究与应用

张正勇　石永刚　张新峰

（中国水利水电第五工程局有限公司）

摘　要： 阿尔塔什水利枢纽工程拦河大坝为混凝土面板砂砾石—堆石坝，面板作为主要防渗结构，其裂缝防治是整个工程质量控制重点。而有效的混凝土养护措施是预防裂缝产生的重要举措，本文针对工程所属地干燥、高蒸发、昼夜温差大的气候特点，因地制宜采用了长流水＋多覆盖＋温度控制的养护方案，有效达到了混凝土温控和湿控方面要求。

关键词： 混凝土面板堆石坝；面板混凝土；养护工艺

1　工程简介

1.1　工程概况

阿尔塔什水利枢纽工程挡水坝为混凝土面板砂砾石-堆石坝，最大坝高 164.8m。面板混凝土设计强度 C30、抗渗等级 W12、抗冻等级 F300，面板混凝土设计工程量约 12.13 万 m^3。混凝土面板厚度按式

$t=0.4+0.0035H$ 确定（t 为面板厚度；H 为河床基底高程至面板顶部的垂直高度），面板顶部厚度 0.4m，底部厚度 0.96m，坡比 1：1.7，最大坡长 315.612m，共计 76 块面板。面板宽度主要分 12.0m 与 6.0m 两种，其中河床部位受压区宽 12.0m 面板 45 块，岸坡部位受拉区板宽 6.0m 面板 25 块（左岸 11 块、右岸 14 块），右岸端头宽 12.0m 面板 6 块。

一期面板浇筑顶高程 1715.00m，从左岸 13 号面板～右岸 56 号面板共计 44 块，设计浇筑混凝土工程量 37693m^3，总长 3675m，施工时段为 2018 年 3 月 1 日至 5 月 31 日，历时 92d。

1.2　自然条件

阿尔塔什水利枢纽工程位于新疆塔里木盆地西部，地处欧亚大陆腹地，因远离海洋，周边又有高山隔离，加上大沙漠的影响，呈典型的大陆性气候，其主要特点是：气候年变化较大，日温差大，空气干燥，日照长，蒸发强烈，降水量稀少。多年平均风速为 2.0～2.2m/s，多年平均月蒸发量为 143～382mm，多年平均月降水量 3.6～8.5mm，多年平均相对湿度 40％～47％。由于工程区具有早晚温差大，干燥风多的特点，这些都是不利于面板混凝土防裂施工的因素，这样恶劣的气候环境，毫无疑问给混凝土面板养护带来了很大困难，对混凝土面板养护提出更高的要求。阿克陶县 2017 年 3 月、4 月日气温范围见图 1 和图 2。

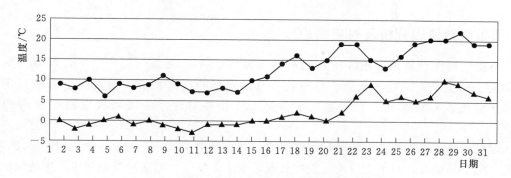

图 1　2017 年 3 月阿克陶县最高气温与最低气温分布图

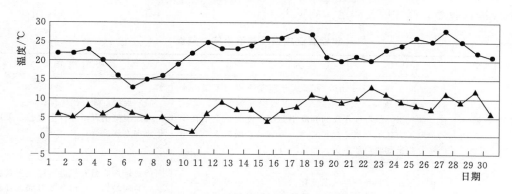

图 2　2017 年 4 月阿克陶县最高气温与最低气温分布图

根据图 1～图 2 得知,在 3—5 月天气寒冷,且温差较大,在 4 月 17 日前阿克陶县晚间最低气温均在 8℃ 以下。而阿尔塔什水利枢纽工程项目部地处野外,较阿克陶县相比气温约低 3～4℃。

1.3　设计技术要求

面板混凝土配合比设计技术要求及施工配合比及拌和物性能参数分别见表 1、表 2。

表 1　　　　　　　　　　　面板混凝土配合比设计技术要求表

施工部位	强度等级	抗渗等级	抗冻等级	最大水胶比	最大氯离子含量/%	最大碱含量/(kg/m³)	设计坍落度/mm
面板混凝土	C30	W12	F300	0.45	0.2	3.0	70～90

表 2　　　　　　　阿尔塔什水利枢纽面板混凝土施工配合比及拌和物性能参数表

水胶比	水泥品种	粉煤灰品种(掺量)/%	纤维掺量/(kg/m³)	骨料	砂率/%	减水剂掺量/%	引气剂掺量/(万)	混凝土材料用量/(kg/m³)							拌和物性能参数	
								水	水泥	粉煤灰	纤维	砂	小石	中石	坍落度/mm	含气量/%
0.38	叶城天山 P·O42.5	华电Ⅰ/25	0.9	C3 天然骨料	39	育才/1.0	育才/0.80	126	249	83	0.9	758	592	592	130	5.0

243

2　面板裂缝原因分析及对应措施

根据气象统计数据，坝区所在地最高气温 39.6℃，最低气温－24℃，具有气温年变化大、日温差大、空气干燥、日照长、蒸发强烈的气候特点。而混凝土面板属于典型的薄型长条板状结构，长、宽、厚三向尺寸相差悬殊，使得面板混凝土极易产生裂缝。

面板裂缝主要分为结构裂缝和收缩裂缝，结构裂缝主要产生原因为坝体不均匀沉降、地震、脱空等造成，暂不作讨论。收缩裂缝是由于混凝土收缩变形受到约束产生的拉应力大于混凝土抗拉强度引起的裂缝，按产生原因分为塑形收缩、温度收缩、干燥收缩、自生体积收缩，收缩裂缝成因及防治措施见表 3。

表 3　　　　　　　　　　　　　　收缩裂缝成因及防治措施一览表

收缩类型	成　因	防治措施
塑性收缩	凝结硬化前（3～15h），表面水分蒸发速率大于泌出水到达表面的速率，造成毛细管负压而引起的收缩。高风速、高气温、低湿度和高的混凝土温度，混凝土毛细孔中的蒸汽压力越小，水的饱和蒸汽压力越高，混凝土小孔中的水分蒸发加剧，产生更大的收缩力	（1）混凝土配合比优化； （2）混凝土表面进行全覆盖，采用长流水方式进行养护
温度收缩	由水泥水化热和外界气温变化引起。在面板厚度方向形成温度梯度，产生温度应力。温降收缩受外部垫层约束会产生较大应力。受寒潮侵袭，较大日温差，形成较高的内外温差	（1）选择低温天气进行面板浇筑施工，时间段为 3 月初至 5 月底，日温差小； （2）控制混凝土内部与表面温差，制定温度监控、温水养护措施
干燥收缩	干燥收缩是当环境相对湿度低于 80%～85% 时，混凝土水分向外扩散，硬化水泥石受到毛细孔负压作用产生体积收缩。在面板厚度方向形成湿度梯度，产生拉应力。高风速会显著增加湿度扩散系数，加剧干燥收缩	采取全覆盖长流水养护方式阻止水分向外扩散
自生体积收缩	混凝土硬化过程中，由于水泥水化而引起的体积变化。主要是由化学收缩和自收缩引起的	已通过优选配合比得到优化

按相应的收缩裂缝预防措施，研究制定了适宜本工程的混凝土保温、保湿养护方案。

3　养护工艺

3.1　主要养护方案

一期面板采用滑模跳仓浇筑施工工艺，混凝土表面脱模后，及时进行修整抹面，完成抹面后即开始养护工作。一期面板混凝土养护工艺施工流程见图 3。

（1）在抹面后，混凝土表面达到初凝，覆盖宽度为 1.2m 的塑料薄膜，避免混凝土表面水分流失过快，而造成混凝土表面产生干缩缝。

（2）在外露塑料薄膜长度方向有 6m 后，撤掉塑料薄膜，开始铺设土工布（宽度 6m，200g/m²）＋双层气泡膜＋复合土工布（两布一膜 200g/0.5mm/200g），并在过程中由人工进行洒水保持混凝土表面湿润。双层气泡膜和复合土工布均能够良好的达到保温保湿效果。

（3）完成全面覆盖的同时，布置完成养护用水供给。养护用水从坝前基坑内抽水至坝顶，坝顶按照仓位间隔约50m设置一个加热水箱，水箱尺寸为长6m×宽1.5m×高1.5m，水箱采用电加热和炭加热的组合方式进行，并在水箱内部安装温度探头，监测水温，并实时调整加热方式，保证水温的控制。

（4）混凝土面板温度监控采用自行设计的温控系统进行监控，在每个仓进行浇筑前埋设温度探头，温度探头埋设位置为距上表面10cm、厚度1/2、距下表面10cm，并从开始浇筑到浇筑完成一周内的温度进行监控。

（5）面板混凝土养护期不少于90d，宜连续养护至水库蓄水。

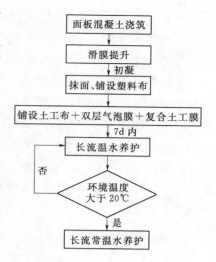

图3　一期面板混凝土养护工艺施工流程图

3.2　养护布置

3.2.1　水管及水箱布置

面板混凝土养护用水采用左岸（高程1750.00m）已有两个高位水箱（容量分别为27m³、22m³，相互贯通），采用130m扬程，额定流量80m³/h的水泵供水。高位水箱接φ80mm钢管作为主管，截至坝前临时断面高程1738.80m的管沟内。现场随面板仓位浇筑的需要，在坝前临时断面布置加热水箱（水箱尺寸为长6m×宽1.5m×高1.5m），单个水箱内安装48kW的组合加热棒。φ80mm主管间隔宽度12m（相邻面板垂直缝间）设置φ20mm PVC支管，φ20mm支管沿坝前纵向铺设到底，并向上间隔20m设置横向花管，花管间隔20cm钻2mm出水孔，各支管位置均安装球阀，可以控制水流量。坝前养护用水水管布置见图4。

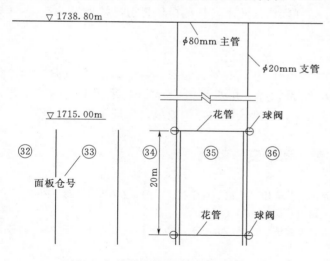

图4　坝前养护用水水管布置示意图

3.2.2　温度监测系统布置

根据养护要求，为了保证养护过程混凝土表面湿度、内外温差满足规范要求，需要对设置温度传感器对面板温度进行监测，结合长流水养护水管的布置，按照单个养护单元（12m×20m）选取仓位中间位置在混凝土内部埋设温度探头，温度探头埋设深度分别为：距上表面10cm、厚度1/2、距下表面 10cm。

在坝前设置温度监控室，将所有监测温度数据传输至控制主机上，进行监控及记录。

3.3 覆盖养护

按照养护方案依次覆盖塑料薄膜、土工布、双层气泡膜、双层气泡膜，需注意的是，在覆盖土工布前需撤掉塑料薄膜。土工布、复合土工膜宽度均为 6m，铺设采用上下搭接式铺设，搭接宽度为 10cm，采用扎丝绑扎。要求覆盖材料均平整的铺设在混凝土表面。

3.4 温度监控

根据试验数据分析，在混凝土达到 7d 龄期后，其内部温度基本稳定，并接近环境温度。因此，测温时间从温度探头所在位置被浇筑完成至 7d 龄期满时止，自动温控系统每 1h 采集一次温度。

4 养护技术要求

（1）混凝土浇筑完成 7d 内必须采取温水养护（到仓面温度 25～30℃），并观察养护土工膜内环境温度与混凝土内部温差是否在 15℃以内；混凝土收仓 7d 后可采取常温水养护，常温水从围堰基坑内抽取，水温不得低于 10℃，并持续做好围堰水温的监测。

（2）混凝土表面养护覆盖材料要覆盖完全且保持平整，混凝土面不能裸露，特殊情况必须暂时裸露时，时间不得长于半天，期间裸露面由人工辅助养护保持湿润。

（3）混凝土带模养护期间，应先采取带模包裹，覆盖洒水进行保湿，湿润养护。

（4）养护覆盖材料双层气泡膜在下，复合土工膜在上，覆盖材料铺设平整，保持左右宽度能够覆盖侧模。

（5）温度探头的引线需加长后，做好接线处防水，从侧模位置引出接外界设备。

5 结语

阿尔塔什一期混凝土面板自 2018 年 3 月 10 日开始首仓浇筑，于 2018 年 5 月 28 日完成所有面板浇筑，总面积达 4.4 万 m²，持续养护用水量为 78m³/h。采用上述养护工艺，经过初步检查，面板表面干缩裂缝数量少，达到较好的养护效果，保证了面板质量。

参 考 文 献

[1] 彭仕国，尹友良，焦云州. 混凝土养护工艺应用. 铁道工程学报，2001，2（70），123－126.
[2] 王嘉荣. 混凝土养护工作基本内容. 四川水泥，2015（8）：54.
[3] 富恩久，吴村，黄荣辉，等. 混凝土养护方法的选择. 混凝土，2005（4）：10－11.

阿尔塔什水利枢纽工程挤压边墙
施工工艺及冬季防护施工

王建帮

（中国水利水电第五工程局有限公司）

摘　要： 阿尔塔什水利枢纽工程挤压边墙施工过程中通过改进挤压边墙机行走定位方法，研发岸坡部位挤压边墙定型模板，优化施工组织等措施形成了一套挤压边墙快速施工方法。在施工中首先进行根据现场施工长度选择单台或多台挤压边墙机施工，以提升施工速度。并在进行挤压边墙机定位、岸坡部位挤压边墙浇筑时分别采用槽钢、岸坡部位挤压边墙定型模板替代传统拉线定位和人工支模浇筑方式。在冬季结冰前进行挤压边墙表面防护，解决了由冬季冻融或雪水溶蚀造成表面破坏后难以修复的问题。

关键词： 挤压边墙；最佳配合比；轨道式定位装置；定型模板；冬季防护

1　概述

阿尔塔什水利枢纽工程挡水坝为混凝土面板砂砾石（堆石）坝，最大坝高 164.8m，坝长 795m，大坝主堆石料以砂砾石料为主，大坝砂砾料填筑共计 1227 万 m^3，上游垫层料采用混凝土挤压边墙固坡，边墙断面为不对称梯形，墙身高度为 40cm，上游坡比为 1∶1.7，与面板坡比一致，顶部宽度为 10cm，底部宽度为 83cm，内侧坡比为 8∶1。

2　挤压边墙施工技术

2.1　测量放线

挤压边墙行走范围内垫层料碾压后 1m 范围内平整度要求 ±25mm，采用 2m 直尺进行检测，待检测合格后通知测量队进行放线。由测量队采用全站仪测放挤压墙顶外边线及行走控制线，根据底层已成型挤压墙顶边线作适当的调整，使坝体上游斜坡面的法线方向最大允许偏差控制在 −30～20mm 之内。

2.2　铺设轨道式定位装置

现场作业人员根据边墙挤压机行走的法线，每 60m 左右布置 1 条挤压边墙机行走的控制线。沿控制线方向铺设安装、调平挤压边墙机行走轨道式定位装置，此轨道式定位装置用 6 根槽钢组成，每根槽钢之间连接方式采用两侧翼外边同一水平线插削连接，根据挤压边墙施工进程每根槽钢循环连接使用，以至于达到引导挤压机的行进方向及对挤压边墙行走轮进行基础找平，使成型的挤压墙平直，位置准确。多台挤压边墙机同时平行施工时，制作安装、调平及使用挤压边墙机行走轨道式定位装置同单台挤压边墙机使用方法一致。

2.3 混凝土拌制

挤压边墙混凝土采用拌和站拌制生产，拌制挤压边墙混凝土时采用已确定的最佳配合比进行拌制。拌制好的混凝土利用混凝土搅拌罐运至现场，采用直接入仓至挤压边墙进料仓，保证卸料速度均匀连续。现场施工过程采用"真空负压外加剂喷枪"掺入配合比规定的速凝剂。

2.4 挤压边墙机就位

挤压边墙机在吊装前，先检查其各部件是否连接牢固，确认发动机及其他构件运行状况是否良好，熄火停机以备吊装。采用现场设备挖机吊装就位，使其内侧轮胎落放于行走轨道式定位装置中使机身处于水平状态，并使外墙板与已成型边墙外坡面重合，及时进行高度校核，保证边墙高度。

2.5 挤压边墙成型

施工作业按照启动挤压机、安装固定堵头板、向集料槽供应混凝土、均匀掺入外加剂的程序进行；待边墙成型约2m后，对轮迹线、断面尺寸、层间偏差、顶面平整图、设备行走导向灵敏度进行检查。

（1）边墙上游坡面任意位置应控制超填不高于20mm，欠填不大于30mm，挤压边墙成型水平位置偏差控制在±20mm。

（2）边墙上游坡面平整度用3m直尺检查，高差不大于20mm。

混凝土运至现场后，罐车沿挤压墙走向，在开动挤压机后，随挤压机同步前进。对卸料要求，其均匀连续，行走速度控制在40～60m/h之间。待挤压边墙施工100m后开始垫层料填筑施工。

2.6 垫层料施工

（1）摊铺、洒水。挤压边墙施工100m左右（根据气温和挤压边墙强度情况确定）开始进行铺填垫层料，填筑过程中采用边摊铺、边洒水的施工工艺，现场加水量6%～8%。垫层料摊铺料头与挤压边墙机保持60m间距，以防挤压式边墙混凝土未达到初凝状态而碾压垫层料振动时受到破坏。

（2）碾压。洒水完成后首先采用YZD-3.5小型振动碾进行碾压，针对挤压边墙后20cm范围内振动碾难以压实的施工特点，采用电动平板夯进行夯实。待垫层料铺填60m后开始碾压，ZD-3.5小型振动碾与垫层料铺料头保持40m间距，避免影响铺设垫层施工设备及洒水不及时。待垫层料碾压完成面达到垫层料本层施工长度的一半后开始试验检测，检测结果合格后开始下一层挤压边墙依次循环施工。

2.7 岸坡部位挤压边墙成型

在使用定型模板前首先对施工部位的基准面进行找平（2m范围内平整度要求±25mm）。施工现场使用装载机就位定型模板，定型模板就位后对定型模板内进行布料，布料控制在每层厚度小于20cm，并使用特定工装对挤压边墙混凝土进行振捣密实，达到边角部位不缺料。

3 挤压边墙冬季防护

在冬季结冰前进行挤压边墙表面防护，解决其由于冬季冻融或雪水溶蚀造成表面破坏后难以修复的问题，为后续乳化沥青喷涂、面板钢筋制安等工序施工创造良好条件。

3.1 防护材料铺设及固定

（1）测量放线定位。土工膜铺设前进行测量放线定位，采用全站仪对土工膜铺设边线进行测量定位，放出土工膜铺设顶部及底部边线，尤其是处置缝边线要进行现场标记，施工过程中采用拉线的方法控制整体线型，以保证铺设的土工膜线型顺直，达到整体美观的效果。

（2）土工膜铺设。土工膜运输至施工区域后进行铺设，采用从右岸至左岸的铺设方式进行铺设，防护材料铺设。土工膜铺设采用从上部将卷装的土工膜进行放卷，人工配合进行铺设，为确保土工膜的平顺，局部部位采用人工进行整平铺顺，为避免土工膜产生褶皱现象，土工膜纵向搭接宽度为10cm，以防止降雪天气土工膜表层产生的雪水沿土工膜搭接部位渗入挤压边墙内部。

（3）木方固定。挤压边墙土工膜防护采用边铺设、边进行固定，固定方式采用木方（宽10cm×厚5cm）和水泥钉（10～12cm），按网格状纵向间距为6.0m（5.9m＋0.1m搭接），横向间距为20m进行加固，在接缝处增加横向加固。土工膜纵向、横向搭接部位采用水泥钉及木条进行加固，纵缝搭接部位采用双层木方夹土工膜进行锚固，水泥钉间距为35～50cm，且必须保证该搭接部位的加固质量，保证搭接部位的牢固。木方加固前必须保证土工膜的平顺铺设，如有不平顺的地段采用人工集中整平，整平完成后再进行木方加固。

3.2 防护效果确认

根据现场实际情况在挤压边墙上、中、下部位共计埋设8个电子温度感应器。按现场埋设的温度感应器，对挤压边墙表面及环境温度选择在冬季温度较低时间点对数据进行了收集，并对挤压边墙表面受冻及是否存在雪水溶蚀情况进行了观察，其现场温度监测结果统计见表1。

表 1　　　　　　　　　　　　现场温度监测结果统计表　　　　　　　　　　单位：℃

项目	观　察　结　果																
环境温度	−5	−6	−7	−5	−4	0	2	2	0	0	0	−2	−5	−6	−6	−2	3	3
1号探头	−3.2	−4.1	−4.4	−0.4	−0.7	3.1	6.3	6.1	1.8	0.7	−0.2	−0.5	−2.4	−3.2	−1.7	2.1	6.5	6.9
A2探头	−3.8	−4.7	−4.6	−0.3	−1.2	3	6.2	6.4	1	0.4	−0.8	−1	−3.1	−3.8	−2	2.5	6.9	7.1
A3探头	−3.1	−4	−4.1	−0.2	−1.5	2.9	5.7	5.9	1.7	1	−0.4	−0.7	−2.6	−3	−1.9	1.9	7.5	7.4
A6探头	−3	−3.2	−3.5	−1.7	−0.7	3	2.6	3.2	0.4	−1.7	−2.9	−3	−3.1	−3.7	−1.6	3	3.5	4.1
A7探头	−2.6	−2.4	−2.8	−1.8	−0.6	2.7	2.2	2.5	1.2	−1.1	−1.7	−1.6	−2.7	−2.2	−1.4	2.1	4.1	4.5
A8探头	−3.2	−3.7	−4	−0.7	0.9	3.4	3.9	5	0.7	−1.6	−3.1	−2.9	−3.3	−3.6	−1.2	1.6	4.5	5.2
平均	−3.2	−3.7	−3.9	−0.9	−0.6	3.0	4.5	5.2	1.1	−0.4	−1.5	−1.7	−2.9	−3.2	−1.6	2.0	5.5	5.9

从现场温度监测结果可以看出，土工膜作为挤压边墙防护材料对其起到了一定的保温作用。根据现场观察结果，雪水融化过程中也未对挤压边墙表面造成溶蚀破坏。且因外界环境较为干燥，在防护观察期间未发现挤压边墙存在结冰、膨胀现象。说明采用土工膜进行挤压边墙进行表面防护能有效保证挤压边墙不受冬季结冰冻融及雨雪溶蚀破坏。

4　结语

阿尔塔什水利枢纽工程挤压边墙快速施工技术采用多台挤压边墙机的平行作业、轨道式定位装置、岸坡部位挤压边墙定型模板有效解决了施工速度慢、墙体线型不直、层间错台、表面起皮、干密度检测不合格等问题反复出现，采用防护材料在冬季结冰前对挤压边墙进行保护，可防治挤压边墙表面因冬季冻融或雪水溶蚀造成破坏而难以修复的问题。

参 考 文 献

[1]　石成名. 挤压边墙施工技术在梨园面板堆石坝中的应用. 水力发电，2015，41（05）：71－73.
[2]　周伟，花俊杰，常晓林，曹艳辉. 采用挤压边墙技术的高面板坝裂缝成因分析. 岩土力学，2008（08）：2037－2042.
[3]　程金标. 高面板堆石坝挤压边墙的破碎机制研究. 西安：西安理工大学，2017.

阿尔塔什水利枢纽工程大坝级配
爆破料控制开采技术

石永刚　张正勇　王建东

（中国水利水电第五工程局有限公司）

摘　要： 阿尔塔什水利枢纽工程大坝为混凝土面板砂砾石—堆石坝，其次堆石料区主要为爆破料、排水料，其堆石料设计填筑量达 1033 万 m³。结合现场实际地质情况，选择在山体进行开采，有针对性地进行爆破实验，确定爆破参数，按照爆破料级配要求进行爆破开采，并考虑大体量、高陡边坡的爆破施工安全，能够较快且顺利实现爆破级配料的开采，对同类爆破工程有一定的指导意义。

关键词： 阿尔塔什；级配爆破料；爆破控制；施工开采

1　工程概况

阿尔塔什水利枢纽工程是叶尔羌河干流山区下游河段的控制性水利枢纽工程，是国家 172 项重大水利工程之一。其挡水坝为混凝土面板砂砾石—堆石坝，坝顶高程 1825.80m，最大坝高 164.8m，坝顶宽 12m，坝长 795m，大坝合同填筑工程量达 2494 万 m³，其中堆石料 1033 万 m³。上游主堆石区采用砂砾石料，坝坡坡度 1：1.7。下游采用爆破开采的堆石料以及边坡、洞渣等石方开挖利用料，坝坡坡度 1：1.6。堆石料料源自 P1、P2 石料场爆破开采，堆石料设计级配要求为：最大粒径 $d_{max} \leqslant 600mm$，小于 5mm 含量小于 20%，小于 0.075mm 含量小于 5%，设计孔隙率 $n \leqslant 19\%$，$c_u > 25$，连续级配；另有排水料设计级配除小于 0.075mm 含量小于 4% 外，其他与堆石料要求相同。设计干容重 $\gamma_d = 22.0kN/m³$。

P1 料场作为大坝爆破料最大的主供料场，位于坝址上游库区左岸，距坝址 1.7～2.5km，受 4 号冲沟和下游小冲沟的切割，料场地形呈 NNW 向的基岩山梁，长 400～600m，宽 300～450m，山顶高程 2166.00m，相对高差 466m，坡面大部分基岩裸露，自然边坡 40°～60°。料场中部发育一冲沟，延伸长 520m，底宽 15～20m，切深 30～70m，沟底覆盖崩坡积物，含孤石，该冲沟平时干枯，暴雨时有洪水通过。料场出露的岩性为石炭系上统塔哈奇组下段灰岩夹白云质灰岩，弱风化岩体岩石干密度 2.69～2.79g/cm³，饱和抗压强度 42.4～69.2MPa，软化系数 0.60～0.71，属中硬—坚硬岩。岩体单层厚 0.2～0.5m，岩层产状 330°～350°SW∠71°；料场区无大断层分布，但岩体裂隙发育，完整性差。

2　开采难点

结合现场实际，P1 爆破料场级配料开采存在如下难重点。

251

（1）料场开采最大高程 1940.00m，最低开采高程 1679.00m，垂直高差 261m，且山体岩层完整性差，边坡安全为重点施工考虑因素。

（2）大坝填筑强度较高，对爆破开采需求提出了较大的要求，由上至下，开采面面积逐步扩大，结合坝体填筑进度，分析开采强度，制定满足开采强度的爆破作业流水生产工艺。同时，经过分析，满足高强度开采的台阶高度将达到 15m，与一般水利水电工程爆破开挖 10m 台阶相差较大。

（3）开采区内受冲沟影响，促进了该部位岩体裂隙发育深度，致使山体地质情况并不相同，为保证爆破开采能够满足设计级配要求，需及时调整爆破参数。

3 设备配置

P1 爆破料场开采时间为 2016 年 4 月至 2018 年 6 月，月上坝平均强度为 30.0 万 m³（考虑冬季休工），填筑高峰期为 2016 年 8 月，填筑爆破料 40 万 m³，对应开采山体 38 万 m³，设备资源配置以此进行确定，并须具有一定的保证措施。配置原则为：综合考虑现场地形与空间、效率与成本等因素，选择设备型号；以开采强度、分层、分区、道路运输能力等为依据，配置设备数量；同时，进一步考虑设备的出勤率、有效利用率，需有一定的保障能力。其机械设备配置计划见表 1。

表 1　　　　　　　　　　P1 爆破料机械设备配置计划表

设备类型	钻孔设备	空压机	挖装设备	运输设备	测量设备
设备型号	宣化 CM351 潜孔钻	日本 PDSJ750S 空压机	1.6m³＋2.0m³ 液压反铲	20m³ 自卸汽车	TS16 全站仪
配置数量	5	5	4＋2	38	1
保证率/%	108	108	119	120	100

4 生产性爆破试验

4.1 爆破试验参数

经过在前期施工道路修筑过程初探，和山体岩层地质情况的了解，选择在山体东南山麓进行生产性爆破试验，爆破试验从 2015 年 10 月 20 日开始，至 11 月 4 日结束，历时 15d，共试验 3 次。爆破试验共用炸药 5539kg，其中乳化炸药 2664kg，膨化硝铵炸药 2875kg，爆破山体方量约 12000m³。每次试验的具体试验参数见表 2。

表 2　　　　　　　　　　　试 验 参 数 表

试验日期/（月-日）	孔径/mm	孔数/个	孔深/m	孔距/m	排距/m	堵塞长度/m	装药量/kg 乳化	装药量/kg 膨化	装药结构	爆破方量/m³	单耗/（kg/m³）	岩石情况
10-23	105	22	15.0～16.5	3.7	3.7	2.5～3.0	2016	0	间隔 2～3m	4150	0.49	坚硬
10-31	115	21	13.0～15.0	5.0	3.0	2.5～3.0	24	1775	连续	3850	0.47	中硬
11-3	115	19	14.0～17.0	4.0	4.0	3.0～4.0	624	1100	混合连续	4000	0.43	中硬

4.2 爆破试验成果及分析

爆破试验的规模略小于施工的爆破规模，每次爆破方量约为 4000m³，爆破后，在爆破堆取样进行筛分试验，筛网规格分别为 600mm、400mm、300mm、200mm、100mm、60mm、40mm、20mm、10mm、5mm，取样点上采取"平面分区、立面分层"，保证取样的代表性。经过对每次爆破试验后的爆破料进行颗分试验得出：第一次爆破试验获得的颗粒级配不满足设计要求；第二、第三次所获得的颗粒级配均满足设计要求。分析爆破试验成果，初步总结出施工爆破参数，并根据实际情况不断优化，具体施工爆破参数见表 3。

表 3　　　　　　　　　　　　　施工爆破参数表

参数名称	台阶高度/m	孔径/mm	超深/m	孔距/m	排距/m	堵塞长度/m	装药结构	起爆方式	炸药单耗/(kg/m³)
参数值	15	115	1.5	4～5	3～4	2.5～3.0	连续耦合装药	排间起爆网路	0.40～0.45

5　开采实施

根据山体不同区域的地质变化，需进行爆破参数的调整，确保爆破料级配满足设计要求。爆破参数以台阶高度不变为原则进行调整，以达到相对较好的爆破效果和整体形象。针对岩石坚硬＋完整性较差、岩石坚硬＋完整性差、岩石中硬＋完整性差三种主要地质情况，实施总结出三种普遍适用的爆破参数，钻孔直径均为 115mm，主要的孔网参数为4.1m×4.7m、3.5m×6m、3.8m×5.5m，均能够达到爆破级配的要求，具体爆破参数见表 4。

表 4　　　　　　　不同岩石区级配料控制爆破参数表（4.1m×4.7m）

岩石情况	台阶高度/m	孔径/mm	超深/m	孔距/m	排距/m	堵塞长度/m	装药结构	起爆方式	炸药单耗/(kg/m³)
岩石坚硬、完整性较差	15	115	1.5	4.1	4.7	3.0～4.5	连续耦合装药	排间起爆网路或孔间 37ms 排间 119ms	0.40～0.45
岩石坚硬、完整性差	15	115	1.5	3.5	6.0	4.0～5.0	连续耦合装药	排间起爆网路或孔间 37ms 排间 119ms	0.35～0.40
岩石中硬、完整性较差	15	115	1.5	3.8	5.3	3.8～5.8	连续耦合装药	排间起爆网路或孔间 37ms 排间 119ms 或孔间 27ms 排间 119ms	0.30～0.35

初期爆破施工采用导爆管雷管，起爆网络采用 V 形、排间起爆网路；后期，采用数码电子雷管，起爆网络采用孔间延时 37ms 排间延时 119ms 的方式进行逐孔起爆。孔内连续耦合装药，孔底反向起爆。以具体针对岩石坚硬、完整性差的岩区 3.5m×6m 的孔网参数、数码电子雷管组网的爆破施工进行说明，其起爆网络、装药结构、爆破前、爆破后效果比对分别见图 1、图 2、图 3。

根据爆破前、爆破后对比，本次爆破级配良好，岩石破碎程度大，爆堆松散，向临空面方向呈 35°堆积，有利于挖装采运，且飞石较少，未超过 50m 范围，整体爆破效果良

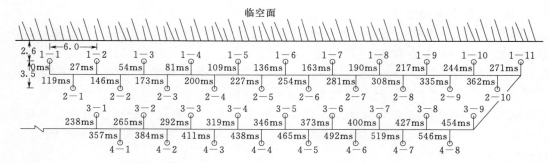

图 1 数码电子雷管起爆网络图（孔间 37ms 排间 119ms）（单位：m）

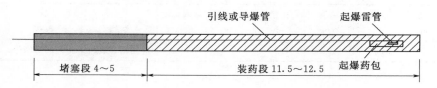

图 2 装药结构示意图（单位：m）

（a）爆破前

（b）爆破后

图 3 爆破前、爆破后效果对比图

好。经过颗粒筛分试验，爆破料颗粒级配良好，满足设计要求，其颗粒大小分布曲线见图 4。

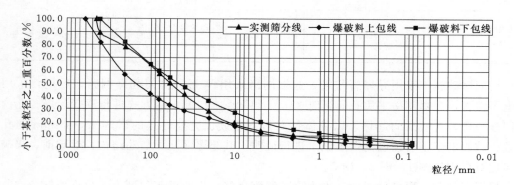

图 4 爆破料颗粒大小分布曲线图

6 爆破控制措施

（1）采用耦合连续装药结构，能够提高 0.075mm 以下颗粒含量，保证小颗粒的含量要求。

（2）采用工程测量拓普康 GPS 定位系统进行爆破作业面的测绘，根据测绘地形数据进行爆破设计。按照爆破设计，采用 RTK 拓普康 GPS 和拓普康 GPS 手簿进行布孔位置的测放，保证布孔准确。

（3）料场开采随山体高程下降，开采面越来越大，更有利于进行爆破设计。针对不同爆破作业区域，各参数可以在一定范围进行调整，调整幅度基于对现场多次爆破作业后的效果分析。对于预留根底、爆破底面不平整等问题，则采取在下一梯段爆破作业中进行参数调整，增加局部位置的孔深；在根底位置进行浅孔台阶爆破，增加局部孔位的装药量等措施进行调整。

（4）为保证开采后预留边坡的稳定安全，开挖坡比为 1∶0.3，按开采梯段分别设置宽度为 2m、2m、5m 的马道，即每高 45m 边坡留一个宽 5m 的马道。

（5）预留边坡位置采用预裂爆破，减少爆破作业对边坡的破坏作用。其预裂爆破效果为岩石坚硬＋完整性较差的半孔率不小于 85%，占预留边坡总面积约 50%；岩石坚硬＋完整性差的半孔率不小于 75%，占预留边坡总面积约 30%；岩石中硬＋完整性差的半孔率不小于 65%，占预留边坡总面积约 20%。总体边坡稳定，未对边坡采取支护施工，进一步确保了开采强度。

（6）加强监测，在开挖边坡上按照 30m×30m 网格设置钢筋头作为监测点，每周进行测点，掌握边坡是否存在位移情况。

（7）采用数码电子雷管后，起爆方式为逐孔起爆，可以为各爆孔提供更理想的临空面，能够有效利用爆破能量，保证料堆的松散程度，提高采装效率。

7 结语

P1 料场自 2016 年 3 月至 2018 年 6 月原计划开采 360 万 m³，经过采取各项措施，实际完成堆石料开采 750 万 m³。通过爆破作业的各项参数总结优化，将爆破单耗由初期 0.4～0.45kg/m³，实际控制在 0.3～0.35 kg/m³ 之间，取得了较好的经济效益。同时，在过程中进行颗粒筛分试验，确保堆石料级配曲线在设计包络线内，满足设计要求。并且采用了新疆地区倡导的数码电子雷管，进一步提升了爆破作业的安全性能和爆破效果，根据实际地质情况调整爆破参数，达到了级配爆破料的合格开采。

最后，在此感谢高级爆破工程师王建东对本文的悉心指导与帮助。

参 考 文 献

[1] 赵伟，王进宏. 浅谈大渡河长河坝水电站大坝堆石料爆破开采技术. 四川水利发电，2012，31（4）：86－108.
[2] 刘殿中，杨仕春. 工程爆破实用手册. 北京：冶金工业出版社，2007.
[3] 程玉泉. 深孔爆破作用效果改善对策. 爆破，2002，4：16－18.
[4] 尹科伟，梁世元. 数码电子雷管微差控制爆破应用技术. 科技经济导刊，2017，1：37－38.

阿尔塔什水利枢纽工程大坝填筑施工
智能化监控系统研发与应用

赵宇飞[1]　裴彦青[2]　张正勇[3]

（1. 中国水利水电科学研究院；2. 新疆新华叶尔羌河流域水利水电开发有限公司；
3. 中国水利水电第五工程局有限公司）

摘　要：在水利水电工程中，土石坝是最常见的一种坝型，在筑坝材料选择等方面具有诸多优势，但是土石坝的施工过程管理却是目前水利工程中的重要瓶颈。土石坝填筑施工工作面广、建筑周期长、机械操作环境恶劣等特性，使得传统的大坝填筑施工过程管理模式很难全程全面地对施工质量进行有效控制。阿尔塔什水利枢纽是目前新疆最大的在建水利工程，大坝为混凝土面板砂砾石堆石坝，坝轴线全长 795.0m，坝顶高程 1825.80m，坝顶宽度为12m，最大坝高 164.8m，大坝填方量大约为 2500 万 m^3 坝料。另外大坝建于深厚覆盖层上，且地震设防烈度为 9°，对大坝填筑沉降变形等方面要求较高，即对大坝填筑质量的控制提出了重大的挑战。在这样的背景下，利用我国自主研发的北斗高精度定位设备，结合 RTK 差分系统，实现了动态高精度的大坝碾压施工过程实时智能化监控，并且结合该项技术，对大坝填筑施工工艺进行了相关调整，实现了利用指挥飞速发展的信息化、物联网以及大数据等方面，成功解决了大坝填筑施工质量的严格控制，提高了水利工程建设管理水平。

关键词：信息化；智能化；过程控制；实时；阿尔塔什

1　研究背景及意义

阿尔塔什水利枢纽工程位于塔里木河源流之一的叶尔羌河干流山区下游河段的新疆维吾尔自治区克孜勒苏柯尔克孜自治州阿克陶县库斯拉甫乡境内，是一座在保证向塔里木河干流生态供水目标的前提下，承担防洪、灌溉、发电等综合利用任务的大型骨干水利枢纽工程。水库工程正常蓄水位为 1820.00m，水库设计洪水位为 1821.62m，校核洪水位为 1823.69m，总库容 22.49 亿 m^3；电站装机容量 755MW。阿尔塔什水利枢纽工程为大（1）型 I 等工程。

阿尔塔什水库混凝土面板砂砾石堆石坝，坝轴线全长 795.0m，坝顶高程 1825.80m，坝顶宽度为 12m，最大坝高 164.8m，上游坝坡采用 1：1.7，下游坝坡坡度为 1：1.6。混凝土面板坝直接建造于河床深厚覆盖层上，覆盖层最大厚度 94m。大坝抗震设计烈度为 9 度，100 年超越概率 2% 的设计地震动峰值加速度为 320.6g。

阿尔塔什水库工程大坝最大坝高 164.8m，覆盖层深度 94m，大坝加上可压缩覆盖层深度，总高度达 258.8m，超过世界上已建成最高 233m 的水布垭水利枢纽工程混凝土面板坝，也超过了目前可研准备收口的坝高 244m 的古水水电站混凝土面板坝及坝高 254m 的茨哈峡水电站混凝土面板坝，为 300m 级高混凝土面板堆石坝，其坝基、大坝及各部位变形协调和控制问题更为突出。

由上分析可知，阿尔塔什水利枢纽工程建设规模大，工期紧，施工条件复杂，这给工程建设管理、施工质量和进度控制带来了相当困难：如何有效地进行动态施工质量监控？如何高效集成与分析工程大坝建设过程中的施工信息？如何实现远程、移动、实时、便捷的工程建设管理与控制？这是阿尔塔什水利枢纽工程建设能否实现高质量、高强度安全施工的关键技术问题。

为有效解决阿尔塔什水利枢纽工程大坝建设过程中的动态质量监控，施工进度动态调整与控制，大坝填筑碾压施工过程信息的综合集成与高效管理，远程、移动、实时、便捷的工程建设管理与控制等问题，有必要开发一套具有实时性、连续性、自动化、高精度等特点的大坝施工过程实时智能化监控系统，对大坝填筑碾压施工过程中的重要环节进行有效监控，实现对施工方案和措施的及时调整与优化，使阿尔塔什水利枢纽工程大坝建设质量和进度始终处于受控状态；同时，建立阿尔塔什水利枢纽工程数字大坝综合信息集成系统，实现施工过程中的重要信息进行动态采集与数字化处理，并形成综合的数字信息分析与处理平台，实现各种大坝碾压施工过程信息的整合、分析与处理，实现施工过程信息的动态更新与维护，为大坝填筑施工过程的建设管理提供重要的手段，并且为大坝运行过程中的安全与可靠提供重要的技术支撑与保障。

2　系统结构总体设计

基于高精度北斗定位导航系统、智能物联网、云计算、图像识别、大数据挖掘等技术，建立了实时、智能、全程、高效的大坝填筑施工监控系统，有效地保证了大坝施工质量，为动态施工管理提供了重要手段。

本大坝施工过程实时监控系统主要包括硬件系统、软件系统以及数据交互与传输的网络系统三部分，系统架构见图 1。

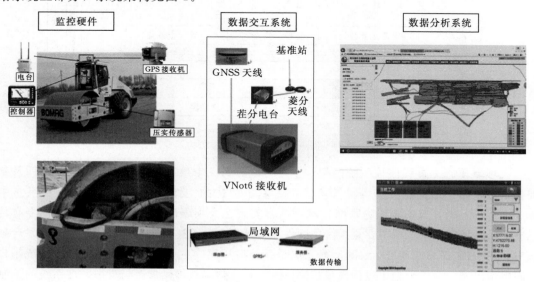

图 1　大坝填筑施工过程智能化监控系统图

硬件系统，主要包括安装在大坝填筑施工机械上的高精度定位接收机、工业平板电脑、压实度传感器等硬件设备。软件系统，主要是实现大坝填筑施工数据实时展示与分析的软件系统，供现场以及后方的工程建设管理人员使用，为大坝施工现场管理与快速调度提供了重要的管理手段。另外，软件系统还包括在平板电脑中安装的单机施工数据展示软件，为大坝施工机械人员提供操作参考与纠偏提醒。数据交互系统，为了保证施工数据的实时传输与展示，可以利用自建网络系统或 GPRS 商用网络系统进行数据传输。另外，为保证定位坐标的精确，建立了以电台进行数据传输与校核的 RTK 差分网络系统。

大坝碾压施工过程实时智能化监控系统主要采用了 BS 结构，基于 Windows 平台进行开发的，具有较好的用户友好性，从大坝施工管理最关键的环节出发，利用有限的政府公益资金，在已有的大坝施工前期已经完成的现场最大最小相对密度试验、碾压试验得到的重要施工参数基础上，将大坝填筑施工过程中最重要的节点与控制因素用形象化数字化的方式进行展示，为大坝填筑碾压施工过程中实时控制与管理提供重要的管理平台与手段。

系统采用模块化开发，根据不同性质的需求，按使用功能划分进行大坝填筑碾压施工过程智能监控系统的功能模块，在系统建设中并且考虑了不同模块之间相对独立又相互关联的关系，对系统中的数据结构与元数据设计进行了细致研究，对系统的规划、模块设计、数据结构以及模块间信息交互功能，其系统结构见图 2。

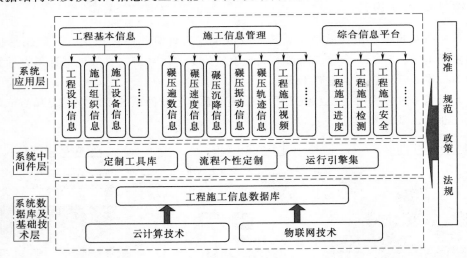

图 2　大坝碾压施工过程控制系统结构示意图

大坝碾压施工过程监控系统的架构主要可以分为三个层次：第一层是系统数据库及基础技术层，这个层面服务器等计算资源都是基于前述的主体工程建设信息云平台系统中 Iaas 层基础上的。其中相关物联网技术是结合安装在大坝碾压机械及其他设备上的专有传感器进行开发的。第二层主要是系统中间件，也基本上与前述的主体工程建设信息云平台系统中 Paas 层中相关内容是一致的。第三层是系统应用层，主要是将各种信息通过系统用户界面展示出来，为工程施工过程质量控制以及工程优化调整提供参考与支撑。在系统的编制中，主要以目前在水利水电工程施工中的各种标准、规范、政策及法规为相关依据。

大坝填筑碾压施工过程智能化监控系统综合了微电子技术、无线通信技术、GNSS厘米级高精度定位等现代化技术。较传统作业模式，该系统可实现实时全程连续可视化跟踪碾压过程，向工程建设管理单位、施工单位、监理单位提供及时精确的大坝碾压设备压实信息，实现大坝碾压过程实时管理。

信息传递主要途径及架构见图3。

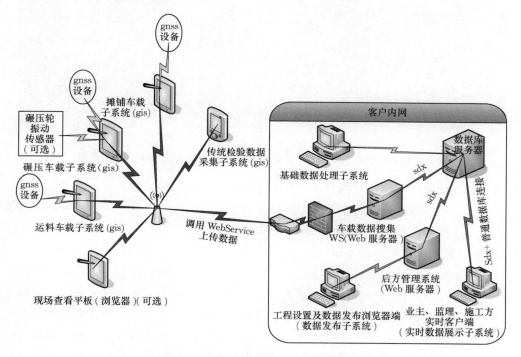

图3　信息传递主要途径及架构示意图

3　系统功能与实施

根据目前已经完成的大坝碾压施工过程实时智能化监控系统，对该系统中目前主要模块以及主要实现功能能够满足大坝填筑碾压过程中的主要功能模块进行介绍，利用系统提供的模块，可以在施工现场对。主要的功能有以下几个方面。

3.1　工程基本信息整理与展示

根据工程建设中对大坝所进行的不同施工单元的划分与确定，在基础信息部分中除了对工程基本信息进行了维护之外，还按照大坝分区、大坝分段、大坝分层以及大坝中不同的单元工程信息进行了整理与维护，这样就可以利用这些基本信息对大坝施工过程中采集到的相关数据进行不同区域与施工部位的整理与分析，为数据管理与质量检测分析提供了最重要的基础信息。并且可将阿尔塔什水利枢纽工程大坝三维图形在线显示见图4。

利用该模块，可以将大坝单元工程划分与实际工程中大坝填筑施工过程结合起来，通过在工程基础信息模块中进行大坝单位工程下的不同分部工程的设置，然后在不同的分部工程下进行单元工程的划分，通常在单元工程中还进一步划分不同的施工仓，通过施工仓

图 4　大坝填筑碾压施工过程实时智能化监控系统中的大坝三维图形图

位的填筑过程管理，实现大坝填筑碾压施工过程的实时智能化控制。

另外利用该模块可以实现大坝施工机械与驾驶员的管理。为每一层坝料摊铺，也就是每一个单元工程的质量回溯管理提供重要的信息。

3.2　施工过程实时监控分析模块

在该模块中，可结合能够自动生成的不同高程坝面平切图，进行该平切图上目前正在并且在平面图上对不同部位的桩号及比例尺进行展示，然后再加载该平面上的碾压设备及相应的驾驶员实时施工过程信息，以便施工单位、监理单位以及工程建设管理单位对大坝碾压实时施工过程进行控制与实时调度，保证大坝碾压施工过程有序、高效。图中可以实时显示碾压机械的碾压遍数、碾压速度、机械振动频率以及实时坐标等信息，实时坐标为大坝施工坐标，为工程的施工管理提供精准的位置信息（见图 5）。

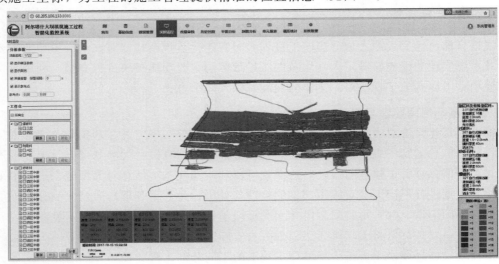

图 5　大坝碾压施工过程系统中实时数据分析图

利用该模块，可以实现对大坝碾压施工过程中施工设备的碾压速度、碾压设备振动状态、施工区域碾压遍数等进行实时监控。其中该界面右侧上方的白框内所标示的是大坝碾压施工过程控制参数，实际工程中可按照该参数对施工机械的碾压状态进行控制。

由于实际施工过程管理中，某用户打开系统可能希望看到一定时间之前的某个区域内的碾压情况，因此该模块中设置了添加历史数据的功能，历史数据的添加，可以按照某时间节点以后的某几台车的施工信息添加进来，也可以按照某个制定区域进行历史数据的添加，这样极大地方便了施工管理人员对现场的施工组织、施工指挥以及动态调度车辆等管理工作。

3.3　大坝碾压施工质量分析功能

对已经碾压结束的区域，大坝碾压施工质量检测工作可以通过施工质量分析模块进行。可以按照施工仓位（单元）、一定时间内某几台碾压机械以及某一个具体桩号范围内采集到的坝体填筑数据进行综合分析，包括碾压遍数（总数、静碾以及振动碾）、速度超限次数、碾压设备速度平均值、碾压设备速度最终值、碾压设备激振力超限次数、激振力平均值、激振力最终值、碾压沉降量以及行车轨迹几个重要方面。并且可以实现某一个施工范围之内的大坝填筑施工过程重演。根据某范围的施工信息分析结果，可为单元工程质量检测所进行的挖坑检验提供坑位参考，便于有针对性地进行单元工程质量检验，保证大坝施工质量控制（见图 6～图 8）。

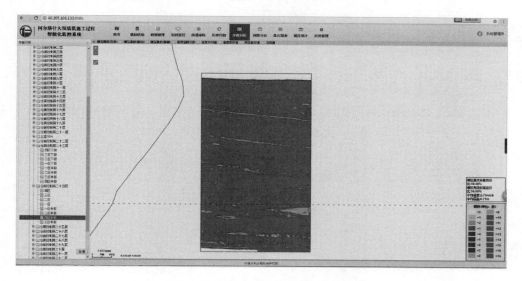

图 6　大坝碾压遍数分析云图

另外，在本系统中，为了更形象分析不同剖面中碾压层厚及不同层之间的结合情况，还需开发任意的沿着坝轴线或者垂直坝轴线的碾压数据剖面分析功能，类似目前医疗机构中所采用的 CT 技术，以便全方位地了解大坝整体碾压施工过程及数据（见图 9、图 10）。

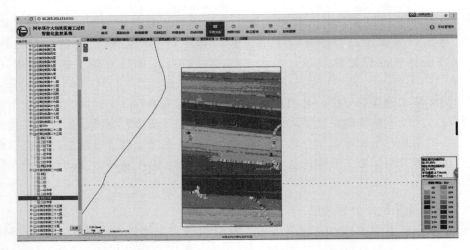

图 7　大坝填筑碾压过程施工机械振动状态分析云图

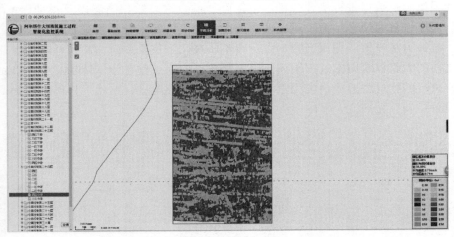

图 8　大坝碾压仓单层碾压沉降分析云图

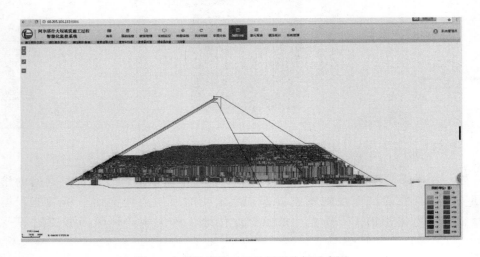

图 9　大坝填筑施工质量剖面分析示意图

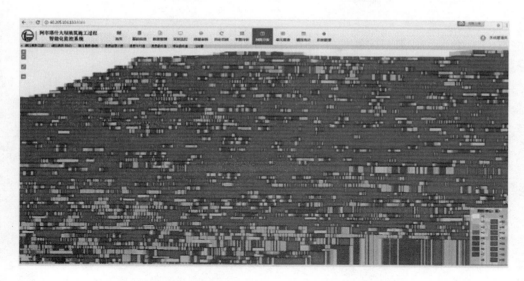

图 10　大坝填筑施工质量剖面分析示意图（阿尔塔什水利枢纽工程大坝纵剖面局部放大图）

3.4　施工报表生成功能

在实际工程建设中，每一个单元工程或每一个分区施工完成之后，可由系统自动生成该施工区域的施工报表，包括报表信息、自动或者手动设置的检测点位置等信息以及相关的施工状态的图形等内容，可作为施工质量评价的重要附件，为保证大坝工程施工质量检验与评价提供重要的参考与支撑资料。

3.5　系统管理

系统管理模块主要是对目前工程建设中的相关用户，包括施工方、监理以及项目法人代表等不同用户权限、登录账号以及密码等方面进行管理，保证不同的用户能够在各自的权限内进行数据分析计相关管理功能。

另外，在这一部分中，可以对工程中碾压施工参数进行设置，这部分设置工作是根据目前大坝施工组织计划以及碾压试验后确定的最终施工过程控制参数，是大坝施工质量分析中重要的评价标准。

3.6　施工机械碾压效率统计分析

施工机械碾压统计分析模块主要是对目前大坝碾压施工机械管理人员进行使用的，利用该功能模块，可以进行单台碾压机械某段时间内的施工工效统计分析，包括碾压长度、碾压面积、不同碾压遍数所对应的碾压面积统计等。另外还可以在该界面的右侧功能框内，显示该台施工机械的某段时间内的施工形象（见图11），为施工机械管理人员对某设备的统计分析提供了技术手段。

另外，在这一模块中，还提供了某一段时间内对所有参与施工的施工机械进行施工工效分析（见图12）。可实现某段时间内所有施工机械的碾压长度、碾压面积以及满足施工标准的碾压面积，这样可以为现场施工管理人员进行不同阶段机械操作手的操作效率进行绩效管理提供了重要的手段，实现施工机械的高效利用与高效管理，提高施工效率，大大

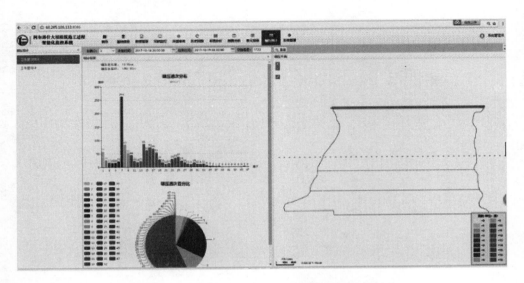

图 11　某段时间内单台碾压机械使用效率分析图

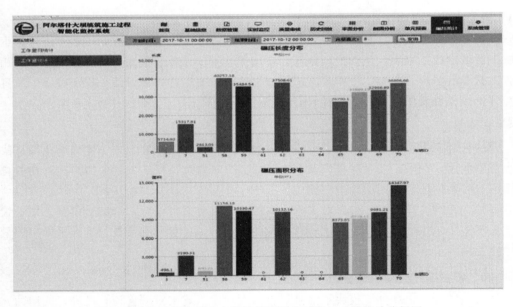

图 12　某段时间内所有大坝填筑碾压机械施工功效统计分析图

节省施工成本。

3.7　面向碾压设备操作员的大坝碾压施工过程监控软件系统

对于在大坝碾压施工过程中的每一台碾压设备而言，该台碾压设备的碾压遍数、设备碾压速度、碾压振动状态以及碾压轨迹等实时施工信息实时地在安装在碾压设备驾驶室中的平板终端上显示出来，如果碾压设备一旦偏离设定的碾压参数范围，则该平板终端将会及时提示设备操作人员，进行操作修正，保证碾压施工过程能够按照既定的碾压施工参数进行。利用该软件系统，可以为碾压设备操作人员提供重要的操作引导与操作纠偏，从而保证大坝碾压施工质量。其平板终端系统见图 13。

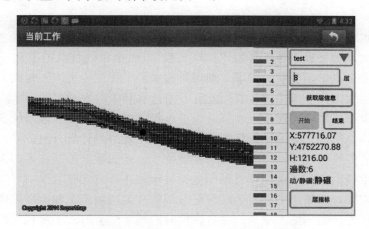

图 13　大坝碾压施工设备中平板终端系统图

4　系统运行效果及先进性分析

通过该系统的实施，阿尔塔什水利枢纽工程大坝碾压施工过程，按照单元工程划分标准，又进一步划分为"上料仓""碾压仓""检验仓"及"备查仓"四个区块，通过四个区块施工的协调与统一安排，不仅大大提高了大坝填筑碾压施工效率，而且也保证了大坝碾压施工质量。从工程管理者角度而言，为其精细化实时化的全程大坝施工管理提供了重要平台与手段。

并且通过现场管理人员在现场利用手持数据终端，进行实时的大坝碾压施工实时监管，并且可以根据施工现状，实时现场施工机械动态调度，可以实现最大程度的大坝施工机械效益发挥，为施工单位的大坝施工工效的提高，施工进度的把握提供了重要的技术支撑。

通过阿尔塔什水利枢纽工程大坝填筑施工过程实时智能化系统的实际应用可知，目前该系统的先进性主要体现在以下几个方面。

（1）在国内较早地采用我国自主研发的北斗定位导航系统，进行水利工程大坝填筑施工过程的实时智能化监控，为下一步的我国北斗导航定位技术的推广应用积累了重要的经验。

（2）利用先进的云计算技术，将系统服务器布置在了云服务器中，节省了在现场进行工程分控中心、中控中心等服务器与存储设备的硬件费用，具有较好的经济性，也提高了数据应用与数据存储的安全性与可靠性。

（3）该系统通过功能强大的数据分析与展现功能，通过海量数据的深入挖掘与分析，可以提供大坝碾压施工过程的平面分析、剖面分析以及施工过程回放等，有效地提高了施工管理水平，保证了大坝施工质量。

（4）利用该系统，能够对大坝施工机械的施工工效进行强有力的分析，实现对不同的碾压机械进行绩效管理，这对于提高工程施工效率，实现多劳多得的分配制度，有重要的支撑作用。

5 结语

阿尔塔什水利枢纽工程是国家"十三五"期间的172项重大水利工程之一,也是新疆目前在建的最大水利工程,是新疆的"三峡工程",该项目的特殊的地质环境,对大坝碾压填筑施工的质量提出了更高的要求。利用目前水利工程中传统的工程施工管理模式,则很难实现体量巨大的大坝施工过程有效监管。通过水利工程大坝填筑碾压施工实时智能化监控系统的开发与应用,实现了大坝填筑施工过程的精细化管理。该系统在阿尔塔什水利枢纽中的应用,也代表了我国土石坝填筑施工管理发展的趋势与方向。

利用高精度卫星定位技术,实时动态差分技术,无线数据传输技术,大数据技术,以及图形分析技术等,实现了大坝填筑碾压施工过程的在线、实时监控,并通过便携式的数据终端,可以实时对现场施工进行实时调度与调整,为现场施工和监理提供了有效的管理控制平台,保证大坝碾压施工质量。并且在实时监控系统上形成了流程化的仓位施工管理模式,切实提高了大坝填筑施工工效。

大坝填筑碾压施工监控系统实施以来,对大坝填筑碾压施工过程进行全过程、全天候、实时、在线监控,克服了常规质量控制手段受人为因素干扰大、管理粗放等弊端,有效地保证和提高了大坝填筑施工质量。

参 考 文 献

[1] 胡永利,孙艳丰,尹宝才. 物联网信息感知与交互技术. 计算机学报,2012,35(6):1147-1163.
[2] 陈祖煜,杨峰,赵宇飞,等. 水利工程建设管理云平台建设与工程应用. 水利水电技术,2017,48(1):1-6.
[3] 钟登华,石志超,杜荣祥,等. 基于CATIA的心墙堆石坝三维可视化交互系统. 水利水电技术,2015,46(6):16.
[4] 钟登华,王飞,吴斌平,等. 从数字大坝到智慧大坝. 水力发电学报,2015,34(10):1-13.

奴尔水利枢纽工程碾压式沥青心墙大坝
深覆盖层基础防渗墙施工关键技术

朱亚雄

（中国水电建设集团十五工程局有限公司）

摘　要： 奴尔水利枢纽工程大坝为碾压式沥青心墙坝，坝高80m，防渗墙为大坝基础防渗体，是大坝工程最为关键部位之一，本文介绍了深覆盖层防渗墙混凝土施工工艺以及深厚覆盖层坝基的防渗技术，可为类似工程建设提供参考。

关键词： 砂砾石大坝基础；深覆盖层；防渗墙；关键技术

1　工程概况

奴尔水利枢纽工程位于新疆维吾尔自治区和田地区策勒县境内，是奴尔河上唯一的控制性工程，大坝为碾压式沥青混凝土，河床覆盖层厚度20～35m，均为第四系地层，自上而下分为三层：上层为全新统冲积（Q_4^{al}）砂卵砾石，厚5～14m，纵波波速为900～1100m/s。天然干密度2.16～2.23g/cm³，相对密度0.70～0.79，密实。饱和状态下内摩擦角为39°～40.5°，渗透系数$K=2.7×10^{-2}～6.6×10^{-2}$cm/s，具强透水性；中间为上更新统冲积（$Q_3^{al}$）砂卵砾石层，厚5～9m，下层为中更新统冲积（$Q_2^{al}$）密实砂卵砾石层，厚约6～11m，纵波波速2000～2600m/s。砾岩呈巨厚层状，分选性较差，以泥质胶结为主，局部钙质胶结，属软岩，强风化层厚3m左右，弱风化层厚8～10m。基岩面以下32m以内一般为半胶结状态，岩体的透水率差异较大，$q=0.58～12.67$Lu，属弱～中等透水，内含大量直径的漂石，钻进过程中有塌孔现象。河床段心墙基础设一道混凝土防渗墙，布置在坝0+164.111～坝0+590.325河床覆盖层内，总长426.214m，向下深入基岩1.0m，向上通过厚1.8m的混凝土基座与沥青混凝土心墙相连；防渗墙墙厚0.8m，C20二级配自密混凝土10983m²，最大深度37.1m。

2　防渗墙施工

2.1　施工区段划分

防渗墙从2015年9月25日开始施工，2016年5月30日完工，工期7个月。共划分了五个区段，分段施工。从左至右依次为：左岸山体段（长30m）、左岸河床段（长138m）、主河床段（长30m）、右岸河床段（长172m）、右岸山体段（长56m）。槽深在25～37m范围时，槽孔长度按6.8m控制；槽深在3～25m范围时，槽孔长度按7.8m控制。防渗墙施工区段划分见表1。

序号	桩　号	区段长度/m	施　工　规　划	备注
表 1			防渗墙施工区段划分表	
1	坝 0+164.111～坝 0+194.111	30	1～5 号槽孔，槽长 6.8m	左岸山体段
2	坝 0+194.111～坝 0+332.111	138	6～28 号槽孔，槽长 6.8m	左岸河床段
3	坝 0+332.111～坝 0+362.111	30	29～33 号槽孔，槽长 6.8m	主河床段
4	坝 0+362.111～坝 0+464.111	102	34～50 号槽孔，槽长 6.8m	右岸河床段
	坝 0+464.11～坝 0+534.111	70	51～60 号槽孔，槽宽 7.8m	
5	坝 0+534.111～坝 0+590.325	56.214	61～68 号槽孔，槽宽 7.8m	右岸山体段

防渗墙造孔成槽采用"钻劈法"，即采用 CZ-5A 型冲击钻机先钻进主孔，到设计终孔孔深后，再劈打副孔；造孔采用黏土泥浆护壁，及时监控泥浆各项性能指标，确保其携带岩渣和维护孔壁稳定的能力；清孔采用"抽筒抽取法"；混凝土采用强制式拌和机拌制，混凝土罐车运输至孔口，"泥浆下直升导管法"浇筑混凝土；采用"钻凿法"套接接头处理墙段连接。

2.2　施工分期与工艺流程

防渗墙分两期槽孔施工，先施工Ⅰ期槽，再施工Ⅱ期槽。每期槽孔先钻进主孔，然后再劈打副孔。终孔后清孔验收，Ⅰ期槽孔混凝土浇筑并待终凝且达到一定强度后开始钻凿接头孔，一般为浇筑后 8～12h。Ⅱ期槽孔的端部主孔即为Ⅰ期槽孔混凝土接头孔，Ⅱ期槽孔清孔换浆结束之前需洗刷接头孔壁。防渗墙施工工艺流程见图 1。

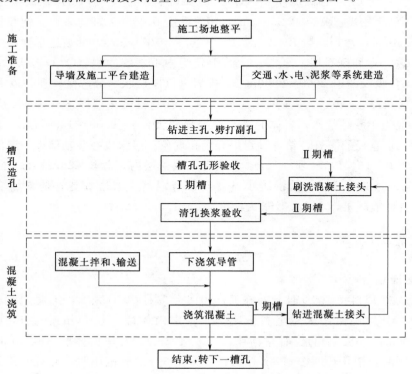

图 1　防渗墙施工工艺流程图

2.3 成槽工艺

本工程主要采用"钻劈法"进行成槽施工：一期槽段先使用冲击钻机钻进主孔至设计孔深，然后劈打副孔。造孔分槽段进行，先进行一期槽孔施工，后进行二期槽孔施工。同一槽段先进行主孔施工，后进行副孔施工。钻孔开始前，调整好钻机，使钻头的中心对准防渗墙轴线。钻孔刚开始，钻头的冲击高度应低，以减少钻机的振动，确保钻孔的准确度。

2.4 槽孔深度控制

成槽深度原则按设计基岩嵌入1m的标准确定。成槽过程中，接近基岩面时开始留取基岩钻渣样品，并由现场地质工程师会同监理工程师和设计的地质工程师进行岩样鉴定，以确定最终成槽深度。

槽孔深度按设计要求进行控制，断层部位作适当加深。在河床平缓地段，每一槽孔的底线应尽量水平，在两岸陡坡段，每一槽孔的底线不超过2~3级梯坎型式。

相邻两主孔终孔深度差小于1.0m时，其中间副孔深度与较深的主孔之差不得大于相邻两主孔深之差的1/3；相邻主孔终孔深度之差大于1.0m时，其中间副孔深度应取岩样进行基岩鉴定确定，但其终孔深度与较深主孔深之差不得大于1.0m，且副孔孔底高程不得高于两主孔高程的中间位置；槽孔浇筑混凝土时，须将导管布置在较深的主孔或副孔内，以保证防渗墙与基岩嵌接良好。

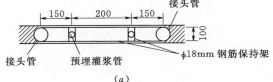

(a)

2.5 预埋灌浆管和仪器埋设

预埋灌浆管为钢管，直径100mm，采用定位架固定。定位架在垂直方向的间距为6m，底部距槽底2m，灌浆管在槽口固定在导墙上。灌浆管下设时采用丝扣连接，底口缠过滤网，防止混凝土进入管内。

（1）下设工艺。考虑到本工程槽段孔深较深，对预埋灌浆管的下设尽量避免采用单管埋设的方法，尽量消除因管体自身的垂直度及混凝土浇筑时冲击力的作用，对管体定位的影响。管体采用ϕ100mm的钢管，ϕ18mm钢筋制作保持架，焊接为一整体桁架。但每段桁架高度根据槽孔孔深分段制作。吊车起吊，孔口焊接，整体下设。

预埋灌浆管定位钢桁架结构见图2。

（2）预埋灌浆管的布设。布设的原

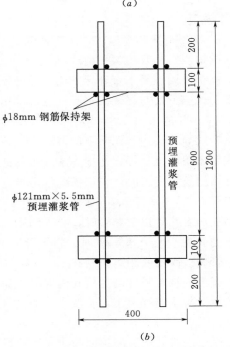

(b)

图2 预埋灌浆管定位钢桁架结构示意图（单位：cm）

则：根据槽长（有时可能是因为某种情况发生了变化，槽长发生了变化）调整钢筋保持架的长度。确保相邻的灌浆管间距为2m。并随时调整一期槽孔与二期槽孔端头部位相邻两灌浆管的间距为2m。

（3）预埋灌浆管底段的布设。根据灌浆管所处的部位，对应槽孔底部高程的变化，准确调整灌浆管底部的长度与之相适应。确保每一根灌浆管底部都与基岩紧密相接触。

（4）预埋灌浆管的孔口对接。灌浆管桁架底段先期入槽，并稳妥地架立于孔口，其余段利用吊车起吊，与底段进行逐段对接。灌浆管接口处利用电焊机牢靠地进行焊接连接。每一接口处竖向焊设2～3根钢筋加劲肋，以确保接口处强度。

（5）预埋灌浆管的起吊、下设。因为每段灌浆管桁架长度均比较长，为避免起吊时桁架变形，一方面，要选好起吊位置；另一方面，可考虑在灌浆管部位加设槽钢、钢管等刚性体，以增加灌浆管桁架的整体起吊刚度。

当全部预埋管桁架对接完毕后，利用吊车进行整体下设。下设时一定安全、平稳，对应好桁架在槽中的位置。遇到阻力时不能强行下放，以免桁架变形，造成管体移位，影响下设精度。

（6）预埋灌浆管定位最大允许偏差。预埋灌浆管入槽后的定位最大允许偏差符合下列规定：①定位标高误差为±5cm；②垂直墙轴线方向为±2cm；③沿墙轴线方向为±2cm；④孔斜率不大于0.4%。

（7）仪器安装与埋设。在槽孔造孔结束后，需要进行观测仪器埋设时，根据监理人的指示进行观测仪器埋设。在观测仪器安装埋设完毕并经监理人检验合格后，方可进行墙体的浇筑。

2.6 混凝土浇筑

采用8m³混凝土拌和车运输，送至浇筑槽口后，经分料斗和溜槽将混凝土输送至浇筑漏斗，从两根浇筑导管均匀平衡放料。

混凝土浇筑采用泥浆下直升导管法。导管下设及导管起拔均按设计要求控制。为减小开浇时混凝土快速下落与泥浆的絮凝反应，采用压球法开浇。浇筑时，混凝土面的上升速度控制在2～6m/h范围。

采用直升式导管法进行泥浆下的混凝土浇筑按下列要求进行：

（1）使用密闭情况良好、连接和密封可靠的导管。

（2）开始浇筑混凝土时，采取措施排出导管内泥浆，浇筑过程中保证导管埋入混凝土深度不小于1.0m，不大于6.0m。

（3）槽孔内有两套以上导管时，导管间距不大于3.5m。

（4）当槽底高差大于0.25m时，将导管置于控制范围的最低处。

（5）导管底口距槽底距离控制在15～25cm范围内。

（6）混凝土的浇筑强度满足槽孔内混凝土面上升速度不小于2m/h。

（7）墙体混凝土连续浇筑，若混凝土的供应因故暂时中断，尽快采取措施，在40min内恢复浇筑。

（8）混凝土浇筑完毕后的顶面与防渗墙顶设计高程齐平。

（9）墙体浇筑完成后，将防渗墙顶以下厚0.5m混凝土凿除并冲洗干净，然后现浇混凝土到设计墙顶高程。

2.7 特殊过程控制

（1）防渗墙施工项目的混凝土拌和与浇筑属于特殊过程，该两项过程在施工结束后，其结果不能通过检验或试验得到完全验证，其质量缺陷只能在工程使用后才能暴露出来，因此需加强施工过程中的控制。对此特殊过程，拟在施工中按表2进行控制。

（2）槽段开挖冬季可以施工，混凝土浇筑选择在白天，温度−5℃以上进行施工。

表 2　　　　　　　　　混凝土拌和、浇筑的参数控制要求表

序号	过程参数	参数要求	直接控制人	监督控制人	控制频次要求
1	拌和时材料用量	按照配比进行	操作手	技术值班	每盘
2	拌和时间	拌和均匀	操作手	技术值班	每盘
3	导管间距	相邻两组之间不大于3.5m；一期槽距端头1.0～1.5m，二期槽距端头1.0m	吊车或钻机操作手	技术值班	下设全过程
4	导管下设深度	底口距槽底15～25cm	吊车或钻机操作手	技术值班	下设全过程
5	开浇	按规范进行	浇筑班长	技术值班	开浇全过程
6	混凝土扩散度、坍落度	出机口坍落度20～24cm，扩散度34～40cm	试验员	技术负责人	第一盘，以后每两小时
7	混凝土面上升速度	不小于2m/h	技术值班或其指定人	技术负责人	每30min测量1次槽内混凝土面深度，开浇与终浇过程加密
8	导管埋深	1.0～6.0m	技术值班或其指定人	技术负责人	每30min测量1次槽内混凝土面深度，开浇与终浇过程加密
9	终浇高程	按设计要求执行	技术值班或其指定人	技术负责人	终浇过程
10	浇筑方量	校核实际与理论方量	技术值班或其指定人	技术负责人	每30min或需要时

3　施工技术措施

3.1　复杂覆盖层中防渗墙成槽

本工程覆盖层，富含漂石、卵石、砂砾石、块石，透水性强，不利于成槽过程中的孔壁稳定。成槽过程中，首先使用优质膨润土泥浆护壁，在大漏失量地层成槽时，适当加大泥浆黏度，并向槽内加入黏土，然后利用钻头或重凿冲击挤密地层，每挤密一层后，再正常钻进或抓取。如此循环，直至穿过漏失地层。这样施工既可以保证槽孔安全，又利于提高成槽工效。

3.2　塌孔处理

本工程由于覆盖层较厚，覆盖层级配不均，透水性强，加之存在冬季施工，在施工过程中出现过塌孔：一种为槽段中底部侧边小面积塌孔，现场采用先提起钻具，根据塌孔高度回填黏土，然后重新钻进的工艺；另一种塌孔面积比较大，黏土固壁无法解决问题的采用回填混凝土的方式进行处理；再一种开春施工过程中，施工平台受到融水影响，孔口及

钻机平台发生坍塌，现场采用在平台及孔口位置布置插筋浇筑混凝土的方式，待混凝土强度满足钻机施工要求后进行成槽施工。

3.3 崩块石和硬岩钻进

由于河床覆盖层中，尤其是近坡脚地段大孤石分布较多，对防渗处理施工不利，钻进工效低，易产生孔斜，事故多，是本工程防渗墙造孔施工的主要难点，加之本工程位于新疆和田，受地域条件限制，爆破施工很难实施，因此采用耐磨耐冲击高强合金块作钻头作为重锤的冲击刃，增强破岩效果，减小钻头磨损，增长钻头的使用寿命，大大节约焊钻头时间，纯钻工时利用率高，钻进工效有显著提高。

3.4 孔斜的处理

造成防渗墙发生孔斜的原因有很多，其中地层原因是最主要的。当槽孔施工发生孔斜时，将使墙体的有效厚度减少以及影响墙体的连续性，因此，孔斜的控制尤为重要，拟采取下列措施：

（1）采用专用修孔器。专用修孔器是在实践中创造的一种新的修孔工具，修孔器的构造，用槽钢或工字钢做成三角形，所选用的钢材要具有足够的强度，防止在冲击作用下发生脆断或变形，修孔器的具体尺寸根据防渗墙厚度而定，墙厚 80cm，修孔器可做成高 4m，底宽 40cm。

修孔器的工作原理：用冲击钻的副卷扬将修孔器缓缓放到孔底，如槽孔向上游偏，则修孔器应靠近上游面，使修孔器平面与孔斜方向垂直相交，用手扶副卷扬钢丝绳，冲击钻缓慢冲击，然后提起冲击钻，测量冲击钻中心线是否移向下游，如移向下游说明修孔器所放位置正确，否则重放，直到正确为止。修孔时，每隔 20min 上下移动修孔器，防止修孔器埋入孔壁，然后按常规方法操作钻机，直到槽孔检测合格为止。

实践证明使用修孔器可较常规修孔方法可有效地提高工效，同时钻头的磨损程度应减轻，使用修孔器是一种修孔方法，需要在实践中不断改进和完善。

（2）细化修孔措施。

1）对于上部松散砂卵石层或表层 5m 以内的含土卵石层，开孔采用十字钻进行槽孔上部找正。严禁采用管钻。钻进软弱地层时轻打勤放，使用小冲程高频次，勤放少放钢丝绳。钻进坚硬地层，采用重钻头，高冲程低频次，重打法。

2）发现出现孔斜迹象时，应及时更换为十字钻头进行纠偏。

3）孔斜较小，偏斜的段长较短时，可采用简易的别绳器进行修正。

4）孔斜大，偏斜的段长较长，或者遇到较大的探头石，直接采用修孔器进行修孔。

（3）使用改进型钻头。十字钻头重量较轻，一般重约 2t，钻孔效率较管钻头低，但其定位准确，不易偏斜。管钻的重量约 4t，钻孔效率高，但遇到较大的漂石或探头石极易偏斜。

改进的指导思想是结合两种钻头的优缺点，对管钻头进行改进。加长了管钻头外侧的导向筋，导向筋端头加焊耐磨块，保留管钻刃部长约 15cm。改进后，管钻头的钻进效率相差不大，但钻孔偏斜情况大大降低（见图 3）。

3.5 混凝土浇筑堵管的处理

混凝土的浇筑质量是成墙施工成败的关键环节，防渗墙的浇筑应严格按照规范的规定

图 3 改进后的管钻头

执行。有效地控制混凝土的搅拌质量及按规定掌握导管的埋深，是避免发生堵管的关键措施。

（1）浇筑过程中分析堵管原因和位置，翻查浇筑记录，确认管底位置和埋深，及时采取措施避免其他导管同时被堵。

（2）以最大限度上下反复抖动导管，开始每次提升不宜过高，不得向下猛墩，以防发生导管破裂、混凝土离析等问题，而增加处理难度。

（3）若以上方法无效，果断抓紧时间起拔导管重新下管浇筑。重新浇筑时，管底应插入混凝土 0.5～1.0m。同时，以小抽筒抽净管内泥浆，并注入砂浆。

3.6 墙体质量事故的处理

如混凝土防渗墙在浇筑过程中发生中断或发生事故而影响质量时，可根据事故的具体情况采取以下措施进行补救：

（1）凿除已浇筑的混凝土，重新清孔换浆进行浇筑。

（2）在防渗墙上游侧补贴一段新墙，并保证与旧墙和两端槽孔混凝土连接完整，达到防渗标准。

（3）在发生事故的部位上游侧进行钻孔灌浆，形成一段帷幕对事故部位进行补救，达到防渗标准。

（4）在发生事故的部位上游侧进行高喷灌浆，形成一段高喷防渗墙对事故部位进行补救保护，达到防渗标准。

4 施工效果检查

根据完成后统计资料显示，采用修孔器修孔平均消耗的工时较之前减少了 2/3。特别是对于较坚硬的探头石效果更佳。通过采取钻孔防斜措施，采用改进后的钻头，钻孔孔斜情况大大降低，2015 年 12 月 1 日至 12 月 31 日，出现钻孔偏差 30 起，修孔台班约 45 个台班，仅为之前的钻孔偏斜情况的 1/10。改进钻头后，依然保持管钻头钻孔效率高的优点。通过代替十字钻头，使得施工工效大大提高。后期冲积钻机造孔平均效率达到单日单机 3.8m²，较之前 2.9m² 工效提高了 31%，有效地缓解了工期压力。

5 结语

西域砾岩深覆盖层防渗墙的施工工艺已经比较完善，在项目施工中需要注意的是加强对关键技术的优化，控制选取更加合理的混凝土浇筑参数，如何保证其防渗效果，要求在每个施工环节中要严格控制，依据规范和结合经验的基础上，认真研究地层结构，注重地层每个细微的变化，采取相应的施工措施，才能达到多快好省、质量优的效果。

狭窄场地高面板堆石坝快速填筑施工

吴 松

（中国水电建设集团十五工程局有限公司）

摘 要：水电站多建于高山狭谷之中，随着水电开发的深入，其施工环境日趋恶劣，施工场地愈发狭窄。柳树沟水电站拦河大坝为混凝土面板堆石坝，坝体填筑总量约 151 万 m³。坝址区为典型的峡谷地形，河谷呈基本对称的 V 形，河床最大宽度仅 60m，最小宽度不到 30m，两岸均为基岩边坡，山势高陡，自然边坡坡度一般 50°～75°，局部近直立，施工场地十分狭窄。坝体填筑材料料场主要分布在大坝上游。坝基开挖完成后，施工道路成为制约筑坝速度的瓶颈。针对这一状况，坝体填筑共布置了 4 条临时道路，从而突破道路布置的瓶颈。坝体分三期进行填筑，其中，二期、三期填筑仅用 4 个月时间便完成（填筑量 114.5 万 m³），并严格按照碾压试验确定的施工参数组织施工。经抽样检测，坝体各个填筑区的干密度均符合规范及设计要求。截至 2012 年 11 月底，坝体最大沉降量为 381mm，占最大坝高的 0.38%，沉降量较小，表明坝体填筑质量较好。

关键词：狭窄场地；高面板坝；填筑施工

1 工程概况

柳树沟水电站位于新疆巴音郭楞蒙古自治州和静县境内的开都河上，是开都河中游河段水电规划中的第八座梯级水电站。其拦河大坝为混凝土面板堆石坝，属 2 级建筑物。坝顶高程 1499.00m、最大坝高 100.0m、坝顶长 183.5m、坝顶宽 10.0m，上游坝坡 1：1.4，下游坝坡 1：1.3～1：1.4，设有宽 10m 的之字形上坝路（坡比 9.9%～10.9%）。坝体填筑总量约 151 万 m³。

坝址区为典型的峡谷地形，河谷呈基本对称的 V 形，河床最大宽度仅 60m，最小宽度不到 30m，两岸均为基岩边坡，山势高陡，自然边坡坡度一般 50°～75°，局部近直立。施工场地十分狭窄。

2 坝体填筑

2.1 料源分布

坝体填筑材料主要分为开采料、利用料、掺配料三种。其相应的料场主要有：独树沟料场、1～3 号倒渣场、业主砂石料加工厂以及过渡料掺配场等。其中，独树沟料场开采主堆石料，1～3 号倒渣场符合主堆石要求的料用于主堆石区填筑，其余则用于下游堆石区填筑，业主砂石料厂提供垫层料及垫层小区料，过渡料掺配场生产过渡料。

（1）独树沟料场。独树沟料场为主堆石爆破开采料场，位于坝址上游，运距 3.5km，规划开采量 86.2 万 m³，实际开采约 57 万 m³。

（2）1号倒渣场。1号倒渣场位于大坝下游与发电厂房之间，占地面积 1.6 万 m²，储量约 42 万 m³（松方），运距 600m。

（3）2号倒渣场。2号倒渣场位于察柳路 2 号交通洞进口上游约 250m 路右处（坝址上游），储量约 40 万 m³（松方），运距 3.5km。

1号、2号倒渣场符合主堆石质量标准的料尽量用于主堆石区填筑，符合下游堆石质量标准的料则只用于下游堆石区填筑。

（4）3号倒渣场。3号倒渣场位于察柳路 2 号交通洞进口上游约 900m 路右处（坝址上游），储量约 21 万 m³（松方），运距 4.3km。主要用于下游堆石区填筑。

（5）业主砂石料加工厂。业主在察汗乌苏 C3 料场建有砂石料加工厂（坝址上游），距坝址公路里程约 19.3km。提供垫层料和小区垫层料。

（6）过渡料掺配场。过渡料掺配场位于察汗乌苏电站厂房上游 200m 处（坝址上游），距大坝 9.8km。生产坝体所需的过渡料。

2.2 道路布置

场内的主要道路由业主提供，主要有：导流洞进口道路（包含 3 号、5 号两条隧洞，由察柳路末端到导流洞进口）、导流洞出口道路（4 号隧洞出口至导流洞出口）、左岸永久上坝路（包含 1 号、2 号、6 号隧洞，由察柳路末端经 1 号、2 号、6 号隧洞至泄洪洞、溢洪洞、引水洞进口）、4 号隧洞等，其主要道路技术指标见表 1。

表 1　　　　　　　　　　业主提供的场内主要道路技术指标表

序号	道路名称	永久/临时	长度/km	路面宽度/m	路面结构	道路等级	备　注
1	左岸永久上坝路	永久	约 1.07	7.0	混凝土路面	三级	包含 1 号、2 号、6 号三条隧洞
2	导流洞进口道路	临时	约 1.22	7.0	碎石路面	三级	包含 3 号、5 号两条隧洞
3	导流洞出口道路	临时	约 0.56	7.0	碎石路面	三级	4 号洞出口至导流洞出口
4	4 号隧洞	临时	约 0.88	7.0	碎石路面	三级	界限尺寸 9m×4.5m

筑坝料源大部分在坝址上游，且在坝基开挖完成后，连接上、下游交通的仅为 4 号隧洞，施工道路成为制约筑坝速度的瓶颈。针对这一状况，道路布置紧紧围绕 4 号隧洞展开。为坝体填筑布置新建的临时道路主要有：上游左岸河床低线路（L1）、1 号倒渣场至坝后道路（L2）、4 号隧洞出口至下游小断面右端道路（L3）、下游小断面上游坡面之字路（L4）等 4 条道路。道路宽度不小于 10m（L3 局部除外）、纵坡一般为 10%，最大不陡于 12%。其道路布置见图 1，道路特性见表 2。

截流后，对坝轴线下游坝基进行开挖的同时，形成了上游左岸河床低线路，下游坝基开挖完成，该路为下游小断面高程 1424.00m 以下的填筑主要道路。在对 1 号渣场石渣料开采的同时形成了 1 号渣场至坝后的道路，其成为下游小断面高程 1424.00m 以上填筑施工的主干道。为减少上游坝体填筑的运距及车辆爬坡距离，将小断面的右端与 4 号隧洞出口用临时便道连通（坝体全断面填筑至高程 1443.00m 后将该便道拆除），该便道为上游坝体高程 1443.00m 以下填筑主干道。坝体全断面填筑至高程 1443.00m 后，再利用 L2

路将坝体填筑至高程1456.00m，便可从4号隧洞直接上坝后之字形路，进行高程1456.00m
以上坝体填筑。

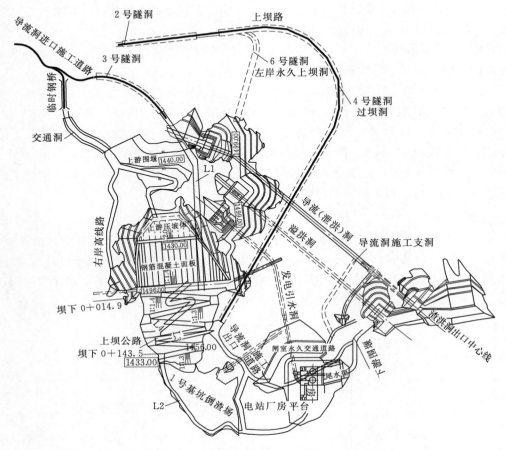

图1　施工道路布置图

表2　　　　　　　　　　　　　　　　　　坝体填筑新修临时道路特性表

道路名称	道路编号	道路起至位置	路面宽度/m	道路起至高程/m	主 要 用 途
上游左岸河床低线路	L1	3号隧洞出口～河床左岸坝下0－010处	10.0	1420.00～1407.00	下游小断面高程1424.00m以下填筑道路
1号倒渣场至坝后道路	L2	1号倒渣场与导流洞出口道路交会处至坝后	10.0	1438.00～1420.00（1433.86）	下游小断面1424.00m以上，以及坝体高程1443.00～1456.00m主要填筑道路
4号隧洞出口至小断面右端	L3	4号隧洞出口至下游小断面右端	4.5～20.0	1456.00～1443.00	上游坝体高程1443.00m以下填筑道路
下游小断面上游坡之字路	L4	下游小断面右端至坝轴线	10.0	1443.00～1407.00	上游高程1443.00m以下坝体填筑道路

2.3 填筑施工

2.3.1 填筑分期

为削减坝体填筑高峰强度、并形成上游坝体填筑道路，坝体分三期进行填筑，第一期进行坝轴线下游、高程1443.00m以下小断面的填筑（小断面顶宽20m、下游坡面为坝体设计坡面、上游坡比1：1.35并布设10m宽的下基坑道路，道路纵坡12％），2011年9月1日开始填筑，2011年12月4日填筑完成，填筑方量36.5万m³；第二期进行高程1443.00m以下上游断面的补填，2012年2月2日开始施工，2012年3月19日完成；第三期则为高程1443.00～1496.00m的填筑，2012年5月30日填筑完成；二期、三期共完成填筑114.5万m³。即仅用4个月（2012年2月至5月）便将坝体从高程1400.00m填筑至高程1496.00m，月平均上升高度24m，最大月上升高度40m。具体分期填筑见图2。

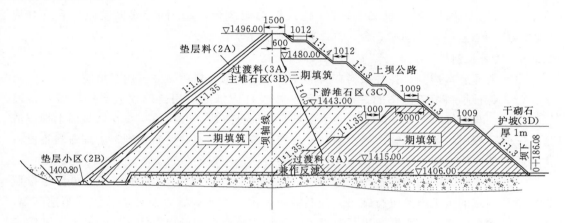

图2　大坝分期填筑示意图（单位：cm）

2.3.2 填筑次序

主堆石与过渡料、垫层料的铺填次序为：先铺填主堆石、再铺填过渡料、最后铺填垫层料，一层主堆石、两层过渡料和垫层料平起填筑，过渡料与垫层料每层均进行骑缝碾压，两层过渡料与一层主堆石料采用20t拖式振动碾进行骑缝碾压。

主堆石与过渡料、过渡料与垫层料界面不得出现大石集中，不得有超径石，若出现大石集中和超径石，采用人工配合装载机或反铲拣除。

2.3.3 填筑方法

在坝基验收合格后，由测量队用全站仪逐层放出各种坝料的分界线，并用白灰线在坝面上标识清楚，石渣料用1.2～2.0m³反铲装车、过渡料和垫层料采用3m³装载机装车，20t自卸汽车运输，按白灰线标识的范围卸料，按碾压试验确定的施工参数进行铺料、碾压。施工参数见表3。

为加快施工进度、形成流水作业，将各种坝料的填筑区域划分为三个区，即铺料区、碾压区、质检区，确保连续作业。堆石体（主堆石、下游堆石）按上、下游分区；垫层料、过渡料左右岸分区。

表 3 各种坝料填筑施工参数表

坝 料 类 别	施 工 参 数					备注
	铺料厚度/cm	铺料方式	平料机具	碾压机具	碾压遍数/遍	
垫层料及其后部过渡料	40	后退法	反铲	20t 自行式振动碾	8	铺料厚度为压实厚度
坝基及两岸坡过渡料	80	进占法/后退法	推土机/反铲	20t 拖式振动碾	8	
堆石料	80	进占法	推土机	20t 拖式振动碾	8	

注 坝基过渡料采用进占法卸料,两岸坡过渡料采用后退法卸料。

2.3.4 机械投入

为确保 2012 年 5 月 30 日坝体填筑至高程 1496.00m 合同目标的实现,确保坝体的快速上升,投入 1.0~2.0m³ 反铲 15 台、20t 自卸汽车 85 台、220HP 推土机 2 台、230HP 推土机 1 台、320HP 推土机 2 台、20t 拖式振动碾 3 台、20t 自行式振动碾 1 台、4kW(激振力 30kN)平板振动夯 2 台、3m³ 装载机 4 台等。

2.3.5 质量控制

(1)料源质量控制。各种坝料在料场经试验室检测合格后,方可用于填筑。

(2)各种坝料填筑范围的控制。测量队按设计图纸逐层用全站仪放出垫层区与过渡区、过渡区与主堆石区、主堆石区与下游堆石区的分界线,并用白灰线在填筑面上标识清楚。铺料过程中将各种料物严格控制在各自的填筑范围内,并切实做到下游堆石料不侵占主堆石料、主堆石料不侵占过渡料、过渡料不侵占垫层料的位置。

(3)施工参数的控制。在施工过程中,严格执行"三检制",要求施工人员严格按照碾压试验确定的施工参数进行施工,控制铺料厚度、碾压遍数以及振动碾的行车速度等。质检、试验人员除对施工参数进行监控外,还按规范要求的频次检测压实干密度、孔隙率等指标,对达不到设计压实指标的填筑层,严禁转序。

(4)坝体填筑的接茬、接缝处理。同一层料物分两次填筑,其竖向结合面谓之接茬,超过两层以上的竖向结合面谓之接缝。坝体分期、分块填筑时会在坝体内形成横向或纵向的接茬、接缝,其处理方法为:用反铲将先回填断面坡面上的大块石及松散料清理干净,直至清理至密实层,削为不陡于 1:2 的顺坡,再分层铺料填筑,并在接缝处回填细料,加强压实,加强抽样检测,检测合格后,方进行下一层施工。

(5)边角部位的质量控制。堆石区的两岸坡按设计要求铺填宽 2m 的过渡料,并用拖式振动碾顺岸坡方向碾压,对碾压不到的部位,采用 20t 自行式振动碾碾压,对自行碾碾压不到的死角部位,则采用 4kW(激振力 30kN)平板振动夯等进行压实。

垫层区及过渡区与两岸坡、混凝土接触带等边角部位,对自行碾碾压不到的死角部位,采用 4kW 平板振动夯等进行压实。垫层小区料则主要采用 4kW 平板振动夯压实。

为保证坝体上、下游边缘的填筑质量,垫层区的上游边,向上游超填 0.5m 左右;对堆石区的下游边,向下游超填 1.0m 左右。每填筑上升 2~3m,用反铲将上、下游坡面表面的松散层削除,使填筑断面符合设计要求。

在采用上述措施的同时,加强边角部位的抽样检测,确保压实质量。

3 施工质量

3.1 坝体填筑设计指标检测成果统计分析

坝体按设计图纸分为垫层区、垫层小区、过渡区、主堆石区、下游堆石区等，在各个区域的填筑施工中，均按设计及规范要求的频次检测压实干密度、孔隙率等。其干密度检测成果见表4，孔隙率检测成果见表5。

表4 坝体填筑干密度检测成果表

检测部位	检测组数	检测频次/(次/m³)	设计指标/(t/m³)	检测值/(t/m³)			合格率/%	标准差/(t/m³)
				最大值	最小值	平均值		
垫层小区2B	241	1/14	≥2.25	2.29	2.25	2.27	100	0.01
垫层区2A	242	1/182	≥2.25	2.31	2.25	2.28	100	0.01
垫层料后部过渡区3A	241	1/299	≥2.22	2.29	2.23	2.25	100	0.02
坝基及左右岸坡过渡区3A	382	1/203	≥2.22	2.29	2.23	2.25	100	0.01
主堆石区3B	149	1/4956	≥2.20	2.28	2.21	2.24	100	0.02
下游堆石区3C	115	1/4996	≥2.20	2.29	2.20	2.24	100	0.02

表5 坝体填筑孔隙率检测成果表

检测部位	检测组数	检测频次/(次/m³)	设计指标/%	检测值/%			合格率/%
				最大值	最小值	平均值	
垫层小区2B	241	1/14	≤17	17.0	15.5	16.2	100
垫层区2A	242	1/182	≤17	17.0	14.8	15.9	100
垫层料后部过渡区3A	241	1/299	≤18	17.7	15.5	17.0	100
坝基及左右岸坡过渡区3A	382	1/203	≤18	17.7	15.5	17.0	100
主堆石区3B	149	1/4956	≤19	18.5	15.9	17.3	100
下游堆石区3C	115	1/4996	≤19	19.0	15.5	17.3	100

从表4可看出，坝体各个填筑区的干密度均不小于设计干密度，合格率100%，标准差均小于0.05t/m³，符合规范及设计要求。从表5可看出，坝体各个填筑区的孔隙率均不大于设计孔隙率，合格率100%，符合规范及设计要求。

3.2 坝体沉降观测成果

截至2012年11月底，大坝所埋设的电磁沉降管所测数据显示，坝体最大沉降为381mm，占最大坝高的0.38%，沉降量较小，表明坝体填筑质量较好。

3.3 施工质量评定

坝体填筑共完成单元工程1285个，合格1285个，其中优良单元工程1247个，优良率97.0%。

4 结语

柳树沟水电站大坝工程，在坝址区河床宽度仅30～60m、坝顶长不过180m的狭窄场地上，通过合理进行填筑分期、布置施工道路、配备施工资源等，仅用4个月时间，就完成高96m的坝体填筑，且施工质量优良，可供类似工程参考。

黔中水利枢纽工程面板堆石坝
趾板段帷幕灌浆试验

刘菲菲

（中国水电建设集团十五工程局有限公司）

摘　要： 帷幕灌浆是水工建筑物地基防渗处理的主要手段，对保证水工建筑物的安全运行起着重要作用。本文主要介绍了黔中水利枢纽工程面板堆石坝趾板段帷幕灌浆试验的施工工艺，以及在钻孔和灌浆施工过程中针对特殊情况的处理和灌浆试验成果分析，为后期施工提供了一些切实可行的施工参数和方法。

关键词： 帷幕灌浆；施工参数；试验

1　试验目的

根据招标文件及有关合同文件要求，为趾板段及右岸帷幕灌浆提供合理的施工参数，对趾板段及右岸帷幕灌浆进行生产性灌浆试验。灌浆试验目的是论证了钻孔、灌浆方法和工艺的合理性；采用纯水泥浆液、粉煤灰水泥浆液进行帷幕灌浆的可行性和合理性；并根据对灌浆压力、注浆量变化，确定合理的灌浆压力、浆液配比及变换等施工参数，进一步了解基岩的可灌性和耗灰量，为后期的施工提供依据。

2　灌浆过程

2.1　灌浆材料

帷幕灌浆采用粉煤灰水泥浆液灌注，水泥采用 P.O42.5 普通硅酸盐水泥，粉煤灰采用Ⅱ级粉煤灰，掺量按水泥重量的 30% 控制。水泥细度要求通过 $80\mu m$ 方孔孔筛的筛余量不得大于 5%，Ⅱ级粉煤灰的细度不能粗于同时使用的水泥，烧失量小于 8%，SO_2 含量小于 3%。减水剂为山西黄河化工有限公司生产的 UNF-2A 型高效减水剂，各项检测指标满足《混凝土外加剂》（GB 8076—2008）技术要求，掺量为总胶材重量的 1.5%，制浆用水水质符合制浆用水。

2.2　灌浆浆液浓度及其变换

帷幕灌浆采用粉煤灰水泥混合浆液灌注，水灰比采用 1∶1、0.7∶1、0.5∶1 三个比级，粉煤灰掺量为 30%。

浆液变换一般由稀到浓逐级变换，变换标准为：当灌浆压力保持不变，注入率持续减少时，或当注入率保持不变而灌浆压力持续升高时，不得改变水灰比；当某一比级浆液注入量已达 300L 以上或灌注时间已达 30min，而灌浆压力和注入率均无显著改变时，换浓一级水灰比浆液灌注；当注入率大于 30L/min 时，根据施工具体情况，越级变浓。

2.3 特殊情况处理

（1）灌浆过程中发现冒浆、漏浆时，根据具体情况采用嵌缝、表面封堵、低压、浓浆、限流、限量、间歇、待凝等方法进行处理。

（2）串浆处理。

1）灌浆过程中发生串浆时，如被串浆孔正在钻进，串浆量不大，可继续钻进，否则，立即停止钻进。封闭串浆孔，待灌浆结束后，串浆孔再行扫孔、冲洗，而后继续钻进施工。

2）如与待灌孔串浆时，串浆量不大时，可于灌浆的同时在被串孔内通入水流，使水泥浆不致在孔内沉淀而堵塞钻孔内的岩石裂隙；串浆量较大时，如条件具备可同时灌浆，如不具备同时灌浆的条件，则封闭被串孔，待灌浆孔灌结束之后，立即打开被串孔扫孔冲洗后尽快灌浆。

3）若两个孔同时灌浆，且两孔段使用的灌浆压力又不相同，出现串浆时，若无法灌结束，封闭使用较低灌浆压力的浅孔，待深孔灌结束后再灌浅孔。

（3）灌浆必须连续进行，若因故中断，按下述原则处理：

1）及早恢复灌浆，如估计在30min之内难以恢复灌浆时，进行冲洗钻孔，而后恢复灌浆。若无法冲洗或冲洗无效，则进行扫孔，而后恢复灌浆。

2）恢复灌浆时，使用开灌比级的水泥浆进行灌注。如注入率与中断前的相近，即可改用中断前比级的水泥浆继续灌注；如注入率较中断前的减少较多，则浆液应逐级加浓继续灌注。

3）如中断时间较长，恢复灌浆后，如注入率较中断前的减少很多，且在短时间内停止吸浆，采取补救措施。

（4）孔口有涌水的灌浆孔段，灌浆前应测记涌水压力和涌水量，根据涌水情况，可选用下列措施综合处理，具体措施应得到监理批准：缩短段长、提高灌浆压力、进行纯压式灌浆、灌注浓浆、灌注速凝浆液、屏浆、闭浆、待凝、压力灌浆封孔。

（5）当灌浆段注入量大而难以结束时，按监理指示选用下列措施处理：①低压、浓浆、限流、限量、间歇灌浆；②灌注速凝浆液；③灌注混合浆液或膏状浆液。

（6）灌浆过程中如回浆变浓，即 20～30min 内回浆比重超过一个比级且注入率在 1～2L/min，宜换用相同水灰比的新鲜浆液，若不发生回浆变浓或回浆变浓不明显，则正常结束灌浆；若继续发生回浆比重超过一个比级的现象，则判为吸水不吸浆，可换用相同水灰比的新浆灌注，若效果不明显，继续灌注 30min，即可结束灌注，也不再进行复灌，但总灌注时间仍要求不小于 60min。

（7）孔段返浆的处理。在岩石裂隙内充填有黏土的孔段进行灌浆时，当降压时极易出现返浆现象，即在降低压力时，灌入孔段内的浆液在充填泥的弹力作用下被挤出孔外，此类孔段在灌浆结束时适当延长屏浆时间，或先采用纯压灌浆结束后闭浆待凝，然后扫孔灌浆直至达到结束标准。

3 帷幕灌浆试验成果分析

3.1 透水率分析

帷幕灌浆试验Ⅰ区对 20 个孔均进行了灌前压水试验，灌浆前压水试验透水率汇总见

表1。

由表1可以看出，4％的试验段透水率小于1Lu，1～3Lu占27％，3～5Lu占42％，5～10Lu占25％，10～100Lu占2％，反映出岩体的透水性具有均质性，说明岩石裂隙为多为闭合型裂隙，表明岩石具有可灌性。

表1　　　　　　　　　帷幕灌浆试验Ⅰ区灌前压水试验透水率汇总表

排序	孔序	孔数	平均透水率/Lu	透水率频率（区间段数/频率/％）					
				总段数	<1	1～3	3～5	5～10	10～100	>100
下游排	Ⅰ	3	6.12	50	2/4	9/18	5/10	28/56	6/12	
	Ⅱ	2	4.36	33	2/6	7/21	12/36	12/37		
	Ⅲ	5	3.42	81	2/2	27/33	46/57	6/8		
上游排	Ⅰ	3	4.72	48	2/4	11/23	13/27	22/46		
	Ⅱ	2	4.10	33	1/3	6/18	18/55	8/24		
	Ⅲ	5	2.60	82	3/4	29/35	4/54	6/7		

由表1可以看出，平均透水率上、下游排均为 $q_Ⅰ > q_Ⅱ > q_Ⅲ$，符合随孔序递增，平均透水率递减的灌浆规律。Ⅰ、Ⅱ、Ⅲ序孔<3Lu的段次：下游排为22％、27％、35％，上游排为27％、21％、39％，随孔序的递增而增大；Ⅰ、Ⅱ、Ⅲ序孔大于3Lu的段次：下游排为78％、73％、65％，上游排为73％、79％、61％，随孔序的递增而减少，说明通过灌浆降低了岩石透水率，提高了防渗能力，表明灌浆效果显著。

3.2 单位注入量分析

帷幕灌浆试验Ⅰ区20个灌浆孔，332个灌浆段，灌浆总长度1544.0m，平均单位水泥注入量259.9kg/m，小于10kg/m的段次占1％，10～50kg/m的段次占12％，50～100kg/m的段次占13％，100～500kg/m的段次占65％，500～1000kg/m的段次占9％，大于1000kg/m的段次占0（见表2）。

表2　　　　　　　　　　帷幕灌浆试验Ⅰ区单位注入量汇总表

排序	孔序	孔数	灌浆长度/m	注灰量/kg	粉煤灰/kg	减水剂/kg	单位水泥注入量/(kg/m)	透水率频率（区间段数/频率/％）					
								总段数	<10	10～50	50～100	100～500	500～1000	>1000
下游排	Ⅰ	3	256.7	86976.0	26089.6	1298.8	440.5	55		3/5	8/15	23/42	21/38	
	Ⅱ	2	154.4	34019.0	10203.6	507.0	286.4	33	1/3	2/6	6/18	23/70	1/3	
	Ⅲ	5	375.9	53567.0	16066.0	796.0	185.2	81		12/15	7/9	62/76		
	小计	10	787.0	174562.0	52359.2	2601.8	288.3	169						
上游排	Ⅰ	3	223.3	59585.4	17878.0	1151.8	346.9	48	3/6	4/8	4/9	28/58	9/19	
	Ⅱ	2	152.6	29917.0	8973.4	519.4	254.9	33		5/15	3/9	25/76		
	Ⅲ	5	381.1	44566.0	13399.6	843.6	152.1	82	1/1	13/16	14/17	54/66		
	小计	10	757.0	134068.4	40251.6	2514.8	230.3	163						
	合计	20	1544.0	308630.4	92610.6	5116.6	259.9	332						

从表 2 可以看出，单位注入量上、下游排均为 $C_I > C_{II} > C_{III}$，符合随孔序递增，单位水泥注入量递减的灌浆规律，表明前序孔灌浆较好的充填了岩石裂隙，后序孔灌浆进行了补充加强。

3.3 质量检查

灌浆结束 14d 后，进行了压水试验检查，施工了 2 个检查孔，ZBISJ1 孔深为 78.7m，五点法压水 17 段，其中透水率最大 2.17Lu，最小 0.68Lu，平均为 1.32Lu；ZBISJ2 孔深为 79.0m，五点法压水 17 段，其中透水率最大 2.43Lu，最小 1.03Lu，平均为 1.45Lu，均小于设计 3Lu 的标准。

4 结论及建议

（1）通过试验成果分析可知，试验区帷幕灌浆效果显著，通过灌浆水泥浆液充分堵塞了基岩中的渗水通道，提高基岩防渗能力的目的。

（2）本次试验采取的施工方法、灌浆工艺、方法、施工参数等符合右岸趾板段坝基岩石特性，钻孔灌浆方法、段长、洗孔、压水试验方法、灌浆压力、水灰比等指标，符合设计要求，可以作为右岸趾板帷幕灌浆施工的控制参数。

（3）本次试验投入的设备、材料的性能可以满足帷幕灌浆施工，投入的施工人员的素质、技能、技术水平、管理能力等满足施工的要求。

（4）建议帷幕灌浆孔和检查孔测斜按每间隔 10m，测斜 1 次。

（5）单点法压水与五点法压水，均符合规范要求。建议帷幕检查孔压水均采用单点法压水。

（6）为提高工作效率，建议帷幕灌浆结束根据相应的规范调整为，各灌浆段在设计压力下，注入率小于 1L/min 后，持续 1h，即可结束灌浆，对达到设计压力后总灌注时间不予限制。

参 考 文 献

[1] 陈正汉. 对水工建筑中帷幕灌浆施工技术的分析. 建材发展导向，2013，7.
[2] 孙晓亮. 帷幕灌浆工程在太平水库坝基防渗处理的实践成果. 山西水利科技，2013，1.

水井山水库堆石坝面板设计及施工质量控制

张志坚[1]   熊 晋[1]   徐应凯[2]   秦光斗[3]

(1. 昆明市水利水电勘测设计研究院；2. 云南新兴监理有限公司；
3. 水井山水库工程管理局)

摘 要：水井山水库是在高海拔地区，地质构造比较复杂，地处高烈度地区，大坝两岸趾板布置较陡，昼夜温差变化较大，面板设计及混凝土质量控制是工程的关键，设计和施工提出了一系列控制措施。初步分析表明，面板施工质量基本达到设计要求。

关键词：水井山水库；面板堆石坝；混凝土配合比；聚丙烯纤维；滑模施工；质量控制

1 概述

1.1 工程概况

水井山水库坝址位于昆明市东川区拖布卡镇水井山村下游 1.2km 的水井山河道上，坝址高程 2371.00m，水库距东川城区约 70km，距离昆明 165km。

水井山水库所在河流属金沙江水系，为金沙江一级支流，工程区位于杨子准台地，康滇古隆起上，东部发育小江断裂，地震动峰值加速度为 $0.3g$，地震动反应谱特征周期为 $0.4s$，对应地震基本烈度为 Ⅷ 度，区域稳定性差。库区主要为昆阳群美党组浅变质碎屑岩夹碳酸盐岩分布区，岩性为绢云板岩、泥质板岩、砂质板岩夹炭质板岩、石英砂岩、粉砂岩透镜体及白云岩、灰岩夹层。

水库控制流域面积 13.52km²，多年平均入库流量 575.36 万 m³，总库容 243.1 万 m³ 的小（1）型水库。水库的主要任务是解决拖布卡镇 1.344 万亩的农业灌溉及 3.5 万人集镇农村人口生活用水问题。水库枢纽由大坝、溢洪道、导流输水放空隧洞组成。大坝平面布置见图 1。

拦河坝坝型为混凝土面板堆石坝，坝顶高程 2436.80m，坝顶宽度 7.0m，坝轴线总长 137.0m，最大坝高 69.0m，坝顶上游侧设高 4.5m 的钢筋混凝土防浪墙，上游坝坡为 1:1.5，下游坝坡设计为上缓下陡，坡比为 1:1.5、1:1.4，下游坝坡在高程 2421.80m 处设宽 2m 的戗台。为提高基岩的整体性、均匀性、承载力和表层的抗渗能力，沿趾板全线进行固结灌浆。固结灌浆深度 5m，采用 3 排孔，间距 2.5m，排距 3m。趾板帷幕灌浆平均深度 40m，底界伸入 $q \leqslant 5Lu$ 弱透水岩层以下一段 5m，高程 2391.00m 以上采用单排孔，孔距 1.5m，以下采用双排孔，孔距 1.5m，排距 1.0m。防渗帷幕沿坝轴线方向伸入左岸 59.9m，右岸 22.6m。因大坝两岸较陡，灌浆施工困难，两岸均设廊道灌浆，趾板及两坝肩帷幕线总长 334.5m。

大坝上游钢筋混凝土面板从右往左共分为 12 块，第 1 块宽 8.0m，第 12 块宽

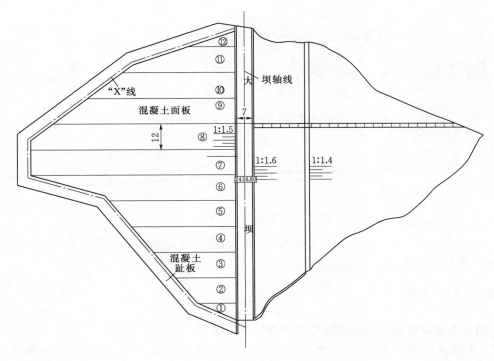

图 1 大坝平面布置图

8.166m，其他块宽均为 12.0m。钢筋混凝土面板顶部高程 2434.10m，厚度 0.3～0.5m，混凝土标号为 C25，抗渗标号为 W8，抗冻标号 F100。面板设有 11 条垂直缝，每条垂直缝由 I 型垂直缝和 II 型垂直缝组成，I 型垂直缝在 II 型垂直缝靠近趾板边缘，沿面板延伸 10.0m、15.0m 两种。除左边、右边第一条垂直缝距离分别为 8.0m、8.2m，其余的垂直缝距离均 12.0m。面板混凝土设计工程量为 3246m³。

溢洪道位于大坝顺流左岸，为无闸控制开敞式驼峰堰，堰顶高程 2432.30m（正常蓄水位），控制段净宽 5m。溢洪道由进水渠段、控制段、泄槽段、消力池段、出水渠段组成，全长 242.65m。设计洪水位 2435.38m（$P=3.33\%$）时，下泄流量 53.7m³/s，校核洪水位 2436.54m（$P=0.33\%$）时，下泄流量 86.5m³/s，消能防冲设计洪水位 2432.30m（$P=5\%$）时，下泄流量为 47.5m³/s。大坝横断面见图 2。

导流输水放空隧洞布置于顺流右岸，导流洞进口高程 2387.00m。隧洞由进口明渠段、进水竖井段、有压隧洞段、检修闸竖井闸室段、无压隧洞段、出口闸室段、挑流段等组成，隧洞全长 389.6m，采用 C25 钢筋混凝土衬砌。导流、输水共用一条隧洞，隧洞前期用于施工导流和度汛。水库建成后对导流洞进口进行闸门封堵，由进水竖井取水，取水口高程 2402.00m，检修闸竖井后设 DN800 钢管，出口设工作闸室有压供水。

1.2 工程特点

水库坝址紧靠金沙江和东川小江断裂带，地质构造比较复杂，地处高烈度地区，坝址河谷狭窄，左岸地形坡度 35°～50°，右岸地形坡度 40°～50°，局部达 65°。

因此大坝两岸趾布置较陡，施工布置困难；水库海拔较高，月平均最高气温 14℃，

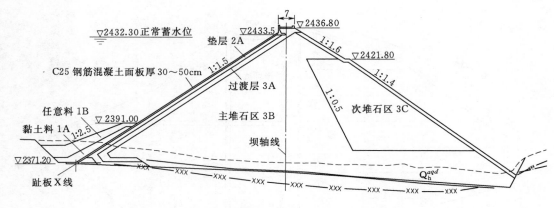

图 2　大坝横断面图（单位：m）

月平均最低气温 2.6℃，昼夜温差变化较大，给面板质量控制浇筑带来诸多问题，针对工程特点，面板设计和施工提出一系列措施。

2　面板设计措施

2.1　加强趾板帷幕灌浆和固结灌浆加固面板基础稳定

2018 年 3 月 28 日收悉施工单位"大坝帷幕灌浆第试验报告"，对坝基进行单排孔段灌浆试验。帷幕灌浆布置的生产性试验孔分两个区，及左岸单排帷幕灌浆廊道试验区，右岸趾板单排帷幕趾板试验区，共计完成两区试验孔 10 个，最终各试验区分别布置 2 个检查孔检查。左岸灌浆廊道试验区布置于 G7－1（G7）～G11－1（0－050.90～0－45.90）；右岸趾板灌浆试验区布置 G169－1（G169）～G173－1（0＋191.37～0＋196.37）。两个试验区钻孔总长度为 446.91m，灌浆总长度 420.91m。经 4 个孔检查检查，2 个 1.0m 孔距检查孔满足 $q \leqslant 5Lu$ 设计要求，2 个 1.5m 孔距检查孔不满足设计要求。需对原设计的单排帷幕孔距进行设计变更。

帷幕灌浆和固结灌浆压力以不抬动趾板和破坏趾板的情况下，尽可能加大压力为原则施工。起始灌浆压力调整为 0.6MPa，帷幕孔低最大压力控制 3.0MPa 以内。

大坝坝基单排孔帷幕灌浆 1.5m 孔距不满足的主要原因是地质问题。大坝趾板左右岸表面为第四系全新统冲洪积层，下卧大部分为全—强风化板岩，弱风化板岩占少数，岩石产状呈陡倾角，裂隙发育，趾板中下部位基础有黑色碳质板岩夹层，左岸趾板比右岸趾板具多，黑色碳质板岩强度低，遇水暴露软化，易出现绕坝渗漏，加密帷幕灌浆孔是有必要的。加强单排孔帷幕灌浆，其一可以防止坝基绕渗漏破坏；其二加强对趾板灌浆和帷幕灌浆，可以稳固趾板基础，控制面板的位移，以保障面板安全运行。

2.2　面板混凝土配比设计调整

考虑到水库是在高海拔地区昼夜温差大的特点，按照《水泥混凝土和砂浆用合成纤维》（GB/T 21120—2007）和《纤维混凝土结构技术规程》（CEC38：2004）的要求，施工面板混凝土配合比要求增加聚丙纤维，以加强面板混凝土的抗收缩、抗裂、抗冲刷性能、裂性，纤维长度控制在 12～19mm，掺量按混凝土 0.9kg/m³ 控制。

286

3 面板施工技术措施

3.1 材料准备

3.1.1 水

凡符合《生活饮用水卫生标准》（GB 5749）的要求，均可用于拌和混凝土。未经处理的工业污水和生活污水不应用于拌和混凝土。达到饮用水标准，面板混凝土拌和用水拟采用项目部后面山沟引山泉，水质满足混凝土拌和用水要求。首次用于拌和混凝土时，必须经过检验合格方可使用。

降低用水量对减少面板混凝土的收缩和透水性，提高耐久性都十分有效，在一定程度上反映混凝土配合比设计的水平。影响混凝土用水量的主要是水泥的品种，外加剂和掺合料的种类及掺量，砂石料的质量和级配以及坍落度大小等因素。面板混凝土用水量按配合比要求以不超过 $180kg/m^3$ 为好。

3.1.2 水泥

水泥品种和质量对混凝土极限拉伸和抗拉强度有很大影响。应选用水化热低、收缩性小、安定性良好的水泥，宜优先选用硅酸盐水泥、普通硅酸盐水泥及品质好的矿渣水泥，其强度等级应不低于42.5号。使用带有微膨胀性的水泥有利于抗裂。面板混凝土拟采用 P·O42.5 普通硅酸盐水泥，进场必须持有出厂合格证、质量检验证书。进场后按 400t 为一批（不足 400t 按一批计），分批进行技术指标的试验检测，水泥各项技术指标应满足国家标准要求，不合格水泥不得使用。散装水泥保存超过 6 个月，使用前应重新检验。

3.1.3 粉煤灰

掺用粉煤灰可以降低水泥用量、改善砂料过粗所带来的问题，从而改善混凝土施工和易性，另外有抑制碱骨料反应的功能。面板混凝土拟采用昆明环恒粉煤灰有限责任公司生产的 F 类 I 级粉煤灰，进场必须持有出厂合格证、质量检验证书。进场后按 200t 为一批（不足 200t 按一批计），分批进行细度、需水量比、烧失量、含水量及三氧化硫等技术指标的试验检测，粉煤灰各项技术指标应满足国家标准要求。粉煤灰在运输和储存过程中必须防水防潮，防止杂物混入其中。

粉煤灰采用昆明环恒粉煤灰有限公司生产的 I 级 F 类粉煤灰，掺量为 15%，其品质指标检验结果见表 1。

表 1   I 级粉煤灰品质指标检验结果表

序号	检验项目	标准要求	检测结果
1	细度/%	≤12	8.6
2	需水量比/%	≤95	75
3	烧失量/%	≤5	3.2
4	含水量/%	≤1.0	0.4
结论	依据《水工混凝土掺用粉煤灰技术规范》（DL/T 5055—2007）的规定，被检样品各项检测指标均符合标准要求		

3.1.4 粗细骨料

面板混凝土细骨料采用布味砂场生产的河砂，细骨料细度模数为 2.2～3.0，质地坚硬、清洁、级配良好。粗骨料为腊利河砂场生产的碎石，即 5～20mm、20～40mm，最大粒径为 40mm，提高混凝土的均匀性，使其具有较高的柔性和轴心抗拉强度。

粗细骨料的运输、存放等符合《水工混凝土施工规范》（SL 677—2014）的有关要求。混凝土施工前，对粗细骨料进行各项指标检验，保证使用合格的粗细骨料。细骨料按同料源每 600～1200t 为一批，检测细度模数、石粉含量（人工砂）、含泥量、泥块含量和表面含水率；粗骨料按同料源、同规格碎石每 2000t 为一批，检验超径、逊径、针片状、含泥量、泥块含量。

3.1.5 外加剂

引气剂可以显著改善混凝土和易性，可以极大地提高混凝土抗冻、抗渗及耐久性，因此，国内绝大多数面板混凝土中都有掺用。在面板混凝土中掺用高效减水剂对减少混凝土用水量和水泥用量，提高混凝土强度等性能都有好处。多种外加剂复合使用，往往能取得更好的效果。在较高气温下浇筑面板时可以采用木钙等具有一定的缓凝作用的减水剂；在较低温度浇筑时采用非缓凝性的高效减水剂比较合适。外加剂品种和掺量应根据具体情况通过试验确定。

面板混凝土外加剂的质量符合《水工混凝土外加剂技术规程》（DL/T 5100）的有关规定。采用北京斯温特特种有限公司生产的缓凝高效减水剂，昆明佰意建筑材料制造有限公司生产的引气剂，进场必须持有出厂合格证、质量检验证书。使用前，外加剂应根据《水工混凝土施工规范》（SL 677—2014）分批进行检验，外加剂验收检验的取样单位按掺量划分，掺量大于等于 1% 的外加剂以不超过 100t 为一个取样单位，掺量小于 1% 的外加剂以不超过 50t 为一个取样单位，掺量小于 0.05% 的外加剂以不超过 2t 为一个取样单位，不足一个取样单位的按一个单位计。验收检验项目有减水率、泌水率比、含气量、凝结时间差、坍落度损失、抗压强度比，必要时进行收缩率比、相对耐久性和匀质性检验。采用北京斯温特特种工程技术有限公司生产的萘系 UNF-3 型缓凝高效减水剂，掺量为 0.8%。缓凝高效减水剂的各项指标试验结果见表 2。

表 2   缓凝高效减水剂的各项指标试验结果表

序号	检测项目		单位	标准要求	实测结果
1	减水率，不小于		%	≥15	18.6
2	泌水率，不小于		%	≤100	52
3	含气量		%	<3.0	1.4
4	凝结时间差	初凝	min	≥+120	+132
		终凝		≥+120	+154
5	抗压强度比，不小于	7d	%	≥+125	144
		28d		≥120	136
6	收缩率比（28d），不小于		%	≤125	100
结论	依据 DL/T 5100—2014 的各项规定，被检样品各项检测指标均符合标准要求				

引气剂采用昆明佰意建筑材料制造有限公司生产，掺量为 1%，引气剂的各项指标试验结果见表 3。

表 3　　　　　　　　　　　引气剂的各项指标试验结果表

序号	检 测 项 目		单位	标准要求	实测结果
1	减水率，不小于		%	≥6	7.2
2	泌水率，不小于		%	≤70	45
3	含气量		%	4.5～5.5	5.0
4	凝结时间差	初凝	min	−90～+120	+75
		终凝		−90～+120	+102
5	抗压强度比，不小于	7d	%	≥90	105
		28d		≥85	98
6	收缩率比（28d），不小于		%	≤125	105
结论	依据 DL/T 5100—2014 的各项规定，被检样品各项检测指标均符合标准要求				

3.1.6　聚丙烯纤维

聚丙烯纤维采用常州市天怡工程纤维有限公司，采用聚丙烯纤维，质量符合国家规范，掺量为 0.9kg/m³。

3.2　面板混凝土配比试验

（1）设计原则。

1）符合混凝土设计强度等级及抗渗指标和抗冻指标等的要求。

2）采用低坍落度混凝土，并保证其具有良好的和易性，满足混凝土拌和物在溜槽中易下滑、不离析，入仓后不泌水、易振实，出模后不流淌、不拉裂，滑动模板易于滑升等施工要求。

3）满足面板混凝土防裂要求。

（2）混凝土配合比的基本参数。

1）水胶比。水胶比是决定混凝土强度、抗渗性及耐久性等最基本的参数，受水泥品种标号、外加剂品种及掺量等诸多因素影响。随水胶比减少，混凝土密实度增加、渗透性降低，同时混凝土的抗拉性能也得到提高，因此，在混凝土配合比设计中应尽可能减少水胶比。规范要求水胶比不大于 0.5，实际工程中，采用的水胶比一般在 0.40～0.50 之间。水井山水库面板混凝土水胶比采用 0.45。

2）坍落度。在溜槽中顺利输送入仓的前提下，尽量用低值。面板混凝土坍落度控制在 5～7cm 之间，低坍落度由于可减少混凝土干缩率。受气候、运输条件等因素影响，拌和机口取样的坍落度要随时调整。

3）限制膨胀率参数。在满足面板混凝土设计和施工要求的基础上，采用限制膨胀率参数，利用限制膨胀率补偿限制收缩，可以避免或减少面板混凝土由于收缩变形而引起的裂缝。

（3）混凝土配合比的控制。面板混凝土配合比标号 C25W8F100，经过多组配合比试验，推荐以下混凝土面板配合比材料用量见表 4。

表 4　　　　　　　　　　　混凝土面板配合比材料用量表

水胶比	砂率 /%	每立方混凝土中各种材料用量表/kg								
		水 W	水泥 C	粉煤灰 F	砂 S	碎石 G_x	碎石 G_z	减水剂	引气剂	聚丙烯纤维
0.46	42	180	332	59	768	424	637	3.128	3.91	0.9

质量比 $W：(C+F)：S：G_x：G_z：$ 减气剂：引气剂 $=0.46：1.0：1.96：1.08：1.63：0.008：0.01$

3.3　面板混凝土拌和系统的设计

面板混凝土总浇筑方量 3246.0m³，其中最大单块浇筑方量 537m³，面板混凝土浇筑时均为 24h 施工，再考虑到浇筑强度的日不均衡系数，拌和系统的每小时生产能力按 8m³进行配置。

根据以上生产能力要求，已达到浇筑混凝土的强度要求，考虑搅拌机一天 24h 负荷工作，一些易损坏或容易出现问题的机械零件均有购买备份，并已聘请专业人士操作搅拌机。

拌和系统为一套 JS750 强制式搅拌机及 1600L 配料机，2 座 100t 水泥罐，1 座 100t 粉煤灰罐，1 个 25m³ 施工用水水池，生产能力 18m³/h。

拌和站料场砂、中石及小石分开堆放，每次混凝土拌和前对骨料含水量进行测定，及时调整拌和用水，保证混凝土质量。

本工程以固定式集中拌和系统出料，混凝土搅拌车运输更为方便，质量也更有保证。集中拌和系统由施工总布置统一规划。形成一套完整的混凝土生产系统。拌和系统试运行正常后，进行混凝土拌和物的试拌，经过试生产确定参数（混凝土拌和时间、出机口坍落度、含气量等）。

坝坡上布置 1 台预制钢筋网片运输台车、1 台材料运输台车、1 套侧模和 1 套无轨滑模，在坝顶布置 3 台卷扬机、1 台 5t 卷扬机、2 台 8t 卷扬机。滑模采用 2 台 8t 卷扬机牵引，钢筋运输台车采用 1 台 5t 卷扬机牵引、侧模运输台车采用 5t 卷扬机牵引。运输牵引设备应满足施工强度需要，通过计算确定。坝面布置有混凝土卸料受料斗，后面连接溜槽。

3.4　施工程序

根据特点、施工进度要求及大坝防洪度汛要求，结合多座面板堆石坝的施工经验和施工能力，面板堆石坝混凝土施工程序安排说明如下：

考虑两岸趾板轴线与面板交角较小，为防止面板浇筑后出现侧向位移，面板浇筑不采用跳仓浇筑，而采取左右靠仓浇筑的施工顺序。

面板混凝土浇筑顺序：从河床向两岸延伸，第一块浇筑后，应用适当的材料覆盖接缝，以保护已埋设好的止水片，在施工中覆盖材料选择与面板养护相同的材料进行覆盖。

4　质量保证措施

为了保证面板混凝土质量满足设计要求，混凝土施工质量达到优良，在混凝土施工过程中，严格按规范及设计要求，对混凝土生产的原材料、配合比及仓面作业等混凝土过程中各主要环节进行全方位、全过程的质量控制，以保证混凝土施工质量。

4.1 面板防裂措施

（1）提高混凝土的抗裂能力。

1）保证原材料的质量。严格控制骨料、水泥、粉煤灰、外加剂等原材料的质量，严格按设计要求的品种、规格型号等进行选用。用于面板混凝土的所有原材料必须经试验检验合格，并报监理工程师批准后，方可用于现场施工。

2）优化混凝土配合比设计。混凝土配合比设计在全面满足设计要求的各项技术参数的条件下，掺用Ⅰ级优质粉煤灰，提高混凝土初期硬化时的徐变能力；选用较低的水灰比，以提高其极限拉伸值；采用高效复合型外加剂，增强混凝土的耐久性、抗渗性和抗裂性。采用聚丙烯纤维提高混凝土抗拉强度、极限拉伸值。

3）确保混凝土浇筑质量。成立面板混凝土施工责任组，施工前进行系统专业培训（包括管理人员、质检人员、施工人员、旁站人员、作业人员等），经考试考察合格后才能进入责任组，并持证上岗。

在混凝土搅拌楼附近设置工地试验室，对出机口混凝土进行质量检测，确保上坝混凝土出机口时的各项技术参数符合设计要求。

混凝土采用搅拌车运送，尽量缩短混凝土水平运输时间，减少混凝土坍落度损失，严禁在仓面加水。

溜槽设置通畅、干净、不漏浆，在溜槽底部垫上保温被，防止漏浆污染钢筋和仓面。混凝土在斜坡溜槽中徐徐滑动，溜槽中间设软挡板，严防混凝土在下滑过程中翻滚。仓内辅以人工平仓，摊铺均匀，无骨料离析现象。

混凝土生产过程中，每4h进行1～2次机口坍落度检测，每8h进行1～2次仓面坍落度检测，高温雨雪天气加密检测。掺引气剂混凝土每4h检测1次混凝土掺气量，含气量允许偏差为1.0%。

面板混凝土按每200m³成型1组抗压试件，每一浇筑块不足200m³也成型1组。有抗渗抗冻要求的混凝土，按每季度施工的主要部位成型1～2组抗渗、抗冻试块。

在保证振捣密实的前提下，防止过振或欠振，保证混凝土的密实性和均匀性。防止振捣器靠近模板振捣。

（2）选择有利的浇筑时间。面板混凝土安排在月平均气温较低时段施工。施工过程中，遇短时高温、低温时段，在仓面做好保温工作。

及时搜集天气预报资料，并根据天气变化情况适当调整浇筑时间。在混凝土浇筑时若遇小雨，做好临时防雨设施，在止水片和仓内作好排水处理。若遇大雨，立即停止浇筑，并保护好已浇筑的混凝土。

（3）降低周围环境对面板混凝土的约束应力。

1）随着滑模的上升，在确保钢筋网面不变形的前提下，逐次将位于滑模前的架立钢筋割断，消除嵌固阻力。

2）在挤压边墙表面均匀喷洒乳化沥青，减少面板底面的摩擦力。

3）后浇块施工前，将先浇块缝面整理平顺，采用机具打磨平整，减少周边约束力。

（4）加强现场施工组织管理。施工中加强各工种间的协调，组织保障机械设备、人员的配备，做好各种应急措施的准备工作，做到吃饭和交接班不停产，面板浇筑不中断。

（5）加强面板的保湿、保温、防风措施。

1）保湿：面板长期保湿养护是面板防裂的主要措施之一，施工中将安排专业组进行该项工作。在面板混凝土脱模后，立即喷涂养护剂，防止表面水分过快蒸发。面板表面覆盖绒毛毡保温被，采用花管不间断淋水，作为永久保湿养护。

2）保温：面板表面保护是防止温度裂缝有效而重要的措施之一。外界气温骤降、寒潮袭击、表面保护拆除及连续高温日晒后遇降雨而大幅度降温等情况，都将使面板表面温度急速降低，产生很大拉应力而导致面板裂缝。混凝土脱模后及时覆盖 $300g/m^2$ 土工膜等保温材料，以达到保温、防止水分蒸发的目的，并设专职人员进行温度测量，指导施工。

3）防风：风速是引起面板裂缝的重要原因。风速增大将引起混凝土热交换系数增大，从而导致面板表面温度降低，面板内外温度梯度变陡，拉应力剧烈增加，导致面板裂缝。采用及时覆盖保护，防止由风速产生的不利影响。

4.2 低温季节混凝土施工措施

为了防止在混凝土浇筑过程中突遇寒潮或其他原因造成降温，在滑模支架上挂一套活动暖棚。一旦突遇降温，迅速搭盖暖棚保温养护，面板混凝土出暖棚前铺上绒毛毡，防止温差对混凝土产生不利影响。

5 面板施工质量初步评价

水井山水库面板堆石坝于 2017 年 12 月 27 日底填筑到顶，经过 5 个多月沉降期，于 2018 年 5 月 19 日开始浇筑第一块面板，7 月 16 日完成最后一块面板浇筑，共历时 58d，共计完成 12 面板施工。面板混凝土日最大浇筑强度为 $75m^3/d$，到目前混凝土抗压强度取样 21 组，平均试压强度 33.71MPa，最大值 37.6MPa，最小值 29.1MPa，保证率 100%；混凝土抗渗 2 组，抗冻 1 组，指标满足设计要求，目前尚未发现面板裂缝，初步判定面板浇筑质量较好，达到设计要求。

参 考 文 献

[1] 张志坚，林建红，等. 昆明市东川区水井山水库工程初步设计报告，2015（10）：1-10.

[2] 张晓红. 鄂坪电站大坝趾板基础灌浆施工技术. 东北水利水力，2010（4）：22-24.

[3] 何军拥，田承宇. 聚丙烯纤维在混凝土面板堆石坝中的应用. 新型建筑材料，2008（1）：11-13.

[4] 卢安琪，李克亮，等. 聚丙烯纤维在混凝土试验研究. 水利水运工程学报，2002（4）：14-19.

[5] 张志坚. 茄子山面板坝混凝土配合比试验研究，2000（3）：43-45.

[6] 叶建洪. 紫坪铺大坝面板滑模施工. 四川水利，2010（2）：10-12.

[7] 中国水力发电工程学会混凝土面板堆石坝专业委员会，中国水利水电第十一工程局有限公司. 高寒地区混凝土面板堆石坝的技术进展论文集. 北京：中国水利水电出版社，2013.

卡拉贝利水利枢纽工程主堆砂砾料大型相对密度试验研究[*]

王廷勇[1]　曹　力[1]　王志强[1]　王长征[1]　艾尔肯·阿布力米提[1]
刘启旺[2]　王　龙[2]

(1. 卡拉贝利水利枢纽工程建设管理局；2. 中国水利水电科学研究院)

摘　要：针对新疆卡拉贝利水利枢纽工程混凝土面板砂砾石坝主堆砂砾石料进行了现场和室内的相对密度试验。现场试验使用原级配料，最大粒径600mm；室内试验使用全量替代法（剔除法）制备的模拟级配料，最大粒径200mm。最小干密度采用松填法；最大干密度现场采用振动碾压法，室内采用表面振动法；通过对不同原型级配料和模拟级配料的最小干密度以及最大干密度的对比分析，揭示了P_5含量、替代量与现场和室内试验的最大、小干密度的关系；最后结合实际工程以现场试验得到的最大、小干密度为准，再根据室内试验结果来进一步验证其准确性，确保大坝碾压质量达到设计要求。

关键词：相对密度；松填法；振动碾压法；表面振动法

1　引言

随着面板堆石坝的大规模建设，砂砾石料作为无黏性粗粒料具有透水性强、抗剪强度高、压实密度大、沉陷变形小等工程特性，一般坝址附近都有足够的储备量，越来越广泛的用于坝体填筑，因此，砂砾石料填筑质量的控制显得尤为重要。工程上一般都采用相对密度指标来控制碾压施工质量，它比压实度更能体现粗粒料的密实程度。相对密度试验的本质是确定试验级配料的最大干密度和最小干密度，作为基础参数再根据设计标准来确定压实干密度和碾压施工参数。

由于室内试验设备尺寸的限制和现场试验的难以开展，国内外很少有学者同时进行相对密度现场试验和室内试验研究。多半是通过对模拟级配的相对密度试验来推求现场的相对密度；如Frost. R. J根据库加尔坝和塔贝拉坝的压实资料，采用剔除超粒径料的外推方法确定大粒径堆石料的最大密度，因试验设计拟合参数及外推目标不够理想，仅能用于粒径小于100mm的原型级配材料；如朱晟，朱俊高，等提出缩尺原级配作为模拟级配进行相对密度试验，采用相似级配法、等量替代法、剔除法和混合法进行缩尺，最大粒径为10mm、20mm、40mm、60mm、80mm和100mm，通过对模拟级配得到的最大干密度最小干密度进行拟合和线性回归分析，外延推求原级配的最大干密度、最小干密度。因缺少现场试验结果的验证，由室内小粒径模拟级配外推大粒径原级配得到结果是否存在误差或

---

　　* 基金项目：国家重点研发计划课题（2016YFC0401601）；国家自然科学基金项目（51509272，51679264）；水利部公益性行业科研专项（201501035）；中国水科院基本科研业务费项目（GE0145B292017，GE0145B562017）。

误差多大还有待研究。

而现场相对密度试验的相关研究就更少了，Stephenson 曾采用大型振动台对超径粗粒料进行最大干密度试验研究，由于试验条件的限制未能获得满意的结果；曾源对不同的 P_5 含量（40%、50%、60%、60%、80%、90%）进行了现场相对密度试验，但仅仅得到最大干密度和最小干密度。

本文主要以卡拉贝利水利枢纽工程坝体填筑料—主堆砂砾石料为研究对象。针对现场料源勘测得到的多条代表性级配曲线进行了多组现场和室内相对密度试验，对所得到的试验结果进行拟合及规律分析，以现场试验结果为主和室内试验结果为辅确定原级配的砂砾石料最大干密度和最小干密度，给施工碾压提供可靠的压实标准提供了科学依据。

2 试验方法

粗粒土土体相对密度的物理意义：土体最疏松状态时的孔隙比（土的最大孔隙比）与土体当前孔隙比（土的孔隙比）的差值和最疏松状态时的孔隙比与最紧密状态时的孔隙比（土的最小孔隙比）的差值之比，其表达式（1）为：

$$D_r = \frac{e_{max} - e}{e_{max} - e_{min}} \tag{1}$$

式中：D_r 为相对密度；e_{max} 为土的最大孔隙比；e 为土的孔隙比；e_{min} 为土的最小孔隙比。

由于用孔隙比表达的相对密度公式很难用试验数据一步计算得到粗粒料的相对密度，为了便于计算，将式 $e = \rho_s/\rho_d - 1$ 代入式（1），整理后可得到用干密度表示的相对密度表达式（2）为：

$$D_r = \frac{\rho_{dmax}(\rho_d - \rho_{dmin})}{\rho_d(\rho_{dmax} - \rho_{dmin})} \tag{2}$$

式中：ρ_{dmax} 为最大干密度，g/cm^3；ρ_{dmin} 为最小干密度，g/cm^3；ρ_d 为现场粗粒土的干密度，g/cm^3；ρ_s 为土的颗粒密度，数值等于的土的颗粒比重，g/cm^3。

2.1 现场试验

试验设备主要包括：密度桶（带底无盖钢桶，内径 1200mm，高度 800mm，壁厚 14mm）以及 26t 自行式振动平碾。

分别对主堆砂砾料（C3 料场）的上包外扩线级配料、上包线级配料、上平均线级配料、平均线级配料、下平均线级配料和下包线级配料等 6 个不同砾石含量的代表性级配料进行相对密度试验，其级配见表 1。且对每条级配线均进行 2 组平行试验。

表 1 现场试验料级配表

粒径/mm	600	500	400	300	200	100	80	60	40	20	10	5	C_u	C_c
外扩线/%					100	95.6	89.7	85.7	77.8	60.5	42.93	35	243.6	8.9
上包线/%					100	93.5	87.9	80.2	73.4	56.6	39.8	29.7	208.1	9.5
上均线/%				100	96.1	95.5	87.3	81.5	73.6	65.7	49.4	34.3	25.2	196.9	10.5
平均线/%			100	95.3	92.3	91.0	81.2	75.0	67.0	58.0	42.2	28.8	20.7	177.8	10.7
下均线/%		100	95.9	93.0	88.4	86.4	75.0	68.6	60.3	50.3	34.9	23.3	16.2	73.4	5.2
下包线/%	100	94.5	90.6	84.5	81.9	68.8	62.1	53.7	42.6	27.7	17.8	11.7	20.1	1.9

最小干密度试验采用松填法：将已筛好的各个粒组的砂砾料按级配线的百分比进行人工配料，四分法搅拌均匀后采用松填法装入相对密度桶直至装满，此过程中应尽量避免振动和冲击。

最大干密度采用振动碾压法：按照规程应用振动平碾以 $2\sim3km/h$ 的行车速度振动碾压 26 遍后，在每个密度桶范围内微动进退碾压 15min。由于本次用于试验的振动碾无法微动进退碾压，故将碾压遍数增至 60 遍，该碾压遍数能达到最大干密度。

现场试验注意几个关键问题：①密度桶在制造或以前试验使用过程中存在稍许变形，其容积不能按照理论尺寸计算，故试验前采用灌水法校定每个密度桶的容积；②配料时按照各个粒组的百分比含量从大到小称取相应的重量依次叠加摊铺时，存在粗下细上的分选现象，需要用四分法搅拌均匀；③每一个相对密度桶的配料总重量要按可能的最大密度的 1.5 倍来估算，因为在振动碾压过程中需要不停的补料；④对相对密度桶进行碾压前，振动碾就要匀速行驶且达到预定的振幅和频率。

2.2 室内试验

室内试验料是依据现场的原级配料采用全量替代法（剔除法）配制而成的模拟级配料，其模拟级配见表 2，最大粒径 200mm。全量替代法是保持细料含量不变，将超粒径料等量地用允许最大粒径 d_{max} 至 5mm 的粗粒料部分各粒级颗粒按含量加权平均代替，其表达式（3）为：

$$P_i = \frac{P_{0i}}{100 - P_{d\,max}} \tag{3}$$

式中：P_i 为剔除后某粒组含量，%；P_{0i} 为原级配某粒组含量，%；$P_{d\,max}$ 为超粒径粗料含量，%。

试验的主要设备：大型变频振动相对密度仪，包括有内径 1000mm 相对密度仪套筒、护筒导向固定钢结构、变频激振器、变频控制器、加速度计、激光测距仪、数据采集仪和计算机等。

最小干密度试验采用松填法：将配制好的模拟级配料按四分法粗细搅拌均匀后尽量轻的装入套筒，保证表面的平整。

最大干密度采用表面振动法：分 2 层填装，每层高 40cm，用直径 0.5m 的变频激振器进行对角互换 8 次（2min/次）夯实振动。振动时频率 30Hz，振幅 0.5mm。

室内试验需要注意的几个关键问题：①装料时个别粒径最大的砾石要放在中部而不是暴露在表面，避免振动使其上浮导致细料不能充分填充；②因每层装料高度比较低，装完之后表面平整度难以控制，所以用激光测距仪测量装料表面到套筒顶部高度用以换算体积时，应多测几个样本点取平均值来降低误差。

表 2　　　　　　　　　　室内模拟料级配表

粒径/mm	200	100	80	60	40	20	10	5	C_u	C_c
含砾量 50%	100	90.7	87.3	83.3	76	64	56	50	150.0	6.0
含砾量 60%	100	88.8	84.8	80	71.2	56.8	47.2	40	122.2	2.9
含砾量 70%	100	86.9	82.3	76.7	66.4	49.6	38.4	30	81.0	1.9
含砾量 80%	100	85.1	79.7	73.3	61.6	42.4	29.6	20	31.9	2.3
含砾量 90%	100	83.2	77.2	70	56.8	35.2	20.8	10	9.0	1.2

3 试验结果和分析

3.1 试验结果及规律分析

由现场和室内相对密度试验结果见表3。从表3和图1可以看出现场和室内最大干密度、最小干密度随着 P_5 含量增大先增大后减小，在74.8%达到峰值，此时粗粒含量是最优为 P_5^0。其原因是当 $P_5 < P_5^0$ 时，粗粒料完全被细料包裹，相互之间没有接触，完全不起骨架作用。或粗粒料部分接触，有些仍被细料包裹，只有接触到的粗粒料起骨架作用。虽然这两种情况细料都能够完全填充粗料形成的孔隙，但细料部分或完全起骨架作用，由于单位同等体积细料比粗料重量小，故干密度随 P_5 含量增大而增大；当 $P_5 = P_5^0$ 时粗粒料刚好完全起骨架作用，且细料刚好充分填充粗粒料间的孔隙，此时达到最大干密度；当 $P_5 > P_5^0$ 时，粗粒料完全起骨架作用，而细料偏少不能充分填充骨架孔隙，因此干密度随 P_5 含量增大而减小。

表3   现场和室内相对密度试验结果

P_5 含量/%		65	70.3	74.8	79.3	83.8	88.3
最大干密度/(g/cm³)	现场	2.351	2.403	2.429	2.425	2.407	2.375
	室内	2.345	2.402	2.418	2.410	2.388	2.343
最小干密度/(g/cm³)	现场	1.984	2.019	2.040	2.033	2.018	1.988
	室内	1.990	2.021	2.039	2.021	1.988	1.952

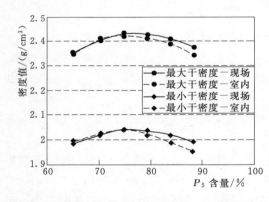

图1 P_5 含量与最大干密度和最小干密度关系图

3.2 现场试验与室内试验的对比分析

各级配曲线现场与室内干密度的差值及误差见表4，对于外扩线和上包线，现场和室内的最大干密度的差值很小分别为0.006g/cm³ 和0.001g/cm³，误差为0.276% 和0.048%。主要原因是这两条线的模拟级配与原型级配最大粒径相同，不存在缩尺的情况。现场的相对密度桶尺寸更大，其径径比（D/d）为6，而室内相对密度套筒尺寸略小，其径径比为5，径径比越小，对砂砾料的密度压实的约束越大，振动碾压后室内的最大干密度值要小点；而室内的最小干密度比现场略大一些，这是人工装填的误差，且在允许范围内。

表4   各级配曲线现场与室内干密度的差值及误差

级配曲线		外扩线	上包线	上均线	平均线	下均线	下包线
替代量/%		0	0	4.5	9	13.6	18.1
最大干密度	差值/(g/cm³)	0.006	0.001	0.011	0.015	0.019	0.032
	误差/%	0.276	0.048	0.435	0.602	0.785	1.333
最小干密度	差值/(g/cm³)	−0.006	−0.002	0.000	0.011	0.029	0.035
	误差/%	0.302	0.099	0.020	0.551	1.457	1.781

对于其他四条级配曲线，室内最大干密度明显小于现场最大干密度，并且随 P_5 含量增大差值和误差越来越大（见图 2）。主要原因是室内试验料是由现场原级配料经过全量替代法缩尺配制而成，替代量随 P_5 含量增大而增大，替代量与现场和室内最大干密度的差值和误差关系（见图 3），从表 4 和图 2、图 3 中可以看出，上均线到下包线代替量越来越大，替代之后存在的缩尺效应使室内与现场的最大干密度差值及误差也越来越大。由于全量替代后细粒等量时，中粗粒增加，导致各粒组间比例搭配不恰当，填充效果不充分，且随替代量增大愈加明显；同时，最小干密度差值及误差也是随着代替量的增大而增大，即 P_5 含量越大，导致室内模拟级配料的代替量增大，缩尺比例也增大，最终室内最小干密度值小于现场，且差值越来越大。还需注意的装料过程中也尽量避免了振动与冲击，但不免存在一定的人工装填误差，所以现场及室内试验都进行了多组平行试验，取平均值以降低该误差。

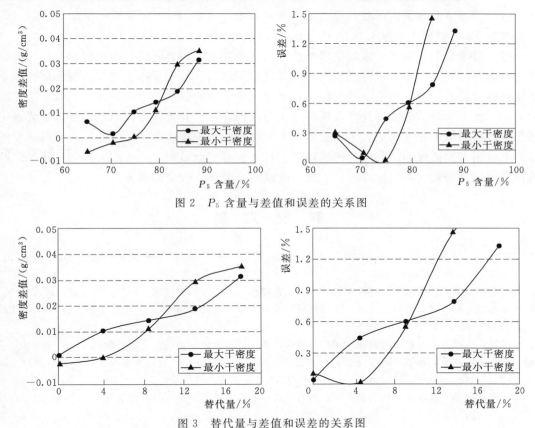

图 2　P_5 含量与差值和误差的关系图

图 3　替代量与差值和误差的关系图

3.3　最大干密度和最小干密度的确定

在实际工程中，保证大坝的填筑质量对大坝安全尤为重要。砂砾料的填筑质量主要由相对密度来控制，所以重点是确定料源各种级配所对应的最大干密度和最小干密度，本文结合现场和室内的相对密度试验来综合确定施工碾压标准所需的最大干密度和最小干密度。对于最大干密度，若现场试验与室内试验的结果与上述规律相同，则以现场试验的结果为准；若出现以下各种情况：如①现场的最大干密度小于或等于室内。②随代替量增大现场试验与室内试验的结果的差值不随之增大。③现场试验与室内试验的结果最大值所对应的 P_5 含量不同等情况。则认为现场试验结果有误差较大，需找出试验过程中可能导致误差的步骤，并加以纠正重新试验。对于最小干密度，则以多组现场平行试验结果的平均值为准。最终将得到的现场试验结果以 $R^2 = 1$ 的最低阶多项式进行趋势线拟合，为施工碾压提供标准。

虽然室内试验得到的最大干密度已经很接近现场试验，但还是存在由缩尺造成的误差，以目前的试验方式和研究进展，建议有条件的话还是以现场的相对密度试验结果为准，然后通过室内试验的结果进一步验证现场试验结果的准确性。

4　结论

（1）现场试验和室内试验的最大干密度和最小干密度与 P_5 含量的规律是相同的，即密度值随 P_5 含量增大先增大，在 $P_5 = P_5^0$ 时达到最大值，随后减小。

（2）对于最大干密度，现场试验总比室内试验要大，两者间的差值随模拟级配料的替代量增大而增大，主要是由等量替代后缩尺效应引起的；对于最小干密度，现场试验不全都比室内试验大，没有很明显的规律，主要受人工装填的影响。

（3）由于室内试验设备尺寸及碾压方式与现场存在差异等各方面原因，所以最终确定的作为砂砾料碾压标准的最大干密度和最小干密度应以现场试验结果为准，而室内试验的结果可以用来验证现场试验结果的准确性。且要注意试验过程中一些细节问题，比如试验前校定密度桶容积、均匀取样等，否则会使试验结果产生较大的偏差。

参 考 文 献

[1]　Frost R J. Some testing experiences and characteristics of boulder‐gravel Fill Earth Dam//ASTM，STP 523，1973：478‐504.

[2]　何建新，刘亮，张敬东. 超径粗粒土现场干密度确定方法. 人民黄河，2012，34（2）：121‐125.

[3]　朱俊高，翁厚洋，吴晓铭，等. 粗粒料级配缩尺和压实密度试验研究. 岩土力学，2010，31（8）：2394‐2398.

[4]　孟达，李开熹. 粗粒土相对密度的尺寸效应研究. 城市建设理论研究（电子版），2015，5（30）.

[5]　朱晟，王永明，翁厚洋. 粗粒筑坝材料密实度的缩尺效应研究. 岩石力学与工程学报，2011，30（2）：348‐357.

[6]　马刚，周伟，常晓林，周创兵. 堆石料缩尺效应的细观机制研究. 岩石力学与工程学报．2012，31（12）：2473‐2482.

[7]　Stephenson R J. Relative density tests on rock fill at carters Dam//ASTM，STP 523，1973：234‐250.

[8]　曾源. 砂砾料原级配现场相对密度试验在工程中的应用. 陕西水利，2015（2）.

卡拉贝利水利枢纽工程主堆砂砾料碾压特性现场试验研究[*]

伊力哈木·伊马木[1]　王廷勇[1]　侯国金[1]　艾尔肯·阿布力米提[1]
王　龙[2]　王长征[1]　曹　力[1]　吴咏梅[1]

（1. 卡拉贝利水利枢纽工程建设管理局；2. 中国水利水电科学研究院）

摘　要：坝体填筑是整个面板堆石坝施工最重要的一环，填筑质量是否满足设计要求直接关系着大坝的安全及运行性能。卡拉贝利水利枢纽工程混凝土面板砂砾石坝现场碾压试验所采用的方法，包括料源选择、场地布置、上料摊铺、洒水碾压、挖坑检测和校核试验等各关键环节和技术；较系统研究了主堆砂砾料的碾压特性。试验结果表明：随着碾压遍数增加，主堆砂砾料干密度和相对密度越大，而增加幅值减小。在碾压一定的遍数后，颗粒之间几乎完全紧密排列，此时再进行碾压，压实效果就微乎其微，干密度和相对密度不再增加；对于同样碾压遍数，随着铺料厚度增加，干密度和相对密度降低，其主要原因是振动碾的压实效果随料层的深度增大而减小，铺料厚度越厚，底部受到的压实效果越差，进而导致整体的干密度和相对密度值降低。最终，为了保证坝体填筑质量满足设计标准和保障大坝的安全稳定，且考虑到缩短工期进行冬季施工，最终确定碾压施工控制参数为铺料厚度80cm、不洒水碾压10遍。

关键词：面板堆石坝；填筑质量；碾压试验；干密度；相对密度

1　引言

砂砾石料具有透水性强、抗剪强度高、压实密度大、沉陷变形小等一系列较优的工程特性，所处的坝址附近都有足够的储备量，越来越广泛的用于大坝的主体填筑。特别是我国新疆地区，天然砂砾料广泛分布于河床、滩地和大戈壁滩，储量十分丰富。在当地材料坝建设快速发展进程中，因地制宜、就地取材是砂砾石大坝设计的重要原则。天然砂砾石料与岩体爆破（或开挖）堆石料相比，其开采、运输和施工成本低，可大幅节约建设资金，是高面板坝的良好筑坝材料，具有广阔的应用前景。土体的密实度对其变形特性、强度特性、渗透特性和地震动力特性等均有重要影响。总体来讲，土体的密实程度越高，其所表现出来的工程特性越有利于土工构筑物的结构安全稳定。尤其是对于高面板安全，坝体变形是控制性因素。而控制好坝体的填筑密实度，坝体变形特性就可以可得到较好的控制。

当大坝压实标准确定后，大坝施工的填筑质量控制的目标即已确定，所面临的实际工

---
* 基金项目：国家重点研发计划课题（2016YFC0401601）；国家自然科学基金项目（51509272，51679264）；水利部公益性行业科研专项（201501035）；中国水科院基本科研业务费项目（GE0145B292017，GE0145B562017）。

程问题变成了采用经济合理的碾压方式和参数，对筑坝料进行碾压，以达到大坝设计的压实标准。碾压试验：一方面，是对大坝填筑的碾压参数进行研究；另一方面，由于砂砾料级配对堆土料密度等工程特性起着关键性作用，碾压试验同时还起到校核设计级配和检验上料级配的作用，对料场料源质量进行校核。随着近年来施工机械工作范围和性能的显著提升，达到已往认为是不可能的碾压标准已变得可能，而且有更多的碾压方式可供选择，如碾压机具类型、碾压遍数和行进方式、土料摊铺厚度、坝料洒水率等的组合，但是不同的碾压方式对工程经济效益有着不同的表现。而且，不同的土料工程特性差异显著，难以以某个或几个工程的经验，进行广泛套用，需要有针对性地进行专门研究。总之，对于某一特定工程砂砾料碾压方式和参数的确定，需要综合考虑大坝安全和经济效益的双重影响，确定大坝填筑的碾压方式和相应的碾压参数。

为了到达大坝安全稳定而确定的设计填筑标准，需要通过现场碾压试验来确定合理的碾压参数。因为不同大坝的工程特性不一，有时候差异较大，所以其他大坝的碾压参数未必适合，因此基本上每个工程开展针对本工程特性的现场碾压试验：如岗南水库、黄河积石峡和大寨田水库等砂砾料填筑坝都开展了现场碾压试验，在选定碾压机具的前提下，针对铺料厚度、碾压遍数、加水量和坝料级配等因素进行组合试验，根据试验得到的相对密度来确定一组最合理的碾压参数。

本文介绍了新疆卡拉贝利水利工程主堆砂砾料（C3 料场砂砾料）的现场碾压试验，包括料源选择、场地布置、上料摊铺、洒水碾压、挖坑检测和校核试验等各关键环节和技术，分析总结了干密度和相对密度越大与铺料厚度、碾压遍数和洒水率的影响规律；根据三个铺厚、三个遍数（60cm、80cm、100cm 和 8 遍、10 遍、12 遍）的碾压试验结果初步确定了坝体填筑的铺料厚度；通过校核试验的三种碾压工况的试验结果的对比，综合考虑工程建设经济效益与大坝坝体填筑质量必须满足压实标准的要求，确定了指导工程施工碾压的控制参数。

2　工程概况

卡拉贝利水利枢纽工程位于新疆克孜河上，是一座具有防洪、灌溉、发电等综合效益的水利枢纽工程，地处喀什市西北，距喀什市 165km（直线距离 88km）。水库总库容 2.62 亿 m^3，根据《水利水电工程等级划分和洪水标准》（SL 252—2017），工程等别为 Ⅱ 等工程，工程规模为大（2）型。大坝为混凝土面板砂砾石坝，最大坝高 92.5m，大坝等级须提高一级，为 1 级建筑物。鉴于本工程强震区面板坝的特点，其抗震设防类别为甲类。该工程对下游城市喀什市的防洪保护和农业供水安全意义重大，而且对于稳定边疆、促进当地人民脱贫致富、民族团结和区域经济社会可持续发展都具有重要作用。因此，为了确保卡拉贝利面板坝的安全性尤其是其抗震安全性，将填筑标准的确定为 $D_r \geqslant 0.85$。

3　试验方案

3.1　场地准备

根据招标文件要求，本次碾压试验场地在大坝填筑区内，碾压试验完成后的堆石试验区按要求处理后，作为坝体的一部分，因此试验场地选择在第 Ⅰ 期大坝填筑坝轴线下游右岸河床Ⅰ级阶地部位。铺料前将试验区域覆盖层按设计要求开挖后，进行地质编录和隐蔽工程验收，合格后铺筑砂砾料进行找平，220HP 推土机、平地机辅助人工精平后用 22t 自行式振动碾振动碾压 12 遍至地基基本不沉降为止，经碾压后起伏差不大于±5cm，在该基层上布置试验组合进行碾压试验。此次试验场面积 $B \times L = 42m \times 80m$，试验区域根据铺料厚度 60cm、80cm、100cm 划分三个试验区域、每个区域长 20m，宽 42m，每个铺料厚度区域之间采用宽 10m 过渡带平缓过渡，每个试验区域选用 8 遍、10 遍、12 遍三种不同碾压遍数和加水 5% 划分为 4 个小区，每个区域宽度 6m，砂砾料碾压试验场地规划布置见图 1。

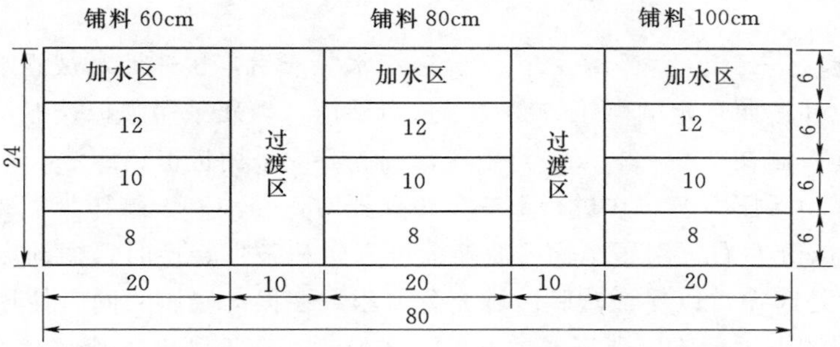

图 1　砂砾料碾压试验场地规划布置图（单位：m）

3.2　料源选择

碾压试验用料一般都在碾压试验场地周边料场取得。为了确保选定的料场及取的试验料具有整体代表性，对所选取料场的典型土料进行了土料筛分试验，试验结果表明各料场土料的级配曲线均在设计包络线之内，料源满足试验要求。实际试验用土料为地表下新鲜土料，用挖掘机将地表尘土挖除，并在掘运料时将粒径大于 600mm 的大型石块剔除。经过地质勘探砂砾石采用下游河道 C3 料场的砂砾石料，碾压试验前对主堆砂砾石料相应的料场取料进行了碾压试验前的颗分试验，对试验料做了 4 组颗分试验（见图 2）。从试验结果看此次试验料的级配基本都在设计包线内，料源满足设计要求，保证了碾压试验检测结果的有效性。

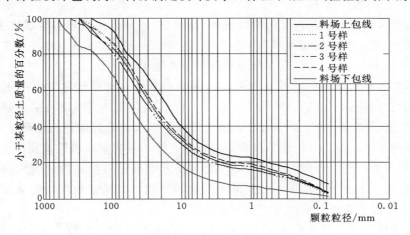

图 2　砂砾料碾压试验前筛分级配曲线

3.3 上料摊铺

在碾压试验基面碾压完成后，依次对试验场地进行划线、上料和摊铺。碾压试验碾压层上料采用进占法。土料的运输与卸料使用自卸汽车完成，使用推土机和装载机对土料进行摊铺和整平。土料的摊料的摊铺厚度由预埋在场区周围的标杆标记控制，整平后的土层厚度控制在80～85cm。摊铺过程中，通过水准仪测量和试验场地边的标杆控制试验土料的摊铺厚度。土层厚度和平整度满足要求后，用振动碾对试验区域静碾2遍，再用白石灰粉划线标记，作为不同试验区区间界限及各种标记。

3.4 洒水碾压

对洒水试验区进行定量均匀洒水，试验区洒水完成后，快速地对被洒水冲淡的划线和标志进行补充，并按照预定的碾压方案马上进行碾压。碾压采用强振档振动碾压方式，碾压车辆行进速度控制在2.0～2.5km/h之间，行进方式采用进退错距法。在同一碾压条带进退一个来回计为碾压2遍，在进行下一条带碾压时，与前一条碾压带需要搭接，碾压搭接宽度控制在20cm左右。碾压车辆在变换前进方向和条带转换时，振动碾在试验场地外距边线至少2m处起振，以保证试验区域充分碾压。在振动碾压的同时使用水准仪对布置在试验场地内的测点进行不同碾压遍数下的沉降量测。在不洒水试验区对10遍和12遍区进行了沉降测量，每个试验单元布20个测点。为方便沉降测点在碾压后辨识，在每个测点处用塑料布包一个石子，并喷上红漆。

3.5 挖坑检测

挖坑检测主要包括两方面内容，即干密度测试和级配分析。通过测试挖试验坑土料的干密度，采用相对密度试验成果，换算得到碾压土层相对密度，进而判断碾压效果。根据现场实际试验条件，本次碾压试验的干密度检测采用灌水法进行，并采取一系列措施保证灌水体积测试结果的可靠性。每个试验工况区内，均匀布置4个试坑，进行开挖和干密度检测。

（1）挖坑检测采用的钢环直径1.5m、高20cm。试坑深度为试验层铺土厚度，即80cm。干密度检测程序如下：

1）在试验区块内选择相对平整的区域作为试坑开挖点，并保证各个试坑在试验工况区内基本均匀布置，试坑间间距不小于1.5m，试坑外缘距离工况区端线不小于1m，距离试验区边线不小于0.5m，在选定区域将钢环放稳并垫平。

2）将塑料布放入钢环中，使其与钢环内壁贴合紧密，然后将称量后的水倒入环内，待水位稳定后在钢环标记好的位置用角尺测记环内水位高度，完毕后将水和塑料布移除。为了保证体积测试结果可靠，初始灌水的水位应保证至少高于环内地面最高点10cm。

3）在环内开挖试坑，开挖应从环内中心开始，逐步扩挖至要求的直径不小于1m，并对试坑内所有开挖料进行称量，尤其注意须将周壁及坑底已经松动的试验料清除并称量，在保证挖坑稳定、平整的前提下，尽量增大挖坑的体积，以保证挖坑检测结果的可靠性。在挖坑过程中须对土料进行取样并测量其含水率。

4）在已开挖好的试坑内重新放入塑料布，然后将称量后的水倒入其中，并尽可能使塑料布与试坑周壁紧密贴合，尽量避免水面下的塑料布中有空气填充。等水位稳定后测量环内水位高度，调整加水量使其水位与挖坑前标记处量测的水位高度一致。

　　5）采用室内烘干的方式，在现场取样运抵实验室，测试土料的含水率。

　　（2）颗粒分析。采用筛分法对挖出的试坑料进行颗粒分析。该项工作与干密度检测同步进行，对每个试验单元开挖的 4 个试坑均要进行筛分试验。

　　5mm 及以上粒径土的筛分试验在碾压试验场区现场进行，筛分粒径由大到小，依次为 600mm、400mm、300mm、200mm、100mm、60mm、40mm、20mm、10mm 和 5mm，其中大于 200mm 的粒石采用尺子直接量测的方式，200mm 及以下粒径土采用圆孔筛进行筛分。对于 5mm 以下土料，在现场取样并作密封处理后，送至室内进行烘干和颗粒分析试验，室内筛分试验采用标准筛进行。

　　土料碾压前后的级配检测方法有常规检测方法和定点原位检测方法，本文试验所采用的为常规检测法。土料级配分析成果：一方面，可以配合进行干密度检测成果的分析解释；另一方面，则可以对碾压试验上料料源质量进行评判，同时，结合干密度检测成果对设计级配进行评价或者改进。

3.6　校核试验

　　由于碾压试验每个分区的取样数目有限（仅 3 个），试验结论需要进行校核试验验证其合格率和保证率，在初步确认碾压层厚的前提下，在 C3 料场进行了碾压试验的校核试验，同时再次进行了加水与不加水对比试验。加水方式采取在料场挖沟槽，水罐车注水，浸泡 24h 后开挖铺填，碾压前水罐车表面洒水的方法。校核试验分三个区，一区为铺料厚度 80cm，碾压 8 遍不加水区；二区为铺料厚度 80cm，碾压 8 遍加水区；三区为初步结论确定的铺料厚度 80cm，碾压 10 遍不加水区；每个区取样 20 组，试坑间距为 3m；每个区宽度 8m，总宽度 24m，长度 45m。

4　试验结果分析

4.1　碾压性能和规律分析

　　一般来说，影响混凝土面板堆石坝碾压密实度的主要因素有：铺料厚度、碾压遍数、晒水率、碾压机具、砂砾料性质等。对于实际工程来说，承建单位的碾压机具较为单一；考虑到工程建设的经济效益，用于坝体填筑的堆石料宜就近取材，所以并不是每一个因素都是可调控的，往往易于调控的因素有铺料厚度、碾压遍数和晒水率。为了使坝体填筑质量符合设计标准，又兼顾建设工期、经济效益多方面因素，需要进行现场碾压试验来确定合理的施工碾压参数。而碾压试验的目的，就是根据不同铺层厚度下的干密度随碾压遍数的变化曲线，根据出现的拐点情况并结合设计提出的控制相对密度，在选定的施工机械和振动参数下，兼顾建设工期和经济效益合理确定碾压控制参数：铺层厚度、碾压遍数和洒水率。

　　根据不同铺厚碾压遍数与干密度、相对密度的关系见图 3，即不同铺厚碾压遍数与干密度、相对密度的关系。从图 3 来看，砂砾料铺料厚度 60cm、80cm、100cm，随着碾压遍数增加，干密度和相对密度增大，铺料厚度增加相对密度降低，遍数越大，砂砾料受到的压实功能越大越密实；且随着碾压遍数增加的干密度和相对密度增加的幅值越小。砂砾料在一定的碾压遍数之后，颗粒之间已紧密排列孔隙很小，即使再受到碾压，也很难压缩，密度不再增加。

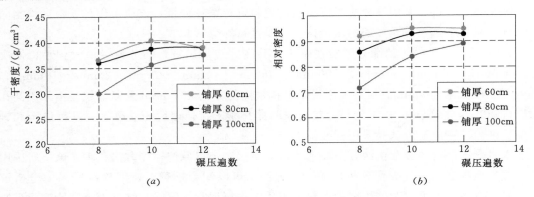

图3　不同铺厚碾压遍数与干密度、相对密度的关系图

从图3中还可以看出，铺厚为60cm时，干密度在10遍出现拐点，即8遍和12遍的干密度值都要小于10遍，而相对密度却随着碾压遍数增加在增大，好像有悖于前面的碾压规律。其实这是由于砂砾料的离散性引起的：各个工况都处于不同的试验区域，用于碾压试验的砂砾料并非是均匀一致的，可能12遍区的试验料级配不良，碾压后得到的干密度值较小，其级配对应的最大、小干密度值也小，而相对密度并没有比10遍要小。

4.2　碾压参数的确定

由于坝体填筑质量主要是相对密度来控制，卡拉贝利水电站工程坝体填筑的压实标准为 $D_r = 0.85$，将各个工况挖坑检测得到的干密度转换成相对密度得到（见图4）。从图4中可以看出，铺料厚度60cm，碾压8遍、10遍、12遍区的各个测坑都满足压实标准，相对密度都大于0.85；铺料厚度80cm，碾压8遍区有一个测坑相对密度低于压实标准；铺料厚度100cm，只有12遍区的两个测坑达到了压实标准。根据上述的试验结果分析，铺厚60cm虽然碾压质量能符合压实标准，但施工效率较低；铺料厚度100cm能缩短工期、提高效率，但多数碾压区域的密实度不满足压实标准，所以综合各方面因素初步选定坝体填筑施工的铺料厚度为80cm。

在确定了坝体填筑施工碾压铺料厚度之后，还需要确定碾压遍数及洒水率。根据上述碾压试验结果，再次进行了校核试验。由于铺料80cm时，碾压10遍和12遍的干密度和相对密度值都符合压实标准，且相差不大，故校核试验设计的碾压工况有：8遍不洒水、8遍洒水5%和10遍不洒水，为了消除试验结果的偶然误差，每个工况试验区域取20个测坑进行检测，试验结果（表1和图5）。从表1和图5中可以看出，碾压8遍不洒水时，还是有个别测坑相对密度不满足压实标准，合格率95%；碾压8遍洒水5%和碾压10遍不洒水的所有测坑相对密度都能满足压实标准、合格率100%。坝体填筑质量直接关系着大坝的安全稳定，且考虑到缩短工期进行冬季施工，综合考虑确定指导施工的碾压控制参数为：铺料厚度80cm、碾压10遍不洒水。

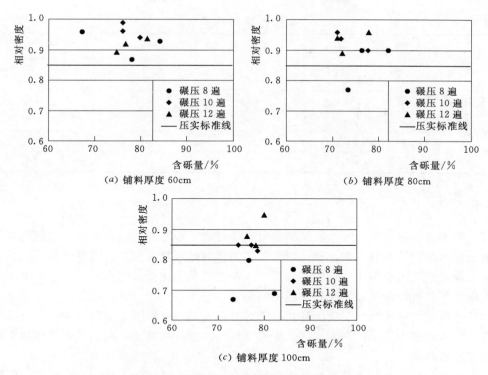

(a) 铺料厚度 60cm

(b) 铺料厚度 80cm

(c) 铺料厚度 100cm

图 4　不同碾压遍区测坑的相对密度图

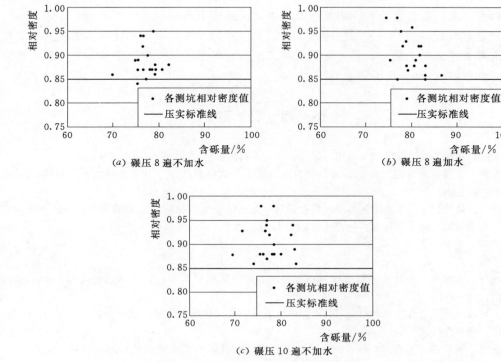

(a) 碾压 8 遍不加水

(b) 碾压 8 遍加水

(c) 碾压 10 遍不加水

图 5　不同碾压工况测坑的相对密度图

305

碾压参数		碾压 8 遍 （不洒水）	碾压 8 遍 （洒水 5%）	碾压 10 遍 （不洒水）
相对密度	最大值	0.95	0.98	0.98
	最小值	0.84	0.85	0.86
	平均值	0.88	0.9	0.91
相对密度＞0.85	合格率/%	95	100	100
	保证率/%	86	91	94

表 1 校核试验结果表

5 结论

（1）随着碾压遍数增加，干密度和相对密度越大，而增加的幅值却减小，最终甚至不再增加。原因是碾压遍数增加，砂砾料颗粒之间排列越来越紧密，孔隙越来越小，颗粒间的作用力越来越大；在碾压一定的遍数后，颗粒之间几乎完全紧密排列，此时如果压实功不变的条件下再进行碾压，压实效果就不明显了。

（2）随着铺料厚度增加干密度和相对密度降低，其主要原因是振动碾的压实效果随料层的深度增大而减小，铺料厚度越厚，底部受到的压实效果越差，进而导致整体的干密度和相对密度值降低。

（3）根据碾压试验初步结果分析，铺厚 60cm 虽然碾压质量能符合压实标准，但施工效率较低；铺料厚度 100cm 能缩短工期、提高效率，但多数碾压区域的密实度不容易达到压实标准，所以综合各方面因素初步选定坝体填筑施工的铺料厚度为 80cm。

（4）通过对校核试验三个不同碾压工况试验结果的分析，为了保证坝体填筑质量满足设计标准和大坝的安全稳定，且考虑到缩短工期进行冬季施工，确定指导施工的碾压控制参数为：铺料厚度 80cm、不洒水碾压 10 遍。

参 考 文 献

[1] 郭庆国. 粗粒料的工程特性及应用. 郑州：黄河水利出版社，1999.

[2] 李秀晨，王进堂. 岗南水库不均匀砂砾料筑坝施工参数试验研究. 南水北调与水利科技，2008，(06)：67 - 69.

[3] 章天长. 黄河积石峡水电站面板堆石坝砂砾料"最大干密度"确定方法试验研究//陕西省水力发电工程学会第三届青年优秀科技论文集. 2013：3.

[4] 彭汉军，唐懿. 吉林台一级水电站面板砂砾-堆石坝的碾压试验. 水电站设计，2008，(01)：72 - 76.

[5] 廖朝雄，陈冬久. 满拉水利枢纽拦河坝宽级配心墙土料填筑压实度控制. 水利水电技术，2000，(12)：16 - 17.

[6] 付光均，向尚君. 旁多水利枢纽工程大坝砂砾石坝壳料现场碾压工艺性试验分析. 中国西部科技，2011，(24)：4 - 5＋10.

[7] 潘少明，施晓冬，王建业，等. 围海造地工程对香港维多利亚现代沉积作用的影响. 沉积学报，2000，18 (1)：22 - 28.

卡拉贝利水利枢纽工程混凝土面板堆石坝快速施工技术

王宁远

（中国水电建设集团十五工程局有限公司）

摘　要： 卡拉贝利混凝土面板砂砾石坝最大坝高 92.5m，总填筑量 760 万 m^3，面板混凝土 5 万 m^3。大坝主河床于 2015 年 11 月开始全断面填筑，2016 年 7 月 23 日封顶，工期较原计划提前近半年；面板混凝土于 2017 年 3 月 23 日开工，6 月 16 日浇筑完成，在年初受到异常暴雪影响的前提下，最终较原计划提前 1.5 个月。根据大坝原型观测沉降数据显示，截至 2017 年 10 月，大坝施工期（24 个月）最大累计沉降量 19.3cm，上游挤压边墙至面板施工前未达到预期的变形量，坡面未进行任何修整，大坝施工质量良好，安全可控，进度超前，施工综合效益显著。

关键词： 卡拉贝利；砂砾石坝；填筑；面板；技术

1　工程概况

卡拉贝利混凝土面板砂砾石坝工程位于新疆克孜勒苏柯尔克孜自治州乌恰县境内，是克孜河中游河段近期开发的控制性工程，以防洪、灌溉为主，兼顾发电等综合效益。水库总库容 2.62 亿 m^3，正常蓄水位 1770.00m，水电站装机容量 70MW。

卡拉贝利混凝土面板砂砾石坝为 Ⅱ 等大（2）型工程，最大坝高 92.5m，坝顶高程 1775.50m，坝长 760.7m，坝顶宽度 12m。上游坝坡 1：1.7，下游坝坡 1：1.8。

大坝坝体从上游至下游分为上游砂砾石盖重区、上游土料铺盖区、垫层小区料区、垫层料区、上游砂砾料区、排水料区、下游砂砾料区、利用料区、反滤料、排水棱体。垫层料上游设有挤压边墙混凝土。

垫层料区设于面板下游，水平宽度为 4m，$D_{max}=80mm$，渗透系数控制在 $1\times10^{-2}\sim1\times10^{-3}cm/s$。

砂砾石区内设置竖向排水体以及与其相连通的坝基水平排水条带，组成坝体内部排水系统。排水料粒径范围 $D\geqslant5mm$，渗透系数大于 1×10^{-1}。

反滤料位于水平排水体与排水棱体之间，共 2 层，均为 0.3m 厚，第一层 $5mm\leqslant D<40mm$，第二层 $40mm\leqslant D<80mm$。

排水棱体位于河床段下游坝坡脚，顶高程 1697.00m，顶宽 2m，上游坡度 1：1.5，下游坡度 1：2，$D\geqslant80mm$。

2 砂砾石坝填筑

2.1 现场原级配砂砾料相对密度试验

以往的砂砾石堆石坝"相对密度"试验是依据《土工试验规程》（SL 237—1999）中的"相对密度试验"方法，通过室内的直径 378mm、高 427mm 的试验筒进行最大、最小干密度试验，试验砂砾料最大粒径为 80mm，用等量替代法将现场原级配料缩尺后进行试验，并用"三点近似法"推算出原型级配料最大干密度，作为坝体填筑施工压实质量控制标准。根据以往工程施工经验，由于室内试验方法与现场碾压试验采用的砂砾石料最大粒径、级配、机械的压实机理等不同，室内试验推算的结果不能完全反映坝料填筑施工的实际压实效果，在实际施工检测过程中会出现相对密度大于 1 的情况。

为了形成"以质量促生产、以质量促效益，快速而高效"的施工局面，本工程于 2014 年开工之际就筹划并采用了最新版本的《土石筑坝材料碾压试验规程》（NB/T 35016—2013）中的"砂砾料原型级配现场相对密度试验"方法，进行了现场原型级配料的相对密度试验。并结合一系列的措施，最终取得了良好的应用效果，见本文第 4 部分。

（1）试验用料级配。为使试验结果能全面、准确的反映坝料的性质、填筑压实的实际情况和尽可能全部覆盖料场砂砾石坝料级配的情况，试验用料的级配采用料场复查结果的平均级配线、上包级配线、下包级配线、上平均级配线、下平均级配线 5 个级配线，增加了砾石含量为 65% 的级配线。

（2）试验方法。采用料场风干砂砾石料，人工筛分，按试验要求级配配料。将配好的试验料拌制均匀后，四分法在密度桶内人工松填装料，防止产生冲击，装料距桶顶 10cm 时，灌砂法测定最小干密度。测定结束后，用钢钎插捣桶内砂砾料后，继续在桶内装料并高出密度桶顶约 20cm，用级配大致相同的砂砾料铺填密度桶四周，高度与试验料平齐。用 22t 自行式振动碾，低振幅高频率、行进速度 2.5km，在桶上碾压 26 遍，再定点微动振压 15min，碾压后的桶顶超高控制在 10cm 左右，碾压结束后，去除密度桶顶部的砂砾料并低于桶顶 10cm 左右，灌砂法测定桶内料的干密度，作为最大干密度。

现场原型级配干密度试验结果见表 1。

表 1　　　　　　　　　　　现场原型级配干密度试验结果表

砾石含量/% 试验结果	65.0	70.3	74.8	79.3	83.8	88.3
ρ_{min}/(g/cm³)	1.984	2.019	2.040	2.033	2.018	1.988
ρ_{max}/(g/cm³)	2.351	2.403	2.429	2.425	2.407	2.375

2.2 现场碾压试验

针对各坝区坝料，现场碾压试验分别进行不同施工参数压实效果分析，高密度取样，最终确定了本工程砂砾料及其他坝料填筑碾压施工参数，也为坝体的快速填筑施工提供技术依据。

料场采用 1.6m³ 挖掘机立面开采，20t 自卸车运输，坝面进占法卸料，220HP 推土机平料，铺料厚度 80cm，22t 自行式振动碾振动碾压 10 遍，碾压方法为全辊碾压，行车速度不大于 2.0km/h。

排水料经篾条筛和振动筛筛分生产，施工参数与砂砾料基本一致；垫层料、垫层小区料、反滤料分别采用 40cm、20cm、35cm 的薄层铺筑工艺，自行式振动碾或 3t 平板夯夯压。

2.3 多期导流

为确保坝体填筑施工各节点目标顺利完成，在施工过程中根据本工程宽河床、季节性流水特点，实施多期导流、合理分期填筑，施工工期较原计划提前近半年，直接效益和间接效益显著。

（1）一期导流：2014 年 9 月 15 日实施，通过修筑一期纵横向围堰，将原河床水流导至左岸过流，从而提前进行右岸河床段坝基开挖及填筑施工，截至 2014 年年底，不仅顺利完成右坝肩开挖施工任务，更是超额完成右坝段坝基开挖 20 万 m³，坝体填筑 65 万 m³，有效降低了 2015 年 9 月底截流前坝基开挖和坝体填筑施工强度，为二期导流的顺利实施奠定了基础。

（2）二期导流：由于大坝工程 2015 年 9 月底截流前施工强度降低、施工任务不饱满，而截流后强度很高，尤其是基坑开挖、河床段趾板混凝土浇筑都在冬季进行，施工难度大幅增加。为了降低截流后施工强度，经过多次方案研究论证后，于 2015 年 8 月 22 日，实施了第二期导流（见图 1），在河道中部开挖 30m 宽导流明渠，把河道来水引至导流明渠过流，通过"围封、强排"等措施安排基坑开挖和左坝段填筑，在截流前完成土石方开挖 19 万 m³，轴线下游坝体填筑 15 万 m³。通过这一举措：一是减轻了截流后的施工压力，盘活了设备；二是提前进行河床段趾板、基坑开挖，避免了趾板混凝土冬季施工，有效节约了成本。

图 1　二期导流后

2.4　道路优化

为确保大坝填筑各节点目标顺利完成，提高坝料上坝运输强度，对大坝临时施工道路进行多次方案对比、优化，最终确定出 2 条合理可行的跨趾板临时道路布置方案，有效地缩短运距，提高上坝强度，为防洪度汛和坝体封顶目标创造了极为有利的施工条件，综合效益显著。

（1）高程 1715.00m 跨趾板路。增设右坝段高程 1715.00m 跨趾板临时道路，道路下部采用厚土料保护趾板，上部采用坝区开挖弃料堆填，设计路面宽度为 10.0m，平均纵坡 8%，路基边坡坡比 1：1.5。该道路与原坝后道路相比，可有效缩短左岸高程 1720.00m 以下 100 万 m³ 坝料运距 1km，成为抢填左岸高程 1736.00m 拦洪度汛目标的有力举措。

（2）1754.00m 平台跨趾板路。修筑右坝顶下 1754.00m 平台跨趾板临时道路，坝内通过右岸 1750.00m 平台及坝内"之"字路至左坝段填筑区，道路设计指标与 1715.00m 跨趾板路相同，该条道路的修筑有效缩短大坝高程 1760.00m 以下 260 万 m³ 坝料运距 0.3km，在提高上坝强度的同时，为 1773.00m（防浪墙底高程）坝体拦洪度汛目标的顺利实现奠定了基础。

2.5　砂砾料标准化填筑施工

卡拉贝利水利枢纽工程项目自大坝开始填筑以来，为切实提高工程施工质量，确保施工安全，加快施工进度，从大坝施工标准化、质量控制标准化以及大坝安全标准化三个方面入手，编制相应标准化作业指导书，规范操作，标准化施工，取得了良好的经营效果。

（1）标准化层厚控制。以往的钢筋铺料样台或标尺在施工过程中容易破坏、移动，推土机操作手视觉参考难度较大，一旦出现超厚就会出现不必要的返工，影响施工进度。为有效解决此类问题，本工程在填筑现场间隔 30m 设置带高程的铺料样台，标准样台高度根据层厚为 80cm，样台顶部直径约 4.7m，边坡坡比为自然坡比 1：1.5，进占法铺料过程中给推土机司机提供高度参考，有效控制铺料厚度。

（2）超标准碾压。根据坝面面积大小及各类坝料分区、分期、分段的不同，将坝面按 50～100m 分成若干区段。各段依次完成填筑的各道工序，使各工序能够流水作业，各段之间设鲜明标识，标明摊铺、碾压、检验等工作状态。采用 26t 超标准碾压机具，现场人工翻牌计数监控碾压遍数，避免漏压。

（3）标准化接坡。标准化设置接坡台阶，坝体各分区台阶法收坡，坝内纵横向缓坡接坡，综合坡比 1：3，分层预留台阶，台阶宽度 1.20m，层层放线，标准化接坡。

（4）岸坡、边角部位碾压标准化。坝体与岸坡结合处陡峭和不规则的结合部位，设专人负责现场监管、薄层摊铺，对于振动碾不能到达的区域采用 3t 夯板夯压密实，确保薄弱环节的填筑碾压效果。

（5）质量控制标准化。

1）取样频次标准化。大坝填筑每种坝料、同一时间施工的每层为一个单元，每层分区段进行循环作业，每个区段分别取样检测，使坝体填筑各单元划分更加细致，坝体填筑质量控制更加准确。

大坝砂砾料取样检测共计 1456 组，平均每 4300m³ 取样 1 组；垫层料共计取样检测

653 组，平均每 330m³ 取样 1 组，均满足规范要求。

2）挖坑取样标准化。砂砾料取样坑径 85cm，深度 80cm，平均每坑取料超过 1000kg；垫层料取样坑径 40cm，深度 40cm，平均每坑取料约 110kg，标准化坑样确保检测数据准确真实。

3 面板混凝土施工

面板混凝土的施工是一个施工工序较多，衔接紧密的系统性施工任务，而其施工质量、安全、进度一直是混凝土面板堆石坝施工中的重点环节。

3.1 乳化沥青喷涂施工

在挤压边墙坡面进行改性乳化沥青隔离层喷涂施工，隔离层采用"2 油 1 砂"的施工工艺，以减少边墙对面板混凝土的约束；提高施工质量。

3.2 板间设置标准化软梯

每条板间缝均设置有安全爬梯及安全绳。爬梯采用 5cm×3cm 方木条、间距 40cm 的统一标准制作成，既能够保证爬梯的安全可靠，又便于人员上下。

3.3 钢筋制安

（1）挤压边墙斜面上，按 3m×3m 间距插入 C22 的螺纹钢筋做架立钢筋，架立筋插入坡面 20cm 左右，并标出钢筋绑扎的设计位置。

（2）加工好的钢筋采用 25t 汽车吊吊装至钢筋台车上，5t 卷扬机牵引钢筋台车运输至施工部位安装成型。

（3）钢筋连接主要采用直螺纹套筒连接，异种钢筋之间采用单面焊接。

3.4 标准化铜止水成型及安装

采用可调式滚压铜止水成型机一体化加工面板分缝铜止水，采用 175m 标准长度的铜止水片通过成型机六组渐变滚轮一次挤压成型，直接铺设至面板分缝处，有效减少焊缝，提高铜止水的施工质量，施工便捷、高效。

用 PVC 棒及聚氨酯泡沫将铜鼻子填塞密实后用胶带纸封口，防止浇筑混凝土时浆液进入"鼻子"中，影响其适应变形的能力。

将止水铜片放置于垂直缝的正中位置，再在铜止水上贴厚 6mm、宽 100mm 的单面复合 GB 止水板，以及铜止水鼻梁 GB 保护层（保护层与止水铜片接触位置均匀涂刷 SK 底胶），安装完毕再用全站仪校正。

3.5 标准化方木组合侧模

卡拉贝利面板混凝土施工中，针对面板施工的实际情况，摒弃惯用的钢木侧模，改用方木组合结构，方木全部使用 10cm×10cm×2m 的标准块。侧模拼装采用方木叠加，通过添加 1～5cm 厚度不等的薄木板调节模板顶面高度，达到面板设计厚度。使用方木组合结构，在模板安装及拆除过程中具有搬运轻便，拆除效率高，且有效提高了模板作业人员的施工安全系数。

3.6 无轨式滑模制备

采用无轨式滑模，滑模由底部钢面板、上部型钢桁架及抹面平台等 3 部分组成，滑模的底部面板采用厚 12mm 的钢板制作。

由于年初异常暴雪天气影响，为确保本年度面板度汛和蓄水验收目标顺利实现，共设计制作 2 套 14m 长滑模，2 套 7.5m＋7.5m 滑模，满足了施工高峰期四套滑模同时施工的要求，施工工期较合同约定提前。

3.7　标准化溜槽

混凝土溜槽每节长 2.0m，采用宽 U 形，两侧设吊耳，每节相串，每五节与钢筋固定牢靠，随滑模下放过程同步安装，所有溜槽严格固定位置直线布置，并安装防风遮阳帆布。施工过程可拆除最下部的溜槽与钢筋连接处，在仓面左右摆动布料，减少劳力，提高混凝土的布料效率。

3.8　混凝土浇筑

混凝土入仓按层厚 25～30cm 控制，振捣器插入间距不大于 40cm，振捣点时间控制在 20～30s 之间。滑模一次滑升高度约为 25～30cm，且不超过一层混凝土的浇筑高度。滑升间隔时间不超过 30min，平均滑升速度为 2.0m/h，最大滑升速度不超过 3.0m/h，确保混凝土的浇筑质量。

3.9　混凝土养护

混凝土养护采用土工膜、土工布覆盖，花管长流水养护，土工布之间用扎丝连接防止被破坏。

在坝顶设置主供水钢管，每块面板顶部和浇筑过程中采用塑料花管长流水养护。养护用水来自左、右坝顶养护水池，养护水池水温 20℃，面板上部养护水水温为 18℃，面板底部养护水水温为 14℃，面板混凝土内部温度在 19℃左右浮动，面板混凝土养护至大坝蓄水。

3.10　表面止水一体化施工

混凝土面板表层止水施工包括垂直缝和周边缝表层止水施工。垂直缝总长 8660m，周边缝总长 958m；面板与防浪墙底接缝总长 760m。

面板接缝表层止水采用一体化机械施工，通过 GB 柔性填料挤出机、挤出施工台车、送料车和牵引台车组合运行完成，施工工艺成熟，效率较高。

3.11　防冻涂层施工

高程 1735.00m 以上面板表面为弹性聚氨酯防冻层，涂层厚度为 1.2mm，工程量超过 5 万 m^2。防冻涂层施工采用人工涂刮与机械喷涂两种工艺，互有利弊，确又能相互促进提高，也为今后的同类工程施工积累经验。

4　质量检测与效果评价

4.1　质量检测

（1）砂砾料填筑共计取样 1456 组，相对密度最大值 0.99，最小值 0.85，平均值为 0.92；垫层料及垫层小区料填筑共计取样 1544 组，相对密度最大值 0.99，最小值 0.85，平均值为 0.92；排水料共计取样 216 组，相对密度最大值 0.96，最小值 0.92，平均值 0.94。

（2）面板混凝土施工原材料共计检测 421 组，中间产品检测共计 503 组，检测频次和结果均满足设计和规范要求。

4.2 效果评价

（1）大坝主河床段于 2015 年 11 月开始全断面填筑，2016 年 7 月 23 日封顶。根据大坝监测单位的大坝原型观测沉降数据显示，截至 2018 年 6 月，大坝最大沉降断面坝 0＋280 桩号，最大累计沉降量 20.0cm，坝体沉降数值较小，沉降速率趋于稳定。

（2）卡拉贝利水利枢纽工程大坝挤压边墙混凝土共 220 层 2.4 万 m^3。2016 年 11 月初开始挤压边墙坡面的 4m×4m 方格网三方联合测量，截至 2017 年 3 月面板混凝土施工前，共完成 9.4 万 m^2，近 6000 个点位测量，坡面沿法线方向变形均在 5cm 以内，上游挤压边墙坡面未进行修整，直接在挤压边墙原基上进行乳化沥青喷涂等面板混凝土的后续施工。

（3）卡拉贝利水利枢纽工程面板混凝土设计工程量为 50200m^3，面板最大坡长175.15m，将原设计的分期浇筑优化为不分期一次浇筑完成，自 2017 年 3 月 23 日开工，6 月 16 日浇筑完成，较原计划的 7 月底完工提前 1.5 个月，为大坝蓄水验收创造了有利的条件。

5 结语

砂砾石堆石坝在保证施工质量、安全的前提下快速施工，与其施工参数、工艺流程、现场施工管理等各环节息息相关，只有严把坝体填筑施工质量、安全控制关，加强方案技术的对比优化，落实各环节施工管控和管理责任，形成全项目各级施工管理层良好的学习改进意识，积极研究和探索先进施工工艺、方法，才能有效推进面板堆石坝施工技术的发展。

罗赛纤维在高寒干燥地区面板混凝土中的应用

吴 松

（中国水电建设集团十五工程局有限公司）

摘 要： 混凝土面板的裂缝一直是坝工界致力解决的难题，高寒干燥地区的混凝土面板裂缝更是一直困扰着施工企业的技术难点。在高寒干燥恶劣的自然条件下，中国水电建设集团十五工程局有限公司从 20 世纪 90 年代起，先后修建了十几座混凝土面板堆石坝，经过知识积累、技术改进创新、摸索总结出一套比较成熟的在该地区混凝土面板施工中，温控和防裂的系统经验。新疆开都河柳树沟水电站枢纽工程就是其中一例。该水电站位于巴音郭楞蒙古自治州和静县境内的开都河中游下段，周围山地植被稀疏，为荒漠草原，属高寒区。水电站的拦河大坝为混凝土面板堆石坝，最大坝高 100m，坝顶长 183.5m。为解决面板裂缝的问题，在混凝土掺入新材料——罗赛纤维，采用中热水泥和Ⅰ级粉煤灰为胶凝材料，使混凝土本身具有较好的抗裂性能；加强施工质量控制；加强面板混凝土养护，切实做到了混凝土一终凝就立即得到有效养护；使整个大坝约 2.24 万 m^2 的面板，仅有 27 条裂缝，且无一条通缝，取得了好的效果。即在混凝土中掺入罗赛纤维等，提高了混凝土的抗拉强度等，基本解决了高寒干燥地区混凝土面板裂缝的难题，可供类似工程参考。

关键词： 面板混凝土；防裂；罗赛纤维

1 工程概况

新疆开都河柳树沟水电站位于巴音郭楞蒙古自治州和静县境内的开都河中游下段，河段两岸为悬崖峭壁，河流滩险流急，周围山地植被稀疏，为荒漠草原，属高寒区。据多年资料统计，年平均气温 8.7℃、绝对最高气温 38.5℃、绝对最低气温−36.6℃、平均相对湿度 53%、平均降水量 104mm、平均蒸发量 1702.5mm、平均风速 1.6m/s、最大风速 32.0m/s。水电站的拦河大坝为混凝土面板堆石坝，最大坝高 100.0m，坝顶长 183.5m。混凝土面板共 19 块（1～19 号），面板设计宽度为 6m、12m 两种，其中宽 12m 的 11 块（6～16 号），宽 6m 的 6 块（2～5 号、17～18 号），异型块 2 块（1 号和 19 号），宽度分别为 9.48m 和 4.55m。面板厚度为渐变厚度，顶部（高程 1496.00m）厚 0.3m、自上而下以 0.003H 递增。面板最长块长度为 163.35m，最大厚度为 58.5cm。

在此恶劣的自然条件下，为增强混凝土面板的防裂性能、不降低混凝土的施工性，在面板混凝土中掺入了新型材料——罗赛纤维。

2 混凝土配合比

2.1 纤维的选择

在混凝土中掺入钢纤维虽能增强混凝土的抗拉强度，有利于混凝土面板防裂，但由于钢纤维长度长，直径粗，对流动性、施工性影响较大，尤其是混凝土的抹面较为困难，不易获得较好的平整度和光洁度。如国内应用较为广泛的上海哈瑞克斯金属制品有限公司生产的 CW－50/0.9－1000 冷拔钢丝型钢纤维参数见表1。

表 1　　　　　　　　　　　CW－50/0.9－1000 冷拔钢丝型钢纤维参数表

项目	直径/mm	长度/mm	长径比	抗拉强度/MPa	形状
指标	0.8	51	64	＞1000	弓形

罗赛纤维（Roycele Fiber）是专门用于纤维增强混凝土（Fiber Reinforced Concrete）领域的纤维素纤维，是基于生物、化学及混凝土材料工程学。历经多年研发，从基因改良的特殊树种中提取的、以独特工艺制造的高性能生物纤维。其可增强混凝土的抗拉强度，同时，又具有长度短、直径细等特性，对混凝土的流动性、施工性几乎没有影响（和不掺纤维的基准混凝土相比）。本工程采用的上海罗洋新材料科技有限公司生产的罗赛 RS2000 纤维，罗赛纤维参数见表2。在混凝土中掺入适量的罗赛纤维，可有效提高混凝土的抗裂、抗渗、抗冻融等耐久性性能。

表 2　　　　　　　　　　　　罗 赛 纤 维 参 数 表

项目	平均当量直径/μm	平均长度/mm	平均纤维抗拉强度/MPa	初始弹性模量/GPa
指标	18.05	4.5	780	8.5

2.2　混凝土配合比设计

面板混凝土设计指标为 C25W12F300，经试验室设计研究和现场生产性试拌，最终确定的面板混凝土配合比（见表3），不掺纤维的基准混凝土配合比（见表4），两种配合比所拌制混凝土的性能指标（见表5）。

表 3　　　　　　面板掺 RS2000 纤维混凝土配合比表　　　　　　单位：kg/m³

水胶比	中热水泥	水	砂	小石	中石	I 级粉煤灰	罗赛RS2000纤维	外 加 剂	
								减水剂 AXN－1（0.95%）	引气剂 AXSF（0.85/万）
0.36	280	126	693	640	591	70	1.0	3.33	0.030

注　混凝土设计坍落度为90mm，含气量5%。

表 4　　　　　　　　　面板基准混凝土配合比表　　　　　　单位：kg/m³

水胶比	中热水泥	水	砂	小石	中石	I 级粉煤灰	外 加 剂	
							减水剂 AXN－1（0.90%）	引气剂 AXSF（0.80/万）
0.36	280	126	693	640	591	70	3.15	0.028

注　混凝土设计坍落度为90mm，含气量5%。

表 5　　　　　　　　　面板混凝土性能指标检测成果表

混凝土类别	抗压强度/MPa		劈裂抗拉强度/MPa		抗渗等级	抗冻等级
	7d	28d	7d	28d		
基准混凝土	23.3	37.5	1.43	2.28	W12	F300
罗赛纤维混凝土	23.6	38.0	1.63	2.64	W12	F300

从表4、表5可以看出，掺罗赛纤维的混凝土与基准混凝土相比，水泥用量不增加，工作度不降低，抗拉强度提高14%以上，有利于混凝土防裂。

3　混凝土施工过程质量控制

3.1　混凝土拌和物质量控制

3.1.1　原材料称量偏差的控制

混凝土采用带自动称量系统的1m³拌和站拌制。拌和人员严格按照试验室下发的施工配合比通知单进行配料，各种原材料称量允许偏差（按质量计）为：水泥、粉煤灰、水、纤维、外加剂为±1.0%；砂、石骨料为±2%。

3.1.2　混凝土性能指标检测

按规范要求，在面板混凝土拌制过程中每2h至少检测坍落度1次，每4h至少检测1次含气量，必要时加密检测。对坍落度、含气量不符合要求的拌和物严禁运出拌和站。

在面板混凝土浇筑过程中，每班、每仓至少取1组抗压强度试件检测混凝土抗压强度，每浇筑500～1000m³成型抗渗试件一组检测其抗渗指标，每浇筑1000～3000m³成型抗冻试件1组检测其抗冻指标。其统计分析见表6。从表6中可以看出，混凝土质量均达优良标准。另外，混凝土劈裂抗拉强度均不低于2.60MPa。

表6　　　　　　　　面板混凝土试块质量检测成果统计分析表

设计指标	检测组数	检测频次/（次/m³）	检测值/MPa			标准差S/MPa	离差系数C_v	强度保证率/%
			最大值	最小值	平均值			
C25	119	1/81	39.8	26.9	32.0	2.44	0.08	99.6
W12	12	1/822	均达到W12					
F300	6	1/1644	均达到F300					

3.2　混凝土运输质量控制

混凝土拌和物采用8m³混凝土罐车运输，运输途中不得随意停留和加水，以确保混凝土质量。

3.3　混凝土浇筑质量的控制

3.3.1　混凝土入仓质量控制

混凝土拌和物由溜槽入仓后，人工及时布料、平仓，为防止仓面发生局部初凝现象，仓面布料均匀，依据滑模滑行速度，仓面顺坡向铺料长度控制在2.0m左右，避免一次铺料过长或溜槽下部卸料集中而两侧卸料少的布料不均匀现象。

3.3.2　混凝土振捣质量控制

混凝土振捣时，振捣棒不得靠在滑模上，或者靠近滑模顺坡向插入滑模下面振捣，棒头也不直接接触钢筋网，以免滑模抬头或使刚刚脱模的混凝土鼓包流动。

振捣棒快插慢拔，振捣区的混凝土不再显著下沉，表面不冒气泡并泛浆，即视为振捣密实。并防止振捣时间过长，出现过振现象。

3.3.3　滑模滑升速度的控制

滑模滑升速度平稳、均匀，一次滑升距离一般为 15～20cm，滑模滑升的总平均速度（包括全过程，例如交接班、中间其他停滞时间等在内），按 2.5m/h 控制。以保证混凝土不因滑升速度过快，导致出模的混凝土鼓包而产生裂缝，也不因滑升速度过慢，导致混凝土初凝后才出模而产生裂缝。

3.4　混凝土抹面质量控制

混凝土脱模后，及时进行人工抹面压光，首先采用木抹进行找平压实，再用钢抹抹面压光不少于 3 遍，钢抹的第二遍压光在混凝土即将初凝前完成，可减少混凝土表面因失水过快而产生的浅表裂缝，并可使混凝土表面平整；钢抹的最后一次压光在混凝土即将终凝前完成，可有效减少混凝土早期干缩而产生的裂缝，并保证混凝土表面的光洁度。

4　混凝土养护

针对面板施工区气候干燥、昼夜温差大（昼夜温差达 15℃左右）、风速较大的不利条件，采用及时覆盖线毯、长流水"微浸泡法"对混凝土进行养护。具体为：在最后一次钢模压光完成，即混凝土一终凝就立即覆盖线毯，并洒水湿润线毯、使线毯保持湿润；待混凝土终凝 1～2h（小的水流不会损坏混凝土表面时）开始采用花管小流量的喷水对混凝土进行养护，待混凝土终凝 10h 左右，大的水流不会冲坏混凝土表面时，将花管的水流开大、在覆盖的线毯表面形成明流，使混凝土表面始终有 1～2cm 深的水流通过，微浸泡在水中，这样既可避免大风刮起线毯、保持混凝土全方位处于湿润状态，还可使混凝土表面保持相对恒温（取围堰后的渗水，再通过 $150m^3$ 水池的调节，养护水温保持在 14～18℃），消除了昼夜温差的影响。

5　结语

柳树沟水电站大坝混凝土面板，面对气候干燥、昼夜温差大、风速较大的恶劣自然条件，有针对性地从原材料入手，掺入新材料——罗赛纤维，优化混凝土配合比；加强混凝土的质量控制以及混凝土的养护。使得整个大坝约 2.24 万 m^2 的面板，仅有 27 条裂缝（裂缝最大宽度 0.5mm、最长 6.0m），裂缝中最大宽度 0.5mm，绝大部分裂缝宽度在 0.2～0.3mm 之间。且无一条通缝，取得了好的效果，可供类似工程参考。

金钟水利枢纽工程混凝土面板堆石坝
挤压边墙施工技术研究

宋富铁

（中国水利水电第十二工程局有限公司）

摘 要：本文通过对金钟水库面板堆石坝挤压边墙施工工艺、施工要点和难点进行总结，为混凝土面板堆石坝工程上游坡面施工提供借鉴，积累经验。

关键词：挤压边墙；技术要求；施工工艺

1 概述

金钟水利枢纽工程位于广东省仙游县石苍乡金钟村附近的粗溪中游，距离仙游县城关约 50km，坝址以上流域面积 200km²。大坝工程为混凝土面板堆石坝，坝顶高程 247.5m，最大坝高 97.5m，坝顶长度 381.95m，宽 8.0m，大坝上游面坡度为 1：1.4，下游面坡度为 1：1.35，下游侧设三道宽 2m 的马道。经过技术方案分析比较，决定金钟大坝面板坝上游坡面施工采用挤压式混凝土边墙技术。

2 挤压边墙混凝土技术要求

挤压边墙混凝土为一级配干硬性混凝土，坍落度为零、低强度、低弹性模量、密度和渗透系数尽可能接近垫层料。具体技术要求如下：

（1）挤压边墙混凝土 28d 抗压强度不大于 5MPa，2～4h 的抗压强度指标应以挤压成型的边墙在振动碾压时不应该出现坍塌为控制原则。

（2）挤压边墙的弹性模量指标宜控制在 7000MPa 以下。

（3）挤压边墙的密度指标宜控制在 22kN/m³ 以上，尽可能接近垫层料的压实密度值。

（4）混凝土边墙的渗透系数指标宜控制在 $1 \times 10^{-3} \sim 1 \times 10^{-4}$cm/s 之间，尽可能接近垫层料的渗透系数，为半透水体。

（5）法向位移 5cm。

（6）垫层料碾压施工，宜在混凝土边墙挤压作业完毕 2～4h 后进行振动碾压作业。

3 挤压机具和碾压机具的选型

3.1 挤压机具选型

边墙挤压机型号，选用 BJY40 型，该机型的工作原理为：发动机驱动液压系统带动螺旋机挤压混凝土，利用螺旋机的反作用力驱动挤压机前进；在边墙挤压过程中，附着式液压振捣器对挤压的边墙混凝土进行振捣，保证边墙混凝土达到一定的密实度。

318

它是由后轮、成型仓、搅拢仓、动力仓、液压系统和前轮及转向机构等 6 大部分组成。成型仓、搅拢仓、动力仓三段之间用螺栓联结成一体，成型仓两侧各有一个后轮；前轮及转向机构焊接在动力仓的前端，液压系统在动力仓内。BJY40 边墙挤压机运用"连续式移动原理"（见图 1）。

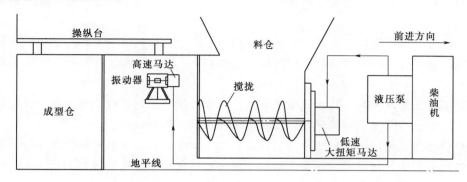

图 1　挤压机工作原理图

挤压机主要机械参数见表 1。

表 1　　　　　　　　　　　　　挤压机主要机械参数表

成型断面	断面坡比		边墙成型速度/(m/h)	额定功率/kW	外形尺寸（长×宽×高）/(mm×mm×mm)		自重/kg
	外坡	内坡			工作状态	车载状态	
梯形	1:1.4	8:1	40～80	52	4400×1390×1280	3850×1390×1150	3000

3.2　垫层料压实机具的选型

垫层料的压实机具结合大坝施工的振动碾选用 26t 自行振动碾配 BOMRG－BW75S－2 小型手扶碾碾压，两种振动碾主要性能参数见表 2。

表 2　　　　　　　　　　　　振动碾主要性能参数表

型号	工作质量/t	激振力/kN		振动轮尺寸（直径×宽度）/(mm×mm)	振动频率/Hz	静线压力/(N/cm)	振幅/mm
		高振幅时	低振幅时				
YZ26C	25.3	460	300	1600×2170	29/35	700	1.8/0.9
BOMRG－BW75S－2	0.95	19.8		480×750	55	60	0.49

4　挤压边墙施工生产性试验

4.1　试验目的

（1）通过现场的生产性试验来验证、调整室内配合比试验成果，并探索和熟练现场的施工工艺。

（2）通过现场的生产性试验，提出可行性试验成果，以指导生产，改善施工质量，加快大坝施工进度。

4.2 试验内容

（1）挤压边墙混凝土配合比试验。通过调整水泥用量、用水量，以及改变骨料配比，来测定现场挤压边墙的干密度、弹性模量、抗压强度等，研究满足设计技术要求的最优配合比。

（2）混凝土挤压边墙的生产工艺试验。通过混凝土挤压边墙的生产工艺试验，研究其工艺措施、效果（包括表面修补、层间处理、取样等），最终确定切实可行的施工参数和方法。

（3）混凝土挤压机具的验证试验。研究挤压设备的挤压工艺对边墙混凝土性能指标的影响，确定最优的配重、行走速度，以及对挤压机具的控制要点。

（4）挤压边墙附近垫层料的碾压试验。采用 26t 自行碾结合小型手扶碾进行碾压，针对不同的压实方法，测定不同压实方法的干密度，在保证挤压边墙成型的条件下，研究垫层料的最佳压实方法和碾压遍数。

4.3 试验结论

（1）挤压边墙混凝土配合比。金钟水库大坝工程挤压式边墙混凝土配合比经过综合试验、试验室试拌、现场生产性试验，其配合比见表 3。

表 3　　　　　　　　　　　挤压边墙混凝土配合比表

配合比	砂率/%	混凝土材料用量/(kg/m³)					
		水	水泥	粉煤灰	砂	碎石	8880-D
挤压边墙	40	120	65	50	774	1161	4.6%

注　表中砂石骨料为饱和面干状态，8880-D 为速凝剂。

（2）施工生产性试验结论。挤压边墙施工过程中，要求垫层料仓面平整，而且能够连续提供挤压边墙混凝土所需的拌和料，在拌和料中宜加入适量速凝剂提高早期强度。在挤压时宜采用专人操作挤压机，控制其行走路线，保持为直线，同时配备一名工人负责拍打修补边角处，以修复边墙外形尺寸偏差和层间错台等质量缺陷。适当增加挤压机的配重或者其他方法增加挤压机的行走阻力，有利于挤压边墙更密实结实，不宜被损坏，进而达到设计要求。做好挤压边墙的养护和防护，避免被雨水冲刷，也是保证挤压边墙质量的必要措施。

（3）垫层料施工参数。根据垫层料碾压试验及挤压边墙生产性试验，推荐垫层料填筑施工参数见表 4。

表 4　　　　　　　　　　　垫层料施工参数表

坝　料	铺料厚度/mm	碾压遍数	振动碾行走速度/(km/h)	洒水量/%	碾压机具
垫层料（距离挤压边墙 75～300cm）	400	6	1.5	4～7	YZ26C 弱振
垫层料（距离挤压边墙 10～85cm）	400	8	1.5	4～7	BOMRG-BW75S-2

5　挤压边墙施工流程及工艺要求

5.1　挤压边墙施工流程

挤压边墙的施工流程如下：

作业面平整与检测→测量与放线→端头混凝土浇筑→挤压机就位→搅拌车就位、卸料→边墙挤压→表面及层间修补→垫层料摊铺→垫层料碾压→取样检验→验收合格后进入下一循环。

挤压边墙形状见图2，挤压边墙与垫层料布置见图3。

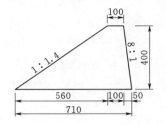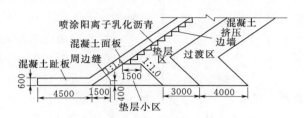

图2　挤压边墙形状图（单位：cm）　　　图3　挤压边墙与垫层料布置图（单位：cm）

5.2　施工工艺要点

5.2.1　作业面整修

混凝土挤压边墙施工场地在每一层混凝土边墙挤压前及垫层料填筑施工之后，必须通过测量检查垫层料碾压后填筑层与边墙混凝土顶面高差，保证挤压场地平整，满足边墙挤压施工的平整度要求。如果存在高差，通过人工适当调整挤压边墙行走范围内垫层料的厚度来保证挤压边墙机施工时能够保持水平移动。

在大坝垫层料填筑施工时，因垫层料碾压、机动车辆行驶等造成碾压表面毁坏或不平整，混凝土边墙挤压施工前，必须将挤压机行走轨迹范围内垫层区整平，以免影响边墙挤压施工质量和边墙成型质量。

5.2.2　挤压机就位

混凝土边墙挤压施工完毕，将进行下一层的混凝土边墙作业，采用反铲挖掘机将边墙挤压机直接吊运至施工起点位置。边墙挤压机就位与定向对于整层混凝土边墙挤压施工质量和精度有重要作用，施工前需要检查以下几点：

保证机身处于水平状态：利用水准尺对挤压机进行机身调节，将水准尺置于料斗平台上，对其进行垂直和平行机身方向的水平调节。

挤压机高度控制：每层混凝土挤压边墙体的设计高度为0.4m，施工时混凝土边墙体高由调节边墙机后轮高决定，因此施工前须对其进行高度校核。另外，为避免混凝土边墙挤压成型后其坡角出现松动现象，应将挤压机外坡刀片贴近下一层边墙坡顶，这样同时也能满足混凝土边墙施工的要求。

挤压边墙机的行走方向：边墙挤压施工时，须有专人控制挤压机行驶方向，以保证边墙混凝土挤压成型后其直线度能达到设计要求。为了方便和准确控制挤压边墙的施工精度，须预先在边墙挤压施工场地上进行测量放样，定出边墙行走控制点，每10～20m钉上一长铁钉，并用拉线标示，以便控制挤压机行走方向。

5.2.3 混凝土拌和及运输

混凝土拌和按照挤压边墙试验推荐的施工配合比在拌和楼采用 JS1000 强制式搅拌机拌制混凝土，由 $6m^3$ 的搅拌车运至大坝施工现场。在拌和时，根据技术要求，挤压边墙混凝土 2～4h 的抗压强度指标应满足挤压成型的边墙在垫层料振动碾压时不应出现坍塌，因此根据现场试验成果和施工实际条件，在拌和楼添加减水剂，在混凝土边墙挤压施工作业现场由挤压机设置的外加剂罐向进料口添加速凝剂。

5.2.4 挤压边墙施工

挤压机就位、混凝土材料拌和及运输、外加剂的添加等准备工作就绪后，施工人员根据测量放样点拉线标示挤压机的行走主方向线，然后启动边墙挤压机，待机器运转正常即开始混凝土边墙挤压作业施工。挤压时由专人控制挤压机的行走方向，挤压机水平行走精度控制在±20mm，确保挤压边墙的直线度满足要求；边墙挤压机的挤压速度与搅拌车应保持一致，搅拌车送料到挤压机料斗应保持均匀，且出料速度适中。根据大坝填筑强度来看，挤压机的控制速度一般为 40～80m/h。

5.2.5 挤压边墙起始层、端头处理施工

趾板头以下由于施工条件的限制不能采用边墙挤压机施工，该部分垫层保护采用低标号的水泥砂浆固坡，厚度为 10cm。

混凝土挤压边墙与两岸坡趾板接头的起始端和终端同样由于施工条件的限制不能采用边墙挤压机施工，因此该部分边墙按照边墙的设计尺寸安装模板，采用人工钢筋插捣浇筑，其使用的混凝土材料与边墙混凝土相同。

5.2.6 挤压边墙质量要求

（1）主要技术指标见表 5。

表 5   主 要 技 术 指 标 表

项目	干密度 /(g/cm³)	弹性模量 /MPa	渗透系数 /(cm/s)	抗压强度 /MPa
指标	2.0～2.25	5000～7000	10^{-3}～10^{-4}	≤5.0

（2）挤压机水平行走精度控制在±20mm，确保挤压边墙的直线度满足要求。

（3）边墙上游坡面任意位置应控制超填不高于设计线 50mm，欠填不低于设计要求的 80mm。

（4）边墙上游坡面平整度用 3m 直尺检查，高差不大于 20mm。

（5）边墙上游坡面不允许存在凸坎，施工形成的层间错台和凹凸必须打磨或用 M5 水泥砂浆填补抹平，其坡度不缓于 1:10，打磨或填补应仅限于局部范围，连续面积不得大于 $1.0m^2$，且每层总的打磨或填补的面积不得大于总面积的 20%。

5.2.7 施工中缺陷处理

（1）边墙挤压施工过程中，由操作原因或局部垫层料不平，造成接坡局部错台，外表面蜂窝、狗洞、蛇形，应立即人工修正，使其满足设计要求。

（2）混凝土边墙挤压施工完毕和垫层料填筑碾压后，若每层边墙的接坡间出现明显的台阶，即对其采用人工抹平处理（见图4）。

图 4 现场施工图

6 挤压边墙附近垫层区的碾压

6.1 垫层料摊铺

垫层料在挤压边墙成型 1h 后开始摊铺，层厚 40cm，铺料之前先按 4％～7％的比例提前 4～7h 进行洒水，采用后退法铺料，挖机铺料完成后，人工对挤压边墙附近分离的骨料进行清理。

6.2 垫层料碾压

靠近挤压边墙 10～85cm 区域采用 BOMRG－BW75S－2（宝马）碾压，距离挤压边墙 75～300cm 采用 26t 振动碾碾压，宝马振动碾和 26t 振动碾搭接宽度为 10cm。具体施工方法为：首先用 26t 振动碾在距离挤压边墙 75～300cm 区域振动 6 遍（弱振），然后在挤压边墙 10～85cm 区域用宝马振动碾碾压 8 遍。

7 挤压边墙施工安全注意事项

（1）加强施工作业人员的安全培训管理，认真做好安全教育工作，严格按挤压边墙机的操作规程进行操作施工。

（2）挤压边墙施工尽可能安排在光照条件较好的白天进行，施工过程中必须有专人监护现场安全，出现异常情况，及时通知施工人员停止施工，确保施工安全。

（3）施工人员必须站立在挤压边墙机行走轮侧向 20cm 以外，不得站立在挤压边墙机行走轮前方。

（4）施工中不得采用铁器在挤压机受料仓内捅料，更不得用手直接在受料仓内捅料。

（5）挤压边墙混凝土施工属于高边坡作业，边坡一定高差设置安全防护栏，施工人员应系好安全带。

8 挤压边墙度汛施工技术处理

金钟水库大坝填筑在度汛前面临巨大挑战，由于前期工作滞后，施工中受阻，完成大坝填筑高程，实现度汛目标，在当时不论是从料场开采，还是堆石料装运都是不可能的。

但是，达不到填筑高程，实现不了度汛目标就等于雨季到来时面临洪水过坝的危险，这样的风险和损失都将是巨大的。

金钟水利枢纽工程项目部经过项目领导和技术部门的讨论研究，最后根据挤压边墙的施工特点制定出度汛的首选方案是"不完全断面填筑"。这就是在全断面填筑到一定高程后，首先保证大坝上游面挤压边墙、垫层料、过渡料和宽 10m 的主堆石料实现填筑到高程 206.00m 度汛，主堆石料 10m 以后至下游坡面以阶梯形式填筑，最后实现大坝全断面常规填筑。

在实现大坝度汛填筑高程的过程中，挤压边墙施工是关键，要保质保量不间断一层层挤压成型完成填筑。挤压边墙的强度，层间接缝，平整度，端头处理，周边小区料、垫层料的碾压及平整度，都将影响上游坡面的填筑的质量。施工过程中，遇到有端头边墙被暴雨冲坏时，及时用同强度的砂浆修补；遇到边墙呈蛇形时，及时通过测量校核修正；遇到边墙层间有错台，平整度较差时，及时采取修补措施。

度汛过程中，上游基坑进水，淹没部分挤压边墙，待汛期过后，基坑水位下降，坝体渗水会透过边墙流入上游基坑，部分边墙被破坏，在上游边墙渗水部位埋设排水管，回填被冲刷的垫层料，同时，用同强度的砂浆修复挤压边墙，集中排除坝体渗水，确保坝体填筑质量。

9　结语

挤压边墙施工技术有其独特的优点，因此，在金钟水库面板堆石坝工程中采用了该项施工技术，并取得了较好的工程质量和一定的经济成果。

（1）采用挤压边墙技术，大坝施工实现了垫层料和坝体同步上升，施工速度大大加快，加上挤压边墙具有一定抵御洪水冲刷能力，使得金钟水利枢纽工程填筑顺利实现了度汛目标，并且经受住洪水考验，保证了大坝的填筑质量。

（2）采用挤压边墙技术，对垫层料的垂直碾压代替了传统的斜坡碾压，施工安全系数大大提高，垫层料的密实度得到良好的保证，这一区域的沉降变形大大减少。

（3）采用挤压边墙技术，代替了传统的垫层料超填、削坡、坡面防护等施工方法，有利于坝前趾板灌浆、防护等施工，而且节省材料和斜坡碾压的工作量。

（4）采用挤压边墙技术，在坝前形成一道规则、坚实、平整的支撑面，并通过在边墙表面喷乳化沥青，减少了由于传统的砂浆固坡凹凸不平和彼此间的黏结而对面板产生的约束，避免面板开裂，保证了大坝的质量。

大坝智能碾压系统在奴尔水利枢纽工程的应用

赵 锋 马 强

（中国水电建设集团十五工程局有限公司）

摘　要： 心墙堆石坝填筑碾压施工质量是大坝施工质量控制的主要环节，直接关系到大坝的运行安全，而堆石体的施工质量，主要与坝料级配和填筑密实度有关，因此，在堆石坝的施工中，有效地控制坝料级配和填筑密实度是保证大坝施工质量的关键。建立大坝施工期质量安全监控系统，对坝料的填筑进行全过程的实时监控，对坝体填筑质量进行控制，以实现对大坝施工进行远程、移动、高效、及时、便捷的管理与控制，实时指导施工，有效控制工程建设过程，以提高管理水平与效率。

关键词： 大坝；智能碾压系统；应用

1　工程简介

奴尔水利枢纽工程位于奴尔河中下游河段，新疆维吾尔自治区和田地区策勒县境内，距策勒县城 126km，是一座承担灌溉、发电综合利用任务的枢纽工程。水库总库容为 0.69 亿 m³，正常蓄水位为 2497m，死水位 2465m，水电站总装机容量为 6.2MW。工程由拦河坝、导流兼泄洪冲砂洞、溢洪洞、发电引水系统及水电站厂房等组成。大坝为碾压式沥青混凝土心墙坝，坝顶高程 2500.00m，最大坝高 80m，坝长 746m，坝顶宽度 10m。上游坝坡 1：2.25，下游坝坡 1：2.05，在下游坝坡布设两级宽 10m、之字形上坝公路。

2　智能碾压系统介绍

2.1　系统应用的必要性

随着水库大坝建设的快速发展，心墙坝施工过程的安全、质量问题，引起了建设单位及社会的广泛关注。对碾压心墙坝而言，传统的筑坝施工管理方法存在一些问题：

（1）纸质记录管理手段效率低，施工信息不完善。

（2）坝体碾压质量主要受碾压遍数、铺土厚度、碾压机械行车轨迹、行进速度等因素影响，传统方法主要依赖机手视力和驾驶经验实现施工过程控制，受人为因素影响程度高。

（3）依靠人为观察，缺乏科学、高效的监督手段，监理无法对施工过程进行有效监督管理。

（4）施工过程数据无法实时记录和利用，不利于施工过程实时管理和施工质量问题追溯。

（5）业主方对工程质量跟踪缺乏有效手段。

（6）夜视条件下，施工进度会受到很大影响。

（7）传统的点抽检工作量大，对填筑体具有破坏性，无法快速判断碾压薄弱区域。

因此，建立一套智能碾压管理系统，解决传统施工管理方法存在的这些问题，同时，这也是土石坝填筑领域质量控制技术发展的趋势。

2.2 系统介绍

智能碾压管理系统是综合了微电子技术、无线通讯技术、GNSS厘米级高精度定位等现代化技术于一体的系统集成解决方案。与传统作业模式相比，该系统可实现实时全程连续可视化跟踪碾压过程，向业主方、施工方、监理方和机手提供实时精确定位的碾压信息，辅助碾压过程管理。

（1）精确的碾压遍数、行进速度、摊铺层厚控制，改善碾压作业的精细度。

（2）区域均匀一致的压实度，防止漏压、欠压、过压，保障碾压作业质量。

（3）智能数字化施工，缩短工程周期，提高工作效率，增加经济效益。

2.3 系统优势

（1）实时：数据实时采集、实时处理。

（2）精准：支持北斗，三星定位，定位精度达到厘米级。

（3）全面：专注碾压过程，兼顾运料和摊铺过程。

（4）高效：工期缩短30%～40%，可夜间施工。

（5）可定制：可根据填筑的不同进行产品定制。

2.4 系统总体构架

智能碾压系统架构见图1，由碾压子系统、通信系统、数据库系统、应用软件系统和监控中心等部分组成。

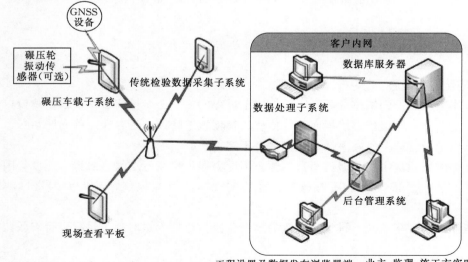

图 1　智能碾压系统架构图

（1）碾压子系统。高精度北斗辅助确定碾压机位置，确定碾压工作面每台碾压机的工作轨迹，车载子系统自动记录碾压轮振动强度检测值，并计算碾压遍数和碾压层厚，通过车载控制终端实时显示，同时通过无线通讯技术将这三类信息立即回传到后台管理系统中。

（2）通信系统。基准站和车载碾压系统通过电台传输差分信息，车载碾压系统数据则是车载控制终端通过 GPRS 将数据传回监控中心进行处理。

（3）数据库系统。按照既具有一定先进性，又具有一定成熟性的原则，选择 SQL SERVER 企业版数据库，SQL SERVER 是以高级结构化查询语言（SQL）为基础的大型关系数据库，通俗地讲它是用方便逻辑管理的语言操纵大量有规律数据的集合。

（4）应用软件系统。应用软件系统包括碾压机车载控制系统、数据处理子系统、展示子系统、点抽检子系统和数据发布子系统的建设，真正实现大坝施工的数字化、信息化管理。

（5）监控中心。监控调度中心的软硬件建设包括服务器、操作机、交换机应用软件系统及数据库等。

2.5 系统设备

（1）基准站设备。基准站部分由基准站主机，GPS 天线，无线电台，避雷子系统等单元组成，见图 2。

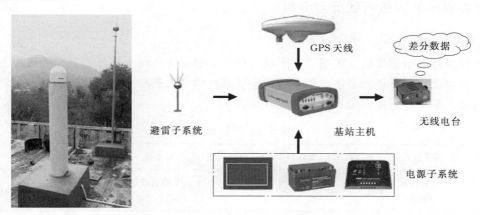

图 2　基准站设备组成图

（2）系统主要硬件设备。系统硬件设备主要包括车载终端、M30、正反转传感器和震动传感器等设备。在此着重介绍车载终端和 M30。

1）车载终端。搭载 Android 操作系统的全新 ZD800 强固型车载平板电脑，安卓 4.3 操作系统，集终端信息显示、数据通信枢纽功能于一体，强固型防护结构设计、丰富的扩展接口，适于各种恶劣场地环境。

2）车载 GNSS 接收机 M30。车载 GNSS 接收机 M30 主要用来对大坝碾压设备实时定位使用，设备能够满足专业抗震设计，并且安装在工程碾压机械上使用，可以兼容北斗等定位系统，具有精度高、可靠性强以及操作便捷的特点。

M30 是一款专业工程机械控制终端，数据传感器，符合机械本身行业规范要求的独立的接收机产品。M30 系列机型接收机是国内首款专为机械设备研制的北斗接收机，可靠性更强、兼容性更高、使用操作更便捷。

2.6 系统软件

软件又分为车载平板软件和后台系统软件。车载平板软件主要供车手使用，可实时掌握碾压或摊铺情况；后台系统软件供监理或管理人员使用，主要可实现数据处理、成果展示、点抽检和数据发布等功能。

（1）车载平板软件。图形化展示碾压遍数、状态、车辆位置、层数等信息，供车手实时掌握碾压情况，并实时记录工程施工信息，通过网络上传至数据库服务器。

（2）后台系统软件介绍。

1）数据处理：CAD设计数据处理、工程区添加，施工区网格化、为车载子系统准备导入数据。

2）展示：显示车辆实时轨迹、历史轨迹，查看最新施工状态（填筑高程、碾压高程、碾压遍数）以及作业图（碾压遍数、高程、沉降专题图及摊铺高程、厚度专题图），导出报告（碾压、高程进度、工作报告）。

3）点抽检：碾压系统给出薄弱点，如超压、漏碾、超速不达标的位置坐标，对其进行检测，质量合格则全部合格，质量不合格需对现场施工反馈控制。

3 智能碾压系统运行状况与分析

3.1 大坝碾压试验

为确保坝体填筑质量，依据设计图纸、规范、招标文件技术部分等，进行碾压工艺性试验，以验证所用设备和方法、工艺对相应填筑材料的填筑和压实参数达到规定要求，并为智能碾压系统运行提供相关技术参数（见表1）。

表 1 碾 压 施 工 参 数 表

料种	碾压机具	料源料场	虚铺厚度/cm	碾压遍数/遍	洒水量/%	相对密度 D_r	上料方式
砂砾石	26t 自行式振动碾	C1、C2 料场	85	10	不洒水或尽可能开挖湿料	≥0.85	进占法

注　高频率 26.5～28.5Hz，行进速度不大于 3.0km/h，坝面干燥时适量洒水除尘。

3.2 碾压系统的建立与调试

系统建设包括基准站土建施工及设备安装、振动碾设备安装、后台控制中心服务器建立（包括碾压参数设置）。

调试包括：①现场振动碾与振动子系统的同步性，数据是否传输稳定，振动子系统屏幕显示是否正常；②后台服务器工作是否正常，与大坝传输数据是否稳定；③对照同步性，是否能够实时显示运动轨迹，屏幕显示是否与现场子系统显示一致；④调整分辨率及显示像素点的大小，像素点太大容易造成显示与实际差异大，例如：像素点设计为50cm，碾压轨迹搭接不小于20cm，搭接20cm时，占有像素的40%，屏幕显示未搭接；像素点太小的话，屏幕与实际显示正常，但是数据处理工作量大，特别是碾压面积大层数多时易造成服务器死机等影响正常工作。

3.3 碾压系统工作过程

3.3.1 准备工作

（1）确保所有系统供电正常，运行信号灯正常。

（2）确保通信畅通，本工程采用的中国移动网络传送，即确保现场有中国移动信号，且能满足正常数据传送。

（3）每班人员根据现场交接班情况，核对交接班记录确保碾压不存在死角。

（4）现场技术、质量管理人员核对现场上一班碾压情况，机械操作手查看设备运行记录等，确保碾压前各系统运行正常。

3.3.2 运行原理及过程

利用高精度北斗定位系统，通过基准站与安装在振动碾上的 GPS 流动站接收卫星信号，精确计算振动碾钢轮位置姿态信息。确定碾压工作面每台碾压机的工作轨迹，车载子系统自动记录并计算碾压遍数和碾压层厚，通过车载控制终端实时显示，给予了机手全方位的操作导引，同时通过无线通讯技术将这三类信息立即回传到后台管理系统中。

运行过程流程图见图 3。

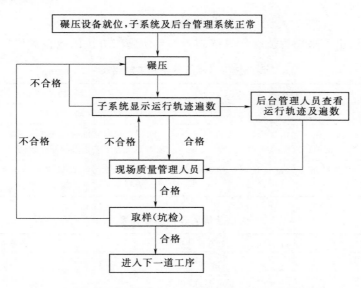

图 3　运行过程流程图

利用北斗定位系统，通过基准站与 GPS 流动站接受信号，碾压过程中子系统屏幕显示实时运行轨迹及遍数，操作手根据实时轨迹及遍数进行控制，若偏轨迹、碾压速度过快、搭接不够、碾压遍数不够，但设备远离该区域，系统会自动报警，提醒操作手及时进行补压，确保碾压过程轨迹、遍数、速度满足设计要求。

后台服务器管理系统通过无线网络接收由碾压子系统传送的碾压实时信息，包括碾压遍数、速度、运行轨迹、碾压厚度及实时碾压的区域。后台管理人员通过实时显示的信息利用手机联系现场施工及质量管理人员，确保施工过程质量控制要求。针对后台服务器中屏幕发现的碾压遍数不够的个别点作为取样的关键点。

3.4 质量控制

大坝填筑碾压质量控制主要包括碾压遍数、振幅、行驶速度、碾压轨迹（搭接）、碾压厚度等几个方面。

（1）碾压遍数、振幅、行驶速度、碾压轨迹（搭接）宽度在碾压子系统及后台服务器实时显示，碾压遍数通过颜色进行区分，使操作人员可以实时监测碾压情况。

（2）碾压厚度通过振动碾的 GPS 系统实时测量并传送至碾压子系统及后台服务器，由后台管理人员直接反映至现场管理人员或者现场管理人员通过现场子系统查看。

（3）检测取样。通过查看后台服务器显示的碾压后当前区域的压实状况图，找出其中的薄弱点（碾压遍数不够、搭接不够的区域），作为现场取样的区域，由后台管理人员将坐标发送至现场，由测量队放线找出薄弱点，现场试验室人员挖坑取样，检查合格后，发给碾压合格证，并组织三检。合格后，方可进行下道工序。

（4）质量控制结果。大坝填筑 620 万 m^3，现场坑检试验完成 756 个，合格 756 个，合格率 100%；填筑完成单元数 512 个，完成质量评定 512 个，优良 474 个，优良率为 92.58%。

3.5 效益分析

表 2～表 6 给出了采用智能碾压系统施工与传统施工方法的效益对比情况。

表 2   传统施工与碾压系统施工对比表

项　目	传统施工方法	智能碾压系统施工
质量控制	事后控制	实时过程控制和记录数据
碾压厚度	无法记录起始桩号，不能真实记录每一层摊铺碾压的厚度	可以记录起始桩号，真实记录每一层摊铺碾压的厚度，不符合工艺要求的厚度数据
碾压次数记录	过程碾压无记录证明，难以保证质量	过程碾压次数实时以颜色显示在屏幕上并进行记录，满足工艺要求，质量得到保证

表 3   大坝填筑质量检测统计表

部位	上游坝体填筑	下游坝体填筑
坑检个数	397	359
合格率/%	100	100
单元个数	269	243
优良个数	254	220
优良率/%	94.4	90.5

表 4   降 低 油 耗 表   单位：元/100m³

项　目	采用智能碾压系统		传统施工方法	
	油价/(元/L)	油耗/%	油价/(元/L)	油耗/%
减少返工率降低油耗	6.0	4.67×95	6.0	4.67
防止过震、过压降低油耗	6.0	4.67×95	6.0	4.67
提高碾压效率降低油耗	6.0	4.67×90	6.0	4.67

项 目	采用智能碾压系统		传统施工方法	
	油价/（元/L）	油耗/%	油价/（元/L）	油耗/%
总计/元	78.46		84.06	
节省/元	5.6			
油耗节省率/%	6.7			

表 5   节约人工成本统计表

项 目	采用智能碾压系统		传统施工方法	
	日工资/元	人工	日工资/元	人工
碾压遍数统计	150	0	150	2
总计/元	0		300	
节省/元	300			

表 6   降低综合费用统计表   单位：元/100m³

项 目	采用智能碾压系统	传统施工方法
人工费	0	6
油耗	78.46	84.06
累计	78.46	90.06
节省	11.6	

4 结语

随着经济的发展和社会用水需求的增长，要解决我国的水资源短缺，措施之一就是必须建设一批大型蓄水水坝，增加各流域汛期的蓄洪能力，从而增加水资源的可利用程度。大型坝的建设压实施工工作量越来越大，传统质量检测方法已经很难满足施工需求并及时指导施工作业，大坝压实监测系统由于其智能、灵活、全面的特点将会越来越广泛的应用于大坝施工中。

老窖溪水库沥青混凝土心墙施工及质量控制

王　康

（中国水电建设集团十五工程局有限公司）

摘　要： 以重庆市黔江区老窖溪水库碾压式沥青混凝土心墙施工为背景，介绍了工程施工过程控制、质量控制等方面内容，为同类型大坝施工提供经验。

关键词： 沥青混凝土；施工；质量控制

1　工程概况

老窖溪水库工程大坝位于重庆市黔江区石会镇境内，是以农业灌溉及场镇供水为主，兼有农村人畜用水等综合效益的中型水利工程。本工程沥青混凝土为大坝防渗墙结构。沥青混凝土防渗墙底部高程 489.00m，心墙高度 52.8m，其中从高程 489.00～492.00m 为 3m 放大脚，底部宽度 3m，顶部宽度 1m。高程 492.00～517.00m 心墙宽 1m，高程 517.00～520.00m 心墙宽度从 1m 渐变为 0.6m，高程 520.00～541.80m 心墙宽度 0.6m。

2　沥青混凝土心墙施工与质量控制

根据本工程所在地的气候条件和当地两座同类型沥青混凝土心墙的施工经验，本地区气温基本不会影响沥青混凝土施工。施工过程中确保心墙和过渡层铺筑速度与坝体填筑总进度相适应，施工与质量控制如下。

2.1　骨料初配及干燥加热

（1）骨料初配。现场采用的各级骨料配料仓下部设有称量装置，电振配料器进行配料成品料按配料比例经称量后进行初配。

（2）骨料干燥加热。在加热筒内加热约 3～3.5min，一般控制为 180℃±10℃。

2.2　沥青加热与恒温、输送

（1）沥青加热。沥青采用中国石油克拉玛依石化公司生产的 70 石油沥青，在运输过程中基本已经进行脱水，为确保加热均匀，防止沥青老化，沥青加热温度根据沥青混合料出机口温度的要求确定。

（2）沥青输送。沥青从恒温罐至拌和楼采用外部保温的双层管道输送，内管与外管间通导热油，避免沥青在输送过程中凝固堵塞管道。

2.3　粉料的贮存与输送

散装矿粉由提升料斗提升机上料至粉料罐贮存，然后经螺旋输送机送入配料称量斗中。

2.4 沥青混合料的拌制

（1）配料。配料严格按照沥青混凝土配料单进行。各种矿料和沥青按重量配料，称量设备和其他辅助设备按要求进行测试校正，设备定时检验抽查。

沥青混合料配合比的允许偏差，不得大于表1中规定的数值。

表 1   配 合 比 允 许 偏 差

材料种类	沥青	填料	细骨料	粗骨料
配合比允许偏差/%	±0.3	±1.0	±2.0	±2.0

填料含水率满足技术要求，分散均匀，不成团，不结块。每种料称好后其重量都有精确的记录。每批沥青混凝土的矿料均按级配配制，并且总量相符。

（2）沥青混合料拌和。沥青混合料拌和采用西安市户县公路机械厂生产的 LB - 1000型沥青混凝土拌和楼。拌制沥青混合料时，先投骨料和矿粉进行干拌，再喷洒沥青进行湿拌，干拌时间 25s，湿拌时间 60s，最终确定混合料均匀无花白。

2.5 沥青混合料运输

沥青混合料运输根据现场实际情况，采用用 2 台 5t 自卸汽车运输至施工部位后，用ZL50 装载机将沥青混合料卸入摊铺机沥青混合料料斗；人工摊铺则用 ZL50 装载机直接将沥青混合料卸入仓内，人工摊平。

沥青混合料运输设备及运输道路应保证沥青混合料在运输过程中，采用彩条布铺盖保温措施，在运输过程中不出现骨料分离和外漏，能保证沥青混合料连续、均匀、快速及时地从拌和楼运至铺筑部位。混合料温度不能满足碾压要求时，作废料处理。

2.6 沥青混凝土心墙施工控制

沥青混凝土心墙现场施工分为人工摊铺和机械摊铺两种形式，沥青混凝土心墙底部弧形宽 3m 采用人工摊铺，人工摊铺段使用的模板，采用钢板自制焊接而成。模板加固采用角铁刻槽加固，相邻钢模接缝搭接 10cm。钢模定位根据现场心墙轴线两边同等距离卡边，沥青混凝土人工入仓整平后采用 1.2m³ 挖掘机带液压夯板进行夯实，底部渐变段施工完毕后宽为 1.0m，采用 3t 自行震动压路机进行碾压，并采用机械摊铺，与混凝土基座结合部位采用 HCR80 型四冲程汽油振动冲击夯夯实，其余部位采用 3t 自行震动压路机碾压。

（1）施工准备。沥青混凝土心墙底部的混凝土底座、左右岸岸坡混凝土按设计要求和施工规范的规定施工完毕后对水泥混凝土表面采用人工剁毛，对铜止水用角磨机进行打磨清洁，局部潮湿部位用煤气枪烘干，全面均匀涂抹冷底子油（即沥青：汽油为 3：7），等12h 冷却后，再涂刷厚 2cm 沥青玛蹄脂（即沥青砂浆）。

施工改进放线方法，直接将控制点做到两岸坝肩心墙轴线位置线上，施工直接控制心墙轴线，铁钉定位，用矿粉和线绳撒出心墙轴线，通过机器前面的摄像头可使操作者在驾驶室里通过监视器精确跟随白线前进。摊铺机摊铺过程中全站仪全程跟踪校正，确保施工质量。在铺筑过程中操作人员随时注意摊铺机料斗中沥青混合料数量，以防"漏铺"和"薄铺"现象发生。摊铺过程中随时测量沥青混凝土的温度，发现不合格的料及时清除。

（2）沥青混合料摊铺。在施工过程中，沥青混凝土心墙采用水平分层，全层不分段一次摊铺碾压的施工方法。人工摊铺段采用人工加固钢模板，加固完成后现场质检人员经检查合格，方可填筑两侧过渡料，然后将沥青混合料倒入钢模铺平，在铺筑过程中比模板高2cm，然后将钢模拔出，心墙两侧过渡料要同时铺筑碾压，防止模板走样、变位。人工摊铺心墙时，采用带 ZL50 装载机向仓内卸沥青混合料，人工摊平；两边过渡料现场采用$1.2m^3$ 反铲整平，局部和沥青结合处人工整平。

机械摊铺采用西安理工大学生产的 JXT-12 型摊铺机，该机摊铺宽度可由人工设定，最大铺筑宽度为 1.2m，行驶速度 1.5～2m/min，铺筑厚度 30cm，可同时进行沥青混合料和过渡料的摊铺。心墙铺筑时连续、均匀。沥青混凝土铺筑根据现场断面尺寸和施工要求一天 2～3 层控制，当天施工 2 层以上时表面温度是可以满足施工要求的，若遇到雨天施工，为了保证施工进度，确保施工质量，依据规范要求，根据气象预报及实际情况，将原覆盖心墙的普通棉布帆布更换为防雨帆布，在沥青混凝土入仓后随即采用防雨帆布进行覆盖，按照每车摊铺段长为一碾压段，随即碾压，表面"泛油"后随即跟换为普通棉布帆布，直到本层浇筑、碾压完毕；因其他原因停工时间长，在施工前要对前一层表面进行加热，加热采用摊铺机自带的鼓风式红外线加热器加热，边加热边摊铺，这样可以保证层面结合更好，摊铺后对心墙随时观察铺筑效果，若发现不符合要求，立即停止铺筑，查明原因，校正后才能续铺；对已铺但不符合设计要求部位，予以清除并重新铺筑。碾压顺序为沥青混凝土心墙静 2→过渡料静 2→沥青混凝土动 8→过渡料动 8→沥青混凝土静 2 收光；共计过渡料静 2 动 8 遍，沥青混凝土心墙静 2 动 8 静 2 遍。碾压和夯实标准是以沥青混凝土表面"返油"为止，在碾压沥青混凝土时，碾压机械不得突然刹车，或横跨心墙碾压。采用错位碾压方式，每次错位半碾宽，从左到右或从右到左的顺序依次碾压。沥青混凝土初碾温度范围为 140～160℃，碾压时尽量控制温度上限时碾压。铺筑 4m 取芯检测，沥青混凝土与混凝土基座黏结良好，密度均大于设计要求，抗渗性能显著，均达 1×10^{-9}，大于设计要求。

3　沥青混凝土心墙铺筑施工质量保证措施

（1）现场铺筑前对铺筑部位及准备工作进行全面检查和复核，在现场质检人员同意后再开始铺筑。

（2）对沥青混凝土施工设施和机具进行经常性清理和维修保养，对计量设备控制系统定期进行校验，以确保施工质量和施工按计划进行。

（3）严格按照施工工艺施工，做好配套工作，使沥青混凝土心墙连续均匀地进行铺筑。铺筑过程中，随时观察铺筑效果，发现异常，及时调整处理，并停止铺筑，查明原因，校正后再继续铺筑。

（4）对不合格或因故停歇时间过长，温度损失过大的沥青混合料应清除废弃。在清除废料时，不得损害下部已铺筑好的沥青混凝土。

（5）在雨季或季节性停工时，心墙和过渡料的任何断面在高程顶部都应略高于其上、下游相邻的坝体填筑料1cm左右。

4 结语

工程施工过程中采用了西安理工大学生产的 JXT－12 型摊铺机,有效地提高了施工速度和效率,并保证了沥青混凝土质量。工程采用的 LB－1000 型沥青混凝土拌和站专门设计了粉尘回收系统,对周边环境没有造成任何污染。沥青混凝土心墙为大坝关键工序,在施工过程要精心控制,本工程施工的沥青混凝土芯样经过检测,各项指标均满足设计要求。实践证明,本工程的采用施工工艺和精细的过程控制可以满足工程质量要求,可为同类工程施工提供了借鉴。

潮湿多雨气候条件下水工沥青混凝土心墙施工技术

李海斌

（中国水电建设集团十五工程局有限公司）

摘　要：本文依托黔江区老窖溪水库沥青混凝土心墙施工，对南方潮湿多雨气候条件下碾压式沥青混凝土心墙快速施工技术进行了总结，对类似气候条件下沥青混凝土心墙的施工技术具有极大的应用推广和参考价值。

关键词：南方潮湿多雨；沥青混凝土心墙；快速施工

1　工程概况

老窖溪水库工程大坝位于重庆市黔江区石会镇境内，是以农业灌溉及场镇供水为主，兼有农村人畜用水等综合效益的中型水利工程，水库总库容 1047 万 m³。挡水建筑物为沥青混凝土心墙石渣坝，坝顶宽 7.0m，最大坝高 63.7m，坝顶轴线长 252.0m。沥青混凝土心墙厚度由底部 3.0m 过渡到 1.0m、1.0m 过渡到 0.6m，高 57.2m，总方量 7500m³。本工程所处地属亚热带湿润季风气候区，多年平均降雨量 1283mm，降雨年内分配极不均匀，雨季从 4—10 月，降水量占全年降水量的 85.2%，对沥青混凝土心墙施工极为不利。故研究沥青混凝土心墙快速施工技术将势在必行。

2　沥青混凝土心墙施工技术

2.1　优化施工参数及施工工艺

根据设计要求及施工规范，通过为期 2 个月的现场摊铺试验及检测结果，确定本工程沥青混凝土心墙及过渡料的施工参数为：过渡料虚铺厚度 30cm，沥青混合料虚铺厚度 30cm，碾压顺序为沥青混凝土心墙静 2→过渡料静 2→沥青混凝土动 8→过渡料动 8→沥青混凝土静 2 收光；共计过渡料静 2 动 8 遍，沥青混凝土心墙静 2＋动 8＋静 2 遍。沥青混凝土初碾温度范围为 140～160℃，碾压时尽量控制温度上限时碾压。经取芯检测，沥青混凝土与混凝土基座黏结良好，密度均大于设计要求，抗渗性能显著，均达 $1×10^{-9}$，大于设计要求。

2.2　沥青混合料制备及铺筑设备的优化

沥青混合料拌和站是沥青混凝土心墙施工的主要设备之一，其沥青混合料质量的优劣及拌合速度，直接影响沥青混凝土心墙施工进度。进过前期的考察和比选，最终选用了 JLB1000 型沥青搅拌站，该拌和站具有自动集尘、全自动控制、连续拌制、粉煤加热、恒温沥青"罐中罐"存储、导热油对沥青加热避免反复加热造成沥青老化等优点，实现全自动、连续拌制，加快了沥青混凝土心墙施工进度。

336

现场摊铺采用机械摊铺为主、人工摊铺为辅的方式进行。机械摊铺选用了 JXT-12 自行式沥青混凝土摊铺机，此款摊铺机是西安理工大学防渗研究所最新研制出的一款具有国内先进水平的施工机械。最大摊铺宽度 1.2m，行驶速度 1.5～2m/min，模板高度 30cm，适用于大中型沥青混凝土心墙坝的施工。运输设备选用 5t 自卸汽车、入仓采用 3m³ 装载机进行入仓，沥青混凝土心墙底部宽 3m 采用 1.6m³ 挖掘机带液压夯板进行夯实，与混凝土基座结合部位采用 HCR80 型四冲程汽油振动冲击夯夯实，其余部位采用 3t 自行震动压路机碾压，保证施工质量及进度。

2.3　沥青混凝土心墙铺筑施工改进

结合施工设计及规范要求，在重庆黔江洞塘水库、黔江城北水库施工经验的基础上，主要优化了以下几方面：

（1）施工时依据实际分区施工。本工程底部宽度 3m 由 3m 渐变到 1m 及两岸斜坡混凝土基座扩大段采用人工立模进行摊铺，其余部位全部采用沥青混凝土摊铺机进行铺筑。同时，确保两岸斜坡混凝土基座提前 5～7d 施工完成，预留基础面处理及冷底子油、沥青玛蹄脂涂刷时间，做到处理完成的基础面比浇筑层面高 2.0m。

（2）施工分层厚度优化。根据规范及已完同类工程经验，沥青混凝土每层铺筑厚度宜为 25～28cm。经过查阅相关文献，并结合沥青混凝土摊铺机设计参数，选用虚铺 30cm 进行现场摊铺试验，并钻心检测，从检测结果得出混合料虚铺 30cm，采用 3t 双驱双振自行碾按照静 2 震 8 后静 2 收面的碾压参数进行施工，上下层黏结性较好，密度、孔隙率及渗透系数均满足设计及规范要求，可进行规模施工。

（3）摊铺工艺改进。结合以往施工经验，突破常规的每日 2 层的施工工艺，优化改进为连续施工且层面不加热技术，即控制每车沥青混合料从拌制到碾压在 20min 内完成，每层控制在 4～6h 完成，每层完成后 2～3h 完成上下游堆存过渡料，并揭除覆盖帆布进行降温，最终实现每日 2～3 层的铺筑记录；改进放线方法，直接将全站仪放置在两岸心墙中线上，直接施放心墙中线，加快放线速度，提高放线质量；改进夜间照明方式，在两岸坝顶轴线部位架设高强度 LED 灯，并在摊铺机前后各增设一台 LED 高强度照射灯，实现昼夜连续施工；上下游过渡料采用 3m³ 侧翻装载机直接翻倒至摊铺机过渡料斗，并采用 0.6m³ 挖掘机整平，厚度与心墙厚度相同，人工辅助精平，加快铺筑进度，确保过渡料及心墙铺筑质量。

（4）雨季施工工艺改进。由于沥青混凝土为憎水性材料，在施工过程中严禁水滴进入，但黔江当地 3～4 月雨水较多，特别是小雨（日降雨量小于 5mm）天气较频繁，为了保证施工进度，确保施工质量，依据规范要求并结合气象预报及实际情况，将原覆盖心墙的普通棉布帆布更换为防雨帆布，在沥青混凝土入仓后随即采用防雨帆布进行覆盖，按照每车摊铺段长为一碾压段，随即碾压，表面"泛油"后随即更换为普通棉布帆布，直到本层浇筑、碾压完毕，最终保证沥青混凝土心墙比两侧过渡料略高 2cm，确保排水；日降雨量大于 5mm 后随即停止施工，接头按照规范要求人工处理为缓于 1：3 的斜坡，并碾压合格，未碾压合格部位在复工后进行挖除，确保结合质量。此段施工时，考虑运输途中及倒入装载机后的温度损失，沥青混凝土拌制出机口温度按照 145～155℃ 控制，并对运输车辆进行全覆盖保温防雨，确保入仓初碾时温度正好达到 140～145℃，符合规范规定的初碾温度。

（5）雨后或停工后复工工艺改进。规范要求，当心墙基础面温度低于70℃时，下层浇筑时需要对基础面加热，直至温度上升到70℃以上。本工程为了加快施工进度，在摊铺机出料口前段增设红外加热板，并对沥青混合料出机口及入仓温度按照上限控制。具体做法为：雨后或停滞3d以上后复工时，揭除表面帆布后采用棉布擦干表面水滴及杂物，后采用高压火枪对表面进行初烤干，表面不冒黄烟、不燃烧为准，随即在摊铺同时开启红外加热板对结合面进行二次加热，并对沥青混凝土拌制出机口温度按照165~175℃控制，考虑温度损失，入仓温度正好达到160~170℃，并减慢摊铺机行驶速度，摊铺后随即采用帆布覆盖，等待30min后进行碾压，可保证上部混合料与底部结合面充分结合；通过实验及后期取芯检测，可以确保上下层完全结合及混凝土心墙质量。

2.4　沥青混凝土心墙碾压工艺改进

依据规范要求及以往工程经验，沥青混凝土心墙碾压设备为1.0~1.5t振动碾、两侧过渡料碾压设备为2.0~2.5t振动碾，且现场只配2台，碾压次序为先过渡料后心墙，这样将严重影响施工进度。通过现场摊铺实验，最终选用1台3.0t振动碾碾压沥青混凝土心墙，2台2.0t振动碾同时碾压上下游过渡料，振动碾行时速度控制在2.5km/h，振动频率保持在高频。振动碾在碾压时要心墙和过渡料同时碾压，呈品字形碾压（即沥青混凝土心墙碾压在前，两侧过渡料同时碾压在后）。但在碾压过程中应严格控制碾压温度、遍数及搭接，不得欠压或过压，确保心墙施工质量。

3　结语

通过以上优化及措施，老窖溪水库沥青混凝土心墙施工速度得到了极大提高，高峰期实现了每日3层的施工记录，提前10d完成了度汛目标，且施工质量合格，高程512.20m度汛高程以下共完成84个单元工程，除第55层由于施工过程中遭遇暴雨评为合格，其他均为优良，优良率98.8%；共施工完成评定198个，全部合格，其中优良196个，优良率99.0%；并钻心取样5次，通过西安理工大学质量检测中心对心样的各项指标检测数据显示，最大密度为2.43~2.44g/cm³，孔隙率均小于3%，弯曲应变远远大于1.0%，心样水稳定系数均大于规范要求的0.9，渗透系数均小于10^{-8}cm/s，三轴实验结果表明，沥青混凝土具有较大的变能力。

但在连续施工期，必须在上升2~4m或8~12m后预留3~5d的冷却周期，才能获得较完整的沥青混凝土心样，方可得到最可靠的实验数据，便于及时对后期施工进行指导及改进；另外，连续施工一般会造成心墙超宽，实际浇筑工程量将会大于设计工程量，投资增加，故必须控制好碾压温度。

参　考　文　献

[1] 蒋长元，蒋颂涛，等. 沥青混凝土防渗墙. 北京：水利电力出版社，1992.
[2] 王朋飞. 关于改进沥青混凝土心墙坝的施工速度研究. 城市建设理论研究，2012.

沥青混凝土心墙施工质量控制措施

李海斌

（中国水电建设集团十五工程局有限公司）

摘　要： 沥青混凝土心墙具有防渗性能好、抵抗冲击能力强、施工速度快、工程量少等优点，但施工条件要求比较严格，必须干燥环境进行施工。本文以地处南方多雨地区的黔江区老窖溪水库工程沥青混凝土心墙施工为依托，主要从原材控制、施工过程控制、夜间及雨季施工控制等方面进行工序施工质量控制，最终实现了每日 3 层的施工记录，2017 年 2 月实现下闸蓄水。目前，经观测数据分析，大坝稳定可靠，最大渗流量为 17.2L/s，可为同类型工程借鉴。

关键词： 沥青混凝土；心墙施工；质量控制；措施

1　工程概况

沥青混凝土是用沥青将天然或人工矿物骨料、填充料及各种掺加料等材料按适当的配合比拌和而成、经压实或浇筑密实后的一种人工合成材料。它具有优越的耐久性和防渗性，其次具体良好的柔性能较好地适应一定范围内的变形，可在严寒地区、高山或潮湿多雨地带迅速开展施工，另外当温度达到一定范围时它又近于熔融状态很便于修复自身一定范围内的缺陷；但沥青混凝土心墙在施工过程中一旦出现质量问题，将无法修复。故施工过程质量控制将是施工管理工作的重点。

老窖溪水库工程大坝位于重庆市黔江区石会镇境内，是以农业灌溉及场镇供水为主，兼有农村人畜用水等综合效益的中型水利工程，水库总库容 1047 万 m³。挡水建筑物为沥青混凝土心墙石渣坝，坝顶高程 542.2m，坝顶宽 7.0m，最大坝高 63.7m，坝顶轴线长 252.0m。沥青混凝土心墙厚度由底部 3.0m 过渡到 1.0m、1.0m 过渡到 0.6m，高 57.2m总方量。本工程所处地属亚热带湿润季风气候区，多年平均降雨量 1283mm，降雨年内分配极不均匀，雨季 4—10 月，降水量占全年降水量的 85.2%，对沥青混凝土施工极为不利。

2　施工准备与摊铺试验

2.1　原材及施工设备比选

为确保沥青混凝土心墙施工质量，根据设计及规范要求，根据工程实际提前对沥青混凝土施工所用的搅拌设备、运输设备、碾压设备及原材提前进行比选、采购，最终选用了自带除尘设备、连续拌和、粉煤加热骨料及沥青恒温罐储存的 LB－1000 型沥青混凝土拌和设备，摊铺设备选用了 JXT－12 自行式沥青混凝土摊铺机，该设备可实现心墙与两侧过渡料同时摊铺，自带挤压振捣设备，可实现初碾挤实效果；碾压设备选用了 2 台 2t 自行式振动碾（单驱动、轮宽90cm）及1台3t自行式振动碾（双驱动、轮宽100cm）进行沥青混凝土心墙及两侧过渡料的碾压，水平运输选用了5t自卸车，且自行加装活动式遮雨棚，确保沥青混凝土混合料干燥入仓，摊铺机给料采用3m³轮胎式装载机完成，过渡料给料采用3m³轮胎式侧翻装载机完成，0.6m³挖掘机补给及粗平，人工精平；原材根据当地料源，多家比选、确定了石灰岩加工而成的骨料及填料，沥青采用新疆克拉玛依水工70号沥青。并对骨料料仓及配料仓搭设遮雨棚，防止骨料淋雨潮湿，填料采用储存罐储存，防止受潮。

设备及原材确定后，西安理工大学进行了沥青混凝土配合比实验，并邀请参与多座沥青混凝土心墙坝施工的老专家对施工人员进行技术培训，成立了工地实验室，对骨料进行进场抽检，及时与厂家沟通调整，确保原材质量，并配备了相应的检测仪器，随时对沥青、骨料、填料及密度、渗透系数等参数进行检测，力学性能检测委托西安理工大学进行。

通过以上措施，从源头确保沥青混凝土混合料质量。

2.2 设置质量控制点

为确保沥青混凝土心墙施工质量，制定了施工质量控制点，使沥青混凝土心墙施工全过程，各环节全面受控（见表1）。

表1　　　　　　　　　沥青混凝土施工控制要点明细表

序号	控制阶段	控制要点	控制措施
1	施工前	施工方案、人员培训、原材及设备选型	上报施工方案及作业指导书，并对施工人员进行培训、交底，原材需求计划、质量证明书及抽检报告、设备查看完好情况及操作人员水平
2	施工过程（入仓前）	基础面或结合面处理、基础面温度	高程测量、中线施放、人工清洁及干燥、两侧过渡料高程控制，设备检修及就位、仓面报验、二次加热
3	施工过程（拌和）	骨料及沥青温度、投料次序及时间、出机温度	培训、专人按设计及规范要求控制，温度专人测量记录纠偏
4	施工过程（运输）	保温及防雨、行车速度	培训、专人按设计及规范要求控制，增设保温遮雨棚
5	施工过程（入仓）	入仓温度、厚度、宽度及轴线偏差	培训、专人按设计及规范要求控制、测量仪器随时校核纠偏
6	施工过程（碾压）	碾压温度及遍数、次序及边角控制	培训、专人按设计及规范要求控制，边角采用人工夯击
7	施工后	碾压后密度、外观质量、渗透系数、孔隙率等	取样进行实验室检测或现场无损检测、取样送检、单元评定

2.3 现场摊铺试验

模拟现场摊铺试验目的是对配合比进行验证和调整，论证并确定各相关施工工艺参数。主要内容是：检验、调整及确定沥青混凝土的施工配合比，检验沥青混凝土拌和系统和摊铺设备运行性能，试验选定各种摊铺碾压参数。最终确定适合现场施工的施工工艺、摊铺厚度、碾压遍数等。随后可进行1~2层生产性现场摊铺实验，根据现场情况可对碾压参数及施工工艺等略做调整。

3 质量控制措施

3.1 原材质量控制

沥青混凝土心墙使用的原材主要有沥青、粗骨料（19.5~10mm、10~5mm、5~2.5mm三级）、细骨料（2.5~0.075mm）及填料（小于0.075mm）。进场时查验原材质量证明书，并及时会同监理人员按照规范要求的抽检频次进行抽样检测，检测合格后下发抽检合格反馈单，方可使用。所用骨料及填料必须为碱性材料。

原材具体依据《水工沥青混凝土施工规范》（SL 514—2013）的要求进行控制（见表2~表5）。

表2 沥青质量控制指标表

序号	鉴定项目		单位	要求指标
1	针入度（25℃，100g，5s）		1/10mm	60~80
2	软化点（环球法）		℃	≥46
3	延度（10℃，5cm/min）		cm	≥15
4	密度（25℃）		g/cm³	实测
5	溶解度（三氯乙烯）		%	≥99.5
6	闪点		℃	≥260
7	薄膜烘箱试验后（163℃，5h）	质量变化	%	±0.8
		针入度比	%	≥61
		延度（10℃，5cm/min）	cm	≥6
		软化点升高	℃	≤6.5

表3 粗骨料质量控制指标表

序号	项目	单位	规范或设计要求指标
1	表观密度	g/cm³	≥2.6
2	吸水率	%	≤2
3	耐久性（硫酸钠干湿循环5次质量损失）	%	≤12
4	与沥青粘附性	级	≥4
5	压碎率	%	≤30
6	含泥量	%	≤0.5
7	抗热性		合格
8	针片状颗粒含量	%	≤10 号
9	酸碱性		碱性

表4 　　　　　　　　　　　　　　　　细骨料质量控制指标表

序号	项　　目	单位	要求指标
1	表观密度	g/cm³	≥2.55
2	吸水率	%	≤2
3	耐久性（硫酸钠干湿循环5次质量损失）	%	≤15
4	水稳定性	级	≥6
5	含泥量	%	≤2
6	抗热性		合格
7	酸碱性		碱性

表5 　　　　　　　　　　　　　　　　填料质量控制指标表

序号	项　　目		单位	要求指标
1	表观密度		g/cm³	≥2.5
2	含水率		%	≤0.5
3	亲水系数			≤1.0
4	酸碱性			碱性
5	细度	<0.6mm	%	100
		<0.15mm		>90
		<0.075mm		>85

3.2　拌和质量控制

有了合格的料源、适宜的配合比和施工参数、先进的施工设备后，沥青混凝土拌和则尤为重要。拌和前期必须选定2～4名拌和系统操作人员，由技术人员对其进行专项培训和交底，考核合格后方可安排其上机操作。

拌和过程中需注意骨料加热温度、沥青温度及投料次序、搅拌时间，拌和人员必须严格按照现行施工规范进行控制，温度及称重误差分别见表6、表7。

根据老窖溪水库工程施工经验，考虑到季节影响，一般夏季骨料及沥青温度按下限控制，冬季按上限控制，采用液态恒温沥青，非施工期一般恒温保存，按130～140℃控制，在施工前6～10h加热升温，可保证拌和时需要的温度。

正式拌和前实验人员需对热骨料进行筛分，根据实际级配曲线同配合比实验报告中提供的级配曲线进行拟合，根据拟合情况调整各类原材的比例，最终使其与设计级配曲线基本吻合，并出具施工配合比下发拌和站，拌和人员严格按照配合比单进行拌和，严禁私自更改，确保拌和物性能。

拌和投料次序为投入温度达到要求的骨料后，干拌15s，在加入热沥青拌和。拌和时间不少于45s。混合料出机温度根据环境温度变化而严加控制，一般在165～180℃，拌出后的沥青混合料外观色泽应均匀应均匀，无花白料、冒黄烟，卸料时不产生离析。

表6 沥青混合料加热温度表

加热工序名称	石油沥青标号			
	50	70	90	110
沥青加热温度/℃	160～170	155～165	150～160	145～155
骨料加热温度/℃	比沥青温度高10～20			
沥青混合料出机温度/℃	160～180	155～175	150～170	145～165

注 填料不加热，冬季按上限控制，夏季按下限控制。

表7 配合比称重误差要求表

检验类别		沥青	填料	细骨料	粗骨料
允许偏差/%	逐盘、抽提	±0.3	±2.0	±4.0	±5.0
	总量	±0.1	±1.0	±2.0	±2.0

根据施工经验，拌和过程中若出现以下情况，沥青混合料则按废料处理：

（1）温度过高，实测温度大于180℃，冒黄烟，混合料呈棕色，无光泽。

（2）温度过低，实测温度110℃，骨料颗粒未完全被沥青裹覆，有结块现象。

（3）称量不准，沥青过多，沥青混凝土分离，沥青泛出，粒料游离；沥青不足，粗粒料裹覆状态恶劣，混合料紊乱；骨料过多，颗粒显著分离，配合比不好。

（4）花白料，拌和不均匀，部分骨料未被裹覆。

3.3 运输及入仓质量控制

拌和完成后卸入运输车中，卸料高度确保不要大于2m，防止粗骨料集中；卸料时提前对运输车厢进行清洁，并干燥，为了防止混合料黏车厢，可在车厢底部及侧面涂刷新鲜干净的防黏液，如食用油或新鲜液压油、柴油与水的混合液（柴油∶水＝1∶2）等，严禁涂刷稀释沥青的油类，并随时对车厢进行清理；针对气候条件及温度损失情况，适当可增加保温棚，避免温度损失过快，确保拌和物性能。在阴雨天气，从拌和站至摊铺现场全程加盖保温遮雨棚，确保沥青混合料质量。

入仓时需调整入仓卸料高度，不得产生离析现象，并随时检测入仓温度，入仓温度低于规范要求，需做废料处理；卸料过程中带入的杂物必须清理干净。阴雨或风沙天需及时覆盖碾压，确保施工质量。

3.4 基础面及结合面质量控制

入仓前必须对基础面或结合面进行处理。基础面一般为混凝土基础，需进行人工剁毛，即采用人工手持剁斧凿除混凝土乳皮、微露粗砂，且不得出现粗骨料松动现象；完成后采用高压风清理干净，确保表面清洁、干燥，随后报验，经监理工程师验收合格后一般采用3∶7稀释阳离子沥青涂刷，即为冷底子油，涂刷最少2次，一般按0.2kg/m²控制，涂刷完成后表面需光泽均匀一致、表面平整、无花白、无团块，最好为浅褐色。后采用帆布或塑料布覆盖，防止污染。

待冷底子油自热干燥12h后，对表面再次清洁一次，确保表面洁净、干燥后进行铺设厚2cm沥青玛蹄脂，即沥青砂浆。一般按沥青∶砂∶填料＝1∶2∶2进行拌制，随拌随用，也可在现场架设加热设备进行二次加热，达到要求后人工涂刷，涂刷完成后外观需平整光顺，无鼓包、无流淌，厚度不小于2cm。

层间结合面在上层摊铺前必须清洁，并确保干燥，表面温度不得低于70℃、不得高于90℃，若表面温度低于70℃时需进行二次加热，一般采用红外线加热板跟随摊铺机同步进行，加热时间2～3min，不宜过长，防止表面沥青老化。根据老窑溪水库工程施工经验，沥青混合料入仓温度按上限控制，入仓后立即覆盖等待30min后进行碾压，即可实现底层表面温度提高至70℃以上，又能实现沥青混合料入仓后"排气"问题，最终可实现上下层良好的黏结，表面碾压后无气泡、麻面等现象。对于红外线加热器无法加热的边缘部位，可用喷灯烘烤，并再次清理表面。必要时个别部位还要人工用钢刷刷洗，对于污染的仓面，表层必须用喷灯烤软后铲除，特别应注意试验检测后仓面留下的污渍处理，如渗气仪测渗透系数时留下的黄油、用油漆写的桩号、高程及中心线等。局部因碾压温度控制不到位或级配较差表现出的麻面、龟裂等，可采用融化沥青涂刷处理，涂刷前需对表面清洁干燥，涂刷最少2次确保融化沥青能充分填充骨裂及麻面，冷却后表面光洁平顺，但厚度不宜大于2cm。

降雨过后恢复施工，需对结合面采用高压风枪冲洗，并采用人工擦拭干净，必要时提前暴晒或采用喷灯烤干；污染严重部位需铲除，方法同层面结合部位处理。因雨中断施工时，需及时退出摊铺机，处理摊铺机底部积水，确保底部干净、清洁，及时碾压；接头人工处理成缓于1:3斜坡，并碾压到位，便与复工后接头处理。

钻孔取芯部位需采用高压水枪冲洗，人工擦拭干净，喷灯烤干，局部污染较严重部位烤软铲除，表面涂刷热熔沥青。芯样孔洞人工擦拭干净积水后，采用红外线加热棒或喷灯烤干，确保孔底及孔壁温度高于70℃后分层采用沥青混凝土混合料回填，每层不高于5cm，人工用10kg重的捣棍夯实25次以上。芯样孔回填高度应略高出心墙2cm。

3.5 摊铺施工及质量控制

摊铺分人工摊铺和机械摊铺两种。

3.5.1 人工摊铺

人工摊铺主要控制模板安装施工质量。模板主要采用钢模板，需提前采用厚度0.5～0.8cm钢板加工而成，高度同心墙摊铺厚度（老窑溪水库工程摊铺虚铺厚度30cm，压实厚度26cm±2cm），并略高1～2cm，宽度1.8～2.0m，并采用ϕ8mm圆钢焊制2个提手，便于人工操作，根据摊铺宽度相对两块模板采用2根60mm×60mm角钢加工而成的限位卡固定。钢模板必须架设牢固、拼接严密，断面尺寸必须符合设计要求，相邻模板搭接长度不小于5cm，定位后的钢模板内侧距心墙中心线的偏差不得小于±5cm。定位检查完成后采用人工填筑模板两侧的过渡料，填筑时需两侧同步进行，虚铺高度不得高于模板高度。沥青混合料入仓前需再次校核模板边线，确保模板稳定未变形，边线需满足设计要求，模板内侧涂刷脱模剂或新鲜轻柴油，但为了确保沥青混凝土心墙质量可以不用涂刷，但需每次使用前对模板上的沥青混合料黏附物采用喷灯烤热，铲刀铲除，确保后期使用时表面平整、清洁。

沥青混合料入仓时需控制高度，并分次均匀入仓，以便减少人工劳动强度，摊平时严禁采用铁锹抛撒，必须人工采用铁锹端料摊平，局部可采用钉耙摊平，以避免沥青混合料分离。

3.5.2 机械摊铺

机械摊铺一般使用自行式专用摊铺机进行（老窖溪水库采用的是 JXT－12 履带自行式摊铺机），需配置熟练的操作人员操作。摊铺前需设置心墙轴线，一般采用矿粉洒线、钢丝线定位或采用红外线、激光定位仪定位，摊铺机在整个施工过程中必须按照 1～3m/min 沿轴线行驶，误差不得大于 ±5mm，摊铺厚度按摊铺实验确定的参数进行摊铺。摊铺过程中必须时刻注意摊铺机沥青混合料料斗及过渡料料斗中存量，以防"漏铺"或"薄铺"、分散等现象。

每层开始施工时，由于拌和站开始拌制的混合料温度不稳定且偏低，所以根据实际经验，摊铺机就位时不要紧靠岸坡混凝土基础进行摊铺，可适当预留 3～5m，待机械摊铺 5～10m 后采用人工摊铺，这样便与沥青混凝土与岸坡基础混凝土的良好结合。老窖溪水库工程左右岸坡为 6m 长扩大角，均采用人工摊铺，避免了此类缺陷。

在摊铺过程中必须随时检测沥青混合料的入仓温度，发现不合格料必须按废料处理，根据规范要求，入仓温度宜为 140～165℃，三峡茅坪溪土石坝沥青混凝土心墙工程入仓温度按 160～180℃控制，城北水库工程沥青混凝土心墙工程入仓温度按 130～170℃控制，并不得低于 130℃（需立即碾压），不得高于 180℃。老窖溪水库工程沥青混凝土心墙施工过程中，入仓温度一般按 140～165℃控制，夏季最低不低于 130℃，冬季最低不低于 140℃，且根据施工期温度适当调整，可满足施工碾压温度要求，不需等待时间过久，仅 5～15min，也无需采取措施防止温度损失过快，既提高了施工效率又实现了快速施工，且保证了施工质量。若遇到突然降雨天，则及时对未入仓及入仓沥青混合料采用防雨帆布进行覆盖，并及时碾压。

3.6 碾压施工质量控制

碾压跟随沥青混合料摊铺同步进行，一般碾压区与摊铺区可相距 5～15m，这样可确保施工期间的机械及人员安全。碾压温度按结合施工期气候条件控制，并依据现场摊铺实验确定，初碾温度不宜低于 130℃，终碾温度不宜低于 110℃，例如三峡茅坪溪土石坝沥青混凝土心墙施工初碾温度按 140～160℃控制，夏季最低不低于 130℃，冬季最低不低于 140℃，老窖溪水库工程沥青混凝土心墙施工初碾温度按 130～155℃控制，终碾温度应不低于 110℃，经取芯检测，各项技术指标均满足设计及规范要求，效果良好。

碾压根据现场摊铺实验确定的参数进行施工，一般采用品字形碾压，即 2 台振动碾在前面同时对心墙两侧过渡料进行碾压，其后 1 台振动碾对心墙进行碾压。老窖溪水库工程沥青混凝土心墙施工时采用了 2 台 2t 自行式振动碾对心墙两侧过渡料进行同步碾压，采用 1 台 3t 双驱双振自行式振动碾对心墙进行碾压，按照静 2 动 8 动 2 收光的程序进行施工，心墙与两侧宽 20cm 过渡料采用骑缝碾压；底部 3m 扩大段采用反铲带液压夯板进行夯实，每夯实面积为 40cm×50cm，按夯实 30～45s，表面泛油，光洁平整控制；与岸坡结合部位采用人工汽油夯板进行夯实，按表面泛油，光洁平整控制；以上方法实施后经取心检测，质量满足设计及规范要求，效果良好。

沥青混合料碾压时，振动碾不能只在一个碾压条带上来回碾压数次，必须采用错距碾压的方式，即每次错距 50％碾宽从左至右或从右至左依次碾压，这样碾压后沥青混凝土表面平整，且无错台现象。碾压次数必须按照现场摊铺实验确定的遍数进行碾压，不得漏碾或过碾。因为随着碾压遍数的增加，沥青混凝土的容重将逐步增加，但遍数太多或过分碾压往往会使沥青混合料中的游离沥青析出表面，从而影响到了心墙质量。与岸坡结合部位无法碾压部位，采用人工夯实，但需注意夯实方法，严禁出现因夯实方法不当造成骨料破碎、混合料离析等现象。

碾压过程中因对碾轮定期清理及洒水，以防止沥青及骨料黏在碾轮上，造成碾压表面不平整或"陷碾"现象。如发生"陷碾"现象，自行碾操作人员不得反复来回在同一部位进行碾压，需采用挖机或吊车直接将自行碾吊出"陷碾"区，并及时对"陷碾"部位的混合料全部清除，从新回填新的沥青混合料，人工整平，从新碾压。碾压过程中严禁在碾轮上涂刷柴油，且不等出现沥青混合料及过渡料碾压设备混用现象，并防止柴油或油水混合液、过渡料抛撒在碾压层面上，因为柴油不宜挥发，混在沥青混凝土中将严重影响沥青混凝土质量，所以必须全部清除受污染的沥青混凝土，从新采用新的沥青混合料补填。

沥青混凝土心墙必须与两侧过渡料、坝壳料填筑同步上升，均衡施工，以确保坝体整体压实质量。心墙与过渡料同高程施工，同坝壳料高差不得大于 80cm。沥青混凝土心墙务必确保全层平起，避免或减少横向接缝。但由于机械故障或施工需要、降雨等因素影响必须中途停工，必须按 1∶3～1∶4 预留缓坡，并碾压密实；复工后检查预留缓坡，若碾压密实、质量合格，则采用喷灯加热，并涂刷一层热沥青，随后从新摊铺施工；若碾压不密实、质量不合格，则采用人工全部挖除不合格部位的沥青混凝土，人工清理干净后采用喷灯加热，并涂刷一层热沥青，随后从新摊铺。上下层的横缝应相互错开，错距不得小于 2m，横向接缝部位应重复碾压 30～50cm，局部可采用人工夯实，直至表面均匀泛油为止。沥青混合料与两侧过渡料宜贴缝碾压，这样既可以不污染仓面，又不浪费沥青混合料，又能保证沥青混凝土心墙有效宽度及实体质量，但当碾轮宽度大于心墙宽度时则需采用骑缝碾压方式，但需铺设帆布后进行碾压，且在过渡料铺设时需略高于沥青混凝土心墙高度，具体以实验确定，老窖溪水库工程沥青混凝土心墙碾压设备轮宽 90cm，宽于心墙宽度，在过渡料摊铺时人工二次加高约 1.5cm，后加盖帆布进行骑缝碾压，效果良好。

碾压过程中，现场技术人员或操作人员应随时对碾压完成部位进行检查，若发现碾压面层上存在污物或冷料块、石渣等，需采用小铲清除，防止沥青混凝土心墙断面缩小，影响下层摊铺。若发现麻面或龟裂现象，处理方法同 2.7 所述。

4　结语

综上所述，老窖溪水库工程沥青混凝土心墙施工过程中通过以上质量控制措施，并加强了质量检测频次，引用先进的检测设备控制过程质量，最终在确保质量安全的前提下实现了"快速"施工，高峰期达到了每日 3 层的施工记录，且施工质量满足设计及规范要求，沥青混凝土心墙分部工程质量达到优良等级；由此工程完成的"多雨地区沥青混凝土快速施工技术研究与应用"获得了 2016 年度中国施工企业管理协会科学技术二等奖，由此工程完成的"多雨地区沥青混凝土心墙快速施工工法"获批为 2017 年度中国水利工程协会水利行业工法。工程至 2017 年 2 月下闸蓄水以来，运行良好，坝后渗水最大为 17.2L/s。

砂砾石坝挤压边墙施工质量控制技术

王宁远

（中国水电建设集团十五工程局有限公司）

摘　要：近几年来，挤压边墙施工技术在面板坝中的应用已经日趋广泛，成为面板坝上游固坡的新型技术手段，相比传统的削坡碾压、喷混凝土、碾压砂浆等固坡方法具有其独特的优点，但如何更好地控制挤压边墙施工质量，提高坡面平整度，减少面板混凝土施工前基础面修整，提高工程效益等成为众多工程过程控制的重点。

关键词：砂砾石坝；挤压边墙；施工控制

卡拉贝利水利枢纽混凝土面板砂砾石坝地处新疆喀什地区乌恰县境内的克孜河上，设计坝体上游固坡采用挤压边墙技术，总面积近 10 万 m²，挤压边墙长度共 119480m，总工程量 22223m³。施工前，项目技术管理人员通过多次技术学习和讨论，制定了本工程挤压边墙标准化工作流程，强化现场施工管控和落实，最终取得了良好的质量和经济效益，获得监理、业主单位及众多专家的一致好评。本文将根据卡拉贝利挤压边墙施工成功经验进行简述，从现场施工管理角度进行阐述，为后续工程的现场施工积累经验。

1　工程概况

卡拉贝利水利枢纽工程位于新疆克孜勒苏柯尔克孜自治州乌恰县境内，为Ⅱ等大（2）型工程，以防洪灌溉为主，兼顾发电。总库容 2.62 亿 m³，水电站装机容量 70MW。工程由拦河大坝、溢洪道、两条泄洪排沙洞、发电引水洞及电站厂房组成。

大坝为混凝土面板砂砾石坝，最大坝高 92.50m，为一级建筑物，坝长 760.72m，坝顶宽度 12m。上游坝坡 1∶1.7，下游坝坡 1∶1.8，坝顶采用 L 形结构防浪墙。

2　挤压边墙施工

本工程施工期垫层料坡面采用挤压边墙固坡技术，利用 BJY－40 型边墙挤压机螺旋挤压成型，设计挤压边墙高 0.4m，顶宽 0.1m，外坡 1∶1.7，内坡 8∶1，施工总面积近 10 万 m²，挤压边墙长度共 119480m，总工程量 22223m³。挤压墙最终技术指标根据设计要求，并通过现场试验确定，其施工断面形式见下图：挤压边墙剖面示意图。

挤压边墙成型后，在坝前形成表面整洁美观，质量可靠，坡面平顺且坚实的支撑体，同时也为 2016 年防洪度汛提供一道防冲刷屏障。挤压边墙施工技术在本工程的成功应用，不仅在施工质量上得到有效保证，更为后续的面板混凝土质量控制奠定了坚实的基础。

3　挤压边墙施工质量控制要点

挤压边墙的施工应按照有关的现行施工技术规范、规程、工程质量检验评定标准，以

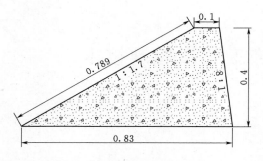

图 1 挤压边墙剖面示意图（单位：m）

及施工设计图、安全管理规定、环境保护及文明工地建设相关要求进行施工，并严格执行（见图1）。

3.1 配合比设计

挤压边墙是将水泥、砂石混合料、外加剂等加水拌和均匀形成的干硬性混凝土，坍落度为零，具有较低的抗压强度和弹性模量，通过边墙挤压机一体化挤压形成墙体。因此，其具有施工方便，循环连续施工的特点，可有效避免因人工削坡、斜坡碾压等工作造成坝体上游垫层料填筑的暂停，加快了施工进度。在满足设计指标的前提下通过实验确定配合比，混凝土配合比的设计主要考虑三方面因素：①挤压机挤压力的大小，即挤压出的混凝土能否满足渗透性要求；②挤压混凝土的抗压强度和弹性模量能否满足设计要求，其强度要低，既能适应垫层料变形，又能减少对面板基础的约束力，防止裂缝的产生；③配合比是否适合可施工的要求。卡拉贝利水利枢纽工程挤压边墙混凝土配合比见表1。

表 1 　　　　　　　卡拉贝利水利枢纽工程挤压边墙混凝土配合比表

混凝土材料用量/(kg/m³)					砂：石
水泥	砂	小石	水	速凝剂	
70	1100	1100	120	2.8	50%：50%

3.2 施工工艺流程

施工工艺流程见图2。

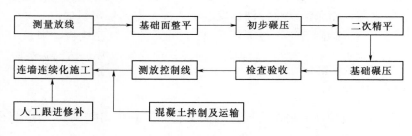

图 2 　施工工艺流程

3.3 施工质量控制要点

（1）本工程挤压边墙采用抗压强度为3～5MPa的混凝土，该混凝土具有低塑黏聚性，可抗挤压性，早期强度发展快且低强、低弹模，有一定的渗透性等特点，可以减少挤压边墙对面板变形的基础约束应力，同时为垫层料铺填碾压提供侧挡。经过大量的现场试验，挤压墙在成型2～3h可达到一定强度，即可同层填筑垫层料且满足碾压要求。

（2）施工过程中测量人员采用全站仪逐层放线，第一层要采用水准仪精平基础，第二层及以上放样挤压机内侧滚轮行走路线的控制线时，采用测量上层平均高程的方法，每

15m 一个测点（根据本层边墙长度可适当调整测点距离），放样时每 15m 一个点并做钢筋桩，复核钢筋桩顶高程及位置，使桩顶高程与平均高程相同，固定控制线绳并根据线绳高度再次精平滚轮行走位置边线，若外侧滚轮较高可调节挤压机高度，同时，根据底层已成型挤压墙顶部边线作适当的调整，使坝体上游斜坡面的法线方向最大允许偏差控制在±2cm 之内，现场技术员用水准仪精平垫层料，控制基础面误差在±2cm 以内，以确保成型挤压墙外观质量。

（3）考虑到同层垫层料碾压时的侧向位移及坝体沉降等因素，测量放样时根据现场实际情况及坝体在不同高程沉降规律的经验，放样滚轮行走边线时应预留一定的变形量，坝体不同部位可做适当调整。本工程借鉴龙背湾项目"高面板堆石坝坝施工期上游坡面变形规律的研究"报告，结合本工程实际情况，在坝体 0～1/3 高度区间，边墙中下部会受到堆石反向压力向上游鼓出，故在中下部预留向下游的变形量为－5cm，坝体 1/3～2/3 高度区间反向压力逐渐减小，故预留量自下而上逐渐渐变为 0，坝体 2/3 高度以上挤压墙中部朝下游收缩变形且位置不确定，预留变形量为 0～5cm，可根据实际测量与偏移情况结合现场实际进行综合调整，尽量使成型挤压边墙平顺美观且符合设计要求。另外考虑到两岸坡对挤压边墙的约束力，在临近岸坡的一段距离减小一定的预留变形量。

（4）挤压边墙基础（垫层料）采用反铲粗平、振动碾压 2 遍后人工二次精平、挖高补低，再振动碾压 8 遍（碾压参数需根据碾压试验确定），碾压时振动碾与挤压边墙保持30cm 的安全距离，靠近边墙部位采用 ROADWAY－RWBH31 型 3t 平板夯进行压实（10～12 遍），确保垫层料表面平整度，满足施工要求，使挤压机行走在水平面上。

（5）混凝土由混凝土搅拌运输车运至现场，并沿挤压墙走向，在开动挤压机后，随挤压机同步前进。卸料应均匀连续，行走速度控制在 40～60m/h，混凝土拌和时掺加高效速凝剂（其掺量为水泥用量的 4%），掺入要均匀连续，不然会导致混凝土凝结时间不同导致局部垮塌现象。挤压机行进过程中要及时纠正轨迹偏差，按线施工，保证坡度一致，满足设计坡比。

（6）挤压边墙施工过程中设专人精调挤压机调平螺栓。施工中对设备操作人员进行指导和培训，挤压机就位后人工调平内外侧调平螺栓，查看水平尺，使其在同一高度，严格控制挤压机行走轨迹，使成型挤压边墙水平位置偏差控制在±2cm，精确控制使成型后的挤压墙面平、线直。

（7）挤压墙两端与左右岸坡、趾板连接处，由于挤压机不能到达，采用人工内侧立模，浇筑与挤压墙同标号混凝土并夯实，轮廓尺寸与挤压墙断面相同。对施工中出现的错台（小于 1cm）、鼓包、坍塌以及上下层衔接三角区等，人工分别采用原浆抹平、凿除抹灰及立模补浇混凝土等措施进行处理。处理完毕经验收合格，待挤压墙成型 2h 后，即可进行内侧垫层料或过渡料等的施工。

（8）施工中每隔 5m 高度对挤压边墙进行 1 次检测，水平超欠量控制在±5cm 之间，层间错台和凹凸面采用补填、抹平和打磨处理等措施，控制坡面平整度，达到坡面平顺的要求。

（9）由于坝体的分期填筑，挤压边墙要分期施工，每层预留宽 1.4m、高 40cm 的台阶，在左右岸相接时，现场人工处理调整尽可能地使挤压边墙同层搭接，确保成型面美观整洁、见棱显线。

（10）在夏季高温多风的季节，成型后的挤压墙采取专人洒水养护，保湿以确保成型质量；挤压边墙混凝土冬季施工应采用热水拌和，每罐混凝土入仓开始及结束各测温 1 次，以便随时调整拌和水温；新成型的挤压墙及时采用一层塑料薄膜和两层棉被保温（需根据现场测温情况调整养护保温方案）；浇筑过程中在墙内预埋测温探头，每层埋设 3 个，埋入混凝土中的深度分别为 5cm、15cm、30cm，每 2h 测温 1 次，及时掌握挤压墙内外温差变化情况，为保温措施调整提供依据，确保保温层内挤压墙为正温。

3.4　施工质量检测

（1）干密度共取样 64 组，最大值 2.37g/cm³，最小值 2.16g/cm³，平均值 2.21g/cm³（设计指标为干密度不小于 2.15g/cm³）。

（2）抗压试块共计 73 组，最大值 4.5MPa，最小值 3.2MPa，平均值 3.8MPa（设计抗压强度指标：$3MPa \leqslant f_{cu}$，$k \leqslant 5MPa$），渗透系数在 $10^{-4} \sim 10^{-2}$ cm/s 范围内，挤压墙与垫层料结合部位采用凿孔的方法进行脱空检查，均无脱空现象。

（3）挤压边墙平整度：在面板施工前期，对挤压边墙基础面按 4m×4m 的方格网进行点位测量，共测点数约 6000 个，坡面沿法线方向变形均在 5cm 以内；用 2m 水平尺检测 2m 范围内坡面平整度在 ±2cm，即不用修补或凿除已满足面板施工前基础面平整度要求，极大地减少了因人工修坡等带来的施工进度滞后，缩短了工期，节约了成本，带来了良好的质量和经济效益。

根据检测结果可以看出，卡拉贝利水利枢纽挤压边墙各项指标均满足设计要求，挤压边墙的成型质量得到保证，又达到了整体美观的效果，得到了业主、监理和专家的一致好评。

4　结语

挤压边墙固坡技术对增强大坝的施工期防洪度汛能力、减少施工干扰、加快施工进度等有着明显的优点。本文所述的挤压边墙施工质量控制技术可有效提高大坝填筑施工效率、降低后期边墙修整施工成本、提高面板混凝土的防裂性能等具有良好的促进效果，并具有较强的实践推广意义。

珠市水库工程混凝土面板防裂措施

段 武[1]　陈正光[2]

（1. 中国水电建设集团十五工程局有限公司；2. 贵州水投水务赫章有限责任公司）

摘　要：随着近几年面板坝在水利工程中的广泛应用，混凝土面板作为主要的防渗结构物，对大坝的正常安全运行起着至关重要的作用，面板混凝土的质量是整个工程的关键。我国在面板混凝土防裂技术方面也积累了很多有效的施工经验，对面板混凝土防裂起到了很好的作用。珠市水库工程面板混凝土施工在汲取其他工程施工经验的同时，结合本工程特点，采用了一些防裂措施，取得了比较好的效果。

关键词：面板混凝土；防裂质量控制

1　工程概况

珠市水库位于贵州赫章县珠市乡青杠村境内的珠市河右岸一级支流仙人沟上，工程地处黔西北高原，属北亚热带气候。多年平均气温 13.5℃，多年平均风速 2m/s，多年平均最大风速 18.32m/s，瞬时最大风速达 28m/s。坝区河谷呈不对称的宽 U 形。

大坝为钢筋混凝土面板堆石坝，坝高 52.6m，坝长 304m，顶宽 6m，坝顶高程 2091.90m，面板调整后高程 2090.70m，宽度 6.02m，上下游坡比均为 1：1.4。面板为等厚结构，厚度 $T=0.4m$，单层布筋，两岸受拉区面板每块宽 10m，坝体中部受压区每块宽 12m；混凝土设计标号为 C25W10F100，面板总面积 16400m²，设计分块总计 28 块，其中宽 10m 的面板 16 块，宽 12m 的面板 10 块，两端宽度不足整数。板间缝设置铜止水和表面止水两道止水，周边缝设置橡胶止水、铜止水和表面止水共三道止水。大坝结构见图 1，混凝土施工主要工程量见表 1。

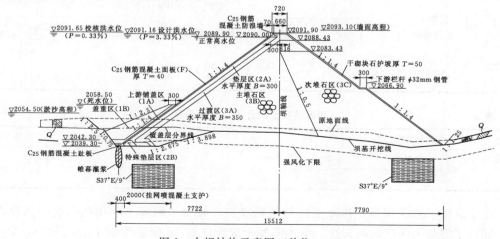

图 1　大坝结构示意图（单位：cm）

表1 混凝土施工主要工程量表

序号	项目名称	单位	工程量	备 注
1	C25面板混凝土	m³	7100.00	C25W10F100
2	钢筋制安	t	410.00	HRB400级
3	周边缝	m	350.00	
4	面板垂直张缝	m	631.47	16条
5	面板垂直压缝	m	869.77	11条
6	防浪墙底缝	m	304.00	
7	防浪墙伸缩缝	m	80.00	26条

2 防裂措施

根据本工程特点，结合类似工程施工经验，提出以下几项防裂措施：

（1）在常规混凝土中掺入20％粉煤灰，减少水泥用量，降低混凝土水化热，避免了由于混凝土与外界温差大而产生温度裂缝。

（2）掺入定量的聚丙烯纤维，增强混凝土的抗裂性，减少混凝土裂缝。

（3）降低混凝土坍落度和增加二次收面工艺，消除由于混凝土蠕动变形而产生的沉塑裂缝。

（4）采用线毯覆盖，花管洒水养护，保证混凝土养护无死角，防止混凝土与外界气候条件产生大的差异，减少由于气候原因引起的混凝土后期裂缝。

3 施工方法及措施

3.1 优化施工配合比

优化施工配合比具有抗压，抗裂强度高，抗冻，抗渗性能好，水化热低等优点。面板混凝土配合比见表2，配合比试验结果见表3。

表2 面板混凝土配合比表

混凝土名称	混凝土设计指标	水胶比	混凝土材料用量/(kg/m³)								
			水	水泥	粉煤灰	砂/沙率	中石	小石	减水剂	引气剂/（1/万）	抗裂剂
常态混凝土	C25W10F100	0.45	135	240	20%用量60	36 707	629	625	1.0%用量3.00	0.7用量0.021	0.1

表3 面板混凝土配合比试验结果表

拌和物性能指标			密度/(kg/m³)	抗压强度/MPa		抗渗等级	抗冻等级
坍落度/mm	黏聚性	泌水		7d	28d	＞W10	＞F100
70	好	无	2395	25.8	32.6		

由于降低了水泥用量，掺入了适量的粉煤灰，减少了混凝土水化热引起的温度应力缝，提高了混凝土强度的耐久性，上述混凝土配合比的7d强度达到了25.8MPa，28d强

度达到了 32.6MPa。

3.2 试验结果

掺入适量的聚丙烯纤维，对混凝土的抗拉，抗裂有一定的好处，通过对原材料的检试验结果。见表 4。

表 4　　　　　　　　原材料的检测试验结果表（掺入适量的聚丙烯纤维）

序号	检验项目	技术指标	检验结果
1	抗拉强度/MPa	≥350	480
2	断裂延伸率/%	8～30	20
3	弹性模量/MPa	≥3500	3707

聚丙烯纤维的作用机理：聚丙烯纤维加入混凝土基体中，可起到以下作用。
（1）提高基体的抗拉强度。
（2）阻止基体中原有缺陷（微裂缝）的扩展，并延缓新裂缝的出现。
（3）提高基体的变形能力，并从而改善其韧性与抗冲击性等作用。

3.3 低坍落度混凝土施工

混凝土拌和质量对保证施工，减少裂缝是很重要的，设计要求坍落度 30～70mm，结合其他类似工程施工经验及现场多次反复试验，将仓面坍落度控制标准定为 30～50mm，减少了混凝土施工过程中产生蠕动变形的概率，从而降低混凝土沉塑裂缝的概率。

3.4 二次收面工艺

为了消除混凝土早期出现的干缩裂缝，结合其他类似工程经验，在一次收面工作平台后面增加了二次收面工作平台，二次收面由手拉葫芦连接钢丝绳，可以根据白班、晚班混凝土凝固时间上下人工调节，进行混凝土的收面压光处理。

3.5 混凝土养护措施

结合其他工程养护经验，本工程对养护采取了早洒水降低混凝土表面湿度的办法，除了常规的在两次收面架之间覆盖临时遮阳布减少水分散失，防止表面干缩外，在二次收面架后约 2m 处安装了一道花管，对已完成收面且终凝的混凝土进行养护，待一仓混凝土浇筑完毕后，在面板顶部重新布设一条花管进行长流水养护至 90d。

4 施工结果

在本工程面板混凝土施工中，通过对原有施工方法的工艺改进和严格执行过程中发现，效果是明显的，从施工过程中和完成后的统计调查结果来看，无论是混凝土的性能指标还是混凝土裂缝控制，都得到了很大的收效（见表 5、表 6）。

表 5　　　　　　　　面板混凝土强度及耐久性检测结果表

项　目	设计标号	抗压强度/MPa				抗　渗		抗　冻	
		组数	最大值	最小值	平均值	组数	结果	组数	结果
面板混凝土	C25W10F100	91	31.8	29.1	30.1	9	合格	5	合格

表 6 面 板 裂 缝 统 计 表

面板序号	裂缝数量	宽度/mm	总长度/m	处理方法
3	1	0.2～0.3	3.2	化学灌浆
5	1	0.2～0.3	5.7	化学灌浆
7	3	0.2～0.3	23.7	化学灌浆
8	2	0.2～0.3	15.1	化学灌浆
9	1	0.2～0.3	10.3	化学灌浆
10	1	0.2～0.3	9.8	化学灌浆
合计	9		67.8	

注 单元序号为面板编号（由左岸向右岸）。

由表 5 检测结果显示，抗冻、抗渗指标均能满足设计要求；从测温情况来看，在施工期的养护期的温度控制比较理想，混凝土温度和养护水温度及外界气温均未出现大的温差，减少了温度应力缝的出现，从完工后的裂缝调查来看，大于 2mm 裂缝和贯通缝总计 67.8m，面板裂缝得到了有效控制，裂缝调查结果见表 6，施工质量得到了提高。希望本工程的施工措施对以后的面板混凝土施工能够提供一些可借鉴之处。

参 考 文 献

[1] 孙役，燕乔，王云清. 面板堆石坝面板开裂机理与防止措施研究. 水力发电，2004（2）.
[2] 郦能惠. 高混凝土面板堆石坝新技术. 北京：中国水利水电出版社，2007.

第四部分 科研监测管理类

堆石料压实特性和填筑标准分析

郦能惠[1] 杨正权[2] 彭卫军[3] 刘启旺[2] 郭 宇[3] 刘小生[2]

（1. 南京水利科学研究院；2. 中国水利水电科学研究院；
3. 新疆水利水电勘测设计研究院）

摘 要： 在综述堆石料颗粒组成、铺层厚度、碾压机具、碾压机具行走速度、碾压遍数和碾压时加水量等因素对堆石料压实效果的影响基础上，通过大型现场碾压试验研究了堆石料的压实特性，指出堆石料颗粒组成是堆石料压实特性的决定性因素，其他因素的作用是有限的，堆石料颗粒组成的分形维是表征颗粒组成对堆石料压实特性影响的最佳指标，堆石料的分形维在 2.45～2.60 之间堆石料的压实效果最好。在分析堆石料填筑标准的基础上指出采用孔隙率作为堆石料填筑设计控制指标是合适的，在大型碾压机具筑坝工程中更有必要通过筑坝材料爆破试验和碾压试验的提出施工参数与孔隙率同时控制堆石料压实质量。

关键词： 堆石料；压实特性；孔隙率；颗粒级配；分形维数；填筑标准

1 引言

开启全面建设社会主义现代化国家新征程，西部地区特别是新疆、西藏的水资源可持续开发，将要建设新的高坝大库，在复杂的地形地质条件和交通不便的偏远山区，土石坝包括混凝土面板堆石坝和心墙堆石坝往往成为首选坝型，高堆石坝的安全包括抗滑稳定安全和变形安全的主要基础是堆石坝体的强度和变形特性，堆石体的强度和变形特性的主要影响因素是其密实性。因此，堆石料的压实特性研究一直是岩土力学和工程主要研究方向之一，在目前高坝建设时期尤为重要。数十座百米以上高土石坝的建设推动了堆石料的压实特性研究，近期通过室内试验和原型观测资料分析途径对堆石料的颗粒级配组成和填筑标准进行研究取得了显著进步。本文通过碾压试验对堆石料的压实特性进行研究，分析了堆石料压实效果的影响因素，应用分形理论提出了表征堆石料颗粒组成对其压实特性影响的参数，对高堆石坝堆石料的颗粒组成要求提出了建议。基于土力学基本原理和相关规范，对于堆石料的压实标准进行了分析讨论。

2 堆石料压实效果的影响因素

堆石料压实效果的影响因素有：堆石料的颗粒组成，堆石料的铺层厚度，碾压机具、碾压遍数、碾压机具行走速度和碾压时加水量等。

2.1 颗粒组成的影响

粗粒料包括堆石料的颗粒组成是其压实效果的主要因素，粗料形成骨架、细料充填孔隙、充填越好，压实特性就越好。试验研究表明：粒径大于 5mm 的粗粒含量在 70% 左右时，粗料形成完整骨架，细料充满孔隙，压实效果最佳。众多土石坝工程实践足以证明此

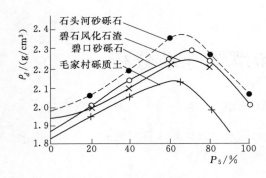

图 1   粗料含量与压实干密度关系图

点。例如：石头河坝、碧口坝和毛家村坝的砂砾石或砾石土坝料的实测资料（见图 1），粗粒（粒径大于 5mm 颗粒）含量 P_5 70% 左右时，压实干密度 ρ_d 最大。

2.2 铺层厚度的影响

铺层厚度的选择取决碾压机具、筑坝材料最大粒径和压实效果。堆石料铺层厚度一般取最大粒径或略大于最大粒径，粗粒料或砾石土的铺层厚度通常进行碾压试验来确定。一般来说，铺层厚度越小，压实效果越好，因此，无论筑坝材料是何种粗粒料，土石坝工程都进行碾压试验来确定铺层厚度，例如水布垭混凝土堆石坝对主堆石料茅口组灰岩和栖霞组灰岩进行碾压试验，试验结果表明：铺层厚度越小，压实效果越好。《碾压式土石坝设计规范》（SL 274）和《碾压式土石坝设计规范》（DL/T 5395）及《混凝土面板堆石坝设计规范》（SL 228）和《混凝土面板堆石坝设计规范》（DL/T 5016）都规定"设计填筑碾压标准应在施工初期通过碾压试验验证；当采用砾石土、风化岩石、软岩、膨胀土、湿陷性黄土等性质特殊的土石料时，对 1 级、2 级坝和高坝，宜进行专门的碾压试验和相应的试验室试验，论证其填筑标准"。

2.3 碾压机具的影响

粗粒料包括堆石料的碾压机具都采用振动碾，其压实效果取决于振动机具的类型、振动碾质量（或碾重）和激振力，振动碾的碾重从 60kN 发展到 320kN。一般来说振动碾的质量越大，激振力越大，铺层厚度可以越大。铺层厚度相同时，振动碾质量越大，激振力越大，其压实效果越好。水布垭水电站大坝不同类型振动碾的压实际效果比较。表中ⅢA 为过渡料，ⅢB 为主堆石料，ⅢC 为次堆石料，ⅢD 为下游堆石料。

表 1   水布垭水电站大坝不同类型碾压设备压实际效果比较表

碾压设备	中联重科	英格索尔	中联重科	中联重科	陕西中大	英格索尔	英格索尔
类型	25t 自行碾	18t 自行碾	25t 自行碾	25t 自行碾	20t 牵引碾	18t 自行碾	18t 自行碾
料源	公山包料场	长滩河料场	桥沟存料场	庙包料场	人工砂石料场	洞渣料	人工砂石料场
压实层厚/cm	80	80	80	120	120	40	40
坝料类型	ⅢB	ⅢC	ⅢC	ⅢD	ⅢD	ⅢA	ⅢA
设计干密度/(g/cm³)	2.18	2.15	2.15	2.15	2.15	2.2	2.2
压实干密度/(g/cm³)	2.20	2.037	2.29	2.256	2.223	2.224	2.207

2.4 碾压遍数和行走速度的影响

粗粒料包括堆石料的碾压试验都表明：随着碾压遍数的增加，粗粒料的压实密度增加，但是当碾压遍数达到一定的量后，通常是8～10遍后，压实密度增加的幅度很小，公伯峡水电站大坝花岗岩堆石料压实度与碾压遍数和行走速度的关系见图2，该碾压试验采用15t振动碾、铺层厚度80cm。图2也表明振动碾行走速度对压实效果也有一定的影响，行走速度越慢其压实效果越好。

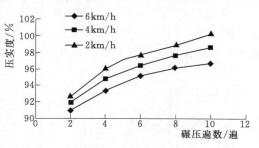

2.5 碾压时加水量的影响

粗粒料特别是堆石料填筑碾压时加水可以提高压实干密度，水布垭水电站大坝过渡料ⅢA、主堆石料ⅢB和次堆石料ⅢC碾压时加水量现场试验结果是一例（见图3），该碾压试验ⅢA采用18t振动碾，ⅢB、ⅢC采用25t振动碾、碾压8遍。碾压时加水有两

图2　公伯峡水电站大坝花岗岩堆石料压实度与碾压遍数和行走速度的关系图

个作用：一是可以减小粗粒料之间摩擦阻力，在碾压时使之容易移动或滚动趋于密实，二是加水有利于岩块棱角破碎，并使颗粒软化，在碾压时容易压碎以充填粗粒之间的孔隙。但是对与软化系数较高的硬岩堆石料，加水的作用可能不大；而对于软岩，加水会使得碾压后颗粒级配变化过大，甚至产生细颗粒集中的泥皮，导致软岩堆石体的强度和渗透性显著降低，因此，软岩堆石料碾压时是否加水是需要经过专门碾压试验和认真论证。

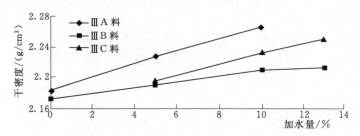

图3　水布垭水电站大坝堆石料压实干密度与加水量关系图

上述诸多因素的影响作用是符合粗粒料包括堆石料压实的基本规律，但是从正确把握高堆石坝的设计施工，特别是从确保高混凝土面板堆石坝的变形安全出发，需要探索影响粗粒料包括堆石料压实性能的最主要也是最基本的因素，为此依托某高混凝土面板堆石坝工程进行了较大规模现场碾压试验。

3 堆石料现场碾压试验研究

该混凝土面板堆石坝最大坝高230.5m，坝体分区从上游至下游分别为：上游盖重区、上游铺盖层、高趾墙、面板、垫层区、过渡区、增模区、主堆石区、下游堆石区、排水料区和下游抗震压重区。主堆石区采用P1石料场花岗岩爆破料，设计要求：主堆石料最大粒径600mm，孔隙率$n \leqslant 18\%$。

花岗岩爆破料现场碾压试验的碾压机具采用徐工XS263J型26t自行式振动平碾，机身重量26t，激振力405/290kN，振动碾行走速度不大于3km/h，碾压试验的铺层厚度80cm。为研究堆石料颗粒组成对压实效果的影响，堆石料的颗粒组成变化较大，粒径小于 5mm 颗粒含量 1%～15%，见图 4。堆石料颗粒组成采用粒径小于 5mm 颗粒含量、颗粒组成分形维 D、不均匀系数 C_u 和曲率系数 C_c 来表征。碾压遍数分别是 6 遍、8 遍、10 遍、12 遍，碾压时加水量分别是 0、5%、10%、15%。碾压后干密度检测采用原位密度试验灌水法，试坑钢环直径 150cm，高 20cm，试坑深度为铺层厚度。碾压后干密度测定值换算为孔隙率。碾压后颗粒分析试验采用筛析法。

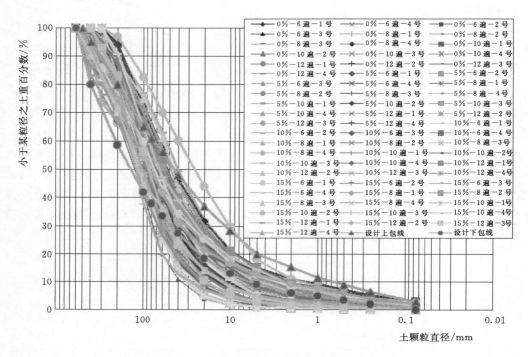

图 4   64 组堆石料颗粒大小分布曲线图

堆石料碾压试验结果见表 2，64 组堆石料颗粒大小分布曲线孔隙率 n 与碾压遍数、碾压时加水量的关系，以及孔隙率与堆石料颗粒组成的特征指标：小于 5mm 颗粒含量、不均匀系数 C_u、曲率系数 C_c 和分形维 D 的关系曲线分别见图 5～图 10。

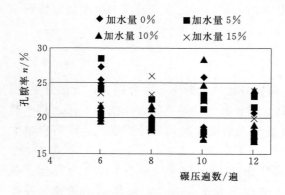

图 5   孔隙率 n 与碾压遍数的关系曲线图

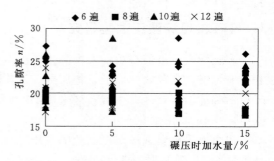

图 6   孔隙率 n 与碾压时加水量的关系曲线图

表 2　堆石料碾压试验结果表

加水量 0						加水量 5%						加水量 10%						加水量 15%					
碾压遍数	<5mm颗粒含量/%	孔隙率n/%	分形维D	不均匀系数C_u	曲率系数C_c	碾压遍数	<5mm颗粒含量/%	孔隙率n/%	分形维D	不均匀系数C_u	曲率系数C_c	碾压遍数	<5mm颗粒含量/%	孔隙率n/%	分形维D	不均匀系数C_u	曲率系数C_c	碾压遍数	<5mm颗粒含量/%	孔隙率n/%	分形维D	不均匀系数C_u	曲率系数C_c
6	0.81	27.31	2.137	4.37	0.96	6	3.13	28.51	2.288	6.35	1.52	6	3.08	24.94	2.312	5.85	1.48	6	2.47	24.19	2.358	7.45	2.01
6	2.94	25.43	2.333	4.75	1.09	6	4.37	24.10	2.389	7.70	1.46	6	6.66	21.79	2.432	12.12	1.56	6	4.88	21.26	2.369	9.40	1.52
6	5.05	24.98	2.379	6.30	1.20	6	9.26	20.51	2.476	17.04	2.52	6	10.89	20.10	2.504	28.31	2.62	6	4.92	23.48	2.484	10.77	1.38
6	10.06	20.92	2.481	16.43	1.97	6	13.19	20.36	2.493	29.19	3.05	6	12.56	19.57	2.562	33.68	2.26	6	5.14	21.79	2.409	13.85	1.17
8	10.36	20.10	2.462	17.6	2.1	8	5.26	22.80	2.388	7.68	1.63	8	6.51	21.41	2.393	7.13	1.43	8	1.04	25.99	2.128	4.61	1.00
8	10.58	19.80	2.572	21.51	2.66	8	8.49	19.46	2.506	14.73	2.03	8	6.97	21.79	2.431	12.34	1.54	8	3.22	22.91	2.337	7.17	1.17
8	15.28	19.19	2.567	36.70	3.81	8	10.08	19.53	2.485	14.90	1.85	8	11.09	18.41	2.474	23.78	3.15	8	3.34	23.44	2.349	7.34	1.49
8	15.34	18.89	2.584	47.97	3.61	8	18.29	18.74	2.545	26.13	1.69	8	13.71	18.67	2.548	38.14	3.96	8	11.13	18.14	2.496	21.48	2.14
10	1.25	26.03	2.177	3.99	1.06	10	2.29	23.33	2.293	6.02	1.23	10	1.12	28.59	2.171	3.27	1.00	10	2.53	30.09	2.294	4.74	1.64
10	3.26	22.84	2.337	6.56	1.21	10	3.05	22.84	2.320	7.64	1.11	10	2.15	24.94	2.223	4.4	1.20	10	4.70	22.61	2.418	11.13	2.08
10	9.93	18.93	2.516	14.15	2.07	10	6.49	21.34	2.407	10.99	1.42	10	8.17	17.92	2.433	13.17	2.20	10	11.88	17.69	2.577	29.50	2.14
10	15.16	17.97	2.579	34.93	4.21	10	11.50	18.14	2.527	24.71	1.34	10	11.46	17.13	2.552	36.54	2.72	10	12.50	17.28	2.566	31.91	2.56
12	5.32	23.93	2.402	6.80	1.66	12	1.50	23.33	2.190	4.84	1.24	12	2.26	24.23	2.263	4.99	1.21	12	2.91	23.93	2.282	6.37	1.43
12	5.36	20.81	2.410	7.52	1.57	12	4.60	21.67	2.437	7.51	1.67	12	7.64	19.27	2.486	14.21	1.68	12	4.28	20.06	2.347	11.40	1.18
12	10.90	18.37	2.494	35.76	4.64	12	10.32	17.96	2.550	22.34	2.53	12	12.12	17.84	2.526	29.85	3.02	12	12.71	17.54	2.571	48.17	4.55
12	13.60	17.20	2.553	28.76	3.78	12	12.87	17.24	2.509	22.75	2.02	12	15.09	16.94	2.537	26.31	3.14	12	14.46	16.87	2.519	34.48	2.73

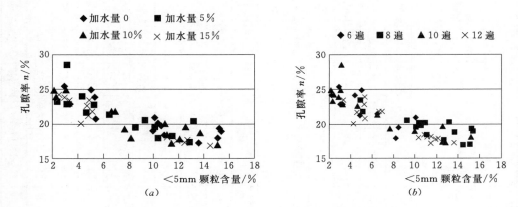

图 7　孔隙率 n 与小于 5mm 颗粒含量的关系曲线图

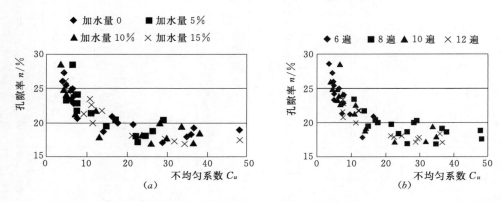

图 8　孔隙率 n 与不均匀系数 C_u 的关系曲线图

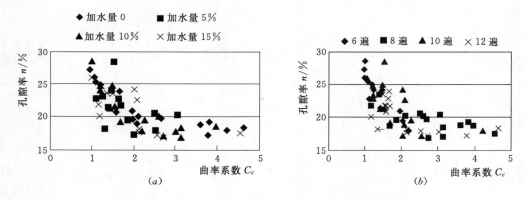

图 9　孔隙率 n 与曲率系数 C_c 的关系曲线图

4　堆石料压实特性的主要影响因素

4.1　碾压遍数和碾压时加水量对压实效果的影响是有限的

图 5 和图 6 表明：碾压遍数和碾压时加水量与孔隙率关系相当离散，两者对于增加压

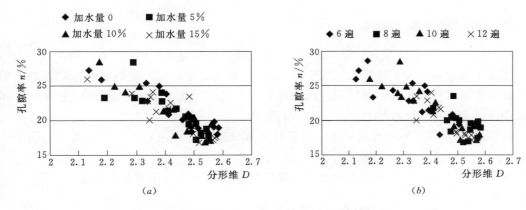

图 10　孔隙率 n 与分形维 D 的关系曲线图

实效果的作用是有限的。例如：小于 5mm 颗粒含量 2.91％的堆石料，洒水 15％，碾压 12 遍，孔隙率 23.93％。

4.2　堆石料的颗粒组成是影响压实效果的主要因素

从图 7～图 10 可以看出堆石料的颗粒组成是影响压实效果的主要因素。表征颗粒组成的指标有小于 5mm 颗粒含量、不均匀系数 C_u、曲率系数 C_c 和分形维 D。可从图 7～图 10 来分析看出表征是影响堆石料压实效果的颗粒组成主要指标。

（1）曲率系数 C_c 只是描述 $d_{10}\sim d_{60}$ 粒径分布曲线台阶形形态，并不能描述颗粒填充密实程度可能性，从图 9 可以看出曲率系数 C_c 对堆石料压实效果的影响比较离散，可予舍去。例如曲率系数 C_c 在 2.0 左右时孔隙率可以从 17.24％～24.19％。

（2）不均匀系数 C_u 和小于 5mm 颗粒含量是目前用于表征颗粒组成的指标，一般来说，随着堆石料小于 5mm 颗粒含量适当增加或随着堆石料不均匀系数 C_u 的增大，堆石料的压实效果就越好，但仍具有一定离散性。而且范围较宽，从图 7 和图 8 可以看出：小于 5mm 颗粒含量 8％～18％，不均匀系数 20～48。堆石料压实孔隙率都可以达到 20％。

4.3　堆石料颗粒组成的分形维 D 是表征颗粒组成对堆石料压实效果影响的最佳指标

Tyler 等建立了土的颗粒大小分布曲线与分形维 D 的关系，

$$\frac{M(\delta < d_i)}{M_r} = \left(\frac{d_i}{d_m}\right)^{3-D} \tag{1}$$

式中：d_i 为某粒径；d_m 为最大粒径；M_r 为颗粒总质量；$M(\delta < d_i)$ 为小于某粒径的颗粒累计质量；D 为粒径分布的分形维。

从图 10 可以看出：堆石料颗粒组成分形维 D 在 2.45～2.60 之间时堆石料的压实效果最好，而且数据相当密集。

水布垭水电站、三板溪水电站、猴子岩水电站、溧阳抽水蓄能电站和卡基娃 5 座高混凝土面板堆石坝施工质量检测资料表明堆石料级配满足分形分布，平均分形维 D 为 2.451～2.577，其中猴子岩坝上游堆石区与下游堆石区堆石料的最佳分形维 D 为 2.45～2.56，水布垭水电站、卡基娃水电站、溧阳抽水蓄能电站 4 座坝主堆石区堆石料的最佳分形维 D 在 2.55 左右。这些工程的实测资料佐证了本项碾压试验结果。

5 粗粒料填筑标准的讨论

《碾压式土石坝设计规范》（SL 274）、《水工碾压沥青混凝土施工规范》（DL/T 5395）和《混凝土面板堆石坝设计规范》（DL/T 5016）等规范都规定：堆石料的填筑标准宜采用孔隙率为设计控制指标，砂砾石的填筑标准应以相对密度为设计控制指标。这是 100 多年来碾压式土石坝和面板堆石坝工程经验的总结。

SL 274 条文说明同时指出：由于目前没有有效的方法确定堆石的相对密度，仍按一般经验采用孔隙率作为填筑标准。

有无必要"采用孔隙率和相对密度的双控指标，作为堆石体的填筑标准"？可以从下列几方面进行分析：

5.1 孔隙率和相对密度可以相互推导

孔隙率和相对密度都是描述粗粒料压实程度的指标，两者是可以相互推导的。土力学基本公式如下：

相对密度
$$D_r = \frac{e_{\max} - e_d}{e_{\max} - e_{\min}} = \frac{\rho_{d\max}(\rho_d - \rho_{d\min})}{\rho_d - (\rho_{d\max} - \rho_{d\min})} \tag{2}$$

孔隙率
$$n = \left(\frac{e}{1+e}\right)100\% \tag{3}$$

只要测定最大孔隙比 $e_{\max}$（或最小干密度 $\rho_{d\min}$）和最小孔隙比 $\rho_{\min}$（或最大干密度 $\rho_{d\max}$），从孔隙率 n 值就可推导出相应的相对密度 D_r。对于同一种土体（相同级配，或级配变化不大的土料），两者是相通的，"双控"实际上是单控。

5.2 测定堆石料相对密度的可行性

从上节分析可知完善粗粒料的填筑标准的途径不是"双控"，而是完善粗粒料最大干密度 $\rho_{d\max}$ 的试验方法，以往研究表明，当径径比大于 5 时，对剪切强度试验结果影响相对较小。《土工试验规程》（SL 237）粗颗粒土的相对密度试验、击实试验、固结试验、直接剪切试验和三轴压缩试验明确其使用范围为最大粒径 60mm 的粗颗粒土，试样或试样筒内径 300mm，即试样筒直径/试料最大粒径是 5。

随着土石坝和面板堆石坝筑坝技术的发展，开发了采用大直径密度桶的现场试验测定粗粒料的最大干密度的方法，《水电水利工程粗粒土试验规程》（DL/T 5356—2006）中的规定：当试样直径小于 100mm 时，径径比不应小于 10，当试样直径大于 100mm 时，径径比不应小于 5。试样的高径比应为 2.0～2.5m。这说明采用 2m 大直径高 4m 的密度桶现场试验测定最大干密度的方法基本可以适用于测定砂砾石的最大干密度，因为砂砾石的最大粒径一般在 300～400mm，大于 400mm 的颗粒含量较小，一般只有 5%。但是堆石料的最大粒径都在 600～800mm，随着大型施工机具和重型碾压机具的应用，堆石料最大粒径达到 1000～1200mm，要满足径径比不小于 5 进行相对密度试验困难很大，几乎是不现实的。但有关径径比对堆石料最大干密度的影响的研究较少，已有少量径径比对砂砾料最大干密度影响的研究表明，当径径比达到 3 以上时，最大干密度已基本不受径径比的影响。因此，宜进一步开展堆石料相对密度试验方法研究，探讨采用相对密度作为堆石料填筑标准的指标是必要的。

高土石坝和高混凝土面板堆石坝的变形协调设计理念已经成为坝工界的共识，粗粒料变形特性的缩尺效应是导致大坝变形预测不准的主要原因之一，糯扎渡、瀑布沟等水电站高坝堆石区本构模型变形参数的室内试验值与原型监测资料反演值的对比（见表3）。

表3 高心墙堆石坝堆石区本构模型变形参数对比表

变形参数	分区	糯扎渡坝		瀑布沟坝	
		堆石Ⅰ区	堆石Ⅱ区	主堆石区	下游次堆石区
K	试验值	1850	1486	1068	707
	反演值	1250	1100	534	424
K_b	试验值	1418	873	427	318
	反演值	650	500	214	191

天生桥一级、洪家渡、水布垭、巴贡等水电站高混凝土面板堆石坝堆石区本构模型变形参数的室内试验值与原型监测资料反演值对比见表4。

表4 高面板堆石区本构模型变形参数对比表

变形参数	分区	天生桥一级		洪家渡		水布垭		巴贡	
		主堆石区	次堆石区	主堆石区	次堆石区	主堆石区	次堆石区	主堆石区	次堆石区
K	试验值	940	500	898	619	1100	850	776	464
	反演值	369	246	528	280	800	650	495	341
K_b	试验值	340	250	598	409	600	400		
	反演值	290	108	448	180	350	250		

两者的差异主要原因之一是室内试验（大型三轴试样直径 300mm，试料最大粒径 60mm）试验结果的缩尺效应。研究缩尺效应的方法之一是采用尺寸尽可能大的室内试验设备，进行不同试验方法（三轴压缩试验、侧限压缩试验、平面应变试验）和不同缩尺方法（剔除法、等量替代法、相似级配法、混合法）和不同最大粒径试料的试验、根据试验结果外推原型级配粗粒料的变形参数。并且要研究筑坝材料的颗粒破碎对粗粒料变形特性的影响以及筑坝材料的长期变形特性，建立符合高土石坝和高混凝土面板堆石坝在施工、蓄水和运行期应力路径改变和高应力作用下的本构模型以及接触面模型和接缝止水模型，真实的预测高土石坝和高面板堆石坝的应力变形性状，依据变形协调准则和变形协调判别标准进行变形协调理论计算，确保高土石坝和高面板堆石坝的安全。

6 结论

（1）堆石料的压实特性与堆石料的颗粒组成、碾压时铺层厚度、碾压机具、碾压机具行走速度、碾压遍数和碾压时加水量等因素有关，堆石料的颗粒组成是内因，是堆石料压实特性的决定性因素，其他因素是外因，可以提高堆石料压实程度，但是这些外在因素的作用是有限的。当细粒料不足以充填粗粒之间孔隙时，则更是如此。

（2）堆石料的颗粒组成的分形模型有助于研究堆石料的压实特性，堆石料颗粒组成的分形维 D 是表征颗粒组成对堆石料压实特性影响的主要指标之一，本项试验与高堆石坝工程实践都表明：堆石料的分形维 D 在 $2.45\sim2.60$ 之间时堆石料的压实效果最好。建议关于堆石坝堆石料的颗粒级配要求增加分形维指标，积累工程实践资料，进一步研究以完善碾压式土石坝和面板堆石坝填筑标准。

（3）堆石料的填筑标准仍应采用孔隙率为设计控制指标，采用大型密度桶现场试验测定原型级配砂砾料的最大干密度，使相对密度作为砂砾料填筑标准的控制指标更符合真实的砂砾料压实特性，满足高砂砾石坝的变形安全要求。

参 考 文 献

［1］ 郦能惠. 高混凝土面板堆石坝新技术. 北京：中国水利水电出版社，2007.

［2］ 郦能惠，王君利，米占宽，等. 高混凝土面板堆石坝变形安全内涵及其工程应用. 岩土工程学报，2012，34（2）：193-201.

［3］ 郭庆国. 粗粒土的工程特性及应用. 郑州：黄河水利出版社，1998.

［4］ 编写委员会. 水布垭面板堆石坝前期关键技术研究. 2005：37-59.

［5］ 刘小生，刘启旺，杨正权. 筑坝材料（P1 爆破料）现场碾压试验研究报告（第一阶段）. 中国水利水电科学研究院，2016.

［6］ TYLER. S. W. ，WHEATCRAFT S. W. Fractal scaling of soil particle-size distribution：analysis and limitations. Soil Science Society of America Journal. 1992，56（2）：362-369.

［7］ 赵娜，左永振，王占彬，余盛关. 基于分形理论的粗粒料级配缩尺方法研究. 岩土力学，2016，37（12）：3513-3519.

［8］ 陈镠芬，朱俊高，殷建华. 基于分形理论的粗粒土缩尺效应及强度性质研究. 水电能源科学，2013，31（10）：121-124.

［9］ 陈镠芬，高庄平，朱俊高，等. 粗粒土级配及颗粒破碎分形特性. 中南大学学报（自然科学版），2015，46（9）：3446-3453.

［10］ 郦能惠，朱铁，米占宽. 小浪底坝过渡料的强度与变形特性及缩尺效应. 水电能源科学，2001，19（2）：39-42.

国内外典型地震液化判别方法的比较[*]

杨玉生[1]　邢建营[2]　陈彩虹[3]　刘小生[1]　赵剑明[1]　刘启旺[1]　王龙[1]

(1. 中国水利水电科学研究院　流域水循环模拟与调控国家重点实验室；

2. 黄河勘测设计规划有限公司；3. 北京沃尔德防灾绿化技术有限公司)

摘要：本文结合《水工建筑物抗震设计规范》（SL 203—1997）的制定和《水力发电工程地质勘察规范》（GB 50287—2016）修订论证工作，对标贯击数液化判别方法和少黏性土地震液化判别方法在国内外的改进进行了对比分析。对 NCEER 基于标贯击数的液化判别方法与国内水利水电、建筑等规范标贯击数液化方法进行系统的对比，基于纯净砂液化评价结果给出不同方法应用于覆盖层地震液化评价时的安全性，对少黏性土地震液化评价方法在国外的发展情况进行了讨论。

关键词：地震液化；判别方法；比较

1　引言

1964 年，日本新潟地震和美国阿拉斯加地震中，由于砂土地基地震液化而导致大量建筑物发生严重震害，液化问题引起了世界范围内工程设计人员的普遍重视，此后土的动力液化性质、评价方法和地基处理方法等均成为科研、设计人员关注的对工程安全有重大影响的研究课题，逐步形成了涵盖可液化土类及相应评价方法和处理措施等一系列成果。在液化判别方法方面，针对不同的土类，形成了两类各具特色的液化判别方法。一类是国内外根据不同的地震液化震害调查资料各自提出并在后续地震液化案例基础上不断改进和完善的标准贯入击数液化判别方法；另一类是中国学者汪闻韶提出并在世界上被广泛引用和应用和持续研究的少黏性土地震液化判别方法。

在国内，我国学者根据 1966 年邢台地震和 1970 年通海地震砂土地震液化震害调查成果，在《工业与民用建筑抗震设计规范》（TJ 11—74）中首次给出了采用标贯击数进行砂土液化判别的判别式，后来又进一步根据 1975 年海城地震和 1976 年唐山地震砂土和粉土地震液化震害调查资料，对评价砂土地震液化的公式进行了修改，纳入了《建筑抗震设计规范》（GBJ 11—89），之后规范进一步对深度 15～20m 的液化判别问题做出了具体的延伸的规定，即 15～20m 深度范围内仍按 15m 深度处的液化临界标贯击数进行判别。《建筑抗震设计规范》（GB 50011—2010）又依据我国学者采用概率液化判别的研究成果，并考虑规范的延续性，以对数曲线的形式表达液化临界标贯击数随深度的变化。汪闻韶根据水利水电工程在建造前后通常会导致覆盖层土体上覆有效应力发生变化的情况，提出了针对

---

* 基金项目：国家重点研发计划课题（2017YFC0404905）、国家自然科学基金项目（51679264）、中国水利水电科学研究院基本科研业务费项目（GE0145B562017）。

上覆有效应力发生变化情况下进行液化判别的方法，纳入了《水工建筑物抗震设计规范》（SDJ 10—78 试行），并沿用至今。

1971 年，Seed 提出了判别砂土液化的简化方法，Seed（1979）、Seed 和 Idriss（1982）、Seed 等（1985）相继对该法进行了改进和完善；1985 年，美国国家研究委员会组织召集 36 位著名专家组成了工作小组，提交了一份改进 Seed 简化方法的报告（Whitman 等，1985），此后该法逐渐成为北美和世界上许多地区进行砂性土液化判别的标准方法；1996 年，美国国家地震工程研究中心 NCEER 组织专家组对之前 10 余年的液化判别研究成果和资料进行了系统的总结，进一步对 Seed 简化法进行了改进和完善（YOUD 等，2001），此后，Idriss 等又进一步对 Seed 法有关参数的取值方法进行了改进。

1961 年新疆发生巴楚地震，地震中西克尔水库发生严重震害。汪闻韶根据西克尔水库土坝震害考察并结合振动三轴试验，在国内外首先开展了少黏性土地震液化问题研究，并在分析 1978 年对我国 1961—1976 年巴楚、邢台、海城、唐山等四次典型地震中少黏性土地震液化案例试验资料基础上，提出了少黏性土地震液化评价标准，纳入了水利、水电、建筑等国家或行业标准，并被国外借鉴称为"中国标准"，得到国内外广泛引用、应用和持续研究。

在国内外标贯击数液化判别方法的比较方面，Seed（1982）和《建筑抗震设计规范》（GB 50011—2001）中曾做过比较，但随着新的震害资料的补充和新的研究成果的积累，不同的方法都有了新的发展并进行了相应的改进，如国内规范方法调整了液化临界标贯击数的计算公式，国外 NCEER 法，对计算地震剪应力时的应力折减系数、上覆有效应力归一系数、震级比例系数和上覆有效应力校正系数等参数的计算方法进行了调整。但已有的研究中没有全面考虑各方法最新调整的因素，还未对调整后的方法进行过全面的对比分析。因此，有必要对采用调整后的标贯击数液化方法进行地震液化判别的安全性进行比较研究。

少黏性土地震液化判别方法提出之后，被应用于国外实际工程的抗震研究，1999 年中国台湾集集地震和土耳其科卡艾里地震之中出现了大量少黏性土地震液化震害，之后少黏性土地震液化判别方法研究成了国内外地震液化研究的热点。

2 标贯击数液化判别方法的比较

2.1 国内规范的方法

规定采用式（1）进行判别。

$$N < N_{cr} \tag{1}$$

式中：N 为实测标贯击数；N_{cr} 为液化临界标贯击数。

建筑、冶金行业最新规范中，采用式（2）计算液化临界标贯击数：

$$N_{cr} = N_0\beta[\ln(0.6d_s + 1.5) - 0.1d_w]\sqrt{3\%/\rho_c} \tag{2}$$

式中：N_{cr} 为液化判别标准贯入锤击数临界值；N_0 为液化判别标准贯入锤击数基准值；d_s 为饱和土标准贯入点深度，m；d_w 为地下水位，m；ρ_c 为黏粒含量百分率，当小于 3%或为砂土时，应采用 3%；β 为调整系数，设计地震第一组取 0.80，第二组取 0.95，第三组取 1.05。

《水利水电工程地质勘察规范》（GB 50487—2008）在 15m 以内采用式（3）计算液化临界标贯击数：

$$N_{cr} = N_0 [0.9 + 0.1 (d_s - d_w)] \sqrt{3\% / \rho_c} \quad d_s \leqslant 15\text{m}$$
$$N_{cr} = N_0 (2.4 - 0.1 d_w) \sqrt{3\% / \rho_c} \quad d_s > 15\text{m}$$

(3)

式中：ρ_c 为土的黏粒含量质量百分率，%，当 $\rho_c < 3\%$ 时，ρ_c 取 3%；N_0 为液化判别标准贯入锤击数基准值；d_s 为当标准贯入点在地面以下 5m 以内的深度时，应采用 5m 计算。

2.2　NCEER 推荐方法

Seed 简化法定义地震引起的水平剪应力大于土体的抗液化剪应力时，土体发生液化，NCEER 推荐采用式（4）进行评价：

$$CSR \geqslant CRR \tag{4}$$

式中：CSR 为地震引起的水平剪应力比 CSR；CRR 为可液化土层的抗液化剪应力比。

地震液化水平剪应力比 CSR 采用式（5）计算：

$$CSR = \frac{\tau_{av}}{\sigma_{v0}'} = 0.65 (a_{max}/g)(\sigma_{v0}/\sigma_{v0}') r_d \tag{5}$$

式中：a_{max} 为地表地震动峰值水平加速度；g 为重力加速度；σ_{v0} 为竖向总应力；σ_{v0}' 为竖向有效应力；r_d 为应力刚度折减系数。

随土层性质、地震震级及震中距不同而变，通常可采用式（6）计算：

$$r_d = 1.0 - 0.00765z \quad , \quad z \leqslant 9.15\text{m}$$
$$r_d = 1.174 - 0.0267z \quad , \quad 9.15\text{m} < z \leqslant 23\text{m}$$

(6)

纯净砂的抗液化剪应力比可采用式（7）计算：

$$CRR_{7.5} = \frac{1}{34 - (N_1)_{60}} + \frac{(N_1)_{60}}{135} + \frac{50}{[10 (N_1)_{60} + 45]^2} - \frac{1}{200} \tag{7}$$

式（7）适用于 $(N_1)_{60} < 30$ 的情况，对 $(N_1)_{60} \geqslant 30$ 的纯净砂视为不液化土。

2.3　标贯击数液化判别方法的比较

2.3.1　所依据的地震液化案例

国内外标贯击数液化判别方法建立时所依据的地震液化案例不同，包括地震动强度、地表峰值加速度、发生液化的深度和土性条件一般均有差异。国内主要是根据邢台地震（1966 年）和通海地震（1970 年）砂土地震液化震害调查基础上提出的，后来又根据海城地震（1975 年）和唐山地震（1976 年）进行了修正，并根据后续新的地震液化那里研究成果做了修正，沿用至今。

Seed 简化法是将土体视作刚体进行地震反应分析，并根据土层进行应力折减确定土体的地震剪应力，将其与动三轴试验或单剪试验确定的抗液化剪应力进行对比评价砂土地震液化，该法在提出时结合国外多次地震中 35 处地震液化/不液化案例进行了检验，之后又结合 20 世纪 70 年代以后新的地震液化案例数据进行了修正。

2.3.2　液化判据和液化判别思路的比较

国内外规范方法采用的液化判据和判别思路不同。我国规范定义土体的实测标贯击数小于覆盖层土体相应深度处的液化临界标贯击数时，土体发生液化。采用实测标准贯入击数与根据震害经验、考虑震级、震中距、地下水位、黏粒含量影响的液化临界标贯击数的对比作为液化判据，从应用的角度来说，简单直观，便于工程勘察和设计人员理解和应用。

国外规定地震引起的土体水平剪应力大于土体抗液化剪应力时，土体发生液化。采用考虑振动强度影响确定地震剪应力与根据震害案例经验结合室内动力试验确定的，反映土体抗液化能力的抗液化剪应力对比作为液化判据，给出了 7.5 级地震、100kPa 上覆有效应力条件下液化与不液化的液化临界线，当震级和上覆有效应力与之不同时，应采用震级比例系数和上覆有效应力校正系数考虑这些因素的影响，再进行液化判别。

在地震导致覆盖层地基液化方面，震级较大、震中距较远的地震（远震）的影响与震级较小、震中距较近的地震（近震）的影响相比，尽管地面峰值加速度可能比较接近，但远震的作用明显大于近震。这是由两者地震波的频率成分和持续时间差异决定的，远震的低频率成分丰富，持续时间长，近震高频成分相对丰富，持续时间短。远震的地震波卓越频率与覆盖层地基场地的卓越频率更接近，引起的地震效应越大，因此更容易发生地震液化破坏。

2.3.3　基于均质覆盖层地基模型的液化临界标贯击数的比较

为了对国内外标贯击数液化判别方法进行比较，设定均质覆盖层砂土地基模型，假定地下水埋深以上覆盖层地基砂层天然容重为 18kN/m³，地下水埋深以下砂层饱和容重为 19kN/m³。

在该均质覆盖层地基模型为研究对象，按照国内规范方法规定的设计地震动峰值加速度，确定液化临界标贯击数沿深度的变化曲线，并与按照 NCEER 方法确定的液化临界标贯击数沿深度的变化曲线进行对比，对两者应用于覆盖层砂土地基液化评价上的相对安全度进行评价。

采用 NCEER 方法确定均质覆盖层砂土地基模型液化临界标贯击数的方法如下：

（1）根据国内规范给定的地表峰值加速度 $a_{\max}$，通过式（5）计算不同深度处的地震循环剪应力比 CSR，并基于液化临界的概念，令土体抗液化剪应力比与地震剪应力相等，即可令 $CRR_{7.5} = CSR$。

（2）依据式（7）计算 $(N_1)_{60}$，所获得的 $(N_1)_{60}$，即为上覆有效应力为 100kPa 时的液化临界标贯击数 N_{cr}。

（3）采用式（8）将液化临界标贯击校正到相应深度，获得相应深度下的液化临界标贯击数 N_{cr}：

$$N_{cr} = (N_1)_{60} / \left(\frac{p_a}{\sigma'_{v0}} \right)^{1/2} \tag{8}$$

当震级 $M \neq 7.5$、上覆有效应力 $\sigma'_{v0} > 100\text{kPa}$ 时，在步骤（1）中，应采用式（9）对地震循环剪应力比进行校正：

$$CRR_{7.5} = CSR / (MSF \times K_{\sigma}) \tag{9}$$

式中：MSF 为震级比例系数；K_{σ} 为上覆应力校正系数。

当 $M < 7.5$ 时，MSF 的下限和上限分别采用式（10）、式（11）计算，当 $M_w > 7.5$ 时，采用式（10）计算 MSF。

$$MSF = 10^{2.24}/M^{2.56} \qquad (10)$$
$$MSF = (M/7.5)^{-2.56} \qquad (11)$$

上覆应力校正系数采用式（12）计算：
$$K_\sigma = (\sigma'_{v0}/p_a)^{f-1} \qquad (12)$$

式中：f 为与相对密度，应力历史，沉积年代和超固结比等场地条件有关的指数。

与国内规范相比，国外规范计算液化临界标贯击数时，考虑了相对密度的影响。由计算过程可知，相对密度越大，由式（19）计算的抗液化剪应力比越大，相应的计算液化临界标贯击数越大。

按照前述步骤，计算可得不同相对密度、不同震级下液化临界标贯击数沿深度的分布见图 1。地表峰值加速度为 0.3g 时，不同相对密度下液化临界标贯击数的比较见表 1，当地面峰值加速度为其他值时，计算液化临界标贯击数对比情况与 0.4g 时相似，最大相差不超过 1.6～1.7 击。由图 1 和表 1 可见，相对密度对 NCEER 方法计算液化临界标贯击数的影响相对来说比较小。实际工程问题中，易液化砂土通常处于松散或中密状态，紧密状态的砂层通常不易液化，本文在依据 NCEER 方法计算液化临界标贯击数随深度的变化关系曲线时，取相对密度 $D_r \approx 40\%$。

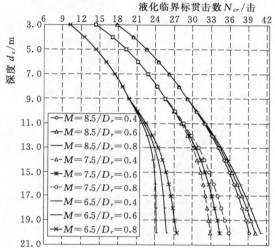

图 1　不同相对密度、不同震级下液化临界标
贯击数沿深度的分布
（地表峰值加速度 $a = 0.3g$）

表 1　　　　　不同相对密度液化临界标贯击数的比较 （$a = 0.3g$）

深度/m	$(N_{cr})_{D_r \approx 60\%} - (N_{cr})_{D_r \leqslant 40\%}$				$(N_{cr})_{D_r \geqslant 80\%} - (N_{cr})_{D_r \approx 60\%}$			
	$M=5.5$	$M=6.5$	$M=7.5$	$M=8.5$	$M=5.5$	$M=6.5$	$M=7.5$	$M=8.5$
9.0～15.0	0～0.8	0～1.0	0～0.7	0～0.4	0～0.8	0～0.9	0～0.7	0～0.4
15.0～20.0	0.8～1.3	1.0～1.6	0.7～1.5	0.4～1.0	0.8～1.3	0.9～1.5	0.7～1.2	0.4～0.8

已有的统计表明，地表峰值加速度与震级和烈度的具有（见表 2）对应关系，这可以作为国内外方法比较的依据。

表 2　　　　　地震烈度、峰值加速度与震级的对应关系表

	a_{max}/g		0.1	0.15	0.2	0.3	0.4
	烈度 I		6.6	7.2	7.6	8.2	8.6
对应 震级	近震		5.0～5.5	5.5～6.0	6.0	6.0～6.5	6.5～7.0
	远震		>6.0～6.5	>6.5～7.0	>7.0	>7.0～7.5	>7.5～8.0

按照步骤（1）到步骤（3）将 NCEER 方法的液化判据转化成与国内规范方法相同的形式并结合震级与烈度、地震分组的关系，将国内外规范方法计算得到的液化临界标贯击数进行对比。计算 K_σ 时，按 $D_r \approx 40\%$ 取 f 值，采用式 $MSF = 10^{2.24}/M_w^{2.56}$ 计算震级比例系数。$D_r = 0.40$ 液化临界标贯击数沿深度变化方向的对比见图 2。由图可知，相同地震动峰值加速度下，近震及远震地震峰值加速度不大于 $0.2g$ 时，《水利水电工程地质勘察规范》（GB 50487—2008）（近震）和（远震）分别与（GB 50011—2010）（设计地震 1 组）和（GB 50011—2010）（设计地震 2 组）计算液化临界标贯击数总体上比较接近。在 $a_{max} = (0.3 \sim 0.4)g$ 时，（GB 50011—2010）方法总体上大于《水利水电工程地质勘察规范》（GB 50487—2008）计算结果。即小震时《水利水电工程地震勘察规范》（GB 50487—

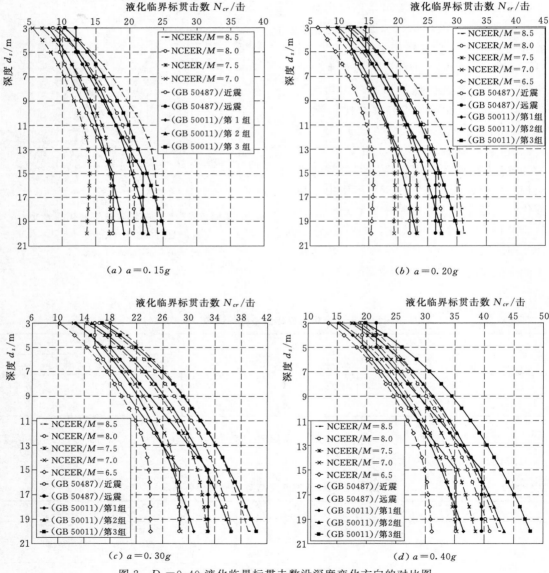

图 2　$D_r = 0.40$ 液化临界标贯击数沿深度变化方向的对比图

2008）方法与 GB 50011—2010 方法计算液化临界标贯击数比较接近，大震时 GB 50011—2010 方法偏于安全。

与 NCEER 方法比较分析结果汇总分别见表 3 和表 4。

表 3　《水利水电工程地震勘察规范》（GB 50487—2008）与 NCEER 方法比较分析结果汇总表

	0.1g	0.15g	0.2g	0.3g	0.4g
近震	《水利水电工程地震勘察规范》（GB 50487—2008）方法偏于安全				
远震	震级 $M \leqslant 8.0$ 时，水规偏于安全	震级 $M \geqslant 8.0$ 时，NCEER 方法偏于安全	震级 $M \leqslant 7.5$ 时水规方法偏于安全，震级 $M \geqslant 8.0$ 级时 NCEER 方法偏于安全	震级 $M \leqslant 7.0$ 时，水规方法偏于安全，震级 $M \geqslant 7.5$ 时，NCEER 方法偏于安全	震级 $M \geqslant 7.5$ 时，NCEER 方法偏于安全

表 4　　　　　GB 50011—2010 与 NCEER 方法比较分析结果汇总表

	0.1g	0.15g	0.2g	0.3g	0.4g
设计地震1组	GB 50011—2010 方法偏于安全				
设计地震2组	震级 $M \leqslant 8.0$ 时，建规偏于安全	震级 $M \geqslant 8.0$ 时，NCEER 方法偏于安全	震级 $M \leqslant 7.5$ 时，建规方法偏于安全，震级 $M \geqslant 8.0$ 时，NCEER 方法偏于安全	震级 $M \leqslant 7.5$ 时，建规方法偏于安全，震级 $M \geqslant 8.0$ 时，NCEER 方法偏于安全	震级 $M < 8.5$ 时，建规方法偏于安全
设计地震3组	震级 $M \leqslant 8.0$ 时，《建筑抗震设计规范》（GB 50011—2010）偏于安全	震级 $M \leqslant 8.0$ 时，建规方法偏于安全	震级 $M \leqslant 7.5$ 时，建规方法偏于安全，震级 $M > 8.0$ 时，NCEER 方法偏于安全	震级 $M < 8.5$ 时，建规方法偏于安全	震级 $M \leqslant 8.5$ 时，建规方法偏于安全

3　少黏性土地震液化判别方法的比较

3.1　少黏性土地震液化评价标准的地震案例

针对少黏性土地震液化问题，我国水利、水电和建筑等国标或行标规定：当饱和少黏性土的相对含水率不小于 0.9 时，或液性指数不小于 0.75 时，可判为可能液化土。

与标准试验液化判别方法不同的是，少黏性土地震液化评价标准采用土的塑性指标来进行土体地震液化评价，仅需要对土体开展基本的物理性质试验，简单易行，便于应用。该法是汪闻韶在分析我国 1961 年巴楚地震、1966 年邢台地震、1976 年海城地震和 1976 年唐山地震等典型大地震中少黏性土液化的试验资料基础上提出的。

是汪闻韶（1981）在分析我国巴楚、邢台、海城、唐山等地震中少黏性土液化的试验资料基础上提出的，在水利工程中被广泛应用，在国际工程中也得到肯定，并被国外借鉴，称为"中国标准"。由图2可知，采用相对含水率判别少黏性土的液化，所依据的地震液化资料绝大部分都位于地震烈度Ⅶ～Ⅸ度之间，超过Ⅸ度的资料比较少，因此，该法对Ⅸ度以下的少黏性土液化判别是可靠的，对于Ⅸ度以上区域，可能难以涵盖所有可能液化的土类。

3.2 少黏性土地震液化判别标准的应用和改进

Seed 和 Idriss（1982）首先对中国标准进行了修正，认为当满足下列条件时细粒土可能发生液化：①黏粒含量（＜0.005mm）F_c≤15%；②液限 W_L≤35%；③天然含水率 W≥90% W_L。该修正标准可用图3表示，这是北美地区过去20多年中少黏性土液化判别应用最广泛的标准。

1999 年土耳其的柯卡埃里地震中，发生的严重震害基本上是由低塑性粉土发生液化所致（Bray 等，2001），之后国外学者对细粒土液化问题进行了系统的研究，取得了不少有价值的成果。

在细粒土液化判别方面，国外研究者中 Seed 与 Idriss（1982）、Andrews 与 Martin（2000）、Seed 等（2003）、Bray 等（2004，2006），以及 Boulanger 与 Idriss（2004）的研究成果很有代表性。

Andrews 和 Martin（2000）在建立"中国标准"的现场液化数据的基础上，又纳入了后续的多次地震液化现场数据，推荐如下的细粒土液化判别标准（见图4）：①黏粒（＜0.002mm）含量 F_c＜10%，且液限 W_L＜32% 时，可能液化；②土中黏粒含量 F_c≥10%，且液限 W_L≥32%时，不液化；③介于两者之间的土应通过试验测试评价其是否发生液化。

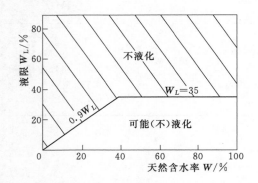

图3　改进的中国标准（Seed 和 Iriss，1982）

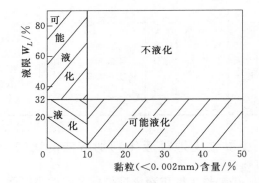

图4　Andrews 和 Martin（2000）推荐的
液化判别标准

对于含有足够细粒（小于 0.074mm）的土，细粒将粗颗粒分割开来，Seed 等人（2003）通过对以前工作进行总结，推荐采用图5判别细粒含量显著的土的液化：①A 区，液化；②B 区，可能液化，需进一步试验确定；③其余区域通常不液化，但应检查其灵敏性，避免由于触变引起的强度损失或循环剪切变形累积过大。

Bray 等（2004）在对 1999 年土耳其 Kocaeli 地震 Adapazari 市 7 处液化场地的原状样

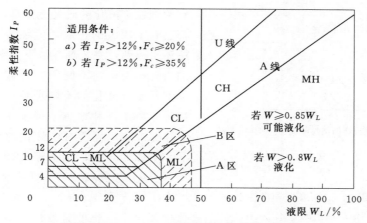

图 5　Seed（2003）等推荐的液化判别标准

进行大量室内试验基础上提出了细粒土的液化判别标准（见图 6）：①满足 $W/W_L \geqslant 0.85$，且 $I_P \leqslant 12$，液化；②$W/W_L \geqslant 0.80$，且 $12 < P_I < 20$，可能液化或具有循环活动性，应进行试验测试，确定其液化可能性；③$I_P > 20$，不会发生液化。

在相同地点新的原状样试验基础上，Bray 和 Sancio（2006）将判别不发生液化的塑性指标降低到 18，即 $I_P > 18$ 时，认为土不液化。

Boulanger 和 Idriss（2004，2006）在大量文献资料基础上，从新的角度提出了判别细粒土液化的思路（2004，2006）：将细粒土区分为似砂性土（sand - like）和似黏性土（clay - like soil），似砂性土到似黏性土之间在一定的柔性范围内存在一个平缓的过渡带，为过渡区。Boulanger 和 Idriss（2004，2006）推荐如下的细粒土液化判别标准：①$I_P \geqslant 7$（对于 CL - ML，$I_P \geqslant 5$），为似黏性土，具有循环活动性；②$3 < I_P < 6$，为似砂性土到似黏性土的过渡区，宜通过试验评价其液化可能性；③不满足上述条件时，视为易液化土。

Boulanger 和 Idriss 曾将性质呈现为似砂性、似黏性以及介于两者之间的土绘于塑性图（见图 7），还在动剪应力比 CRR 与柔性指数 I_P 关系图上给出了判别液化的示意性边界曲线（见图 8）。

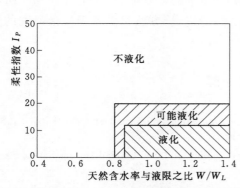

图 6　Bray 等（2004）建议的液化判别标准

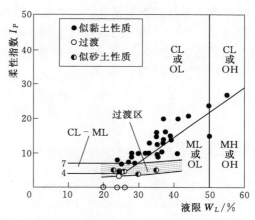

图 7　似砂性土、似黏性土及过渡性土在塑性图上的分布（美国统一分类法）

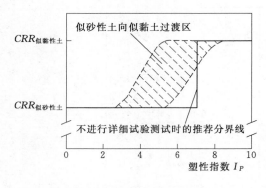

图 8 $CRR - I_P$ 关系图上似砂性土
到似黏性土的分区
（Boulanger 和 Idriss，2006）

有关细粒土液化的研究无论是广度还是深度，都已有了较大的进展，但细粒土液化判别方法还不成熟，主要存在以下问题：①"液化"的概念不统一，不同研究者建立的液化判别标准基于对液化的不同理解；②这些标准适用的应力条件和地震动强度不明确。这使得上述标准难以涵盖可能液化的土类。如 Sandio 等（2003）和 Bray 等（2004）采用土耳其 Kocaeli 地震（1999）现场液化土样，检验了中国标准和 Andrews 和 Martin 推荐标准评价细粒土液化的有效性，结果表明，两者均难以涵盖其中发生液化的土类。

4 结论

本文对标贯击数液化判别方法和少黏性土地震液化判别方法在国内外的改进进行了对比分析。对 NCEER 基于标贯击数的液化判别方法与国内水利水电、建筑等规范标贯击数液化方法进行系统的对比，基于纯净砂液化评价结果给出了不同方法应用于覆盖层地震液化评价时的安全性，并对少黏性土地震液化评价方法在国外的发展情况进行对比讨论。

将 NCEER 方法以液化临界标贯击数与深度的变化曲线表示，并将其与国内规范方法确定的液化临界标贯击数随深度的变化曲线进行比较。结果表明，在相同烈度下：近震时，国内规范方法偏于安全；远震时，对于 7.5 级以下地震，国内规范方法偏于安全；对于 7.5～8.5 级地震，在一定加速度（烈度）下，NCEER 方法与国内规范方法计算液化临界标贯击数接近，某些加速度（烈度）下 NCEER 方法偏于安全，某些加速度（烈度）下国内规范方法偏于安全。

以中国标准，以及在此基础上的修正标准为代表的基于地震液化实例中液化土类建立的少黏性土液化判别方法，是属于经验性的，是对已经发生的震害实例数据的总结的基础上，采用若干指标把现场液化的土类包含进来，但由于所依据的地震液化案例资料大多都处于烈度Ⅶ～Ⅸ度之间，对Ⅸ度以下的区域的判别是可靠的，但对于Ⅸ度以上区域，可能会因地震液化案例的不足导致不能涵盖液化的土类。目前该方法仍然是国际上研究的热点，还在持续发展过程中。

参 考 文 献

［1］ Seed H B and Idriss I M，Simplified Procedure for Evaluating Soil Liquefaction Potential，J. Soil Mechanics and Foundation Div，ASCE，1971，97（9）：1249 - 1273.

［2］ Seed H B，Soil Liquefaction and Cyclic Mobility Evaluation for Level Ground During Earthquakes，J. Geotech. Eng. Div.，ASCE，1979，105（2）：201 - 225.

［3］ Seed，H. B.，andIdriss，I. M.（1982）."Ground motions and soil liquefaction during earthquakes."Earthquake Engineering Research Institute Monograph，Oakland，Calif.

［4］ Seed，H. B.，Tokimatsu，K.，Harder，L. F.，and Chung，R. M.（1985）. The influence of SPT procedures in soil liquefaction resistance evaluations. J. Geotech. Engrg.，ASCE，111（12），1425 – 1445.

［5］ National Research Council（NRC）.（1985）. Liquefaction of soils during earthquakes，National Academy Press，Washington，D. C.

［6］ T. L. Youd & I. M. Idriss et al. Liquefaction resistance of soils summary report from the 1996 NCEER and 1998 NCEER/NSF workshops on evaluation of liquefyaction resistance of soils. Journal of Geotechnical and Geoenvironmental Engineering. 2001，8，297 – 313.

［7］ 李杰，李国强. 地震工程学导论. 北京：地震出版社，1992.

［8］ 顾淦臣，沈长松，岑威钧. 土石坝地震工程学. 北京：中国水利水电出版社，2009.

［9］ 汪闻韶. 水工建筑物抗震设计中的地基问题//《汪闻韶院士土工问题论文选集》编委会. 汪闻韶院士土工问题论文选集. 北京：中国建筑工业出版社，1999.

［10］ WANG Wenshao. Soil foundation problems in seismic design of hydraulic structures//WANG Wenshao's Proceedings about geotechnical engineering. Beijing：China Architecture & Building Press，1999：30 – 45.

［11］ Bray，J. D.，Sancio，R. B.，Durgunoglu，H. T.，Onalp，A.，Seed，R. B.，Stewart，J. P.，Youd，T. L.，Baturay，M. L.，Cetin，K. O.，Christensen，C.，Karadayilar，T.，and Emrem，C. "Ground Failure In Adapazari，Turkey." Proceedings of Earthquake Geotechnical Engineering Satellite Conference of the XVth International Conference on Soil Mechanics & Geotechnical Engineering，Istanbul，Turkey，August，2001，24 – 25.

［12］ Seed，H. B.，and Idriss，I. M. Ground motions and soil liquefaction during earthquakes，Earthquake Engineering Research Institute，Berkeley，CA，1982，134.

［13］ Andrews，D. C.，& Martin，G. R. Criteria for liquefaction of silty soils. 12th World Conf. on Earthquake Engineering（p. Paper No. 0312）. Upper Hutt，New Zealand：NZ Soc. for EQ Engrg，2000.

［14］ Seed R B，Cetin K O，Moss R E，et al. Recent advances in soil liquefaction engineering：a unified and consistent framework. 26th Annual ASCE Los Angeles Geotechnical Spring Seminar. Keynote Presentation，H. M. S. Queen Mary，Long Beach，California，2003，1 – 71.

［15］ Bray，J. D.，Sancio，R. B.，Durgunoglu，T.，Onalp，A.，Youd，T. L.，Stewart，J. P.，Seed，R. B.，Cetin，K. O.，Bol，E.，Baturay，M. B.，and Christensen，C. "Subsurface Characterization at Ground Failure Sites in Adapazari，Turkey." Journal of Geotechnical and Geoenvironmental Engineering，submitted，2003.

［16］ Bray，J. D.，& Sancio，R. B. Assessment of the liquefaction susceptibility of fine – grained soils. J. Geotech. Geoenviron. Eng.，2006，132，1165 – 1177.

［17］ Boulanger，R. W.，& Idriss，I. M.（2004）. Evaluating the liquefaction or cyclic failure of silts and clays. Univ. of Calif.，Davis，Calif.，Center for Geotech. Modeling.

［18］ Boulanger，R. W.，& Idriss，R. W. Liquefaction Susceptibility Criteria for Silts and Clays. J. of Geotech. and Geoenviron. Eng.，2006，132：11，1413 – 1424.

［19］ Sancio，R. B. "Ground Failure and Building Performance in Adapazari，Turkey"，Ph. D. Dissertation（in progress），supervised by Prof. J. D. Bray，University of California，Berkeley，2003.

［20］ Bray，J. D.，Sancio，R. B.，Riemer，M. F.，and Durgunoglu，T.（2004）. "Liquefaction susceptibility of fine – grained soils." 11th Int. Conf. on Soil Dynamics & Earthquake Engrg. & 3rd Int. Conf. on Earthquake Geotechnical Engrg.，Stallion Press，2004，655 – 662.

377

[21] 杨玉生，刘小生，赵剑明，等. 土石坝坝体和地基液化分析方法与评价. 水力发电学报，2011，30（6）：90-97.

[22] 刘启旺，杨玉生，刘小生，等. 标贯击数液化判别方法的比较. 地震工程学报，2015，37（3）：794-802.

[23] 杨玉生，刘小生，刘启旺，等. 地基砂土液化判别方法探讨. 水利学报，2010，41（9）：1061-1068.

300m 级山体爆破边坡安全控制开采技术

张正勇　石永刚　王建东

（中国水利水电第五工程局有限公司）

摘　要：P1 料场作为阿尔塔什水利枢纽工程大坝堆石料主要料场之一，其开采高差达 261m，为大坝提供堆石料超 700 万 m^3。在山体开采过程中，通过采用控制爆破、边坡预裂爆破、预留马道、预留曲线形边坡、边坡岩体变形监测等技术措施，总结完善了高边坡、大体量的山体开采边坡安全的技术要点，可供类似工程参考。

关键词：阿尔塔什；300m 级山体；爆破开采；边坡安全；控制措施

1　工程介绍

阿尔塔什水利枢纽工程是叶尔羌河干流山区下游河段的控制性水利枢纽工程，是国家 172 项重大水利工程之一。其挡水坝为混凝土面板砂砾石—堆石坝，坝顶高程 1825.8m，最大坝高 164.8m，坝顶宽 12m，坝长 795m，大坝合同填筑工程量达 2494 万 m^3，其中堆石料 1033 万 m^3，为大（1）型Ⅰ等工程。

P1 料场作为大坝爆破料最大的主供料场，位于坝址上游 1.7～2.5km 的库区左岸，周围无民房、耕地、重要建筑物等，料场地形呈 NNW 向的基岩山梁，相对高差 466m，坡面大部分基岩裸露，自然边坡 40°～60°。料场出露的岩性为石炭系上统塔哈奇组下段（C3t1）灰岩夹白云质灰岩，属中硬—坚硬岩，岩体单层厚 0.2～0.5m，岩体裂隙发育，完整性差。

2　边坡安全因素

P1 料场山体经过漫长的时间积累，处于较为稳定的状态。采用爆破作业对山体进行开采施工，尤其是将形成较高的人工坡面，会加剧或改变原有的岩层裂隙，打破山体内部原有平衡。需根据施工方法，分析影响边坡安全因素。由人工爆破开挖对边坡安全影响的因素主要是：爆破震动、边坡的坡度、高度、边坡表面岩石的风化程度、岩体破碎程度及支护方式等。

（1）爆破震动：较大的爆破规模或一次单响药量，破坏范围大，会产生较强的爆破震动，对预留边坡造成较大的影响以及二次破坏，导致岩石动态损伤加剧，岩体力学性质的劣化。

（2）边坡坡度：预留边坡坡度越陡峭，山体岩体滑移、垮塌等风险加剧。而为了达到良好的开采经济效果，人工开挖边坡坡度均较为陡峭，一般坡比为 1∶0.3，P1 料场预留边坡坡比也采用 1∶0.3。

（3）边坡高度：人工边坡坡度越高，一方面是岩层地质变化丰富（裂隙、软弱夹层、破碎带等）；另一方面形成的边坡高度大，意味着开挖时间长，坡面外露时间长，边坡安全风险将进一步增大。

（4）边坡表面岩石的风化程度：山体表面岩石的风化程度越高，其稳定性越差。而表面岩体处于边坡顶部，在后续作业过程中再受到爆破震动、雨水冲蚀等，会导致顶部风化岩体变形移动，形成较大风险。

（5）岩体破碎程度及支护方式：针对较高的人工开挖边坡，一般根据岩体破碎情况，会采取相应的支护方式。本次高边坡山体开采，未对边坡进行支护，而采取、控制爆破、变形监测等手段，保证作业安全。

3 控制爆破

爆炸作用对边坡的破坏主要是是爆破振动产生的，减轻爆破振动对边坡的破坏，可以从控制爆破振动和阻隔爆破振动两个主要方面来进行。

3.1 控制爆破振动方面

根据萨道夫斯基公式，爆炸引起的质点振动速度受一次单响药量影响，质点振动速度随药量的增大而增大，随距离的增大而减小。为了减少爆破作业对预留边坡的破坏，需要合理地制定爆破方案，控制爆破规模及单响药量。

爆区不同岩性的 K、α 值应通过现场试验确定；在无试验数据的条件下，可参考表1选取。

表 1 爆区不同岩性的 K、α 值

岩性	K	α
坚硬岩石	50～150	1.3～1.5
中硬岩石	150～250	1.5～1.8
软岩石	250～350	1.8～2.0

根据《爆破安全规程》（GB 6722—2014），露天深孔爆破作业下的永久性岩石高边坡安全允许质点振动速度为 8～12cm/s。同时，基于 P1 料场实际地质情况，K、α 分别取值 150、1.5，取爆源至测点的距离 30m，代入萨道夫斯基公式，单响药量控制到 300kg。

3.2 阻隔爆破振动方面

在靠近预留边坡位置，采用预裂爆破，预裂爆破边线为边坡坡面线。预裂爆破是采用不耦合装药，在主炮孔爆破之前先起爆布置在开挖线的预裂孔，在主爆区之前起爆，从而在其他炮眼未爆破之前先沿着开挖轮廓线预裂爆破出一条用以反射爆破地震应力波的裂缝，并且此方向裂缝的发展，势必阻止其他方向裂缝的产生及发展，并反射主爆区的应力波，减少爆破对预留边坡的破坏。经过现场适应，预裂爆破钻孔直径 90mm，装药药卷为 ϕ32mm 的 2 号岩石乳化炸药，不耦合装药系数 $\eta=2.81$，具体的预裂爆破施工参数见表2。

表 2 预裂爆破施工参数表

参数名称	孔深/m	孔径/mm	孔距/m	药卷直径/mm	线装药量/(kg/m)	低部线装药/(kg/m)	顶部线装药/(kg/m)	堵塞长度/m
参数值	15	115	1.0	32	0.5	1.5	0.25	2.0

4　预留近 W 形边坡

山体开挖预留边坡坡比为 1：0.3，为保证开采后预留边坡的安全稳定，每个开挖台阶边坡均留马道，马道宽度分别为 2m、2m、5m，即每 45m 高边坡留一个宽 5m 的马道。宽 5m 的马道对于高开挖边坡形成较强的支撑作用，加强边坡稳定性。同时，在各级马道外侧边缘 50cm 处均设置安全防护围栏，布设钢丝网片，能够拦截高处掉落的石渣，保证安全作业。

为了进一步的保证边坡安全，结合山体地形情况，爆破预留边坡呈 W 形进行预留，以此将对预留边坡形成较为良好的支撑，能够减少边坡变形位移。具体的山体开采预留边坡见图 1。

图 1　P1 料场开采后形象（W 形预留边坡）

5　变形监测

为了可靠的掌握预留边坡的安全动态，在开挖边坡上按照 30m×30m 网格设置钢筋头作为监测点，钢筋头为 50cm 长 ϕ25mm 钢筋，垂直深入边坡岩体 30cm，外露部分系红色布条。采用 GPS 系统和全站仪对监测点进行测量监控，监测周期为 1 周，全站仪采用莱卡 TS16，在无棱镜的情况下测量误差为 2mm＋2ppm/典型 3s。经过监测统计，边坡最大累计位移和周最大变化量分别为 27.56mm 和 6.24mm，并逐渐收敛，在 1 个月内达到基本稳定的情况，为作业施工提供了强有力的决策数据。

6　结语

随着各项大型工程的深入开展，山体或边坡开挖高度不断增加，边坡安全控制措施也需要逐步完善，综合统筹控制爆破、预裂爆破、变形监测等手段，并根据实际采用预留 W 形边坡，安全有效地完成了 300m 级山体开采，所总结的技术要点能够为类似工程提供借鉴。同时，在此感谢高级爆破工程师王建东对本文的悉心指导与帮助。

参 考 文 献

[1] 朱传统，梅锦煜. 爆破安全与防护. 北京：中国水利水电出版社，1990.

[2] 周敏. 露天矿山爆破安全问题与防治措施探讨. 科技创新与应用，2015，(15)：131.

[3] 李东阳. 复杂环境下的控制爆破安全技术. 工业安全与环保，2010，36 (12)：38 - 39.

[4] 许名标，彭德红. 边坡预裂爆破参数优化研究. 爆破与冲击，2008，28 (4)：355 - 359.

狭窄河谷当地材料坝关键技术研究

王恩辉

（新疆水利水电勘测设计研究院）

摘　要： 新疆某狭窄河谷水电站，挡水坝采用混凝土面板砂砾堆石坝，最大坝高101m，坝长141.3m，宽高比1：3，为改善不良地形缺陷，采用了上游围堰和坝体结合、趾板基础高趾墙兼作围堰防渗墙筑坝技术。表孔溢洪道为解决高水头消能，利用地形采用了陡坡台阶泄槽和扭曲坎加分流墩式挑流消能；导流兼深孔泄洪洞采用城门洞型无压洞，出口为充分消能降低对岸坡及下游发电厂房的破坏，经模型试验采用Y形窄缝式挑坎消能。本工程各建筑物之间结合地形地质条件，合理选型，紧凑布置，工程自2012年下闸蓄水以来，坝体及泄水建筑物运行正常，其坝体高趾墙及泄水建筑物消能坎的选型可为类似工程建设提供一定的参考价值。

关键词： 狭窄河谷；高趾墙；分流墩式挑流；Y形窄缝式挑流

1　概况

1.1　工程简介

新疆某水电站位于河流出山口狭窄河谷段，正常蓄水位1930.00m，总库容$1.298\times10^8m^3$，为不完全年调节水库，属大（2）型工程，坝址区地震基本烈度为Ⅷ度。挡水坝采用混凝土面板砂砾（堆石坝），最大坝高101m，其中底部高趾墙最大高度31.5m，坝长141.3m，宽高比1：3，为1级建筑物；枢纽布置利用左岸Ⅴ级阶地凸出山脊分高程分别布置导流兼深孔泄洪洞、发电洞和岸边表孔溢洪道；发电厂房布置于坝轴线下游约780m处的Ⅱ级阶地上。设计洪水标准为500年一遇，校核洪水标准为1000年一遇。

1.2　地形、地质条件

坝址区位于河流出山口的峡谷河段，河谷呈基本对称Ⅴ形，长约1.0km，为河流深切Ⅴ级阶地形成，两岸地势南高北低，峡谷上游段300m左右范围，两岸地势均较高，左岸高程在1935.00～1940.00m之间，右岸高程在1955.00～1970.00m之间；上游300m之后左岸地势骤降，右岸虽地势较高，高程在1945.00～1965.00m之间，但河谷已逐渐变宽，并且两岸覆盖层较厚。坝址区域左岸山体雄厚，岸坡较陡，坡度多在40°～80°，局部为陡坎，基岩裸露，山顶高程1915.00～1936.00m；右岸山体高陡，坡度多在50°～85°，局部近直立，基岩裸露，山顶高程1965.00～1970.00m；坝址现代河床宽8～16m，正常水位1930.00m处，谷宽约116m。出露岩性单一，岩性为华力西中期第二次侵入次黑云母花岗岩类。

2　混凝土面板堆石坝

本工程为降低河谷底部趾板开挖和浇筑难度，将坝体底部约1/3高度岸坡趾板采用河床高趾墙代替，同时，借鉴沥青心墙坝设计理念，将上游围堰与上游坝体相结合，高趾墙兼作围堰防渗墙。高趾墙最大高度31.5m，顶宽3m，最大底宽8m，上游侧为垂直坡，下游坡度1：0.172，墙体纵向10m设一条垂直伸缩缝，缝内设铜止水，基础位于基岩上，并对底部基岩进行固结和帷幕灌浆，帷幕控制标准为3Lu。在趾墙顶部与趾板之间设置宽3.0m水平连接板，以协调高趾墙与趾板间的不均匀沉降。

上游围堰与坝体结合在缩短了混凝土面板向上游的延伸距离，解决狭窄河谷中趾板布置的复杂性同时，增强了施工期导流调蓄能力并降低了场内道路布置难度。大坝典型剖面见图1。

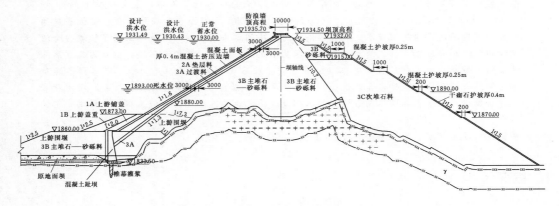

图1　大坝典型剖面图（单位：mm）

3　泄水建筑物体型设计

泄水建筑物布置轴线、消能方式、水流入河角度等条件决定着建筑体型的结构型式。本工程结合坝址区地质地形条件，将导流兼深孔泄洪洞和岸边溢洪道均布置在坝体左岸，导流兼深孔泄洪洞采用一次建成，施工期承担导流，运行期承担泄洪、冲砂和应急放空功能。由于泄洪水头高、泄量大，泄洪建筑物均采用挑流消能型式，同时由于河谷狭窄，挑流水舌如何不对岸坡基岩造成破坏和充分消能后不对下游发电厂房造成影响，成为工程设计的关键。

3.1　溢洪道体型设计

溢洪道设计泄量402.75m³/s，校核泄量537.78m³/s，受岸坡地形限制进口控制段轴线与坝轴线夹角90°，紧挨大坝左岸布置。为使溢洪道泄洪水流不对导流兼泄洪洞的泄洪造成影响，控制段后利用水平缓坡段（流速较低）设置弯道将泄槽段轴线尽量随地形走势布置，出口紧贴面板坝坝踵，使溢洪道出口和导流洞出口之间形成150m原始河道，避免了对导流兼泄洪洞的泄洪造成影响，挑流入河采用大角度扭曲后顺应河道走向。

（1）缓坡弯道段：缓坡坡度1/200，总长70.27m，其中转弯段长13.663m，转弯半径50m，转弯角度为15.66°，经模型试验测算最大流速7.6m/s，如不采取措施辅助措施存在凸岸水流小流量溢出边墙现象。通过设置凸岸贴角、底板设置斜向导向坎和正向导向坎试验对比，确定在弯道末端底板宽度一半设置3道正向导向坎，间隔5.0m，导向坎顶宽 0.3m，高 0.6m，上游垂直，下游坡比 1∶1。

（2）陡坡泄槽段：根据地形走势确定陡坡泄槽坡比 1∶1.25，长 140m（斜长），底宽 9m，槽深 10.0～5.0m，采用 C25 矩形槽整体式结构。为防止发生水流空蚀及出口水流影响导流洞出口泄流等问题，采用台阶消能，阶高 1m，宽 1.25m。模型试验中测定出泄槽及台阶陡槽段出现微小负压，最大负压值不过 $-0.69×9.81$kPa，各断面平均流速不足 20m/s，台阶的掺气特性良好，不致产生空蚀破坏。

（3）出口挑流段：坝踵下游至发电厂房尾水渠入河口段，河谷底宽不足 20m，为使挑坎水流不冲刷岸坡，对挑流坎部位进行转角扭曲，挑流坎采用折线形分流墩直墙挑坎，在泄槽反弧段末端将出口分成两孔，其中的水流均导向约 40°，形成两个纵向拉开水舌，在空中两水舌又交汇重叠，落入极其狭窄的河道。

溢洪道出口窄缝扭曲坎布置见图 2。

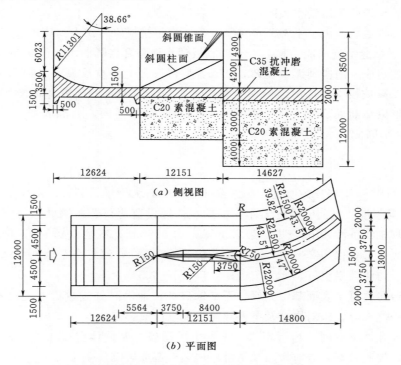

图 2　溢洪道出口窄缝扭曲坎布置图（单位：mm）

3.2　导流兼深孔泄洪洞体型设计

导流兼深孔泄洪洞除满足施工期导流度汛要求外，还需满足运行期泄洪、排砂、放空的要求。根据坝址区的地形地质条件，进行了左岸无压洞方案、右岸有压洞方案和左岸龙抬头式三个方案的布置比选。通过布置的合理性、经济性、运行管理便利性等方面综合比较，选取了左岸无压洞方案，由引渠段、岸塔式进水闸、洞身段、出口挑流段组成，全长589.363m。导流兼深孔泄洪洞进口底板高程 1843.00m，最大水头近 90m，闸井工作弧门存在局开震动问题、洞身段存在高速水流空化、空蚀等问题，同时，由于出口河床狭窄，挑流水舌影响两岸山体的关键问题。

（1）进水闸井：闸井长度30m，布置平板检修闸门和弧形工作闸门，闸井底板高程1843.00m，闸顶平台高程1934.50m，闸井高91.50m。根据水工模型试验成果，0+029处设置了通气槽，深0.45m，宽1.0m。检修闸门孔口尺寸$b×h=4m×6m$，采用平板门，进水口前部采用三向收缩。工作闸门采用弧形港闸门，孔口尺寸为满足施工期导流要求需设置为$b×h=4.0m×4.0m$，但运行期由于闸前水深大，为满足泄洪规模和洞身段无压要求需对闸门进行局部开启运行，开启范围在0.1～0.7之间。疆内已建类似工程闸门水弹性试验得出开度在0.2、0.6、0.8局开时，均会发生较严重闸门振动，对闸井运行非常不利。为此决定在施工期维持$4.0m×4.0m$孔口尺寸运行，在下闸蓄水之后对压坡段及弧门孔口进行改建，将工作弧门孔口尺寸$4.0m×2.5m$，宽度不变，高度方向压坡段及弧门顶眉进行改建，对已建压坡段下部增设钢衬，采用锚筋将原上部压坡混凝土与钢衬进行连接，钢衬与原压坡之间空腔采用泵送自密实微膨胀混凝土回填。弧门采用全开、全关的运行方式，事故平板门采用动水关闭，静水开启运行方式。

（2）出口挑流段：由于下游河谷狭窄，为了满足挑流水舌挑入河床中心，经模型试验分析采用Y形窄缝挑流消能，长12.5m。底板迎水面首部接隧洞出口设0.8m平直段，后部由两段圆弧组成，前段圆弧半径22.427m，后段圆弧为挑坎反弧段半径5.0m，尾部为0.5m长1:1降坡段。断面由起始端的$b×h=4.0m×8.0m$矩形断面渐变为底宽Y形束窄断面。Y形束窄断面底部高度1.386m，宽1.5m矩形断面，上部8.0m为底宽1.5m，顶宽4.0m梯形断面。

4 结语

大坝于2010年年初开始填筑，2011年11月30日大坝填筑到顶。水库于2012年7月28日下午下闸蓄水，目前已运行6年，根据坝体埋设监测仪器监测得知，坝体最大沉降发生在坝轴线下游40m范围，最大沉降量为492mm，不足坝高1%，坝体填筑料顺轴线方向最大位移量仅为25mm，坝体渗水量不足20L/s，河谷高趾墙断面选择合理，坝体填筑质量、防渗效果良好。

溢洪道台阶混凝土表面基本完好，无空蚀破坏，泄洪时分流墩将水流拉成两条水舌，空中交叠，消能充分，未对岸坡及下游导流洞泄洪造成影响。

导流兼深孔泄洪洞闸门运行正常，未发生震动破坏和闸体混凝土开裂破坏，出口Y形挑坎对水流控制较好，未对岸坡及下游厂房运行造成影响。

通过对本工程坝体及泄水建筑物布置及体型的研究，不仅为该工程的设计、施工提供了可靠依据，其研究成果也加深对类似面板砂砾堆石坝坝体结构及岸边泄水建筑物体型选择的深入研究。

参 考 文 献

[1] 王恩辉. 新疆狭窄河谷混凝土面板堆石坝设计. 西北水电，2015，(1).
[2] 洪新. 狭窄河谷当地材料坝泄水建筑物布置及体型设计. 水利水电技术，2013，(7)：43.
[3] 汪洋. 狭窄河谷混凝土面板堆石坝设计的一种创新与实践. 水利水电技术，2012，(9)：43.

防渗抗裂剂和 PVA 纤维对混凝土性能的影响研究

吕兴栋[1,2]　董芸[1,2]　孟涛[3]

（1. 长江水利委员会长江科学院；2. 水利部水工程安全与病害防治工程技术研究中心；
3. 新疆新华叶尔羌河流域水利水电开发有限公司）

摘　要：研究了单掺 PVA 纤维、单掺 WHDF 防渗抗裂剂和复掺 PVA 纤维与 WHDF 防渗抗裂剂对混凝土和易性、混凝土早期开裂性能、力学性能、体积稳定性、绝热温升和抗渗性能的影响，同时通过扫描电镜研究了 WHDF 防渗抗裂剂对混凝土界面的影响。结果表明：WHDF 可以增加混凝土拌和物的黏稠度，提高混凝土拌和物的抗离析性能和保水保坍性能，改善现场混凝土施工和易性；单掺 WHDF 防渗抗裂剂和单掺 PVA 纤维可以有效地提高混凝土抗裂性能和抗渗性能；复掺 PVA 纤维和 WHDF 防渗抗裂剂与单掺 PVA 纤维相比，并没有产生明显的优势叠加效应。

关键词：WHDF 防渗抗裂剂；PVA 纤维；混凝土性能

1　概述

国内外混凝土面板堆石坝工程实践表明，面板混凝土存在普遍的混凝土裂缝问题。阿尔塔什水利枢纽所在地气温年变化较大，日温差大，空气干燥，日照长，蒸发强烈，降水量稀少。极端最高气温 39.6℃，极端最低气温 −24℃，多年平均降水量 51.6mm，多年平均蒸发量 2244.9mm，蒸发量远大于降雨量。因此，该工程对面板混凝土的抗裂性能提出了更高的要求，同时，工程还需考虑该地区气候干燥，水分蒸发量大等恶劣的气候环境因素对混凝土施工带来的不利影响。

从材料设计角度，应尽可能减小面板混凝土在水化硬化过程中的收缩变形，提高混凝土材料的抗拉强度，使混凝土具有低绝热温升、高抗拉强度、低收缩、低弹性模量、高极限拉伸特性。提高面板混凝土抗裂性能的主要途径有：①选用 C2S、C4AF 含量高的水泥；②采用高品质的矿物掺和料；③采用低弹性模量、低线膨胀系数的骨料；④合理使用外加剂；⑤采用人工合成纤维等。目前，水电工程常用的纤维有聚乙烯醇纤维（PVA 纤维）、纤维素纤维、聚丙烯纤维（PP 纤维）、聚丙烯腈纤维（PAN 纤维）和钢纤维等。在面板混凝土中掺加适量的纤维是目前混凝土面板堆石坝工程实践中较为普遍的做法，如水布垭水电站面板混凝土复掺了钢纤维与聚丙烯腈纤维，蒲石河抽水蓄能电站上水库面板混凝土则复掺了聚丙烯纤维和膨胀剂，洪家渡面板混凝土中掺加了聚丙烯纤维和氧化镁。仙游抽水蓄能电站上水库主坝面板混凝土采用了纤维素纤维。

在气候干燥、水分蒸发量大的地区施工，混凝土的拌和性能至关重要，直接影响混凝土后期性能的发展。WHDF 防渗抗裂剂可以有效地改善混凝土拌和性能，使混凝土黏聚性大大改善，使得混凝土不泌水、不离析。WHDF 防渗抗裂剂主要是通过促进水泥水化程度，激发矿物掺和料的二次水化反应，提高水化产物中凝胶产量，降低孔隙率，改善界面过渡区，从而使混凝土具有良好的抗裂性能。WHDF 防渗抗裂剂已在小溪口水电站、肯斯瓦特水利枢纽工程、潘口水电站和水布垭水电站等工程中应用，抗裂效果明显。

2 原材料及试验方法

2.1 原材料

（1）水泥：采用新疆天山水泥股份有限公司生产的 42.5 普通硅酸盐水泥（简称 P·O42.5 水泥），其化学成分见表 1，水泥的物理力学性能见表 2。

（2）粉煤灰：采用喀什华电粉煤灰厂生产的 Ⅰ 级粉煤灰，原料化学成分见表 1，粉煤灰的品质指标见表 3。

（3）骨料：采用阿尔塔什水利枢纽工程施工现场人工灰岩骨料，细骨料品质检验结果见表 4。为防止面板混凝土滑膜施工骨料分离，粗骨料采用二级配，其中中石∶小石 = 50∶50，粗骨料品质检验结果见表 5。

（4）外加剂：采用聚羧酸高性能减水剂和引气剂，引气剂掺量以使混凝土含气量达到 4.0%～5.0% 为准。

（5）纤维：采用 PVA 纤维，纤维相关技术参数见表 6。

（6）防渗抗裂剂：采用 WHDF 防渗抗裂剂，其相关技术参数见表 7。水泥净浆不同时间的流动度试验见图 1。从图 1 可以看出，掺加 WHDF 防渗抗裂剂可有效改善水泥净浆黏聚性，使得水泥浆体保水性和黏聚性能得到提高，进而改善混凝土和易性能。

表 1　　　　　　　　　　　　　原材料化学成分表　　　　　　　　　　　　　%

原材料	CaO	SiO$_2$	Al$_2$O$_3$	Fe$_2$O$_3$	MgO	SO$_3$	R$_2$O
P·O42.5 水泥	62.16	20.98	4.79	3.39	1.65	3.26	1.08
华电 Ⅰ 级粉煤灰	7.04	54.35	21.08	10.01	2.26	2.40	0.86

表 2　　　　　　　　　　　　　水泥的物理力学性能表

水泥品种	密度/(kg/m³)	标准稠度/%	安定性	凝结时间/min		抗折强度/MPa			抗压强度/MPa		
				初凝	终凝	3d	7d	28d	3d	7d	28d
P·O42.5 水泥	3070	27.2	合格	103	168	5.5	6.9	8.3	24.7	35.5	47.3

表 3　　　　　　　　　　　　　粉煤灰的品质指标表

粉煤灰品种	细度/%	含水量/%	比表面积/(m²/kg)	需水量比/%	表观密度/(kg/m³)
华电 Ⅰ 级粉煤灰	9.3	0.3	301	94	2390

表 4　　　　　　　　　　　　　细骨料品质检验结果表

种类	表观密度/(kg/m³)	饱和面干吸水率/%	坚固性/%	云母含量/%	石粉含量/%	细度模数
细骨料	2700	1.51	3.9	0	10.4	3.14

388

表5			粗骨料品质检验结果表		
名称	表观密度/(kg/m³)	饱和面干吸水率/%	针片状含量/%	坚固性/%	压碎指标/%
小石	2710	0.4	3.0	3.0	10.7
中石	2720	0.2	0	1.8	—

表6		纤维相关技术参数表		
纤维品种	断裂伸长率/%	长度/mm	断裂强度/MPa	弹性模量/GPa
JK-2 螺旋形	7.8	12.5	2170	45.8

表7	WHDF 相关技术参数表		
简称	不溶物/%	pH 值	密度/(g/mL)
WHDF	2.8	2.0～4.0	1.09±0.02

（a）掺2%WHDF 防渗抗裂剂(10min)　　　　（b）空白样(10min)

（c）掺2%WHDF 防渗抗裂剂(20h)　　　　（d）空白样(20h)

图1　水泥净浆不同时间的流动度试验图

2.2　试验方法及配合比

混凝土拌和、成型和养护均按照《水工混凝土试验规程》（SL 352—2006）的有关方法进行。采用《混凝土结构耐久性设计与施工指南》（CCES 01：2004）方法，对混凝土进行了平板法抗裂性能试验。将混凝土拌和物湿筛以剔除大于20mm的粗骨料，在平板试模中成型、振实、抹平，随后立即用湿麻袋覆盖，保持环境温度为 25℃±2℃，相对湿度为 60％±5％。2h 后将湿麻袋取下，用风扇吹混凝土表面，记录试件开裂时间、裂缝数量、裂缝长度和宽度。采用了试验配合比见表 8。采用 JSM-5610LV 型扫描电子显微镜观察微观形貌。

表 8　　　　　　　　　试验配合比表

编号	水胶比	砂率/％	粉煤灰掺量/％	WHDF防渗抗裂剂/％	纤维品种/掺量/(kg/m³)	减水剂/％	引气剂/万	混凝土材料用量/(kg/m³)				
								水	水泥	粉煤灰	砂	石
JZ-1	0.42	42	20	—	—	1.0	0.5	129	246	61	817	1132
AXW-1				—	广州建克/0.8	1.0	0.5	130	248	62	815	1129
WH-1				2	—	1.0	0.5	127	242	60	821	1138
WH-2				2	广州建克/0.8	1.0	0.5	128	244	61	819	1135

3　试验结果与分析

3.1　拌和物性能

混凝土拌和物性能见表 9。

表 9　　　　　　　　　混凝土拌和物性能表

编号	水胶比	砂率/％	WHDF 防渗抗裂剂/％	纤维品种/掺量/(kg/m³)	坍落度/mm	含气量/％
JZ-1	0.42	42	—	—	80	4.5
AXW-1			—	广州建克/0.8	75	4.4
WH-1			2	—	85	4.6
WH-2			2	广州建克/0.8	80	4.5

3.2　抗压强度

混凝土抗压强度试验结果见表 10。以单掺粉煤灰混凝土的 7d、28d 和 90d 抗压强度作为基准值，计算了不同方案的强度比值。试验结果表明：①单掺 PVA 纤维可以使混凝土 28d 和 90d 抗压强度略有提高。②单掺 WHDF 防渗抗裂剂或复掺 WHDF 防渗抗裂剂与 PVA 纤维的混凝土不同龄期的混凝土抗压强度较基准混凝土均略有降低。

表 10　　　　　　　　　混凝土抗压强度试验结果表

编号	水胶比	砂率/％	WHDF 防渗抗裂剂/％	纤维品种/掺量/(kg/m³)	抗压强度/MPa			抗压强度比值/％		
					7d	28d	90d	7d	28d	90d
JZ-1	0.42	42	—	—	31.0	37.9	51.9	100	100	100
AXW-1			—	广州建克/0.8	30.8	38.4	52.2	99	101	101
WH-1			2	—	30.0	37.5	51.1	97	99	98
WH-2			2	广州建克/0.8	30.5	37.7	50.5	98	99	97

3.3 变形性能

（1）极限拉伸值。混凝土极限拉伸值试验结果见表11。以单掺粉煤灰混凝土的7d、28d和90d极限拉伸值作为基准值，计算了不同方案的极限拉伸值比值。试验结果表明：单掺WHDF防渗抗裂剂和复掺WHDF防渗抗裂剂与PVA纤维均可以一定程度的提高混凝土28d极限拉伸值，复掺WHDF防渗抗裂剂与PVA纤维对极限拉伸值提高效果更明显，但复掺WHDF防渗抗裂剂与PVA纤维与单掺PVA纤维相差并不明显。

表11　　　　　　　　　　　混凝土极限拉伸值试验结果表

编号	水胶比	砂率/%	WHDF防渗抗裂剂/%	纤维品种/掺量/(kg/m³)	极限拉伸值/×10⁻⁶			极限拉伸值比值/%		
					7d	28d	90d	7d	28d	90d
JZ-1	0.42	42	—	—	95	105	117	100	100	100
AXW-1			—	广州建克/0.8	100	111	122	105	106	104
WH-1			2	—	97	107	121	102	102	103
WH-2			2	广州建克/0.8	96	108	123	101	103	105

（2）干缩。混凝土干缩影响的趋势见图2。从图2可以看出：单掺WHDF防渗抗裂剂，混凝土干缩略有降低，与基准混凝土接近；复掺WHDF防渗抗裂剂与PVA纤维，混凝土干缩降低更加明显，但与单掺PVA纤维相差并不明显。

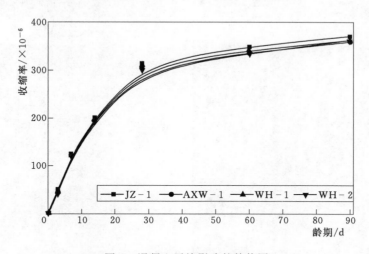

图2　混凝土干缩影响的趋势图

3.4 平板抗裂

混凝土平板抗裂试验结果见表12，混凝土平板抗裂试验见图3。由此可以看出：与基准混凝土相比，单掺WHDF防渗抗裂剂和PVA纤维的混凝土抗裂等级从Ⅱ级提高到Ⅰ级。单掺PVA纤维的抗裂性能略优于单掺WHDF防渗抗裂剂的，复掺WHDF防渗抗裂剂与PVA对混凝土抗裂改善效果更明显。

表 12 混凝土平板抗裂试验结果表

编号	水胶比	砂率/%	WHDF防渗抗裂剂/%	纤维品种/掺量/(kg/m³)	开裂时间/min	平均开裂面积 A/(mm²/根)	单位面积裂缝数目 B/(根/m²)	单位面积开裂面积 C/(mm²/m²)	抗裂性等级
JZ-1			—	—	405	8.0	13.9	114	Ⅱ
AXW-1	0.42	42	—	广州建克/0.8	495	2.1	4.2	8.8	Ⅰ
WH-1			2	—	480	3.2	3.8	12.2	Ⅰ
WH-2			2	广州建克/0.8	0	0	0	0	Ⅰ

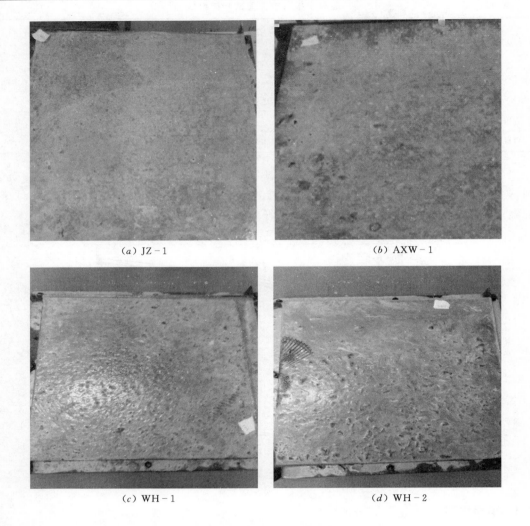

(a) JZ-1   (b) AXW-1

(c) WH-1   (d) WH-2

图 3　混凝土平板抗裂试验

3.5　抗渗性能

　　混凝土抗渗性能试验结果见表 13。混凝土平均渗水高度为 JZ-1＞AXW-1＞WH-2＞WH-1，各试验方案可以不同程度地提高混凝土抗渗性能，其中单掺 WHDF 防渗抗裂剂对抗渗性能改善更为明显。复掺 WHDF 防渗抗裂剂和 PVA 纤维的混凝土平均渗水高度高于单掺 WHDF 防渗抗裂剂的。这表明两者复合对混凝土抗渗性能并未形成明显的优势叠加效应。

3.6 绝热温升

绝热温升关系到大坝施工中的温度控制，是大坝混凝土的一项重要性能。混凝土绝热温升曲线见图 4。掺加 WHDF 防渗抗裂剂的混凝土 28d 绝热温升值略低于未掺加 WHDF 防渗抗裂剂的，这可能是因为掺加 WHDF 防渗抗裂剂的混凝土单位胶凝材料用量相对较少造成的。同时，掺加 WHDF 防渗抗裂剂可以一定程度地降低混凝土早期绝热温升。单掺 WHDF 防渗抗裂剂和复掺 WHDF 防渗抗裂剂和 PVA 纤维的混凝土绝热温升值比较接近。

表 13　　　　　　　　　　混凝土抗渗性能试验结果表

编号	水胶比	砂率 /%	WHDF 防渗抗裂剂/%	纤维品种/掺量 /(kg/m³)	平均渗水高度 /mm	抗渗等级
JZ－1			—		4.3	＞W12
AXW－1	0.42	42	—	广州建克/0.8	3.6	＞W12
WH－1			2		2.5	＞W12
WH－2			2	广州建克/0.8	3.0	＞W12

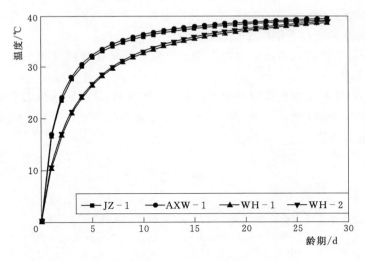

图 4　混凝土绝热温升曲线图

3.7 微观形貌

掺 WHDF 防渗抗裂剂养护 7d 的混凝土 SEM 见图 5。从图 5 可以看出，空白样混凝土界面间存在明显的裂隙，这是不利于提高混凝土抗裂性能的。掺加 WHDF 防渗抗裂剂的混凝土，界面不存在微裂隙，水化产物结晶分布均匀，C－S－H 凝胶量明显增多，水化产物生长更为均匀，水化产物的结构更为密实。

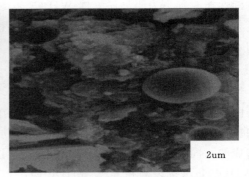

（a）空白样　　　　　　　　　　　（b）掺2%WHDF防渗抗裂剂

图5　掺WHDF防渗抗裂剂养护7d混凝土SEM

4　结论

（1）WHDF防裂抗渗剂可以改善混凝土拌和物性能，增加混凝土拌和物的粘稠度，使混凝土具有更好的流动性和保水性。在减水剂掺量不变的条件下可以降低混凝土用水量$2\sim3\mathrm{kg/m^3}$。

（2）掺WHDF防渗抗裂剂的混凝土抗压强度略有降低，干燥收缩率较基准混凝土有不同程度的降低，掺WHDF防渗抗裂剂极限拉伸值略有提高。WHDF防渗抗裂剂有助于提高混凝土的韧性，同时，可一定程度上补偿混凝土干燥收缩，一定程度的降低混凝土早期绝热温升，这有益于改善混凝土抗裂性能。

（3）掺WHDF防渗抗裂剂可以将混凝土抗裂等级从Ⅱ级提高到Ⅰ级，并明显地可改善混凝土抗渗性能。

（4）复掺WHDF防渗抗裂剂和PVA纤维与单掺WHDF防渗抗裂剂对混凝土力学性能和变形性能影响差别较小，复掺WHDF防渗抗裂剂与PVA纤维对混凝土性能并未形成明显的优势叠加效应。

参 考 文 献

[1]　董芸，杨华全. 水布垭工程面板混凝土抗裂性试验研究. 人民长江，2007，38（7）：115-117.

[2]　胡应新，赵正，刘天云，等. 仙游抽水蓄能电站上水库主坝面板混凝土配合比及抗裂性能研究与应用. 水利水电技术，2013，（44）2：51-54.

[3]　冯林，黄如卉，李艳萍，等. 蒲石河抽水蓄能电站上水库面板混凝土抗裂性试验研究. 水利发电，2012，5（38）：24-27.

[4]　杨泽艳，何金荣，罗光其. 洪家渡200m级高面板坝石坝面板混凝土防裂技术. 水利发电，2008，7（34）：59-63.

[5]　喻幼卿，汪金元，李定或，等. WHDF增强密实（抗裂）剂对改进面板砼抗裂性能的影响. 水力发电学报，2006，25（4）：112-116.

[6]　张世侃，杨晓明. 小溪口面板堆石坝的设计和实践. 湖北水力发电，2003，53（4）：4-7.

[7]　贺传卿，王怀义. 掺加WHDF抗裂减渗剂对面板混凝土防裂影响研究. 粉煤灰，2016，（3）：

33 - 35.

[8] 李振连，陈连军，张丹. 潘口水电站堆石坝混凝土面板施工. 人民长江，2012，43（16）：45 - 48.

[9] 计涛，纪国晋，陈改新. 低热硅酸盐水泥对大坝混凝土性能的影响. 水力发电学报，2012，31（4）：207 - 210.

水布垭水利枢纽工程混凝土面板坝
堆石体安全监测成果分析

徐昆振　段国学

（长江勘测规划设计研究有限责任公司）

摘　要： 本文简要介绍了水布垭水利枢纽工程混凝土面板堆石坝施工期和运行期的堆石体内部和表面变形以及坝体渗漏量的监测资料分析成果，总结了各监测指标的变化特点和规律。水布垭混凝土面板坝堆石体监测成果较准确地反映了面板坝的各项性态变化，为验证设计和安全评价提供了依据。

关键词： 面板堆石坝；资料分析；坝体变形；坝体渗漏

1　概述

　　水布垭水利枢纽工程混凝土面板堆石坝为目前世界上最高的混凝土面板堆石坝，坝顶高程 409.00m，坝顶长度 674.66m，最大坝高 233.2m。大坝上游坝坡 1：1.4，下游平均坝坡 1：1.46，面板面积 13.87 万 m^2。坝址两侧岸坡高峻陡峭，谷坡总体上呈不对称 V 形。工程自 2001 年开始施工准备，2002 年 10 月下旬截流，2002 年 11 月主体工程施工，2007 年 7 月第一台机组发电，2008 年 9 月底工程完建，11 月 2 日水库水位达到 399.51m，接近正常蓄水位 400.00m。从安全监测的结果来看，水布垭混凝土面板坝坝体变形控制良好，变形已基本趋于收敛，坝体渗漏量较小，大坝运行是安全的。本文对截至 2015 年年底的面板坝堆石坝主要监测资料成果进行了分析。

2　堆石体分层沉降

2.1　监测仪器布置

　　为监测堆石体内部体沉降和水平位移，在大坝堆石体 0＋132、0＋212 和 0＋356 的 3 个监测断面的高程 235.00m、265.00m、300.00m、340.00m 和 370.00m 上共布设了 11 条水管式沉降仪测线和钢丝水平位移计（各 70 个测点），水管式沉降仪测点与水平位移测点一一对应。河床中部 0＋212 断面是坝高最大的断面，河床中部 0＋212 监测断面仪器布置见图 1，右岸 0＋356 监测断面仪器布置见图 2。

2.2　实测沉降成果

　　截至 2015 年 12 月，0＋132 断面最大沉降为 1724mm，位于高程 340.00m；0＋212 断面高程 340.00m 和 300.00m，最大沉降分别为 2.610m 和 2.583m，两者可看作是该断面沉降最大的测点，最大沉降约占坝高的 1.12％，位于坝体中上部；0＋365 断面最大沉降为 1948mm，位于高程 340.00m。

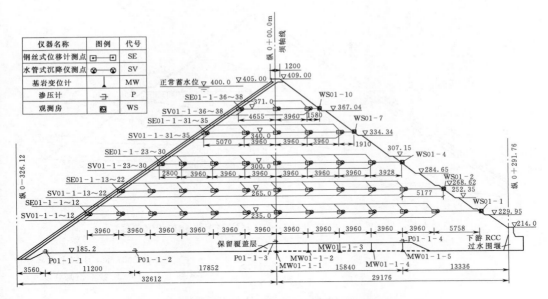

图 1　河床中部 0＋212 监测断面仪器布置图（单位：cm）

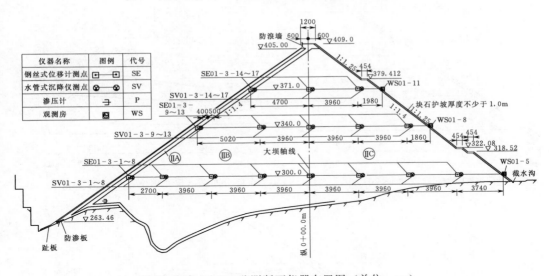

图 2　右岸 0＋356 监测断面仪器布置图（单位：cm）

从断面上实测沉降的分布来看，坝体中间沉降最大，同高程平面上向坝体上游面和向下游面渐小，不同高程上则向坝顶和向基础渐小，符合堆石坝的内部沉降分布特点。左岸 0＋132 断面、河床中部 0＋212 断面、右岸 0＋365 断面实测分层沉降分布分别见图 3～图 5，0＋212 断面沉降等值线分别见图 6～图 8。

0＋212 断面不同高程最大沉降测点沉降过程曲线见图 9，0＋212 断面高程 340.00m 沉降最大测点实测及拟合沉降过程曲线见图 10。以 0＋212 断面最大沉降测点（SV01－1－34）为例，水库蓄水前坝体填筑过程的沉降量和 2007 年蓄水过程中的沉降增量分别约占 2015 年 12 月沉降量的 85％和 5％，2007 年 9 月水库蓄水后至 2015 年 12 月增加的沉降量仅占

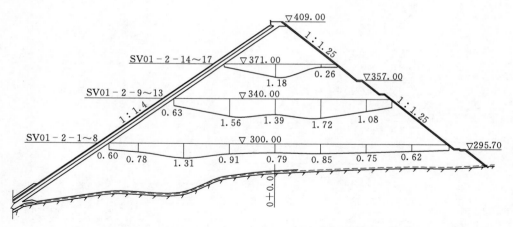

图 3 左岸 0+132 断面 2015 年 12 月 22 日实测沉降分布图（单位：m）

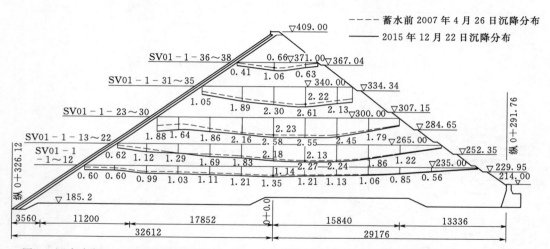

图 4 河床中部 0+212 断面 2015 年 12 月 22 日实测沉降分布图（尺寸单位：cm，沉降单位：m）

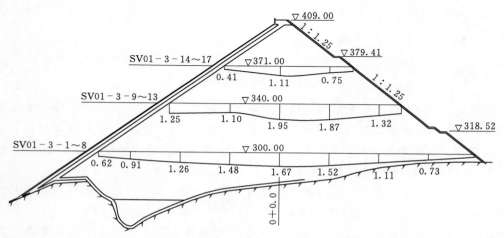

图 5 右岸 0+365 断面 2015 年 12 月 22 日实测沉降分布图（单位：m）

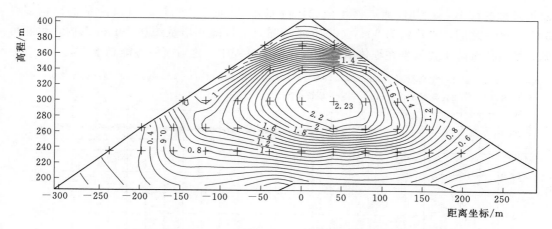

图 6 河床中部 0+212 断面 2007 年 4 月 26 日蓄水前沉降等值线图

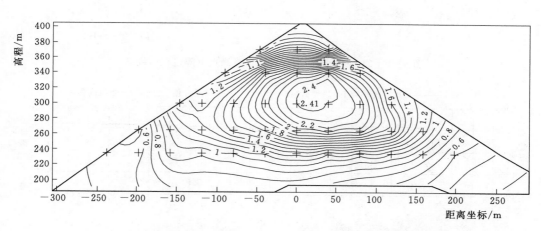

图 7 河床中部 0+212 断面 2007 年 9 月 30 日蓄水后沉降等值线图

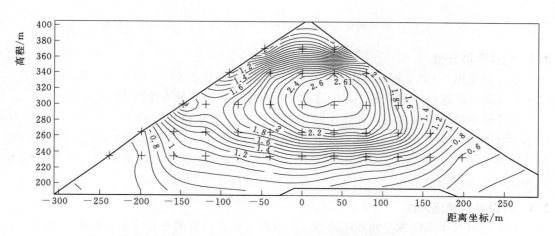

图 8 河床中部 0+212 断面 2015 年 12 月 22 日沉降等值线图（单位：m）

总沉降量的约 10%。其他测点蓄水前的沉降量占 2015 年 12 月 22 日沉降量的比例多在 60%～90% 之间，平均约为 80%。2015 年各测点的沉降年增量约在 10mm 以内。由此可知，堆石体沉降主要发生在坝体填筑和水库蓄水过程中，之后沉降逐渐趋于收敛。

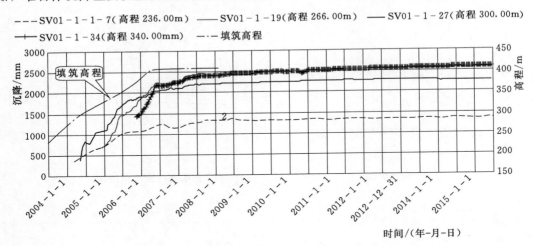

图 9　0＋212 断面不同高程最大沉降测点沉降过程曲线图

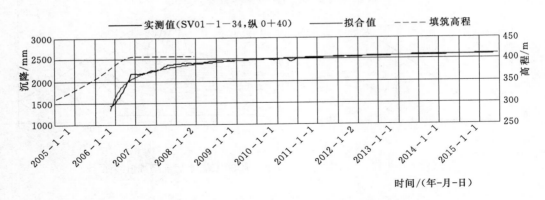

图 10　0＋212 断面高程 340.00m 沉降最大测点实测及拟合沉降过程曲线

2.3　统计模型分析

通过对坝体 0＋212 断面高程 300.00m 沉降最大的测点 SV01－1－27（横向桩号 0＋0.00）实测沉降进行回归分析，其拟合值及各分量过程曲线分别见图 11 和图 12。

统计模型分析结果表明，坝体沉降主要发生在堆石体填筑过程中，至 2015 年 12 月 19 日实测沉降量为 2583mm，填筑高度分量约为 2212mm，占总沉降量的 85.6%；水位分量约为 200mm，占总沉降量的 7.8%；从坝体填筑完时起算的时效分量（流变）约为 168mm，占总沉降量的 6.6%。2015 年时效分量的年增量约为 10mm。

2.4　与理论计算值对比

不考虑堆石体流变效应的不同模型三维有限元静力计算的水布垭水利枢纽工程混凝土面板堆石坝蓄水期坝体最大沉降在 1.36～1.92m 之间，位于坝体中部 1/2 坝高处。然而

400

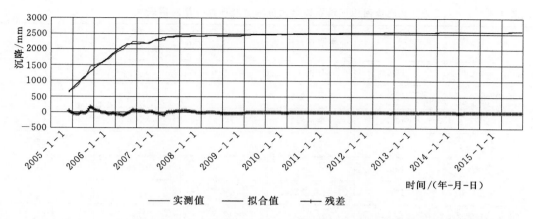

图 11　0＋212断面高程300.00m测点SV01-1-27分层沉降拟合值过程曲线图

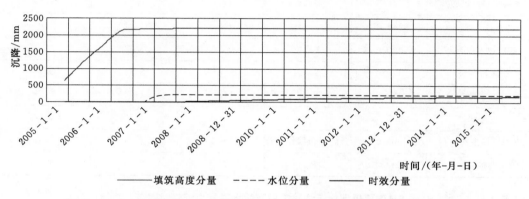

图 12　0＋212断面高程300.00m测点SV01-1-27分层沉降分量过程曲线图

实测沉降比理论计算值略大，这主要是计算参数和假定与实际不完全一致，特别是实测的堆石体流变变形导致的沉降占有较大比重所致。

3　堆石体压缩模量

以0＋212断面坝轴线（纵0＋00.0）不同高程的水管式沉降仪测点沉降量反演堆石体的压缩模量，通过计算施工期压缩模量约在100.7～161.3MPa之间，平均约为122.6MPa。与国内外其他面板坝压缩模量的对照（见表1和表2）。

从表1和表2中可知，百米级面板堆石坝最大沉降量一般为坝高的1%左右，水布垭水利枢纽工程混凝土面板坝在竣工期（蓄水前）最大沉降量为2.23m，约占坝高0.95%，蓄水期至2015年12月最大沉降为2.61m，约占坝高1.12%，实测沉降属正常水平。

水布垭水利枢纽混凝土面板坝堆石体压缩模量约为122.6MPa，属较高范围，如澳大利亚塞赛拉坝（坝高110m）施工期压缩模量在138～185MPa之间，平均约为145MPa，三板溪水电站坝（坝高185.5m）施工期压缩模量平均为111.7MPa。总的看来，水布垭水利枢纽工程混凝土面板坝施工期压缩模量较高，表明其填筑质量较好，堆石体变形得到了较好的控制。

表 1 　已建面板坝堆石体最大沉降量及压缩模量对照表

坝 名	坝高/m	主堆石材料	压缩模量/MPa	最大沉降量/m	最大沉降与坝高比/%
塞赛拉（澳大利亚）	110.0	石灰岩	145.0	0.45	0.40
芹山	120.0	凝灰岩	—	0.83	0.69
白溪	124.4	凝灰岩	79.5	0.83	0.66
街面	126.0	砂岩	—	0.84	0.67
引子渡	129.5	—	—	0.76	0.64
珊溪	132.5	灰岩和砂砾石	—	0.91	0.68
辛戈（巴西）	140.0	花岗岩	32.0	2.90	2.07
塞格雷多（巴西）	145.0	玄武岩	45.0	2.23	1.53
龙首二级	146.0	—	—	1.51	1.03
阿里亚（巴西）	160.0	玄武岩	37.5	3.58	2.24
天生桥一级	178.0	石灰岩	约45.0	3.36	1.89
洪家渡	179.5	—	147.6	1.36	0.76
三板溪	185.5	—	111.7	1.75	0.94
巴贡（马来西亚）	205.0	杂砂岩和部分页岩	96.4	2.27	1.13
水布垭	233.0	灰岩	122.6	2.61	1.12

表 2 　已建面板坝堆石体竣工期及蓄水期最大沉降对照表

坝 名	坝高/m	竣工期（坝体填筑完毕）		蓄水期	
		沉降量/m	与坝高比/%	沉降量/m	与坝高比/%
洮河	102.0	0.61	0.59	0.64	0.63
鲤鱼塘	105.0	1.00	0.95	1.10	1.05
鱼跳	110.0	0.82	0.75	0.85	0.77
董箐	150.0	1.80	1.20	2.07	1.37
巴山	155.0	0.72	0.46	0.82	0.53
紫坪铺	156.0	0.83	0.53	0.86	0.55
洪家渡	179.5	1.32	0.74	1.36	0.76
水布垭	233.0	2.23	0.96	2.61	1.12

4　堆石体下游坝面表面变形

堆石体下游坝面不同高程共布有 42 个表面位移测点，其中 31 个在坝面上，11 个在观测房处。

4.1 下游坝面水平位移

下游坝面靠河床中部不同高程典型测点实测向下游位移过程线见图 13，向下游位移分布见图 14 和图 15。

2015 年 12 月，实测坝体下游面向下游位移最大值为 96.0mm，从位移分布看，横向上靠河床中部大，向左、右岸渐小，高程上顶部大，下部小。向下游位移的年增量逐年减小，2015 年坝顶中部向下游水平位移年增量最大值为 5.9mm，沉降最大的测点 SA2 - 5（对应面板 R5 处）的向下游位移年增量为 5.6mm。

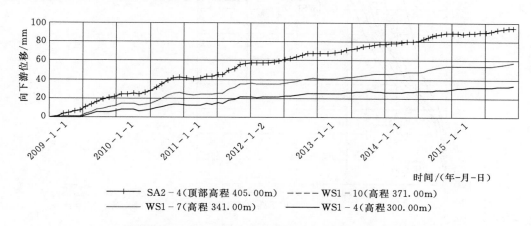

图 13　下游坝面靠河床中部不同高程典型测点实测向下游水平位移过程曲线图

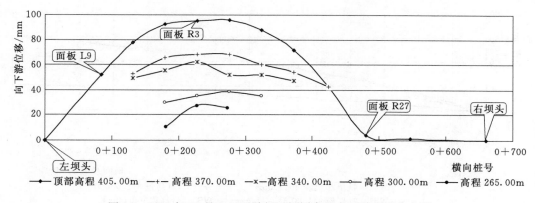

图 14　2015 年 12 月 3 日下游坝面不同高程向下游位移分布图

4.2 下游坝面表面沉降

下游坝面靠河床中部的不同高程实测沉降过程曲线见图 16，沉降分布见图 17 和图 18。

2015 年 12 月，实测坝体下游面最大的沉降为 156.6mm，从沉降分布看，横向上靠河床中部大，向左、右岸渐小；高程上顶部大，下部小。沉降年增量逐年减小，2015 年坝顶中部沉降最大的测点 SA2 - 4（对应面板 R3 处）的年增量为 11.3mm。

从以上监测成果可以看出，水库蓄水后下游坝面主要以沉降和向下游方向位移为主，

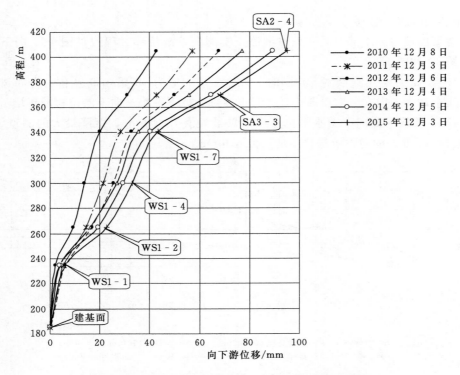

图 15　下游坝面靠河床中部向下游位移沿高程分布图

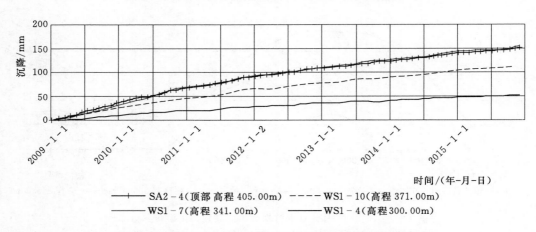

图 16　下游坝面靠河床中部的不同高程实测沉降过程曲线图

是堆石体自重和上游库水作用产生的流变变形。目前变形速率在进一步减缓，各方向位移年增量约在 10mm 以内，变形基本稳定。

5　坝体渗漏量

5.1　实测成果

水布垭混凝土面板堆石坝矩形量水堰布置在下游坝脚，利用 RCC 围堰汇集大坝坝体

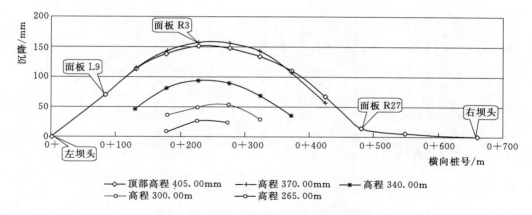

图 17 2015 年 12 月 3 日下游坝面不同高程沉降分布图

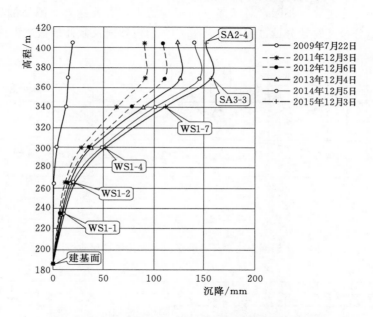

图 18 下游坝面靠河床中部测点的沉降沿高程分布图

及坝基范围内的渗漏水。实测渗漏量包含了库水位、降雨量、温度、面板破损及修补、时效等因素的影响。

实测渗漏量在 13.03～81.17L/s 之间，2011 年 11 月 14 日库水位 396.70m 时渗漏量最大。实测面板坝渗漏量过程曲线见图 19。从渗漏量过程线看，2010 年 11 月至 2012 年 6 月渗漏量明显比其他时间同水位时的渗漏量大，期间 2010—2012 年的最大渗漏量分别达 66.60L/s、81.17L/s 和 54.77L/s，而其他年份的最大渗漏量均在 46.28L/s 以内，相对较小。2010 年 11 月至 2012 年 6 月渗漏量较大与面板挤压破损有关，经过修补和防渗处理，渗漏量明显减少，2012 年之后渗漏量没有明显趋势性变化。

5.2 统计模型分析

实测渗漏量包含了库水位、降雨量、温度、面板破损及修补、时效等因素的影响，为分

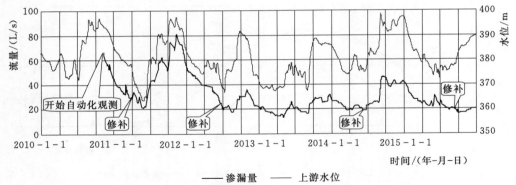

图 19　量水堰实测面板坝渗漏量过程曲线

析实测渗漏量的变化规律、各因素对渗漏量的影响程度，需要建立实测渗漏量的统计模型。渗漏量主要环境分量及时效分量过程曲线见图 20，面板破损及修补分量过程曲线见图 21。

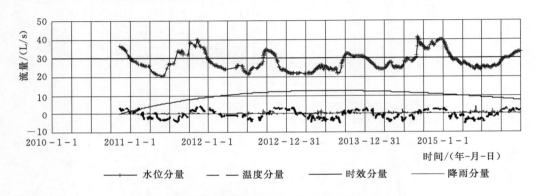

图 20　渗漏量主要环境分量及时效分量过程曲线图

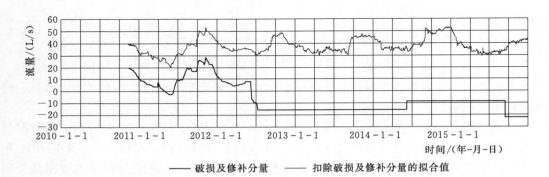

图 21　面板破损及修补分量过程曲线图

统计模型分析结果表明，扣除降雨影响的实测渗漏量（库水渗漏量）在 12.96～80.73L/s 之间（见图 22），2012 年 6 月之后扣除降雨影响的实测渗漏量（库水渗漏量）在 45L/s 以内。2011 年之后渗漏量的时效分量（渗漏通道封堵、淤堵、增多或扩大导致

406

的渗漏量的变化量）基本收敛，渗漏量无增大趋势。

2007—2015 年期间，面板发生几次板间缝（垂直缝）部位的挤压破损（主要是表面钢筋保护层混凝土破损），从而造成 2010—2012 年的实测渗漏量较大（见图 22）。经统计模型计算因面板破损增加的最大渗漏量约为 28L/s；通过对面板破损部位的修补和防渗处理，渗漏量明显减少，因修补减少的最大渗漏量约为 22L/s。温度分量的变幅约为 10.15L/s，其变化是冬季增大，夏季减少。降雨分量在 3.66L/s 以内，主要是下游坝面范围内汇集的降雨。

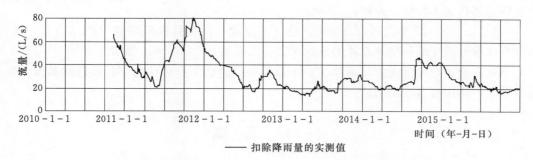

—— 扣除降雨量的实测值

图 22　扣除降雨分量的实测渗漏量（库水渗漏量）过程曲线图

5.3　类比分析

与国内外混凝土面板堆石坝的实测渗漏量相比，水布垭混凝土面板坝渗漏量较小（见表 3）。

表 3　　　　水布垭混凝土面板堆石坝与其他面板坝实测渗漏量对照表

坝　　名	坝高/m	最大渗漏量/(L/s)	稳定或多年平均渗漏量/(L/s)
芹山	122.0	6.08①	2.68①
白溪	124.4	6～7	3～4
格里拉斯	125.0	1080	650
街面	126.0	20.63①	7.50①
引子渡	129.5	12.8	7
高兰	130.0	55	28
谢罗罗	130.0	1800	100
安契卡亚	140.0	1800②	154
塞格雷多	145.0	400	50～100
辛戈	145.0	210	80
萨尔瓦欣那	148.0	60	23
阿里亚	160.0	236	60
天生桥一级	178.0	190①	87
洪家渡	179.5		10
阿瓜密尔帕	180.0	260	80～50
水布垭	233.0	81.17②	<29（2012 年之后）

①　扣除降雨影响后的渗漏量；

②　出现事故或面板破损处理前的最大渗漏量。

6 结语

（1）水布垭混凝土面板坝堆石体分层最大沉降量为 2.61m，约占坝高 1.12%，堆石体沉降主要发生在坝体填筑和水库蓄水过程中，之后沉降逐渐趋于收敛。2015 年水布垭混凝土面板堆石坝的表面变形和内部变形年最大增量约为 10mm，堆石体沉降已基本趋于稳定。

（2）堆石体压缩模量平均值约为 122.6MPa，压缩模量较高，表明其填筑质量较好，堆石体变形得到了较好的控制。

（3）2007—2015 年期间，面板板间缝（垂直缝）发生几次局部表层挤压破损，通过修补和防渗处理，面板坝堆石体的库水渗漏量已降至 45L/s 以内，渗漏量较小。

（4）综合水布垭混凝土面板坝堆石体的各项监测成果可以认为，各项监测数据正常，面板坝堆石体运行是安全的。

参 考 文 献

[1] 郦能惠，王君利，米占宽，等. 高混凝土面板堆石坝变形安全内涵及其工程应用. 岩土工程学报，2012，（2）：193-201.

[2] 郦能惠，杨泽艳. 中国混凝土面板堆石坝的技术进步. 岩土工程学报，2012，34（8）：1361-1368.

[3] 曹克明，汪易森，徐建军，等. 混凝土面板堆石坝. 北京：中国水利水电出版社，2008.

[4] 郦能惠. 中国高混凝土面板堆石坝安全监测//混凝土面板堆石坝安全监测技术实践与进展. 北京：中国水利水电出版社，2010.

水布垭水利枢纽工程混凝土面板堆石坝面板变形及应力应变监测成果分析

丁　林　段国学

（长江勘测规划设计研究有限责任公司）

摘　要：介绍了水布垭混凝土面板堆石坝面板变形和应力应变监测成果，分析了面板主要变形及受力特点。实测表明，面板变形及受力情况复杂，面板变形及应力主要发生在施工及蓄水过程中，其沿坝轴线方向的变形及较大的坝轴向压应力是导致板间缝局部挤压破损的主要原因。

关键词：面板堆石坝；面板变形；面板应力应变；结构缝变形；挤压破损

1　概述

水布垭水利枢纽混凝土面板堆石坝为目前世界上最高的混凝土面板堆石坝，坝顶高程409.00m，坝顶长度674.66m，最大坝高233.2m。大坝上游坝坡1：1.4，下游平均坝坡1：1.46。面板面积13.87万 m^2。坝址两侧岸坡高峻陡峭，谷坡总体上呈不对称 V 形。工程自2001年开始施工准备，2002年10月下旬截流，2002年11月主体工程施工，2007年7月第一台机组发电，2008年9月底工程完建，11月2日水库水位达到399.51m，接近正常蓄水位400.00m。从安全监测的结果来看，水布垭水利枢纽工程混凝土面板坝坝体变形控制良好，面板应力应变和结构缝变形在设计允许范围内，渗漏量较小，水布垭水利枢纽工程混凝土面板坝运行是安全的。

本文主要分析了水布垭水利枢纽工程混凝土面板堆石坝截至2015年12月的面板变形、面板应力应变和结构缝开度监测成果，总结了面板变形及受力规律，探讨了板间缝处面板挤压破损的原因，并对其发展情况进行了预测。

2　面板变形监测成果

2.1　面板顶部水平位移和沉降

为观测面板顶部的顺水流向水平位移（向下游水平位移）、坝轴向位移和沉降变形，在面板顶部高程402.00m处布设了1条视准线和1条水准测线。

2015年12月，实测面板顶部最大的向下游位移为73.5mm，坝高最大的中部面板向下游位移最大，两岸的较小，向下游位移年增量逐年减小（见图1）。2015年中部位移最大的测点的年位移增量为7.6mm。

2016年12月面板L9和R3向右岸的位移分别为9.7mm和11.8mm，面板R6和R31向左岸的位移分别为7.0mm和－0.1mm。坝轴向水平位移监测成果表明，左岸面板L9～

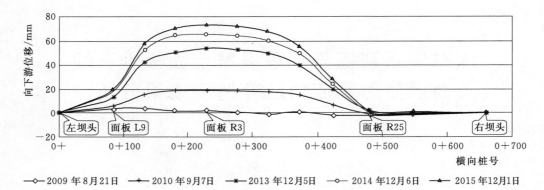

图 1 面板顶部高程 402.00m 处视准线向下游位移分布图

中部偏右岸的面板 R3 面板顶部坝轴向均向右岸位移，右岸面板 R6～R31 面板顶部坝轴向均向左岸位移。面板两端位移较小，中部偏右岸的面板 R3 面板向右岸位移最大，右岸面板 R6 向左岸位移最大，该范围内面板挤压明显，见图 2。

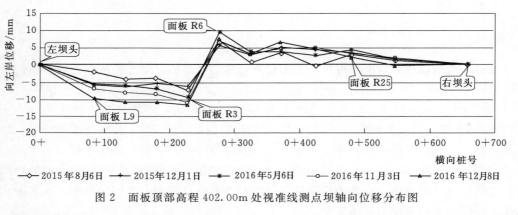

图 2 面板顶部高程 402.00m 处视准线测点坝轴向位移分布图

2015 年 12 月，实测面板顶部最大的沉降为 252.0mm，坝高最大的中部面板沉降最大，两岸的较小，沉降年增量逐年减小（见图 3）。2015 年中部沉降最大的测点的年增量为 10.1mm。

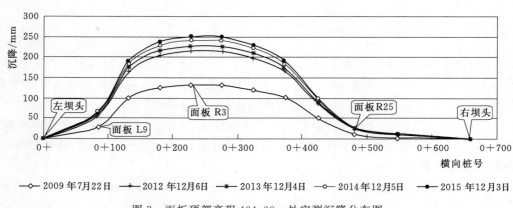

图 3 面板顶部高程 404.00m 处实测沉降分布图

2.2 面板挠度

0+212 和 0+356 监测断面面板上各布有 1 条挠度测线，共计 70 个测点，采用固定式测斜仪的方法观测，其观测精度较低，大部分测点失效，无法得到准确的挠度观测成果。

另外，在 0+212 监测断面布设了一条光纤陀螺仪挠度测线，其实测的面板最大挠度为 1193mm，挠度最大的部位位于高程 360.00m 的三期面板中部，约在坝高的 4/5 处。

由钢丝位移计和水管式沉降仪紧靠面板处测点实测位移推算的面板最大总挠度为 918mm；水布垭混凝土面板堆石坝实测最大内部分层沉降为 2610mm，据此估算最大挠度为 653mm；三维有限元计算的面板挠度在 600～790mm 之间。

分析表明，由光纤陀螺仪观测的面板挠度远大于根据坝体实测沉降、堆石体压缩模量的估算挠度和根据堆石体实测变形推算的挠度，说明光纤陀螺仪观测的面板挠度可信度较低。

3 面板应力应变监测成果

3.1 面板钢筋应力

在河床中部最大坝高处的面板 R2、左岸面板 L4、右岸面板 R11 和 R22 的结构钢筋上布设了钢筋计，钢筋计按坝轴向和面板顺坡向两个方向布置，大多数布置在面板的迎水面，少部分布置在背水面。最大坝高处面板 R2 实测钢筋应力沿高程分布见图 4，2015 年 12 月 24 日面板实测钢筋应力分布见图 5，其实测钢筋应力过程曲线分别见图 6～图 8。

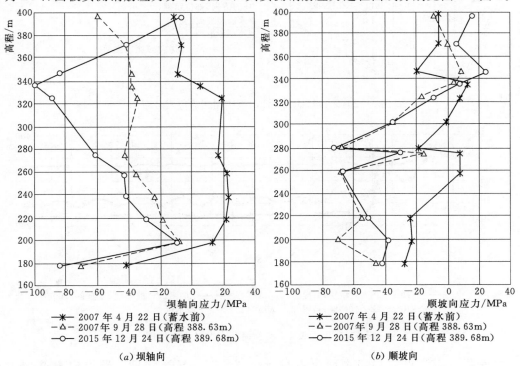

（a）坝轴向

（b）顺坡向

图 4　最大坝高处面板 R2 实测钢筋应力沿高程的分布图

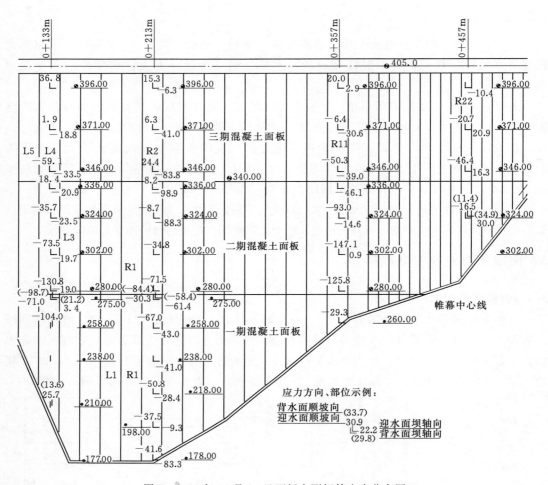

图5 2015年12月24日面板实测钢筋应力分布图

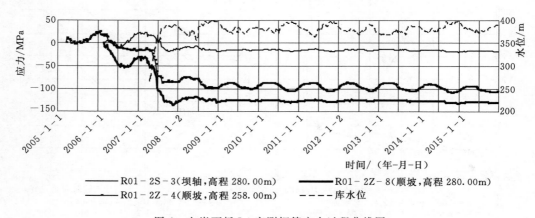

图6 左岸面板 L4 实测钢筋应力过程曲线图

水库蓄水前测得坝轴向钢筋应力在 $-42.2 \sim 23.6$ MPa 之间，顺坡向钢筋应力在 $-62.1 \sim 13.2$ MPa 之间；水库蓄水后测得坝轴向钢筋应力在 $-71.1 \sim 22.8$ MPa 之间，

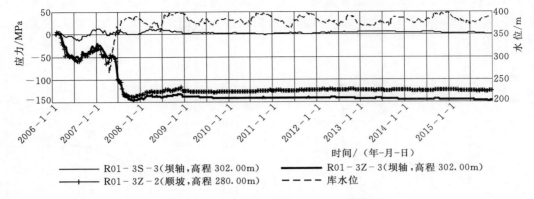

图 7 右岸面板 R11 实测钢筋应力过程曲线图

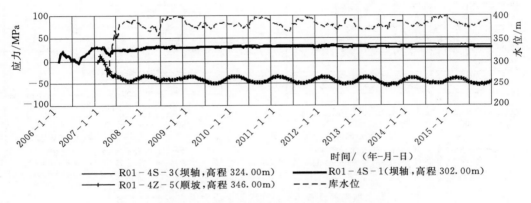

图 8 右岸面板 R22 实测钢筋应力过程曲线图

平均−18.3MPa，顺坡向钢筋应力在−142.5～25.1MPa 之间，平均−44.4MPa。蓄水后钢筋应力大多为压应力，顺坡向钢筋压应力比坝轴向大，面板中下部钢筋压应力比上部大。

2015 年 12 月，测得坝轴向钢筋应力在−98.9～34.9MPa 之间，其中，面板 L4、R2、R11 的坝轴向钢筋主要受压，与刚蓄水后的 2007 年 9 月测值相比，大部分测点轴向压应力仍有所增大，最大压应力增量达 61.2MPa；右坝肩面板 R22 轴向钢筋主要受拉，但拉应力均在 35MPa 以内，应力水平较低；顺坡向钢筋应力在−147.1～36.9MPa 之间，大部分测点受压。

高程 335.00m 以上测点应力随温度变化明显些，下部库水温变化较小，面板钢筋应力受温度的影响也小些。

2007—2015 年，面板部分板间缝出现表层破损，位于河床中部面板 L4、R2、R11 的坝轴向压应力在水库蓄水后有所增大，是导致板间缝局部挤压破损的主要原因。

3.2 面板混凝土应力

在河床中部最大坝高处的面板 R2、左岸面板 L4、右岸面板 R11 和 R22 的迎水面结构钢筋层布置共布置了 29 组二向应变计组和 3 组三向应变计组，其中三向应变计组分别布设在面板 R2、L4、R11 的趾板附近。最大坝高处面板 R2 实测混凝土应力沿高程分布见图 9，2015 年 12 月 13 日面板实测混凝土应力分布见图 10，其应力过程曲线分别见图 11～图 13。

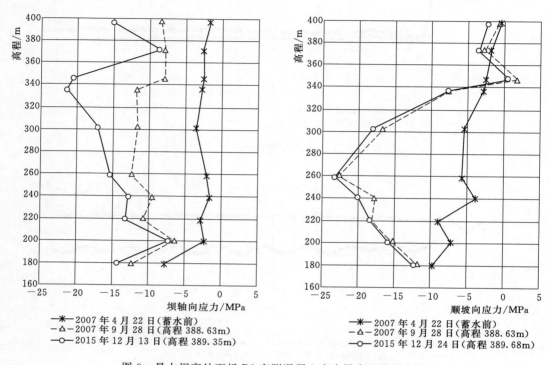

图 9　最大坝高处面板 R2 实测混凝土应力沿高程的分布图

水库蓄水前测得坝轴向应力在 −7.8～0.0MPa 之间，顺坡向应力在 −9.8～−0.5MPa 之间，均为压应力；水库蓄水后测得坝轴向应力在 −23.4～3.0MPa 之间，平均 −6.6MPa，顺坡向应力在 −22.8～1.7MPa 之间，平均 −8.4MPa。蓄水后大多产生压应力增加，较大的压应力在面板中部。

2015 年 12 月，测得坝轴向应力在 −24.5～3.8MPa 之间，面板 R11 高程 302.00m 处压应力最大，面板 R11 高程 280.00m 处拉应力最大。面板 L4、R2、R11 的坝轴向主要受压，与刚蓄水后的测值相比，大部分测点坝轴向压应力仍有所增大，最大压应力增量达 12.7MPa（面板 R2 高程 346.20m 处）；右坝肩面板 R22 坝轴向应力在 −4.2～0.8MPa 之间，应力水平较低。

2015 年 12 月，测得顺坡向应力在 −23.3～2.8MPa 之间，面板 R2 高程 258.50m 处压应力最大，面板 L4 高程 210.80m 处拉应力最大。面板 L4、R2、R11 的顺坡向主要受压，与刚蓄水后的测值相比，其顺坡向应力增量在 −2.3～2.4MPa 之间，应力有所调整；右坝肩面板 R22 顺坡向应力在 −2.8～−0.1MPa 之间，应力水平较低。

2007—2015 年，面板部分板间缝出现表层破损，位于河床中部面板 L4、R2、R11 的坝轴向压应力在水库蓄水后有所增大，是导致板间缝局部挤压破损的主要原因。

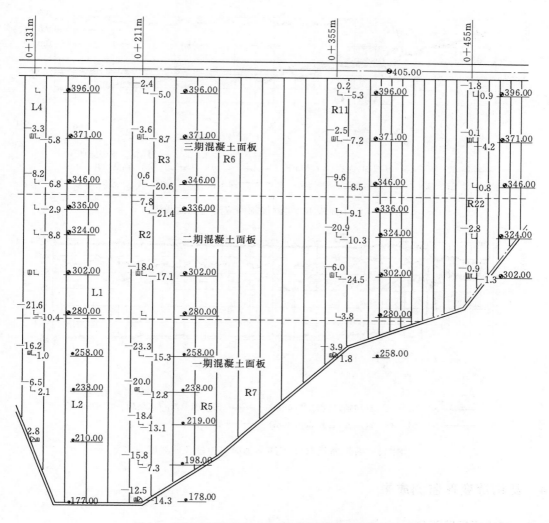

图 10　2015 年 12 月 13 日面板实测混凝土应力分布图

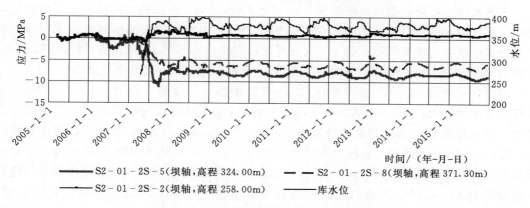

S2-01-2S-5(坝轴,高程 324.00m)　　　　S2-01-2S-8(坝轴,高程 371.30m)

S2-01-2S-2(坝轴,高程 258.00m)　　　　库水位

图 11　左岸面板 L4 实测坝轴向应力过程曲线图

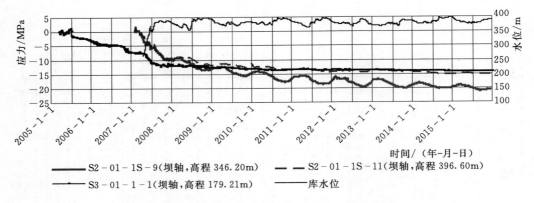

S2-01-1S-9(坝轴,高程 346.20m) — S2-01-1S-11(坝轴,高程 396.60m)
S3-01-1-1(坝轴,高程 179.21m) — 库水位

图 12 河床面板 R2 实测坝轴向应力过程曲线图

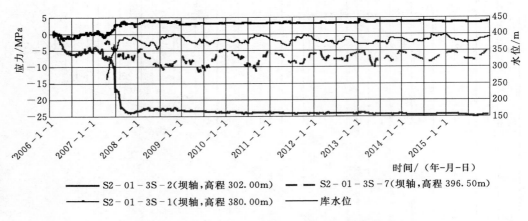

S2-01-3S-2(坝轴,高程 302.00m) — S2-01-3S-7(坝轴,高程 396.50m)
S2-01-3S-1(坝轴,高程 380.00m) — 库水位

图 13 右岸面板 R11 实测坝轴向应力过程曲线图

4 结构缝变形监测成果

4.1 面板板间缝开度

实测水库蓄水前各测点开度约在 -0.9~2.6mm 之间，开度较大的测点位于坝肩板间缝上。水库蓄水后坝肩部位的板间缝开度明显增加，而河床部位的板间缝压缩明显。其中，河床中部板间缝受压明显的 4 个测点开度过程曲线见图 14，坝肩板间缝张开最大的 4 个测点开度过程曲线见图 15，2015 年 12 月 16 日板间缝实测开度分布见图 16。

其中，左坝肩 L7~L10、右坝肩 R15~R24 面板板间缝的开度达 0.9~14.5mm，蓄水前后开度增量约在 0.5~12.2mm 之间，右坝肩 R21~R22 板间缝高程 324.00m 处开度最大；河床部位 R2~R12 板间缝开度为 -3.6~-1.2mm（压缩），蓄水前后开度增量约在 -4.4~-0.6mm 之间，板间缝 R2~R3 高程 285.00m 和 R9~R10 高程 346.00m 处压缩最大，其开度分别为 -3.5mm 和 -3.6mm。2007 年水库蓄水后，坝肩部位的板间缝开度仍有所增大，而河床部位的板间缝压缩亦有所增大，2013 年之后开度已趋于稳定。2015 年 12 月，各测点开度在 -4.6~18.1mm 之间，右坝肩 R21~R22 板间缝高程 324.00m 处开度最大，河床 R2~R3 高程 285.00m 压缩最大。从开度分布看，水库蓄水

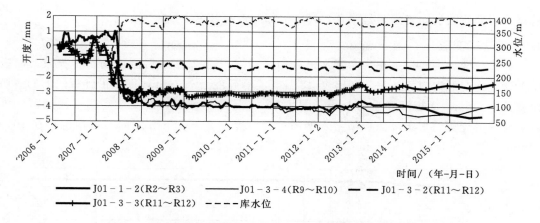

图 14 河床中部板间缝受压明显的 4 个测点开度过程曲线图

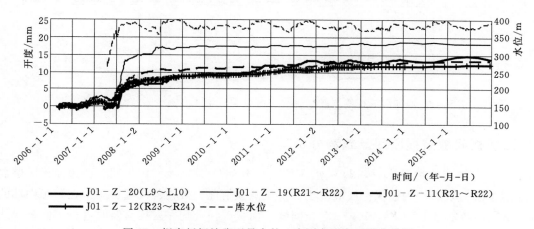

图 15 坝肩板间缝张开最大的 4 个测点开度过程曲线图

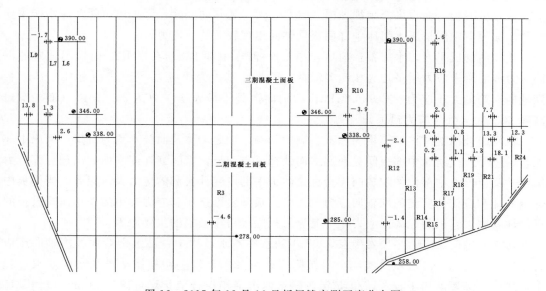

图 16 2015 年 12 月 16 日板间缝实测开度分布图

后靠坝肩部位的板间缝主要是张开，河床中部的板间缝主要是压缩。

4.2　周边缝变形

周边缝变形主要发生在水库蓄水过程中，2007 年水库蓄水后测值均趋于收敛。面板 R21 周边缝变形实测值最大，2015 年 12 月其实测开度为 7.2mm，面板沿趾板向下的剪切位移为 3.5mm，面板沉降为 9.1mm（见图 17）。不考虑堆石体流变效应的不同模型三维有限元静力计算的水布垭面板坝蓄水期周边缝开度在 24～58mm 之间、剪切位移在 16～40mm 之间、沉降在 17～59mm 之间，实测值比计算值小。

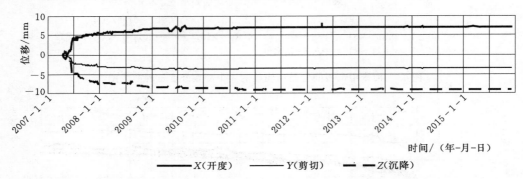

图 17　岸面板 R21 高程 286.00m 周边缝 SJ01-11 实测变形过程曲线图

5　面板板间缝破损原因及趋势分析

2007 年 4 月水库蓄水后，2007 年 7 月至 2015 年 8 月陆续发现板间缝两边面板表层混凝土（主要为表层的钢筋保护层混凝土）挤压破损情况，破损范围主要集中在河床中部的 L2～R12，特别是 L2-L1、R4-R5 板间缝。面板破损处均在发现后及时进行了修补。从破损的范围看，主要集中在河床中部的压性缝上。

水布垭混凝土面板堆石坝坝址河谷狭窄，两岸建基面陡峻，因坝体沉降及库水作用导致两岸面板向中间挤压，河床中部面板坝轴向出现较大的压应力。

从实测的成果看，水库蓄水前后左岸 L4、河床中部 R2 和右岸 R22 面板坝轴向的钢筋应力和混凝土应力增量均为压应力增量，蓄水后基本为压应力。至 2015 年 12 月 13 日坝轴向钢筋最大压应力达 -98.9MPa，坝轴向混凝土最大压应力达 24.5MPa（面板 R11 高程 302.00m 处压应力最大）。

板间缝处因缝间接触不均匀和不平顺的影响，加之坝体及面板不均匀沉降（河床中部大，两岸小）使河床中部板间缝在迎水面处挤压更明显，板间缝在迎水面处出现局部应力集中，其应力集中部位的坝轴向应力远比面板中部应变计实测的应力大。因此，当面板中部钢筋计和应变计实测的坝轴向应力较大时，板间缝因挤压和应力集中的作用出现破损的可能性就较大，板间缝局部应力集中是导致板间缝挤压破损的主要原因。

面板坝轴向压应力主要发生在 2007 年的水库蓄水过程中，蓄水之后面板坝轴向压应力年增量逐渐减小。从坝体实测分层沉降看，沉降主要发生在坝体填筑和水库蓄水过程中，之后沉降逐渐趋于收敛，2015 年各测点的沉降年拟合值年增量降至 10mm 以内，可以认为未来板间缝挤压破损的可能性较小，实际上 2015 年之后没有发现新的破损情况。

6 结语

（1）水布垭混凝土面板堆石坝坝高最大的中部面板向下游位移最大，两岸的较小。左岸面板 L9～中部偏右岸的面板 R3 面板顶部坝轴向均向右岸位移，右岸面板 R6～R31 面板顶部坝轴向均向左岸位移。坝高最大的中部面板沉降最大，两岸的较小。实测面板顶部最大的向下游位移为 73.5mm，面板顶部最大的沉降为 252.0mm。

（2）面板呈现双向拉压的复杂受力状态，坝肩部位面板属于轴向受拉区，河床部位面板属于轴向受压区，面板顺坡向以受压为主。面板应力主要发生在施工及水库蓄水过程中。2015 年 12 月面板坝轴向钢筋应力在 −98.9～34.9MPa 之间，坝轴向混凝土应力在 −24.5～3.8MPa 之间，河床中部面板的坝轴向压应力最大。

（3）坝肩部位面板板间缝主要为张开变形，最大开度约 18mm；河床部位面板板间缝主要为压缩变形，最大压缩变形约为 5mm；周边缝相对变形约在 10mm 以内。缝间变形主要发生在施工及水库蓄水过程中。

（4）2007—2015 年期间，陆续发现板间缝两边面板表层混凝土挤压破损情况，从破损的范围看，主要集中在河床中部的压性缝上。主要是坝轴向压应力过大，加之板间缝局部应力集中导致的。2015 年之后随着坝体变形及面板应力的逐渐稳定，没有出现板间缝处面板破损情况。

参 考 文 献

[1] 钮新强. 高面板坝安全与思考. 水利发电学报，2017，36（1）：104−111.
[2] 郦能惠，王君利，米占宽，等. 高混凝土面板堆石坝变形安全内涵及其工程应用. 岩土工程学报，2012，34（2）：193−201.
[3] 郦能惠，杨泽艳. 中国混凝土面板堆石坝的技术进步. 岩土工程学报，2012，34（8）：1361−1368.
[4] 曹克明，汪易森，徐建军，等. 混凝土面板堆石坝. 北京：中国水利水电出版社，2008.
[5] 罗先启，葛修润. 混凝土面板堆石坝应力应变分析方法研究. 北京：中国水利水电出版社，2007.
[6] 孔宪京，张宇，邹德高. 高面板堆石坝面板应力分布特性及其规律. 水利学报，2013，44（6）：631−639.
[7] 郦能惠. 中国高混凝土面板堆石坝安全监测//混凝土面板堆石坝安全监测技术实践与进展. 北京：中国水利水电出版社，2010：21−42.

龙背湾水电站料场洞室爆破设计

吕利民

（中国水电建设集团十五工程局有限公司）

摘　要： 龙背湾水电站混凝土面板堆石坝坝体总填筑量约 715 万 m^3，其中 60 万 m^3 为溢洪道开挖出的弱化风化砂页岩，73 万 m^3 为河床沙砾料场，盖重料约 27.58 万 m^3 为大坝坝肩开挖任意料，堆石料为 498.74 万 m^3，过渡料为 46.74 万 m^3，垫层料约 17 万 m^3。

关键词： 洞室爆破；爆破参数

1　概述

龙背湾水电站工程位于湖北省竹山县堵河流域南支流官渡河中游，距官渡镇 20km，距竹山县城约 90km，有省级公路相通，交通便利。龙背湾水电站混凝土面板堆石坝坝体总填筑量约 715 万 m^3，其中 60 万 m^3 为溢洪道开挖出的弱化风化砂页岩，73 万 m^3 为河床沙砾料场，盖重料约 27.58 万 m^3 为大坝坝肩开挖任意料，堆石料为 498.74 万 m^3，过渡料为 46.74 万 m^3，垫层料约 17 万 m^3；料场选择在坝址上游马厂河右岸和老竹沟左岸，岩石为灰色厚层条带灰岩和灰色厚层白云岩。

2　料场地形、地质条件

龙背湾水电站大坝填筑料主料场位于大坝上游右岸支流马厂河右岸，石料分布高程在 450.00～750.00m 之间，料场山高坡陡、山体厚大、沟谷较窄，平均坡度达 41°～57°，其中部分成悬崖峭壁，并有沟壑严重切割。岩层多呈水平层理，且多为薄层结构，层厚 0.2～0.5m，走向 E 70°～80°S，倾向 WS∠75°，表土覆盖层厚度 1.5～6m。料场岩性主要有泥质瘤状灰岩、生物灰岩、白云岩及页岩，以弱风化灰岩为主，局部含有少量硅质结核。料场范围内无滑波及泥石流等不良地质现象，自然条件下山体斜坡总体较稳定，岩层富水性较弱，多为雨季地表渗水。

3　料场洞室爆破的选择

（1）料场石料分布高程 450.00～750.00m，料场山高坡陡、山体厚大、沟谷较窄，平均坡度达 41°～57°，其中部分成悬崖峭壁，并有沟壑严重切割。

（2）料场沟谷较窄，山高坡陡，按常规钻孔爆破方法，很难形成装料施工平台；且由于坡陡，从高程 450.00～750.00m 盘山道路工程量较大、工期长；结合大坝回填强度，采用常规钻孔爆破很难保证强度要求。

（3）通过邀请爆破专家现场查看，并通过论证，龙背湾水电站料场采用洞室爆破是可行的。

4 洞室爆破设计

4.1 药包设计

条形药包与集中药包相比具有爆破方量多、导洞工程量少、能量分布比较均匀，相应减少了大块率和过度粉碎，爆破针对有害效应小，对边坡破坏轻，侧向飞散少，有利于抛体堆积集中，且可实现空腔不耦合装药、简便装药、填塞、连线等工序。

4.2 药包布置的原则和方法

（1）药包布置的原则：施工中应对导洞地质条件做详细勘察，当条形药室遇到断层、破碎带和软弱夹层时，首先考虑避开；其次考虑分集装药，以免发生冲炮。药包宜平行、直线布置。条形药包一般不宜超过3排，前排药包端部最好比后排药包端部长1/3W，以形成较宽的开口，使后排药包爆破的岩石能充分的破碎和松散，为铲装创造良好条件。以1～2层为佳，但鉴于开挖高度的要求也可以多层布置。

（2）条形药包布置方法：条形药包布置方法和过程为：首先按一定距离做出垂直于地形等高线的断面图，并在断面图上按设定的最小抵抗线和高程标出头排药包位置；其次绘制出药包的上破裂线，再由后排药包的最小抵抗线和高程要求找出后排药包断面位置；断面药包位置确定后，将其绘制在平面图上，由断面线上的药包位置点连线初步确定药包的平面位置；然后再根据药室形式、堆积方向、均匀布药等要求进行调整，控制同一药包的最小抵抗线偏差在±7%以内，由此确定条形药包的设计位置。

4.3 条形药包参数设计及计算

（1）最小抵抗线 W：条形药包轴线应尽量与地形等高线平行，条形药包各部位的最小抵抗线基本相等，其允许的误差 ΔW 应控制在±7%范围内。按照前述药包布置原则，并结合面板堆石坝爆破料需求指标确定洞室爆破的最小抵抗线。

（2）条形药包的排间距：

$$b_r = W/\sin\gamma \text{ 或 } b_r \leqslant W\sqrt{1+n^2}$$

式中：γ 为前排或下层药包的径向上破裂角，（°）；W 为后排药包的抵抗线，m；n 为后排药包的爆破作用指数。

（3）条形药包的层间距：条形药包层间距 b_c 应满足以下要求：

当 $W/H = 0.6 \sim 0.9$ 时，取 $b_c = (1.2 \sim 1.5)W$ 或 $W < b_c \leqslant W\sin\gamma\sqrt{1+n^2}$

式中：W、n 为下层药包的参数值。

（4）装药量 Q 的计算：条形药包炸药消耗量 K' 与集中药包相同，可以通过计算法、查表法选取。条形药包的标准单位耗药量应小于集中药量，可按下式计算：

$$K = (1.1 \sim 1.15)K'$$

式中：K 为集中药包标准单位炸药消耗量，kg/m^3；K' 为条形药包标准单位炸药消耗量，kg/m^3。

条形药包标准单位炸药消耗量取 $K' = 1.25 \sim 1.35$。在药室开挖过程中，根据揭露岩石情况，对 K' 值进行适当调整。

（5）爆破作用指数 n 及爆破作用指数函数 $f(n)$：爆破作用指数 n 是条形药包洞室爆

破设计的重要参数之一，应根据爆破类型、山坡坡度、爆破要求及药包所在位置和形式等条件综合分析确定。洞室爆破药包的装药量与爆破作用指数的函数 $f(n)$ 有关，条形药包洞室爆破作用指数的公式很多，根据对多个公式的分析和实际经验，在 $W \leqslant 25\text{m}$ 时，如 $n \leqslant 1$，采用如下公式：

$$f(n) = (0.4 + 0.6n^3) / 0.5(1+n)$$

（6）炸药换算系数 e：对于多孔粒状铵油炸药，当用于洞室爆破时，可取 $e = 1.0$。当药室无渗水时，可部分或全部用岩石型膨化硝铵炸药替代，药室有渗水的情况，装药时最下 $1 \sim 2$ 层全部用防水炸药（乳化炸药），其余使用膨化硝铵炸药。因岩石型膨化硝铵与铵油炸药做功能力相差不多，所以在计算药量时，两者的炸药换算系数均取 $e = 1.0$。

（7）药量 Q 计算：条形药室洞室爆破通用药量计算公式为：

$$Q = eqL = ef(n)K'W^2L$$

式中：Q 为药包装药量，kg；K' 为条形药包标准单位炸药消耗量，kg/m^3；W 为药包最小抵抗线，m；L 为计算装药长度，m；q 为条形药包单位长度装药量，kg/m。

施工线装药密度 l_p^1（单位：kg/m），可通过线装药密度 l_p、计算装药长度 L、实际装药长度 L（$L' = L - L_d$，L_d 为填塞长度）计算后求得：

$$l_p^1 = l_p L / L^1$$

各药包漏斗断面及最小抵抗线，根据各药包的爆破参数 K'、n、W 计算出各药室的装药量。

4.4 爆破漏斗参数计算

（1）条形药包压缩圈半径：

1）药包底部（径向）压缩圈半径：

$$R_{yd} = 0.56 \sqrt{\mu \frac{l_p}{\Delta}}$$

2）条形耦合装药时，药包后部（内侧）压缩半径：

$$R_{yb} = \frac{B_e}{2} + 0.56 \sqrt{\mu \frac{l_p}{\Delta}}$$

式中：μ 为压缩系数，取 $\mu = 15$；Δ 为条形药包洞室爆破装药密度，取 $\Delta = 0.8\text{t/m}^3$；l_p 为条形药包线装药密度，t/m；B_e 为药室断面宽度，m。

将已知值代入公式，可计算出不同抵抗线药包的压缩圈半径。

（2）条形药包破裂半径：

1）径向下破裂半径：

$$R = \sqrt{1 + n^2}W$$

2）径向上破裂半径：

$$R_{\text{计}}^1 = W / \sin(\gamma - \theta), \quad R_{\text{校}}^1 = (1.25 - 1.45)W \sqrt{1 + n^2}$$

式中：γ 为径向上破裂线的破裂角度，取 $\gamma = 70°$；θ 为地面自然坡度。

（3）轴向侧破裂半径：对于软岩 $R'' = W \sqrt{1 + 0.49n^2}$ 对于硬岩 $R'' = W \sqrt{1 + 0.25n^2}$；将已知值代入公式，可计算出条形药包破裂半径。

4.5 爆破方量及炸药单耗

由爆破漏斗坡面图，用下列公式计算爆破方量，即

$$V = \sum_{i=1}^{n} \frac{\Delta S}{3}(A_i + A_{i+1} + \sqrt{A_i A_{i+1}})$$

式中：A_i、A_{i+1} 为相邻两爆破漏斗面积；ΔS 为相邻漏斗间距。

由此计算出的爆破方量及炸药单耗。

5 安全设计

洞室爆破一次起爆的炸药量比较大，为了控制爆破有害效应，在技术和施工设计时，必须对可能发生的爆破振动、飞石、空气冲击波及有毒气体进行计算和预测，以使设计方案具有合理性，确保周围环境安全。

5.1 爆破振动

爆破引起周围岩土质点的振动速度，常采用萨道夫斯基公式计算：

$$V = K\left(\frac{\sqrt[3]{Q}}{R}\right)^a$$

式中：V 为地面质点峰值振动速度，cm/s；Q 为齐发最大药量，kg；R 为爆源至被保护物的距离，m；K、a 为与爆破条件及地形、地质条件有关的系数及衰减指数，本工程选用 $K=200$、$a=1.8$。

根据各药包装药量和起爆延时，距离爆源不同距离产生的地面质点垂直振动峰值速度（见表1）。

表 1 爆破引起地面峰值振动速度计算结果表

距离 R/m	K	a	Q/kg	V/(cm/s)
100	200	1.8	43000	30.3
200	200	1.8	43000	8.7
300	200	1.8	43000	4.2
400	200	1.8	43000	2.5
500	200	1.8	43000	1.7
600	200	1.8	43000	1.2
700	200	1.8	43000	0.9
800	200	1.8	43000	0.7
900	200	1.8	43000	0.6
1000	200	1.8	43000	0.5

根据爆区周围重要建构筑物结构类型、安全允许振速 $[v]$〔依据《爆破安全规程》（GB 6722—2014）和距爆源水平距离〕，可计算出爆破允许最大齐发药量（见表2）。

表 2					距爆源不同距离建筑物地面垂直质点振动峰值速度计算结果表	
保护建筑名称	建筑结构特征	建筑距离爆源最近距离 R/m	K	a	安全允许振速 $[v]$/(cm/s)	允许齐发最大药量 Q_{max}/t
小浪底水利枢纽骨料加工场	混凝土	289.1	200	1.8	5	51.6
交通隧洞	地下结构	237.2	200	1.8	10.00	90.3

5.2 个别飞石距离

洞室爆破的个别飞石距离按下式计算：

$$R_F = K_f \times 20 \times n^2 \times W$$

式中：K_f 为安全系数，一般取 $K_f=1.0\sim1.5$，取 1.5；n 为最大一个药包的爆破作用指数，取 $n=0.8$；W 为最大一个药包的最小抵抗线，m。

5.3 空气冲击波

空气冲击波安全距离计算：

（1）对地表建筑物的安全距离

$$R_k = K_k \sqrt{Q} = 1 \times \sqrt{43000} = 207\text{m}$$

（2）对人员的安全距离

$$R_人 = K_人 \sqrt{Q} = 2 \times \sqrt{43000} = 415\text{m}$$

式中：R_k、$R_人$ 分别为建筑物和人员的安全距离，m；K_k、$K_人$ 分别为建筑物和人员的安全系数；Q 为总装药量，kg。

按《爆破安全规程》（GB 6722—2014）第 6.3.3 条规定：对于爆破作用指数 $n<3$ 的爆破工程，对人员和其他保护对象的防护，应首先考虑个别飞散物和爆破振动的安全距离。

5.4 爆破毒气安全距离

洞室爆破装药量较大，爆破后产生毒气，其危害范围与气象、地形、布药情况、炸药质量、总装药量等因素有关，其影响范围为：

$$R_y = K_y \sqrt[3]{Q} = 160 \times \sqrt[3]{610000} = 1017.9\text{m}$$

式中：R_y 为爆破毒气影响范围；K_y 为对人的安全系数；Q 为爆破总装药量，t。

5.5 爆破对环境的影响

（1）有害气体。民用爆破工程爆生气体通常含有 CO、N_nO_m、NH_3 等有害气体。对于洞室爆破，爆后弥漫于空气的有害气体会很快稀释至允许浓度以下（CO、N_nO_m、NH_3 分别为 30mg/m^3、5mg/m^3、15mg/m^3），因此爆生气体不会对安全警戒区以外的人体健康造成危害。

（2）噪声。爆破噪声属间歇性脉冲噪声，是空气冲击波的延续。《爆破安全规程》（GB 6722—2014）对城镇每一次脉冲噪声要求控制在 120dB 以下，对露天土岩爆破并无规定。同时，本次洞室爆破炸药深埋于地下 22~26m，远离居民区，爆破作用指数仅为 0.7~0.8，且采用了毫秒延时起爆及密实的填塞。因此，爆破噪声沉闷，声响不大，不会影响警戒范围以外人的正常生活和工作。

（3）爆破粉尘。药包爆炸使岩石破碎、将覆盖土层掀起、岩土块体在空中运动相互碰撞、岩块落地砸击地面及气浪的作用，都会产生大量粉尘，向四周扩散。扬尘的范围及方向，除与爆破条件有关，还与风速、风向有很大关系。

6 主要技术经济指标

龙背湾水电站料场洞室爆破主要技术经济指标（其中一次爆破）见表3。

表3　　　　　　　　　　　洞室爆破主要经济技术指标表

序号	指标名称		单位	数量	备注
1	爆区	面　积	m²	9181	
		比　高	m	170	
		计算方量	m³	138×10⁴	
2	最小抵抗线范围		m	22～25	
3	n 值范围			0.70～0.80	
4	K'值			1.30～1.40	
5	药包个数		个	16	
6	总装药量		t	617	
7	最大药包	W	m	27	
		n		0.80	
		L	m	83	
		Q	t	43	
8	起爆段数			16	
9	最大单响药量		kg	43000	
10	平均单耗		kg/m³	0.44	
11	导洞长度		m	302	
12	药室长度		m	1263.1	
13	延米平均爆破量		m³/m	869.6	
14	洞挖量方量		m³	3525	
15	每立方米洞挖爆破量		m³/m³	391.5	

7 结语

随着水电开发的不断深入，水电站的修建不得不向河流上游的峡谷地带推进，而水电站料场选址多在地形复杂的峡谷深处，洞室爆破会越多的应用与料场开采中；结合龙背湾水电站料场洞室爆破效果，充分体现了上述洞室爆破设计是可行的，合理的。

参 考 文 献

[1] 刘殿中，杨仕春. 工程爆破实用手册. 北京：冶金工业出版社，2003.
[2] 于亚伦. 工程爆破理论与技术. 北京：冶金工业出版社，2004.
[3] 刘振华. 大爆破在露天矿的应用. 陕西煤炭技术，1989，(2)：14-18.

阿尔塔什水利枢纽工程高陡边坡落石规律及防护

唐德胜　李少波　孙开华

（中国水利水电第五工程局有限公司）

摘　要： 阿尔塔什水利枢纽工程右岸边坡相对高程 565.00～610.00m，边坡开挖仅在原始地形基础上清除了指定危岩体。在后续边坡支护、坝体填筑过程中极易产生落石风险。根据当地情况，利用 rockfall 软件进行落石运动特征分析，并结合落石运动轨迹、落点分布情况、危岩体稳定情况等研究成果，提出边坡落石防护和不同工作施工组织方案。结果表明：对边坡卸荷裂隙发育区域进行主动网防护，在落石集中缓冲部位建立被动网防护，并进行合理的工作面错时段施工组织可有效防范危岩落石，保证施工进度。

关键词： 危岩落石；边坡防护；运动特征；施工组织；落点范围

1　前言

高边坡处理是水利工程施工中危险性较大的工程，同时也是制约工程建设进度。在施工过程中如何防范安全风险，提升施工速度，是需要进行系统研究、解决的问题。

国内对于落石的研究工作相对起步较晚，一些学者对落石的概念、特征、危害以及落石的工程防护措施展开了相关研究。如熊健等、张新光等、唐朝晖等对落石的危害以及落石的工程防护措施进行了研究；江文才等对堆积体边坡及危岩体进行了稳定性分析；叶四桥等对落石运动模式与运动特征开展了现场试验研究等。

上述研究多以公路或铁路边坡为主，研究相对高程普遍较低，落石防护设计停留在经验或理论研究上。本文以阿尔塔什右岸相对高程 565.00～610.00m 边坡处理为依托，对高陡边坡工况下落石运动特征、防护措施、施工组织等方面开展研究。提出了合理的落石防护和施工组织方案。

2　工程概况

阿尔塔什水利枢纽工程右岸边坡高陡。基岩山体岩性为中石炭统阿孜干组 C2a 的薄层灰岩、巨厚层白云质灰岩、泥灰岩、石英砂岩，泥页岩；上石炭统塔合奇组 C3t 的灰、灰白色巨厚层状白云质灰岩，灰岩、少量白云岩、少量泥灰岩和泥页岩。岸坡走向近 EW 向，基岩裸露，相对高程 565.00～610.00m，顶部高程 2290.00m。岸坡高程 1960.00m 以下自然坡度 50°～55°，以上自然坡度 75°～80°。根据专题研究成果，边坡不存在整体稳定问题，但分布有 31 个危岩体以及边坡表面的浅层卸荷体，强风化层水平深度 1～2m，弱风化层水平深度 15～20m。对工程的施工及运行安全有一定影响，须采取处理措施。

426

3 边坡落石分析

3.1 剖面选取及参数选择

由于 rockfall 为二维落石统计分析软件，需选取合适的边坡剖面进行落石模拟。在此边坡分析中，根据山体危岩落石发育机制、分布状态及其影响范围，选择在边坡处理和大坝填筑过程中存在交叉干扰，落石将严重威胁到现场安全的 9 个断面进行了 rockfall 运动特征模拟分析。边坡断面直接由原始地质 CAD 等高线图剖切生成。计算断面见图 1。

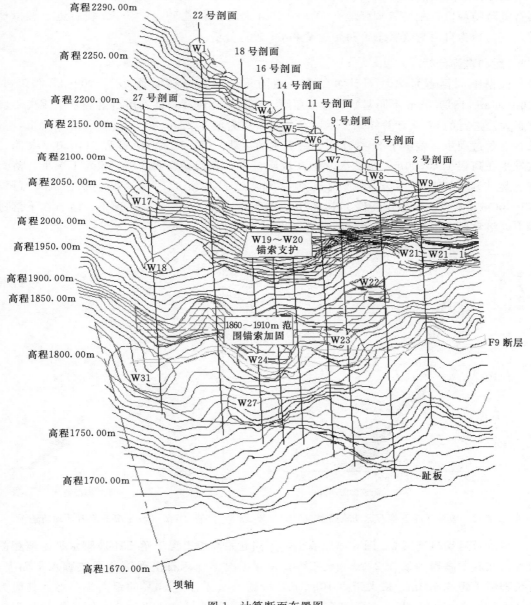

图 1　计算断面布置图

根据勘察资料及现场调查，拟分析边坡岩体性状以灰岩和白云质灰岩为主。边坡基本参数见表1。

表1 边 坡 基 本 参 数 表

坡面类型	切向阻尼系数 R_t/SD	法向阻尼系数 R_n/SD
强风化岩	0.35 /0.04	0.85 /0.04

注 表中 R_t 为切向恢复系数、R_n 为法向恢复系数、SD 为标准偏差。

起落高程分别选择 W1～W9、W17、W19 等危岩体开挖扰动或存在岩体裂隙易发生落石危险的部位，距离坡脚高差在 299～610m 之间。采用 50kg、500kg 块石进行模拟计算，其初始为自由滑落状态，初始速度 0m/s 进行分析。

3.2 运动轨迹分析

根据不同高程危岩块石计算结果，相同重量的落石在坡顶 2230.00～2290.00m、2100.00m、1910.00m 不同起始高程滚落时，起始高程越高，计算落石落点水平距离距坡脚越大。进行的 50 次计算结果显示，在起始高程为坡顶 2230.00～2290.00m 工况下，落石在下落过程中，发生了 2～3 次以弹跳为主的运动。第一次发生在高程 2110.00m，第二次发生在高程 1865.00m，第三次发生在坡脚位置；在起始高程 2100.00m 工况下，落石在下落过程中，发生了 2 次弹跳运动，其他过程为滚动运动。第一次发生在高程 1770.00m，第二次发生在高程 1710.00m；在起始高程 1910.00m 工况下，落石在下落过程中以滚动运动为主。落石运动轨迹分别见图2、图3。

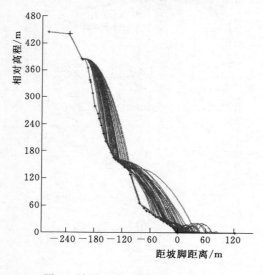

图2 坡顶工况下落石运动轨迹图

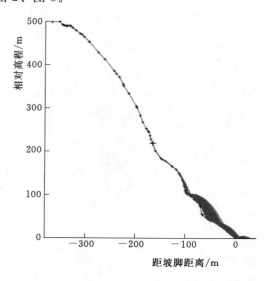

图3 高程 2100.00m 工况下落石运动轨迹图

从落石运动轨迹图2、图3可以看出，不同起始高程工况下落石距坡脚水平距离相差较大。在起始高程为坡顶 2230.00～2290.00m 工况下，落石全部滚落至坡脚水平面上，距坡脚最小距离 9.3m，最大距离 109.7m，取落石量累计达 80% 的距离为参考，其值为 49.2m；在起始高程 2100.00m 工况下，落石全部滚落至坡脚水平面上，距坡脚最小距离

7.8m，最大距离70.6m，取落石量累计达80％的距离为参考，其值为33.1m；在起始高程1910.00m工况下，落石约8％～100％停留在第二弹跳点下斜坡上，其余滚落至坡脚。落石距坡脚最小距离为4.5m，最大距离38.3m，取落石量累计达80％的距离为参考，其值为17.9m。

根据以上计算结果，若不采取落石防护措施，在距坡脚50m范围内将产生较大落石安全风险，影响边坡下方坝体填筑及趾板浇筑、支护施工人员和设备安全。

4　防护方案设计

根据落石运动轨迹计算结果及现场实际情况，阿尔塔什水利枢纽工程右岸边坡选择主动网封闭＋被动网防护，错时段工作组织的施工方案以确保工程施工安全及坝体填筑、高边坡处理工程进度。

4.1　施工组织

为确保施工安全，加快施工进度，在进行施工方案设计时，优化调整了不同工作组织关系。确定了优先进行高边坡危岩体开挖，并预留右岸100m范围缺口同步进行坝体填筑，随后完成主、被动网防护，以实现坝体平起填筑的施工方案。有效防范了边坡处理、落石危险对工程安全及进度方面的风险。

4.1.1　危岩体开挖与坝体填筑

危岩体开挖与坝体填筑施工存在立体交叉作业干扰，在进行危岩体爆破开挖时势必对坝体填筑产生不利影响。因此，确定首先进行边坡顶点高程2230.00～2290.00m处危岩体开挖，然后按高程逐级进行不同危岩体处理。同时在最顶面（高程2230.00～2290.00m）危岩体处理完成后开始进行坝体填筑，施工时优先填筑靠左岸部位坝体，划分右岸坡脚100m范围内为落石危险区，待所有危岩体处理完成后再进行右岸坝基处理和坝体填筑，最终实现坝体均衡上升。

4.1.2　高边坡支护与趾板施工

根据落石运动特征计算结果，在高程1910.00m、高程2100.00m起始运动工况模拟条件下，均有部分落石落点距离距坡脚较小。这将对趾板混凝土浇筑、边坡支护及成品保护带来不利影响。因此，除设置主动、被动防护系统外，在进行趾板混凝土浇筑时还设置有移动防护棚以防范落石。并在高程1865.00m平台锚索支护、高程1910.00～2230.00m主动防护网施工期间采用木板对已浇筑完成趾板混凝土进行成品保护。

4.2　被动防护系统设置

在危岩体开挖处理完成后为给下方坝体填筑创造良好的施工条件，选择在落石运动轨迹计算结果中的三处弹跳点高程设置被动防护网。第一道被动防护网位于高程2110.00m附近，主要防范来自高程2110.00m以上落石；第二道被动防护网位于高程1865.00m附近，主要防范来自高程1865.00m以上落石及Ｖ形冲沟内少量堆积体；第三道被动防护网位于高程1710.00m附近，主要防范来自高程1865.00m平台下方坡积体可能产生的落石。防护网设计高度5.0m，防护范围根据危岩体处理范围：从坝轴线位置开始至上游围堰下游坡脚结束，总防护长度约370m。

4.3 主动防护系统设置

根据高边坡危岩体处理范围、现场地质情况及落石运动特征。边坡在高程 1910.00～2230.00m 范围内边坡属危岩体开挖处理扰动区域，且与坝基高差较大，一旦发生落石将对下方坝体填筑、趾板支护及已浇筑完成趾板产生较大影响，因此，对该区域选择采用主动防护系统进行封闭。此外为避免锚索施工过程中对原始边坡扰动产生大量落石，对高程 1865.00～1910.00m 范围内裂隙发育区域采用主动网进行了局部封闭。

5 结语

(1) 通过落石运动轨迹分析可知，边坡落石可能落点距离与起始运动高程呈正向变化关系。取落石量累计达 80％的落点距离为参考，起始高程为坡顶 2230.00～2290.00m 工况下其值为 49.2m；起始高程 2100.00m 工况下其值为 33.1m；起始高程 1910.00m 工况下其值为 17.9m。

(2) 根据现场实际情况确定的"主动网封闭＋被动网防护，错时段施工组织"防护施工方案有效地保证了右岸危岩体开挖与处理、坝体填筑、趾板浇筑、坝基灌浆施工安全及进度。期间未发生一起落石伤人事件，各项节点工期均按期完成。

参 考 文 献

[1] 苏红瑞，唐朝晖，万佳文，等. 广西凤山某废弃石灰岩矿山落石轨迹分析. 安全与环境工程，2016，23 (1)：117 - 122.

[2] 熊健，邓清禄，张宏亮，等. 崩塌落石冲击荷载作用下埋地管道的安全评价. 安全与环境工程，2013 (1)：108 - 114.

[3] 张新光，朱和玲，麦尚德，等. 露天矿高陡边坡落石防护墙设计研究. 安全与环境工程，2009，16 (2)：86 - 89.

[4] 唐朝晖，柴波，罗超，等. 矿山地质环境治理工程设计思路探讨——以广西凤山县石灰岩矿山为例. 水文地质工程地质，2013，40 (2)：123 - 128.

[5] 江文才，巫锡勇，孙春卫，等. 堆积体边坡及危岩体稳定性分析. 铁道建筑，2018，58 (1)：121 - 124.

[6] 叶四桥，陈洪凯，许江. 落石运动模式与运动特征现场试验研究. 土木建筑与环境工程，2011，33 (2)：18 - 23＋44.

[7] 赵秋林. 兰渝铁路范家坪隧道出口危岩落石分析及防护设计. 铁道标准设计，2017，61 (10)：137 - 140.

[8] 叶四桥，陈洪凯，唐红梅. 落石冲击力计算方法的比较研究. 水文地质工程地质，2010，(3)：59 - 64.

阿尔塔什水利枢纽右岸高陡边坡分梯段
支护施工技术研究与应用

余义保

（中国水利水电第五工程局有限公司）

摘　要： 随着社会不断发展，科技及施工方法不断创新，我国水利施工及建筑施工领域不断拓展，现目前不断拓展至国外水利施工及建筑施工领域，无论是水利施工、建筑施工、公路施工等其他领域，都存在着边坡开挖、支护等处理，根据施工地形条件、地质条件等不同，或多或少都存在着一定技术上难以攻克的问题，现就阿尔塔什水利枢纽工程高陡边坡分梯段支护施工方法研究及应用与大家做一分享。

关键词： 高边坡；支护；岩体开挖

1　工程概况

阿尔塔什水利枢纽工程是叶尔羌河干流山区下游河段的控制性水利枢纽工程，是叶尔羌河干流梯级规划中"两库十四级"的第十一个梯级。枢纽由挡水坝为混凝土面板砂砾石—堆石坝，坝顶宽度为 12m，坝长为 795m，最大坝高为 164.8m。工程承担防洪、灌溉、发电等综合利用任务。水库总库容 22.49 亿 m^3，正常蓄水位 1820.00m，水电站装机容量 755MW。

1.1　地形地质条件

根据勘察相关文件揭露，右岸基岩山体宽厚，岸坡走向近 EW 向，基岩裸露，坡高 565～610m，岸坡自然坡度高程 1960.00m 以下为 50°～55°；以上为 75°～80°，局部陡立，自然边坡整体稳定。但根据对右岸高边坡支护区域实际地形勘测，右岸高边坡自然坡度较陡，高程 1826.00m 以上大部分边坡接近 75°～80°，局部接近于 90°，而且局部呈倒悬状。岩性为薄层灰岩、巨厚层白云质灰岩、泥灰岩、石英砂岩，泥页岩；根据专题研究结果，边坡不存在整体稳定问题，但边坡分布有 31 个危岩体以及边坡表面的浅层卸荷体，对工程的施工及运行安全有一定影响，须采取处理措施。

1.2　边坡支护原则

（1）边坡高程 1820.00～1910.00m 范围内挂网喷护。

（2）在右岸高边坡高程约 1860.00～1910.00m 处，布置 2000kN 的有黏结预应力锚索。

（3）右岸高边坡支护区域高程 1910.00～2230.00m 支护范围内，采用 SNS 柔性防护网 GPS2 型进行坡面防护。

（4）右岸趾板（趾 0+720～0+890 段）边坡采用挂网喷锚支护。

（5）右岸趾板（趾 0＋750～0＋885 段）边坡采用有黏结预应力锚索锚固。

（6）坝轴线上游至河床趾板处出露的 F9 断层，在出露面采用 C25 混凝土塞封闭，破碎带范围内进行纯水泥浆灌浆处理。

阿尔塔什水利枢纽工程大坝施工区域高陡边坡支护分布见图 1，高边坡施工区域规划布置见图 2。

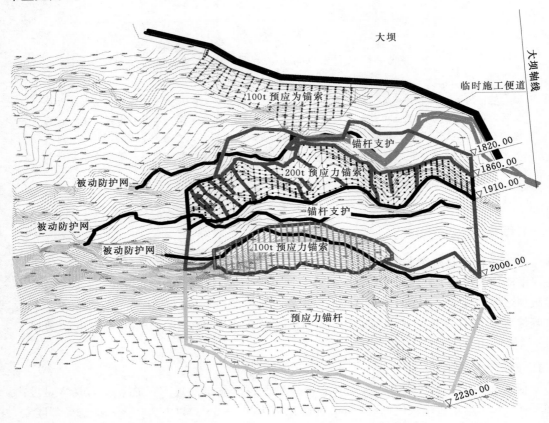

图 1　阿尔塔什水利枢纽工程大坝施工区域高陡边坡支护分布图

2　危高陡边坡分梯段开挖及支护处理

2.1　危岩体开挖

首先，对右岸高边坡存在的 31 块不稳定危岩体进行开挖处理，清除薄层危石、浮石及不稳定岩层，危岩体开挖采取自上而下的方式进行开挖处理，开挖方式根据危岩体存在的位置、危岩体厚度，选用爆破开挖或人工清撬方式进行处理，开挖完成后，自上而下依次清理开挖遗留下的浮渣，为后续支护施工边坡安全创造施工条件。

2.2　高陡边坡支护区域施工分区规划

由于右岸高边坡支护处理主要涵盖了锚索支护、浅层挂网喷护、锚杆施工等，施工工程形式多，工程量大、施工范围广，且各区域上下形成重叠，若同时施工势必出现交叉施

图 2　高边坡施工区域规划布置图

工情况，若不同时进行施工处理，施工时间将较大程度上存在延长，造成工期滞后，为此，合理对施工区域进行合理分区分段施工工程顺利实施、工期保障至关重要（见图 3）。

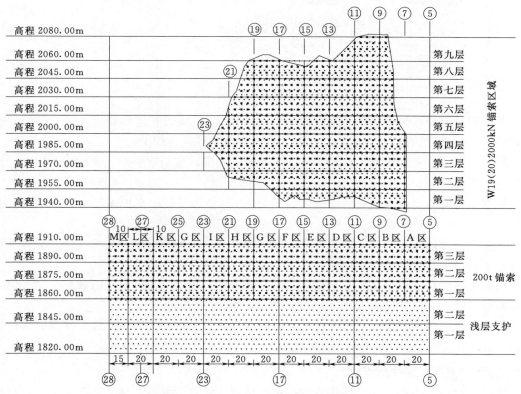

图 3　高陡边坡支护分区示意图（单位：m）

①～㉘—分区编号

阿尔塔什水利枢纽工程大坝右岸高陡边坡支护施工，采用"横向分层、纵向分段、安全实施"的原则，对右岸高边坡支护施工各区域进行了细致的分区，严格按照施工区域划分"自下而上"逐层进行施工，从施工时间、空间上避免了各支护区域之间的交叉施工情况，并通过昼夜班分区施工的方式，按照图4所示进行施工组织（见图4）。

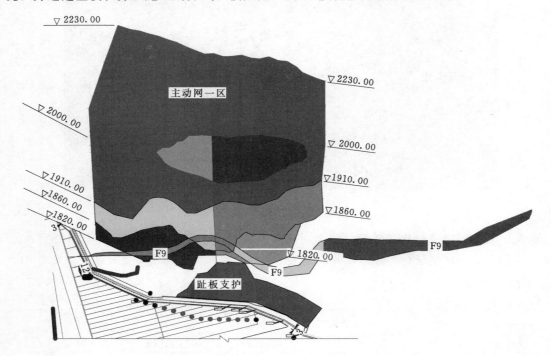

图 4　高边坡施工顺序示意图

首先同时启动红色区域主动网支护施工、上游段 F9 断层开挖及置换（自上游向下游进行施工）、上游部分趾板支护施工任务（自上游向下游进行施工）。

根据上一时段完成情况，启动紫色区域主动网施工、趾板下游部分支护施工任务（自下游向上游进行施工）。

根据上一时段完成情况，启动黄色区域 2000kN 锚索及浅层支护施工（自下游向上游进行施工）、F9 断层开挖及置换施工（自上游向下游进行施工）。

根据上一时段完成情况，启动绿色区域 2000kN 锚索及浅层支护施工（自上游向下游进行施工）、F9 断层开挖及置换施工（自上游向下游进行施工）。

根据上一时段完成情况，自下游向上游同时启动青色区域 1000kN 锚索及浅层支护施工、高程 1820.00～1860.00m 浅层支护施工。

根据上一时段完成情况，自下游向上游同时启动蓝色区域 1000kN 锚索及浅层支护施工、高程 1820.00～1860.00m 浅层支护施工。

2.3　高陡边坡施工脚手架设计

结合实际施工条件，右岸高边坡支护施工区域边坡基岩裸露，坡高 565～610m，自然坡度较陡，高程 1826.00m 以上大部分边坡接近 75°～80°，局部接近于 90°，且存在部分

434

倒悬；按照施工分期分区规划，脚手架设计按照落地架、悬空脚手架两种搭设形式进行布置。

2.4 材料转运规划

对于高边坡支护施工，施工材料保障进度保障的主要因素之一，阿尔塔什右岸高边坡施工区域交通条件较差，仅存在唯一一条从2号-2交通洞口高程1825.80m至施工区域高程1843.00m，长度约340m，宽度3.5m，临时施工不便，且大部分道路被施工脚手架搭设所侵占，临时道路距洞口约220m处存在一条冲沟，雨季暴雨时期存在山洪现象，无法满足设备进行材料倒运条件。

对已存在唯一一条2号-2交通洞口高程1825.80m至施工区域高程1843.00m临时施工便道进行加宽、加固处理，保障道路满足小型设备通行进行材料运输条件，并作为突发事件人员撤离主要逃生路线。

根据临时施工便道条件及结合支护施工区域实际地形，施工区域布置多条小型缆索，配合进行材料倒运，能有效减少人员投入，大大降低因人员投入较多带来的安全管理风险。

结合施工区域临时施工便道、材料转运缆索及人员通行需求，在高边坡支护施工区域横、纵向布置多条人行栈道，人行栈道宽度1.2m，采用12号槽钢＋ϕ25mm螺纹钢成三角结构布置，栈道表层铺设花纹钢板，栈道外侧按照安全通道临边要求进行防护。

在施工区域布置多个临时集料平台，集料平台布置按照材料水平转运距离最优考虑，尽量布置在水平施工通道中间部位，以满足左右两侧支护施工所有材料倒运。

由于施工区域距机械设备能到达区域距离较远、高差较大，锚索注浆浆液无法实现近距离拌制，锚索施工用水泥浆液采用"一级制浆、多级加压泵送"方式送至施工作业面，在2号-2交通洞洞口统一搭设水泥堆存平台，统一布置制浆站，通过30钢管将浆液加压送至二级低速搅拌桶，再通过泵送加压送至下一泵站，最终送至施工作业面。

施工锚墩、锚梁混凝土运送，同样采用多级输送方式，采用100型卧泵将混凝土以接力方式泵送至施工作业现场，对于施工区域较高部位无法采用多级泵送方式进行混凝土输送的区域，在施工现场搭设临时施工平台，将骨料分类运送至施工平台，采用0.2m³小型搅拌机现场拌制，混凝土拌制严格按照混凝土配合比要求进行，对骨料、水添加使用采取现场称量的方式进行，并按要求进行取样检测。

3 高边坡安全应急布置

无论是水利工程施工行业还是其他建筑领域，高陡边坡支护施工皆存在着施工部位高、施工道路条件差、岩层破碎、施工人员多等情况，这就对于安全管控提出了很高的要求，阿尔塔什水利枢纽工程大坝工程右岸高边坡支护施工，按照因地制宜、合理布局、安全生产的原则，充分利用实际地形条件优势，结合合理布局，制定右岸高边坡突发情况下人员避险、撤离路径及场所。

阿尔塔什水利枢纽工程大坝右岸高边坡支护施工，结合山体岩石、走势等实际条件，按照因地制宜、合理布局的原则，在有限利用右岸高边坡山体走势，搭设专用于施工人员安全通行、应急安全撤离栈道，并结合现场岩石情况，在相对安全区域以及人员通行必经道路部位设立安全屋，安全屋按照"就近避险"原则进行布置，安全屋采用 12 号槽钢＋钢板进行布置，能抵一定重量落石打击，对于紧急状况下人员临时避险提供了很好的临时保障，并在施工区域，利用前期地质勘探形成的探洞，结合人行栈道布置，对施工区域各施工部位人员紧急状态下安全撤离合理规划路线，对所有施工人员进行了紧急状况下撤离路线普及，安全避险知识培训，并组织安全应急演练，更大程度上提高施工人员安全意识的同时，保障了施工安全。

4　结论

阿尔塔什水利枢纽工程高陡边坡分梯段支护施工方法研究在实际施工过程中，得到了很好的应用效果，通过对施工区域"横向分层、纵向分段"合理分配，"因地制宜"对施工区域安全全局布置，加上施工过程严格管控，对阿尔塔什水利枢纽工程 600m 级高边坡支护施工安全、质量、经济等方面都得到了理想的实施效果。该施工方法有效推广，不但是对于水利施工行业类似工程施工起到了和好的借鉴作用，而且对于建筑施工、公路等其他领域高边坡治理施工也会起到很好的推广和实用价值。

阿尔塔什水利枢纽工程右岸高边坡
滑塌体处理

柳亚东　　王亚军　　李飞龙

［葛洲坝新疆工程局（有限公司）新疆阿尔塔什项目部］

摘　要： 阿尔塔什水利枢纽工程右岸建筑物工程联合进水口岩质高边坡，左侧存在顺层滑动问题，边坡切角开挖时多次出现滑坡，滑塌体高程 1827.00～1916.00m，厚度 2.0～2.5m，滑坡面积约 800m²，滑坡影响到高程 1827.00m 以下边坡石方开挖。为保证边坡石方开挖施工安全及工程节点如期完成，对此滑塌体进行了削坡处理，达到了预期目的。

关键词： 开挖；爆破；监测；安全；高边坡；滑塌体

1　导言

阿尔塔什水利枢纽工程位于喀什地区莎车县霍什拉甫乡和克孜勒苏柯尔克孜自治州阿克陶县的库斯拉甫乡交界处。距莎车县约 120 km，距叶城县约 128km，距喀什市约 310km。水库总库容 22.49 亿 m³，正常蓄水位 1820.00m，最大坝高 164.8m，水电站装机容量 755MW，为大（1）型Ⅰ等工程。

工程主要建筑物：拦河坝［混凝土面板砂砾石（堆石坝）］、表孔溢洪洞、中孔泄洪洞、深孔放空排沙洞、发电引水系统、水电站厂房、生态基流发电系统及其发电厂房。联合进水口位于右岸 1 号发电洞、2 号发电洞及 1 号深孔放空排沙洞进口。滑塌体与右侧高边坡石方开挖存在立体交叉作业，势必影响高程 1827.00m 以下各级边坡石方开挖进度、工期及施工安全，并严重影响到 1 号深孔和发电洞混凝土施工及节点工期的实现。

2　工程概况

阿尔塔什水利枢纽工程右岸建筑物联合进水口由 1 号深孔泄洪洞引渠段、进口有压段和进口闸井、1 号发电洞进口引渠段和闸井、2 号发电洞进口引渠段和闸井组成。联合进水口高边坡石方开挖高度 210m，开挖坡度 1∶03、1∶0.4，每 10m 或 15m 设置宽 2.0m 马道。高边坡开挖线左侧，自然边坡岩体存在顺层坡面，出露岩石为灰岩，层面裂隙发育、结构面平直、局部夹有泥质。边坡高程 1835.00m 以上岩石产状为 335°SW∠48°～58°，顺层滑动方向为 245°（沿岩层倾向）。2016 年 12 月 3 日，联合进水口左侧开挖成型的边坡再次出现滑坡，滑塌体高程 1827.00～1870.00m，厚度 2.0～2.5m，滑坡面积约 800m²，L3 滑动面上部高程 1870.00～1916.00m 有大量崩积物，L2 与 L3 结构面厚约 23m，岩体呈厚层状，单层厚 0.3～0.5m；滑塌体与 L4 侧滑面（结构面）之间出现 5～15mm 宽裂缝，滑塌体上部（高程 1870.00～1916.00m）存在大量的坡积物和崩积物，边坡高程 1827.00m 以上滑坡体呈"倒三角"分布，极易形成滑坡。为保证联合进水口高程 1827.00m 以下边坡石方开挖和水库运行安全，必须要清除以 L2 结构面为底面、以 L4 结构面（$i=1：0.7$）为侧滑面的滑塌体。

3 施工条件及难点

3.1 施工条件

联合进水口左侧滑塌体坡度较陡，结构松散，滑塌体上部分布有坡积物和崩落体，块石大小 $0.5\sim3.5m^2$，滑塌体顶部裂缝宽 $0.20\sim0.50m$，滑塌体处理时无通往顶部高程 1916.00m 的施工便道；加之滑塌体分布范围山体陡峭，高差大（约100m）；其次滑塌体外侧高边坡石方已开挖完成，施工区场地狭窄，无法修建满足机械通行的道路，只能修筑供作业人员通行的施工便道。因此滑塌体处理（开挖）无法使用大型钻爆和挖装设备，只能采取人工及小型设备进行施工，导致滑塌体处理工效低、成本高、工期长。

钻孔设备（潜孔钻）、小型机具（扒渣机）等在联合进水口高程 1827.00m 平台进行拆分，再人工倒运至开挖作业面进行组装；架杆、火工材料等采用人工搬运至工作面。滑塌体处理与右侧高边坡石方开挖存在立体交叉作业，势必影响到高程 1827.00m 以下各级边坡石方开挖进度、工期及施工安全。为确保施工安全，滑坡体处理时，联合进水口左侧高程 1827.00m 以下石方明挖需暂停施工。

3.2 施工难点

（1）爆破孔造孔深度控制难度大。为不损坏 L2 结构面，爆破孔造孔时，钻孔底部与 L2 结构面应预留安全距离。对于 L2 结构面预留的保护层，只能通过滑裂面的岩面走向、坡度进行推算。

（2）潜孔钻机（K-100B）钻孔样架（钢管架）搭设困难。滑塌体坡度较陡，人工在斜坡面上搭设样架存在安全隐患，在 L2 滑裂面顶部（高程 1916.00m）完整岩面上布置砂浆锚杆作为锚固点，作业人员在锚筋上挂安全绳后进行坡面钻孔施工。

（3）爆破后清渣困难，将 1885.00m 以上边坡存在的崩落体及倒悬体处理平顺，形成顺坡。爆破后有利于石渣滑落，减少人工清渣工程量。

（4）由于现场气温低、材料、设备转移困难，以及施工场地狭窄等因素制约，滑塌体处理施工进度慢，施工期较长。

（5）考虑到 L4 侧滑面所对应的山体地形陡峭，预裂孔造孔困难。削坡后形成 1：0.7 的边坡难以实现。

4 施工方法

4.1 滑塌段施工

根据 2017 年 1 月 4 日下发的设计业务联系单，滑塌体开挖处理轮廓线为高程 1916.00m，现场无通往高程 1916.00m 的施工便道。为确保施工安全，在滑塌体左侧人工搭设脚手架爬梯，结合小冲沟修建 Z 形人行便道。边修施工道路，边人工清理坡积物。

滑塌体处理石方开挖分三个区（见图1），施工工艺流程见图2。

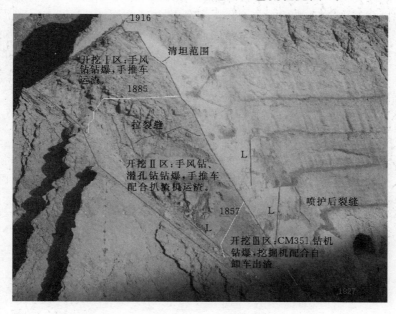

图 1　施工平面图

　　Ⅰ区（高程 1916.00～1885.00m）：边坡陡峭、施工场地小、高差大、开挖量小、无操作平台。施工前，将高程 1885.00m 以上边坡的崩落体（倒悬体）处理平顺，以便爆破后石渣自然滑落，减少人工清渣工作量。

　　Ⅱ区（高程 1885.00～1857.00m）：采取自上而下分层爆破开挖，分层厚度 8.0～12.0m，共分三层。采用 YT－28 型手风钻、K－100B 潜孔钻机造孔，人工装渣、双轮车倒运，扒渣机翻渣。

　　Ⅲ区（高程 1857.00～1827.00m）：采取自上而下分层爆破开挖，分层厚度 15.0m，共分二层。采用 CM351 钻机造孔（YT－28 型手风钻辅助），1.6m³ 挖掘机翻渣、装渣，15～20t 自卸车运至 3 号弃渣场。

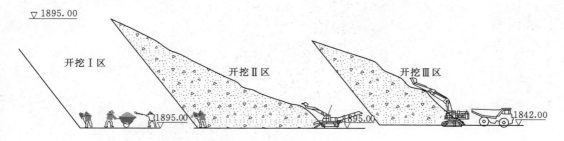

图 2　施工工艺流程图

4.2　施工道路

　　根据现场施工条件，2 号交通洞作为联合进水口左侧滑塌体处理的主要施工道路，高程 1827.00～1916.00m 开口线边坡陡峭、场地狭窄，无条件修建供钻机、装载机、挖掘机等机械进入工作面施工的道路，也没有人员通行的便道。为保证施工人员通行，搬运手风钻、潜孔钻、供风管道及炸药等物料，采用手风钻从高程1815.00m马道沿L4侧滑面修建一条Z形人工便道；高程1857.00～1916.00m开挖区，沿小冲沟修筑一条Z形人工便道，并设回转平台，尺寸2.0m×1.0m。人工便道两侧安全护栏高1.2m（用φ28mm螺纹钢插入岩体作为安全防护栏杆），挂安全网；高程1815.00～1857.00m开挖区边坡陡峭，采用D48钢管搭设贴坡爬梯，供作业人员通行。两侧防护栏杆高1.2m，挂安全网。施工道路布置见图3。斜爬梯与岩面用φ28mm锚筋可靠连接（见图4）。

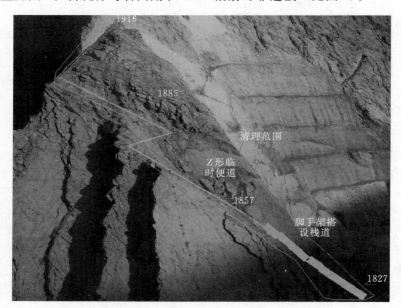

图3　施工道路布置图

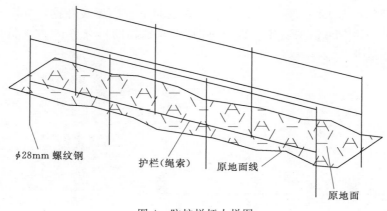

图4　防护栏杆大样图

4.3　风、水、电布置

利用联合进水口高边坡石方开挖时布置的风、水、电系统。进口高程1827.00m平台作为设备堆放场地。

4.4 施工准备

4.4.1 测量放线

（1）对联合进水口高边坡石方开挖建立和使用的测量控制网进行校核、维护，并根据左侧滑塌体处理实际需要，加密和扩展测量控制网。

（2）根据设计业务联系单中确定的滑塌体处理范围，利用全站仪测放1～10号点坐标位置，并作为开挖边线。

（3）根据爆破设计确定的爆破参数（钻孔间排距），用全站仪测放预裂孔和主爆孔孔位、孔深，并用红油漆进行标识。

4.4.2 材料运输

在滑塌体高程1916.00m、1895.00m、1875.00m上部完整岩面，分别布置2根锚筋桩，并安装滑轮组，以满足小型材料、设备的运输。

4.4.3 样架搭设

手风钻钻爆开挖宽1.0～1.5m样架搭设平台，根据测放的造孔位置、孔向，用D48钢管搭设钻机造孔样架，作为K-100B型潜孔钻钻机架设（固定）及钻孔坡度控制设施，样架底部与φ28mm锚筋连接固定，以确保样架稳固。

4.5 滑塌体开挖

4.5.1 材料和设备准备

用小型电动扒杆将K-100B型钻机及其他材料吊运到高程1916.00m坡顶，不能使用小型电动扒杆吊运材料和机具，采用人工沿Z形施工便道背扛搬运至作业面。

4.5.2 施工程序

地形测量、施工准备→报成果和施工方案→报分块爆破设计→监理审批开工→布孔、钻孔→检查、装药、爆破→出渣→进行下一块→边坡锚喷支护（见图5）。

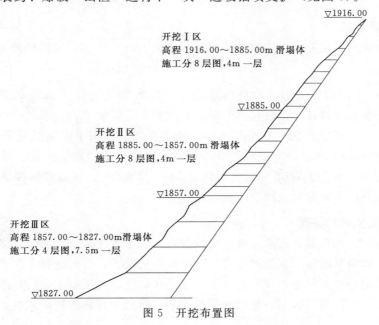

图 5　开挖布置图

441

4.5.3　施工方法

（1）钻孔。滑塌体石方采取自上而下分层开挖，梯段高度 4.0m。Ⅰ、Ⅱ区石方采用 YT-28 或 7655 型手风钻钻孔；Ⅲ区石方采用 K-100B 型潜孔钻、CM-351 型钻机钻孔。为确保预裂孔钻孔精度，要逐孔测量孔口地面高程，并用红油漆标记。在潜孔钻安装就位时，必须用垂球或地质罗盘检查垂直度，或将潜孔钻固定在预先搭设好的钢管样架上，方可进行钻孔。钻孔时先开小风门，等钻头入岩后，再开大风门；在造孔过程中出现塌孔时，采用水泥浆在 0.8~1.0MPa 之间的压力固结岩体，待注浆体达到一定的强度（一般为 24h），再用 K-100B 型潜孔钻或 CM-351 钻机进行扫孔，然后继续钻孔，直到钻孔达到设计深度，并采用 D80PVC 塑料管进行护孔，再用水泥袋封堵孔口。造孔完成后立即拆除样架，并在下层造孔部位搭设样架，作业人员在施工过程中必需佩戴安全帽，挂好安全绳。

（2）装药。钻孔完成，施工人员量测钻孔深度，并按此调整单孔装药量。装药前，技术人员必须按爆破设计要求，对作业人员进行技术交底，并将火工品（炸药、雷管、导爆索）分发到各钻孔。作业人员逐孔装填炸药，并用黏土封堵孔口，再用木杆分层捣实。

（3）起爆网络连接。滑塌体石方采取梯段预裂爆破，即主爆孔采用非电毫秒雷管孔内延时、排间分段，每排主爆孔与主导爆索并联，主爆孔在预裂孔之后起爆，主爆孔起爆时间滞后预裂孔 100~150ms。

预裂孔内导爆索沿全孔通长布置，并与孔外主导爆索并联。爆破网路采用非电毫秒雷管、导爆索连接，电雷管引爆。为控制爆破单响药量，减小爆破振动，爆破网络采用非电毫秒雷管连接，分段起爆。

5　施工期安全监测

5.1　安全监测设备

滑塌体处理期间主要进行边坡位移监测，采用 JX-501 多点位移计监测。

5.2　监测设计

根据边坡 L2 结构面走向、边坡滑塌后应力释放情况及设计处理要求，在边坡处理时，布置 2 支多点位移计对边坡位移情况进行观测，具体如下：

在开挖Ⅰ区与开挖Ⅱ区、开挖Ⅱ区与开挖Ⅲ区之间，用手风钻钻爆开挖 1.5~2.0m 宽平台，分别在高程 1883.00m、高程 1856.00m 设置 1 支多点位移计。即采用潜孔钻机造孔，孔径 φ110mm，伸入 L2 稳定岩面约 0.5m，倾角 10°，仪器安装在钻孔内。其多点位移计剖面和平面布置分别见图 6、图 7。

5.3　位移监测及数据整理

多点位移计安装孔造孔完成，可进行设备安装和水泥注浆。水泥砂浆终凝或水化热稳定后的稳定值作为基准值。在边坡未进行爆破作业情况下，每天进行 1 次监测，如遇影响边坡位移的极端恶劣天气时，每天监测不少于 2 次，在边坡爆破作业后立即进行监测。所有监测数据在 24h 内进行校对、整理和简单绘制出时间与位移的观测曲线。

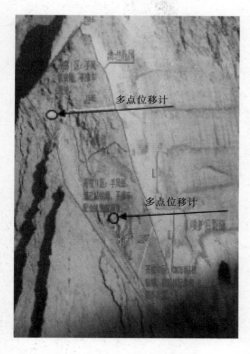

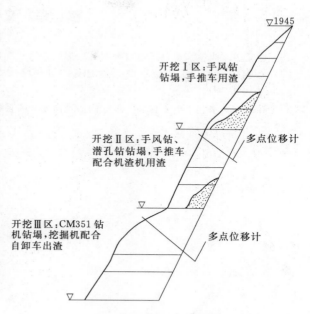

图 6　多点位移计剖面图　　　　　图 7　多点位移计平面布置示意图

5.4　成果反馈

除发现异常情况立即进行上报外，主要以周报、旬报和月报的形式进行施工期间边坡位移情况的反馈工作。施工期间有特殊情况时，将以阶段小结形式进行及时反馈。

5.5　监测设施保护

（1）监测仪器的完好性对监测工作十分重要，必须采取有效措施对现场所埋设的仪器进行保护。多点位移计主要对监测导线进行保护，如有损坏必须立即采取恢复和保护措施，并做好修复记录。

（2）在监测点处竖立标示牌，标杆上作醒目的警示（提醒边坡作业人员，注意保护测点）。

（3）做好施工期间现场指挥管理工作，避免仪器或测点损坏，确保监测数据的连续性和有效性。

（4）建立健全安全监测设施定期巡视、维护制度，防止施工破坏。

6　结语

新疆阿尔塔什水利枢纽右岸建筑物工程联合进水口滑塌体处理于 2017 年 5 月底完成，高边坡石方开挖及边坡支护工作进展顺利，并无安全事故发生。随着越来越多的水电站建设开发，大规模的高边坡开挖施工将不可避免，如何才能保证其安全、快速的施工，是当前急需解决的问题。新疆阿尔塔什水利枢纽工程联合进水口左侧滑塌体开挖处理、石方爆破安全防护取得的施工经验，可以推广到类似的水利水电工程建设中，并能确保安全生产，提高施工效率。

参 考 文 献

［1］ 熊霜丽. 浅谈高速公路边坡滑塌处理加固方法及养护. 企业科技与发展，2015，22（21）：67－69.
［2］ 孙丽娜. 水利工程施工中高边坡支护与开挖技术的应用. 黑龙江水利科技，2012，40（11）：81－82.
［3］ 乔骏宇. 水利水电工程高边坡加固治理研究. 科技创新与应用，2012，（19）：149.

卡拉贝利水利枢纽工程混凝土面板砂砾石坝铜止水结构抗震性能研究与新技术应用

王长征[1]　艾尔肯·阿布力米提[1]　曹　力[1]　何旭升[2,3]

（1. 卡拉贝利水利枢纽工程建设管理局；

2. 中国水利水电科学研究院　流域水循环模拟与调控国家重点实验室；

3. 北京中水科海利工程技术有限公司）

摘　要： 针对在高地震烈度区的卡拉贝利水利枢纽工程混凝土面板堆石坝，通过物理模型试验，对面板铜止水结构进行了抗震性能研究。研究表明有 GB 柔性填料防护的铜止水抗剪能力远大于无防护的铜止水，建议工程采用厚 1～2cm 的 GB 柔性填料对铜鼻进行柔性外防护，提高铜止水的抗震性能。卡拉贝利的铜止水铜鼻，采用厚 2cm 的 GB 柔性填料进行柔性外防护，施工效果理想。

关键词： 混凝土面板堆石坝；铜止水；抗震；GB 柔性填料；柔性外防护

1　引言

卡拉贝利水利枢纽工程位于新疆克孜勒苏柯尔克孜自治州乌恰县境内，是克孜河中游河段近期开发的控制性工程，是流域规划"两库六级"中的最末一级山区水库。坝址距乌恰县公路距离 70km、距喀什市 165km、距乌鲁木齐 1606km，坝址处多年平均径流量 21.687 亿 m³，多年平均流量 68.72m³/s。是一座具有防洪、灌溉、发电等综合效益的大（2）型 Ⅱ 等水利枢纽工程。水库总库容 2.62 亿 m³，调节库容 1.687 亿 m³，正常蓄水位为 1770.00m，死水位为 1740.00m。水电站装机容量 70MW，年发电量 2.596 亿 kW·h。

大坝为混凝土面板砂砾石坝，为 1 级建筑物，坝长 760.7m，坝顶高程 1775.50m，最大坝高 92.5m，坝顶宽度 12m。上游坝坡 1:1.7，下游坝坡 1:1.8，在下游坡设宽 10m、纵坡为 6‰ 的"之"字形上坝公路（混凝土路面）。混凝土面板顶部厚度为 0.4m，面板底部最大厚度 0.71m，面板宽度取河床部位受压区面板宽，12m（45 块），岸坡部位受拉区板宽 6m（左岸 14 块，右岸 10 块），右岸台地面板宽度 12m（6 块）。1720m 以下趾板宽度 8m，厚度 0.8m；1720m 以上趾板宽度 6m，厚度 0.6m。面板、趾板混凝土采用中抗硫酸盐水泥，混凝土标号为 C30、W10、F300。

混凝土面板砂砾石坝接缝主要有周边缝、防浪墙与面板的接缝、面板垂直缝、趾板变形缝、防浪墙变形缝。周边缝、防浪墙与面板的接缝缝宽 2cm，设两道止水，依次为顶部 GB 柔性填料、底部铜片止水。面板垂直缝分为张性缝和压性缝，张性缝为硬拼缝，压性缝缝宽 1cm，均设二道止水，依次为顶部 GB 柔性填料、底部铜片止水。趾板变形缝设置于趾板宽度变化处，变形缝位置同面板接缝错开，缝内设一道铜片止水，并与周边缝止水构成封闭结构。铜片止水均采用紫铜片 T2M 型。防浪墙变形缝长度方向每隔 15m 设一道变形缝，变形缝位置同面板接缝错开，缝内设一道橡胶止水带。

大坝按照基准期 50 年内超越概率 2% 的地震动参数值进行抗震安全设计，相应基岩地震水平向动峰值加速度为 375.1g；按照基准期 100 年超越概率 2% 的地震动峰值加速度 424.4g 进行复核。为确保高地震烈度区的阿尔塔什高混凝土面板堆石坝面板接缝止水体系的抗震安全，本文通过物理模型试验，对面板铜止水结构进行了抗震性能研究，为大坝的止水设计和施工提供依据。

2 铜止水结构抗震性能物理模型试验研究

2.1 概述

混凝土面板坝面板接缝底部铜止水的铜鼻高度和宽度，应根据接缝的设计变形量确定，理论上铜止水的变形量可满足实际大坝运行需要。但实际施工中浇筑混凝土面板时，由于未对铜鼻采取专门的防护措施，缝中的铜止水鼻部外表面常与混凝土直接黏结在一起，致使铜鼻不能自由变形；即使采用脱模剂，使混凝土与铜鼻不黏结，由于混凝土对铜鼻的紧密包裹作用，铜鼻变形仍严重受限。当接缝变形时，存在铜鼻还未充分伸展变形，铜鼻根部因应力集中已经发生断裂的可能性。在实际工程中，已现场查看的铜止水破坏案例大部分为铜鼻根部断裂，说明这一问题的客观存在，且显著降低了铜止水结构的止水效果和可靠性。所以，有必要对铜止水的铜鼻范围，进行外部防护和隔离，对防护材料选用和防护方案开展试验研究，并进行抗震性能物理模型试验，以提出可靠性更高的底部铜止水结构。

铜鼻柔性防护材料应选用体积压缩量较小的材料，保障浇筑混凝土时，铜鼻外部包裹体不会被混凝土压扁；此外，包裹体应与铜鼻外侧紧密贴合，没有缝隙，保障在浇筑混凝土时，混凝土浆液不会侵入包裹体与铜鼻之间，进而固化后限制铜鼻的变形。柔性胶泥材料具有良好的变形能力和黏性，当铜鼻在塑性胶泥内伸展扭曲时，胶泥会因铜鼻挤压而蠕变，配合铜鼻的变形，使包裹体对铜鼻的约束最小化。因此，柔性胶泥是合适的铜鼻柔性

图 1 抗疲劳耐久性试验

防护材料。考虑到表层止水结构已大量使用 GB 柔性填料，且 GB 柔性填料可以与铜鼻良好黏结，兼起到加强铜止水防绕渗效果的作用，因此选用 GB 柔性填料作为铜鼻的外部防护和隔离材料。本文分别进行了无防护与有防护条件，对铜止水结构在接缝往复位移作用下的疲劳性能试验。

2.2 试验方法

试验采用专门研制的抗疲劳耐久性试验机（见图 1）进行，试验机可施加往复张拉、沉陷或剪切位移，并可在一定振幅下，调整振动频率。试验时将模型试件固定在试验机框架上，一端夹具固定；另外一端可作张拉、沉陷或剪切往复运动。

大连理工大学进行大坝动力分析时，地震动输入采用卡拉贝利场地谱地震波，不同地区地震加速度时程曲线分别见图2～图4。50年2%和100年2%超越概率水平向加速度峰值分别为375g和424g。大连理工大学计算工况见表1。

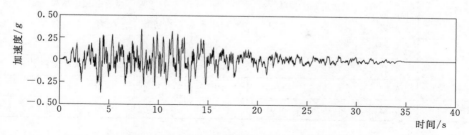

图2　顺河向地震加速度时程曲线图（场地谱50年2%）

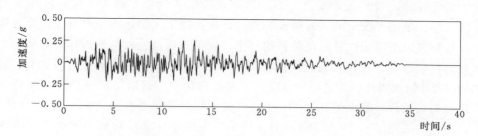

图3　竖向地震加速度时程曲线图（场地谱50年2%）

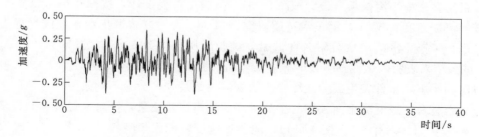

图4　坝轴向地震加速度时程曲线图（场地谱50年2%）

表1　　　　　　　　　　　　　　　大连理工大学计算工况表

工况	水平向峰值加速度/g	超越概率	地震波
工况1	375	50年2%	场地谱
工况2	424	100年2%	场地谱

震后大坝缝的变形极值见表2，在表2中输入地震峰值加速度0.43g比较接近复核地震峰值加速度424g，其计算结果可用于估算在工况2条件下，大坝面板接缝的永久变形。此时周边缝的最大张拉位移36.6mm、最大沉陷位移32.2mm、最大剪切位移38.2mm，所以模拟工况2条件，振幅取值40mm。根据大连理工大学分析成果，卡拉贝利砂砾石面板坝的极限抗震能力能达到0.50g。此时，周边缝的最大张拉位移42.8mm、最大沉陷位移35.7mm、最大剪切位移44.8mm。所以模拟极限工况条件，振幅取值45mm。表2为

大连理工大学计算成果，不同地震等级下大坝面板接缝的永久变形极值。

表 2　　　　　　　　　　　　　　　震后大坝缝的变形极值

地震峰值加速度/g	周边缝最大位移/cm				垂直缝最大位移/cm			
	剪切	沉陷	张开	压缩	剪切	沉陷	张开	压缩
0.43	3.82	3.22	3.66	0.04	2.35	0.61	3.24	1.05
0.50	4.48	3.57	4.28	0.06	2.71	0.72	3.81	1.15
0.55	5.07	4.02	4.65	0.06	2.98	0.80	4.30	1.20
0.60	5.56	4.46	5.01	0.07	3.21	0.88	4.75	1.26

综合上述分析，考虑最不利条件，本次试验的振幅取值45mm。需要说明的是，基于大连理工报告计算成果的振幅取值45mm为累计的永久变形，远大于地震过程中周边缝的往复动位移，是偏于安全的。需要说明的是，大连理工大学报告中没有提供周边缝动位移的输出过程线，所以无法获得动位移的频率、幅值和振动持续时间的具体数值。

项目组在实施吉林台一级混凝土面板坝（最大坝高157m，抗震按Ⅸ度设计，按100年超越概率2％的地震峰值加速度0.47g）止水抗震研究项目时，关于动位移幅值，对于张开位移和剪切位移，频率为0.88Hz的幅值较大；对于沉陷位移，频率为1.46Hz的幅值较大；因此，采用了0.88Hz和1.46Hz作为试验频率。动位移幅值取值为：张拉位移23.8mm、沉陷位移4.2mm、剪切位移15.4mm。

项目组在实施小湾拱坝（最大坝高292m，抗震按Ⅸ度设计，按600年超越概率10％的地震峰值加速度0.321g）铜止水抗震研究项目时，为了校核铜止水在地震过程中的可靠度，进行了铜止水的抗疲劳耐久性试验。试验所用振幅为50mm，频率为1Hz、5Hz、8Hz。试验结果表明，试件发生疲劳破坏所经历的振动次数随频率的增大而增加。换句话说，1Hz频率下，试件发生疲劳破坏经历的振动次数最少，为最不利条件。

基于吉林台一级混凝土面板坝与小湾拱坝的抗震试验成果，针对卡拉贝利面板坝止水试验，频率取1Hz。由图2～图4可知，地震加速度时间大概持续30s，本次试验取3倍系数，振动时间取90s。综上，本次试验中，振幅取值45mm，频率取值1Hz，振动时间取值90s。

2.3　试验过程

试验继续采用上述的抗疲劳耐久性试验机进行，试验方法同上述表层止水结构的试验，分别进行无防护铜止水结构与有防护铜止水结构在接缝往复位移作用下的疲劳性能试验。根据阿尔塔什混凝土面板坝止水设计，W1型垂直缝铜止水鼻高60mm，鼻宽20mm，厚1.2mm。无防护铜止水结构试验中，分混凝土与铜鼻间无隔离膜和有隔离膜两种工况进行对比试验，隔离膜采用厚1mm聚脲涂层；有防护铜止水结构试验中，防护材料选用GB柔性填料，厚度分取1cm和2cm两种工况进行对比试验。试验振幅取值45mm，频率取值1Hz，振动时间取值90s，同上述表层止水结构的试验。不同铜止水抗疲劳耐久性试验试件设计分别见图5～图8。铜止水结构试件（浇筑前、浇筑后）见图9和图10，包裹聚合物砂浆的铜止水结构试件见图11。

448

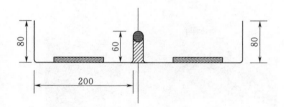

图 5　无防护铜止水抗疲劳耐久性试验
试件图（无隔膜）设计图（单位：mm）

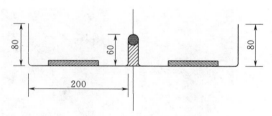

图 6　无防护铜止水抗疲劳耐久性试验
试件图（有隔膜）设计图（单位：mm）

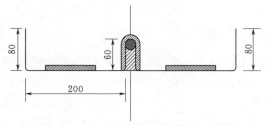

图 7　防护厚度 1cm 铜止水抗疲劳耐久性试验
试件设计图（单位：mm）

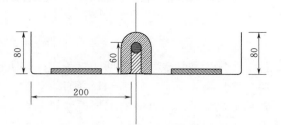

图 8　防护厚度 2cm 铜止水抗疲劳耐久性试验
试件设计图（单位：mm）

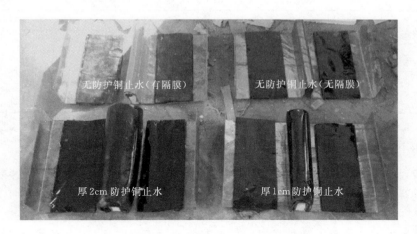

图 9　铜止水结构试件（浇筑前）

2.4　试验结果及分析

为模拟实际工程应用中混凝土面板对铜鼻的包裹作用，对铜止水试件进行了聚合物砂浆包裹，使铜鼻与混凝土黏结，然后进行铜止水剪切破坏试验，见图 11。上述 4 种铜止水结构，在振幅 45mm、频率 1Hz 条件下进行测试，其试验结果见表 3。由表 3 可知，无防护铜止水（无隔膜/有隔膜）在振幅 45mm、频率 1Hz 条

图 10　铜止水结构试件（浇筑后）

（a）试验前　　　　　　　　　　　　　　　（b）试验后

图 11　包裹聚合物砂浆的铜止水结构试件

件下，发生剪切破坏的时间为 3～5s；有防护铜止水（厚 1cm/厚 2cm GB 柔性填料防护层）在振幅 45mm、频率 1Hz 条件下，发生剪切破坏的时间为 19～28s。由于 GB 柔性填料具有很好的阻尼性，有 GB 柔性填料防护的铜止水抗剪能力远大于无防护铜止水，厚 2cm 防护铜止水抗剪能力大于厚 1cm 防护铜止水。GB 柔性填料防护可以显著提高铜止水的抗震性能。

表 3　　　　　　　　　　混凝土包裹铜鼻铜止水剪切破坏试验结果表

铜止水试件	发生破坏时间/s	发生破坏次数
无防护铜止水（无隔膜）	3	3
无防护铜止水（有隔膜）	5	5
厚 1cm 防护铜止水	19	19
厚 2cm 防护铜止水	28	28

3　工程应用

卡拉贝利混凝土面板堆石坝首次采用了铜止水柔性外防护技术，其设计断面图见图 12。进行铜鼻柔性外防护包裹体施工时，由生产厂家直接将 GB 柔性填料加工成厚度为 2cm，宽度与铜鼻外周长相同，长度为 160cm 的片状柔性填料，以便现场施工。GB 片状柔性填料柔软且具有黏性，在外界温度高于 15℃时，可直接将 GB 片状柔性填料粘贴在铜鼻外侧，施工工艺简单；当温度较低时，可用电吹风加热铜鼻和 GB 片状柔性填料，再进

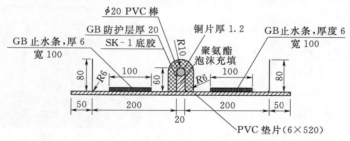

图 12　卡拉贝利大坝 W 形铜止水设计断面图（单位：mm）

行粘贴施工。卡拉贝利施工实践表明，铜止水柔性外防护简单易行，效果非常理想。

4 结论与建议

本文针对在高地震烈度区的卡拉贝利混凝土面板堆石坝，通过物理模型试验，对面板铜止水结构进行了抗震性能研究，可以得到以下结论与建议：

（1）无防护铜止水（无隔膜/有隔膜）在振幅45mm、频率1Hz条件下，发生剪切破坏的时间为3~5s；有防护铜止水（厚1cm/厚2cm GB柔性填料防护层）在振幅45mm、频率1Hz条件下，发生剪切破坏的时间为19~28s。考虑到实际工程中，铜止水预埋位置的偏差，混凝土对铜鼻约束可能会更大，十分有必要对铜鼻进行柔性外防护。

（2）由于GB柔性填料具有很好的阻尼性，当接缝直接进行剪切试验时，有GB柔性填料防护的铜止水抗剪能力远大于无防护铜止水，厚2cm防护铜止水抗剪能力大于厚1cm防护铜止水，可见GB柔性填料防护可以显著提高铜止水的抗震性能。

（3）卡拉贝利面板坝采用厚2cm的GB柔性填料对铜鼻进行柔性外防护施工，实践表明，铜止水柔性外防护简单易行，效果非常理想。建议该技术在其他面板坝推广。

参 考 文 献

[1] 贾金生，郦能惠，等. 高混凝土面板坝安全关键技术研究. 北京：中国水利水电出版社，2014.

寺坪水库优化调度

袁　斌

（湖北省寺坪水电开发有限公司）

摘　要：本文对寺坪水库的优化调度进行了研究，介绍了寺坪水库的概况、水库的基本调度原则、水情自动测报调度系统，给出了针对不同来水年份的优化调度方案，研究成果对寺坪水库的运行有着切实的指导意义。

关键词：水库；优化调度；防洪；水情自动测报

1　引言

水库调度即合理利用其工程和技术设施，在对入库径流进行经济合理调度，尽可能大地减免水害、增加发电和综合利用效益。要进行水库的优化调度，必须要有相应的调度原则和完备的技术、设备支撑，故本文从调度原则和水情自动测报调度系统两个方面进行介绍，之后依托水情自动测报调度系统中洪水预报和洪水调度功能对寺坪水库进行了优化调度计算，并在考虑上下游电站的影响下，给出了针对不同来水年的优化调度方案。

2　寺坪水库概况

2.1　工程概况

寺坪水电站工程位于汉江中游右岸支流南河上，工程为大（2）型，水库正常蓄水位为315m，总库容为2.69亿 m^3，水电站装机60MW，多年平均发电量1.792亿 kW·h，坝址控制流域面积2150km²，占全流域的33%。拦河坝为混凝土面板堆石坝，坝长为376m，最大坝高90.5m，最大坝基宽度323.35m，坝顶设计高程318.50m。

2.2　水文概况

寺坪水电站所在流域属副热带季风气候区，多年平均降雨量890mm。寺坪水电站坝址多年平均流量为31.5m³/s，多年平均径流量9.94亿 m^3，汛期4—10月径流量占年径流量的81.1%。

2.3　设计洪水及大坝防洪标准

（1）大坝。大坝的防洪度汛标准为：设计洪水为全年0.2%洪水 $Q=5700m^3/s$，校核洪水为全年0.02%洪水 $Q=8020m^3/s$，按溢洪道敞泄考虑，相应坝前水位分别为315.22m，317.56m。

（2）引水发电系统。引水发电系统水电站厂房、安装场、开关站。设计洪水为南河全年1%洪水 $Q=4140m^3/s$，校核洪水为南河全年0.5%洪水 $Q=4800m^3/s$，相应下游水位分别为245.78m、247.03m。

452

（3）溢洪道。溢洪道度汛标准与大坝相同：设计泄洪能力为全年 0.2% 洪水 $Q=5700\mathrm{m}^3/\mathrm{s}$，校核洪水为全年 0.02% 洪水 $Q=8020\mathrm{m}^3/\mathrm{s}$，按溢洪道敞泄考虑，相应坝前水位分别为 315.22m，317.56m。

寺坪水电站大坝及溢洪道挡水建筑物设计洪水标准为 500 年一遇洪水设计，按 5000 年一遇洪水校核，水电站进水塔、厂房等设计洪水标准为 100 年一遇设计洪水设计，按 200 年一遇洪水校核。

2.4 投产以来环境量分析

寺坪水电站电厂所在南河流域至投产运行以来，平均来水量 7.97 亿 m^3，较多年平均减少 19.8%（减少原因上游在建三里坪水电站下闸蓄水，2011 年全年来水总量仅 4.89 亿 m^3，2012 年来水 6.5 亿 m^3，2013 年来水 4.15 亿 m^3）。目前三里坪水电站已正式投产运行，近 5 年已按照设计正常运行，水位基本控制在 310.00～315.00m 区间。寺坪水电站投产以来环境量见表 1。

表 1 寺坪水电站投产以来环境量

年份	降雨量 /mm	入库流量 /(m/s)	来水量 /亿 m^3	上游水位 /m
历史平均	920	32	9.94	—
2007	840.8	32.1	9.9339	302.74
2008	803.1	31.52	9.9289	306.2
2009	818.7	25.21	7.2219	306.35
2010	835.6	30.13	7.8466	306.84
2011	862	18	4.8957	303.05
2012	785.2	21.39	6.5022	307.42
2013	782.4	13.19	4.15	307.4
2014	926.6	29.05	8.56	311.02
2015	797.8	19.88	6.26	311.07
2016	799.7	25.52	8.06	310.42
2017	1102	43.31	12.41	312.14
运行期平均	856.1	26.77	7.97	307.69

2.5 工程特征曲线

（1）库容曲线。寺坪水库库容曲线为 1/10000 南河河道地形图量算成果，如库容曲线见图 1。

（2）寺坪水电站泄流能力。寺坪水电站泄洪设施主要由溢洪道 4 个溢流表孔（每孔宽 14m，堰顶高程 301.00m，均有闸门控制）组成，初步设计阶段采用的泄流能力数据见表 2。

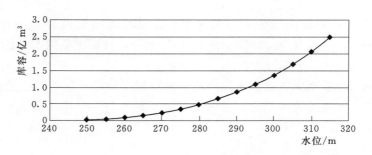

图 1 寺坪水库库容曲线图

表 2　　　　　　　　　寺坪水电站溢洪道泄流能力表

库水位/m	304	305	306	307	308	309	310	311
泄量/(m³/s)	541	833	1164	1530	1928	2356	2811	3293
库水位/m	312	313	314	315	315.2	316	317	317.5
泄量/(m³/s)	3799	4328	4881	5455	5587	6049	6664	7020

3　寺坪水库调度基本原则

3.1　调度任务及要求

寺坪水库调度管理者的主要任务是在保证各水工建筑物、设备及下游人民生命财产安全的前提下，充分发挥电站的发电效益。

寺坪水电站正常运行期内，各项水工建筑物及设备应按设计及本基本原则规定的条件与参数运用。特殊情况下需要超限运用时，应经原设计单位论证同意，并报上级主管部门批准。对各项建筑物及设备，应根据本基本原则的要求，分别编制专门的操作规程。日常调度工作中，要做好建筑物安全监测工作，及时整理分析观测资料并对水工建筑的安全状况做出评价，作为水库调度的依据。

3.2　防洪调度原则

寺坪水电站不承担下游的防洪任务，其防洪调度任务和原则是在确保枢纽工程本身的防洪安全前提下，不恶化下游防洪条件，充分利用水能资源发电。寺坪水电站的防洪特征指标见表 3，表 3 中的特征指标是防洪调度的依据。

表 3　　　　　　　　　寺坪水电站防洪特征指标表

序号	项　目	单位	指标	备　注
1	坝顶高程	m	318.50	
2	大坝校核洪水时最大泄量	m³/s	7020.00	频率 0.02% 校核洪水位 317.56m
3	大坝设计洪水时最大泄量	m³/s	5587.00	频率 0.2% 设计洪水位 315.22m
4	水电站校核洪水位	m	247.03	由马拦河汇入
5	水电站设计洪水位	m	245.78	由马拦河汇入
6	正常蓄水位相应泄流能力	m³/s	5455.00	正常蓄水位 315.00m
7	超高库容	亿 m³	0.20	大坝设计洪水位至校核洪水位间库容

防洪调度方式。寺坪水电站防洪调度方式如下。

(1) 当洪水来量不大于 $4800m^3/s$（水电站厂房校核洪水标准）时，按来量进行控泄，且最大下泄流量不超过水电站厂房校核洪水标准。

(2) 当洪水来量不大于 $5170m^3/s$（库水位 314.50m 对应水库泄流能力）时，按来量进行控制下泄。

(3) 当洪水来量超过相应库水位的枢纽最大泄洪能力时，按泄流能力敞泄。

当洪水来量超过校核标准洪水时，按照防洪抢险应急预案的要求进行洪水调度。

3.3 上、下游洪水调度原则

在进行寺坪水库科学优化调度的同时，要充分考虑上游的三里坪电厂和下游的过渡湾蓄水需求。三里坪水电枢纽防洪调度原则：是在确保枢纽建筑物防洪安全前提下，对入库洪水拦洪削峰，以解决下游百年一遇以内级别的洪水。

故寺坪水库在科学调度时，保证流域梯级电站的整体防洪需求，并实现发电效益的最大化。故需要加强各个电站日常的沟通交流，并考虑制定南河流域各梯级电站整体优化调度的可能性。

4 水情自动测报调度系统

在寺坪水库建库初期，采用人工方法进行水文数据采集和预报作业，此种方法不利于水库的防洪度汛和经济运行。为此，有必要将水情自动、调度测报系统引入寺坪水库的调度系统中，其优点主要是快速和自动两大特点，不但信息传递快、计算速度快，而且信息采集、传输、处理都实现自动化。

4.1 实时数据监视功能

综合监视图会自动计算或读取各种最新数据显示。可在参数设置中设置刷新时间间隔和入库流量计算时段长。综合监视见图2。

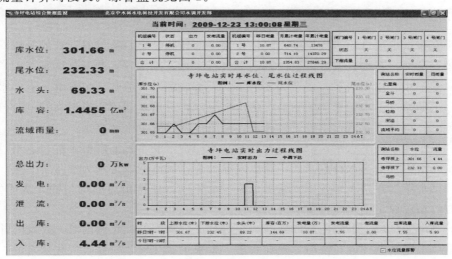

图 2　综合监视图

4.2 洪水及发电调度功能

通过入库洪水统计，进行给定规程、给定闸门、给定出库流量、给定控制库水位的调洪演算。通过系统的计算，可满足水库的调度，确保水工建筑物的安全度汛。

在保证大坝及电站防洪安全运用的前提下，充分利用兴利调节库容，合理调配水量多发电，并在尽量满足下游生态用水要求的前提下，承担电力系统调峰任务。系统中的发电调度分为以下几类：根据调度图调度、给定出力调度、给定时段末水位调度、考虑保证出力约束的优化调度、不考虑保证出力约束的优化调度、发电收入最大的优化调度。发电调度界面见图3。

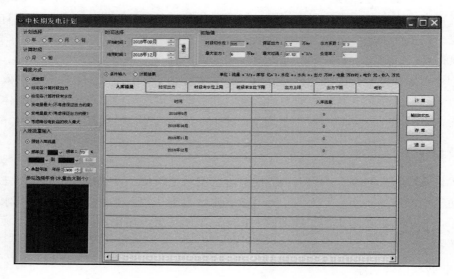

图3 发电调度界面

5 寺坪水库优化调度建议

本研究根据水情自动测报调度系统优化调度的计算结果，通过对计算的分析，结合水库实际运行情况，在现有调度方案的基础上进行完善，以指导水库优化运行。

（1）丰水年。在丰水年，以"大发为主、发蓄兼顾"为原则，多发电、少弃水，并蓄满水库。汛期通过洪水到来前的预泄，腾出部分库容，重复利用库容增加发电量，通过拦蓄洪水尾巴，抬升水库运行水位，提高水库发电效率，减少水库弃水。

（2）平水年。在平水年，以"发蓄并举"为原则，既不过低削落水位，也不过多抬高水位导致弃水。根据来水特点，前汛期以发电为主，后汛期以蓄水为主。

（3）枯水年。在枯水年，以"细水长流"为原则，保持出力的均匀性。水库发电时，保证出力的相对稳定，水库以蓄水为主。

另针对南河流域上下游电站的影响，在进行寺坪水库的优化调度时，要及时并充分与上游三里坪水电站电厂进行沟通，提前获得上游来水情况，及时修改优化既定的方案，以实现安全度汛和实现更大的经济效益，并与下游过渡湾电厂联系，确保下游安全度汛。

参 考 文 献

[1] 陈宁珍. 水库运行调度. 北京：水利电力出版社，1990.

[2] 陈森林. 水电站水库运行与调度. 北京：水利电力出版社，1990.

[3] 邹进. 水资源系统运行与优化调度. 北京：冶金工业出版社，2006.

[4] 黄河. 水库水电站联合优化调度研究. 郑州：郑州大学，2014.

[5] 马露. 大广坝水情自动测报系统改造. 水电自动化与大坝监测，2004，（06）：64 - 67.

[6] 黄远匀. 澄碧河水库水情自动测报系统的建设和运行情况总结. 广西水利水电，1995，（02）：14 - 18.

填筑石料场爆破安全问题与防治措施探讨

骆　锋

（贵州省黔中水利枢纽工程建设管理局）

摘　要：针对大型填筑料场爆破存在的安全问题进行了总结、分析和评价，在此基础上为确保填筑料场开采工作的安全，以黔中水利枢纽工程大坝 2 号填筑料场开采为例，对石料爆破开采的危险源进行了分析，并提出了石料场爆破安全的预防和治理措施对此类工程的安全管理具有指导意义。

关键词：填筑料场；爆破施工；安全问题；防治措施

1　概述

随着我国建筑行业发展逐渐正规化和科技水平的迅速提高，工程建设中对于爆破施工的要求也越来越高，尤其是作为大型填筑石料开采爆破最为重要。因此，对填筑料场爆破安全进行相关的科学分析与评价，将有效促进今后大型填筑料场爆破及开采工作的稳定和持续发展。工程爆破的种类较多，在施工中的爆破生产作业面广，而开采区域临近村庄，人们对于生产过程中的安全和环保问题要求越来越高，使得填筑料场爆破施工的难度越来越大。同时，高速的生产作业带来了高危险性，因此，必须考虑爆破施工中的生产安全性问题。

2　填筑料场爆破施工常见的安全问题

通过黔中水利枢纽工程大坝填筑料场爆破施工，实践填筑料场爆破施工中存在的安全问题较多，通过归纳分析，将其总结为以下几个方面。

2.1　采场边坡不稳定

开采方式和方法使用不当，都会导致边坡过高；陡峭危险的浮石不及时清除而造成岩面上存在大量险石、危石和浮石的情况；采石场不按规定自上而下的切开采原则，工作面上的开采台阶高度过高、宽度不够或分层不够明显，少数采场为节约开挖成本破坏原来已经形成的比较规范合理的台阶工作面。

2.2　爆破作业

爆破采用的炸药在其爆炸过程存在诸多的不确定性，在实际施工生产中，不适当的爆破操作和用量，启动爆破雷管后的处理不严、安全距离不够等都会危及现场人员和爆破设备运行安全的风险因素。另外，操作人员进行二次爆破拆除不属于标准操作的范畴，实际施工当中往往比较常见，该事故一旦发生在现场会产生大量的爆破飞石，爆破事故造成的损失将更大、更严重。

2.3 粉尘污染

开采过程中造孔时会产生大量粉尘，在实施过程中部分钻机没有有除尘装置，在开采作业面没有设置专用的防护措施及设备，或者是防护措施及设备不完整或被损坏，在爆破前进行钻孔、清孔、装药以及起爆等工序，没有设置专用的防护措施及设备或者是防护措施及设备不完整或被损坏，严重危害作业人员的身体健康和生命安全。

2.4 降水及地质灾害

采料场爆破必须要建立有效的防、排水系统，并根据地表和地下水渗流情况，以及可能出现的地质灾害，采取必要的处理措施。采场的出入口和爆破的现场都应该适当采取防洪措施。如果排水设施、设备、施工不合理、排水设备发送故障或有防水措施，涌水或降雨量突然增加会导致危及边坡稳定的滑坡和塌陷安全事故发生的可能性，这类事故的发生给安全及机械设备造成重大损失。

2.5 火灾

现场炸材以及机械设备燃油遇高温、明火以及易燃可燃物存放不当等，可能引发火灾，造成人员伤害和设备的损毁。

3 石料场爆破生产安全事故的防治措施

近些年来，露天爆破作业各种爆破安全事故的频发，大量研究表明，事故发生的原因主要是施工企业安全管理和爆破施工工艺存在问题，以及施工人员对爆破施工安全知识匮乏等。结合本工程爆破作业管理经验，露天石料场爆破安全事故的预防措施应做到以下几个方面。

3.1 建立健全安全生产责任制

大量安全事故案例分析表明，大部分露天石料场爆破施工企业对于现场的安全管理都不重视，施工人员违章违规的操作现象十分普遍，安全知识匮乏，安全意识不足，缺乏良好的安全施工氛围。究其原因主要在于施工企业管理人员的安全管理意识不足，对露天料场爆破施工的危险性认识不足，容易受到企业经济效益和个人利益的驱动，而采取铤而走险的措施。事故发生之后缺乏明确的责任追究制度，更使得管理着安全意识淡薄。因此，必须先建立并完善有效的安全生产责任制。

3.2 加强安全教育培训工作

加强对管理人员和施工人员的安全教育和安全培训，严格执行各项安全生产规章制度，抓好安全工作，做到三件事：①合理进行爆破设计和相关施工的生产技术交底；②专业爆破人员加强培训学习和提高安全意识，持证上岗，规范作业；③依靠科技进步，发展更安全可靠的爆破技术设备和先进的爆破工艺。

安全部门应该加强安全教育培训力度和对露天石料场爆破的监督检查工作。同时，会同有关部门做好考核工作，做好现场监管，提高爆破施工人员的安全意识和爆破施工技术水平，杜绝无爆破作业安全操作证的人员上岗。露天石料场施工项目部必须严格按照既定规则来对作业人员进行安全教育和专业技能培训。同时，为加强作业人员的安全意识，通过必要安全知识的教育提高自我保护能力和事故救援、自助的认识和能力。

3.3 加强应急救援体系的构建和完善

石料场爆破施工企业必须针对露天爆破作业的现场安全特点和可预测的安全事故隐患，编制一套具有可操作性的应急救援方案，并通过配置必要的救护设施和应急培训来加强人员的应急技能，定期演练应急事故救援活动，确保在爆破发送安全事故发生后可以得到有效的救治或自助。

除此之外，采用系统工程的方法对露天石料场爆破施工过程中的安全问题进行分析评价，并提出针对性解决措施。

安全系统工程是一个新的科学，利用其对爆破施工中的每个环节进行分析和评价，根据分析结果，采取有针对性的措施，降低事故发生的可能性，避免事故的发生，使施工现场达到最佳的安全行为环境。

4 填筑料场露天爆破安全控制

黔中水利枢纽大坝 2 号填筑料场为典型的三叠系薄层状灰岩，岩层呈单斜构造，呈现弱风化状态，部分表层段岩溶发育明显，有溶槽并含夹泥层，剔除工作量大，料场开采的上部多为氧化层，地质松软，构成了结构较为复杂可爆性极差的土岩夹层带，这给爆破和安全控制带来了较大的难度。工程施工过程中对露天开采中的爆破危害、水害、边坡安全进行有效的控制，确保了施工安全（见图 1）。

图 1　大坝填筑料开采施工现场

4.1 爆破危害控制

4.1.1 爆破振动控制

在爆破过程中，需要进行爆破安全范围的设计，其中包括爆破震动的安全距离，爆破震动的安全距离是指爆破后不致引起被保护对象破坏的爆心距被保护对象的最小距离。当被保护对象在爆破安全距离的范围内，就必须采取措施对其加强保护，否则有可能使其遭到毁坏。

4.1.2 爆破监测

由于料场日常爆破生产规模变化不大，所以每次爆破药量变化不大，为了避免料场周围最近村庄等设施收到震动破坏，对此研究采取监测措施，及时校正爆破技术参数，项目部采用了 IDTS2850 型爆破震动记录分析系统，震动系统流程如图 2 所示。

$$料场震动 \rightarrow 传感器 \rightarrow 记录仪 \rightarrow 计算机分析 \rightarrow 输出结果$$

图 2　震动系统流程图

监测试验布置 6 个点，根据附近民房等建筑物，距离爆破中心最近约 150m，最远约 300m，现场测量布置测试点，测试点临时防护以免传感器遭到破坏，本次测试得到 6 组试验数据，经过电脑分析爆破震动测试结果见表 1。

表 1 爆破震动测试结果表

序号	距离 R/m	药量 Q/kg	速度 v/(cm/s)	比例药量 ρ
1	152.43	286	0.7124	0.0326
2	174.52	302	1.6186	0.0396
3	191.05	288	0.5163	0.0147
4	234.55	299	0.4249	0.0102
5	268.35	286	0.2852	0.0116
6	300.56	300	0.2128	0.0181

根据《爆破安全规程》（GB 6722—2014）对一般建筑物的爆破地震震速控制要求，主要震速点速度规定如下：

（1）土坯房、窑洞、毛石房，震速 $v < 1.0$ cm/s；

（2）一般砖房及不抗震建筑物，震速 $v < 2\sim3$ cm/s；

（3）框架柱结构建筑物，震速 $v < 5$ cm/s；

（4）需要特殊保护老旧房屋，震速 $v < 0.3$ cm/s。

大量实测资料表明，爆破振动的大小与炸药量、距离、介质情况、地形条件和爆炸方法等因素有关，爆破时通过控制炸药单响药量起到了很好的控制爆破振动的效果，经过监测分析计算，爆破最大单响药量不超过 300kg，测试表明，参考控制振动强度最大振速为 0.2852cm/s，依次设计爆破单孔药量，振动可以控制在允许范围内，因此，对周围附近村民住房等建筑物都是安全的。

4.1.3 爆破飞石

爆破飞石是指露天台阶爆破和二次爆破时被爆岩体中个别飞石脱离主爆体飞的较远的有可能造成损坏的碎石，爆破飞石的危害不仅会给工程带来经济上的巨大损失，还会影响石料开采工作的正常进行，施工中通过精细设计、仔细钻孔、专人验孔、认真装药、封堵炮孔、仔细检查网路连接情况等严格施工工艺，避免了爆破飞石维护。

4.2 环境保护、降水及地质灾害控制

环境保护、防排水和地质检测对露天开采爆破安全是至关重要的。在黔中水利枢纽大坝 2 号填筑料场开采中，将原排水设计根据现场工程施工的特点进行了调整，优化后的排水系统为逐级排水，在料场开采前设立边坡和地质不良设立了观测点，每次爆破完成后，立刻测量各个点位的变化情况并统计分析，并采取相应的安全预案排除隐患，开采过程中造孔时会产生大量粉尘，在实施过程中全部钻机都带有除尘装置，加强人员的劳动保护措施，安排设备不间断实施人工洒水降尘，过程严格检查。没有设置专用的防护措施及设备或者是防护措施及设备不完整或被损坏，必须停工整改，因此取得了很好的效果。这样确保人员的身体健康和生命安全，保证了施工的安全。

4.3 边坡安全控制

露天料场边坡稳定性是重要的生产安全问题，是一个从开始剥离开采直到闭坑，贯穿全过程的重大技术问题。黔中水利枢纽大坝 2 号填筑料场边坡爆破时由原来设计的预裂爆破改为缓冲爆破，并严格按照设计要求，沿等高线阶梯级式开挖，边坡预留马道，科学施

图 3　黔中填筑料场边坡开采边坡

工管理并及时修正施工中开采路线，得了良好的效果，目前黔中水利枢纽大坝 2 号填筑料场即将闭坑，边坡稳定情况良好（见图 3）。

5　结语

露天填筑料场爆破施工安全是一个十分复杂的问题。露天开采涉及的危险源较多，包括爆破危害控制、边坡稳定性、排土场安全、采场排水等，对于这些危险源的应从最初都应进行控制和预防，在加大安全管理力度的同时，也应加强技术方面的预防和措施，以确保工程施工安全和万无一失。

参 考 文 献

[1]　汪旭光，于亚伦，刘殿中. 爆破安全规程实施手册. 北京：人民交通出版社，2004.
[2]　李钰. 建筑施工安全（第二版）. 北京：中国建筑工业出版社，2013.

库区结冰对大坝面板及止水的
损伤评估与除冰新方法

付 军

（中国葛洲坝集团水务运营有限公司）

摘 要： 针对水电站冬季大坝面板及止水除冰问题，提出了一种适合于面板和止水自动融冰的有效方法。通过研究不同冰层厚度-库区水位变化情况下冰层对坝面及止水损伤机理及程度的评价，建立损伤预测模型，并设计了一套能对环境进行自动感知的融冰装置及其智能控制系统，使其能对当前融冰状况自主感知、自主决策和自适应控制，达到自动高效除冰的目的，对提高电站经济效益方面具有重大参考价值。

关键词： 大坝面板；止水；损伤评价；自动融冰

1 引言

大坝面板及止水是面板堆石坝重要的防渗体，为库区大坝安全蓄水提供保障。而库面结冰后，冰层与面板及止水表面紧密粘连，当库内水位下降时，库冰不能和大坝面板和止水及时脱离，冰层在自重作用下发生倾覆翻转，会对接触面上造成较大的拖曳力，导致接触部的面板和止水表面被撕裂，降低了面板及止水防渗能力，对大坝安全运行造成严重影响，并显著提高了大坝运营和安全维护的成本，因而需要对大坝面板和止水及时进行除冰。

国内外目前对大坝和面板进行除冰的主要方法有人工破冰法、水泵扰动融冰法、机船破冰法、气泡融冰法和射流曝气融冰法等。其中人工破冰是使用冰镐、冰钻、钢钎、漏勺等工器具将结冰层打开，达到冰层与面板止水表面分离，形成不结冰带，该类方法通过冲击外力使冰层和坝面及止水带强行分离，不可避免地会对坝面与冰的结合部造成连带损伤，且工作环境艰苦、具有一定的风险性、劳动强度大、工作效率低。水泵扰动融冰法是采用潜水泵抽取库区冰层下一定深度、温度相对较高的水，融化水面结冰，水面保持涌动达到清除水面结冰的目的，该方法管路长、泵体重、作业面大。机船破冰法是指在水库结冰初期未产生破坏大坝面板的冰拉力、冰压力时，将机船开至库区迎水面结冰区，利用机船的推力将冰层撞开，并要保持形成不结冰带，达到破冰的要求，该方法费用高、受水域和水工建筑物的制约、巡更值班频繁、安全风险大。气泡融冰法是用空压机、输气管、电气控制等设备，向库区冰层下输入空气，通过水下设备装置产生无数个微小气泡，水泡浮出水面后爆裂，扰动水面形成涌态，达到融冰不结冰的目的，该方法管线长、布点多、安装及维护困难、投资成本高。射流曝气融冰法是利用潜水泵产生的水流经过喷嘴形成高速水流，在喷嘴周围形成负压吸入空气，经混合室与水流混合，在喇叭形的扩散管内产生水汽混合流，高速喷射而出，夹带许多气泡的水流在较大面积和深度的水域涡旋搅拌，达到融冰的目的，该方法水气混合率高、无需管路、扰动范围大、投资成本低、节能环保。缺点是融冰范围无规则，难以控制。

本文在综合考虑融冰效率、成本、库区可实现性等因素的基础上，提出了一种更有效的除冰方法。首先通过理论分析，研究库区不同结冰程度、水位变化情况下冰层对坝面及止水的危害机理及程度，结合材料力学、断裂力学建立损伤预测模型，在此基础上，以射流曝气融冰为手段，设计开发含水下视觉监测、环境自动感知、可远程操控的机器人自动化除冰技术和装置，达到自动、无损伤高效除冰的目的。

2 方案设计

整个融冰方案主要包括三个部分，具体技术路线见图1。其中，在融冰机构设计环节，通过前期对现有的局部融冰技术进行试验对比研究，发现射流曝气融冰法具有较高的局部融冰效率，且在库区有较好的可操作性，成本相对较低，故本文采用射流曝气融冰法来对坝前进行局部融冰，故相应的机构主要围绕曝气融冰的原理进行设计。为提高融冰效

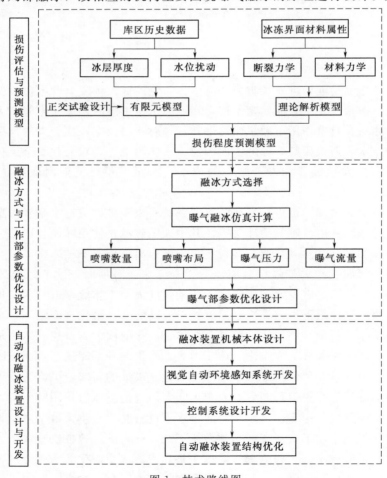

图 1　技术路线图

率，需要首先通过理论计算与数值仿真技术，综合分析曝气喷嘴数量、喷嘴布局、曝气压力、曝气流量对融冰效率的影响，从而指导对融冰工作部的参数设计与优化。

机构本体主要包括潜浮机构、动力机构，其中潜浮机构可采用通过调节气仓进/排气的方式来调节机构涉水深度。动力机构主要为包括使本体前进、后退、俯仰、转弯的动力及速度调节装置，主要依靠电机及相应的螺旋桨来实现。

为达到自动除冰、自主决策和自动巡航的目的，需要将机构的控制系统进行设计开发。为使机构具有自动感知能力，包括对涉水深度、当前待处置的冰层厚度、曝气面形状、已融冰程度等进行感知，并根据实际情况自动调整曝气角度、曝气功率（压力、流量等）、合适的运动方向等，由于所需感知的信息均处于水下，传统的传感器无法获得以上信息，需要通过水下视觉技术，利用水下摄像机实时采集所需信号，并开发智能化的处理软件来进行实时自动评价，将结果传递给控制系统进行决策和控制，例如调整曝气量、曝气压力、前进速度、俯仰角度、转弯角度、涉水深度等。以实现无人值守、自动融冰。

需要指出的是，在融冰信息智能处理与决策方面，目前没有现成的方法或数据可以借鉴，需要通过现场实验，制作包含各种工况的图像样本集，再结合人工智能的方法，在软件中搭建深度机器学习网络，让系统自主生成多工况决策模型，进而在后续融冰过程中可以自动进行信息采集、判断、决策，为控制系统提供指令。

根据上述原理，目前已开发出原理验证样机，在斯木塔斯水电站冬季进行融冰试验（见图 2），取得了较好的效果，目前正在对智能控制系统进行进一步优化。

（a）调试 （b）试运行 （c）曝气局部图

图 2　原理验证样机现场调试与试运行图

3　结语

本文探讨了一种适合于库区融冰的有效方法，该方法通过对冰层厚度变化-水位变化综合作用下冰层对坝面及止水带的损伤机理、损伤程度和规律的分析研究，在此基础上，建立"融冰窗口"预测模型，为选择最佳融冰"时间窗口"提供理论依据，从而降低了融冰次数，提高融冰效率；同时探讨了能对环境进行自动感知的融冰装置的设计开发思路，使其能对当前融冰程度、状态、方位进行感知，也阐述了相应智能控制系统开发方法，使融冰装置能根据环境当前状况自适应调整融冰方位、姿态、前进速度，实现自主巡航融冰。该方法能够对坝面及止水区域进行自动高效、无损伤除冰，在提高电站经济效益方面具有重大参考价值。

参 考 文 献

[1] 王环东，王振羽，姚贵宇. 潜水泵破冰系统在水电站弧门装置上的运用. 吉林电力，2004（5）：51－54.

[2] 刘源. 破冰船的冰阻力估算方法研究. 武汉：华中科技大学，2014.

[3] 郑春涛，叶林. 复合式除冰技术研究. 武汉：华中科技大学，2016.

[4] Yang Yimin，Wang Yaonan，Yuan Xiaofang，Chen Youhui. Neural network－based self－learning control for power transmission line deicing robot. Neural Computing and Applications；Neural Computing & Applications，2013，22（5）：969－986.